高等学校电子信息类系列教材

传感器及其应用

（第三版）

栾桂冬　张金铎　金欢阳　编著

西安电子科技大学出版社

内 容 简 介

本书共分14章，介绍了应变式传感器、变磁阻式传感器、电阻式传感器、压电传感器、光电式传感器和半导体传感器等常用的传统传感器，还介绍了光纤传感器、声表面波传感器、Z—半导体敏感元件传感器、MEMS传感器和纳米传感器等新型的传感器，对常用的传感器电路也作了介绍。

本书内容叙述由浅入深，循序渐进，侧重于讲解基本概念和基础理论，以传感器的工作原理为纲进行讲解，便于读者理解和掌握。

本书可作为理工科高等院校的教材或参考书，也可供有关工程技术人员参考。

图书在版编目(CIP)数据

传感器及其应用/栾桂冬，张金铎，金欢阳编著．—3版．
—西安：西安电子科技大学出版社，2018.10(2022.11重印)
ISBN 978-7-5606-4093-8

Ⅰ．①传… Ⅱ．①栾… ②张… ③金… Ⅲ．①传感器 Ⅳ．①TP212

中国版本图书馆CIP数据核字(2018)第092672号

策　　划　马乐惠
责任编辑　马乐惠　马　琼
出版发行　西安电子科技大学出版社(西安市太白南路2号)
电　　话　(029)88202421　88201467　　　邮　　编　710071
网　　址　www.xduph.com　　　电子邮箱　xdupfxb001@163.com
经　　销　新华书店
印　　刷　陕西天意印务有限责任公司
版　　次　2018年10月第3版　2022年11月第10次印刷
开　　本　787毫米×1092毫米　1/16　印张22.5
字　　数　531千字
印　　数　35 001～37 000册
定　　价　49.00元
ISBN 978-7-5606-4093-8/TP
XDUP　4385003-10

前　言

本书于2002年1月出版以来，已经多次印刷，并被多所大专院校选为教材和参考书，也被许多从事传感器研制的工程技术人员作为参考书，受到了广大读者的欢迎。

借再版之机，作者全面认真地审核了初版教材，针对传感器的研究和应用的发展现状，对一些重点内容进行了增补及修改。同时，也对在教学、使用过程中发现的疏漏逐一进行了核实、修正与完善。

本书第三版更正了第二版书在教学和使用中发现的不妥和疏漏，新增了第12.6节“MEMS超声传感器”和第13章“纳米传感器”。

超声MEMS换能器(MUT)，又称为超声MEMS传感器，是采用微电子和微机械加工技术制作的新型超声换能器。与传统散装超声换能器相比，MUT具有体积小、重量轻、成本低、功耗低、可靠性高、频率控制灵活、频带宽、灵敏度高以及易于与电路集成和实现智能化等优点。随着MUT的设计和微加工技术的提高和完善，MUT成为一个替代传统超声换能器的很有前途的选择，是超声换能器的重要研究方向之一。

纳米材料所具有的良好的吸收性能、扩散性能、热导和热容性能、独特的光学性能以及奇异的力学和磁学性能等，为传感器的发展提供了新的空间，成为传感器研究的热点。用纳米材料研制的新型传感器，在可靠性、微型化、多功能化、标准化、低能耗、低成本等经济和技术指标方面表现更加优异。可以预计，纳米传感器将会在传感技术向着智能化、移动化、微型化和集成化的发展方面起到举足轻重的作用，将在生物、化学、环境、军事等方面成为应用的主流。

本书第二版新增的8.5节由张金铎编写，新增的4.4节以及第10章和第12章由栾桂冬编写。原第1章至第7章由栾桂冬修改，原第8章至第11章由张金铎修改。

本书第三版新增部分由栾桂冬编写。

由于时间和水平所限，不足之处仍在所难免，欢迎读者批评指正。

编　者

2018年3月于北京大学

第一版前言

本书是在编者给高年级本科生和研究生讲授的有关传感器课程讲义的基础上修改补充而成的。内容叙述由浅入深，循序渐进，侧重于讲解基本概念和基础理论，便于初学者理解和掌握。传感器种类繁多，涉及面很广，要在有限的篇幅内作较全面的介绍有很大难度。本书主要介绍基于各种物理效应的物理类型的传感器，并以传感器的工作原理为纲进行讲解，以便读者举一反三，触类旁通。

全书共分11章。第1章引言，介绍传感器的发展和作用，传感器的定义、分类以及传感器的性能和评价。第2章应变式传感器，介绍电阻应变效应，应变计的主要特性，电桥原理及电阻应变计桥路，温度误差及其补偿，各种应变式传感器以及几种新型的微应变式传感器。第3章光电式传感器，介绍光电效应、热释电效应，光传感器的特性以及各种光电传感器。第4章光纤传感器，介绍光纤传感器的基本原理和几种强度型(振幅型)和干涉型(相位型)光纤传感器。第5章变磁阻式传感器，介绍电感式传感器、差动式电感传感器和差动变压器式传感器。第6章压电传感器，介绍晶体的压电效应，压电加速度传感器，各种谐振式压电传感器和声表面波传感器。第7章压电声传感器，介绍常用的厚度振动换能器、圆柱形压电换能器、复合棒压电换能器、压电陶瓷双叠片弯曲振动换能器。第8章半导体传感器，介绍半导体温度传感器、半导体湿度传感器、半导体气体传感器和半导体磁敏传感器。第9章电阻式传感器，介绍线性电位器、非线性电位器和各种电位器式传感器。第10章Z—半导体敏感元件，介绍Z—半导体敏感元件的由来与特点，温敏Z—元件的伏安特性、基本应用电路和几种新近开发应用的Z—元件传感器。第11章传感器电路，介绍传感器的匹配、信号处理电路、信号传输和抗干扰设计，并列举了一些传感器电路的实例。

本书第1章至第7章由栾桂冬教授编写，第8章至第10章由张金铎教授编写，第11章由金欢阳老师编写。西北工业大学的张晓蓟老师审阅了本书，在此表示感谢。

传感器是真正的多学科技术，它涉及物理学、电子学、机械工程、化学、生物学、封装技术、材料科学等，传感器又是一种高度综合性的技术。由于作者知识面所限和时间仓促，错误和不足之处在所难免，欢迎读者批评指正。

编　者

2001年4月30日

于北京大学

目　录

第1章 引　言

信息革命的两大重要支柱是信息的采集和处理。信息采集的关键是传感器。传感器技术已成为现代信息技术的重要支柱之一，在当代科学技术中占有十分重要的地位。传感器的性能在很大程度上决定着整个信息技术的性能，其生产能力与应用水平直接影响着技术的发展与应用。传感器作为向自然界获取信息的工具，几乎渗透到科学技术和国民经济的每个角落。

1.1　传感器的发展和作用

人类要从外界获取信息，必须借助于感觉器官，依靠这些器官接受来自外界的刺激，再通过大脑分析判断，发出动作命令。随着科学技术的发展和人类社会的进步，进一步认识自然和改造自然只靠这些感觉器官就显得很不够了。于是，一系列代替、补充、延伸人的感觉器官功能的手段就应运而生，从而出现了各种用途的传感器。

传感器的历史可以追溯到远古时代。公元前1000年左右，中国的指南针、记里鼓车已开始使用。埃及王朝时代开始使用的天平，一直延用到现在。利用液体膨胀进行温度测量在16世纪前后就已出现。19世纪建立了电磁学的基础，当时建立的物理法则直到现在作为各种传感器的工作原理仍在应用着。

以电量作为输出的传感器，其发展历史最短，但是随着真空管和半导体等有源元件的可靠性的提高，这种传感器得到飞速发展。目前只要提到传感器，一般都是指具有电输出的传感装置。由于集成电路技术和半导体应用技术的发展，性能更好的传感器也不断涌现。随着电子设备水平不断提高以及功能不断加强，传感器显得越来越重要。世界各国都将传感器技术列为重点发展的高新技术，传感器技术已成为高新技术竞争的核心技术之一，并且发展十分迅速。

传感器技术发展十分迅速的原因有如下几点：

(1) 电子工业和信息技术促进了传感器产业的相应发展。

(2) 政府对传感器产业发展提供资助并大力扶植。

(3) 国防、空间技术和民用产品有广大的传感器市场。

(4) 在许多高新技术领域可获得用于开发传感器的理论和工艺。

从市场来看，力、压力、加速度、物位、温度、湿度、水分等传感器将保持较大的需求量。传感器的市场结构如表1.1所示。

表 1.1 传感器市场结构

应用领域	所占比例/%	应用领域	所占比例/%
信息处理与通信	8	环保气象安全	10
科学仪器仪表	11.7	资源与海洋开发	1.4
电力与能源	5.3	医疗卫生	11
机械制造设备	18.1	农业渔业	0.7
家用电器	13.9	土木建筑与工程	0.7
汽车	7.3	商业金融	0.2
运输	1.6	其他	7.3
空间开发	2.7	—	—

近年来，由于微电子技术、微机械加工技术、纳米技术的迅速发展，传感器领域的主要技术也将在现有基础上予以延伸和提高：

(1) 微机械加工技术(MEMT)和纳米技术将得到高速发展。采用MEMT制作的传感器和微系统，具有体积小、成本低、可靠性高等独特的优点。

(2) 新型敏感材料将加速开发。微电子、光电子、生物化学、信息处理等各学科的互相交叉、渗透和综合利用，将会研制出一批新颖、先进的传感器。

(3) 敏感元件与传感器的应用领域将得到新的开拓，二次传感器和传感器系统的应用将大幅度增长。

展望未来，传感器将向着小型化、集成化、多功能化、智能化和系统化的方向发展，由微传感器、微执行器及信号和数据处理器总装集成的系统越来越引起人们的广泛关注。传感器市场将会迅速发展，并会加速新一代传感器的开发和产业化。

1.2 传感器的概念

传感器是与人的感觉器官相对应的元件。国家标准GB 7665－87对传感器下的定义是："能够感受规定的被测量并按照一定的规律转换成可用输出信号的器件或装置，通常由敏感元件和转换元件组成。"

敏感元件，是指传感器中能直接感受或响应被测量(输入量)的部分；转换元件，是指传感器中能将敏感元件感受的或响应的被探测量转换成适于传输和(或)测量的电信号的部分。

图1.1为传感器组成方块图，此图也说明了传感器的基本组成和工作原理。

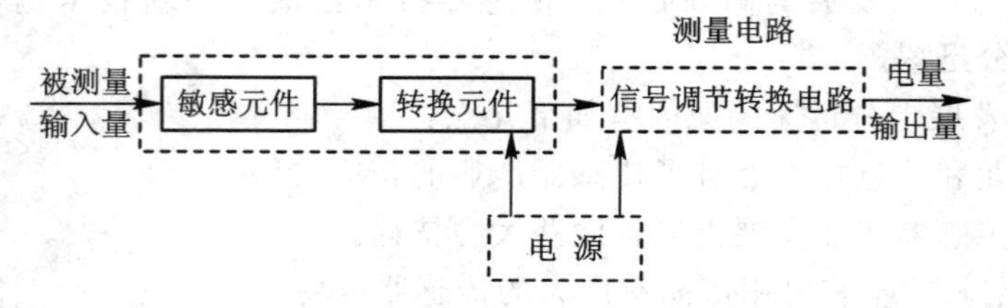

图 1.1 传感器组成方块图

实际上，有些传感器并不能明显区分敏感元件和转换元件两个部分，而是将二者合为一体。例如，压电传感器、热电偶等就没有中间转换环节，直接将被测量转换成电信号。

1.3 传感器的分类

传感器种类繁多，功能各异。由于同一被测量可用不同转换原理实现探测，利用同一种物理法则、化学反应或生物效应可设计制作出检测不同被测量的传感器，而功能大同小异的同一类传感器可用于不同的技术领域，故传感器有不同的分类法：

(1) 根据传感器感知外界信息所依据的基本效应，可以将传感器分成3大类：基于物理效应(如光、电、声、磁、热等效应)进行工作的物理传感器；基于化学反应(如化学吸附、选择性化学反应等)进行工作的化学传感器；基于酶、抗体、激素等分子识别功能的生物传感器。

(2) 按工作原理分类，可分为应变式、电容式、电感式、电磁式、压电式、热电式等传感器。

(3) 根据传感器使用的敏感材料分类，可分为半导体传感器、光纤传感器、陶瓷传感器、金属传感器、高分子材料传感器、复合材料传感器等。

(4) 按照被测量分类，可分为力学量传感器、热量传感器、磁传感器、光传感器、放射线传感器、气体成分传感器、液体成分传感器、离子传感器和真空传感器等。

(5) 按能量关系分类，可分为能量控制型和能量转换型两大类。所谓能量控制型是指其变换的能量是由外部电源供给的，而外界的变化(即传感器输入量的变化)只起到控制的作用。如用电桥测量电阻温度变化时，温度的变化改变了热敏电阻的阻值，热敏电阻阻值的变化使电桥的输出发生变化(注意电桥的输出是由电源供给的)。而能量转换型是由传感器输入量的变化直接引起能量的变化。如热电效应中的热电偶，当温度变化时，直接引起输出电势改变。再如，传声器直接将声信号转化成电信号输出。

(6) 按传感器是利用场的定律还是利用物质的定律，可分为结构型传感器和物性型传感器。二者组合兼有两者特征的传感器称为复合型传感器。场的定律是关于物质作用的定律，例如动力场的运动定律、电磁场的感应定律、光的干涉现象等。利用场的定律做成的传感器，如电动式传感器、电容式传感器、激光检测器等。物质的定律是指物质本身内在性质的规律。例如弹性体遵从的虎克定律，晶体的压电性，半导体材料的压阻、热阻、光阻、湿阻、霍尔效应等。利用物质的定律做成的传感器，如压电式传感器、热敏电阻、光敏电阻、光电管等。

(7) 按依靠还是不依靠外加能源工作，可分为有源传感器和无源传感器。有源传感器敏感元件工作需要外加电源，无源传感器工作不需外加电源。

(8) 按输出量是模拟量还是数字量，可分为模拟量传感器和数字量传感器。

表1.2列出了传感器的分类。尽管此处列出的传感器分类有较大的概括性，但由于传感器的分类不统一，因而其分类很难完备，例如有的学者将传感器作了如下分类：① 压力；② 力/荷重；③ 位移(厚度)；④ 力矩；⑤ 角度；⑥ 角速度(转速)；⑦ 速度；⑧ 加速度；⑨ 角加速度；⑩ 倾斜角；⑪ 编码；⑫ 振动；⑬ 气体/烟雾；⑭ 温度；⑮ 热能；⑯ 湿度；⑰ 水分；⑱ 露点；⑲ 液位；⑳ 料位；㉑ 流量；㉒ 流速；㉓ 风速；㉔ 电流；㉕ 电压；㉖ 电功率；㉗ 电频率；㉘ 接近开关；㉙ 磁性开关；㉚ 光电开关；㉛ pH值；㉜ 电阻率；㉝ 电导率；㉞ 水溶氧；㉟ 生物；㊱ 红外线；㊲ 紫外线；㊳ 光纤；㊴ 离子；㊵ 激光；㊶ 超

声波；㊷ 声音/噪声；㊸ 触觉；㊹ 图像/颜色；㊺ 密度/黏度；㊻ 混浊度。

表 1.2　传感器的分类

分类方法	传感器的种类	说　明
按依据的效应分类	物理传感器 化学传感器 生物传感器	基于物理效应(光、电、声、磁、热) 基于化学效应(吸附、选择性化学反应) 基于生物效应(酶、抗体、激素等的分子识别和选择功能)
按输入量分类	位移、速度、温度、压力、气体成分、浓度等传感器	传感器以被测量命名
按工作原理分类	应变式、电容式、电感式、电磁式、压电式、热电式传感器等	传感器以工作原理命名
按输出信号分类	模拟式传感器 数字式传感器	输出为模拟量 输出为数字量
按能量关系分类	能量转换型传感器 能量控制型传感器	直接将被测量转换为输出量的能量 由外部供给传感器能量，而由被测量控制输出量能量
按是利用场的定律还是利用物质的定律分类	结构型传感器 物性型传感器	通过敏感元件几何结构参数变化实现信息转换 通过敏感元件材料物理性质的变化实现信息转换
按是否依靠外加能源分类	有源传感器 无源传感器	传感器工作需外加电源 传感器工作无需外加电源
按使用的敏感材料分类	半导体传感器、光纤传感器、陶瓷传感器、金属传感器、高分子材料传感器、复合材料传感器等	传感器以使用的敏感材料命名

1.4　传感器的性能和评价

为了更好地掌握和使用传感器，必须事先充分了解传感器的特性。传感器的各种特性一般是根据输入和输出的对应关系来描述的。传感器在稳态(静态或准静态)信号作用下，输入和输出的对应关系称为静态特性；在动态(周期或暂态)信号作用下，输入和输出的对应关系称为动态特性。

1.4.1 传感器的静态特性

1. 灵敏度

灵敏度是描述传感器的输出量(一般为电学量)对输入量(一般为非电学量)敏感程度的特性参数，其定义为传感器输出量的变化值与相应的被测量(输入量)的变化值之比，用公式表示为

$$k(x)=\frac{\text{输出量的变化值}}{\text{输入量的变化值}}=\frac{\Delta y}{\Delta x}$$

可见，斜率即为灵敏度。对线性传感器来说，灵敏度是一个常数；非线性传感器的灵敏度则随输入量变化。

2. 分辨率

传感器在规定测量范围内可能检测出的被测量的最小变化量称为分辨率。分辨率是传感器可感受到的被测量的最小变化的能力。也就是说，如果输入量从某一非零值缓慢地变化，当输入变化值未超过某一数值时，传感器的输出不会发生变化，即传感器对此输入量的变化是分辨不出来的。只有当输入量的变化超过分辨率时，其输出才会发生变化。

通常传感器在满量程范围内各点的分辨率并不相同，因此常用满量程中能使输出量产生阶跃变化的输入量中的最大变化值作为衡量分辨率的指标。分辨力可用绝对值表示，也可用与满量程的百分数表示(称为分辨率)。

3. 灵敏度界限(阈值)

输入改变 Δx 时，输出变化 Δy，Δx 变小，Δy 也变小。但是一般来说，Δx 小到某种程度，输出就不再变化了，这时的 Δx 叫做灵敏度界限。

存在灵敏度界限的原因有两个：一个是输入的变化量被传感器内部吸收，因而反映不到输出端上去。典型的例子是螺丝或齿轮的松动。螺丝和螺帽、齿条和齿轮之间多少都有空隙，如果 Δx 相当于这个空隙的话，那么 Δx 是无法传递出去的。又例如，装有轴承的旋转轴，如果不加上能克服轴与轴之间摩擦的力矩的话，轴是不会旋转的。第二个原因是传感器输出存在噪声。如果传感器的输出值比噪声电平小，就无法把有用信号和噪声分开。如果不加上最起码的输入值(这个输入值所产生的输出值与噪声的电平大小相当)是得不到有用的输出值的，该输入值即灵敏度界限。灵敏度界限也叫阈值、灵敏阈或门槛灵敏度。事实上灵敏度界限是传感器在零点附近的分辨力。

4. 测量范围和量程

在允许误差限内，被测量(输入量)值的下限到上限之间的范围称为测量范围，测量范围上限值和下限值的代数差称为量程。其计算公式为

$$x_{\mathrm{FS}}=x_{\max}-x_{\min}$$

式中，$x_{\max}$为测量范围上限值，$x_{\min}$为测量范围下限值。

满量程输出 y_{FS}是相应的最大输出 $y_{\max}$和最小输出 $y_{\min}$的代数差，即

$$y_{\mathrm{FS}}=y_{\max}-y_{\min}$$

5. 线性度

理想的传感器输出与输入呈线性关系。然而，实际的传感器即使在量程范围内，输出

与输入的线性关系严格来说也是不成立的，总存在一定的非线性。线性度是评价非线性程度的参数，其定义为：传感器的输出-输入校准曲线与理论拟合直线之间的最大偏差与传感器满量程输出之比，称为该传感器的“非线性误差”或“线性度”，也称“非线性度”。通常用相对误差表示其大小

$$e_f = \pm \frac{\Delta_{max}}{y_{FS}} \times 100\%$$

式中，e_f 为非线性误差(线性度)，Δ_{max}为校准曲线与理想拟合直线间的最大偏差，y_{FS}为传感器满量程输出平均值，如图 1.2 所示。

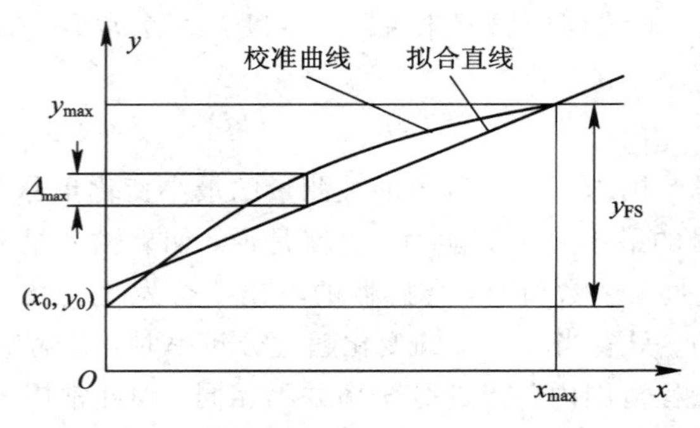

图 1.2　非线性误差说明

非线性误差大小是以一拟合直线或理想直线作为基准直线计算出来的，基准直线不同，所得出的线性度就不一样。因而不能笼统地提线性度或非线性误差，必须说明其所依据的基准直线。按照所依据的基准直线的不同，有理论线性度、端基线性度、独立线性度、最小二乘法线性度等。最常用的是最小二乘法线性度。

理论线性度：拟合直线为理论直线，通常以 0%作为直线起始点，满量程输出 100%作为终止点。

端基线性度：以校准曲线的零点输出和满量程输出值连成的直线为拟合直线。

独立线性度：作两条与端基直线平行的直线，使之恰好包围所有的标定点，以与二直线等距离的直线作为拟合直线。

最小二乘法线性度：以最小二乘法拟合的直线为拟合直线。

6. 迟滞差

输入逐渐增加到某一值，与输入逐渐减小到同一输入值时的输出值不相等，叫迟滞现象。迟滞差表示这种不相等的程度。其值以满量程的输出 y_{FS}的百分数表示为

$$e_t = \frac{\Delta_{max}}{y_{FS}} \times 100\%$$

或者

$$e_t = \pm \frac{\Delta_{max}}{2y_{FS}} \times 100\%$$

式中，Δ_{max}为输出值在正反行程的最大差值。如图 1.3 所示，$\Delta_{max} = y_2 - y_1$。

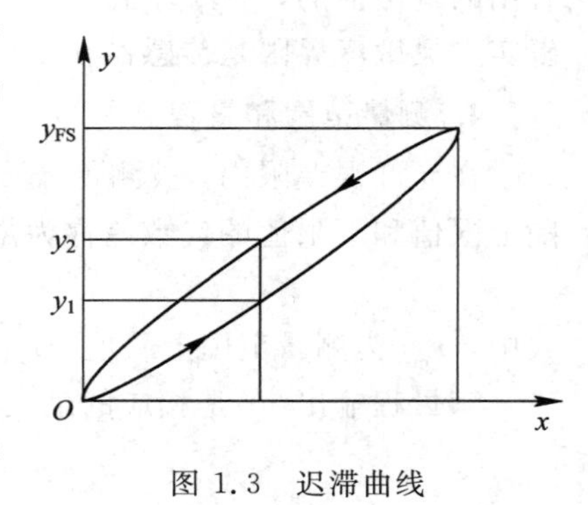

图 1.3　迟滞曲线

图 1.3 是这种现象稍微夸张了的曲线。一般来说输入增加到某值时的输出要比输入下

降到该值时的输出值小，正如图 1.3 所示。如存在迟滞差，则输入和输出的关系就不是一一对应了，因此必须尽量减少这个差值。

各种材料的物理性质是产生迟滞现象的原因。如把应力加于某弹性材料时，弹性材料产生变形，应力虽然取消了但材料不能完全恢复原状。又如，铁磁体、铁电体在外加磁场、电场作用下均有这种现象。迟滞也反映了传感器机械部分不可避免的缺陷，如轴承摩擦、间隙、螺丝松动等。各种各样的原因混合在一起导致了迟滞现象的发生。

7. 重复性

重复性是指由相同观测者用相同的测量方法在正常和正确操作的情况下，在相同地点使用相同的测量仪器，并在短期内对同一被测的量进行多次连续测量所得结果之间的符合程度，常用实验标准(偏)差表示。

8. 零漂和温漂

将无输入时的输出示值称为零位输出，简称零位，零位会随时间或温度而发生变化，在规定时间间隔内，最大偏差与满量程的百分比称为零漂。零漂包括时间漂移和温度漂移，也叫零位时漂和零位温漂。

温度每升高 1℃，输出值的最大偏差与满量程的百分比称为温漂。

9. 稳定性

稳定性表示传感器在一个较长的时间内保持其性能参数的能力。

理想的情况是，不管什么时候传感器的灵敏度等特性参数不随时间变化。但实际上，随着时间的推移，大多数传感器的特性会改变。这是因为传感元件或构成传感器的部件的特性随时间发生变化，产生一种经时变化的现象。即使长期放置不用的传感器也会产生经时变化的现象。变化与使用次数有关的传感器，受到这种经时变化的影响更大。因此，传感器必须定期进行校准，特别是作标准用的传感器更是这样。

1.4.2　传感器的动态特性

大多数情况下传感器的输入信号是随时间变化的，这时要求传感器时刻精确地跟踪输入信号，按照输入信号的变化规律输出信号。当传感器输入信号的变化缓慢时，是容易跟踪的，但随着输入信号的变化加快，传感器随动跟踪性能会逐渐下降。输入信号变化时，引起输出信号也随时间变化，这个过程叫做响应。动态特性就是指传感器对于随时间变化的输入量的响应特性。响应特性是传感器的重要特性之一。

1. 传递函数

1）定义

假设传感器在输入输出存在线性关系(即传感器是线性的，特性不随时间变化)的范围内使用，则它们之间的关系可用高阶常系数线性微分方程表示为

$$\begin{aligned} a_n \frac{\mathrm{d}^n y}{\mathrm{d}t^n} + a_{n-1} \frac{\mathrm{d}^{n-1} y}{\mathrm{d}t^{n-1}} + \cdots + a_1 \frac{\mathrm{d}y}{\mathrm{d}t} + a_0 y \\ = b_m \frac{\mathrm{d}^m x}{\mathrm{d}t^m} + b_{m-1} \frac{\mathrm{d}^{m-1} x}{\mathrm{d}t^{m-1}} + \cdots + b_1 \frac{\mathrm{d}x}{\mathrm{d}t} + b_0 x \end{aligned}$$

式中，y 为输出量，x 为输入量，a_i、b_i 为常数。对上式进行拉普拉斯变换，由

$$L\left\{\frac{d^n y}{dt^n}\right\} = s^n Y(s) - s^{n-1} y(0) - s^{n-2} \frac{dy}{dt}(0) - \cdots - \frac{d^{n-1} y}{dt^{n-1}}(0)$$

并设 $t=0$ 时，$\frac{d^i y}{dt^i}$、$\frac{d^i x}{dt^i}(i=0,1,\cdots)$全部为 0，得到

$$\frac{Y(s)}{X(s)} = G(s) = \frac{b_m s^m + b_{m-1} s^{m-1} + \cdots + b_1 s + b_0}{a_n s^n + a_{n-1} s^{n-1} + \cdots + a_1 s + a_0} \tag{1.1}$$

式中，$X(s)$是输入的拉氏变换，$Y(s)$是输出的拉氏变换，$G(s)$称为拉氏形式的传递函数，或简称传递函数。即输出的拉氏变换等于输入的拉氏变换乘以传递函数。

传递函数在数学上的定义是：初始条件为零时，输出量(响应函数)的拉氏变换与输入量(激励函数)的拉氏变换之比。

传递函数表示系统本身的传输、转换特性，与激励及系统的初始状态无关。同一传递函数可能表征着两个完全不同的物理(或其他)系统，但说明它们有相似的传递特性。

2) 系统的串联和并联

两个各有 $G_1(s)$和 $G_2(s)$传递函数的系统串联后，如果它们的阻抗匹配合适，相互之间不影响彼此的工作状态，如图 1.4(*a*)所示，则其传递函数为

$$G(s) = \frac{Y(s)}{X(s)} = \frac{Z(s)}{X(s)} \cdot \frac{Y(s)}{Z(s)} = G_1(s) \cdot G_2(s)$$

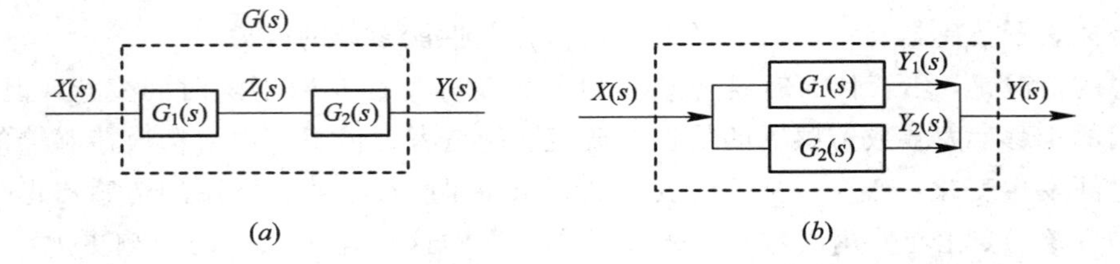

图 1.4 两个系统的串联和并联
(*a*) 串联；(*b*) 并联

对于由 n 个系统串联组成的新系统，则其传递函数为

$$G(s) = \prod_{i=1}^{n} G_i(s)$$

如果两个系统并联时，如图 1.4(*b*)所示，则其传递函数为

$$G(s) = \frac{Y(s)}{X(s)} = \frac{Y_1(s) + Y_2(s)}{X(s)} = \frac{Y_1(s)}{X(s)} + \frac{Y_2(s)}{X(s)} = G_1(s) + G_2(s)$$

对于由 n 个系统并联组成的新系统，则其传递函数为

$$G(s) = \sum_{i=1}^{n} G_i(s)$$

3) 零阶、一阶和二阶(传感器)系统

当传递函数中只有 a_0 与 b_0 不为零时，有

$$a_0 y = b_0 x$$

即

$$y = \frac{b_0}{a_0} x = kx$$

这个系统称为零阶系统(传感器)，这种传感器的输出能精确地跟踪输入。电位器式传感器就是一种零阶系统。

除系数 a_1、a_0、b_0 外，其他系数均为零的系统称为一阶系统，由弹簧和阻尼组成的机械系统就是典型的一阶传感器。RC 回路、液体温度计等也属于一阶系统。

只有 a_2、a_1、a_0、b_0 不为零的系统称为二阶系统，电动式振动传感器、RLC 谐振线路为二阶系统。

4) 传递函数的分解

传感器一般可以近似为集总参数的、线性的、特性不随时间变化的系统。其一般形式的传递函数如式(1.1)所示。为了说明问题方便并根据大多数传感器的情况，可假设

$$b_m = b_{m-1} = \cdots = b_1 = 0$$

则式(1.1)可简化为

$$G(s) = \frac{Y(s)}{X(s)} = \frac{b_0}{a_n s^n + a_{n-1} s^{n-1} + \cdots + a_1 s + a_0}$$

其中分母是 s 的实系数多项式。方程式

$$a_n s^n + a_{n-1} s^{n-1} + \cdots + a_1 s + a_0 = 0$$

的根有 n 个。因为是实系数，所以复根有偶数个(由共轭复根组成)，剩下的是实根。因而分母多项式总可以分解为一次和二次的实系数因子，传递函数可写成

$$G(s) = A\prod_{i=1}^{r}\left(\frac{1}{s+p_i}\right)\cdot\prod_{j=1}^{(n-r)/2}\left(\frac{1}{s^2+2\xi_j\omega_{nj}s+\omega_{nj}^2}\right)$$

上式中，每一个因子式可以看成一个子系统的传递函数。其中 A 是零阶系统的传递函数；$\frac{1}{s+p_i}$ 是一阶系统的传递函数；而 $\frac{1}{s^2+2\xi_j\omega_{nj}s+\omega_{nj}^2}$ 则是二阶系统的传递函数。由此可见，一个复杂的高阶系统总是可以看成是由若干个零阶、一阶和二阶系统串联而成的。

另一方面，如果将上式的右边作部分分式展开，则将得到另一种等价的形式：

$$G(s) = \sum_{i=1}^{r}\frac{q_i}{s+p_i} + \sum_{j=1}^{(n-r)/2}\frac{\alpha_j s+\beta_j}{s^2+2\xi_j\omega_{nj}s+\omega_{nj}^2}$$

上式表示一个高阶系统，也可以看成是由若干个一阶和二阶系统并联而成的。

综上所述，一个高阶系统的传感器总可以看成是由若干个零阶、一阶和二阶系统组合而成的。一阶系统和二阶系统的响应是最基本的响应，所以下面着重讨论一阶和二阶系统的动态特性。

5) 传递函数的功用

传递函数的功用之一是，在方块图中用作表示系统的图示符号，如图 1.5 所示。

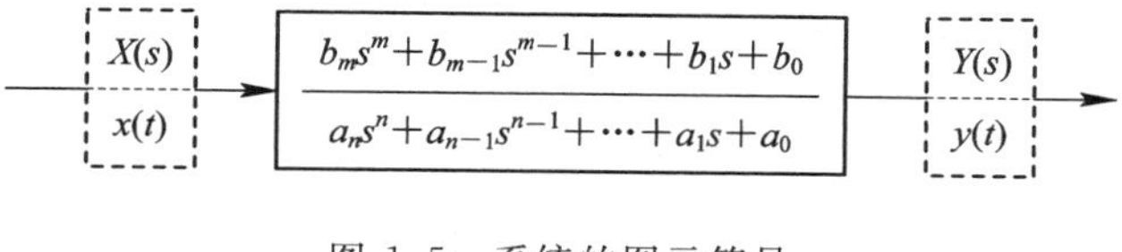

$X(s)$ / $x(t)$ → $\dfrac{b_m s^m + b_{m-1}s^{m-1} + \cdots + b_1 s + b_0}{a_n s^n + a_{n-1}s^{n-1} + \cdots + a_1 s + a_0}$ → $Y(s)$ / $y(t)$

图 1.5 系统的图示符号

另一方面，当组成系统的各个元件或环节的传递函数已知时，可以用传递函数来确定该系统的总特性，可用单个环节的传递函数的乘积表示系统的传递函数，如图 1.6 所示。

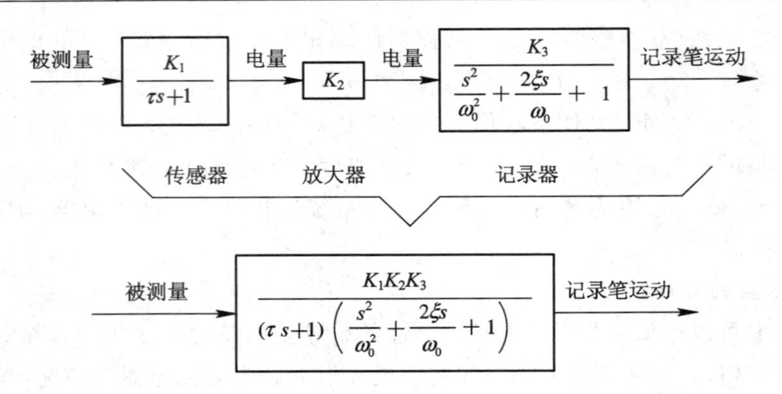

图 1.6 系统的传递函数

对于复杂系统的求解，我们可以将其化成简单系统的组合，其解则为简单系统解的组合。

2. 一阶(惯性)系统的动态响应

一阶系统的传递函数为

$$\frac{Y(s)}{X(s)}=G(s)=\frac{b_0}{a_1 s+a_0}=\frac{\frac{b_0}{a_0}}{\frac{a_1}{a_0}s+1}=\frac{k}{\tau s+1}$$

式中，$k=b_0/a_0$ 是系统的静态灵敏度，$\tau=a_1/a_0$ 为时间常数(量纲为时间)。

进一步写为

$$G(s)=\frac{k/\tau}{s+1/\tau}$$

1) 一阶系统的冲激响应

设输入信号为 δ 函数，即

$$\delta(t)=\begin{cases}\infty, & t=0\\ 0, & t\neq 0\end{cases}$$

且
$$\int_{-\infty}^{\infty}\delta(t)\,\mathrm{d}t=1\quad\text{(为单位脉冲函数)}$$

其输出称为冲激响应。因为

$$\mathrm{L}\{\delta(t)\}=1$$

所以

$$Y(s)=G(s)\cdot X(s)=G(s)=\frac{k/\tau}{s+1/\tau}$$

求反变换得

$$y(t)=\frac{k}{\tau}\mathrm{e}^{-\frac{1}{\tau}t}$$

其相应的曲线如图 1.7 所示。

由图可知：在冲激信号出现的瞬间(即 $t=0$)响应函数也突然跃升，其幅度与 k 成正比，而与时间常数 $\tau=a_1/a_0$ 成反比；在 $t>0$ 时，作指数衰减，t 越小衰减越快，响应的波形也越接近脉冲信号。

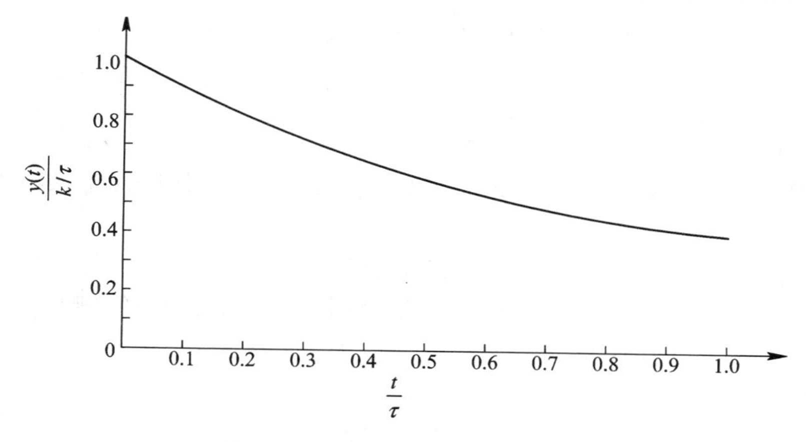

图 1.7 一阶系统的冲激响应曲线

2）一阶系统的阶跃响应

一个起始静止的传感器若输入一单位阶跃信号

$$u(t)=\begin{cases}0, & t\leqslant 0\\ 1, & t>0\end{cases}$$

其输出信号称为阶跃响应。因为

$$\mathrm{L}\{u(t)\}=\frac{1}{s}$$

则
$$Y(s)=G(s)\cdot X(s)=\frac{k}{\tau}\cdot\frac{1}{(s+1/\tau)s}$$

由拉氏变换得

$$y(t)=k(1-\mathrm{e}^{-\frac{1}{\tau}t})$$

其响应曲线如图 1.8 所示。由上式和图 1.8 可知，稳态响应是输入阶跃值的 k 倍，暂态响应是指数函数，$t\to\infty$时才能达到最终的稳态值。当 $t=\tau$ 时，$y(t)=k(1-\mathrm{e}^{-1})=0.632k$，即达到稳态值的 63.2%。由此可知 τ 越小，响应曲线越接近于阶跃曲线，所以时间常数 τ 是反映一阶系统动态响应优劣的关键参数。

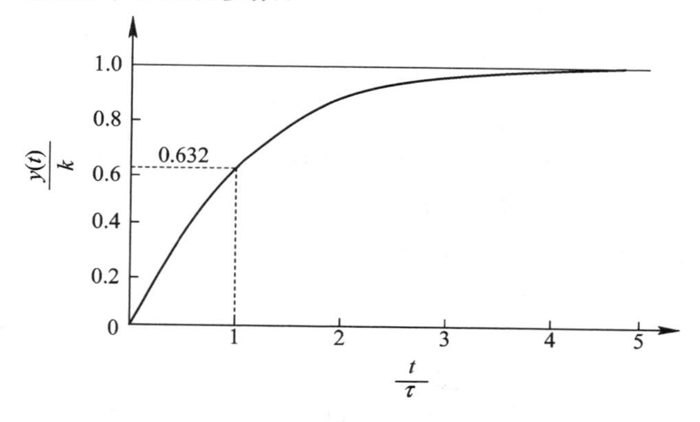

图 1.8 一阶系统的阶跃响应曲线

3）一阶系统的频率响应

一定振幅的周期信号输入传感器时，如果这个信号振幅是在传感器的线性范围之内，那么传感器的输出可以通过传递函数求出。由于周期信号可用傅里叶级数表示，因此可以把输入信号看成是正弦或余弦函数。$\sin\omega t$ 和 $\cos\omega t$ 的拉氏变换分别为$\frac{\omega}{s^2+\omega^2}$、$\frac{s}{s^2+\omega^2}$，这两个变换乘以传递函数 $G(s)$，然后求其逆变换，就可以得到系统响应 $y(t)$。$y(t)$包括瞬态响应成分和稳态响应成分。瞬态响应随时间的推移会逐渐消失直到稳定，因此瞬态响应可忽略不计。

将各频率不同而幅度相等的正弦信号输入传感器，其输出信号(也是正弦)的幅度及相位与频率之间的关系，就称为频率响应特性。频率响应特性可由频率响应函数表示，由幅-频和相-频特性组成。

设输入信号为

$$x(t) = \sin\omega t$$

$$\mathrm{L}\{x(t)\} = \frac{\omega}{s^2+\omega^2}$$

$$Y(s) = \frac{k\omega}{\tau} \cdot \frac{1}{(s+1/\tau)\ (s^2+\omega^2)}$$

求反变换得

$$y(t) = \frac{k\omega}{\tau} \cdot \frac{1}{(1/\tau)^2+\omega^2} \mathrm{e}^{-\frac{1}{\tau}t} + \frac{1}{\omega}\sqrt{\frac{(k\omega/\tau)^2}{(1/\tau)^2+\omega^2}}\ \sin(\omega t+\varphi)$$

其中

$$\varphi = -\arctan\omega\tau$$

$y(t)$包括瞬态响应成分和稳态响应成分。上式中第一项瞬态响应随时间的推移会逐渐消失，因此瞬态响应就可以忽略不计。所以稳态响应为

$$y(t) = k\frac{1}{\sqrt{1+\omega^2\tau^2}}\ \sin(\omega t+\varphi)$$

表示为

$$y(t) = H(\omega)\ \sin(\omega t+\varphi)$$

其中幅-频特性表示为

$$H(\omega) = \frac{k}{\sqrt{1+\omega^2\tau^2}}$$

相-频特性表示为

$$\varphi(\omega) = -\arctan(\omega\tau)$$

将 $H(\omega)$和 $\varphi(\omega)$绘成曲线，如图 1.9 所示。图中纵坐标增益采用分贝值，横坐标 ω 也是对数坐标，但直接标注 ω 值。这种图又称为伯德(Bode)图。

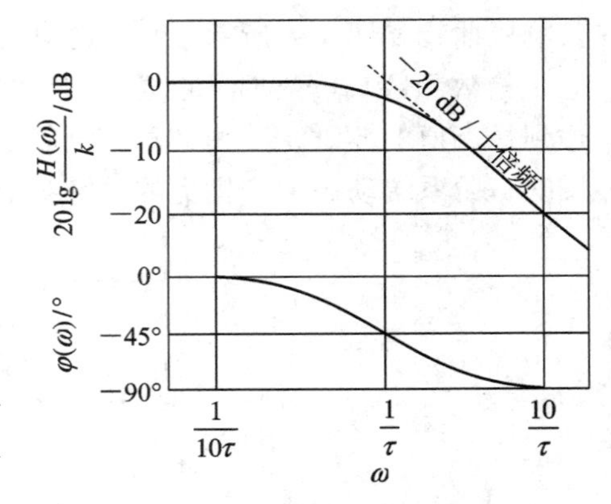

图 1.9　一阶系统的伯德(Bode)图

由图可知，一阶系统只有在 τ 很小时才近似于零阶系统特性(即 $H(\omega)=k$，$\varphi(\omega)=0$)。当 $\omega\tau=1$ 时，传感器灵敏度下降了 3 dB(即 $H(\omega)=0.707k$)。如果取灵敏度下降到 3 dB 时的频率为工作频带的上限，则一阶系统的上截止频率为 $\omega_H=1/\tau$，所以时间常数 τ 越小，则工作频带越宽。

综上所述，用一阶系统描述的传感器，其动态响应特性的优劣也主要取决于时间常数 τ。τ 越小越好，τ 小时，则阶跃响应的上升过程快，而频率响应的上截止频率高。

3. 二阶(振荡)系统的动态响应

弹簧、质量和阻尼振动系统(如图 1.10 所示)及 RLC 串联电路是典型的二阶系统，其微分方程为

$$m\frac{\mathrm{d}^2y}{\mathrm{d}t^2}+c\frac{\mathrm{d}y}{\mathrm{d}t}+ky=F$$

$$L\frac{\mathrm{d}^2q}{\mathrm{d}t^2}+R\frac{\mathrm{d}q}{\mathrm{d}t}+\frac{1}{C}q=e$$

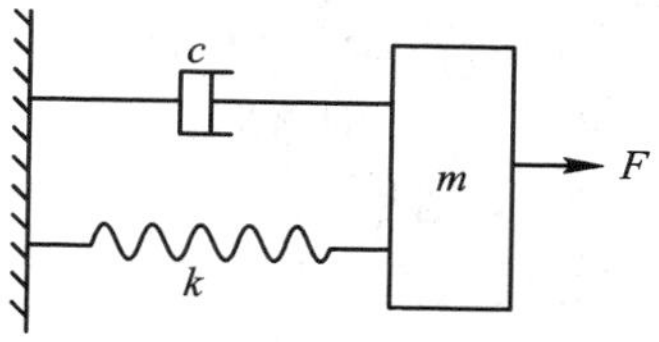

图 1.10 二阶系统示意图

二阶系统的传递函数为

$$G(s)=\frac{b_0}{a_2s^2+a_1s+a_0}=\frac{k\omega_n^2}{s^2+2\xi\omega_ns+\omega_n^2}$$

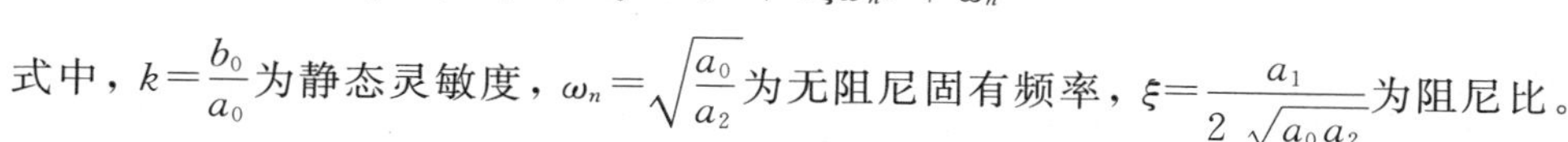

式中，$k=\dfrac{b_0}{a_0}$为静态灵敏度，$\omega_n=\sqrt{\dfrac{a_0}{a_2}}$为无阻尼固有频率，$\xi=\dfrac{a_1}{2\sqrt{a_0a_2}}$为阻尼比。

1) 二阶系统的冲激响应

由

$$Y(s)=G(s)\cdot X(s)=G(s)=\frac{k\omega_n^2}{s^2+2\xi\omega_ns+\omega_n^2}=\frac{k\omega_n^2}{(s+\xi\omega_n)^2+\omega_n^2(1-\xi^2)}$$

查表可得

当 $\xi<1$(欠阻尼)时，有

$$\frac{y(t)}{\omega_nk}=\frac{1}{\sqrt{1-\xi^2}}\mathrm{e}^{-\xi\omega_nt}\sin(\omega_n\sqrt{1-\xi^2})t$$

当 $\xi=1$(临界阻尼)时，有

$$\frac{y(t)}{\omega_nk}=\omega_nt\,\mathrm{e}^{-\omega_nt}$$

当 $\xi>1$(过阻尼)时，有

$$\frac{y(t)}{\omega_nk}=\frac{1}{2\sqrt{\xi^2-1}}\left[\mathrm{e}^{-(\xi+\sqrt{\xi^2-1})\omega_nt}-\mathrm{e}^{-(\xi-\sqrt{\xi^2-1})\omega_nt}\right]$$

相应的曲线如图 1.11 所示。

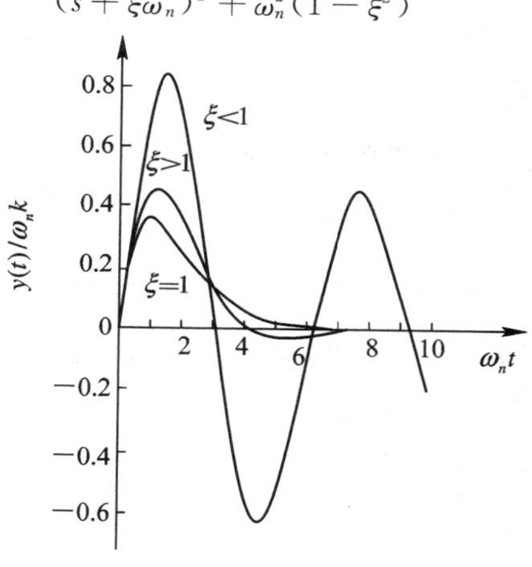

图 1.11 二阶系统的冲激响应曲线

2) 二阶系统的阶跃响应

由

$$Y(s)=\frac{k\omega_n^2}{[(s+\xi\omega_n)^2+\omega_n^2(1-\xi)]s}$$

得

$$\frac{y(t)}{k}=\begin{cases}\left.\begin{array}{l}1-\dfrac{1}{\sqrt{1-\xi^2}}\mathrm{e}^{-\xi\omega_nt}\sin(\sqrt{1-\xi^2}\,\omega_nt+\varphi)\\ \varphi=\arctan\dfrac{\sqrt{1-\xi^2}}{\xi}\end{array}\right\}\xi<1\\ 1-(1+\omega_nt)\,\mathrm{e}^{-\omega_nt}\qquad\qquad \xi=1\\ \left.\begin{array}{l}1-\dfrac{1}{\sqrt{\xi^2-1}}\mathrm{e}^{-\xi\omega_nt}\sinh(\sqrt{\xi^2-1}\,\omega_nt+\varphi)\\ \varphi=\operatorname{arctanh}\dfrac{\sqrt{\xi^2-1}}{\xi}\end{array}\right\}\xi>1\end{cases}$$

图 1.12 给出了各种情况下的阶跃响应曲线。由图可知，固有频率 ω_n 越高则响应曲线上升越快，而阻尼比 ξ 越大，过冲现象减弱越多，当 $\xi \geqslant 1$ 时则完全没有过冲，也不存在振荡。如果在稳态响应值($y(t)/k=1$)上下取±10%的误差带，而定义响应曲线进入这个误差带(再不越出)的时间为建立时间，那么当 $\xi=0.6$ 时建立时间最短，约为 $2.4/\omega_n$，若误差带取±5%，则 $\xi=0.7\sim0.8$ 最好。通常将传感器设计成欠阻尼，阻尼比取在 0.6~0.8 之间，以兼顾使之有较快的上升时间和较小的过冲(超调量)。

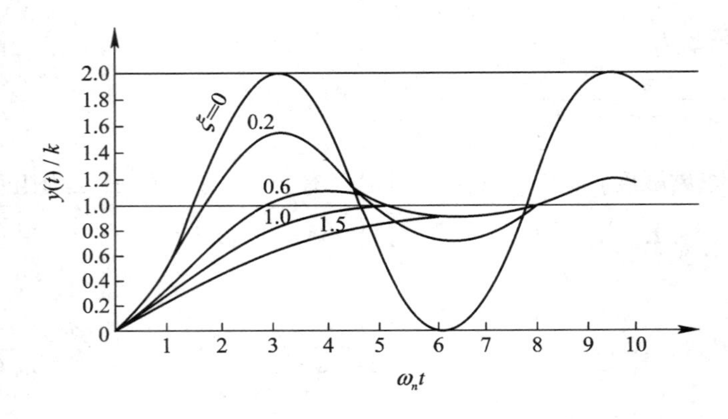

图 1.12　二阶系统的阶跃响应曲线

3) 二阶系统的频率响应

若一个起始静止的系统，其输入为单位幅度的正弦信号，则有

$$Y(s)=\frac{k\omega_n^2}{[(s+\xi\omega_n)^2+\omega_n^2(1-\xi^2)]}\frac{\omega}{s^2+\omega^2}$$

得

$$y(t)=\frac{k\omega_n^2}{\sqrt{(\omega_n^2-\omega^2)^2+4\xi^2\omega_n^2\omega^2}}\sin(\omega t+\varphi_1)$$

$$+\frac{k\omega_n\omega}{(1-\xi^2)\sqrt{(\omega_n^2-\omega^2)+4\xi^2\omega_n^2\omega^2}}\mathrm{e}^{-\xi\omega_n t}\sin[\omega_n(1+\xi^2)t+\varphi_2]$$

$$\varphi_1=\arctan\left(\frac{-2\xi\omega_n\omega}{\omega_n^2-\omega^2}\right)$$

$$\varphi_2=\arctan\left(\frac{2\xi\omega_n^2\sqrt{1-\xi^2}}{\omega^2+2\xi^2\omega_n^2-\omega_n^2}\right)$$

随着时间的推移，第二项将逐渐消失，直到稳定，稳态响应的幅-频特性和相-频特性分别为

$$\left|\frac{y(t)}{k}\right|=\frac{\omega_n^2}{\sqrt{(\omega_n^2-\omega^2)^2+4\xi^2\omega_n^2\omega^2}}$$

$$\varphi_1=\arctan\left(\frac{-2\xi\omega_n\omega}{\omega_n^2-\omega^2}\right)$$

二阶系统的伯德图如图 1.13 所示。当 $\xi<1/\sqrt{2}$时，在 ω_n 附近振幅具有峰值，即产生共振现象，ξ 越小峰值越高。$\omega=\omega_n$ 时，相位有 90°滞后，最大相位滞后为 180°，ξ 越大，相位滞后变化越平稳。

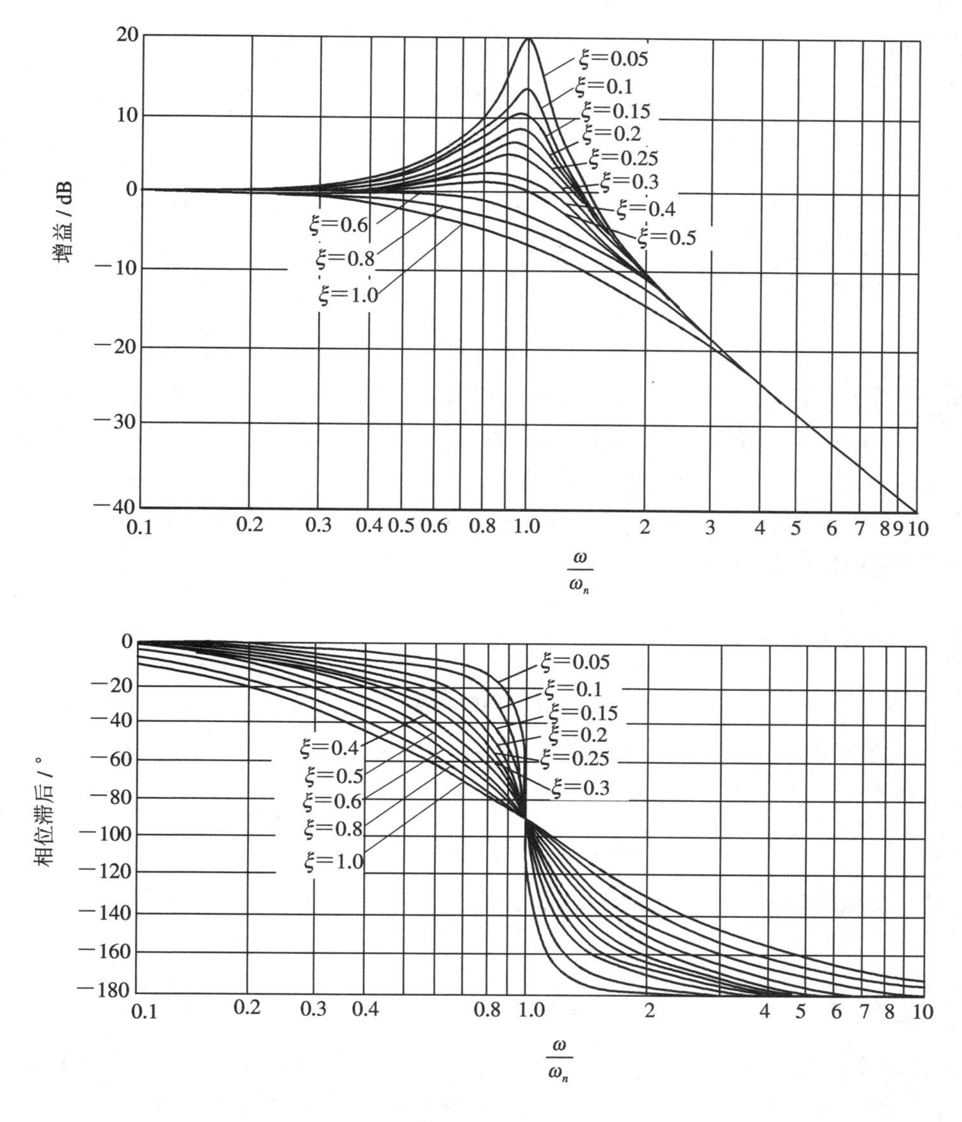

图 1.13 二阶系统的伯德图

4. 任意输入作用下传感器的动态响应

设 $g(t)$是具有常系数线性系统的脉冲(冲激)响应，即当单位脉冲函数 $\delta(t)$为驱动函数输入到线性系统时(该系统对应着常系数的线性常微分方程)，输出的时间响应函数为 $g(t)$，如图 1.14 所示。与此类似，发生在 t_0时刻且幅值为 A 的脉冲 $A\delta(t-t_0)$的响应是 $Ag(t-t_0)$。

图 1.14 线性系统的脉冲响应

设某任意输入 $f(t)$如图 1.15 所示，求其输入该系统后的时间响应 $h(t)$。为此，把$f(t)$分解为许许多多接连着的梯形脉冲，把 $f(t)$的响应看做这些梯形脉冲的响应。而当时间间隔 $\Delta\tau$ 变小时，每一脉冲所产生的响应，便近似地等于由幅值与脉冲面积相等的 δ 脉冲所产生的响应。

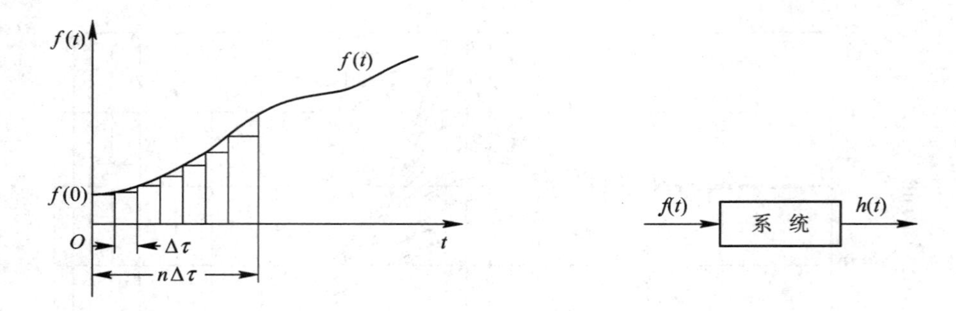

图 1.15 任意输入函数看做许许多多接连着的梯形脉冲

第一个脉冲的面积为 $f(0)\Delta\tau$，它的响应近似于幅值为 $f(0)\Delta\tau$ 的脉冲 $f(0)\Delta\tau\delta(t)$ 的响应，即 $f(0)\Delta\tau g(t)$。与此相类似，第二个脉冲的面积为 $f(\Delta\tau)\Delta\tau$，它的响应近似于第二个脉冲 $f(\Delta\tau)\Delta\tau\delta(t-\Delta\tau)$ 的响应，即 $f(\Delta\tau)\Delta\tau g(t-\Delta\tau)$。其中函数 $g(t)$ 中的时间滞后 $\Delta\tau$，是由于第二个脉冲发生在时刻 $\Delta\tau$，更一般地，与第 $n+1$ 个脉冲相对应的脉冲发生在时刻 $n\Delta\tau$，这个脉冲在时刻 t 的响应是

$$f(n\Delta\tau)\Delta\tau g(t-n\Delta\tau)$$

求和得到所有脉冲的响应，它是 $h(t)$ 的近似值，即

$$h(t)\approx\sum_{n=0}^{\infty}f(n\Delta\tau)\Delta\tau g(t-n\Delta\tau)$$

为求出 $h(t)$ 的精确值，令 $\Delta\tau$ 趋于零，因 $n\Delta\tau=\tau$，从而 n 趋于无限大。这样 $\Delta\tau\to\mathrm{d}\tau$，$n\Delta\tau\to\tau$，从而上述和式便变成了积分式

$$h(t)=\int_0^t f(\tau)g(t-\tau)\mathrm{d}\tau$$

可见，系统的时间响应，就是该系统的脉冲响应与驱动函数 $f(t)$ 的卷积。

参 考 文 献

[1] 南京航空学院，北京航空学院. 传感器原理. 北京：国防工业出版社，1980.
[2] C. J. 沙万特. 拉普拉斯变换原理. 西安：陕西科学技术出版社，1984.
[3] 袁希光. 传感器技术手册. 北京：国防工业出版社，1989.
[4] 徐泽善. 敏感元器件与传感器行业十年回顾与展望. 传感器技术，1999，(1)：1.
[5] 张福学. 打开国内传感器市场. 电子产品世界，1999(1)：8.
[6] 陆玉库. 形形色色的传感器. 电子产品世界，2000(7)：17.
[7] 王雪，左巍，赵国华. 智能传感器的设计制造趋势. 电子产品世界，2000(2)：68.

第 2 章　应变式传感器

应变式传感器是利用电阻应变效应做成的传感器，是常用的传感器之一。应变式传感器的核心元件是电阻应变计，本章将先以较大篇幅对其加以介绍，然后再介绍应变式传感器。

电阻应变计，也称应变计或应变片，是一种能将机械构件上的应变的变化转换为电阻变化的传感元件。图 2.1 为其构造简图。排列成网状的高阻金属丝、栅状金属箔或半导体片构成的敏感栅 1，用粘合剂贴在绝缘的基片 2 上。敏感栅上贴有盖片（即保护片）3。电阻丝较细，一般在 0.015～0.06 mm，其两端焊有较粗的低阻镀锡铜丝（0.1～0.2 mm）4 作为引线，以便与测量电路连接。图 2.1 中，l 称为应变计的标距，也称（基）栅长，a 称为（基）栅宽，$l\times a$ 称为应变计的使用面积。

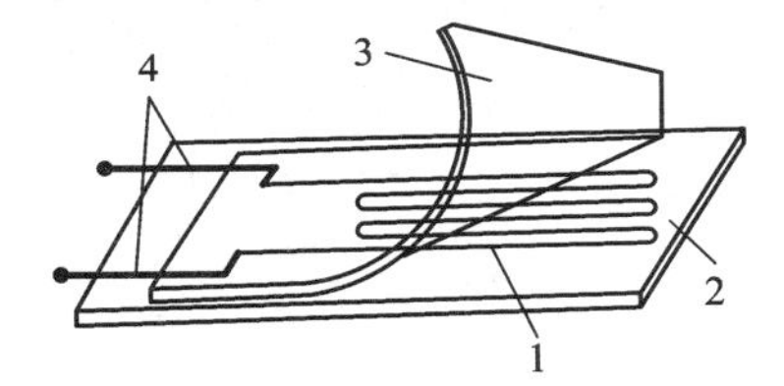

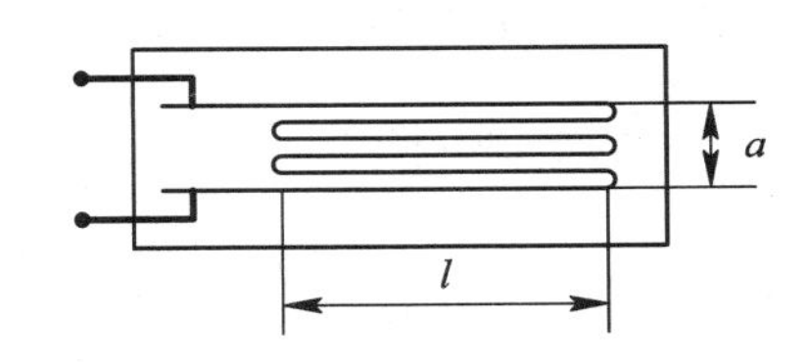

图 2.1　电阻应变计构造简图

使用时，用粘合剂将应变计贴在被测试件表面上。试件形变时，应变计的敏感栅与试件一同变形，使其电阻发生变化，由测量电路将电阻变化转换为电压或电流的变化，再由显示器记录仪将其显示记录。应变计的电阻变化是与形变成比例的，因此，由显示记录的电压或电流的变化，可得知被测试件应变的大小。

电阻应变计的工作原理是基于电阻应变效应的，下面加以介绍。

2.1　电阻应变效应

2.1.1　电阻应变效应

长为 l、截面积为 A、电阻率为 ρ 的金属或半导体丝，电阻为

$$R=\rho\frac{l}{A}$$

若导电丝在轴向受到应力的作用，其长度变化 Δl，截面积变化 ΔA，电阻率变化 $\Delta\rho$，

而引起电阻变化 ΔR，则

$$\frac{\Delta R}{R}=\frac{\Delta l}{l}-\frac{\Delta A}{A}+\frac{\Delta\rho}{\rho}$$

设电阻丝为圆形截面，直径为 d，因

$$A=\pi\frac{d^2}{4}$$

则

$$\frac{\Delta A}{A}=\frac{2\Delta d}{d}$$

因为泊松系数

$$\mu=-\frac{\Delta d/d}{\Delta l/l}$$

有

$$\frac{\Delta R}{R}=\frac{\Delta l}{l}(1+2\mu)+\frac{\Delta\rho}{\rho}=k_0\frac{\Delta l}{l}$$

式中

$$k_0=\frac{\Delta R/R}{\Delta l/l}=1+2\mu+\frac{\Delta\rho/\rho}{\Delta l/l}$$

为单根导电丝的灵敏系数，表示当发生应变时，其电阻变化率与其应变的比值。k_0 的大小由两个因素引起，一项是由于导电丝的几何尺寸的改变所引起，由$(1+2\mu)$项表示，另一项是导电丝受力后，材料的电阻率 ρ 发生变化而引起，由$(\Delta\rho/\rho)/(\Delta l/l)$项表示。

引用

$$\frac{\Delta\rho}{\rho}=\pi T$$

式中，应力为

$$T=E\varepsilon=E\frac{\Delta l}{l}$$

其中，π 表示压阻系数，$\varepsilon=\Delta l/l$ 为应变。则有

$$k_0=\frac{\Delta R/R}{\varepsilon}=1+2\mu+\pi E$$

对金属来说，πE 很小，可忽略不计，$\mu=0.25\sim0.5$，故 $k_0=1+2\mu\approx1.5\sim2$。对半导体而言，$\pi E$ 比 $1+2\mu$ 大得多，压阻系数 $\pi\approx(30\sim60)\times10^{-11}\ \mathrm{m^2/N}$，杨氏模量 $E=1.67\times10^{11}$ Pa，则 $\pi E\approx50\sim100$，故$(1+2\mu)$可以忽略不计。可见，半导体灵敏度要比金属大 50～100 倍。

2.1.2　应变计的分类

应变计有很多品种系列：从尺寸上讲，长的有几百毫米，短的仅 0.2 mm；由结构形式上看，有单片、双片、应变花和各种特殊形状的图案；就使用环境上说，有高温、低温、水、核辐射、高压、磁场等；而安装形式，有粘贴、非粘贴、焊接、火焰喷涂等。

主要的分类方法是根据敏感元件材料的不同，将应变计分为金属式和半导体式两大类。从敏感元件的形态又可进一步分类如下：

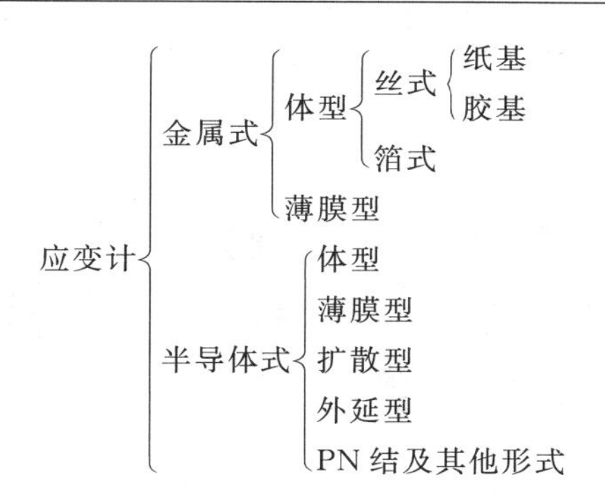

金属电阻应变计常见的形式有丝式、箔式、薄膜式等。丝式应变计是最早应用的品种，金属丝弯曲部分可作成圆弧、锐角或直角，如图2.2所示。弯曲部分作成圆弧(U)形是最早常用的一种形式，制作简单但横向效应较大。直角(H)形两端用较粗的镀银铜线焊接，横向效应相对较小，但制作工艺复杂，将逐渐被横向效应小、其他方面性能更优越的箔式应变计所代替。

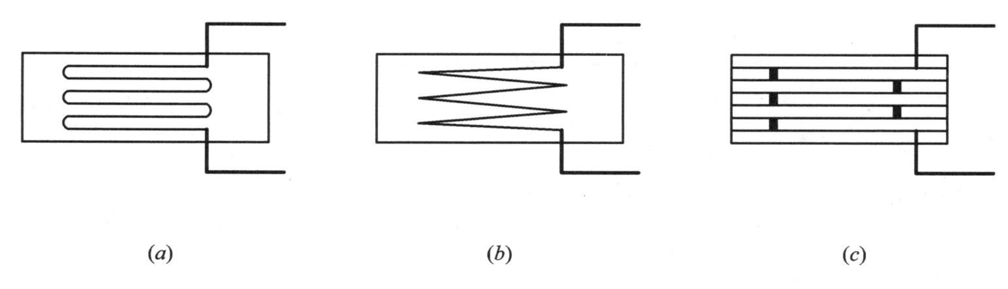

图2.2　金属丝式应变计常见形式

(*a*) U型；(*b*) V型；(*c*) H型

箔式应变计的线栅是通过光刻、腐蚀等工艺制成很薄的金属薄栅(厚度一般在0.003～0.01 mm)，其与丝式应变计相比有如下优点：

(1) 工艺上能保证线栅的尺寸正确、线条均匀，大批量生产时，阻值离散程度小。

(2) 可根据需要制成任意形状的箔式应变计和微型小基长(如基长为0.1 mm)的应变计。

(3) 敏感栅截面积为矩形，表面积大，散热好，在相同截面情况下能通过较大电流。

(4) 厚度薄，因此具有较好的可挠性，它的扁平状箔栅有利于形变的传递。

(5) 蠕变小，疲劳寿命高。

(6) 横向效应小。

(7) 便于批量生产，生产效率高。

图2.3画出了几种箔式应变计。

薄膜式应变计是采用真空溅射或真空沉积技术，在薄的绝缘基片上蒸镀金属电阻薄膜(厚度在零点几纳米到几百纳米)，再加上保护层制成。其优点是灵敏度高，允许通过的电流密度大，工作温度范围广，可工作于－197～317℃，也可用于核辐射等特殊情况下。

制作应变计敏感元件的金属材料应有如下要求：

(1) k_0 大，并在尽可能大的范围内保持常数。

(2) 电阻率 ρ 大，这样，在一定电阻值要求下，同样线径，所需电阻丝长度短。

(3) 电阻温度系数小。高温使用时，还要求耐高温氧化性能好。

(4) 具有良好的加工焊接性能。

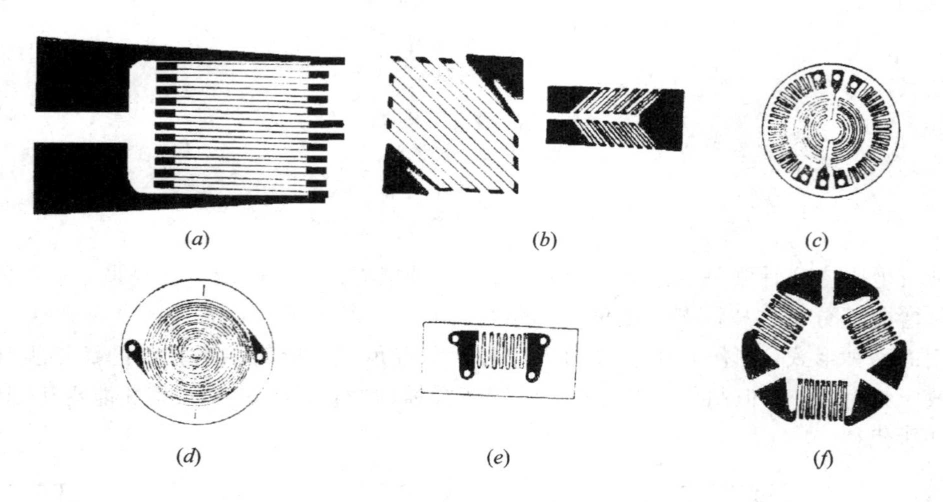

图 2.3　几种箔式应变计

常用的敏感元件材料是康铜(铜镍合金)、镍铬合金、铁铬铝合金、铁镍铬合金等。常温下使用的应变计多由康铜制成。

半导体应变计应用较普遍的有体型、薄膜型、扩散型、外延型等。

体型半导体应变计是将晶片按一定取向切片、研磨、再切割成细条，粘贴于基片上制作而成。几种体型半导体应变计示意图如图 2.4 所示。

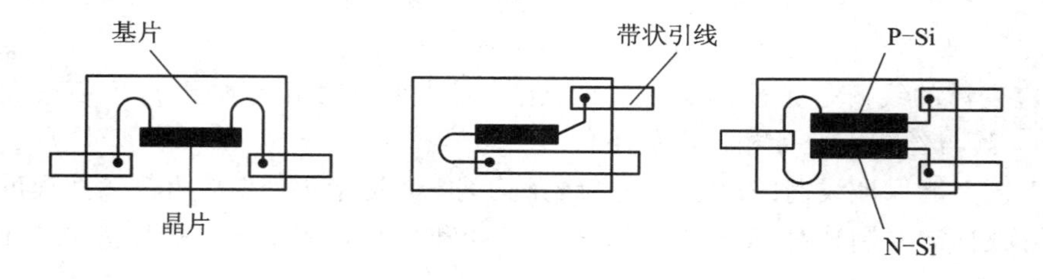

图 2.4　体型半导体应变计示意图

薄膜型半导体应变计是利用真空沉积技术将半导体材料沉积于绝缘体或蓝宝石基片上制成的。

扩散型半导体应变计是将 P 型杂质扩散到高阻的 N 型硅基片上，形成一层极薄的敏感层制成的。

外延型半导体应变计是在多晶硅或蓝宝石基片上外延一层单晶硅制成的。

半导体应变计有如下优点：

(1) 灵敏度高，比金属应变计的灵敏度约大 50～100 倍。工作时，可不必用放大器，直接可用电压表或示波器等简单仪器记录测量结果。

(2) 体积小，耗电省。

(3) 由于具有正、负两种符号的应力效应(即在拉伸时 P 型硅应变计的灵敏度系数为正值；而 N 型硅应变计的灵敏度系数为负值。压缩时其结果恰恰相反)，则可以用有正、负两种符号应力效应的半导体应变计组成同一应力方向的电桥两臂，提高灵敏度。

(4) 机械滞后小，可测量静态应变、低频应变等。

2.1.3 应变计型号命名规则

应变计类别：	B—— 箔式
	T—— 特殊用途
基底材料类别：	F—— 酚醛类
	H——环氧类
	A——聚酰亚胺
	B——玻璃纤维浸胶
标称电阻(Ω)：	120　175　350　500　700　1000　1500
应变计栅长(mm)：	3 等
敏感栅结构形状：	AA——单轴片
	HA——45°双联片
	GB——半桥片
	FG——全桥片
	KA——圆片
材料线膨胀系数：	铜 Cu—11
	铝 Al—23
	不锈钢—16
可自补偿蠕变标号：	T5　T3　T1　T8　T6　T4　T2　T0
	N2　N4　N6　N8　N0　N1　N3　N5　N7　N9
	蠕变由负到正

举例：BF 350－3 AA 23 T0（箔式，酚醛类基底材料，标称电阻 350 Ω，应变计栅长 3 mm，单轴片，材料线膨胀系数铝 Al—23，可自补偿蠕变标号 T0。）

2.2 应变计的主要特性

应变计是一种重要的敏感元件。首先，它在实验应力分析中是测量应变和应力的主要传感元件；其次，某些其他类型的传感器，如膜片式压力传感器、加速度计、线位移传感器等，也经常使用应变计作为机电转换元件或敏感元件，广泛地应用于工程测量和科学实验中。应变计之所以成为重要的敏感元件，主要因其具有如下优点：

(1) 测量应变的灵敏度和精确度高。能测 1～2 微应变(1×10^{-6} mm/mm)的应变。误差一般可小于 1%，精度可达 0.015%FS(普通精度可达 0.05%FS)。

(2) 测量范围大。从弹性变形一直可测至塑性变形，变形范围从 1%～20%。

(3) 尺寸小(超小型应变计的敏感栅尺寸为 0.2 mm×2.5 mm)，重量轻，对试件工作状态和应力分布影响很小，既可用于静态测量，又可用于动态测量，且具有良好的动态响应(可测几十甚至上百赫的动态过程)。

(4) 能适应各种环境。可以在高温、超低压、高压、水下、强磁场以及辐射等恶劣环境下使用。

(5) 价格低廉、品种多样，便于选择和大量使用。

应变计有如下缺点：在大应变下具有较大的非线性，半导体应变计的非线性更为明显；输出信号较微弱，故抗干扰能力较差。

应变式传感器的性能在很大程度上取决于应变计的性能。下面就来讨论应变计的主要特性。本节在讨论时，将以丝式应变计为例，但这些基本原理、方法和结论可以应用、推广和引申到其他形式的应变计中，例如薄式应变计和半导体应变计等。

2.2.1 应变计的灵敏度系数

金属电阻丝的电阻相对变化与它所感受的应变之间具有线性关系，2.1.1 节中已用灵敏度系数 k_0 表示这种关系。金属丝做成应变计后，由于基片、粘合剂以及敏感栅的横向效应，电阻应变特性与单根金属丝将有所不同，必须重新用实验来测定。实验是按规定的统一标准进行的，电阻应变计贴在一维力作用下的试件上，例如受轴向拉压的直杆、纯弯梁等。试件材料用泊松系数 $\mu=0.285$ 的钢，用精密电阻电桥或其他仪器测出应变计相对电阻变化，再用其他测应变的仪器测定试件的应变，得出电阻应变计的电阻-应变特性。实验证明，电阻应变计的电阻相对变化 $\Delta R/R$ 与应变 $\Delta l/l=\varepsilon$ 之间在很大范围内是线性的，即

$$\frac{\Delta R}{R} = k\varepsilon$$

$$k = \frac{\Delta R/R}{\varepsilon}$$

式中，k 为电阻应变计的灵敏度系数。

因一般应变计粘贴到试件上后不能取下再用，只能在每批产品中提取一定百分比(如5%)的产品进行测定，取其平均值作为这一批产品的灵敏度系数。这就是产品包装盒上注明的灵敏度系数，或称“标称灵敏度系数”。

2.2.2 横向效应

实验表明，应变计的灵敏度 k 恒小于金属线材的灵敏度系数 k_0。其原因除了粘合剂、基片传递变形失真外，主要是由于存在横向效应。

敏感栅由许多直线及圆角组成，如图 2.5 所示。拉伸被测试件时，粘贴在试件上的应变计，被沿应变计长度方向拉伸，产生纵向拉伸应变 ε_x，应变计直线段电阻将增加。但是在圆弧段上，沿各微段(圆弧的切向)的应变并不是 ε_x，与直线段上同样长的微段所产生的电阻变化不同。最明显的是在 $\theta=\pi/2$ 垂直方向的微段，按泊松比关系产生压应变 $-\varepsilon_y$。该微段电阻不仅不增加，反而减少。在圆弧的其他各微段上，感受的应变是由 $+\varepsilon_x$ 变化到 $-\varepsilon_y$ 的。这样，圆弧段的电阻变化，显然将小于同样长度沿 x 方向的直线段的电阻变化。因此，将同样长的金属线材做成敏感栅后，对同样应变，应变计敏感栅的电阻变化较小，灵敏度有所降低，这种现象称为应变计的横向效应。

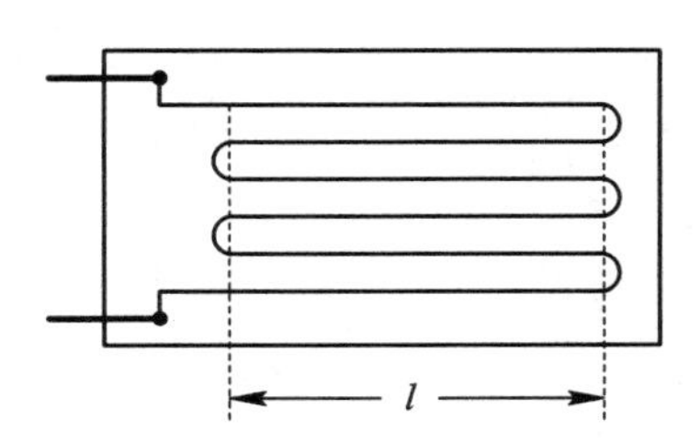

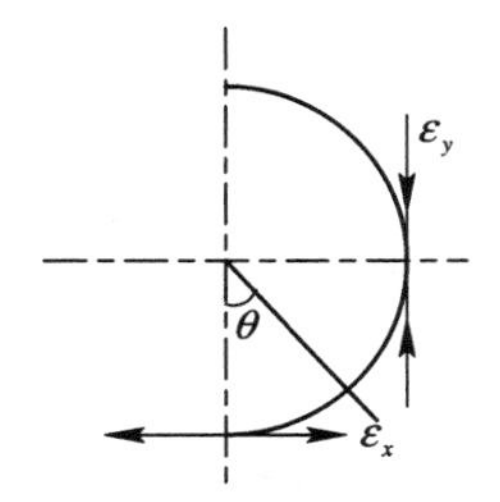

图 2.5　敏感栅的组成

下面计算横向效应引起的误差。

由弹性力学知，对平面问题，如果已知任一点 P 处三个应变分量 ε_x、ε_y、ε_{xy}，则任何斜向微小线段的正应变

$$\varepsilon_N = l^2\varepsilon_x + m^2\varepsilon_y + lm\varepsilon_{xy}$$

式中，l、m 为斜向小线段的方向余弦。如图 2.6 所示，有

$$l = \cos\theta,\ m = \cos\left(\frac{\pi}{2} - \theta\right) = \sin\theta$$

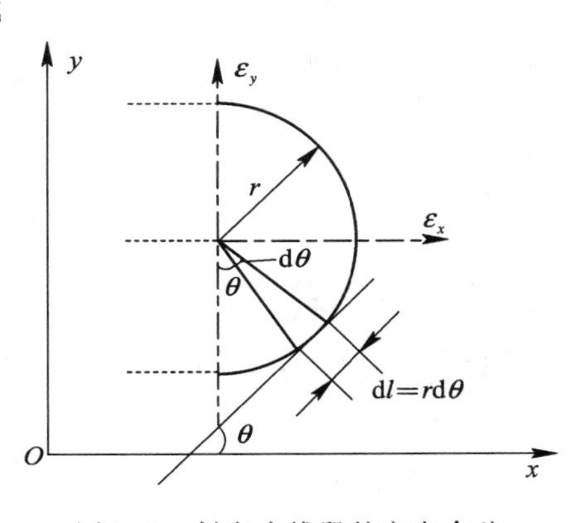

图 2.6　斜向小线段的方向余弦

则

$$\varepsilon_N = \cos^2\theta\varepsilon_x + \sin^2\theta\varepsilon_y + \sin\theta\cos\theta\varepsilon_{xy}$$

采用半角公式

$$\cos^2\theta = \frac{1+\cos 2\theta}{2},\quad \sin^2\theta = \frac{1-\cos 2\theta}{2},\quad 2\sin\theta\cos\theta = \sin 2\theta$$

则

$$\varepsilon_N = \frac{\varepsilon_x + \varepsilon_y}{2} + \frac{\varepsilon_x - \varepsilon_y}{2}\cos 2\theta + \frac{1}{2}\sin 2\theta\varepsilon_{xy}$$

当电阻丝受到 ε_x、ε_y、ε_{xy} 作用时，半圆部分的伸长为

$$\begin{aligned}\Delta l_s &= \int_0^{\pi r}\varepsilon_N\,dl = \int_0^{\pi}\varepsilon_N r\,d\theta \\ &= r\int_0^{\pi}\left[\frac{\varepsilon_x + \varepsilon_y}{2} + \frac{\varepsilon_x - \varepsilon_y}{2}\cos 2\theta + \frac{1}{2}\sin 2\theta\varepsilon_{xy}\right]d\theta \\ &= \pi r\frac{\varepsilon_x + \varepsilon_y}{2} = \frac{\varepsilon_x + \varepsilon_y}{2}l_s\end{aligned}$$

式中，l_s 为半圆弧长，r 为圆半径。设应变计一个直线段的伸长为

$$\Delta l_1 = \varepsilon_x l_1 \qquad (l_1\text{ 为直线段长度})$$

若有 n 个直线段，而半圆弧共有$(n-1)$个，那么全长为

$$L = nl_1 + (n-1)l_s$$

整个应变计电阻丝受 ε_x、ε_y、ε_{xy} 作用后的总伸长为

$$\Delta L = n\Delta l_1 + (n-1)\Delta l_s = n\varepsilon_x l_1 + (n-1)\frac{\varepsilon_x + \varepsilon_y}{2}l_s$$

因电阻的变化与电阻丝之伸长有如下关系

$$\frac{\Delta R}{R} = k_0\frac{\Delta L}{L}$$

则得

$$\frac{\Delta R}{R}=k_0 n\frac{l_1}{L}\varepsilon_x+k_0(n-1)\frac{l_s}{L}\cdot\frac{\varepsilon_x+\varepsilon_y}{2}$$

$$=\left[\frac{2nl_1+(n-1)l_s}{2L}k_0\right]\varepsilon_x+\left[\frac{(n-1)l_s}{2L}k_0\right]\varepsilon_y$$

设

$$k_x=\frac{2nl_1+(n-1)l_s}{2L}k_0,\quad k_y=\frac{(n-1)l_s}{2L}k_0$$

可写成对其他型式应变计也适用的一般形式

$$\frac{\Delta R}{R}=k_x\varepsilon_x+k_y\varepsilon_y$$

$$\frac{\Delta R}{R}=k_x(\varepsilon_x+H\varepsilon_y)$$

式中，k_x 为对轴向应变的灵敏度系数，它代表 $\varepsilon_y=0$ 时，敏感栅电阻相对变化与 ε_x 之比，k_y 为对横向应变的灵敏度系数，它代表 $\varepsilon_x=0$ 时，敏感栅电阻相对变化与 ε_y 之比。因为

$$\varepsilon_y=-\mu\varepsilon_x$$

得

$$\frac{\Delta R}{R}=k_x(1-H\mu)\varepsilon_x=k\varepsilon_x$$

$$k=k_x(1-H\mu)<k_0(1-H\mu)\qquad(\text{因为 }k_x<k_0)$$

可见 $k<k_0$，$H\mu$ 即为横向效应引起的误差。

$$H=\frac{k_y}{k_x}=\frac{(n-1)l_s}{2nl_1+(n-1)l_s}$$

称为横向效应系数。可见 $l_s(r)$愈小，l_1 愈大，H 愈小，即敏感栅愈窄，基长愈长的应变计，其横向效应引起的误差越小。

为了减小横向效应，可采用直角线栅式应变计或箔式应变计。

在标定应变计的灵敏度系数 k 时，规定试件受一维应力作用，应变计轴向与主应力方向一致，材料的泊松比等于 0.285。实际上标定出的 k 值已将横向效应的影响包括在内。只要应变计在实际使用时粘贴在单向应力场的主应力方向上，且试件的泊松比为 0.285，则横向效应就不会引起误差。但实际使用时，应变计往往粘贴在平面应力场中，沿应变计主轴线的应变 ε_x 和横向应变 ε_y 不是呈标定状态($\varepsilon_y=0.285\varepsilon_x$)的关系，这时横向效应引起的误差就要加以考虑。

2.2.3 应变计的动态特性

在测量频率较高的动态应变时，应考虑到它的动态响应特性。在动态情况下，应变以波动形式在材料中传播，传播速度为声速。应力波从试件通过胶层、基片传到敏感栅需要一定时间，沿应变计长度方向经过敏感栅需要更长一些的时间。敏感栅电阻的变化是对某一瞬时作用于其上应力的平均值的反应。钢材声速为 5000 m/s，胶层声速为 1000 m/s。胶层和基片的总厚度约为 0.05 mm，由试件经过胶层和基片传到敏感栅的时间约为 5×10^{-8} s，可以忽略不计。然而，当应变波沿敏感栅长度方向传播时，应加以考虑。

图 2.7(*a*)的阶跃波沿敏感栅轴向传播时，由于应变波通过敏感栅需要一定时间，当阶跃波的跃起部分通过敏感栅全部长度后，电阻变化才达到最大值。应变计的理论响应特性如图 2.7(*b*)所示。由于应变计粘合层对应变中高次谐波的衰减作用，实际波形如图 2.7(*c*)所示。如以输出从最大值的 10%上升到 90%的这段时间为上升时间，则

$$t_{\mathrm{k}}=0.8\,\frac{L}{v}$$

可测频率 $f=\dfrac{0.35}{t_{\mathrm{k}}}$，则

$$f=\frac{0.35v}{0.8L}=0.44\,\frac{v}{L}$$

实际上 t_{k} 值是很小的。例如，应变计基长 $L=20$ mm，应变波速 $v=5000$ m/s 时，$t_{\mathrm{k}}=3.2\times10^{-6}$ s，$f=110$ kHz。

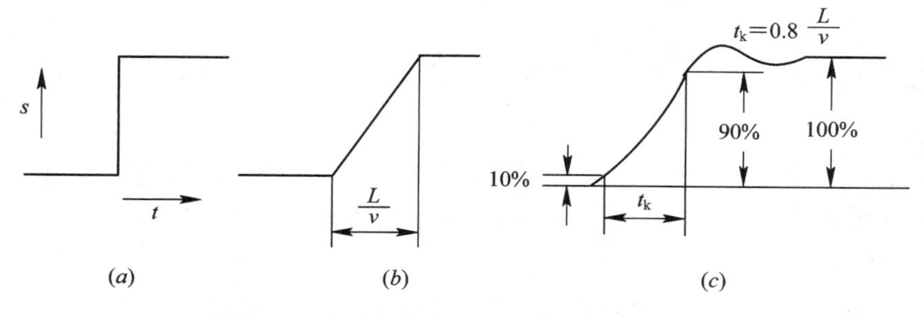

图 2.7　阶跃应变波通过敏感栅及其波形图

当测量按正弦规律变化的应变波时，由于应变计反应的应变波形，是应变计线栅长度内所感受应变量的平均值，因此应变计反应的波幅将低于真实应变波，从而带来一定误差。显然，这种误差将随应变计基长的增加而加大，当基片一定时将随频率的增加而加大。图 2.8 表示应变计正处于应变波达到最大值时的瞬时情况。应变波的波长为 λ，应变计的基长为 L，两端点的坐标为 x_1 和 x_2，而 $x_1=\dfrac{\lambda}{4}-\dfrac{L}{2}$，$x_2=\dfrac{\lambda}{4}+\dfrac{L}{2}$，此时应变计在其基长 L 内测得的平均应变 ε_{p} 达到最大值。其值为

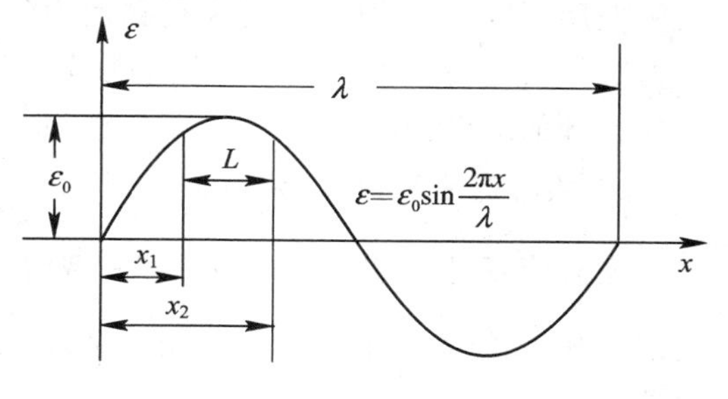

图 2.8　应变计处于应变波达到最大值时的瞬时情况

$$\varepsilon_{\mathrm{p}}=\frac{\displaystyle\int_{x_1}^{x_2}\varepsilon_0\sin\frac{2\pi}{\lambda}x\;\mathrm{d}x}{x_2-x_1}=-\frac{\lambda\varepsilon_0}{2\pi L}\left(\cos\frac{2\pi}{\lambda}x_2-\cos\frac{2\pi}{\lambda}x_1\right)$$

$$=\frac{\lambda\varepsilon_0}{\pi L}\sin\frac{\pi L}{\lambda}=\varepsilon_0\frac{\sin\dfrac{\pi L}{\lambda}}{\dfrac{\pi L}{\lambda}}$$

设 $\varphi=\dfrac{\pi L}{\lambda}$，因而应变波幅测量的相对误差 e 为

$$e=\frac{\varepsilon_0-\varepsilon_p}{\varepsilon_0}=1-\frac{\sin\varphi}{\varphi}\approx\frac{\varphi^2}{6}=\frac{1}{6}\left(\frac{\pi L}{\lambda}\right)^2$$

因为 $\lambda=\frac{v}{f}$，所以 $f=\frac{v}{\pi l}\sqrt{6e}$。

对于钢材 $v=5000$ m/s，若要 $e=1\%$时，对 $L=1$ mm的应变计，其允许的最高工作频率为

$$f=\frac{5\times10^6}{\pi\times1}\sqrt{6\times0.01}=390\ (\text{kHz})$$

由上式可知，测量误差 e 与应变波长对基长的相对比值 $n=\lambda/L$ 有关，其关系曲线如图 2.9 所示。λ/L 愈大，误差 e 愈小，一般可取 $\lambda/L=10\sim20$，其误差 e 小于 1.6%～0.4%。

又有 $f=v/(nL)$，即 n 愈大，工作频率愈高。

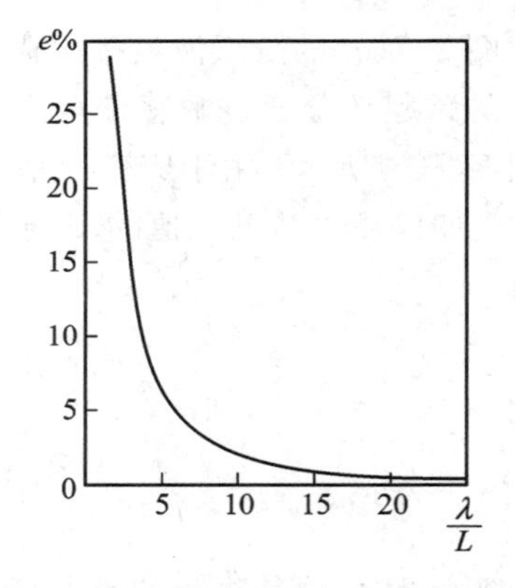

图 2.9　测量误差对应变波长与基长相对比值的关系曲线

2.2.4　其他特性参数

1. 线性度

试件的应变 ε 和电阻的相对变化 $\Delta R/R$，在理论上呈线性关系，但实际上，在大应变时，会出现非线性关系。应变计的非线性度一般要求在 0.05%～1%以内。

2. 应变极限

粘贴在试件上的应变计所能测量的最大应变值称为应变极限。在一定的温度（室温或极限使用温度）下，对试件缓慢地施加均匀的拉伸载荷，当应变计的指示应变值与真实应变值的相对误差大于 10%时，就认为应变计已达到破坏状态，此时的真实应变值就作为该批应变计的应变极限。

3. 机械滞后和热滞后

贴有应变计的试件进行加载和卸载时，其$\frac{\Delta R}{R}$-ε 特性曲线不重合。把加载和卸载特性曲线的最大差值 δ(如图 2.10 所示)称为应变计的机械滞后值。

粘贴在试件上的应变计，当试件所受的外力为恒定值时，由于温度的变化，使应变计指示的应变值发生变化。在温度循环中，同一温度下应变计指示的应变差值称为应变计的热滞后，热滞后只对中温(60～350℃)和高温(>350℃)应变计有要求。

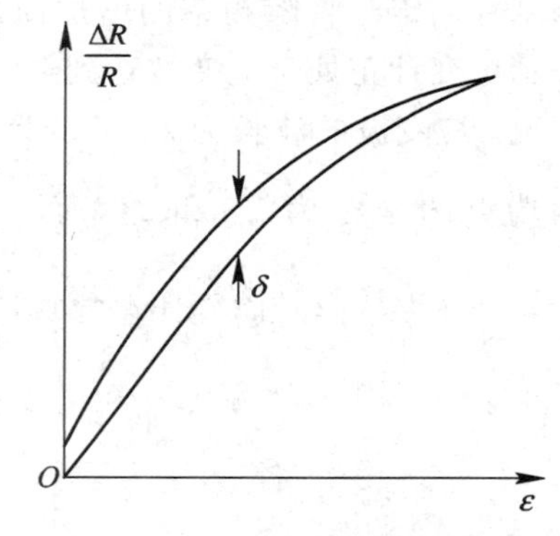

图 2.10　应变计的机械滞后

4. 零漂和蠕变

恒定温度下，粘贴在试件上的应变计，在不承受载荷的条件下，电阻随时间变化的特性称为应变计的零漂。零漂的主要原因是，敏感栅通过工作电流后的温度效应，应变计的内应力逐渐变化，粘接剂固化不充分等。

粘贴在试件上的应变计，保持温度恒定，在某一恒定机械应变长期作用下，指示应变

随时间变化的特性，称为应变计的蠕变。粘合剂的选用和使用不当，应变计在制造过程中产生的内应力等，是造成应变计产生蠕变的主要原因。

蠕变值中已包含零漂，因为零漂是不承受载荷条件下的蠕变。

5. 疲劳寿命

已安装的应变计，在恒定幅值的交变应力作用下，可以连续工作而不产生疲劳损坏的循环次数。所谓疲劳损坏是指应变计指示应变的变化超过规定误差，或者应变计的输出波形上出现毛刺，或者应变计完全损坏而无法工作。疲劳寿命反映应变计对动态应变的适应能力。应变计的疲劳寿命的循环次数一般可达 10^6 次。

6. 最大工作电流

最大工作电流是指允许通过应变计而不影响其工作的最大电流值。工作电流大，应变计输出信号就大，因而灵敏度高，但过大的工作电流会使应变计本身过热，使灵敏系数变化，零漂、蠕变增加，甚至烧坏应变计。工作电流的选取，要根据散热条件而定，主要取决于敏感栅的几何形状和尺寸、截面的形状和大小、基底的尺寸和材料、粘合剂的材料和厚度以及试件的散热性能等。通常允许电流值在静态测量时约取 25 mA 左右，动态测量时可高一些，箔式应变计可取更大些。在测量塑料、玻璃、陶瓷等导热性差的材料时，工作电流要取小些。

7. 绝缘电阻

绝缘电阻是指应变计的引线与被测试件之间的电阻值，一般以兆欧计。绝缘电阻过低，会造成应变计与试件之间漏电而产生测量误差。

8. 应变计电阻值 R

应变计在未安装也不受外力的情况下，于室温时测得的电阻值即为应变计的电阻值，这是使用应变计时应知道的一个参数。

国内应变计系列习惯上选用 120 Ω、175 Ω、350 Ω、500 Ω、1000 Ω、1500 Ω。

9. 几何尺寸

圆弧敏感栅应变计敏感栅基长 L 从圆弧顶部算起，箔式应变计则从横向粗线的内沿算起。通常应变计 L 约为 2～30 mm，箔式应变计最小可达 0.2 mm，长的达 100 mm 或更长。L 值小时横向效应大，基底传递形变差，粘贴和定向困难，所以非必要时尽量用 L 大的应变计。敏感栅宽度以小为好，可使应变计整体尺寸减小，但太小了会使线栅距离过小影响散热。

2.3　应变计的粘贴

应变计的粘贴工艺对于传感器的精度起着关键作用。应变计通常是用粘合剂贴到试件上的，在做应变测量时，是通过粘合剂所形成的胶层将试件上的应变准确无误地传递到应变计的敏感栅上去的。因此，粘合剂的选择和粘贴质量的好坏直接关系到应变计的工作情况，影响测量结果的正确性。所以，应变计粘合剂不但要求粘接力强，而且要求粘合层的剪切弹性模量大，能真实地传递试件的应变。另外，粘合层应有高的绝缘电阻、良好的防潮性能，防油性能以及使用简便等特点。

对粘合剂有如下要求：

(1) 有一定的粘接强度。

(2) 能准确传递应变。

(3) 蠕变小。

(4) 机械滞后小。

(5) 耐疲劳性能好。

(6) 具有足够的稳定性能。

(7) 对弹性元件和应变计不产生化学腐蚀作用。

(8) 有适当的储存期。

(9) 应有较大的温度使用范围。

常用的粘合剂可分为有机粘合剂和无机粘合剂两大类。有机粘合剂通常用于低温、常温和中温，无机粘合剂用于高温。选用时要根据基底材料、工作温度、潮湿程度、稳定性要求、加温加压的可能性和粘贴时间的长短等因素来考虑。

2.4 电桥原理及电阻应变计桥路

传感元件把各种被测非电量转换为 R、L、C 的变化后，必须进一步转换为电流或电压的变化，才能进行处理、记录和显示。电桥测量电路是进行这种转换的最常用的方法。通常，电桥测量电路有直流供桥直流放大和交流供桥载波放大，因而，需要分别对直流电桥和交流电桥进行讨论。

2.4.1 直流电桥的特性方程及平衡条件

图 2.11 为由桥臂 R_1、R_2、R_3、R_4 组成的直流电桥。直流电桥的特性方程是指电桥对角端负载电流 I_f 与各桥臂参数和电源电压的关系式。利用等效电源定理，ab 两端的开路电压和内阻分别为

$$e = U\frac{R_4R_1 - R_2R_3}{(R_3+R_4)(R_1+R_2)} \tag{2.1}$$

$$R = \frac{R_1R_2(R_3+R_4)+R_3R_4(R_1+R_2)}{(R_1+R_2)(R_3+R_4)} \tag{2.2}$$

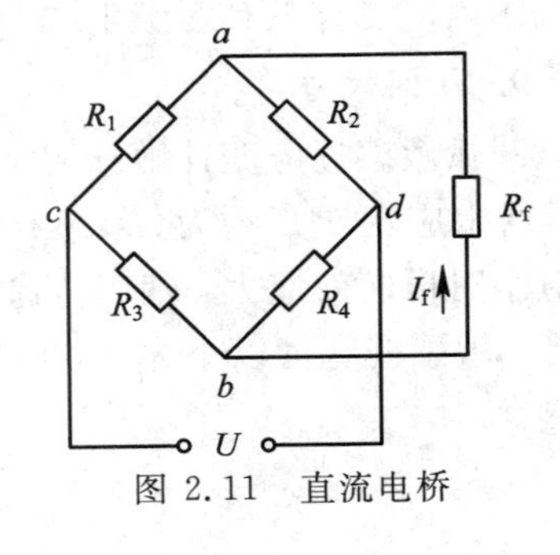

图 2.11 直流电桥

很易求得

$$I_f = U\frac{R_1R_4 - R_2R_3}{R_f(R_1+R_2)(R_3+R_4)+R_1R_2(R_3+R_4)+R_3R_4(R_1+R_2)} \tag{2.3}$$

电桥平衡时 $I_f=0$，有

$$R_1R_4 - R_2R_3 = 0 \quad \text{或} \quad \frac{R_1}{R_2}=\frac{R_3}{R_4} \tag{2.4}$$

上式称为直流电桥平衡条件，它说明欲使电桥达到平衡，其相邻两臂的比值应相等。

2.4.2　直流电桥的电压灵敏度

电阻应变计工作时，其电阻变化很微小，例如，1 片 $k=2$，初始电阻 120 Ω 的应变计，受到 1000 微应变时，其电阻变化仅 0.24 Ω。引起的不平衡电压极小，不能用它来直接推动指示仪表，故需加以放大。这时感兴趣的是电桥输出电压。一般放大器的输入阻抗较电桥的内阻要高得多，可认为电桥输出端处于开路状态。

设 R_1 为电桥工作臂，受应变时，其电阻变化为 ΔR_1，R_2、R_3、R_4 均为固定桥臂。在起始时，电桥处于平衡状态，此时 $U_{sc}=0$。当有 ΔR_1 时，电桥输出电压为(如图 2.12 所示)。

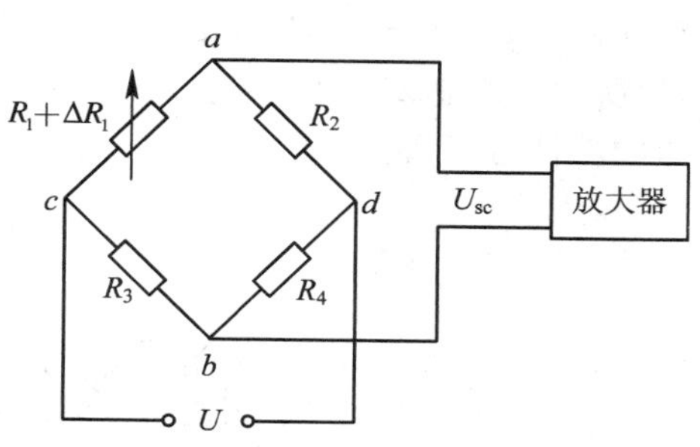

图 2.12　R_1 为工作臂时的直流电桥

$$U_{sc}=U\frac{\dfrac{R_4}{R_3}\cdot\dfrac{\Delta R_1}{R_1}}{\left(1+\dfrac{\Delta R_1}{R_1}+\dfrac{R_2}{R_1}\right)\left(1+\dfrac{R_4}{R_3}\right)} \tag{2.5}$$

设 $n=\dfrac{R_2}{R_1}$，考虑到起始平衡条件$\dfrac{R_2}{R_1}=\dfrac{R_4}{R_3}$，并略去分母中的$\dfrac{\Delta R_1}{R_1}$项，得

$$U_{sc}=U\frac{n}{(1+n)^2}\cdot\frac{\Delta R_1}{R_1} \tag{2.6}$$

$$K_u=\frac{U_{sc}}{\dfrac{\Delta R_1}{R_1}}=U\frac{n}{(1+n)^2} \tag{2.7}$$

K_u 称为电桥的电压灵敏度，K_u 愈大，说明应变计电阻相对变化相同的情况下，电桥输出电压愈大，电桥愈灵敏。由上式知，欲提高 K_u，必须提高电源电压，但它受应变计允许功耗的限制。另外就是选择适当的桥臂比 n。

下面来分析，电桥电压 U 一定时，n 应取何值，电桥灵敏度最高。当 $\mathrm{d}K_u/\mathrm{d}n=0$ 即

$$\frac{1-n^2}{(1+n)^4}=0$$

亦即 $n=1$ 时，K_u 为最大，这就是说，在电桥电压一定，当 $R_1=R_2$、$R_3=R_4$ 时，电桥的电压灵敏度最高。通常这种情况称为电桥的第一种对称形式，而 $R_1=R_3$、$R_2=R_4$ 则称为电桥的第二种对称形式。第一种对称形式有较高的灵敏度，第二种对称形式线性较好。等臂电桥是其中的一个特例，这时式(2.5)～式(2.7)变为

$$U_{sc}=\frac{1}{4}U\frac{\Delta R_1}{R_1}\frac{1}{1+\dfrac{1}{2}\dfrac{\Delta R}{R_1}}$$

$$U_{sc}=\frac{1}{4}U\frac{\Delta R}{R_1}$$

$$K_u=\frac{1}{4}U$$

由以上 3 式可知，当电源电压及电阻相对变化一定时，电桥的输出电压及其电压灵敏度将与各桥臂阻值的大小无关。

2.4.3 交流电桥的平衡条件和电压输出

当采用交流供桥载波放大时，应变电桥也需交流电源供电。应变电桥各臂一般是由应变计或无感精密电阻组成的，是纯电阻电桥。但在交流电源供电时，需要考虑分布电容的影响，这相当于应变计并联一个电容(如图 2.13(a)所示)。此时桥臂已不是纯电阻性的，这就需要分析各桥臂均为复阻抗时一般形式的交流电桥。交流电桥的一般形式如图 2.13(b)所示，其中 Z_1、Z_2、Z_3、Z_4 为复阻抗，其电源电压，输出电压均应用复数表示。输出电压的特性方程为

$$\dot{U}_{sc} = \dot{U}\frac{Z_1Z_4 - Z_2Z_3}{(Z_1 + Z_2)(Z_3 + Z_4)} \tag{2.8}$$

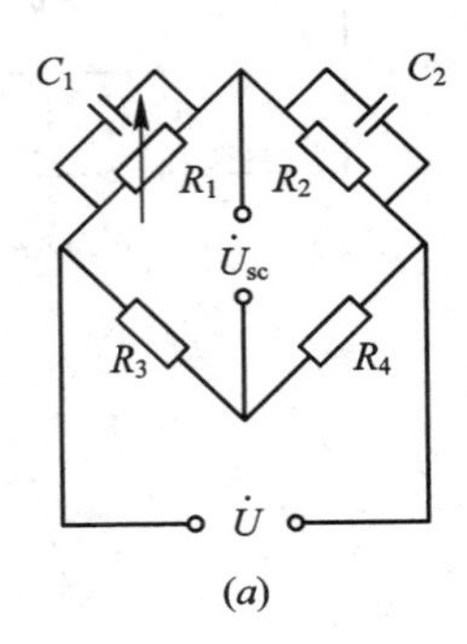

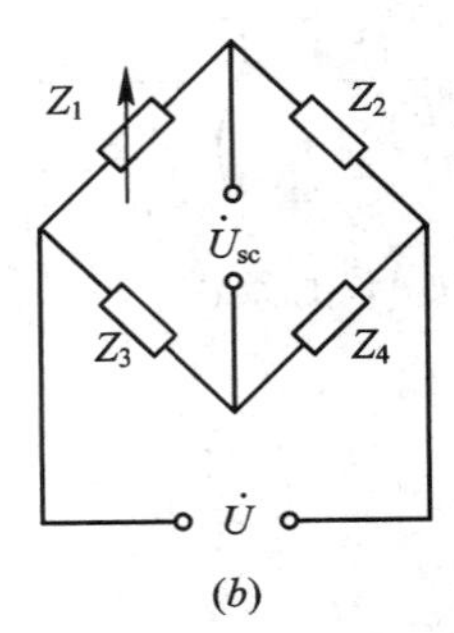

图 2.13 复阻抗时一般形式的交流电桥

所以平衡条件为

$$Z_1Z_4 - Z_2Z_3 = 0$$

或

$$\frac{Z_1}{Z_2} = \frac{Z_3}{Z_4} \tag{2.9}$$

设电桥臂阻抗为

$$Z_1 = r_1 + \mathrm{j}X_1 = z_1\mathrm{e}^{\mathrm{j}\varphi_1}$$
$$Z_2 = r_2 + \mathrm{j}X_2 = z_2\mathrm{e}^{\mathrm{j}\varphi_2}$$
$$Z_3 = r_3 + \mathrm{j}X_3 = z_3\mathrm{e}^{\mathrm{j}\varphi_3}$$
$$Z_4 = r_4 + \mathrm{j}X_4 = z_4\mathrm{e}^{\mathrm{j}\varphi_4}$$

将上述各式中指数表达式代入上式，得交流电桥的平衡条件为

$$\frac{z_1}{z_2} = \frac{z_3}{z_4}$$
$$\varphi_1 + \varphi_4 = \varphi_2 + \varphi_3$$

将复数表达式代入，可得另一种表达式为

$$r_1r_4 + r_2r_3 = X_1X_4 - X_2X_3$$
$$r_1X_4 + r_4X_1 = r_2X_3 + r_3X_2$$

上列各式说明：交流电桥的平衡条件与直流电桥的不同，需要满足两个方程式，即必须不仅各桥臂复阻抗的模满足一定的比例关系，而且相对桥臂的幅角和必须相等。现在来讨论

图2.13 (b)中所示电桥的输出电压。设电桥起始处于平衡状态，有$\frac{Z_1}{Z_2}=\frac{Z_3}{Z_4}$。由于工作应变计变化了$\Delta R_1$后使$Z_1$变化了$\Delta Z_1$，则由式(2.8)可得

$$\dot{U}_{sc}=\dot{U}\frac{\frac{Z_4}{Z_3}\cdot\frac{\Delta Z_1}{Z_1}}{\left(1+\frac{Z_2}{Z_1}+\frac{\Delta Z_1}{Z_1}\right)\left(1+\frac{Z_4}{Z_3}\right)}$$

考虑到电桥的起始平衡条件并略去分母中含ΔZ_1项，得

$$\dot{U}_{sc}=\frac{1}{4}\dot{U}\frac{\Delta Z_1}{Z_1}$$

$$Z_1=\frac{R_1}{1+j\omega R_1C_1}$$

$$\Delta Z_1=\frac{\Delta R_1}{(1+j\omega R_1C_1)^2}$$

由于一般情况下，分布电容很小，电源频率也不太高，满足$\omega R_1C_1\ll 1$。例如，电源频率为1000 Hz，$R_1=120\ \Omega$，$C_1=1000$ pF，则$\omega R_1C_1\approx 7.5\times 10^{-4}\ll 1$，因此$Z_1\approx R_1$，$\Delta Z_1\approx\Delta R_1$，则上式成为

$$\dot{U}_{sc}=\frac{1}{4}\dot{U}\frac{\Delta R_1}{R_1}$$

上式说明：当电桥起始是平衡的，电源频率不太高，分布电容较小时，交流应变电桥仍可看做纯电阻性电桥来进行计算，所有直流电桥公式仍然可用，只需将输出电压与电源电压写成复数即可。电桥输出电压是与供桥电压同频同相的交流电压，其幅值关系为

$$U_{sc}=\frac{1}{4}U\frac{\Delta R_1}{R_1}$$

对图2.13(a)中所示交流应变电桥，按式(2.9)应满足下列平衡条件，即

$$R_1R_4=R_2R_3\quad\text{或}\quad\frac{R_1}{R_2}=\frac{R_3}{R_4}$$

$$R_2C_2=R_1C_1\quad\text{或}\quad\frac{R_1}{R_2}=\frac{C_2}{C_1}$$

如果采用第一种对称形式，平衡条件为

$$R_1=R_2,\quad R_3=R_4,\quad C_1=C_2$$

2.5　温度误差及其补偿

2.5.1　温度误差产生的原因

把应变计安装在自由膨胀的试件上，即使试件不受任何外力作用，如果环境温度发生变化，应变计的电阻也将发生变化。这种变化叠加在测量结果中将产生很大误差。这种由于环境温度改变而带来的误差，称为应变计的温度误差，又称热输出。

电阻应变计由于温度改变引起的电阻变化与试件应变造成的电阻变化几乎具有相同的数量级，如果不采取适当措施加以解决，应变计将无法正常工作。

产生温度误差的原因有二：

(1) 敏感栅金属丝电阻本身随温度发生变化。电阻与温度的关系可由下式表示：

$$R_t = R_0(1+\alpha\Delta t) = R_0 + R_0\alpha\Delta t$$

$$\Delta R_{t\alpha} = R_t - R_0 = R_0\alpha\Delta t$$

式中，R_t 为温度 t 时的电阻值；R_0 为温度 t_0 时的电阻值；Δt 为温度的变化值；$\Delta R_{t\alpha}$为温度变化 Δt 时的电阻变化；α 为应变丝的电阻温度系数，表示温度改变 1°C 时电阻的相对变化。

(2) 试件材料与应变丝材料的线膨胀系数不一，使应变丝产生附加变形而造成的电阻变化。当温度改变 Δt°C 时，l_0 长的应变丝受热膨胀至 l_{st}，而应变丝下的 l_0 长的构件伸长至 l_{gt}，其长度与温度关系如下：

$$l_{st} = l_0(1+\beta_s\Delta t) = l_0 + l_0\beta_s\Delta t$$

$$\Delta l_s = l_{st} - l_0 = \beta_s l_0\Delta t$$

$$l_{gt} = l_0(1+\beta_g\Delta t) = l_0 + l_0\beta_g\Delta t$$

$$\Delta l_g = l_0\beta_g\Delta t$$

式中，l_0 为温度为 t_0 时的应变丝长度；l_{st}为温度为 t 时应变丝自由膨胀后的长度；l_{gt}为温度为 t 时应变丝下构件自由膨胀后的长度；β_s、β_g为应变丝与构件材料的线膨胀系数，即温度改变 1°C 时长度的相对变化；Δl_s、Δl_g 为应变丝与构件的膨胀量。由上式知，如果 β_s 和 β_g 不相等，则 Δl_s 和 Δl_g 就不等。由于应变丝与构件是粘接在一起的，因而应变丝被迫从 Δl_s 拉长至 Δl_g，使应变丝产生附加变形 Δl（相应的附加应变 ε_β），而产生电阻变化 $\Delta R_{t\beta}$，即

$$\Delta l = \Delta l_g - \Delta l_s = (\beta_g - \beta_s)l_0\Delta t$$

$$\varepsilon_\beta = \frac{\Delta l}{l_0} = (\beta_g - \beta_s)\Delta t$$

$$\Delta R_{t\beta} = R_0 k\varepsilon_\beta = R_0 k(\beta_g - \beta_s)\Delta t$$

因此由于温度变化而引起的总的电阻变化 ΔR_t 为

$$\Delta R_t = \Delta R_{t\alpha} + \Delta R_{t\beta} = R_0\alpha\Delta t + R_0 k(\beta_g - \beta_s)\Delta t \tag{2.10}$$

$$\frac{\Delta R_t}{R_0} = \alpha\Delta t + k(\beta_g - \beta_s)\Delta t$$

折合成的应变量为

$$\varepsilon_t = \frac{\Delta R_t/R_0}{k} = \frac{\alpha\Delta t}{k} + (\beta_g - \beta_s)\Delta t$$

也称为视应变。由上式可知，因环境温度改变而引起的附加电阻变化或者造成的视应变，除与环境温度变化有关外，还与应变计本身的性能参数 k、α、β_s 以及被测构件的线膨胀系数 β_g 有关。

温度变化还可通过其他途径来影响应变计的工作，例如温度变化将影响粘合剂传递变形的能力，从而对应变计的工作特性产生影响。过高的温度甚至使粘合剂软化而使其完全丧失传递变形能力。在常温和正常工作条件下，上述两个因素是造成应变计温度误差的主要原因。

2.5.2　温度补偿方法

1. 电桥补偿法

电桥补偿法是一种常用和效果较好的补偿法。在被测试件上安装一工作应变计，在另外一个与被测试件的材料相同，但不受力的补偿件上安装一补偿应变计。补偿件与被测试件处于完全相同的温度场内。测量时，使两者接入电桥的相邻臂上，如图 2.14 所示。由于补偿片 R_B 是与工作片 R_1 完全相同的，且都贴在同样材料的试件上，并处于同样温度下，这样，由于温度变化使工作片产生的电阻变化 ΔR_{1t} 与补偿片的电阻变化 ΔR_{Bt} 相等，因此，电桥输出 U_{sc} 与温度无关，从而补偿了应变计的温度误差。

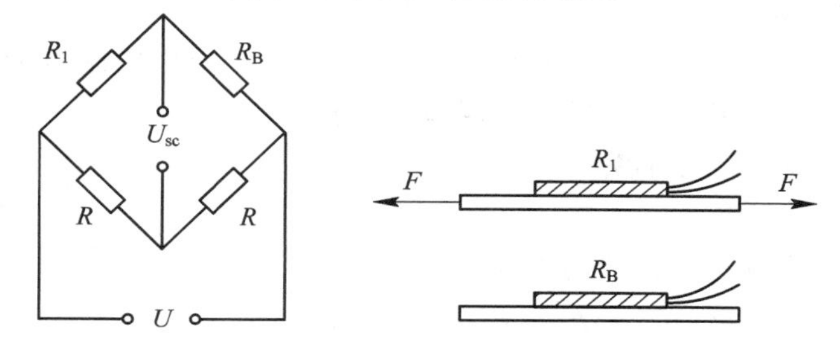

图 2.14　电桥补偿法

有时根据被测试件的应变情况，亦可不专门设补偿件，而将补偿片亦贴在被测试件上，使其既能起到温度补偿作用，又能提高灵敏度。例如，构件作纯弯曲形变时，构件面上部的应变为拉应变，下部为压应变，且两者绝对值相等符号相反。测量时可将 R_B 贴在被测试件的下面(如图 2.15 所示)，接入图 2.14 的电桥中。由于在外力矩 M 作用下，R_B 与 R_1 的变化值大小相等符号相反，电桥的输出电压增加一倍。此时 R_B 既起到了温度补偿作用，又提高了灵敏度，而且可补偿非线性误差。

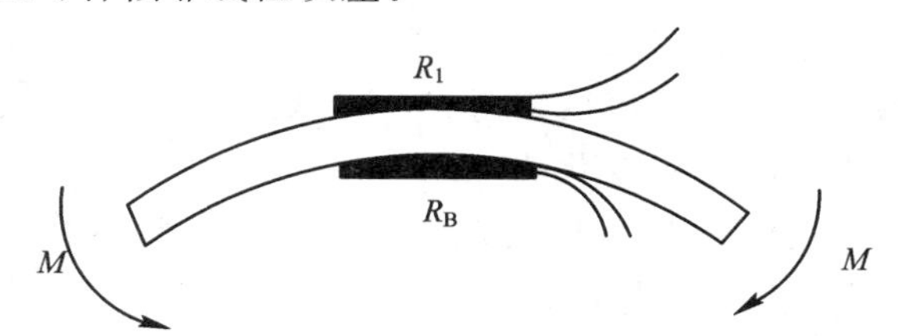

图 2.15　测量构件的弯曲应变时补偿片贴在被测试件上

2. 辅助测温元件微型计算机补偿法

辅助测温元件微型计算机补偿法的基本思想是在传感器内靠近敏感测量元件处安装一个测温元件，用以检测传感器所在环境的温度。常用的测温元件有半导体热敏电阻以及 PN 结二极管等。测温元件的输出经放大及 A/D 转换送到计算机，如图 2.16 所示。

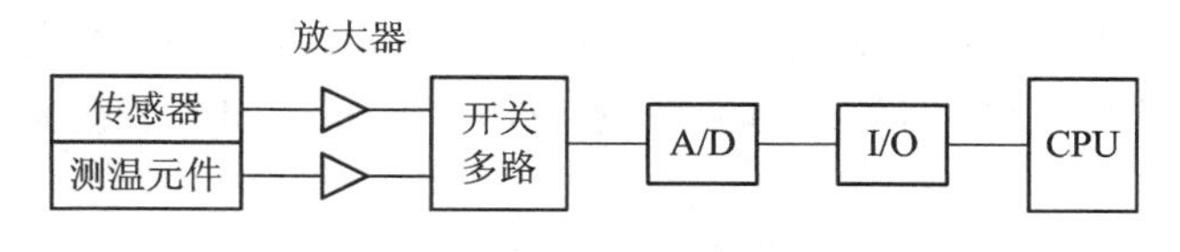

图 2.16　辅助测温元件微型计算机补偿法

图 2.16 中传感器把非电量转变成电量，并经放大，转换成统一信号。测温元件的变化经放大也转换成统一信号，然后经过多路开关，A/D 转换，分别把模拟量变成数字量，并经I/O接口读入计算机。计算机在处理传感器数据时，即可把此测温元件温度变化对传感器的影响加以补偿，以达到提高测量精度的目的。

例如，可以采用较简单的温度误差修正模型

$$Y_c = Y(1+\alpha_0\Delta t) + \alpha_1\Delta t$$

式中，Y 为未经温度误差修正的数字量；Y_c 为经修正后的数字量；Δt 为实际工作环境与标准温度之差；α_0 和 α_1 为温度误差系数，α_1 用于补偿零位漂移，α_0 用于补偿传感器灵敏度的变化。

3. 应变计自补偿法

自补偿应变计是一种特殊的应变计，当温度变化时，产生的附加应变为零或相互抵消。用自补偿应变计进行温度补偿的方法叫应变计自补偿法。

下面介绍两种自补偿应变计。

1）选择式自补偿应变计

由式(2.10)知，实现温度补偿的条件为

$$\alpha\Delta t + k(\beta_g - \beta_s)\Delta t = 0$$

则

$$\alpha = -k(\beta_g - \beta_s) \tag{2.11}$$

被测试件材料确定后，就可选择适合的敏感栅材料满足式(2.11)，达到温度自补偿。这种方法的缺点是，一种 α 值的应变计只能用在一种材料上，因此局限性很大。

2）双金属敏感栅自补偿应变计(1)

这种应变计也称组合式自补偿应变计。它是利用两种电阻丝材料的电阻温度系数符号不同(一个为正，一个为负)的特性，将二者串联绕制成敏感栅，如图 2.17 所示。若两段敏感栅 R_1 和 R_2 由于温度变化而产生的电阻变化为 ΔR_{1t} 和 ΔR_{2t}，大小相等而符号相反，就可以实现温度补偿。R_1 与 R_2 的关系可由下式决定，即

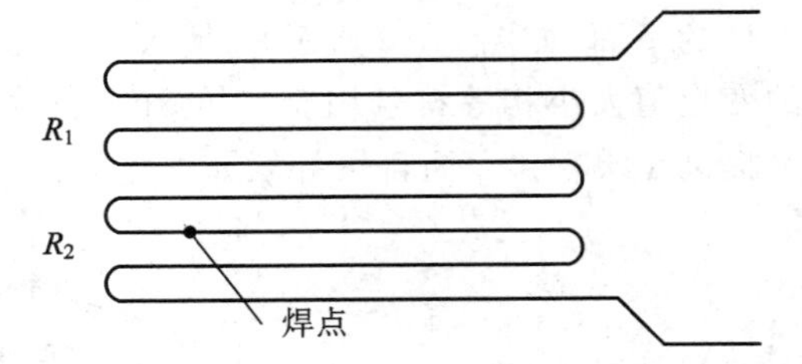

图 2.17　电阻温度系数符号不同的双金属敏感栅自补偿应变计

$$\frac{R_1}{R_2} = \frac{|\Delta R_{2t}|/R_2}{|\Delta R_{1t}|/R_1} = \frac{\alpha_2}{\alpha_1}$$

其中

$$\Delta R_{1t} = -\Delta R_{2t}$$

这种补偿效果较前者好，在工作温度范围内通常可达到±0.14 $\mu\varepsilon$/℃。

3）双金属敏感栅自补偿应变计(2)

这种自补偿应变计的敏感栅也由两种合金丝材制成，但形成的两个电阻分别接入电桥相邻的两臂上。如图 2.18 所示，R_1 是工作臂，R_2 与外接串联电阻 R_B 组成补偿臂。两种丝材电阻温度系数的符号相同(例如都为正)，适当调节它们之间的长度比和外接电阻 R_B 的数值，使

$$\frac{\Delta R_{1t}}{R_1} = \frac{\Delta R_{2t}}{R_2 + R_B}$$

就可使两桥臂由于温度引起的电阻变化相等或接近，实现温度自补偿。补偿栅 R_2 用温度变化产生的 ΔR_{2t} 去补偿工作栅 R_1 的 ΔR_{1t}，但同时也把工作栅灵敏系数抵消一部分。因此补偿栅材料通常选用电阻温度系数大且电阻率小的铂或铂合金，这样只要几欧的铂电阻就能达到温度补偿，使应变计的灵敏系数少损失一些。这种补偿方法只要适当调节 R_B，就可以在不同线膨胀系数的试件上实现温度自补偿，所以比较通用，这是它的优点。但使用它时，必须每片都接成半桥线路，并要外接一个高精度电阻 R_B，在测量点很多的情况下，使用较麻烦。

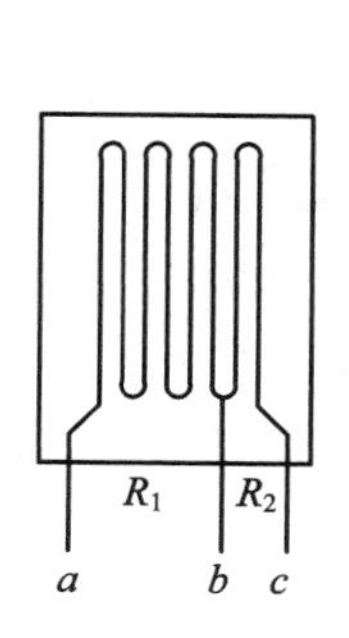

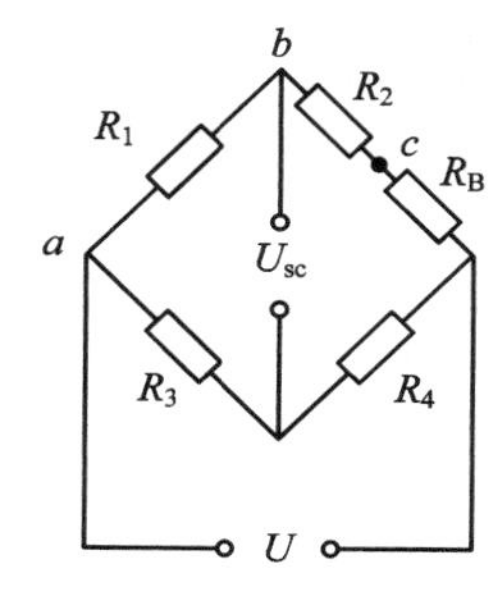

图 2.18　电阻温度系数符号相同的双金属敏感栅自补偿应变计

图 2.19　热敏电阻补偿法

4. 热敏电阻补偿法

图 2.19 中的热敏电阻 R_k 处在与应变计相同温度条件下，当应变计的灵敏度随温度升高而下降时，热敏电阻 R_k 的值也下降，使电桥的输入电压随温度升高而增加，从而提高电桥的输出，补偿因应变计引起的输出下降。选择分流电阻 R_5 的值，可以得到良好的补偿。

2.6 电阻应变仪

电阻应变仪是最早应用的，以应变计作为传感元件的测量应力的专用仪器。电阻应变仪将电桥的微小输出电压放大、记录和处理，从而得到待测应变值。其种类和型号很多，但基本原理相似，通常包括测量电桥、读数电桥、放大器、相敏检波器、滤波器、显示器、稳压电源及振荡器等部分。其方框图如图 2.20 所示。

由振荡器同时供给测量电桥和读数电桥一定频率和振幅的正弦信号（约 1000～10 000 Hz）。测量动态应变时，测量电桥不连接读数电桥，直接由变压器耦合放大。应变计感受的应变信号波形如图 2.20(*a*)所示。供桥电压是等幅的交流电压，其输出电压的幅度随图 2.20(*a*)所示应变信号的波形增减而增减，这是个调幅过程。故通常称加在电桥上的等幅交流电压为载波，它的频率称载频，而被应变调制了的波形称为调幅波（如图 2.20(*b*) 所示）。调幅波的包络形状和被测信号的波形一样。调幅波经放大后得到与波形 2.20(*b*)相似的波形 2.20(*c*)，再经过相敏检波器解调得到信号波形 2.20(*d*)，最后由滤波器将信号中的剩余载波及高次谐波滤掉，即可得到与应变信号波形相似的波形 2.20(*e*)。再将此信号输出，进行记录、处理和显示，这种方法称为差值法。

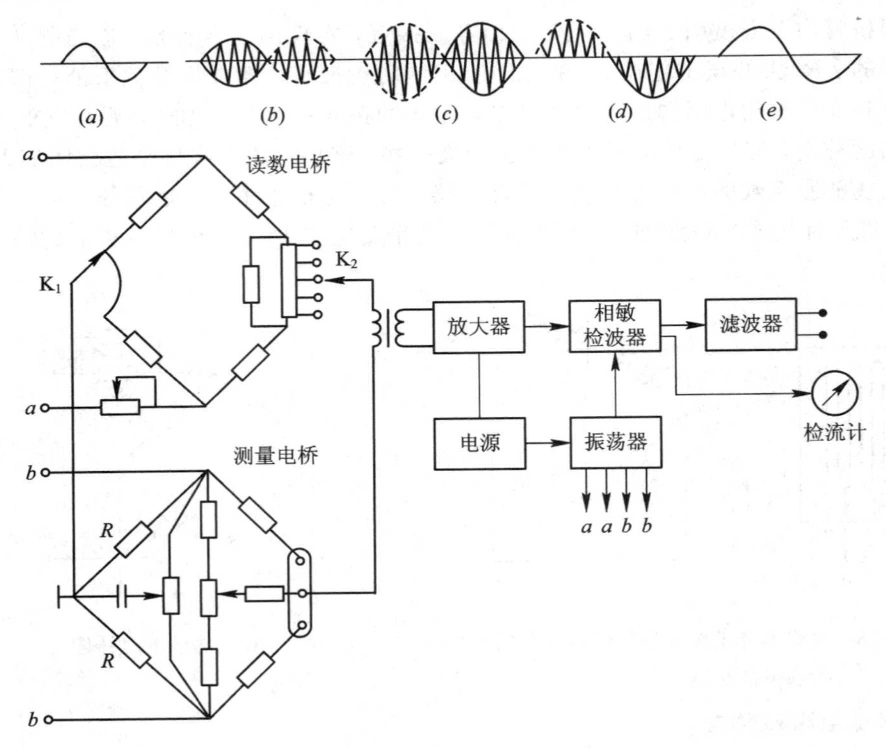

图 2.20　电阻应变仪方框图

显然，差值法的最后结果会因电桥电压的波动、放大器放大系数的波动等影响而存在很大误差。测量动态应变时，由于测量的时间比供桥电压和放大器放大系数的波动时间短很多，不会产生很大误差，但测量静态应变时，就不允许了。

在测量静态应变时，不是将由相敏检波器检波后的信号直接记录、处理或显示，而是采用一个读数电桥来测定应变。读数电桥与测量电桥都由同一振荡器来供电，它们的输出端反向串联起来输入到放大器的输入变压器的初级。当测量电桥感受应变，使电桥不平衡而有一输出电压 e_1 时，适当改变读数电桥的桥臂电阻值，使其失去平衡，输出一个幅值大小与测量电桥输出电压相等而相位相反的输出电压 e_2。当 $e_1-e_2=0$ 时，检流计指示为零；当 $e_1 \neq e_2$ 时，放大器立即将它放大，引起检流计很大偏转，从而能够很精确地调整读数电桥的桥臂阻值使 e_1 很精确地等于 e_2。读数电桥的输出电压 e_2 与电刷位置 k_1、k_2…等有关，因此只要将 k_1、k_2…的位置用应变值来表示，即能直接读出应变值。这种测量方法称为零值法。

由于测量电桥与读数电桥均由同一振荡器供电，因此电源电压的波动，将对 e_1、e_2 产生同样比例的影响，所以不会影响应变读数。另外，在这种情况下，放大器以及检流计只起平衡指示作用，只要放大器放大系数足够大，检流计比较灵敏就够了。对放大系数的稳定性和检流计的精度要求就可以大为降低。零值法的优点是，测量精度主要取决于读数电桥的精度，而不受电桥供电电压波动以及放大器放大系数波动等的影响，因此测量精度较高。但由于需要进行手调平衡，故一般用于静态测量。

通常的静、动态电阻应变仪的测量电路有交流供桥载波放大和直流供桥直流放大两种类型。交流供桥载波放大具有灵敏度高，稳定性好，受外界干扰和电源影响小及造价低等优点，但存在工作频率上限较低，导线分布电容影响大等缺点。而直流放大器等则相反，工作频带宽，能解决分布电容等问题。但它需配用精密电源提供给电桥和直流放大器，造价较高。

随着集成电路技术的进步，各种低噪声、低漂移、高增益、高精度、高共模抑制比的运算放大器不断出现，以及专用信号处理电路模块和高精密的直流电源模块相继制造成功，近年来在先进的测试系统特别是大型测试系统中多采用直流电桥和直流信号处理器。这种新型直流电桥电路的优点是频响高，精度不亚于载频式，不易受感应，且不需繁琐的调平衡，使用的传感器电缆引线可以远比交流电桥的长。由于采用直流电桥和相应的二次仪表，要比研制载频式的交流电桥及二次仪表更合理、更经济，因而目前新型直流电桥比交流电桥得到更广泛的应用。在数字应变仪、超动态应变仪中已逐渐采用由参考稳压电源和运算放大电路组成的直流电桥电路。当然，直流放大器原理上的缺点并未彻底克服，实际运用时，需采取各种辅助技术。

由于直流电桥输出的稳定性与提供给电桥直流电压的稳定性密切相关，因此，直流电桥必须有一个稳定的直流供桥电压。采用集成的参考稳压电源和运算放大电路可以得到稳定的供桥直流电压，如图 2.21 所示。

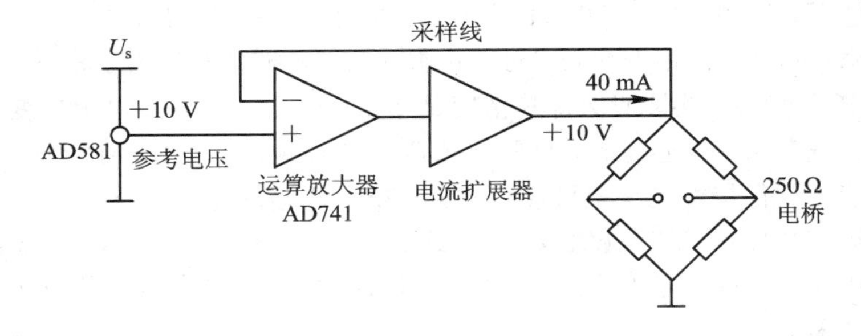

图 2.21　基本电桥驱动电路

图 2.22 为专用的传感器电源模块作为稳定的直流供桥电压源，图 2.22(*a*)为基本电路，图 2.22(*b*)为电源模块。因为电桥工作在非零输出状态，其激励电压发生变化会直接影

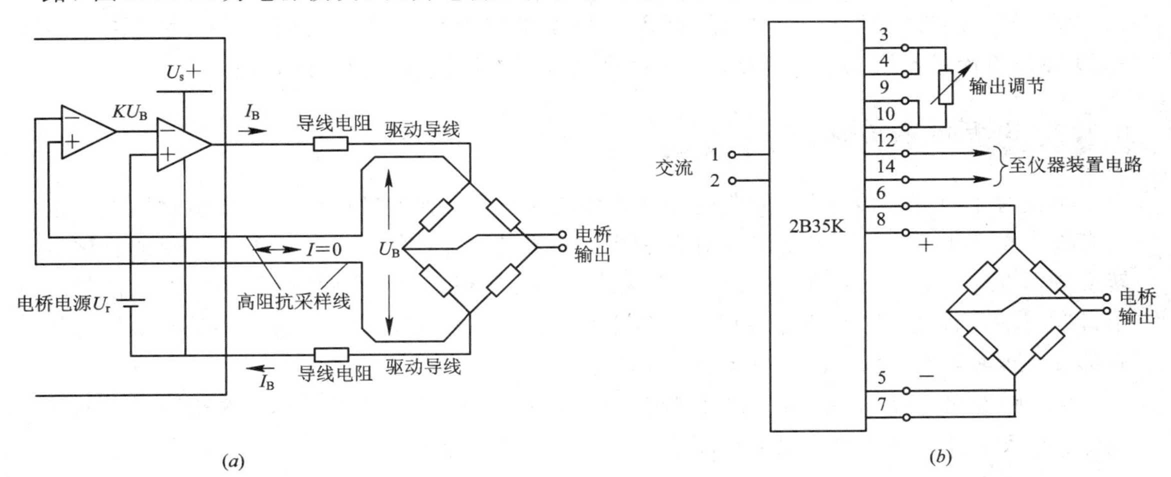

图 2.22　专用的传感器电源模块

响到电桥输出的变化，对于低阻值电桥(应变计使用低阻值应变计时)连接到电桥激励端的导线上的电压降可能明显地改变电桥激励电压，从而产生误差。为了校正此误差，常采用四线法(凯尔文法)连接电桥。两根导线传送给电桥电流，另两根导线感受在电桥两端的实际电压，此实际电压反馈回来与参考电压相比较，以调整供桥电源的输出电压维持在所要求的电桥电压值上。高增益的反馈回路使输给电桥的电压必定是比较器输入为零($U_r-kU_B=0$)时，所需电压，因此$U_B=U_r/k$，如图 2.22(a)所示。

2.7　应变式传感器

电阻应变丝、片除直接用来测定试件的应变和应力外，还广泛作为传感元研制成各种应变式传感器，用来测定其他物理量，如力、压力、扭矩、加速度等。

应变式传感器的基本构成通常可分为两部分，弹性敏感元件和应变计(丝)。弹性敏感元件在被测物理量的作用下，产生一个与它成正比的应变，然后用应变计(丝)作为转换元件将应变转换为电阻变化。应变式传感器与其他类型传感器相比具有如下特点：

(1) 测量范围广、精度高。测力传感器，可测 10^{-2}～10^{7} N 的力，精度达到 0.05%FS 以上；压力传感器，可测 10^{-1}～10^{7} Pa 的压力，精度可达 0.1%FS。

(2) 性能稳定可靠，使用寿命长。对于称重而言，机械杠杆称由于杠杆、刀口等部分相互摩擦产生损耗和变形，欲长期保持其精度是相当困难的。若采用电阻应变式称重传感器制成的电子秤、汽车衡、轨道衡等，只要传感器设计合理，应变计选择确当，粘贴、防潮、密封可靠，就能长期保持性能稳定可靠。应变式压力传感器也是这样。

(3) 频率响应特性较好。一般电阻式应变计响应时间约为 10^{-7} s，半导体应变计可达 10^{-11} s。若能在弹性元件上采取措施，则由它们构成的应变式传感器可测几十千赫甚至上百千赫的动态过程。

(4) 能在恶劣的环境条件下工作。只要进行适当的结构设计及选用合适的材料，应变式传感器可在高(低)温、高速、高压、强烈振动、强磁场及核辐射和化学腐蚀等恶劣的环境条件下正常工作。

(5) 易于实现小型化、整体化。随着大规模集成电路工艺的发展，已可将电路甚至 A/D 转换与传感器组成一个整体，传感器可直接接入计算机进行数据处理。

2.7.1　弹性敏感元件

不仅对于应变式传感器，对其他某些类型的传感器，弹性敏感元件在传感器技术中也占有极为重要的地位。在传感器工作过程中，一般是由弹性敏感元件把各种形式的物理量转换成形变，再由转换元件(例如电阻应变计)转换成电量。所以在传感器中弹性元件是应用最广泛的元件之一。其质量的优劣直接影响传感器的性能及精度，有时还是传感器的核心部分。通常要求弹性敏感元件具有以下性能：

(1) 弹性储能(应变能)高。弹性储能是材料在开始塑性变形以前单位体积所储存的弹性能。它表示弹性材料储存变形功而不发生永久变形的能力。其大小为

$$U=\frac{1}{2}T_eS_e=\frac{1}{2}\frac{T_e^2}{E}$$

式中，T_e 为弹性极限，S_e 为弹性极限对应的应变，E 为杨氏模量。要求弹性敏感元件材料 T_e^2/E 愈高愈好，欲提高 T_e^2/E，可提高弹性极限 T_e 或者降低杨氏模量。T_e 高，则弹性变形范围大，E 低，则在同样载荷下可获得较大形变，有较高的灵敏度。

(2) 具有较强的抗压(或抗拉)强度，以便在高载荷下有足够的安全性能。

(3) 受温度影响小。弹性模量温度系数小而稳定，热膨胀系数小。

(4) 具有良好的机械加工和热处理性能，易于机械加工及热处理。

(5) 具有良好的重复性和稳定性。

(6) 热处理后应有均匀稳定的组织，且各向同性。

(7) 具有高的抗氧化、抗腐蚀性能。

弹性敏感元件的材料主要是合金结构钢。例如，中碳铬镍钼钢，中碳铬锰硅钢，析出硬化型不锈钢，高速工具钢和弹簧钢等。

2.7.2 应变式测力与称重传感器

应变式测力传感器由弹性体、应变计和外壳组成，弹性体是测力传感器的基础，应变计是传感器的核心。根据弹性体的结构形式的不同可分为：柱式、轮辐式、梁式、环式等。

1. 柱式传感器

柱式传感器是称重(或测力)传感器应用较普遍的一种形式，它分为圆筒形和柱形两种。图 2.23 画出了传感器的结构示意图和外形。其结构是在圆筒或圆柱上按一定方式贴上应变计。圆筒或圆柱在外力 F 作用下产生的应变为

$$\varepsilon = \frac{T}{E} = \frac{F}{AE}$$

式中，E 为弹性元件的弹性模量，A 为圆柱或圆筒的横断面积。

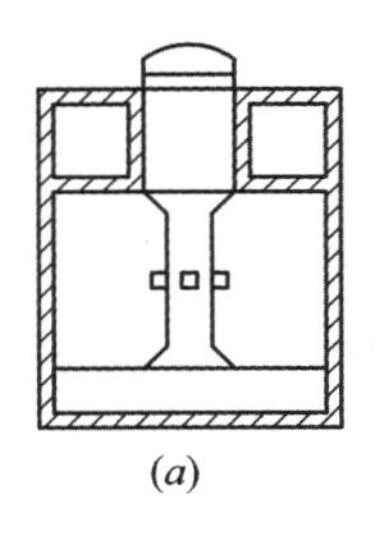

(*a*)

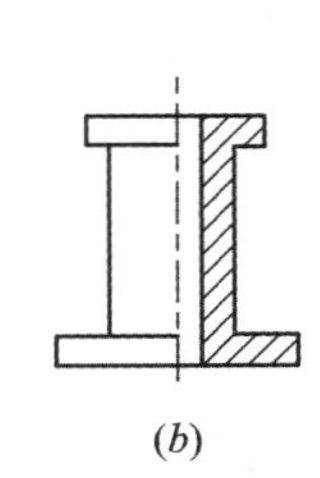

(*b*)

(*c*)

图 2.23 柱式传感器

(*a*) 圆柱；(*b*) 圆筒；(*c*) 外形

实际上，力在截面上不是均匀分布的。这是由于作用力 F 往往不正好沿着弹性体的轴线方向作用，而是与轴线成某一微小角度，这就使弹性体除受到拉(或压)力作用外，还受到横向力和弯矩的作用。恰当的结构设计，合理的布置应变计和接桥方式可以大大减小横向力和弯矩的影响，但不能完全消除这些影响。在传感器结构设计上采用承弯膜片是消除横向力影响的一个很好的措施(如图 2.23(*a*)所示)，即在传感器刚性外壳的上端加一片或二片(图 2.23(*a*)中为二片)极薄的膜片，用以承受大部分横向力和弯矩。当力作用在膜片

的平面内时，其刚性十分大，横向力经膜片而传至传感器外壳和底座；当力垂直于膜片平面时，它的刚性很小，其轴向变形正比于所测的力。这样，膜片既消除了横向力，又不致对传感器的精度有大的影响。通常传感器灵敏度的下降小于 5%。

一般将应变计对称地贴在应力均匀的圆柱表面的中间部分，如图 2.24(*a*)所示，并连接成图 2.24(*b*)所示的桥路。T_1 和 T_3，T_2 和 T_4 分别串联，放在相对臂内，当一方受拉时，则另一方受压。由此引起的电阻应变计阻值的变化大小相等符号相反，从而减小弯矩的影响。横向粘贴的应变计作为温度补偿片。电桥输出电压为

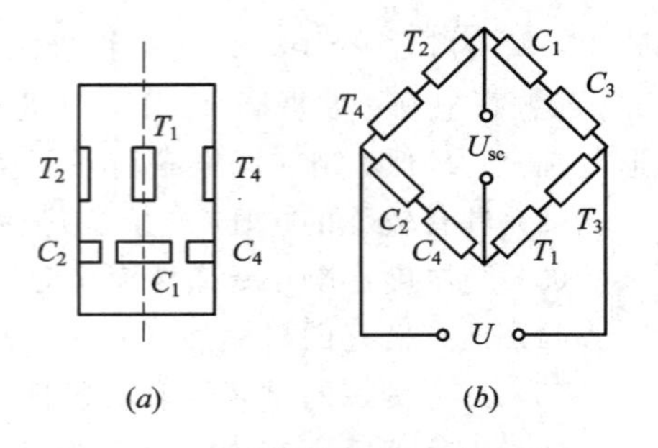

图 2.24　柱式传感器应变计粘贴和桥路连接

$$U_{sc} = \frac{R_1 R_2}{(R_1 + R_2)^2}\left(\frac{\Delta R_1}{R_1} - \frac{\Delta R_2}{R_2} - \frac{\Delta R_3}{R_3} + \frac{\Delta R_4}{R_4}\right)U$$

由于

$$R_1 = R_2 = R_3 = R_4 = R$$
$$\Delta R_1 = \Delta R_4 = \Delta R$$
$$\Delta R_2 = \Delta R_3 = -\mu\Delta R$$

故

$$U_{sc} = U\,\frac{(1+\mu)}{2}\cdot\frac{\Delta R}{R}$$

由上式可知，横向粘贴的应变计既作为温度补偿，也起到提高灵敏度的作用。

柱式的不足是截面积随载荷改变所导致的非线性，但对此可以进行补偿。

筒式结构可使分散在端面的载荷集中到筒的表面上来，改善了应力线分布，如图 2.25 所示；在筒壁上还能开孔，如图 2.25(*c*)所示，形成许多条应力线，从而与载荷在端面的分布无关，并可减少偏心载荷、非均布载荷的影响，使引起的误差更小。

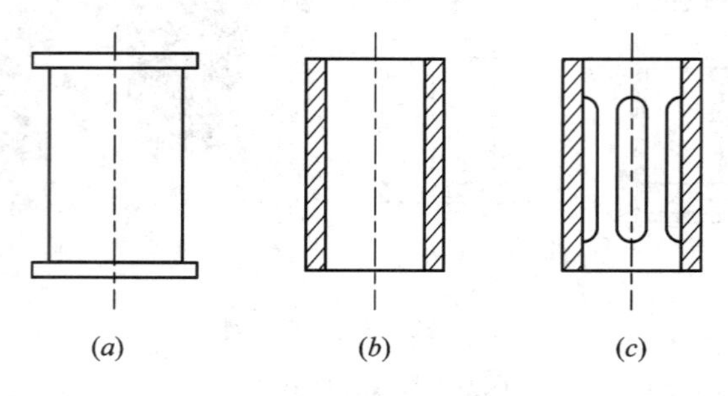

图 2.25　柱式传感器弹性体的不同剖面

柱式结构的传感器测量范围为几百千克到几百吨，精度可达±0.5%～0.3%左右，其中高精度拉压力传感器精度可达 0.05%FS。

2. 轮辐式传感器

轮辐式传感器是一种剪切力传感器，其结构示意图如图 2.26 所示，由轮毂 1、轮圈 2、轮辐条 3、承压应变计 4 和拉伸应变计 5 等组成。轮辐条成对地连接在轮圈和轮毂之间，可为 4 根或 8 根(图 2.26 中为 4 根)，采用钢球传递重力，因为圆球压头有自动定中心的功

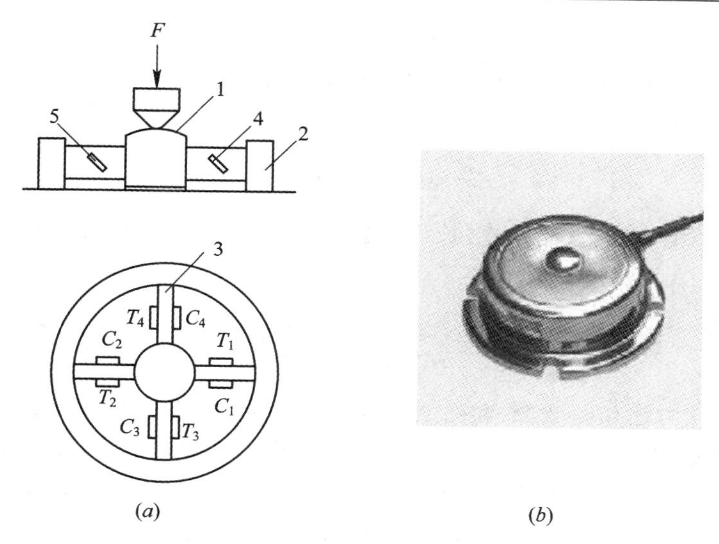

图 2.26　轮辐式传感器
（a）结构示意图；（b）外形

能。测量桥路如图 2.27 所示。当外力 F 作用在轮毂的上端面和轮圈下端面时，使矩形辐条产生平行四边形的变形，如图 2.28 所示。当两个轮辐条互相垂直时，其最大剪应力及剪应变分别为

$$\tau_{\max}=\frac{3F}{8bh}$$

$$\nu_{\max}=\frac{3F}{8bhG}$$

式中，b 为轮辐宽度，h 为轮辐高度，G 为剪切模量，则

$$G=\frac{E}{2(1+\mu)}$$

其中，E 为杨氏模量，μ 为泊松系数。

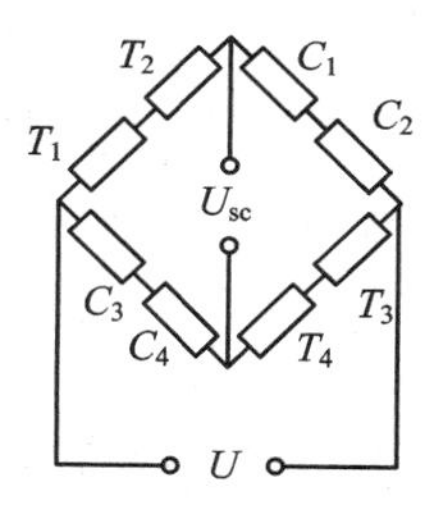

图 2.27　轮辐式传感器测量桥路

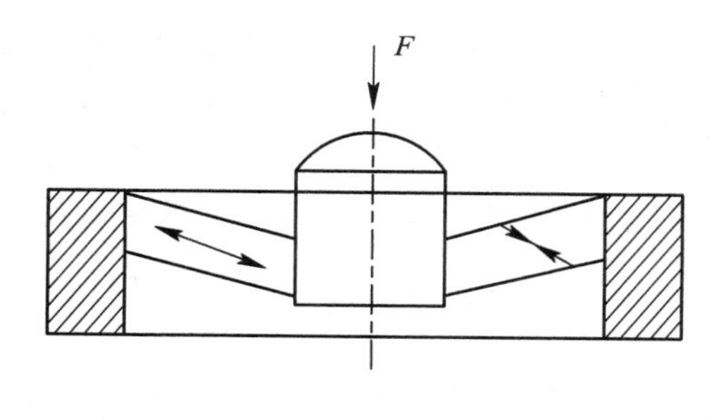

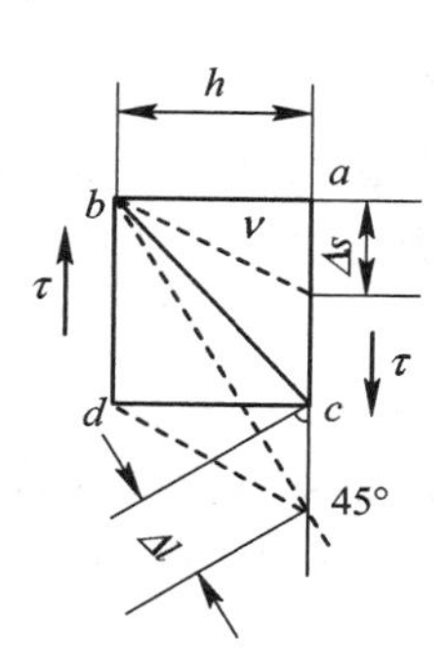

图 2.28　矩形辐条产生平行四边形的变形

在传感器中实测的不是剪应变 ν，而是在剪切力作用下，轮辐对角线方向的线应变。这时，将应变计在与辐条水平中心轴线成 ±45°角的方向上粘贴。八片应变计分别贴在 4 根辐

条的正反两面，并组成全桥电路，以检测线应变。

在矩形条幅面上取一正方形面元，在剪切力作用下发生形变而成平行四边形，如图 2.28 右方所示。由图可得线应变

$$\left(\frac{\Delta l}{bc}\right)=\varepsilon=\frac{\Delta s}{h}\cos 45^\circ \sin 45^\circ=\frac{\nu_{\max}}{2}=\frac{3F}{16bhG}$$

当考虑到应变计具有一定尺寸（长 l_j，宽 b_j）和切应力的抛物线分布规律，则平均应变为

$$\varepsilon_p=\frac{3F}{16bhG}\left(1-\frac{l_j^2+b_j^2}{6h^2}\right)$$

八片应变计的连接方法如图 2.26 和图 2.27 所示。当受外力作用时，使辐条对角线缩短方向粘贴的应变计 C 受压，对角线伸长方向粘贴的应变计 T 受拉。每对轮辐的受拉片和受拉片串联成一臂，受压片和受压片串联组成相邻臂。这样有助于消除载荷偏心对输出的影响。加在轮毂和轮圈上的侧向力，若使一根轮辐受拉，其相对的一根则受压。由于两轮辐截面是相等的，其上应变计阻值变化大小相等、方向相反，每个臂的总阻值无变化，对输出无影响。全桥电路的输出为

$$U_{sc}=\frac{3KF(1+\mu)}{16bhG}\left(1-\frac{l_j^2+b_j^2}{6h^2}\right)U$$

式中，U 为供桥电压，K 为应变计灵敏度系数。

上式是设计轮辐式传感器的基本公式。轮辐设计时，其尺寸一方面要保证强度要求，使它不超过允许的应力；另一方面要保证轮辐承受纯剪切作用，轮辐长度 l_f 在保证贴得下应变计的情况下尽量小，一般取 l_f/h 为 0.6～0.8。而且应控制剪力和弯矩同时作用下的挠度小于 0.1 mm。

轮辐式传感器有良好的线性；力作用点位置偏移对传感器精度影响较小；可以抗受大的偏心和侧向力；具有扁平的外形；抗过载能力大；可作成拉压型；测量范围宽，为 5×10^3～5×10^6 N。因此，轮辐式力传感器得到了广泛应用。

3. 悬臂梁式传感器

悬臂梁式传感器是一种低外形、高精度、抗偏、抗侧性能优越的称重测力传感器。采用弹性梁及电阻应变计作敏感转换元件，组成全桥电路。当垂直正压力或拉力作用在弹性梁上时，电阻应变计随金属弹性梁一起变形，其应变使电阻应变计的阻值变化，因而应变电桥输出与拉力（或压力）成正比的电压信号。配以相应的应变仪，数字电压表或其他二次仪表，即可显示或记录重量（或力）。

悬臂梁有两种，一种为等截面梁，另一种为等强度梁。

等截面梁就是悬臂梁的横截面处处相等的梁，如图 2.29(*a*)所示。当外力 F 作用在梁的自由端时，在固定端产生的应变最大，粘结应变计处的应变为

$$\varepsilon=\frac{6Fl_0}{bh^2E}$$

因此在距固定端较近的表面顺着梁的长度方向分别贴上 R_1、R_2 和 R_3、R_4（R_2、R_3 在底部，图中未画出）四个电阻应变计。若 R_1、R_4 受拉力，则 R_2、R_3 将受到压力，两者应变

相等，但极性相反。将它们组成差动全桥，则电桥的灵敏度为单臂工作时的 4 倍。

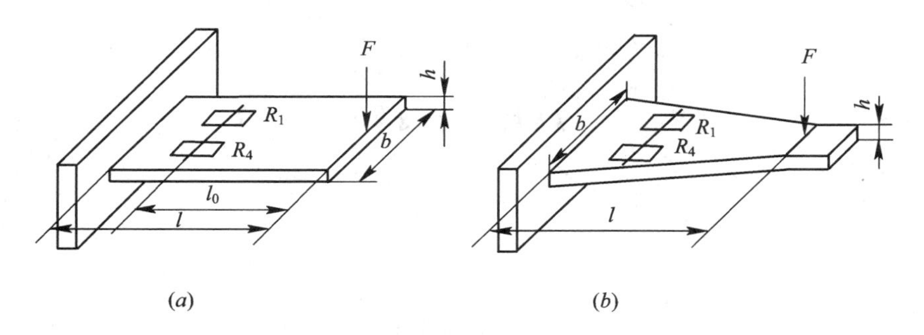

图 2.29　悬臂梁

(*a*) 等截面梁；(*b*) 等强度梁

等强度梁的结构如图 2.29(*b*)所示，是一种特殊形式的悬臂梁。其特点是：沿梁长度方向的截面按一定规律变化，当集中力 F 作用在自由端时，距作用点任何距离截面上的应力相等。在自由端有力 F 作用时，在梁表面整个长度方向上产生大小相等的应变。应变大小可由下式计算，即

$$\varepsilon=\frac{6Fl}{bh^2E} \tag{2.12}$$

这种梁的优点是在长度方向上粘贴应变计的要求不严格。

除等截面梁和等强度梁传感器外，还有剪切梁式传感器，两端固定梁传感器等。图 2.30 为几种梁式传感器外形。

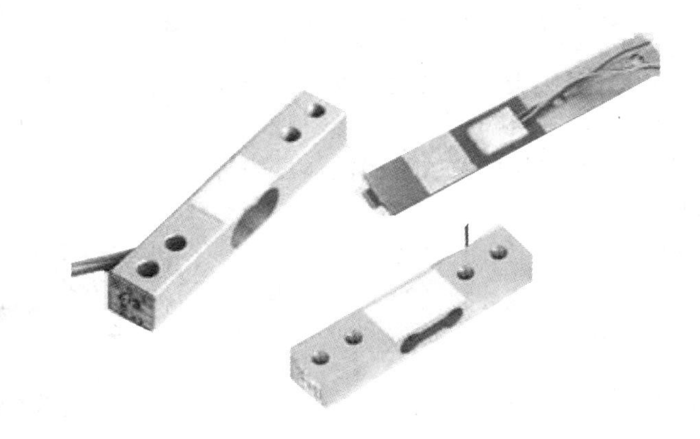

图 2.30　几种梁式传感器外形

悬臂梁式传感器一般可测 0.5 kg 以下的载荷，最小可测几十克重。悬臂梁式传感器也可达到很大的量程，如钢制工字悬臂梁结构传感器量程为 0.2 ～30 t，精度可达 0.02%FS。悬臂梁式传感器具有结构简单、应变计容易粘贴，灵敏度高等特点。

4. 环式传感器

圆环式传感器弹性元件的结构，如图 2.31 所示。其中，(*a*)为拉力环，(*b*)为压力环。环式常用于测几十千克以上的大载荷，与柱式相比，它的特点是应力分布变化大，且有正有负，便于接成差动电桥。

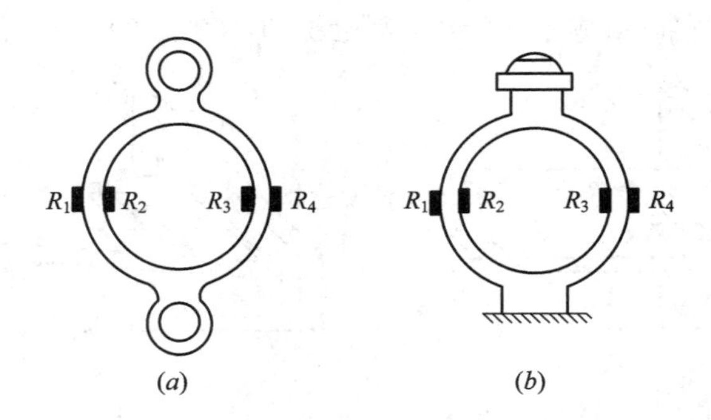

图 2.31　圆环式传感器弹性元件结构

表 2.1 列出了几种应变式测力与称重传感器的性能，以供参考。

表 2.1　几种应变式测力与称重传感器的性能

结构	型号	量程/t	精度/FS	测定输出/mV/V	输出阻抗/Ω	使用温度℃	安全超载
柱式	BHR-4	1～50	0.05%	1	700	−20～+60	150%
轮辐式	GY-1	1～50	0.05%	3	700	−20～+60	150%
梁式	GF-1	0.5～30	0.03%	2	350	−20～+60	150%

2.7.3　应变式压力传感器

应变式压力传感器由电阻应变计、弹性元件、外壳及补偿电阻组成。一般用于测量较大的压力。它广泛用于测量管道内部压力，内燃机燃气的压力，压差和喷射压力，发动机和导弹试验中的脉动压力，以及各种领域中的流体压力等。

1. 筒式压力传感器

筒式压力传感器的弹性元件如图 2.32 所示，一端盲孔，另一端有法兰与被测系统连接。当应变管内腔与被测压力相通时，圆筒部分周向应变为

$$\varepsilon=\frac{p(2-\mu)}{E\left(\dfrac{D^2}{d^2}-1\right)}$$

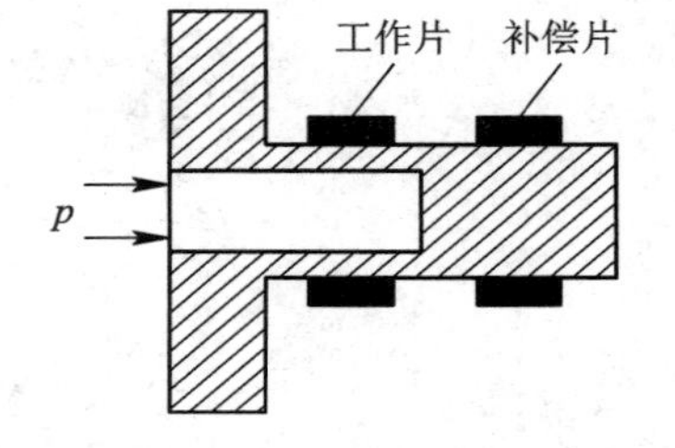

图 2.32　筒式压力传感器的弹性元件

式中，p 为被测压力，D 为圆筒外径，d 为圆筒内径。在薄壁筒上贴有两片应变计作为工作片，实心部分贴有两片应变计作为温度补偿片。当没有压力作用时，这四片应变计组成的全桥是平衡的；当压力作用于内腔时，圆管发生形变，使得已经平衡的电桥失去平衡。这种传感器结构简单，制造方便，适用性强，在火箭、炮弹以及火炮的动态压力测量方面有广泛的用途。可测 10^4～10^7 Pa (≈0.1～100 atm)或更高的压力。

2. 膜片式压力传感器

该类传感器的弹性敏感元件为一周边固定的圆形金属平膜片，如图 2.33(a)所示。当

膜片一面受压力 p 作用时，膜片的另一面（应变计粘贴面）上的径向应变 ε_r 和切向应变 ε_t 为

$$\varepsilon_r = \frac{3p}{8Eh^2}(1-\mu^2)(R^2-3x^2)$$

$$\varepsilon_t = \frac{3p}{8Eh^2}(1-\mu^2)(R^2-x^2)$$

式中，R 为平膜片工作部分半径，h 为平膜片厚度，E 为膜片的弹性模量，μ 为膜片的泊松系数，x 为任意点离圆心的径向距离。

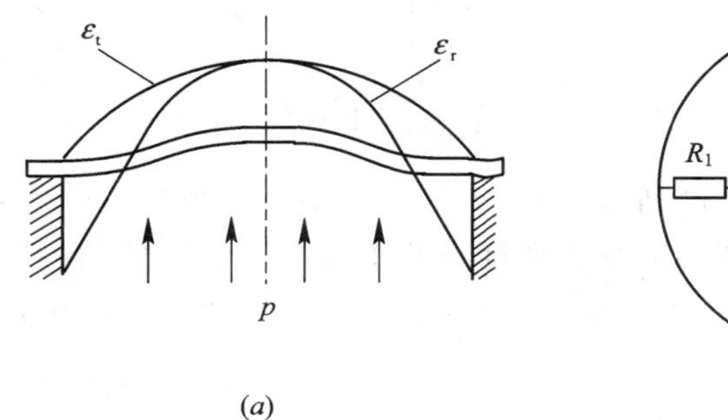

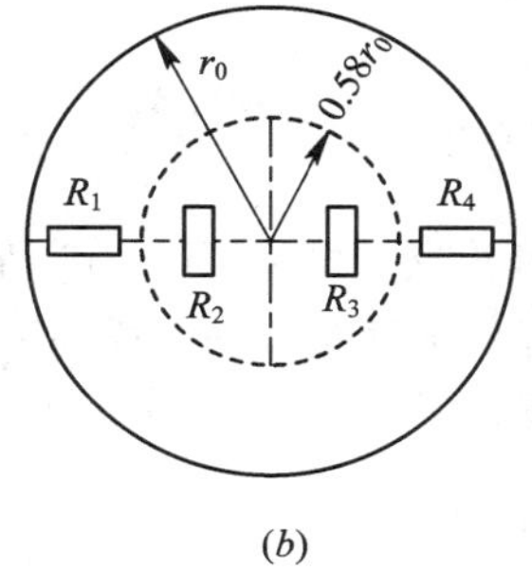

图 2.33　膜片受力时的应变分布和应变计粘贴

在膜片中心即 $x=0$ 处，ε_r 和 ε_t 均达到正的最大值，即

$$\varepsilon_{r\max} = \varepsilon_{t\max} = \frac{3p(1-\mu^2)}{8Eh^2}R^2$$

而在膜片边缘，即 $x=R$ 处，$\varepsilon_t=0$，而 ε_r 达到负的最大值（最小值），即

$$\varepsilon_{r\min} = -\frac{3p(1-\mu^2)}{4Eh^2}R^2$$

在 $x=R/\sqrt{3}\approx 0.58R$ 处，$\varepsilon_r=0$。图 2.33(*a*)也画出了膜片受力时的应变分布。为了充分利用膜片的应变分布状态，可以把两片应变计贴在正应变最大区，另两片粘贴在负应变最大区（如图 2.33(*b*)所示），R_1、R_4 测量径向应变，R_2、R_3 测量切向应变，并把四片应变计接成相邻桥臂的全桥电路。这样既增大了传感器的灵敏度，又起到了温度补偿作用。图 2.34 是为了充分利用正负应变区而设计的箔式应变计（可参考图 2.3(*c*)），其周边部分有两段，对应 R_1 和 R_4，中间部分也分为两段，对应 R_2 和 R_3。

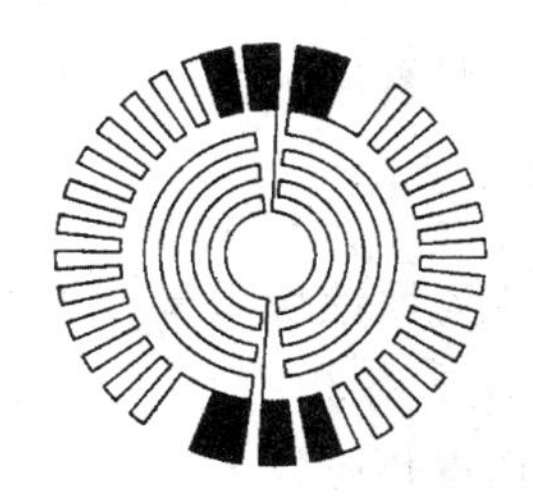

图 2.34　膜片式压力传感器一种敏感元件结构

该类传感器一般可测 $10^5\sim10^6$ Pa 的压力。

3. 组合式压力传感器

组合式压力传感器，如图 2.35 所示，通常用于测量小压力。波纹膜片、膜盒、波纹管等弹性敏感元件感受压力后，推动推杆使梁变形。电阻应变计粘贴于梁的根部感受应变。因为悬臂梁刚性较大，所以这种组合可以克服稳定性较差，滞后较大的缺点。

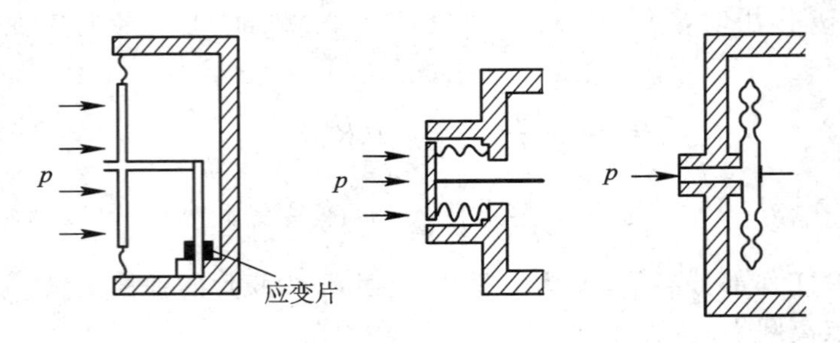

图 2.35　组合式压力传感器

2.7.4　应变式加速度传感器

应变式加速度传感器如图 2.36 所示。在一悬臂梁 1 的自由端固定一质量块 3，当壳体 4 与待测物一起作加速运动时，梁在质量块惯性力的作用下发生形变，使粘贴于其上的应变计 2 阻值变化，检测阻值的变化可求得待测物的加速度。图中，5 为电引线，6 为运动方向。

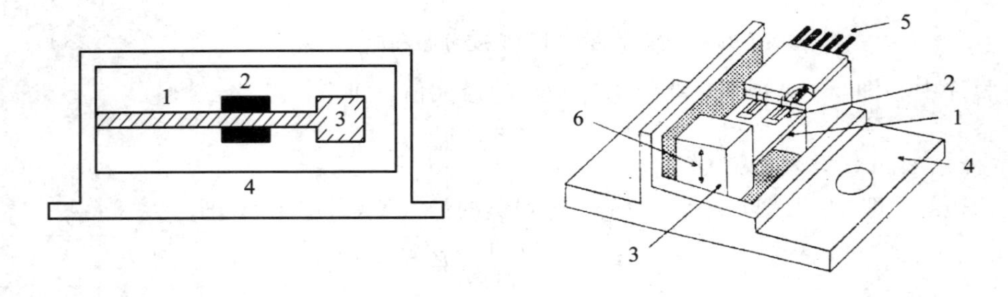

图 2.36　应变式加速度传感器

假设悬臂梁为如图 2.29 所示的等强度梁，作加速运动时梁根部的应变为

$$\varepsilon = \frac{6(W + G')gl}{bh^2E}$$

其中，W 为惯性块质量；G' 为等强度梁折算到自由端的等效质量，一般为梁质量的 1/6，其余尺寸如图 2.29 所示。

加速度传感器的灵敏度 M 表示加速度为 1 g 时梁上下两个应变计应变量。若梁的上下各贴一应变计，组成半桥，则灵敏度是梁应变的两倍，即

$$M = \frac{12(W + G')gl}{bh^2E}$$

若梁的上下各贴两片应变计，组成全桥，则灵敏度又是上式的两倍。

传感器的固有频率为

$$f_0 = \frac{1}{2\pi}\sqrt{\frac{8Ebh^3}{6l^3(W + G')}}$$

一般选择加速度传感器的工作频率远低于固有频率。

2.8　几种新型的微应变式传感器

本章前面讨论的是传统的转换原理和几种有代表性的常用的应变式传感器。随着传感器技术、新材料、新工艺的发展，近来新型传感器，尤其是微型传感器得到了很快发展。这些传感器的研制，通常沿用传统的转换原理以及某些新效应，优先采用晶体(硅、锗、蓝宝石、石英、陶瓷等)材料，采用微电子技术和微机械加工技术，并从传统的结构设计转向微机械加工的结构设计。

2.8.1　压阻效应

压阻效应是微应变式传感器依据的基本效应，下面加以介绍。

由欧姆定律知，流过一电阻 R 的电流 I 和电压 U 之间的关系为

$$U=RI$$

描述材料特性用下式更方便

$$E=\rho i$$

式中，E 为电场强度，ρ 为电阻率，i 为电流密度。

若存在压阻效应(2.1.1 节)

$$\frac{\Delta\rho}{\rho}=\pi T \tag{2.13}$$

则

$$E=\rho(1+\pi T)i$$

即

$$\frac{E}{\rho}=(1+\pi T)i \tag{2.14}$$

单晶硅为立方晶体，是各向异性体，压阻系数矩阵为

$$\pi_{ij}=\begin{bmatrix}\pi_{11} & \pi_{12} & \pi_{12} & 0 & 0 & 0\\ \pi_{12} & \pi_{11} & \pi_{12} & 0 & 0 & 0\\ \pi_{12} & \pi_{12} & \pi_{11} & 0 & 0 & 0\\ 0 & 0 & 0 & \pi_{44} & 0 & 0\\ 0 & 0 & 0 & 0 & \pi_{44} & 0\\ 0 & 0 & 0 & 0 & 0 & \pi_{44}\end{bmatrix}$$

式中，π_{11} 为纵向压阻系数，π_{12} 为横向压阻系数，π_{44} 为剪切向压阻系数。π_{11}、π_{12}、π_{44} 随材料的掺杂类型、浓度和环境温度的不同而变化。表 2.2 列出了其典型数据。由表可见，对 P 型硅，切向压阻系数 π_{44} 有最大值；对 N 型硅，纵向压阻系数 π_{11} 有最大值。表中数据是在晶轴坐标系中的值，坐标变换时将会改变。这些结果在设计传感器时要注意加以利用。

表 2.2 硅压阻系数的典型数据

导电类型	P - Si	N - Si
电阻率/Ω·cm	7.8	11.7
$\pi_{11}/10^{-12}\text{cm}^2/\text{dyn}$	6.6	−102.2
$\pi_{12}/10^{-12}\text{cm}^2/\text{dyn}$	−1.1	53.4
$\pi_{44}/10^{-12}\text{cm}^2/\text{dyn}$	138.1	−13.6

对单晶硅式(2.13)成为

$$\begin{aligned}\frac{E_1}{\rho} &= i_1[1+\pi_{11}T_{11}+\pi_{12}(T_{22}+T_{33})]+\pi_{44}(i_2T_{12}+i_3T_{13})\\\frac{E_2}{\rho} &= i_2[1+\pi_{11}T_{22}+\pi_{12}(T_{11}+T_{33})]+\pi_{44}(i_1T_{12}+i_3T_{23})\\\frac{E_3}{\rho} &= i_3[1+\pi_{11}T_{33}+\pi_{12}(T_{11}+T_{22})]+\pi_{44}(i_1T_{13}+i_2T_{23})\end{aligned} \tag{2.15}$$

该方程式是设计硅应变式传感器的基本依据。

2.8.2 敏感元件加工新技术

1. 薄膜技术

薄膜技术是在一定的基底上，用真空蒸镀、溅射、化学气相淀积(CVD)等工艺技术加工成零点几微米至几微米的金属、半导体或氧化物薄膜的技术。这些薄膜可以加工成各种梁、桥、膜等微型弹性元件，也可加工为转换元件，有的可作为绝缘膜，有的可用作控制尺寸的牺牲层，在传感器的研制中得到了广泛应用。

1) 真空蒸镀

在真空室内，将待蒸发的材料置于钨丝制成的加热器上加热，当真空度抽到 0.0133 Pa 以上时，加大钨丝的加热电流，使材料融化，继续加大电流使材料蒸发，在基底上凝聚成膜。其示意图如图 2.37 所示。图中，1—真空室，2—基底，3—钨丝，4—接高真空泵。

2) 溅射

在低真空室中，将待溅射物制成靶置于阴极，用高压(通常在 1000 V 以上)使气体电离形成等离子体，等离子中的正离子以高能量轰击靶面，使待溅射物的原子离开靶面，淀积到阳极工作台上的基片上，形成薄膜，如图 2.38 所示。图中，1—靶，2—阴极，3—直流高压，4—阳极，5—基片，6—惰性气体入口，7—接真空系统。

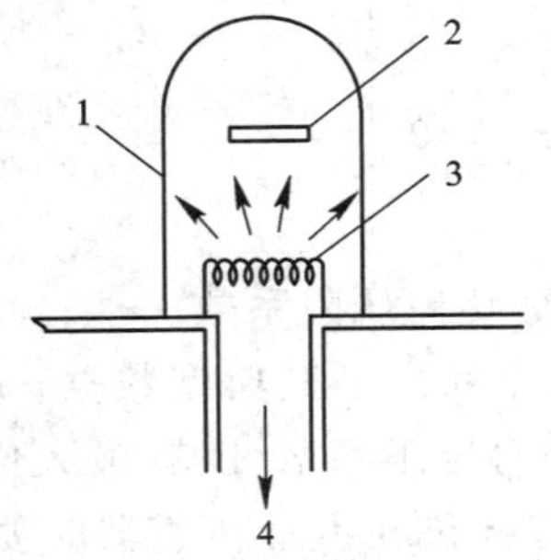

图 2.37 真空蒸镀系统示意图

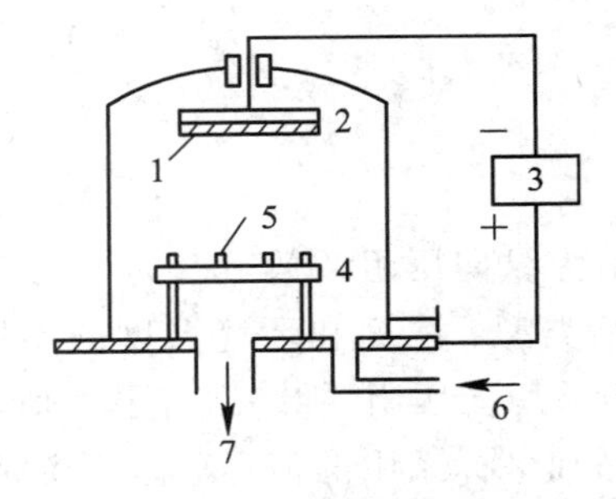

图 2.38 溅射成膜系统示意图

3）化学气相淀积(CVD)

化学气相淀积是将有待积淀物质的化合物升华成气体，与另一种气体化合物在一个反应室中进行反应，生成固态的淀积物质，淀积在基底上生成薄膜，如图 2.39 所示。图中，1—反应气体 A 入口，2—分子筛，3—混合器，4—加热器，5—反应室，6—基片，7—阀门，8—反应气体 B 入口。

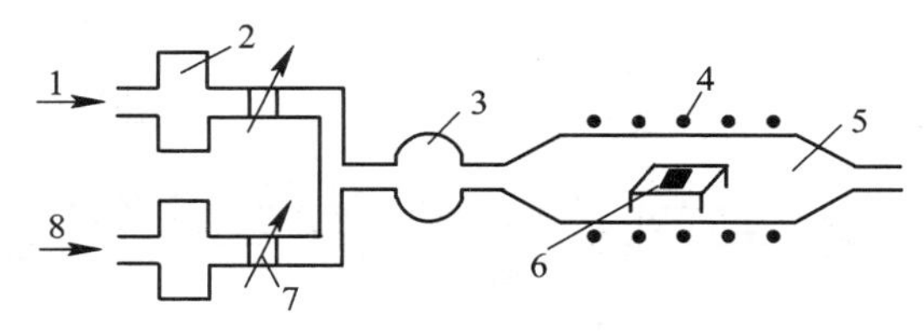

图 2.39 CVD 装置示意图

2. 微细加工技术

微细加工技术是利用硅的异向腐蚀特性和腐蚀速度与掺杂浓度有关，对硅材料进行精细加工制作复杂微小的敏感元件的技术。

1）体型结构腐蚀加工

体型结构腐蚀加工常用化学腐蚀(湿法)和离子刻蚀(干法)技术。

单晶硅常用化学腐蚀方法。化学腐蚀是利用腐蚀剂对需要加工的部分进行化学反应，形成特定的体形结构。图 2.40 画出了单晶硅立体结构的腐蚀加工过程。如图 2.40(*a*)和图 2.40(*b*)所示，先在单晶硅的(110)晶面生长一层氧化层作为光掩膜，并在其上覆盖光刻胶形成图案，再浸入缓冲过的氢氟酸中，进行氧化层腐蚀。然后将此片置于各向异性的腐蚀液(如乙二胺＋邻苯二酚＋水)对晶面进行纵向腐蚀，腐蚀出腔体的界面为(111)面，与(110)表面的夹角为 54.74°，如图 2.40(*c*)所示。

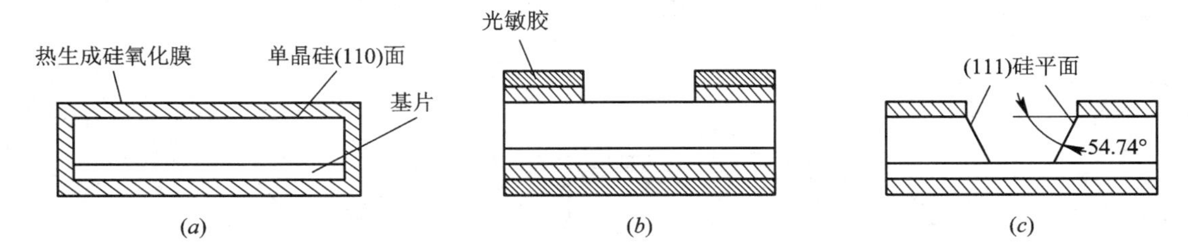

图 2.40 单晶硅立体结构的腐蚀加工过程

离子刻蚀是加工硅、二氧化硅和多晶硅的通用方法。离子刻蚀的原理是在真空腔内在辉光发电中产生的离子轰击硅片，达到和化学腐蚀同样的效果。

2）表面腐蚀加工之牺牲层技术

该工艺的特点是利用称为“牺牲层”的分离层，形成各种悬式结构。图 2.41 是利用这种工艺制造多晶硅梁的过程。在 N 型硅(100)基底上淀积一层 Si_3N_4 作为多晶硅的绝缘支撑，并刻出窗口，如图 2.41(*a*)所示。利用局部氧化技术在窗口处生成一层 SiO_2 作为牺牲层，如图 2.41(*b*)所示。在 SiO_2 层及余下的 Si_3N_4 上生成一层多晶硅膜并刻出微型硅梁，如图 2.41(*c*)所示。腐蚀掉 SiO_2 层形成空腔，即可得到桥式硅梁，如图 2.41(*d*)所示。另外，在腐蚀 SiO_2 层前先溅铝，刻出铝压焊块，以便引线。

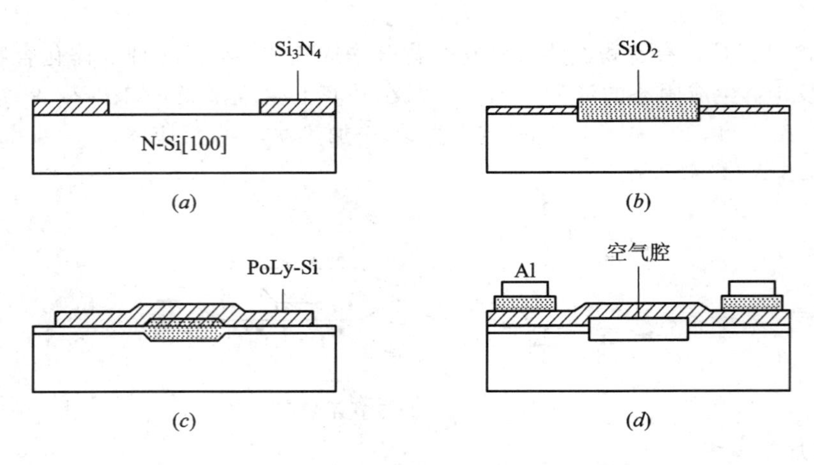

(*a*)　(*b*)　(*c*)　(*d*)

图 2.41　利用“牺牲层”形成硅梁过程

2.8.3　微型硅应变式传感器

图 2.42 为微型硅应变式传感器的一些基本结构。图 2.42(*a*)为方形平膜片结构，除用于压力传感器外，亦可用于电容式传感器。图 2.42(*b*)为悬臂梁结构，可用于加速度传感器。图 2.42(*c*)为桥式结构，图 2.42(*d*)为支撑膜结构，图 2.42(*e*)为 E 型膜(硬中心)结构，这些都是常用于应变式传感器的结构。

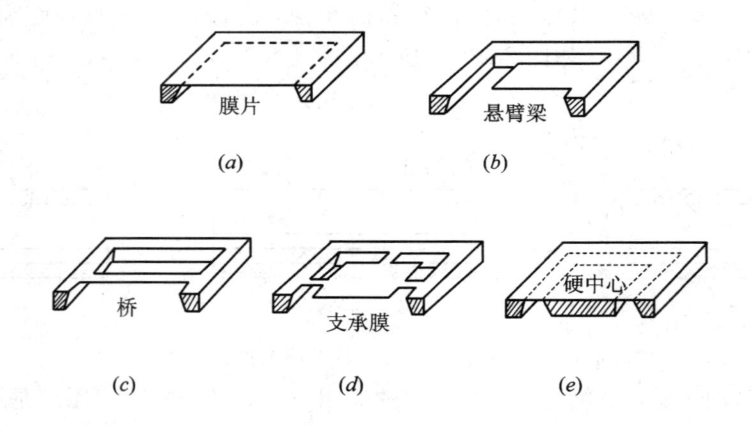

(*a*)　(*b*)　(*c*)　(*d*)　(*e*)

图 2.42　微型硅应变式传感器的一些基本结构

图 2.43(*a*)为膜片式半导体压力传感器结构示意图。为接近固定边条件，硅膜片的边缘较厚，呈杯形，也称为硅杯。在硅膜片上的四个扩散电阻接成电桥。硅边的内腔与被测压力 p 相连，杯外与大气相通。若杯外与另一压力源相接，则可测压差。图 2.43(*b*)是一相似结构，不同的是为了减少封装产生的应力对传感器性能的影响，硅中间体经由进气管与外壳相连，而不直接连接外壳。

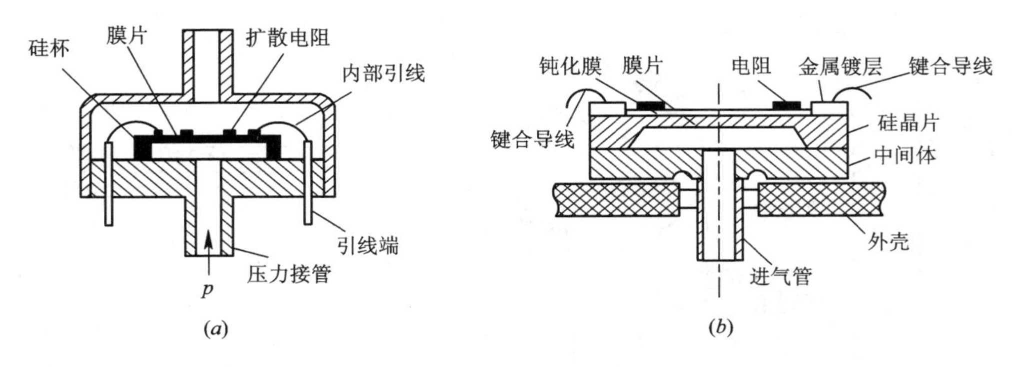

图 2.43　膜片式半导体压力传感器结构示意图

2.8.4　X 型硅压力传感器

1. 原理

为了利用 P 型硅大的切向压阻系数 π_{44}，摩托罗拉公司设计出 X 型硅压力传感器。由式(2.14)若 i_1、$i_3=0$，得

$$\frac{E_1}{i_2}=\rho\pi_{44}T_{12}=\Delta\rho \tag{2.16}$$

$$E_1=\rho\pi_{44}i_2T_{12} \tag{2.17}$$

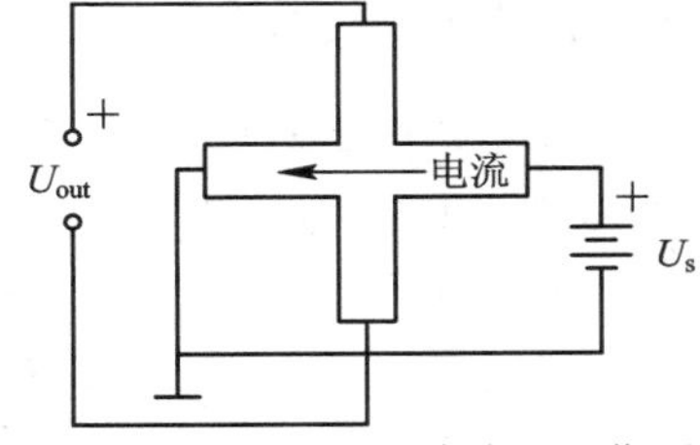

图 2.44　X 型硅压力传感器工作原理

在硅膜片表面用离子注入工艺制作一 X 型四端元件，如图 2.44 所示。在四端元件一个方向上加偏置电压形成电流 i_2，当有剪切力作用时，在垂直电流方向将会产生电场变化 $E_1=\Delta\rho i_2$，该电场变化引起电位变化，则在与电流垂直方向的两端可得到由被测压力引起的输出电压 U_{out}。

$$U_{out}=d\cdot E_1=d\cdot KT_{12}=K'T_{12}$$

式中，d 为元件两端距离，则有

$$K=\rho\pi_{44}i$$

$$K'=d\cdot K$$

2. 结构

X 型硅压力传感器结构的俯视图和剖面图分别如图 2.45(a)和图 2.45(b)所示。其敏感元件是边缘固定的方形硅膜片。压力均匀垂直作用于膜片上。由图 2.45(a)可见 X 型压敏电阻器置于膜片边缘，感受由压力产生的剪切力。电阻器的 1 脚接地，3 脚加电源电压 U_s 形成激励电流，由 2 脚和 4 脚引出输出电压 U_{out}。

由图 2.45(b)可见传感器由上下两片硅片组成，两片硅片可用玻璃密封法或键合法粘贴在一起。腐蚀腔形成真空，作为绝对压力测量时的基准真空，即零压力参考点。

若用激光或用其他微加工方法在下面的固定晶片上打一小孔，则可构成差压传感器。

这种传感器结构简单，使用单个的 X 型电阻器作应变仪不仅避免了构成电桥的电阻由于不匹配产生的误差，而且简化了进行校准和温度补偿所需的外用电路。

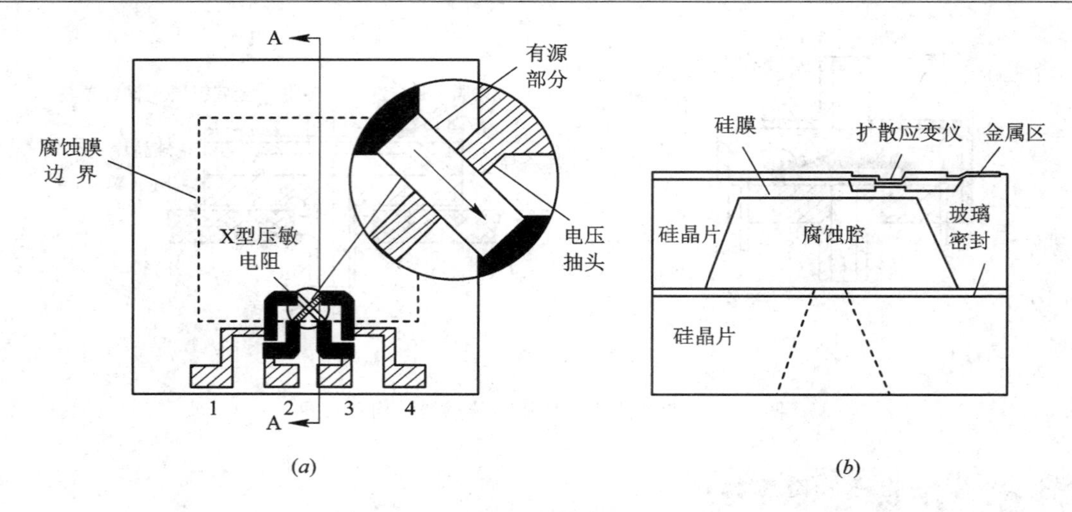

图 2.45 X 型硅压力传感器基本结构图

(*a*) 俯视图；(*b*) AA 方向剖面图

2.8.5 薄膜应变式传感器

薄膜应变式传感器的敏感元件常采用应变梁、周边固支平膜片和双弯曲杆结构。图 2.46 为双弯曲杆结构示意图。杆的末端(右侧)被紧固，外力从另一端施加。应变电阻 1 和 4 沉积在杆的凹面处，2 和 3 沉积在杆的凸面处。受力作用时 1、4 处产生压缩应变，2、3 处产生拉伸应变，四个电阻组成差动全桥。这种薄膜应变式传感器结构简单、灵敏度高。

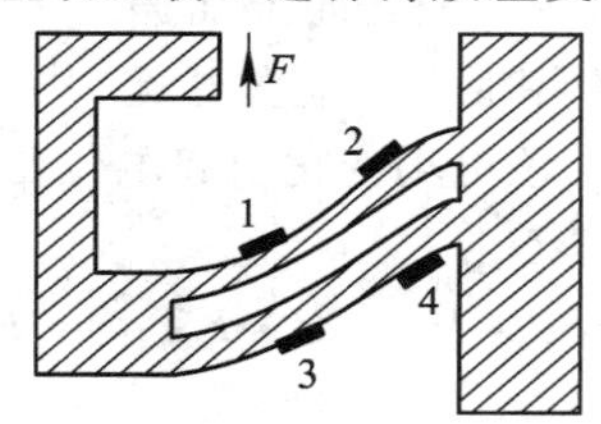

图 2.46 双弯曲杆结构示意图

参 考 文 献

[1] 南京航空学院，北京航空学院. 传感器原理. 北京：国防工业出版社，1980.

[2] 李科杰. 传感技术. 北京：北京理工大学出版社，1989.

[3] Norton，H. N. Handbook of Taransducers. New Jersey：Prentice-Hall，1989.

[4] 刘广玉，陈明，吴志鹏，樊尚春. 新型传感器技术及应用. 北京：北京航空航天大学出版社，1995.

[5] 金篆子，王明时. 现代传感技术. 北京：电子工业出版社，1995.

[6] 王家桢，王俊杰. 传感器与变送器. 北京：清华大学出版社，1996.

[7] 孙肖子，刘刚，孙万荣. 传感器及其应用. 北京：电子工业出版社，1996.

第 3 章　光电式传感器

光电式传感器是将光信号转换为电信号的光敏器件。它可用于检测直接引起光强变化的非电量，如光强、辐射测温、气体成分分析等；也可用来检测能转换成光量变化的其他非电量，如零件线度、表面粗糙度、位移、速度、加速度等。光电式传感器具有非接触、响应快、性能可靠等特点，因而得到广泛应用。光电式传感器是目前产量最多应用最广的传感器之一。

3.1 光 电 效 应

光电式传感器的物理基础是光电效应，即半导体材料的许多电学特性都因受到光的照射而发生变化。光电效应通常分为两大类，即外光电效应和内光电效应。下面分别加以说明。

3.1.1 外光电效应

在光照射下，电子逸出物体表面向外发射的现象称为外光电效应，亦称光电发射效应。它是在 1887 年由德国科学家赫兹发现的。基于这种效应的光电器件有光电管、光电倍培管等。

众所周知，每个光子具有的能量为

$$Q = h\nu$$

式中，$h=6.626\times10^{-34}$ J·s，为普朗克常数，ν 为光的频率。物体在光照射下，电子吸收了入射的光子能量后，一部分用于克服物质对电子的束缚，另一部分转化为逸出电子的动能。如果光子的能量 Q 大于电子的逸出功 A，则电子逸出。逸出功 A 也称功函数，是一个电子从金属或半导体表面逸出时克服表面势垒所需作的功，其值与材料有关，还和材料的表面状态有关。若逸出电子的动能为 $\frac{1}{2}mv_0^2$，则由能量守恒定律有

$$h\nu = \frac{1}{2}mv_0^2 + A$$

式中，m 为电子的静止质量，$m=9.1091\times10^{-31}$ kg；v_0 为电子逸出物体时的初速。上式即为爱因斯坦光电效应方程式。由该式可知：

(1) 光电效应能否产生，取决于光子的能量是否大于该物质表面的电子逸出功。这意味着每一种物质都有一个对应的光频阀值，称为红限频率(对应的光波长称为临界波长)。

光的频率小于红限频率，光子的能量不足以使物体的电子逸出，因而小于红限频率的光，光强再大也不会产生光电发射。反之，入射光频率高于红限频率，即使光强微弱也会有电子发射出来。

(2) 若入射光的光频为 ν，光功率为 P，则每秒钟到达的光子数为 $p/h\nu$。假设这些光子中只有一部分(η)能激发电子，则入射光在光电面激发的光电流密度为

$$i_{\mathrm{P}} = \frac{\eta e P}{h\nu} \tag{3.1}$$

式中，η 是量子效率，定义为光强生成的载流子数与入射光子数之比，它是波长的函数，并与光电面的反射率、吸收系数、发射电子的深度、表面的亲和力等因素有关；e 为电子电荷量，$e=-1.602\times10^{-19}$ C。

(3) 光电子逸出物体表面具有初始动能。因此光电管即使未加阳极电压，也会有光电流产生。为使光电流为零，必须加负的截止电压，而截止电压与入射光的频率成正比。

3.1.2 内光电效应

内光电效应分为两类，光电导效应和光生伏特效应。

1. 光电导效应

入射光强改变物质导电率的物理现象，叫光电导效应。这种效应几乎所有高电阻率半导体都有。这是由于，在入射光作用下，电子吸收光子能量，从价带激发到导带，过渡到自由状态，同时价带也因此形成自由空穴，致使导带的电子和价带的空穴浓度增大，引起材料电阻率减小。为使电子从价带激发到导带，入射光子的能量 E_0 应大于禁带宽度 E_g，如图 3.1 所示，即光的波长应小于某一临界波长 λ_0。

$$\lambda_0 = \frac{hc}{E_g} = \frac{12\ 390}{E_g}\ \text{Å}$$

式中，E_g 以电子伏(eV)为单位(1 eV$=1.60\times10^{19}$ J)，c 为光速(m/s)。λ_0 也称为截止波长。根据半导体材料不同的禁带宽度可得相应的临界波长。例如，Si 的 $E_g=1.12$ eV，$\lambda_0\cong1.1$ μm；GaAs 的 $E_g=1.43$ eV，$\lambda_0\cong0.867$ μm；两者的截止波长都在红外区。CdS 的 $E_g=2.42$ eV，$\lambda_0\cong0.513$ μm，在可见光区。本征半导体(纯半导体)的 E_g 大于掺杂质半导体。

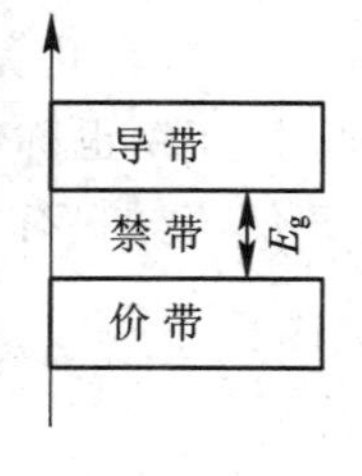

图 3.1　能带图

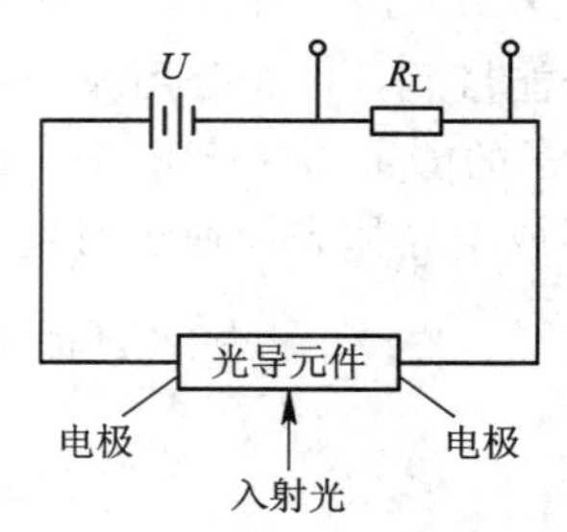

图 3.2　光电导元件工作示意图

图 3.2 为光电导元件工作示意图。图中光电导元件与偏置电源及负载电阻 R_L 串联。当光电导元件在一定强度的光的连续照射下，元件达到平衡状态时，输出的短路电流密度为

$$i_0 = \frac{\eta e P \lambda \mu_c \tau_c U}{d^2 hc} \tag{3.2}$$

式中，η 为内光量子效率（为光强生成的载流子数与入射光子数之比），μ_c 为多数载流子的迁移率，τ_c 为多数载流子寿命，d 为两电极间距。其他符号含义见式(3.1)。可以看出，i_0 在波长决定之后与 P 成正比，在 ηP 一定时，与光波长 λ 成正比。还可以看出，要增加光电流密度要选择载流子寿命长、迁移率大的材料，而且应该尽量缩短两极间的距离和提高外加电压。随着光能的增强，光生载流子浓度也增大，但同时电子与空穴间的复合速度也加快，因此光能量与光电流之间的关系不是线性的。基于光电导效应的光电器件有光敏电阻。光电导效应广泛应用于光电传感器。

2. 光生伏特效应

光生伏特效应就是半导体材料吸收光能后，在PN结上产生电动势的效应。若在N型硅片掺入P型杂质可形成一PN结，如图3.3所示。P型半导体内有许多多余的空穴，N型半导体内有许多过剩的电子，当N型半导体和P型半导体结合在一起时，由于热运动，N型半导体中的电子越过交界面填补了P型半导体中的空穴，也可以说P型半导体中的空穴越过交界面复合了N型半导体中的电子。结果，在PN交界面处靠近N型半导体的一侧，剩下一层失掉电子而带正电的施主原子，叫施主离子；在靠近P型半导体的一侧剩下一层失掉空穴而带负电的受主原子，叫受主离子。在施主离子与受主离子之间形成一电场，叫做内电场，方向是从带正电的施主离子指向带负电的受主离子。当电场达到一定强度后，N区中的电子不再能越过PN结继续进入P区去填补P区中的空穴，P区中的空穴也不能越过PN结继续进入N区去复合N区中的电子。于是在PN结内既无空穴又无电子，有时称这一层为耗尽层，因为电子和空穴都耗尽了，又叫空间电荷区，因为它里面有带电荷的施主离子与受主离子。

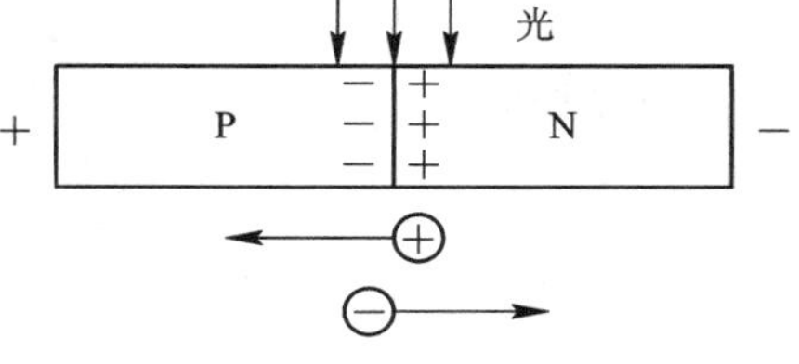

图3.3　PN结产生光生伏特效应

为什么PN结会产生光生伏特效应呢？这是因为：当光照射到距表面很近的PN结上时，如果光能足够大，光子能量大于半导体材料的禁带宽度，电子就能够从价带跃迁到导带，成为自由电子，而价带则相应成为自由空穴。这些电子一空穴对在PN结的内部电场作用下，电子被推向N区外侧，空穴被推向P区外侧，使N区带上负电，P区带上正电。这样，N区和P区之间就出现了电位差，于是PN结两侧便产生了光生电动势，如图3.3所示。如果把PN结两端用导线连接起来，电路中便会产生电流。由于光生电子、空穴在扩散过程中会分别与半导体中的空穴、电子复合，因此载流子的寿命与扩散长度有关。只有使PN结距表面的厚度小于扩散长度，才能形成光电流产生光生电动势。在工程上，利用改变PN结距表面厚度的大小，调节光电器件的频率响应特性、光电流和光生电动势的大小。

PN结用作整流时，其电压—电流特性如图3.4中的曲线(1)所示。这时外加电压 U（以正方向为正）与电流 I_d 的关系为

$$I_d = I_s\left(\exp\frac{eU}{kT} - 1\right) \tag{3.3}$$

式中，I_d 为没有光照时的暗电流，I_s 为反向饱和暗电流，k 为玻耳兹曼常数，T 为绝对温度。当光照射到 PN 结上时，由于光生伏特效应产生的短路电流 I_0 与光电导效应式(3.1)相类似，即

$$I_0 = \eta e \frac{P\lambda}{hc}$$

这个电流与式(3.3)所示电流方向相反，所以流经结点的电流是二者之差，即

$$I = I_s\left(\exp\frac{eU}{kT} - 1\right) - I_0$$

由此可见，当有光照射时，电压—电流特性向下方平行移动，如图 3.4 中的曲线(2)所示。当 $I=0$ 时，对 U 求解，得开路电压为

$$U_0 = \frac{kT}{e}\ln\left(1 + \frac{I_0}{I_s}\right)$$

如果入射光较弱，$I_0 \ll I_s$，则有

$$U_0 = \frac{kT\eta P\lambda}{I_s hc}$$

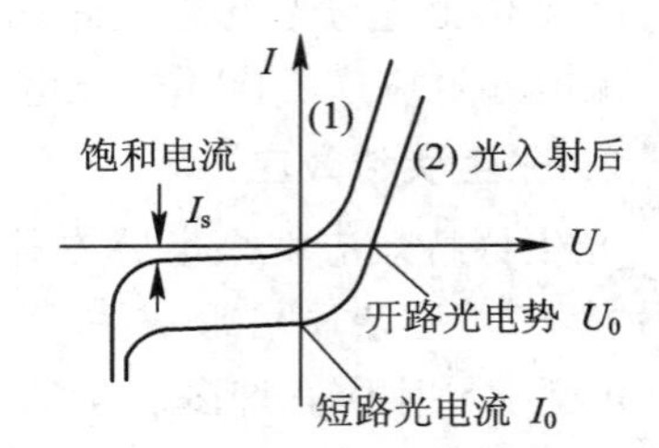

图 3.4　PN 结的电压电流特性

可见，当波长一定时，光电压与 P 成正比，如果 ηP 一定，光电压与波长成正比。基于光生伏特效应的光电器件有光电二极管、光电三极管和光电池等。

3.2 热释电效应

利用热效应的光电传感器包含光—热、热—电两个阶段的信息变换过程。光—热阶段是物质吸收了光以后温度升高，热—电阶段是利用某种效应将热转变为电信号。热释电效应就是这种效应之一。

热释电材料有晶体、陶瓷和塑料等。使用最早的是热释电晶体。热释电晶体在自然条件下能够自发极化，形成固有的偶极矩，在垂直晶体极轴的两个端面上具有大小相等、符号相反的束缚电荷。如果垂直晶体极轴的两个端面上镀有金属电极，则在电极上会感生与束缚电荷大小相等的自由电荷。当温度变化时，电偶极矩会发生变化，晶体表面的束缚电荷发生变化，从而导致电极上的自由电荷发生变化。如果电极与放大器的输入端相接，则放大器输出与温度变化成正比的电信号。热释电晶体如铌酸锂、钽酸锂等，热释电陶瓷如钛酸钡($BaTiO_3$)、锆钛酸铅(PZT)等，热释电塑料如聚偏二氟乙烯(PVDF)等。通常极化所产生的束缚电荷被来自空气中附集在晶体外表面的自由电荷中和，晶体对外不显电性。中和平均时间为

$$\tau = \frac{\varepsilon}{\sigma}$$

其中，ε 为晶体的介电常数，σ 为晶体的电导率。多数热释电材料的 τ 约在 1～1000 s 之间。就是说由于温度变化产生的晶体表面的束缚电荷变化在 1～1000 s 之间就会被自由电荷中和掉。为了使产生的束缚电荷不被中和掉，就必须使晶体处于冷热交变工作状态，这样才能使晶体两端所产生的束缚电荷表现出来。为此，热释电传感器需要用光调制器调制入射

光。调制频率 f 必须大于 $1/\tau$，才能使热释电体产生的电荷来不及被外来自由电荷所中和，在晶体极轴两端产生交变电压，如图 3.5 所示。若在热释电体两端的电极上接入电阻 R，则 R 两端所产生的交流信号电压 ΔU 为

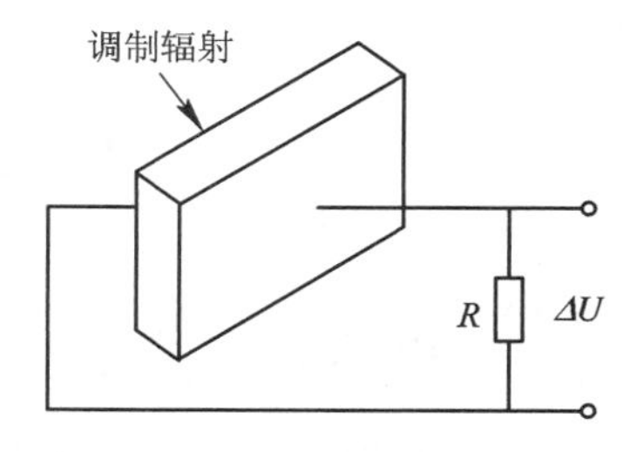

图 3.5　热释电效应示意图

$$\Delta U = S \cdot R\left(\frac{\mathrm{d}P_\mathrm{S}}{\mathrm{d}t}\right) = S \cdot R \cdot g\left(\frac{\mathrm{d}T}{\mathrm{d}t}\right)$$

式中，S 为电极面积，$\mathrm{d}P_\mathrm{S}/\mathrm{d}t$ 为自发极化矢量对时间的相对变化，$g=\mathrm{d}P_\mathrm{S}/\mathrm{d}T$ 为热释电系数，$\mathrm{d}T/\mathrm{d}t$ 为温度对时间的变化率。由此看出，输出信号 ΔU 与温度变化速度成正比，而温度的变化速度又与红外线的强度变化有关。

利用热释电效应可制成红外探测器、温度传感器、热成像器件等。

3.3　光的吸收系数

光在半导体材料中传播时会产生衰减，即产生光吸收。半导体材料通常能强烈地吸收光能，对光的吸收作用常用吸收系数来描述。光的吸收系数 α 与光波的波长 λ 有很大的关系，图 3.6 示出了几种常用半导体材料光的吸收系数曲线。下面定量讨论某一种光波长在硅中传播的平均深度，为设计和制造光电三极管和二极管，提供理论依据。

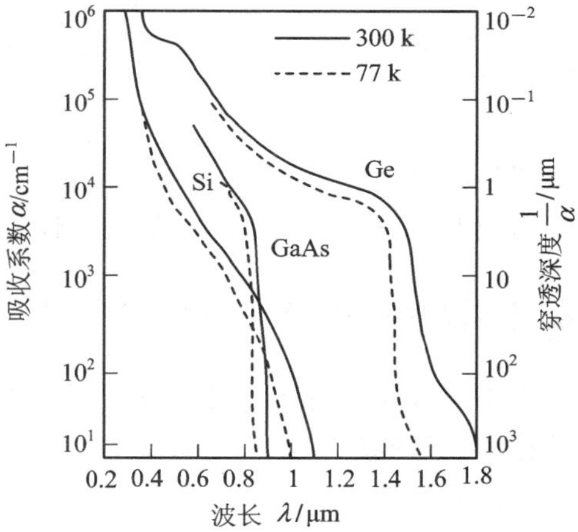

图 3.6　光的吸收系数 α 与光波波长 λ 的关系

以 $\Phi(x)$ 表示硅片内距表面 x 处的光强。由于光的吸收作用，从 x 到 $x+\mathrm{d}x$ 间光强减弱了 $\mathrm{d}\Phi$，则吸收系数 α 的定义为

$$\alpha = -\frac{\mathrm{d}\Phi}{\Phi\ \mathrm{d}x}$$

它的量纲是长度的倒数 cm^{-1}。对上式积分可以得到光强在半导体内的分布为

$$\Phi(x) = \Phi_0 \mathrm{e}^{-\alpha x}$$

其中 Φ_0 是硅片表面（$x=0$）处入射光的强度，单位为光子数/s·cm^2。可见光在进入硅片后按指数规律衰减，它的平均透入深度为

$$\bar{x} = \frac{1}{\Phi_0}\int_0^\infty x[-\mathrm{d}\Phi(x)] = \frac{1}{\alpha}$$

由上式可知，欲求一定波长的光在硅中传播的平均深度，只要从图 3.5 中查出对应此波长的吸收系数 α，再取其倒数就可以了。如对应 300 K 的硅的吸收系数曲线，由图可查得波长 $\lambda=0.7\ \mu\mathrm{m}$ 光的 $\alpha\approx 2\times10^3\ \mathrm{cm}^{-1}$，就可知平均透入深度约为 5 μm。而对于波长为 0.8 μm 的光，查得 $\alpha=1\times10^3\ \mathrm{cm}^{-1}$，则平均透入深度为 10 μm。如果在一块材料上制作两个深浅不同的 PN 结，对同一波长的光将有不同的响应，可根据这个原理设计光敏管的结深。

3.4 光传感器的特性表示法

3.4.1 灵敏度

光电器件对辐射通量的反应称为灵敏度，也称为响应。反应用电压或电流表示。对可见光常用的有流明灵敏度和勒克斯灵敏度。流明灵敏度

$$S_{\mathrm{lm}} = \frac{\text{光电流(A)}}{\text{光通量(lm)}}$$

勒克斯灵敏度

$$S_{\mathrm{lx}} = \frac{\text{光电流(A)}}{\text{受光面照度(lx)}}$$

投射到传感器的光通量即使相同，如果光谱能量分布不同时，灵敏度也不同。因此，在测定灵敏度时规定光源是色温度为 2856 K 的标准钨丝灯。

对紫外线或红外波段的传感器，常用辐射灵敏度

$$S_{\Phi} = \frac{\text{光电流(A)}}{\text{辐射通量(W)}}$$

式中，辐射通量 Φ 是指在单位时间内通过某一面积辐射的能量，由下式定义，即

$$\Phi = \frac{\mathrm{d}W}{\mathrm{d}t}$$

辐射通量的单位为 W。

目前对可见光波段的传感器也用辐射灵敏度表示。

3.4.2 光谱灵敏度 $S(\lambda)$ 与峰值波长

大多数接收器对所感受的波长是有选择性的。接收器对不同波长光(电磁辐射)的反应程度称为光谱响应或光谱灵敏度。

光谱灵敏度为光电器件对单色辐射通量的反应与入射的单色辐射通量之比，即

$$S(\lambda) = \frac{U(\lambda)}{\Phi(\lambda)}$$

式中，$\Phi(\lambda)$为入射的单色辐射通量，$U(\lambda)$为光电器件的反应。

单色辐射是指光线波长在 $\Delta\lambda\to 0$ 的狭窄范围内的辐射，其通量称为单色辐射通量。

光电器件的 $S(\lambda)$随波长 λ 而变化，且在某个波长 λ_m 处有最大值 $S(\lambda_m)$。波长 λ_m 称为峰值波长，即光谱灵敏度最大时的波长。

3.4.3 相对光谱灵敏度 $S_r(\lambda)$

光谱灵敏度与最大光谱灵敏度之比称为相对光谱灵敏度，即

$$S_r(\lambda) = \frac{S(\lambda)}{S(\lambda_m)}$$

式中，$S_r(\lambda)$是一无量纲函数，也称光谱特性。

光谱特性是指相对光谱灵敏度与入射光波长之间的关系，不同敏感材料的光谱特性曲线如图 3.7 所示。从材料的光谱特性曲线可以判断哪种辐射源与哪种光电器件配合使用，可以获得较高的灵敏度。

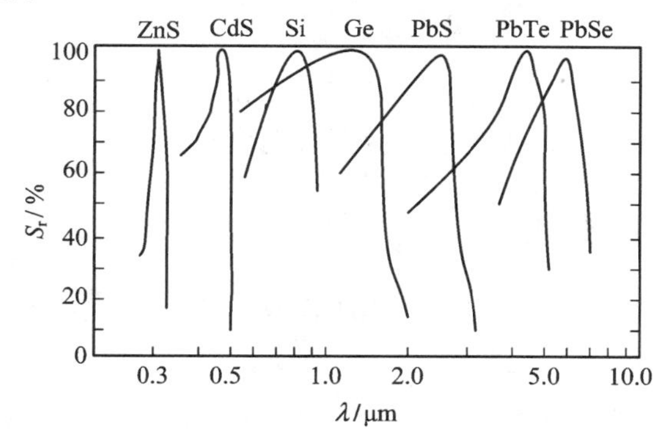

图 3.7　不同敏感材料的光谱特性曲线

3.4.4　积分灵敏度 S

光电器件对连续辐射通量的反应程度称为积分灵敏度。定义为，反应 U 与入射到光电器件上的辐射通量 Φ 之比，即

$$S=\frac{U}{\Phi} \tag{3.4}$$

当反映为光电流时，积分灵敏度即为辐射灵敏度。

在光电器件说明书中列出的积分灵敏度值都是依据标准辐射源的辐射来测定的，光电器件类型不同所用标准辐射源也不同。

3.4.5　通量阈 Φ_H

在光电器件输出端产生的电信号与固有噪声电平相等的最小辐射通量称为通量阈 Φ_H。若把对应于 Φ_H 的光电器件的反应以等效噪声的均方根值 $\sqrt{U_z^2}$ 代入(3.4)式，则有

$$\Phi_H=\frac{\sqrt{U_z^2}}{S}$$

光电器件的通量阈可以根据特定辐射源来测定，而且同积分灵敏度一样，它和辐射源的辐射特性有关。

单色通量阈由下式定义

$$\Phi_H(\lambda)=\frac{\sqrt{U_z^2}}{S(\lambda)}$$

单色通量阈反映光电器件本身的固有特性，而通量阈不仅反映光电器件本身的固有特性，而且还反映辐射特性。

3.4.6　归一化探测率 D^*

由于通量阀与光电器件灵敏面的面积的平方根成正比，在窄带情况下通量阀与带宽的

平方根成正比。对光电器件性能进行比较，应当在灵敏面的尺寸和带宽一定的条件下进行，因而引进一个新的特性参数，即归一化探测率。归一化探测率可由下式定义：

$$D^* = \frac{\sqrt{A\Delta f}}{\Phi_H} = \frac{S\sqrt{A\Delta f}}{\sqrt{\overline{U_z^2}}}$$

式中，A为灵敏面面积，Δf为带宽。由上式可见，D^*实质上就是光电器件在具有单位灵敏面积、单位带宽(1 Hz)及单位辐射通量时所获的信噪比。

3.4.7 转换特性 $S_z(t)$和响应时间

当入射辐射通量很小时，可以把光电器件看做线性系统，并用转换特性的时间常数来描述光电器件的动态特性。

转换特性$S_z(t)$是辐射通量$\Phi(t)$为阶跃信号时光电器件的响应，如图3.8所示。对线性传感器，其辐射通量与输出电压之间的关系可以用以下微分方程描述

$$\tau\frac{\mathrm{d}U}{\mathrm{d}t} + U(t) = S_0\Phi(t)$$

辐射通量为阶跃函数时，微分方程解为(假定$t=0$时，$U(t)=0$)

$$U(t) = S_0(1 - \mathrm{e}^{-\frac{t}{\tau}})$$

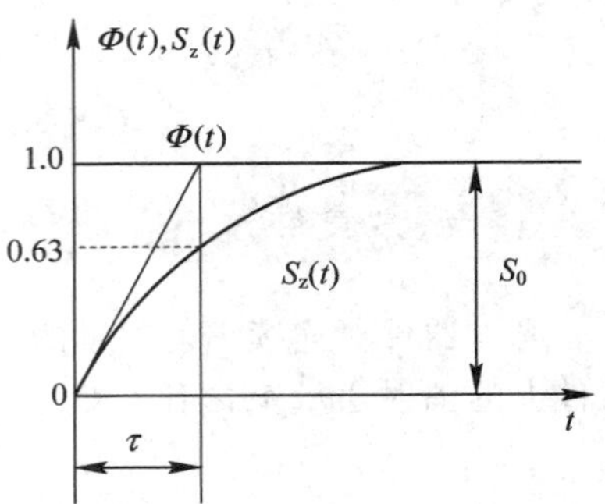

图 3.8 光电器件的转换特性

实际上转换过程要经过2～3τ的时间才能结束。因此，将光电器件输出端电压达到最大值0.63倍时所对应的时间(即$t=\tau$)称为光电器件的响应时间。它反映了光电器件响应时间的快慢，调制频率上限受响应时间的限制。

光敏电阻的响应时间一般为10^{-1}～10^{-3} s，光电三极管约为2×10^{-5} s，光电二极管的响应速度比光电三极管约高一个数量级，硅管比锗管约高一个数量级。

3.4.8 光电器件的频率特性

光电器件相对光谱灵敏度(输出端电压(电流)的振幅)随入射辐射通量的调制频率的变化关系称为光电器件的频率特性。由于光电器件有一定的惰性，在一定幅度的正弦调制光照射下，当频率较低时，灵敏度与频率无关；若频率增高，灵敏度就会逐渐降低。多数光电器件灵敏度与调制频率的关系为

$$S_r(f) = \frac{S_{r0}}{(1 + 4\pi^2 f^2 \tau^2)}$$

式中，S_{r0}为调制频率$f=0$时的灵敏度，f为调制频率，τ为响应时间。图3.9示出了一些光电器件的频率特性。

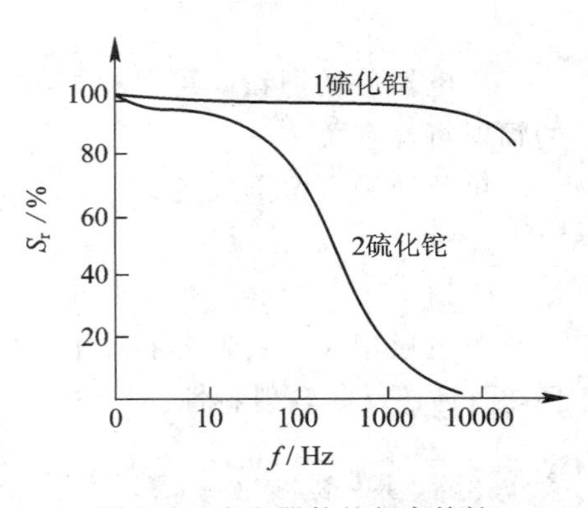

图 3.9 光电器件的频率特性

3.4.9　光照特性

光照特性表示光电器件的积分或光谱灵敏度与其入射辐射通量的关系。有时光电器件输出端的电压或电流与入射辐射通量间的关系也称为光照特性。图 3.10 为某种光电池的光照特性。

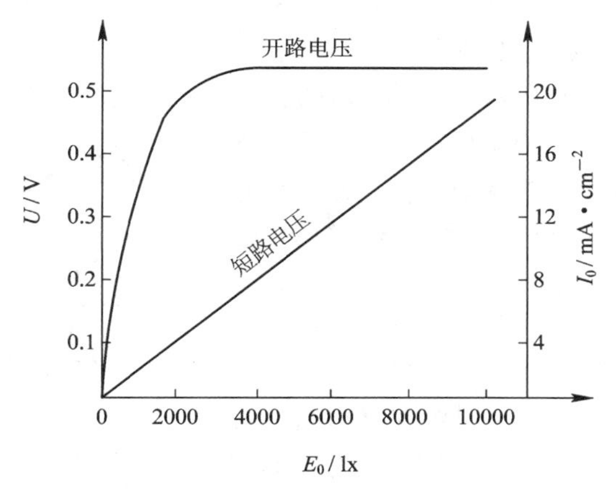

图 3.10　光电器件的光照特性

3.4.10　温度特性

光电器件的灵敏度、暗电流或光电流与温度的关系称为温度特性，通常由曲线表示或由温度系数给出。

温度系数表示在给定的温度区间，温度变化 1℃时，光电流的相对平均增量或灵敏度的变化或光敏电阻阻值的平均变化。

温度变化不仅影响光电器件的灵敏度，同时对光谱特性也有较大的影响。

由于光电器件的灵敏度随温度变化，在高精度检测时，要进行温度补偿或要求在恒温条件下工作。

3.4.11　伏安特性

在保持入射光频谱成分不变的条件下，光电器所加电压与光电流之间的关系称为光电器件的伏安特性，如图 3.11 所示。它是传感器设计时选择电参数的依据。

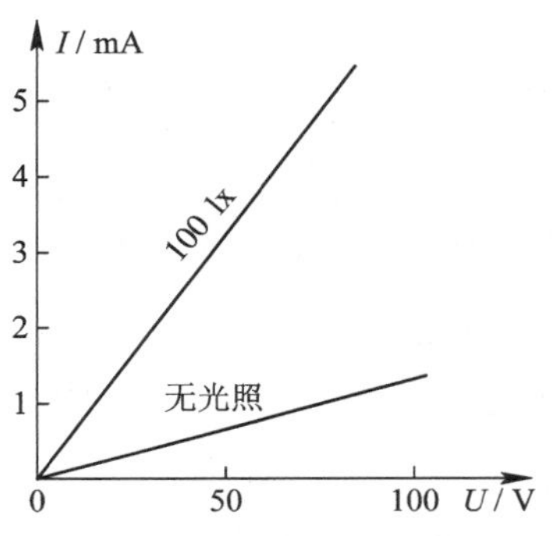

图 3.11　光电器件的伏安特性

3.5 光电传感器

3.5.1 光电管

光电管是一种具有悠久历史的光传感器。光电管是一个装有光电阴极和阳极的真空玻璃管，有很多种，如图 3.12 所示。图中左边的一种，光电阴极是在玻璃管内壁涂上阴极涂料构成的；右边的一种，光电阴极是在玻璃管内装入涂有阴极涂料的柱面形极板构成的。当光电管的阴极受到适当波长的光线照射时便向外发射电子(外光电效应)，这些电子被带有一定正电位的阳极吸引，在光电管内形成空间电子流。如果在外电路中串入一适当阻值的电阻，则在该电阻上将产生正比于空间电流的电压降，其值与照射在光电管阴极上的光成一定的关系。这种光电管结构简单，其灵敏度由光电面的量子效率决定。

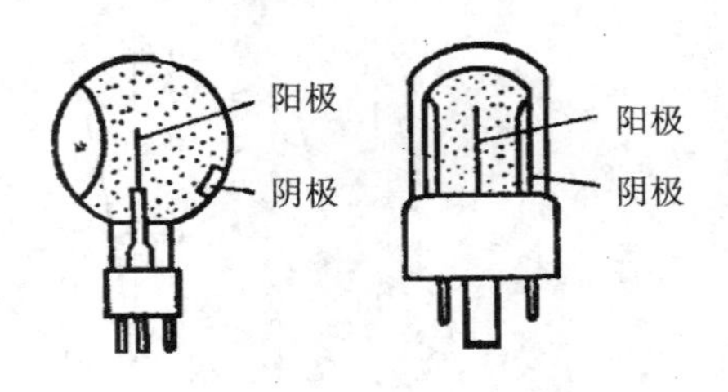

图 3.12　光电管示意图

当光通量一定时，阳极电压与阳(阴)极电流的关系，叫光电管的伏安特性曲线，如图 3.13 所示。当入射光比较弱时，由于光电子较少，只用较低的阳极电压就能收集到所有的光电子，而且输出电流很快就可以达到饱和；当入射光比较强时，使输出电流达到饱和，则需要较高的阳极电压。光电管的工作点应选在光电流与阳极电压无关的饱和区域内。由于这部分动态阻抗(dU/dI)非常大，以致可以看做恒定电流源，能通过大的负载阻抗取出输出电压。光电管的灵敏度较低，有一种充气光电管，在管内充以少量的惰性气体，如氩或氖(或充氦，也有充混合气体的)。当光电阴极被光照射发射电子时，光电子在趋向阳极的途中撞击惰性气体的原子，使其电离(汤姆生放电)，从而使阳极电流急速增加(电子倍增作用)，提高了光电管的灵敏度。充气光电管的电压一电流特性不具有真空光电管的那种饱和特性，而是达到充气离子化电压附近时，阳极电流急速上升，如图 3.14 所示。急速上升部分的特性就是气体放大特性，放大系数为 5～10。充气光电管的优点是灵敏度高，但其灵敏度随电压显著变化的稳定性、频率特性等都比真空光电管差。所以在测试中一般选用真空光电管。

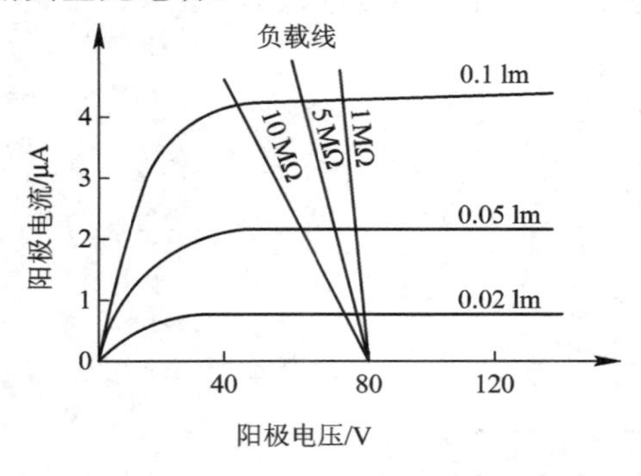

图 3.13　光电管的伏安特性曲线

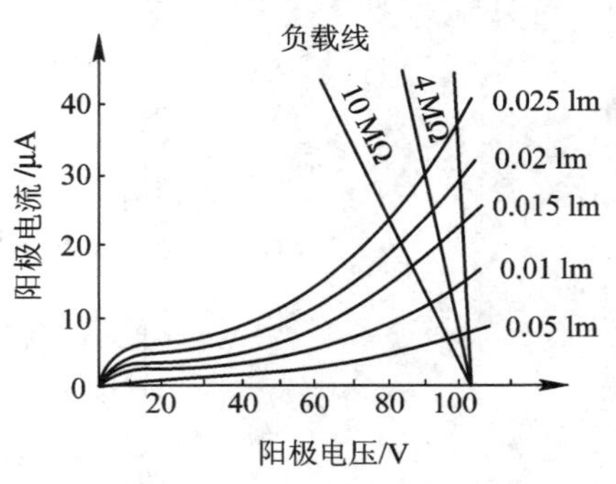

图 3.14　充气光电管的电压一电流特性

真空光电管的时间响应特性很好，从光子变换为光电子只需 10^{-12} s 的时间，因此可以忽略不计。占时间比较多的是光电子从阴极到阳极的时间 Δt。在外加电压为 U，平板电极间隔为 d 时，Δt 值的粗略估算为

$$\Delta t = \sqrt{\frac{2mE_0}{e}}\frac{d}{U}$$

式中，e 和 m 分别是电子的电荷与质量，E_0 是对应电子的初速度所携带的能量。设 $U=100$ V，$d=1$ cm，则 Δt 接近 1 ns。尽管一般的光电管有各种各样的结构，但响应时间可大致估算为该值的几倍。从上式中可以看出，Δt 与 d/U 成正比，所以如果 d 是数毫米，U 在 1000 V 以上时，那么响应时间可以估算为 0.2～0.3 ns。

3.5.2　光电倍增管

用光电管对微弱光进行检测时，光电管产生的光电流很小，由于放大部分所产生的噪声比决定光电管本身检测能力的光电流散粒效应噪声大得多，检测极其困难。若要解决对微弱光的检测，就要用光电倍增管。

光电倍增管是利用二次电子释放效应，将光电流在管内部进行放大。所谓二次电子释放效应是指高速电子撞击固体表面，再发射出二次电子的现象。图 3.15 为光电倍增管示意图。它由光电阴极、若干倍增极和阳极三部分组成。

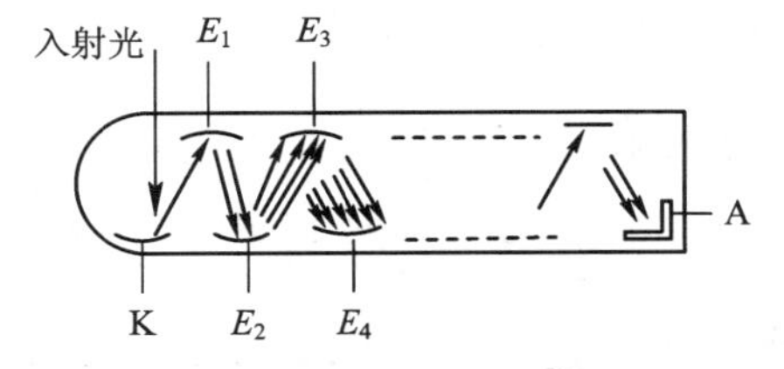

图 3.15　光电倍增管示意图

倍增极的形状和位置设计得正好能使前一级倍增极发射的电子继续轰击后一级倍增极。从阴极开始及在每个倍增极间依次加上加速电压。设每级的倍增率为 δ，经过 N 个倍增极后，光电倍增管的光电流倍增率将为 δ^N。δ 称为二次电子发射比。δ 不仅与物质的种类和表面状态有关，而且随着一次电子能量以及光的入射角的不同有很大的差异。表 3.1 列出了几种物质的 δ_{max} 值。

表 3.1　几种物质的 δ_{max} 值

物质	Fe	Ni	Cu	Au	BaO	Cu - BeO	Ag - MgO - Cs	Cs - Sb	GaP - Cs
δ_{max}	1.32	1.27	1.35	1.47	5	6.2	9.2	10	20～40

管内电流放大增益为

$$G = f(g\delta)^N$$

其中，f 是光电面与第一倍增极间的光电子收集效率，g 是倍增极间的电子传递效率。一般认为，f 为 90%左右，g 接近 100%。倍增极间的外加电压 U_d 与总增益 G 的关系可近似用下式表示

$$G = kU_d^N$$

k 是常数。图 3.16 表示倍增器电极间电压与总放大倍数的关系(931A 型光电倍增管)，这是有代表性的例子。N 就是上面所说的倍增极数。因此可以得到

$$\left(\frac{\Delta G}{G}\right)=N\left(\frac{\Delta U_{\mathrm{d}}}{U_{\mathrm{d}}}\right)$$

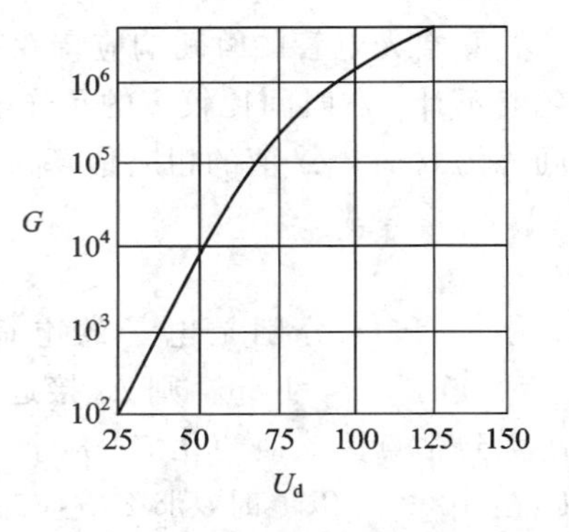

图 3.16　倍增器电极间电压与总放大倍数的关系

可见倍增极外加电压的变动对输出影响很大，因而供给光电管的电源必须选择稳定性极好的电源。倍增电极数一般为 4～14，用的比较多的电极数为 9～13，管内放大系数为 $10^6\sim10^8$。因此，由非常小的光功率输入可得到相当大的电流。用该器件可以测量低至 10^{-5} W 的光功率，其测量极限决定于测量带宽内的噪声水平。虽然光电倍增管很灵敏，但它要求几千伏的工作电压，其真空管结构笨重并易老化。

图 3.17 给出几种常见的光电倍增管结构。

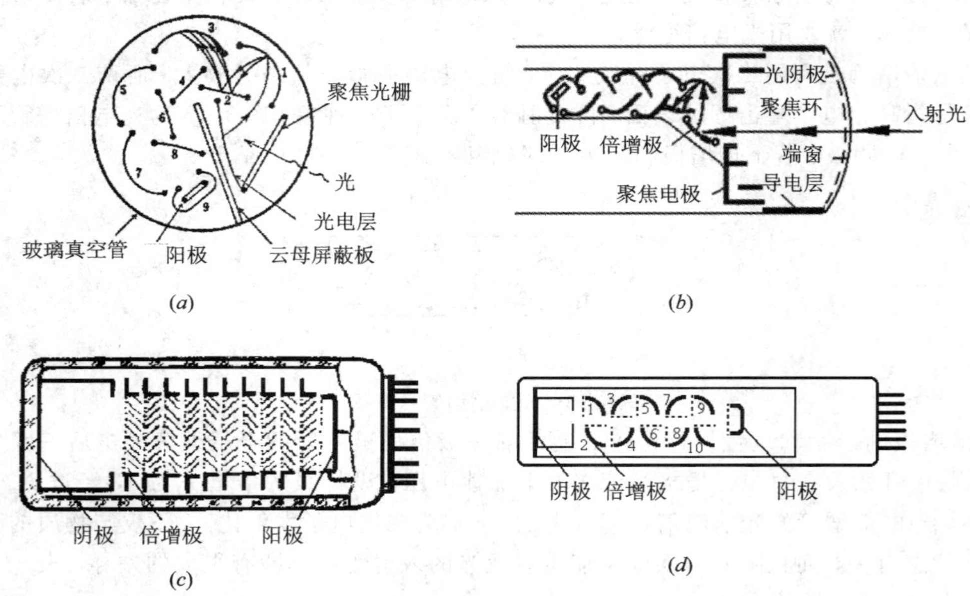

图 3.17　几种常见光电倍增管的结构

图 3.17 中，(*a*)是很早就得到应用的侧窗聚焦型，光电面是不透明的，从光的入射侧取出电子。(*b*)是直接定向线性聚焦型，(*c*)是直接定向百叶窗型，(*d*)是直接定向栅格型。(*b*)～(*d*)都是直接定向型，光电面是透明的。这几种类型的电极构造各有特点。在(*a*)、(*b*)中电极的配置起到光学透镜的作用，叫做聚焦型，由于电子飞行的时间短，时间滞后也小，所以响应速度快。(*c*)是百叶窗型，(*d*)是栅格型，电子飞行时间都比较长，但不必要细致地调整倍增器电极间的电压分配就能获得较大的增益。图 3.18 为几种光电倍增管的外形。

图 3.18　几种光电倍增管的外形

倍增极的电压是由分压电阻链 R_1、R_2、…、R_{N+1} 获得，如图3.19所示。由流经负载电阻 R_L 的放大电流输出电压。总的外加电压通常在300～700 V范围内。

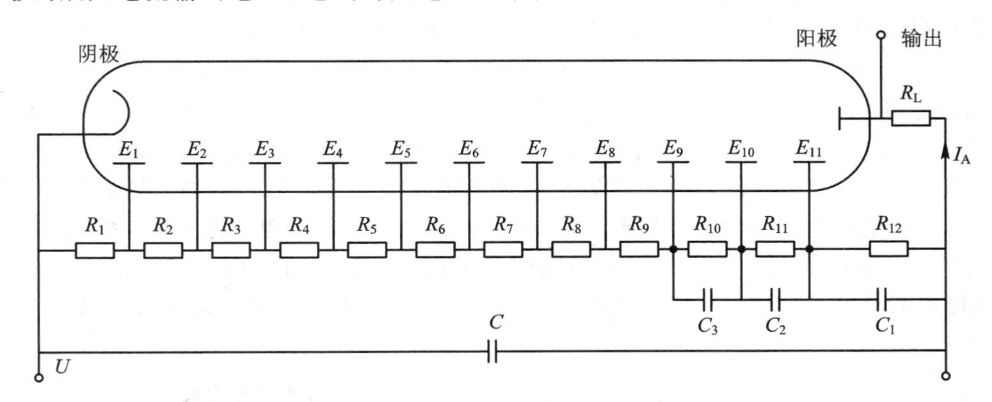

图3.19　光电倍增管倍增极的分压电阻链

如果光电倍增管用来连续监控很稳定的光源，电容 C_1、C_2 等可以省去。使用中往往将电源正极接地，使阳极可以直接接到放大器的输入端，而不使用隔离电容。这样系统将能响应变化很慢的光强。如果将稳定的光源加以调制，则可用电容器耦合。

在脉冲应用时，最好把电源负极接地，这样有利于降低噪声。这时输出可通过电容和下一级放大器耦合。电容器 C_1、C_2 等常用来稳定最后几个倍增极在脉冲期间的电压，这些电容器有助于稳定增益和防止饱和，它们通过电源去耦电容 C 对脉冲电压接地。

表3.2列出了一种光电倍增管的特性(25℃时)以供参考。

表3.2　一种光电倍增管的特性(25℃时)

特　性	最 小	典 型	最 大	单 位
辐射灵敏度(340 nm处) (254 nm处)	—	2.4×10^5 2.0×10^5	—	A/W A/W
光照灵敏度(2856 K)	20	30	—	μA/lm
辐射灵敏度(340 nm处) (254 nm处)	—	48 40	—	mA/W mA/W
量子效率(在峰值270 nm处)	—	20	—	%
电流增益	—	1.3×10^7	—	—
阳极暗电流(5 s后) (15 h后)	—	2 1	10 5	nA nA
阳极脉冲上升时间	—	2.2	—	ns
电子渡越时间	—	22	—	ns

注：电压比：各级间为均分压比；供电电压：1000 V DC。

3.5.3　光敏电阻

1. 光敏电阻的结构原理

光敏电阻的工作原理是基于光电导效应：在无光照时，光敏电阻具有很高的阻值；在有光照时，当光子的能量大于材料禁带宽度，价带中的电子吸收光子能量后跃迁到导带，激发出可以导电的电子一空穴对，使电阻降低；光线愈强，激发出的电子一空穴对越多，电阻值越低；光照停止后，自由电子与空穴复合，导电性能下降，电阻恢复原值。制作光敏电阻的材料常用硫化镉(CdS)、硒化镉(CdSe)、硫化铅(PbS)、硒化铅(PbSe)和锑化铟(InSb)等。

光敏电阻的结构如图 3.20 所示。由于光电导效应只限于光照表面的薄层，一般都把半导体材料制成薄膜，并赋予适当的电阻值，电极构造通常做成梳形，如图 3.21 所示。这样，光敏电阻电极之间的距离短，载流子通过电极的时间 T_c 少，而材料的载流子寿命 τ_c 又比较长，于是就有很高的内部增益 G，从而可获得很高的灵敏度。为了避免外来干扰，外壳的入射孔用能透过所需光谱光线的透明保护窗(如玻璃)，有时用专门的滤光片作保护窗。光敏电阻管芯怕潮湿，为了避免受潮，光电半导体严密封装在壳体中或在其表面涂防潮树脂涂料。

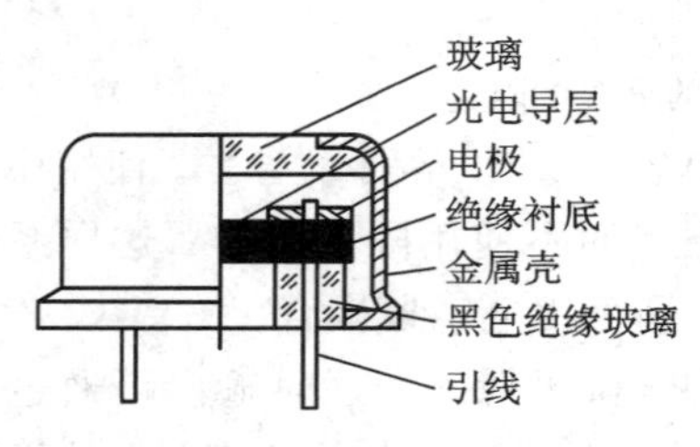

图 3.20 光敏电阻结构图

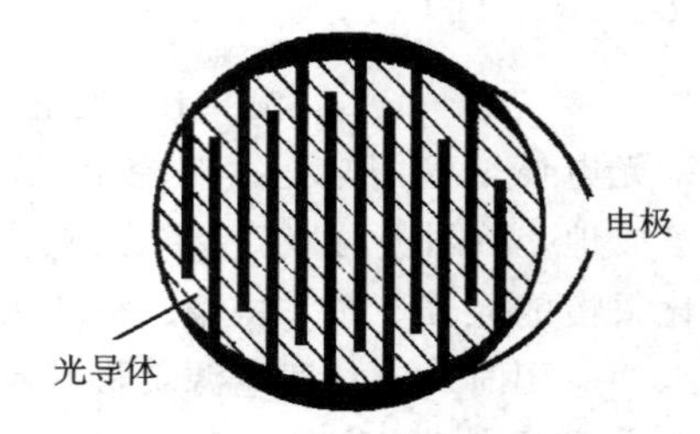

图 3.21 光敏电阻的电极构造

光敏电阻具有灵敏度高，光谱响应范围宽，体积小，重量轻，机械强度高，耐冲击，抗过载能力强，耗散功率大，以及寿命长等特点。

2. 光敏电阻的基本特性和主要参数

1) 暗电阻和暗电流

室温条件下，光敏电阻在全暗后经过一定时间测得的电阻值，称为暗电阻。此时在给定工作电压下流过光敏电阻的电流称为暗电流。

光敏电阻在某一光照下的阻值，称为该光照下的亮电阻，此时流过的电流称为亮电流。

亮电流与暗电流之差称为光电流。

亮阻与暗阻之差越大，说明光敏电阻的性能越好，灵敏度越高。实际用的光敏电阻，暗阻大都在 0.1～100 MΩ 范围内，而亮阻大都约在 0.1～100 kΩ。

2) 光照特性

光敏电阻的光电流与光强之间的关系，称为光敏电阻的光照特性。不同类型的光敏电阻，光照特性不同。但多数光敏电阻的光照特性类似于图 3.22 中的曲线形状。

由于光敏电阻的光照特性呈非线性，因此一般不宜作为线性检测元件，常在自动控制系统中用作开关式传感元件。

3) 光谱特性

光敏电阻对不同波长的光，光谱灵敏度不同，而且不同种类光敏电阻峰值波长也不同。光敏电阻的光谱灵敏度和峰值波长与所采用材料、掺杂浓度有关。图 3.23 为硫化镉、硫化铅、硫化铊光敏电阻的光谱特性曲线。由图可见，硫化镉光敏电阻的光谱响应峰值在可见光区域，接近人的视觉特性；而硫化铅在红外区域。在选用光敏电阻时，应和光源的光谱特性相匹配，以取得好的效果。

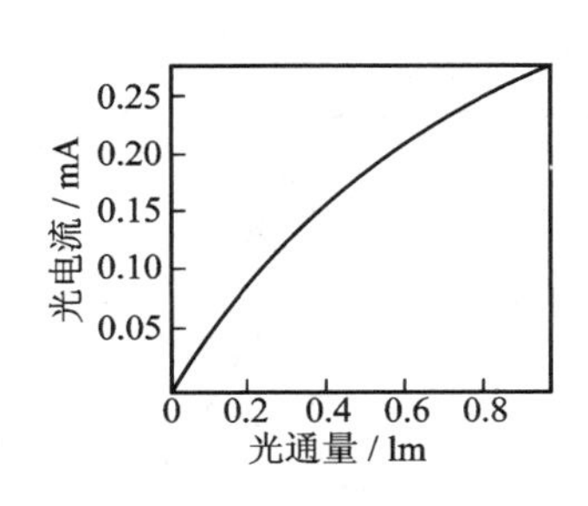

图 3.22　光敏电阻的光照特性

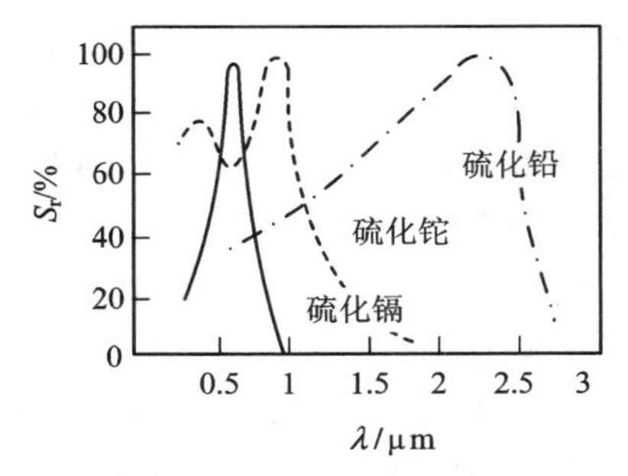

图 3.23　光敏电阻的光谱灵敏度

4）伏安特性

在一定照度下，光敏电阻两端所加的电压与光电流之间的关系，称为伏安特性。硫化镉光敏电阻的伏安特性曲线如图 3.24 所示。由曲线可知，在给定的偏压下，光照度越大，光电流也越大；在一定的光照度下，电压越大，光电流越大，且没有饱和现象。但是不能无限制地提高电压，任何光敏电阻都有最大额定功率，最高工作电压和最大额定电流。超过最大工作电压和最大额定电流，都可能导致光敏电阻永久性损坏。光敏电阻的最高工作电压是由耗散功率决定的，而光敏电阻的耗散功率又与面积大小以及散热条件等因素有关。

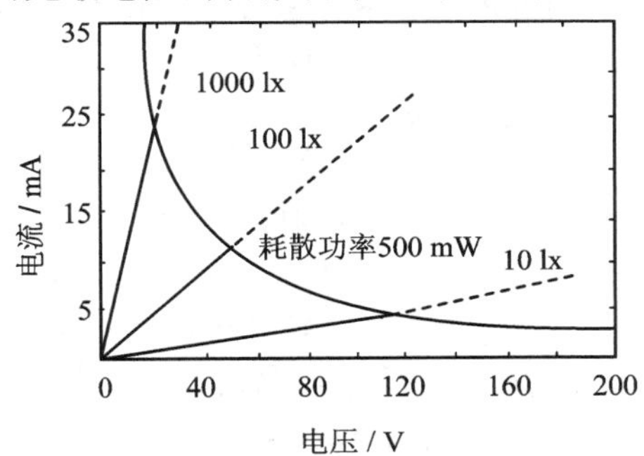

图 3.24　光敏电阻的伏安特性

5）响应时间和频率特性

在阶跃脉冲光照射下，光敏电阻的光电流要经历一段时间才达到最大饱和值，光照停止后，光电流也要经历一段时间才下降到零。这是光电导的驰豫现象，通常用响应时间来描述。响应时间又分为上升时间 t_1、t_2 和下降时间 t_1'、t_2'，如图 3.25 所示。

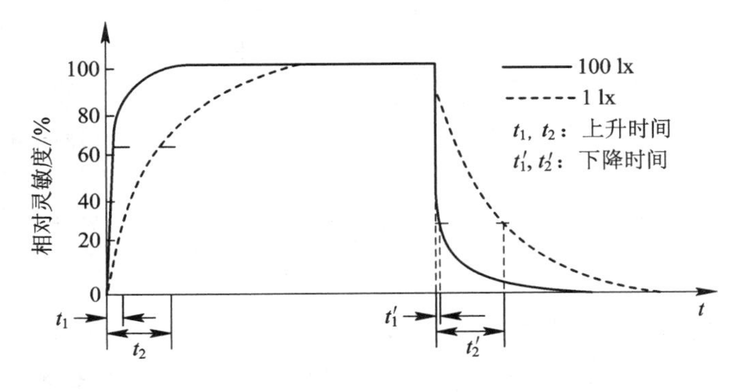

图 3.25　光敏电阻的响应时间

常用时间常数 τ 来描述响应时间的长短。产品说明中也往往给出时间常数的值，多数光敏电阻时间常数在 $10^{-6}\sim1$ s 数量级。实验表明：光敏电阻的响应时间与前历时间有关，在暗处放置时间越长，响应时间越长；响应时间也与照度有关，照度越大，响应时间越短。

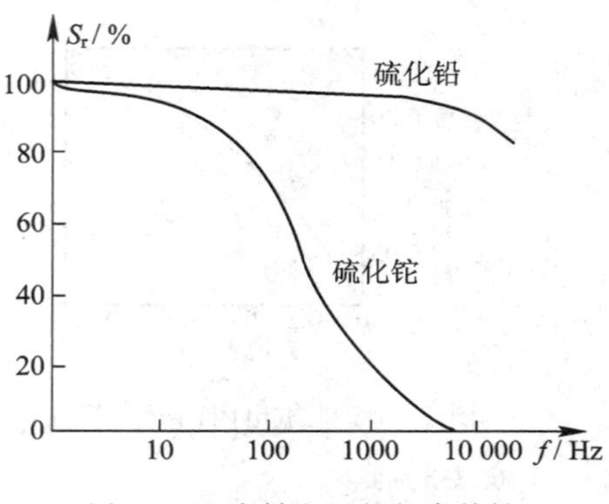

图 3.26　光敏电阻的频率特性

由于不同材料的光敏电阻有不同的响应时间，因而它们的频率特性也不相同。图 3.26 表示不同材料光敏电阻的频率特性，即相对光谱灵敏度与照度调制频率的关系曲线。在光电器件中，光敏电阻的响应速度最慢，因此，利用其作开关元件仅适用于低速的情况。

6）温度特性

当温度升高时，光敏电阻的暗电阻和灵敏度都下降，因此光电流随温度升高而减小。图 3.27 为硫化镉光敏电阻在光照一定时的温度特性曲线。

光敏电阻的温度特性一般用温度系数 α 来表示。温度系数定义为：在一定光照下，温度每变化 1℃，光敏电阻阻值的平均变化率。即

$$\alpha=\frac{R_2-R_1}{(T_2-T_1)R_2}\times100\%$$

式中，R_1 为在一定光照下，温度为 T_1 时的阻值；R_2 为在一定光照下，温度为 T_2 时的阻值。温度系数越小越好。

温度变化不仅影响灵敏度、暗电阻，而且对光敏电阻的光谱特性也有很大影响，随温度升高，峰值波长向短波方向移动。因此，对光敏电阻灵敏面降温可提高对长波长的响应。图 3.28 为硫化铅光敏电阻在不同温度的光谱特性曲线。

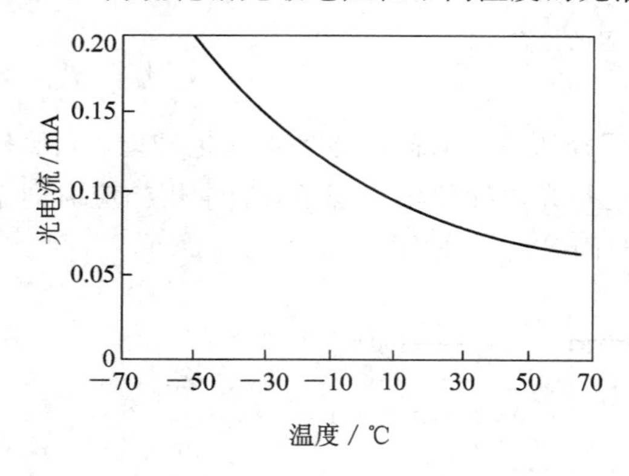

图 3.27　硫化镉光敏电阻的温度特性曲线

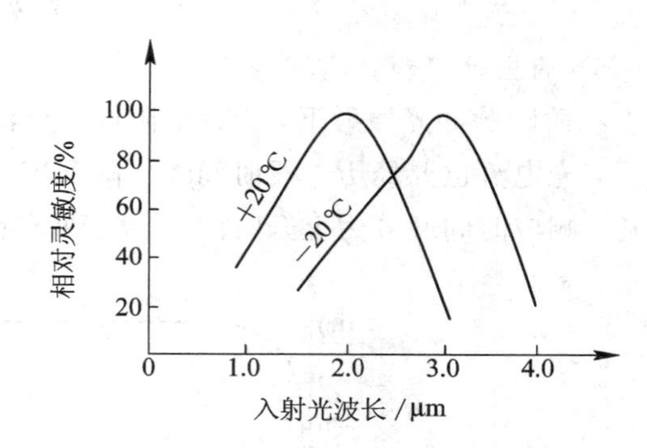

图 3.28　硫化铅光敏电阻在不同温度的光谱特性曲线

7）稳定性

初制成的光敏电阻，光电性能不稳定，需进行人工老化处理，即人为地加温、光照和加负载，经过一至二星期的老化，使其光电性能趋向稳定。人工老化后，光电性能就基本上不变了。

常用材料光敏电阻的典型参数如表 3.3 所示，以供参考。

表 3.3　光敏电阻的典型参数

种类	灵　敏　度	响应时间/s	波长范围/μm	峰值探测率 $D^*/\mathrm{cm}\cdot\mathrm{Hz}^{\frac{1}{2}}\cdot\mathrm{W}^{-1}$
CdS	50 A/lm	$10^{-3}\sim1$	0.3～0.8	
CdSe	50 A/lm	$0.5\times10^{-3}\sim1$	0.3～0.9	
PbS	$(1\sim6)\times10^{3}$ V/W	$(0.1\sim0.3)\times10^{-3}$	1.0～3.5	1.5×10^{11}
PbSe	$(1\sim10)\times10^{3}$ V/W	5×10^{-6}	1.0～4.5	1×10^{10}
InSb	20×10^{3} V/W	0.2×10^{-6}	1～7.3	6×10^{6}

3. 基本电路分析计算

基本电路的分析计算，通常是从等效电路和伏安特性曲线进行分析。

光敏电阻在受到的光照变化时其电阻值将作相应变化。为了引出信号常将其和负载电阻串联，从光敏电阻的两端或负载电阻的两端引出信号。其在电路中的作用，可借助图 3.29 所示的基本电路来进行分析。一个实际的光敏电阻开关电路如图 3.30 所示。

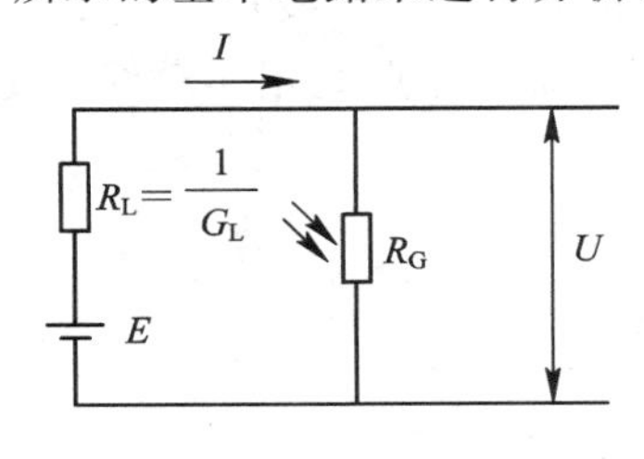

图 3.29　光敏电阻的基本电路

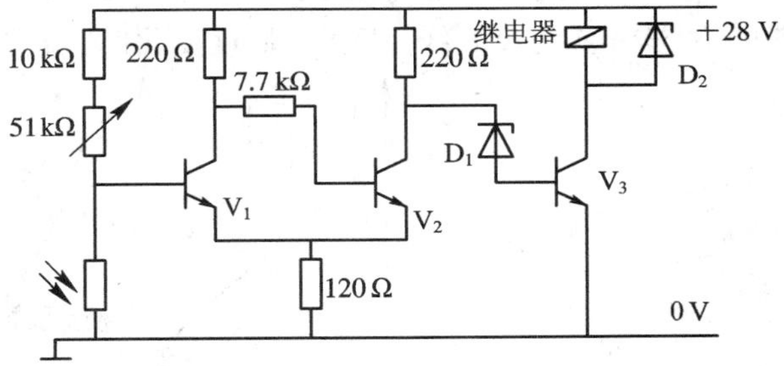

图 3.30　一个实际的光敏电阻开关电路

由图 3.29 可得电流为

$$I=\frac{E}{R_L+R_G}$$

式中，R_L 为负载电阻，R_G 为对应于某一照度或某工作点 Q 处(如图 3.31 所示)的光敏电阻值。设当照度变化时，光敏电阻值改变 ΔR_G，则电流变为

$$I+\Delta I=\frac{E}{R_L+R_G+\Delta R_G}$$

则照度变化引起的信号电流变化为

$$\Delta I=\frac{-\Delta R_G E}{(R_L+R_G+\Delta R_G)(R_L+R_G)}$$

即

$$\Delta I\approx\frac{-E\Delta R_G}{(R_L+R_G)^2} \tag{3.5}$$

式中，负号的物理意义为：当光敏电阻上的照度增加，电阻减小(即 $\Delta R_G<0$)时，电流增加。

当电流为 I 时，从图 3.29 中可看出，输出电压为

$$U = E - IR_L$$

当电流为 $I+\Delta I$ 时，输出电压为

$$U + \Delta U = E - (I + \Delta I)R_L$$

则照度变化引起的信号电压变化为

$$u = \Delta U = -\Delta IR_L = \frac{E\Delta R_G}{(R_L + R_G)^2}R_L \tag{3.6}$$

由式(3.5)、(3.6)来看，似乎外加电压 E 越高，负载电阻越大，输出的信号电流和电压越大，但实际上，光敏电阻是受最大耗散功率 P_{max} 限制的。光敏电阻在任何照度下都必须满足

$$IU \leqslant P_{max} \tag{3.7}$$

或

$$I \leqslant \frac{P_{max}}{U}$$

式中，I 和 U 分别为通过光敏电阻的电流和两端的电压。因 P_{max} 数值一定，满足式(3.7)的曲线为一双曲线，如图 3.31 右上方的 P_{max} 曲线。P_{max} 曲线的左下部为允许的工作区。

图 3.31 给出了对应于照度 E'、E_Q 和 E'' 的光敏电阻的伏安特性曲线 OB、OQ 和 OA。图中 $NBQAM$ 为负载线。显然，照度变化时，电流和电压围绕工作点 Q 沿负载线变化。

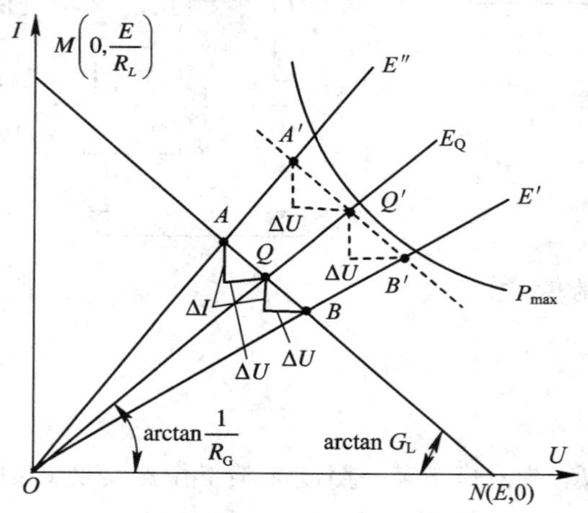

图 3.31 光敏电阻的伏安特性和 P_{max} 曲线

当照度为 E_Q 时，光敏电阻 R_G 和 ΔR_G 可由实测或伏安特性求出。从式(3.5)、(3.6)来看，在同样的照度变化下，如果 ΔR_G 越大，信号电流 ΔI 和信号电压 ΔU 也越大。

1) 负载电阻 R_L 的确定

(1) 一般情况下，若光敏电阻 R_G 和 ΔR_G 及电源电压 E 已知，如何选择合适的 R_L 以得到最大的信号电压 u? 为此可将式(3.6)对 R_L 求导数，并使它等于零，即

$$\frac{E\Delta R_G}{(R_L + R_G)^2} \cdot \left(-\frac{2R_L}{R_L + R_G} + 1\right) = 0$$

得

$$R_L = R_G$$

即当负载电阻 R_L 与光敏电阻 R_G 相等时，可得到最大的信号电压，称此为匹配。

（2）在较高的频率下工作时，除选用高频响应较好的光敏电阻外，负载电阻 R_L 也需取较小的值，否则时间常数较大，对高频响应不利。所以在较高频率下工作时，往往在失配的情况下工作，即取 $R_L<R_G$。

2）电源电压 E 的选择

从式(3.6)中可看出，信号电压 ΔU 随 E 的增大而增大，如图 3.31 所示。R_L 不变时，E 增大后的负载线为 $A'Q'B'$，因为 $A'Q'>AQ$，所以 $\Delta U'>\Delta U$。但需注意，当 E 增大时，光敏电阻的损耗将增加，靠近允许功耗 P_{max} 曲线，若功耗越过 P_{max}，光敏电阻将损坏或性能下降。

光敏电阻的最大耗散功率 P_{max}，一般在产品目录中给出，电源电压 E 亦受 P_{max} 限制。

图 3.32 给出了 P_{max} 曲线，对应于照度 E_1、E_2 的伏安特性 OQ_1、OQ_0，即分别对应于不同负载电阻的三条负载线 EQ_1、EQ_2、EQ_3。

从图中可看出，对于工作点 Q_0（图中正好在负载线 EQ_1 与 P_{max} 曲线的交点上），电流 I 与电压 U 间的关系可用下式表示

$$I=\tan\alpha(E-U)=G_L(E-U)$$

由式(3.7)有 $U\leqslant P_{max}/I$，代入上式得

$$I=G_L\left(E-\frac{P_{max}}{I}\right)$$

整理后得

$$I^2-G_LEI+G_LP_{max}=0 \qquad (3.8)$$

上式的解为

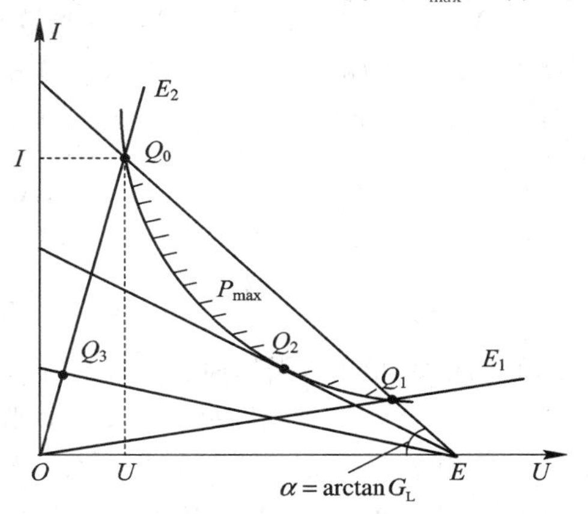

图 3.32　光敏电阻的 P_{max} 曲线、伏安特性和负载线

$$I=\frac{G_LE\pm\sqrt{G_L^2E^2-4G_LP_{max}}}{2}$$

当 $G_L^2E^2-4G_LP_{max}>0$ 时，方程式(3.7)有两个不相同的实数解，即负载线 EQ_1 与 P_{max} 曲线有两个交点 Q_1 和 Q_0。在这种情况下，凡工作在照度 E_1 与 E_2 之间，光敏电阻的功耗就超过 P_{max}，这是不允许的。

（1）一般情况下，当 $G_L^2E^2-4G_LP_{max}<0$ 时，方程式无实数解，即负载线与 P_{max} 曲线无交点，表示光敏电阻在 P_{max} 曲线的左下部工作，例如负载线 EQ_3；当 $G_L^2E^2-4G_LP_{max}=0$ 时，方程式的两个实数解相同，对应于切点 Q_2。在临界功耗点 Q_2 处有

$$E=\sqrt{\frac{4P_{max}}{G_L}}=\sqrt{4P_{max}R_L} \qquad (3.9)$$

因此，当负载电阻 $R_L=1/G_L$ 选定后，电源电压 E 被式(3.9)所限制，选用电源时不能超过此值，否则功耗有可能超过 P_{max}。另外使用时也不应超过光敏电阻的极限工作电压。

（2）为了电源设备简单，常公用一个电源，即 E 值为已知，则负载电阻或电导必须满足下式：

$$G_L\leqslant\frac{4P_{max}}{E^2} \qquad \text{或} \qquad R_L\geqslant\frac{E^2}{4P_{max}}$$

(3) 为了得到大的电流变化，当 $R_L \to 0$，$G_L \to \infty$ 时，则用下式估算 E：

$$\frac{E^2}{R_G} \leqslant P_{\max}, \quad E \leqslant \sqrt{P_{\max} R_G}$$

式中，R_G 为照度最大时的光敏电阻值。

(4) 对弱信号的检测要着重考虑提高信噪比。光敏电阻的信号电压随电源电压而增大。光敏电阻的噪声在低偏置电压时主要是热噪声。当偏置电压升高时，流过光敏电阻的电流增加，电流噪声将起主要作用，并且噪声电压的增加速度比信号电压增加的速度快。所以信号电压 U_S 与噪声电压 U_N 之比 U_S/U_N 随偏置电压(或电流)的变化有一最佳值。光敏电阻的工作点应选在信噪比最大的偏置电压(或电流)处为最合适。由信噪比决定电源 E 后，应校验电压或功率是否超过该光敏电阻的允许值，并要留有余地。

考虑到环境变化(温度升高时光敏电阻的暗电流增大)和安全起见，光敏电阻的功耗应留有余地。例如：化学沉淀的 PbS 约为 0.2 W/cm²，在长期使用时必须小于 0.2 W/cm²，若以 0.1 W/cm² 计算，电源电压或偏置电压 E 可由下式求出：

$$0.1A_G = \left(\frac{E}{R_L + R_G}\right)^2 R_G$$

$$E = \sqrt{\frac{0.1A_G}{R_G}}(R_L + R_G)$$

式中，A_G 为光敏电阻的面积(cm²)。若 $R_L = R_G = 1\ \text{M}\Omega$，$A_G = 1\ \text{cm}^2$，则由上式得 $E = 630$ V；若 $R_L = R_G = 1\ \text{M}\Omega$，$A_G = 0.01\ \text{cm}^2$，则由上式得 $E = 63$ V。

使用中也不要超过最大光电流，为此要控制入射的辐射通量。在高温环境下使用时，更要限制光电流，以免烧坏器件，并且尽可能不采用树脂封装的光敏电阻，而采用玻璃和金属材料封装的光敏电阻。

3.5.4 光电二极管和光电三极管

光电二极管是利用 PN 结单向导电性的结型光电器件，结构与一般二极管类似。PN 结安装在管的顶部，便于接受光照。外壳上面有一透镜制成的窗口以使光线集中在敏感面上。为了获得尽可能大的光生电流，PN 结的面积比一般二极管要大。为了光电转换效率高，PN 结的深度较一般二极管浅。光电二极管电路原理如图 3.33 所示。光电二极管可工作在两种工作状态。大多数情况下工作在反向偏压状态。在这种情况下，当无光照时，处于反偏的光电二极管工作在截止状态，这时只有少数载流子在反向偏压的作用下，渡越阻挡层形成微小的反向电流，即暗电流。反向电流小的原因是在 PN 结中，P 型中的电子和 N 型中的空穴(少数载流子)很少。当光照射在 PN 结上时，PN 结附近受光子轰击，吸收其能量而产生电子空穴对，使 P 区和 N 区的少数载流子浓度大大增加，在外加反偏电压和内电场的作用下，P 区的少数载流子渡越阻挡层

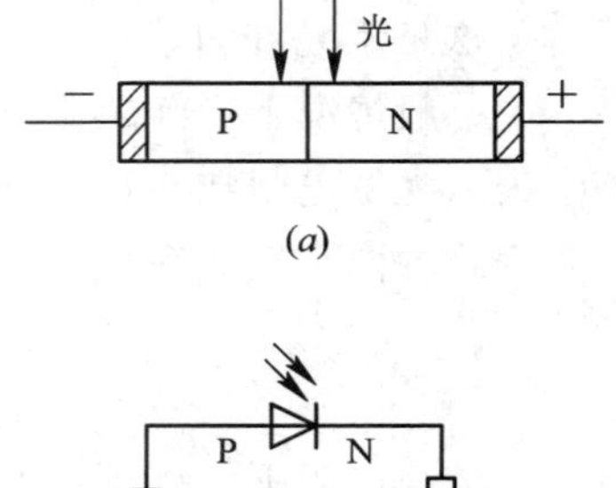

(a)

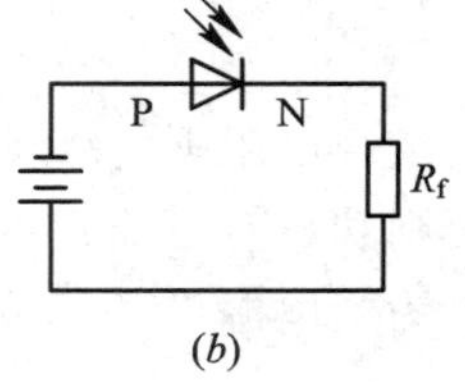

(b)

图 3.33　光电二极管结构原理图

进入N区，N区的少数载流子渡越阻挡层进入P区，从而使通过PN结的反向电流大为增加，形成了光电流。反向电流随光照强度增加而增加。另一种工作状态是在光电二极管上不加电压，利用PN结受光照时产生正向电压的原理，将其作为微型光电池用。这种工作状态一般用作光电检测。光电二极管常用的材料有硅、锗、锑化铟、碲镉汞、碲锡铅、砷化铟、碲化铅等。使用最广泛的是硅、锗光电二极管。光电二极管具有响应速度快、精巧、坚固、良好的温度稳定性和低工作电压(10～20 V)的优点，因而得到了广泛使用。

光电三极管与光电二极管相似，不过内部有两个PN结，类似一般三极管也有PNP型和NPN型。和一般三极管不同的是它的发射极一边尺寸很小，以扩大光照面积，如图3.34(*a*)所示。光电三极管可以等效看做一个光电二极管和一只晶体三极管的结合，如图3.34(*b*)所示。当基极开路时，基极集电极处于反偏，有光照时形成的光电流 I_{CO} 作为基极电流被晶体管放大，其放大原理与一般晶体三极管相同，这样 I_{CO} 被放大 β 倍，一般放大倍数 β 为几十，因此光电三极管的灵敏度比光电二极管的灵敏度高几十倍。比起光电二极管来，光电三极管有较大的暗电流、较大的噪声，结电容加大，从而响应时间增大。光电三极管常用的材料是硅和锗。硅光电三极管暗电流很小(小于 10^{-9} A)，一般不备有基极外接引线，仅有发射极、集电极两根引线。光电三极管也有引出基极的，一般作温度补偿用。锗光电三极管暗电流较大。为使光电流与暗电流之比增大，常在发射极-基极之间接一电阻(约5 kΩ左右)。

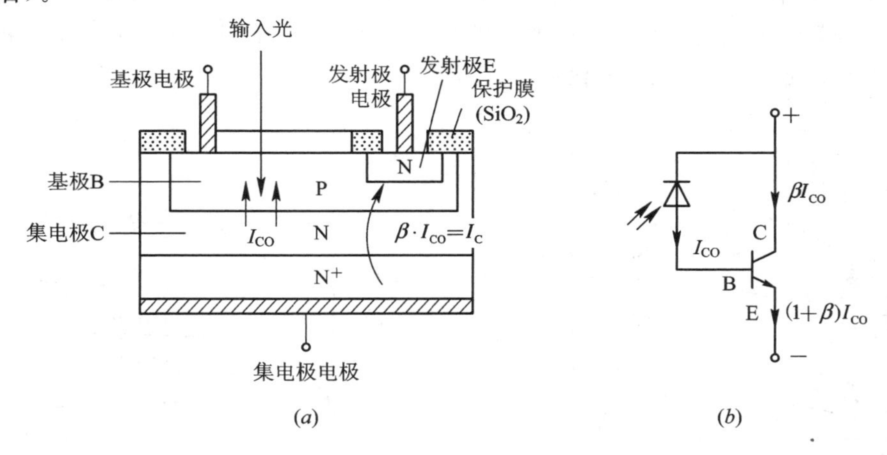

图3.34　光电三极管结构原理图

1. 光电管的基本特性

1) 光谱特性

图3.35为光电二极管的光谱特性曲线，光电三极管的光谱特性曲线与光电二极管的相似。由图可见，当入射光的波长增加时，相对灵敏度要下降，这是因为光子的能量 $h\nu$ 太小，不足以激发出电子—空穴对。当入射光波长太短时相对灵敏度也下降，这是因为光子在半导体表面附近激发的电子—空穴在半导体表面附近便被吸收，不能达到PN结。

由图可知，材料不同，响应的峰值波长也不同。因此，应根据光谱特性来确定光源和光电器件的最佳匹配。一般来讲，锗管的暗电流较大，因此性能较差，故在可见光或探测赤热状态物体时，一般都用硅管。但对红外光进行探测时，则锗管较为适宜。

2）光照特性

光照特性反映集电极输出电流 I_C 和照度 E_C 之间的关系，如图 3.36 所示。三极管的光照特性曲线线性不太好，在大电流时有饱和现象。光电二极管在反向偏压的作用下，光照特性曲线有良好的线性。

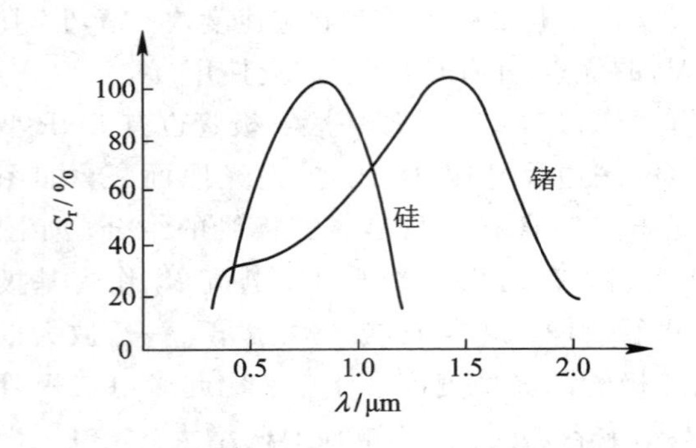

图 3.35　光电管的光谱特性曲线

图 3.36　光电三极管的光照特性曲线

3）伏安特性

图 3.37 为光电管的伏安特性。由图可见，光电管的伏安特性与一般晶体三极管类似，差别在于参变量不同：晶体三极管的参变量为基极电流，而光电管的参变量是入射的光照度。光电三极管的光电流比相同管型的二极管大好几十倍，而且在零偏压时，二极管有光电流输出（如(*a*)所示），而三极管没有（如(*b*)所示）。

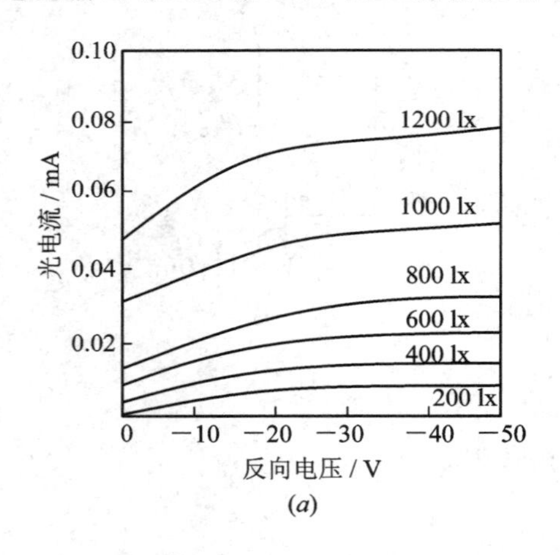

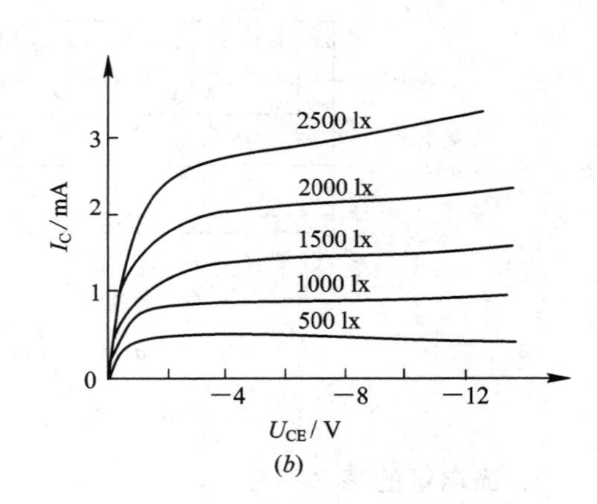

图 3.37　光电管的伏安特性

(*a*) 二极管；(*b*) 三极管

4）温度特性

温度对光电管暗电流和光电流的影响，如图 3.38 所示。从图可见，温度变化对光电流的影响很小，而对暗电流影响很大。暗电流随温度升高是由于热激发造成的。在高温低照度下工作时，由于温度升高而产生的电流变化是一个必须考虑的误差信号。当交流放大时，由于隔直电容的作用，暗电流被隔断，因此消除了温度升高及暗电流增加对输出的影响。

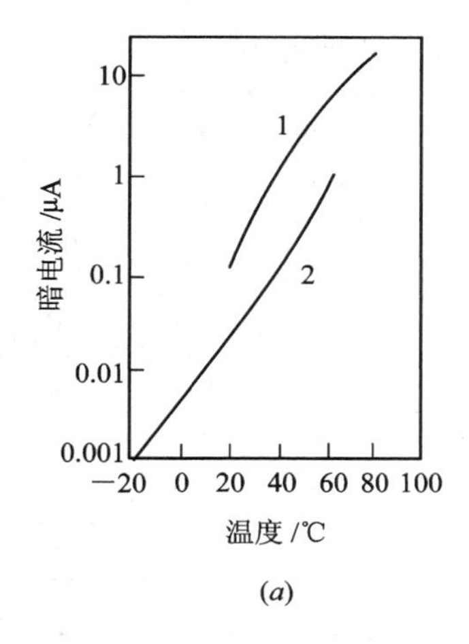

(a)

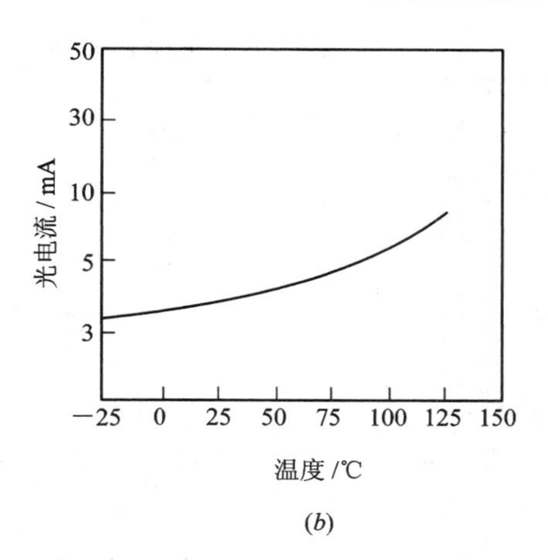

(b)

1—锗光电二极管；2—硅光电二极管

图 3.38　温度对光电管暗电流和光电流的影响

5）频率响应(特性)和时间常数

光电管的频率响应是指，一定频率的调制光照射时，光电管输出的光电流(或负载上的电压)随频率的变化关系。光电管的频率响应与其物理结构、工作状态、负载以及入射光波长等因素有关。图 3.39 为硅光电三极管的频率响应曲线。

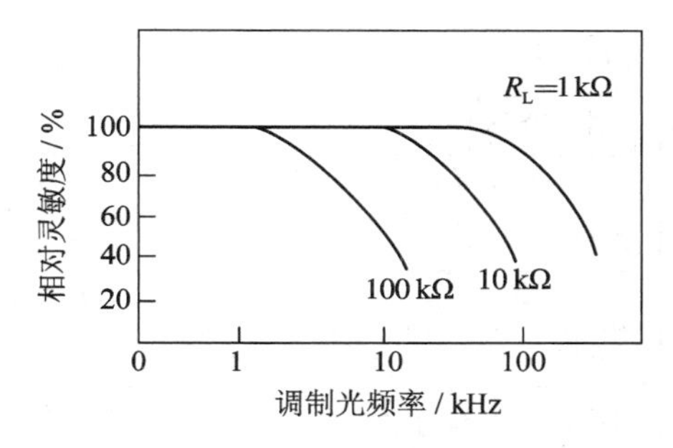

图 3.39　硅光电三极管的频率响应曲线

光电管的时间常数一般在 $10^{-10} \sim 10^{-4}$ s 之间，硅管时间常数较小，响应频率高。有些特殊用途的光电管，如硅 PIN 光电二极管其响应频率高达几百兆赫兹，暗电流小到 1 nA。

表 3.4 给出了几种硅光电二极管的特性参数，表 3.5 给出了几种硅 PIN 光电二极管的特性参数，表 3.6 给出了几种硅(锗)光电三极管的特性参数，以供参考。

表 3.4　几种硅光电二极管的特性参数

型　号	光谱响应范围 λ/nm	峰值灵敏度波长 λ_p/nm	光电灵敏度 S ($\lambda=\lambda_p$) /A·W^{-1}	短路电流 I_{sc} (100 lx 2856 K) /μA	暗电流 I_d U_r=10 mV (max) /pA	上升时间 t_r 10%～90% (U_r=0 V R_l=1 kΩ) /ns	终端电容 C_t (f=10 kHz U_r=0 V) /pF	分流电阻 R_{sh} (U_r=10 mV) /GΩ	最大反转电压 U_r (max) /V
S1226-18BQ	190～1000	720	0.36	0.66	2	0.15	35	50	5
S1227-16BQ	190～1000	720	0.36	3.2	5	0.5	170	20	5
S1336-18BQ	190～1000	960	0.5	1.2	20	0.1	20	2	5
S1337-16BQ	190～1000	960	0.5	5.3	30	0.2	65	1	5
S2386-18K	320～1100	960	0.6	1.3	2	0.4	140	100	5
S2387-16R	320～1100	960	0.58	6.0	0.5	1.8	730	50	30

表 3.5 几种硅 PIN 光电二极管的特性参数

型号	光谱响应范围 λ/nm	峰值灵敏度波长 λ_p /nm	光电灵敏度 S ($\lambda=\lambda_p$) /A/W	暗电流 I_d (max) /nA	截止频率 f_c /MHz	终端电容 C_t (f=1 MHz) /pF	NEP	最大反转电压 Ur (max) /V	功耗 P /mW
S5971	320～1060	900	0.64	1	100	3	7.4	20	50
S122	320～1100	960	0.6	10	30	10	9.4	30	100
S510	320～1100	960	0.72	5	20	40	1.6	30	50
S359008	320～1100	960	0.66	6	40	40	3.8	100	100
S470701	320～1100	960	0.56	5	20	14	9.0	20	50
S505	320～1000	800	0.46	0.3	200	4	5.5	20	50

表 3.6 几种硅(锗)光电三极管的特性参数

型 号	光谱范围/nm	暗电流/μA	光电流/mA	光调制截止频率/kHz	$(t_r+t_f)/\mu s$
3AU1A(锗)		400	≥2	≥3	
3AU1B(锗)		200	≥1	≥3	
3AU1D(锗)		300	≥2.5	≥3	
3DU2		0.1～0.5	0.2～1.5		≤5
3DU5		0.2～0.5	2～3		≤5
3DU8		1	1		≤60
3DU030IR	700～1050	<0.1	≥2		
3DU050IR	700～1050	<0.1	≥4		

注：表中未注明者为硅光电三极管。

2. 基本电路分析和计算

1）光电二极管电路分析

光电二极管和光电三极管的电路分析方法与一般晶体三极管类似，是依据伏安特性曲线和等效电路进行分析。

光电二极管和光电三极管伏安特性与一般晶体三极管类似，差别在于参变量不同可知，只要用光电二极管的灵敏度 $S=\Delta I/\Delta E_v$ (μA/lx)（或 $S=\Delta I/\Delta\Phi$ (μA/lm)），即照度变化 ΔE_v 时所引起的光电流变化 ΔI_C，代替晶体管的电流放大系数 $\beta=\Delta I_C/\Delta I_B$，则可仿效共射极晶体三极管放大器的分析和计算方法。

晶体管的 β 与工作点的选择有关，工作点可由改变基极电流 I_B 进行控制。与此类似，光电二极管工作点由照度的平均值（例如照度从 100 lx 变至 200 lx 时，其平均值为 150 lx），以及该照度下光电二极管上的电压决定。在电压一定时，如果照度的平均值不变，则它的工作点不变；如果照度在 0 与最大值之间变化，则当最大值改变时，平均值或工作点也有所改变。以光电二极管作测量用时，希望光电流随光通量或照度成比例变化，且应尽量工作于线性较好的区域。

例　光电二极管的连接电路和伏安特性如图 3.40 所示。若光电二极管上照度的变化 $E_v = 100 + 100\ \sin\omega t(\text{lx})$，为使光电二极管上有 10 V 的电压变化，求所需的负载电阻 R_L 和电源电压 E，并给出电流和电压的变化曲线。

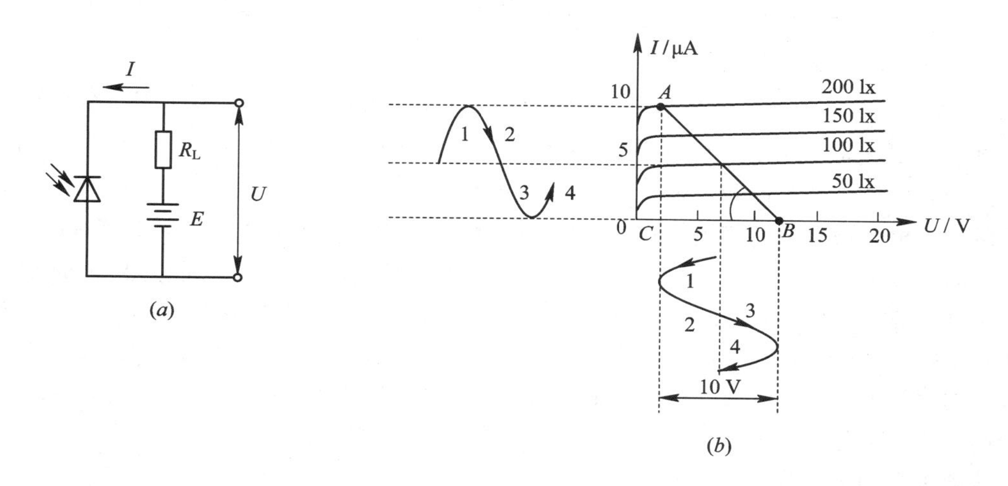

图 3.40　光电二极管 GG 的连接电路和伏安特性

解　与晶体管的图解法类似，找出照度为 200 lx 这条伏安特性曲线上的弯曲处 A 点，它在 U 轴上投影 C 点的电压为 2 V。因为照度变至零时需改变电压 10 V，所以电源电压为

$$E = 2 + 10 = 12\ \text{V}$$

在电压 U 轴上找到 12 V 的 B 点，连接 A、B 两点的直线即为所求负载线。从图上可得 A 点的电流为 10 μA，则所需负载电阻为

$$R_L = \frac{1}{\tan\alpha} = \frac{BC}{AC} = \frac{12-2}{10 \times 10^{-6}} = 1.0 \times 10^6\ \Omega$$

与晶体管放大器图解法相似，照度变化时的电流和电压的波形，如图 3.40(b)所示。如果光电二极管伏安特性的线性较好，则电流和电压的交变分量也呈正弦变化。

由图可知，加大负载电阻 R_L 和电源电压 E 可使输出的电压变化加大，但 R_L 增大会使时间常数增大，响应速度降低，当要求照度变化频率较高时，R_L 的选取要兼顾输出电压的大小和响应速度两个方面。

有时希望公用一个电源，即电源 E 已给定。如电压 E 大于计算值，这时的工作情况只要把图 3.40 的负载线向右平移至给定电压 E 即得，不过，这时光电二极管上的功耗要增加，二极管上的电压和功耗必须在光电二极管的允许电压和最大允许功耗内。

如图 3.40(a)所示的输出有时接至有隔直流电容的交流放大器，与一般晶体管放大器类似，这时除应有直流负载线外，还需有交流负载线(可参阅有关晶体管放大器的书籍)。

光电二极管的等效电路如图 3.41(a)所示。在入射照度一定时，光电二极管相当于一个恒流源，图中以 i_s 表示。等效电路中的 R_D 为反向偏置时的结电阻，C_J 为结电容，R_s 为光电二极管的体电阻与电极接触电阻之和，R_L 为负载电阻。光电二极管在电路中的作用，可以此为依据进行计算。

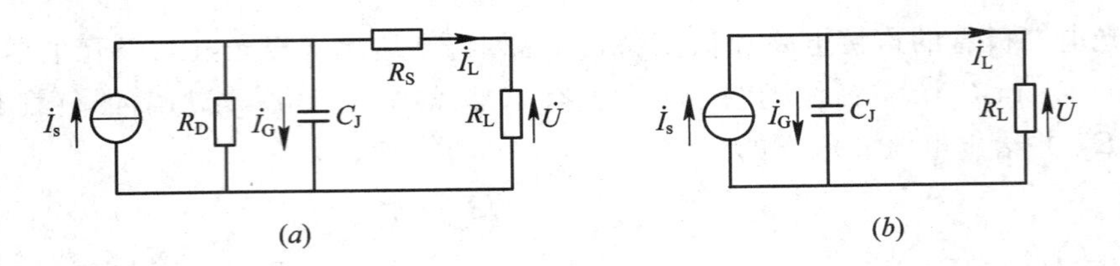

图 3.41　光电二极管的高频等效电路

例　在图 3.40(a)所示的电路中，若光电二极管的结电容 $C_J=5$ pF，$R_L=100$ kΩ，求此电路的频率特性的上限频率值。

解　光电二极管的高频响应通常受三个因素的影响：① 结电容 C_J 和负载电阻 R_L 决定的时间常数 R_LC_J；② 光生载流子的扩散时间；③ 载流子在 PN 结(耗尽层)中的漂移时间。当时间常数 R_LC_J 较大时，光电二极管的高频响应主要受 R_LC_J 的限制。电流源 $I_s=SE_m\sin\omega t$ 由调制光照度 $E_v=E_Q+E_m\sin\omega t$ 的正弦部分产生，其中 $E_Q\geqslant E_m$，S 为光电二极管的灵敏度。因反向偏置时的结电阻 R_D 较大，故在并联电路中的作用可忽略；R_s 的值较小，在串联电路中的作用也可忽略，则等效电路简化成图 3.41(b)。

从图可得如下方程式：

$$\dot{I}_s=\dot{I}_G+\dot{I}_L=\dot{U}\left(j\omega C_J+\frac{1}{R_L}\right)\tag{3.10}$$

所以

$$\dot{U}=\frac{\dot{I}_s}{j\omega C_J+\dfrac{1}{R_L}}=\frac{\dot{I}_sR_L}{j\omega C_JR_L+1}\tag{3.11}$$

入射光的调制频率升高时，由于结电容的存在，负载上的电流 I_L 会减小。当负载电流或端电压 U 下降为最大(即频率为零时)值的 0.707 时，称该频率 f_H 为上限频率。由式(3.10)、(3.11)可知，当满足 $\omega_HC_J=1/R_L$，即

$$\omega_H=\frac{1}{C_JR_L}$$

时，负载上的电流或电压下降为最大值的 0.707。则得上限频率为

$$f_H=\frac{\omega_H}{2\pi}=\frac{1}{2\pi C_JR_L}$$

现已知 $C_J=5\times10^{-12}$ F，$R_L=100$ kΩ，所以上限频率为

$$f_H=\frac{1}{2\pi\times5\times10^{-12}\times100\times10^3}=320\ \text{kHz}$$

可见，减小负载电阻 R_L，可使上限频率 f_H 提高。此结论对其他光电器件亦适用。

2）光电三极管电路分析

光电三极管可分为测量和开关两种工作状态。测量工作状态要求电信号与光照度或光通量成比例变化，而光电三极管线性不是很好，故常用在开关工作状态。开关工作情况只有黑暗和照亮两个工作状态，又分输出电流和输出电压两种情况，下面分别进行讨论。

(1) 照度变化时要求有较大的输出电流变化。如图 3.42(a)所示，光电三极管的输出电流导入晶体三极管的基极。晶体三极管工作在导通和截止两种状态，对基极电流或光电三极管的输出电流的大小有一定的要求。若忽略晶体管基极与发射极间的电压降，则得光

电三极管的电路如图 3.42(b)所示。

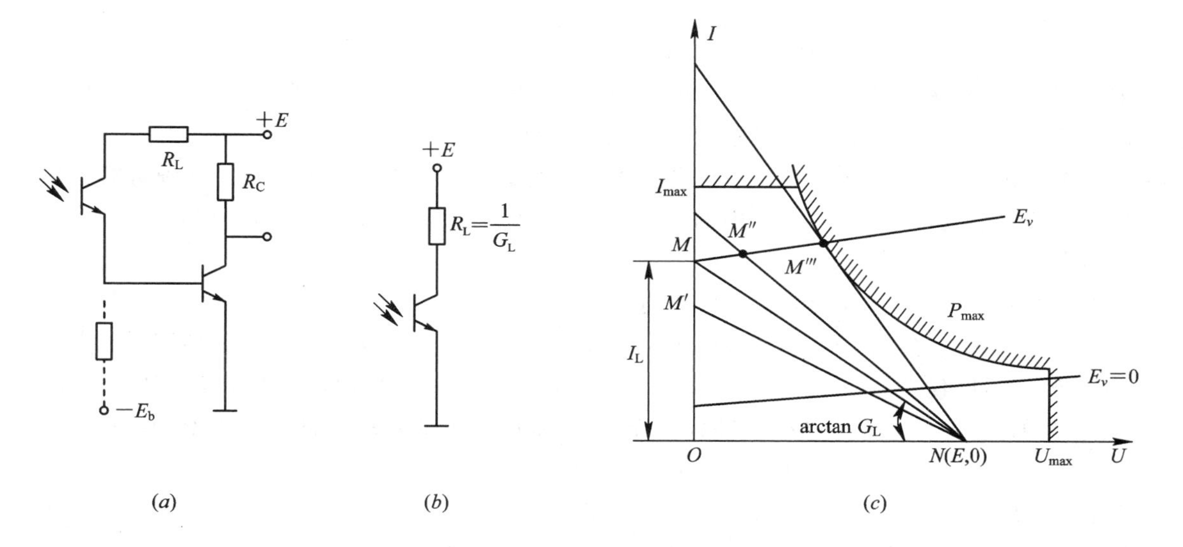

图 3.42　光电三极管电路分析

设光电三极管被照亮时的照度为 E_v，它的两条简化伏安特性曲线($E_v=0$ 和 $E_v=E_v$)示于图 3.42(c)(为了简化，特性曲线的上升部分画成与电流轴重合)。图 3.42 中还给出了所允许的最大电流 I_{max}、最大电压 U_{max} 和最大耗散功率 P_{max} 曲线。根据图 3.42(b)可列出电压方程为

$$U = E - IR_L = E - \frac{1}{G_L}I$$

为了简化设备，一般共用电源，则 E 为已知。图中给出了同一 E 不同 G_L 的四条负载线 NM'、NM、NM''、NM'''。与它们对应的电导 $G'_L<G''_L<G_L<G'''_L$。由图可见，光照为 E_v 时，为使光电三极管的光电流大，负载线应在 NM 直线的右边，由于不允许超过最大耗散功率，又必须在 NM''' 的左边，对应于负载线 NM 的电阻和电导可按如下方法求出：M 点的 $U=0$，$I=I_L$(照度为 E_v 时的 M 点光电流)，代入上式可得

$$R_L = \frac{E}{I_L} \qquad 或 \qquad G_L = \frac{I_L}{E} \tag{3.12}$$

负载电导必须略大于 $G_L=\frac{I_L}{E}$。

已知光照时的电流 I_L 后，欲使晶体管饱和的电阻 R_C 亦可求出，即

$$R_C \geqslant \frac{E}{\beta I_L} \tag{3.13}$$

上式中的 β 为晶体管电流放大系数。

现举一例说明：设图 3.42(a)中的 $E=18$ V，光电三极管采用 3DU13，它在照度 100 lx 时的电流 $I_L=0.7$ mA。晶体管采用 3DG6B，$\beta=30$。根据式(3.12)得

$$R_L = \frac{18}{0.7\times10^{-3}} = 25.7\ \text{k}\Omega \qquad (取为\ 24\ \text{k}\Omega)$$

根据式(3.13)得

$$R_C \geqslant \frac{18}{30\times0.7\times10^{-3}} = 860\ \Omega \qquad (取为 910\ \mathrm{k}\Omega)$$

如果 R_C 取得较大，则饱和时的集电极电流($I_c=E/R_C$)和基极电流都可减小，因而照度可以减低，光电三极管的电阻 $R_L(R_L=E/I_L)$也可取得较大。

由于光电三极管有暗电流，不能使晶体管完全截止，为使两个工作状态分别可靠，可加反向偏置电压，如图 3.42(*a*)中的虚线部分所示。而照度为 E_v 时，也应保证管子饱和导通。

(2) 照度较大时要求有较大的输出电压变化。

当电导 G_L 一定时，图 3.43 为光电三极管输出较大电压信号时的电路原理图。比较图 3.43(*b*)中的负载线 NM 和 $N'M'$可知，它们的电导 G_L 相同，电源电压 E 和 E'不同，当光照 E_v 足够大时(最上面一条伏安曲线)，两种光照情况下的光电三极管电压都为零(M 和 M'点的电压)。照度 $E_v=0$ 时，光电三极管的电压各为 OB 和 OB' (A 和 A'点的电压)，因而电源电压越大，得到的电压变化越大，如果电源电压取最大允许电压 U_{max}(也可能被允许的功耗曲线 P_{max}所限制，而不能达到此值)，则可得到最大的电压变化。

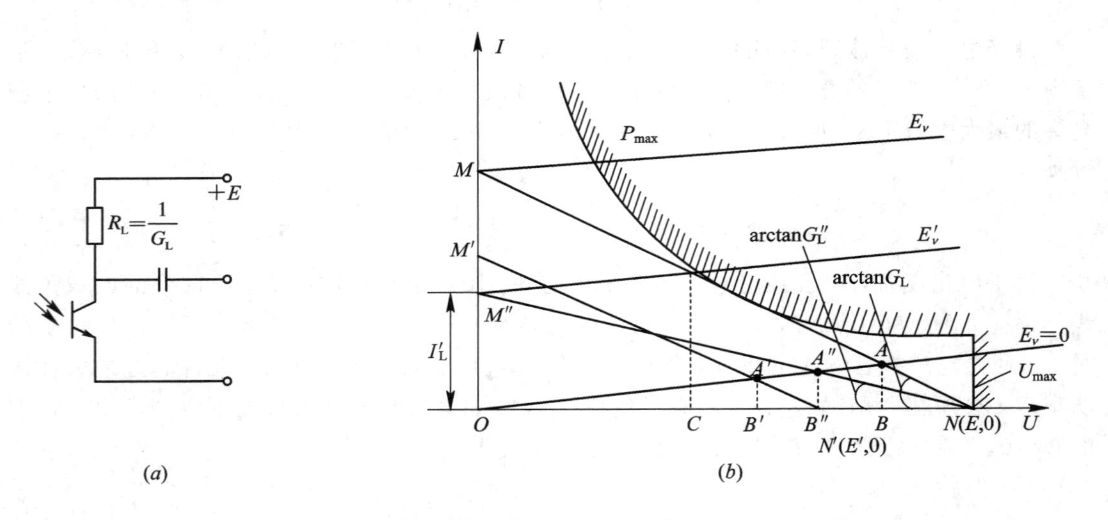

图 3.43　光电三极管输出较大电压信号时的电路原理图

当电源电压 E 一定时，比较负载线 NM 和 NM''，它们的电导 G_L 和 G_L''不同，电源电压 E 相同，分以下两种情况讨论：

① 照度 E_v 不大时，由图可见，当照度由 $E_v=0$ 变至 E_v'时，对应于负载线 NM''的电压变化为 OB''；对应于负载线 NM 的电压变化为 CB。(当光照增大至 E_v'时，不能使光电三极管的电压为零，所以 CB 的数值较小。)电压变化量 OB''大于 CB，因而电导 G_L'小(即电阻大)时，光电三极管上的电压变化大，根据式(3.12)可求得其值为 $G_L=I_L'/E$，式中 I_L'是照度为 E_v'时 M''点的光电流。若电导再减小到小于 G_L''，则负载线与 $E_v=0$ 这条特性曲线的交点 A''向左移，电压变化量 OB''也要减小，电压变化要减小。可见，若照度变化较小时，为提高其输出电压的变化，必须选用合适的负载电阻。

② 照度 E_v 足够大时，对应于照度 E_v 的光电三极管的电压都为零（M 和 M'' 点的电压）。照度 $E_v=0$ 时，光电三极管的电压各为 OB 和 OB''（A 点和 A'' 点的电压）。电导越大，负载线与 $E_v=0$ 这条特性曲线的交点 A 越向右边移，因而电导 G_L 大时光电三极管的电压变化大。开关工作状态时的照度变化较大，所以电导大一些为好，但受到允许功耗或电流的限制，负载线 NM 为允许的最大电导。

当在极限情况下时，电导和电压变化如下：$P_{max}=IU$ 为常数的图形是直角双曲线。由解析几何可知，把渐近线作为坐标轴时，其切线在坐标系内的长度 NM 也为切点 Q 所平分，即 $QN=QM$，如图 3.44 所示。

$$U_Q = I_Q \cdot \frac{1}{G_L} = \frac{1}{2}E$$

$$I_Q = \frac{1}{2}EG_L$$

$$P_{max} = U_Q I_Q = \frac{1}{4}E^2 G_L$$

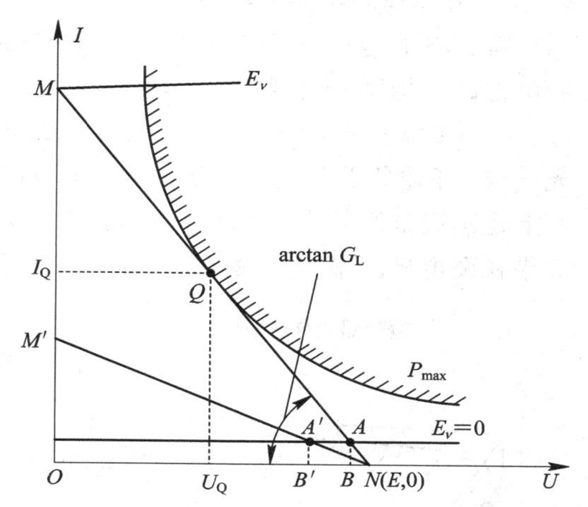

图 3.44　$P_{max}=IU$ 的直角双曲线图形

故可求得

$$G_L = \frac{4P_{max}}{E^2} \tag{3.14}$$

如果照度变化足够大，即从零变至 E_v（见图 3.44），则电压变化为

$$OB = \frac{OM - AB}{\tan(\arctan G_L)} = \frac{G_L E - I_0}{G_L}$$

式中，I_0 为 A 点的暗电流。把式(3.14)的 G_L 代入上式得到电压变化为

$$OB = \frac{\dfrac{4P_{max}}{E} - I_0}{\dfrac{4P_{max}}{E^2}}$$

实际运用 G_L 远比式(3.12)求得的小，这是因为：① 电导过大有可能使光电流超过其允许值；② 比较图 3.44 中的负载线 NM、NM' 可见，它们的电压相差（OB 和 OB' 之差）不大，而光电流显著减小（从 OM 减小到 OM'）；③ 由于照度波动，实际照度有可能达不到 E_v。照度变化不大时，电导较小，能得到较大的电压变化。

最后应指出，由于生产实际的复杂性和光电三极管参数的分散性，在算出参数后，还需经过实际调整和修正，以使参数和电路更加合理。

当要考虑光电三极管的响应速度时，由于负载电阻越小，频率响应越好，则 R_L 的选取要兼顾电压的输出和响应速度两个方面。

3.5.5　光电池

光电池的工作原理是基于光生伏特效应的。光电池的种类很多，有硒光电池、氧化亚铜光电池、锗光电池、硅光电池、砷化镓光电池等。其中硅光电池的光电转换效率高，寿命长，价格便宜，适合红外波长工作，是最受重视的光电池。硒光电池出现最早，工艺较成熟，工作于可见光波段，尽管光电转换效率低，寿命短，但仍是照度计的适宜元件。砷化镓光电池的光谱响应与太阳光谱吻合，工作温度高，且耐宇宙射线辐射，在宇航电源方面得到应用。光电池是形式最简单的光探测器，它能在仅仅几伏的偏置电压下工作，有一系列优点：稳定性好、光谱范围宽、频率特性好、换能效率高、耐高温辐射等。

1. 光电池的工作原理

硅光电池是在 N 型硅片中掺入 P 型杂质形成一个大面积的 PN 结，如图 3.45 所示。光电池的结构类似于光电二极管，区别在于硅光电池用的衬底材料的电阻率低，约为 0.1～0.01 Ω·cm，而硅光电二极管衬底材料的电阻率约为 1000 Ω·cm。上电极为栅状受光电极，下电极为衬底铝电极。栅状电极能减少电极与光敏面的接触电阻，增加透光面积。其上还蒸镀抗反射膜，既减少反射损失，又对光电池起保护作用。当光照射到 PN 结上时，如果在两电极间串接负载电阻，则电路中便产生了电流，如图 3.46 所示。

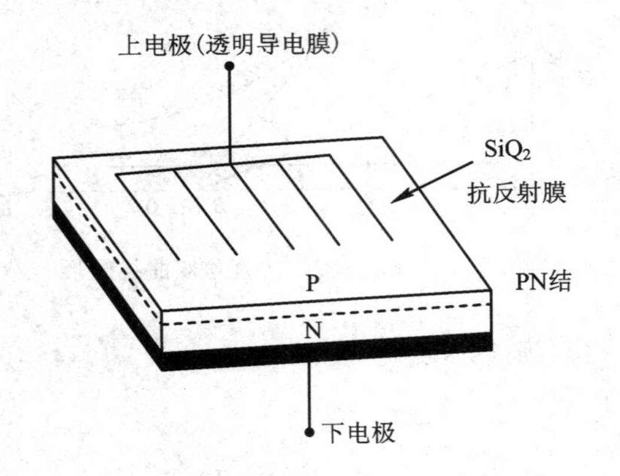

图 3.45　硅光电池结构示意图

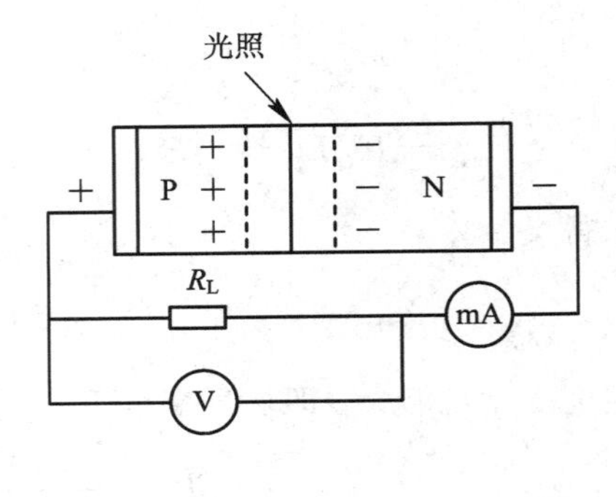

图 3.46　硅光电池电原理图

2. 光电池的基本特性

1）光谱特性

光电池的光谱特性如图 3.47 所示。从图中可知，不同材料的光电池，峰值波长不同。光电池的峰值波长取决于半导体材料的禁带宽度，禁带宽度越小的半导体，峰值波长就越向长波方向(红外区)延伸。硒光电池的峰值波长约 5400 Å，硅光电池的峰值波长约 8400 Å，而锗光电池的峰值波长约 15 000 Å。硒光电池光谱响应波长范围为 3800～6500 Å，硅光电池的光谱响应波长范围为 4000～12 000 Å，而锗光电池的光谱响应波长范围为 4000～20 000 Å。使用中可根据光源光谱特性选择光电池，也可以根据光电池的光谱特性确定应该使用的光源。

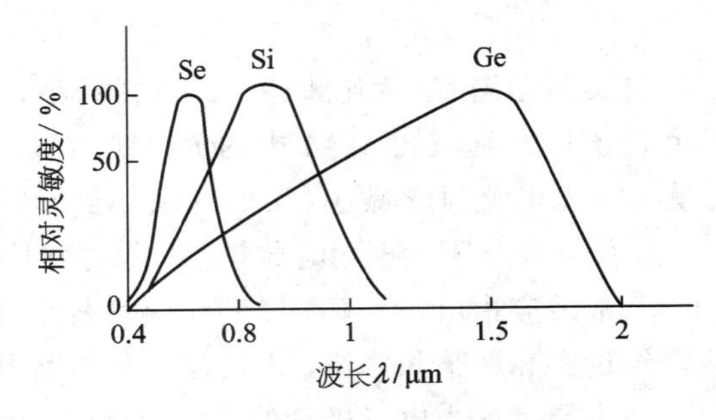

图 3.47　光电池的光谱特性

2）光照特性

硅光电池的光照特性，如图 3.48 所示。由图可见，硅光电池的短路电流与光照有较好的线性关系(曲线 2)，而开路(负载电阻 R_L 趋于无限大时)电压与照度的关系是非线性的

(呈对数关系)，而且在光照度 2000 lx 时就趋向饱和了(曲线 1)。因此，光电池作为测量元件使用时，应利用短路电流与照度有较好线性关系的特点，可当作电流源使用，而不宜当作电压源使用。所谓短路电流是指外接负载电阻远小于光电池内阻时的电流。从实验可知，负载越小，光电流与照度之间的线性关系越好，而且线性范围越宽。负载在 100 Ω 以下，线性还是比较好的，负载电阻太大，则线性变坏，如图 3.49 所示。

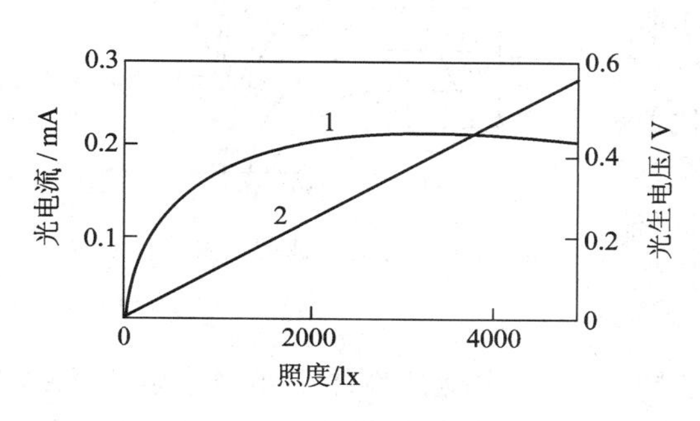

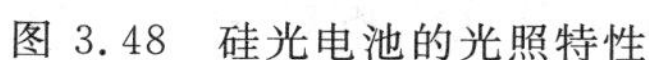
图 3.48　硅光电池的光照特性

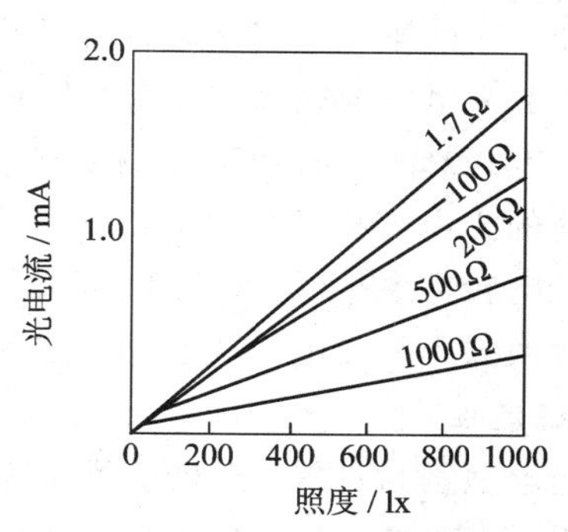

图 3.49　硅光电池光照特性与负载的关系

3）频率特性

光电池的频率特性是指相对输出电流与光的调制频率之间的关系。所谓相对输出电流是指高频输出电流与低频最大输出电流之比。图 3.50 是光电池的频率特性曲线。在光电池作为测量、计算、接收器件时，常用调制光作为输入。由图可知硅光电池具有较高的频率响应(曲线 2)，而硒光电池则较差(曲线 1)。因此，在高速计数的光电转换中一般采用硅光电池。

4）温度特性

光电池的温度特性是指开路电压 U_{oc} 和短路电流 I_{sc} 随温度变化的关系。图 3.51 为硅光电池在照度为 1000 lx 下的温度特性曲线。由图可知，开路电压随温度上升下降很快，但短路电流随温度的变化较慢。

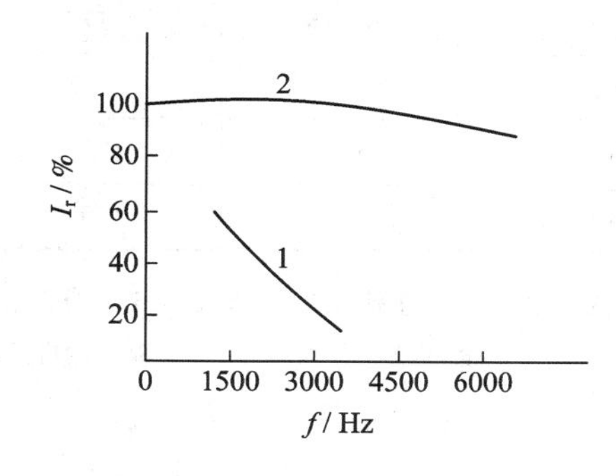

图 3.50　光电池的频率特性曲线

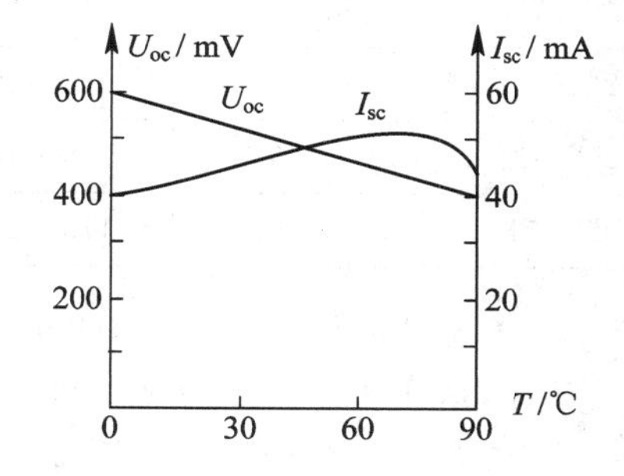

图 3.51　硅光电池的温度特性曲线

温度特性影响应用光电池的仪器设备的温度漂移，以及测量精度或控制精度等重要指标。当其用作测量器件时，最好能保持温度恒定或采取温度补偿措施。

5）伏安特性

所谓伏安特性，是在光照一定的情况下，光电池的电流和电压之间的关系曲线。图 3.52 画出了按图 3.46 所示电路测量的、硅光电池在受光面积为 1 cm^2 的伏安特性曲线。

图中还画出了 0.5 kΩ、1 kΩ、3 kΩ 的负载线。负载线(如0.5 kΩ)与某一照度(如 900 lx)下的伏安特性曲线相交于一点(如 A)，该点(A)在 I 和 U 轴上的投影即为在该照度(900 lx)和该负载(0.5 kΩ)时的输出电流和电压。输出电功率即为该电流和电压的乘积。当光电池作为电池使用时，非常关心其光电转换效率。光电池的光电转换效率定义为，其最大输出电功率与输入光功率的比值。硅光电池的光电转换效率高，约为 6%～20%，硒光电池光电转换效率低，约为 0.02%。提高光电池的光电转换效率是光电池研制的最主要问题之一。

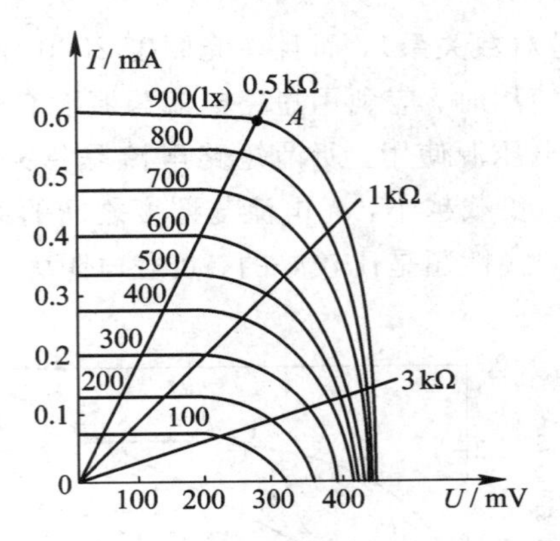

图 3.52 硅光电池的伏安特性曲线

6) 稳定性

当光电池密封良好、电极引线可靠、应用合理时，光电池的性能是相当稳定的，使用寿命也很长。硅光电池的性能比硒光电池更稳定。光电池的性能和寿命除了与光电池的材料及制造工艺有关外，在很大程度上还与使用环境条件有密切关系。如在高温和强光照射下，会使光电池的性能变坏，而且降低使用寿命，这在使用中要加以注意。

表 3.7 给出了几种硅光电池的性能参数，以供参考。

表 3.7 几种硅光电池的性能参数

型号	开路电压/mV	短路电流/mA	输出电流/mA	转换效率/%	面积/mm²
2CR11	450～600	2～4		>6	2.5×5
2CR21	450～600	4～8		>6	5×5
2CR41	450～600	18～30	17.6～22.5	6～8	10×10
2CR51	450～600	36～60	35～45	6～8	10×20
2CR61	450～600	40～65	30～40	6～8	ϕ17
2CR71	450～600	72～120	54～120	>6	20×20
2CR81	450～600	88～140	66～85	6～8	ϕ25
2CR101	450～600	173～288	130～288	>6	ϕ35

注：(1) 在室温 30℃、入射照度 100 mW/cm² 下测量，输出电流在输出电压为 400 mV 时测量。

(2) 光谱范围 0.4～1.1 μm，峰值波长 0.8～0.9 μm，响应时间 10^{-6}～10^{-3} s，使用温度 −55～+125℃。

3. 电路分析和计算

1) 作电流源使用

光电池短路电流与照度有较好的线性关系，作为测量元件使用时，常当作电流源使用。光电池的受光面积，一般要比光电二极管和光电三极管大得多，因此它的光电流比后两者大，受光面积越大光电流也越大，适于需要输出大电流的场合。

前面图 3.52 已给出了硅光电池的输出伏安特性曲线。由图 3.52 可见，对于 0.5 kΩ

的负载线，照度每变化 100 lx 时，相应的负载线上的线段基本上相等，输出电流和电压随照度变化有较好的线性。而对于 3 kΩ 的负载线，照度每变化 100 lx 时，相应的负载线上的线段不等，输出电流和电压与照度的关系就会出现非线性。

在光电检测中，在一定的负载下工作，希望输出电流和电压与照度成线性关系。要确定这样的负载线，只要将工作中最大照度(图 3.52 中为 900 lx)的伏安特性曲线上的转弯点 A 与原点 O 连成直线，就是所需的负载线。在检测中，如要求光电池性能稳定，有好的线性关系，则负载电阻应取得小一些，电阻越小性能越好，即负载线应在 OA 线的左面。这时输出的电压虽有所减少，但光电流基本不变。反之，如果光电池的负载电阻已定，例如 0.5 kΩ，则线性关系成立的最大的照度(在图 3.52 中为 900 lx)可从伏安特性曲线确定，照度超过此值，则电流和电压与照度成非线性关系。

图 3.52 中伏安特性曲线是在受光面积为 1 cm^2 的情况下得到的。如果受光面积不是 1 cm^2，则光电流的大小应作相应改变。另外，由于不同光源频谱不同，当光源的种类不同(例如太阳光、白炽灯、萤光灯等)时，即使照度相同，光电池的输出也不相同，输出与照度成比例的范围(或最大照度)亦有区别。

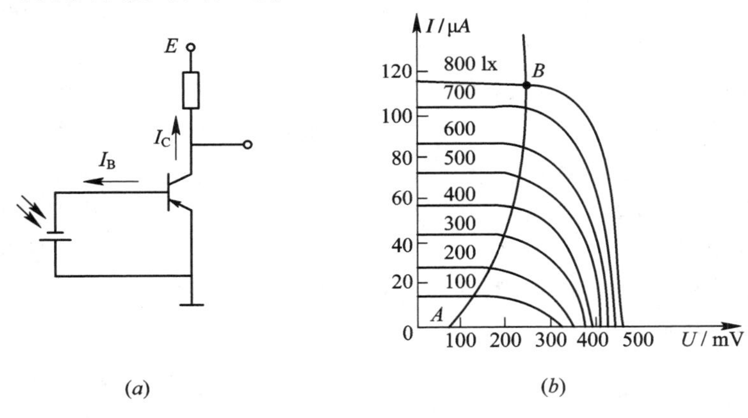

图 3.53　光电池接非线性负载的情况

光电池有时接非线性负载，例如接至晶体管基极，如图 3.53(a)所示的情况。当硅光电池与锗管相接时，锗管的基极工作电压在 0.2～0.3 V 之间，而硅光电池的开路电压可达 0.5 V 左右(有负载时电压小于 0.5 V)，因此，可把光电池直接接至锗管的基极使它工作。利用图 3.53(b)的图解分析可知，当照度自 100 lx 变至 800 lx 时，锗管中的基极电流 I_B(图中光电池伏安曲线与锗管输入特性曲线 AB 的交点)和集电极电流 $I_C=\beta I_B$ 与照度 E_v 几乎成线性变化。

对于硅管，其基极的工作电压为 0.6～0.7 V，一个光电池不能直接控制它的工作。这时可用两个光电池串联；也可用如图 3.54 所示的电路。图中(a)和(b)分别用可变电阻 R_W 和二极管 V_D 产生所需的附加电压，假设为 0.3 V 至 0.5 V。这样光电池本身只需 0.2 V 至 0.4 V 的光电动势就可以控制晶体管的工作了。图 3.54(a)中采用了可变电阻 R_W，其优点是光电池所需的附加电压可任意调节；图 3.54(b)中采用了二极管 V_D，其特点是对晶体管的工作点随温度的变化有补偿作用，但二极管的正向压降为确定的数值，不能任意调节。其工作情况，亦可用图 3.53(b)的类似方法进行图解分析。光电计数器、光电继电器等开关电路经常采用图 3.54 所示的线路。

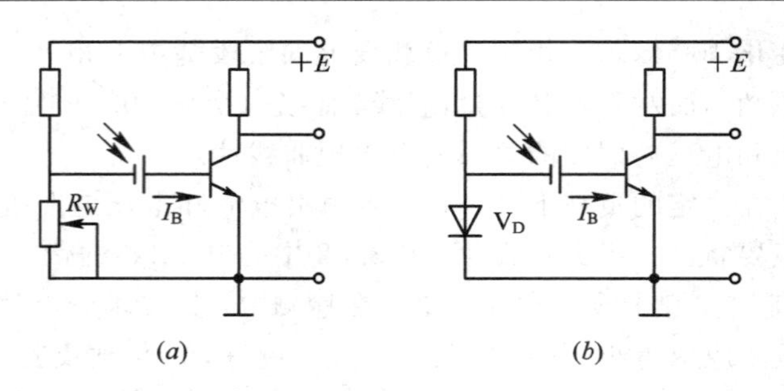

图 3.54 用可变电阻 R_W、二极管 V_D 产生所需的附加电压

2）作电压源使用

硅光电池的开路（负载电阻 R_L 趋于无限大时）电压与照度的关系是非线性的，因此，作为测量元件使用时，一般不宜当作电压源使用。而且硅光电池的开路电压最大也只有0.6 V左右，因此如果希望得到大的电压输出，不如采用光电二极管和光电三极管，因为它们在外加反向电压下工作，可得到几伏甚至十几伏的电压输出。但如果照度跳跃式变化，如从零跳变至某值，对电压的线性关系无要求，光电池可有 0.5 V 左右（开路电压）的电压变化，亦可适合于开关电路或继电器工作状态。

若要增加光电池的输出电压，类似于光电二极管可加反向电压，如图 3.55(*a*)所示，有时为了改善线性亦可加反向电压。为加以说明，光电池的伏安特性曲线画于图 3.55(*b*)。图中画出了光电池加反向电压时的负载线 $A'B'$ 和不加反向电压时的负载线 AB。在相同负载电阻 R_L 情况下，这两条负载线互相平行。显然，工作于 $A'B'$ 段要比工作于 AB 段为好，在同样的照度变化下（自 0 变至 3Φ），不论电压或电流变化的大小都成线性关系。但光电池加反向电压后的暗电流和噪声有所增大，因而要选用反向暗电流小的光电池，并注意光电池不能因加反向电压而击穿。

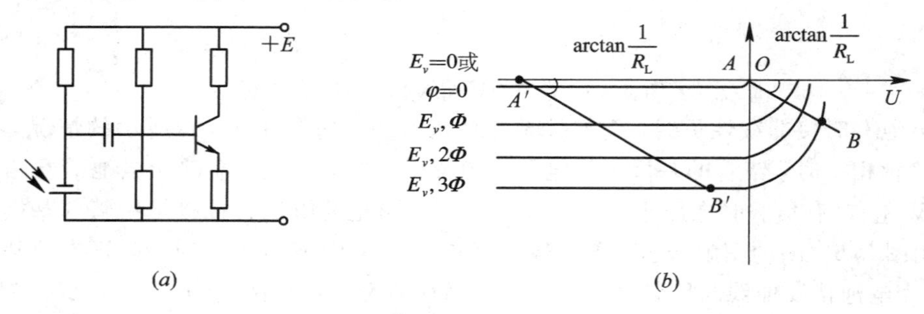

图 3.55 加反向电压的光电池

(*a*) 电路；(*b*) 伏安特性曲线

3.5.6 PIN 型硅光电二极管

PIN 型硅光电二极管是一种高速光电二极管。设计思想是，为了得到高速响应，需要减小二极管的 PN 结的电容。为此，PIN 光电二极管是在大量掺入杂质的 P 型和 N 型硅片层之间插入高阻抗的本征半导体材料层（I 层），如图 3.56 所示。插入高阻抗的本征半导体材料层（I 层）可提高二极管的响应速度和灵敏度。各层结合面的电容很小，对受光面积加以限制则能把电容进一步减小，各层结合面的电容是通常的 PN 结的 1/100～1/1000。这

种元件通常是在反向偏压时使用，来自 P 层外侧的照射光(主要由耗尽层吸收)，激发产生载流子而形成光电流。反向偏压可以加宽耗尽层，产生的载流子靠漂移穿过耗尽层，很少或没有再复合，因而有较高的量子效率，从而提高了灵敏度。另一方面，PIN 型硅光电二极管往往可加较高的反向偏压，可大大加强 PN 结电场，使光生载流子在结电场中的运动加速，减小了漂移时间，进一步提高了响应速度，因此 PIN 型光电二极管的响应时间能达 1 ns。它可用于电视摄像机等的遥控装置、光存储器的读出装置和伺服跟踪信号检测器等。

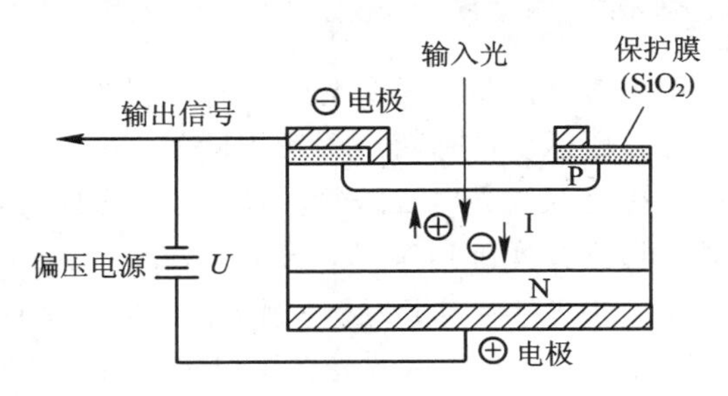

图 3.56　PIN 型硅光电二极管结构示意图

3.5.7　雪崩式光电二极管(APD)

雪崩式光电二极管具有高速响应和放大功能。其结构如图 3.57 所示，是在 PN 结的 P 层一侧再设置一层掺杂浓度极高的 P^+(重掺杂)层而构成，是在 PN 结光电二极管上施加较大的反偏压，利用 PN 结处产生的雪崩效应而制成的电子倍增管。使用时，在元件两端加上近于击穿的反偏压。外来的光线通过薄的 P^+ 层，然后被 P 层吸收，产生载流子。由于 P 层存在着 10^5 V/cm 的电场，电荷载流子能从电场获取足够的能量，将位于价带上的电子冲击离子化，于是电子和空穴就不断地产生(雪崩效应)，使光电流在管内部得到倍增。雪崩式光电二极管有倍增时的光电流 I_s 与无倍增时的光电流 I_{s0} 之比称为光电倍增因子 M。有经验公式

$$M=\frac{I_s}{I_{s0}}=\frac{1}{\left(1-\frac{U}{U_B}\right)\alpha}$$

式中，U_B 为击穿电压，U 为外加电压，α 为与材料、掺杂情况及入射波长有关的系数。对于硅 $\alpha=1.5\sim4$；锗 $\alpha=2.5\sim3$。光电倍增因子 M 可从数十到数百。

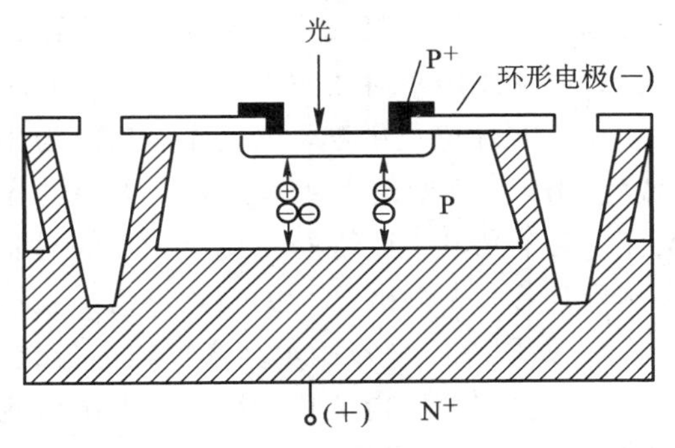

图 3.57　雪崩式光电二极管(APD)结构示意图

采用硅和锗材料的雪崩式光电二极管的响应波长范围分别为 0.4～1 μm 和 0.5～1.5 μm。这种元件的优点是它提供的高电流增益能极大地提高灵敏度，能有效地读取微弱光线，常用作 0.8 μm 范围的光纤通信的受光装置和光磁盘的受光元件。其不足之处是，线性较差，工作时要求很高的电压建立必要的极电场，而且其增益对偏置电压和温度十分敏感，因此要求非常稳定的工作环境。

3.5.8 半导体色敏传感器

半导体色敏传感器可用来直接测量从可见光到红外波段内单色辐射的波长。半导体色敏传感器的结构如图 3.58(*a*)所示。它有两个深浅不同的 PN 结，形成反向连接的两个光电二极管 PD_1 和 PD_2，故又称为双结光电二极管。当外部光照射到色敏器件上时，P_1 层吸收光子产生电子—空穴对，电子扩散到 P_1N 结，形成电流 I_1。在 N 层中吸收透过 P_1 层的长波光，产生电子—空穴对，其中一半向 P_1 层一侧扩散，另一半向 P_2 层一侧扩散，分别形成电流 I_2 和 I_3。到达 P_2 层的红外光区域的光在这里被吸收，产生电子，扩散到 P_2N 结，形成电流 I_4。光电二极管 PD_1 和 PD_2 的短路电流 I_{sc1} 和 I_{sc2} 为

$$I_{sc1} = I_1 + I_2$$
$$I_{sc2} = I_3 + I_4$$

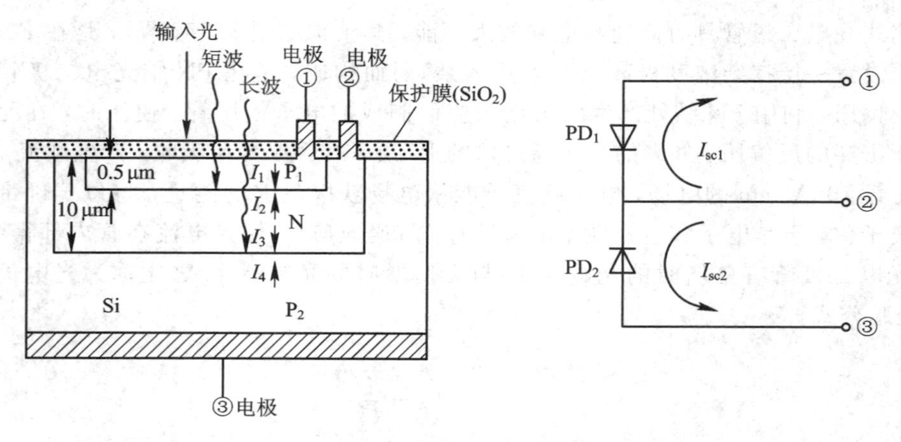

图 3.58 半导体色敏传感器的结构和等效电路
(*a*) 结构；(*b*) 等效电路

光电二极管的光谱特性与 PN 结的结深有关，在靠近表面的 PN 结的 PD_1 对短波长的光比较灵敏，而远离表面的 PN 结的 PD_2 对长波长比较灵敏。上面的一个 PN 结距离上表面约 0.5 μm，对 580 nm 波长具有峰值灵敏度，距上表面深度为 10 μm 的另一 PN 结，对 900 nm 波长具有峰值灵敏度。图 3.59 给出了两个光电二极管的光谱灵敏度特性曲线。为了测定入射光的波长，仅有这两个光电二极管的光谱灵敏度特性曲线还不够。为此，将这两个光电二极管等效电路串联连接，先取出 PD_1 的短路电流 I_{sc1} 及 PD_2 的短路电流 I_{sc2}，然后测出它们的电流比 I_{sc2}/I_{sc1}，如图 3.58(*b*)所示。该短路电流比与波长有一一对应的关系，如图 3.60 所示。因此，如果测出短路电流比，就可以求出对应的入射光的波长，即可分辨出不同的颜色。实际应用的比较电路如图 3.61 所示。I_{sc1} 和 I_{sc2} 分别由各自的运算放大器放大，同时也进行对数压缩。将信号引入下一级的比较电路，就可得到 I_{sc2}/I_{sc1} 之比值。这样

得出的输出电压 U_0，也是与波长一一对应的，如图 3.62 所示。可检测出从 400～1000 nm 以上范围内的波长。图中，短波方向的线性较差，其原因是短波长灵敏度不够好。此外，从图 3.60 也可明显看出，温度特性不好，有一些漂移，因此在作精密测量中要在电路中加温度补偿。色敏传感器起源于机器人视觉系统的研究，现已在图像处理技术、自动化检测、医疗和家用电器等领域得到广泛应用。

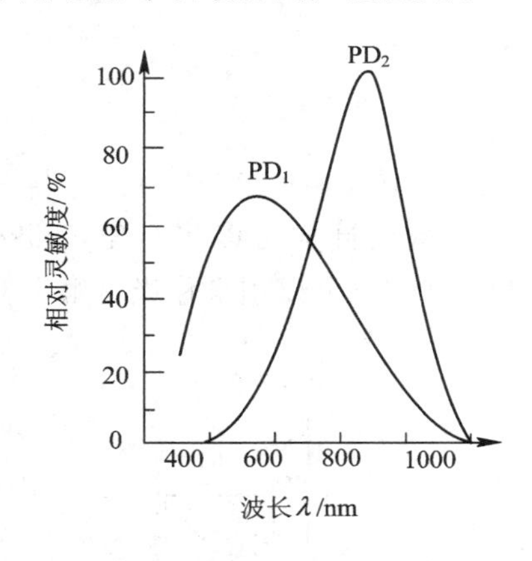

图 3.59　光电二极管的光谱灵敏度特性

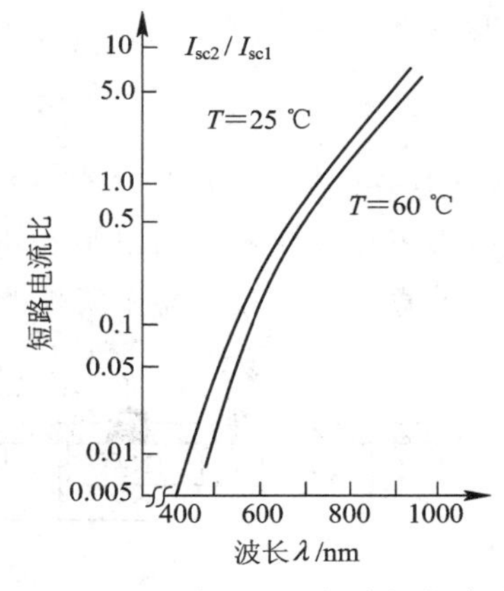

图 3.60　短路电流比与波长的关系

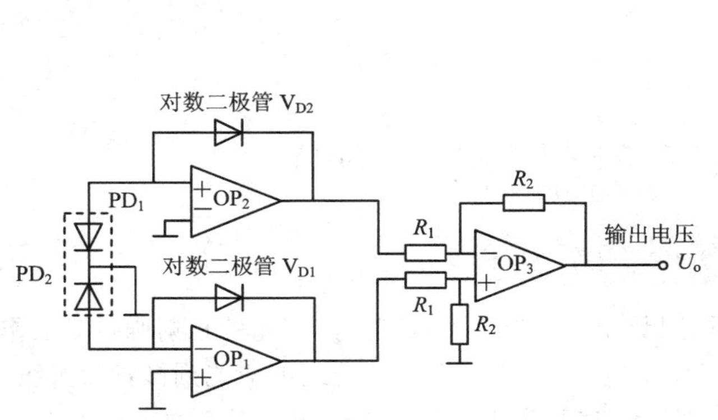

图 3.61　具体的比较电路

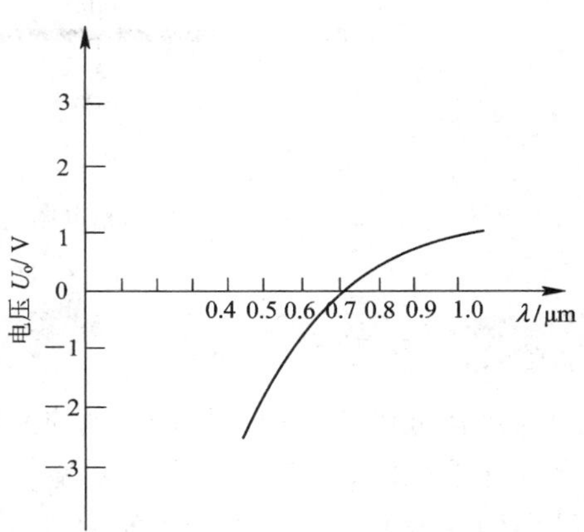

图 3.62　输出电压与波长的关系

3.5.9　光电闸流晶体管

光电闸流晶体管是由入射光触发而导通的可控硅，简称光控晶闸管，通常又称光激可控硅。其结构如图 3.63(a)所示。在硅片上作成 NPNP 四个薄层，阳极置于基片上，最上面的 N 区为阴极，紧接着阴极的 P 层为控制极，在表面上作一层 SiO_2 保护膜，再密封在有透光窗口的管壳中，最后接出引线。其工作原理电路及常用符号如图 3.63(b)所示。当 P_1 接电源正极，N_2 接电源负极时，J_1 结和 J_3 结处于正向，J_2 结处于反向。其等效电路类似于可控硅，四层结构可以看成 $P_1N_1P_2$ 和 $N_2P_2N_1$ 两个晶体管在内部连接在一起而构成，且每个晶体管的基极均与另一个晶体管的集电极相连。等效电路中的二极管 V_D 用来表示 J_2 的 PN 结的反向漏电流。设两个三极管 T_1 和 T_2 的共基极(短路)电流放大系数(小于 1)为 α_1、α_2，则有如下的关系：

$$I_{B1} = (1-\alpha_1)I_A$$

$$I_{C2} = \alpha_2 I_C$$

$$I_{B1} = I_{C2}$$

因

$$I_C = I_A + I_G + I_P$$

则光控晶闸管的导通电流 I_A 为

$$I_A = \frac{\alpha_2(I_G + I_P)}{1-(\alpha_1+\alpha_2)}$$

I_P 的大小取决于光照射，I_G 可为零。当满足 $\alpha_1+\alpha_2=1$，在光照射时 I_P 增加，I_A 将急剧增大，晶闸管进入导通状态。如果将光电闸流晶体管的结构设计成可以耐高压，那么控制 200 V 左右的直流或交流是易于实现的。用 LED 作为光源，就可以用来作光电继电器。

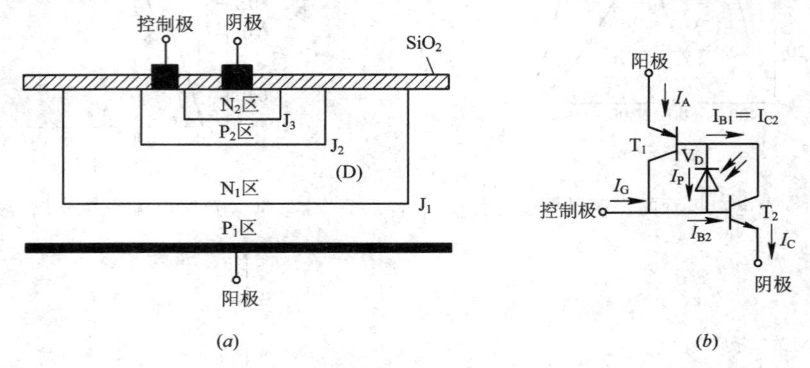

图 3.63　光电闸流晶体管结构以及原理电路和常用符号

(*a*) 结构；(*b*) 原理电路

3.5.10　热释电传感器

热释电传感器利用热释电效应来检测受光面的温度升高值，得知光的辐射强度，工作在红外波段内。这种传感器在常温下工作稳定可靠，使用简单，时间响应能到微秒数量级，已得到普遍使用。其原理图如图 3.64 所示。在垂直极化轴的方向上把具有热释电效应的晶体切成薄片，再研磨成厚度为 5～50 μm 的极薄片，在两面蒸镀上电极，类似于电容器的构造。晶体本身能很好地吸收从红外波段到毫米波段的电磁波，必要时也用黑化以后的晶体或在透明电极表面涂上黑色膜。图 3.65 为一个热释电传感器的结构示意图。

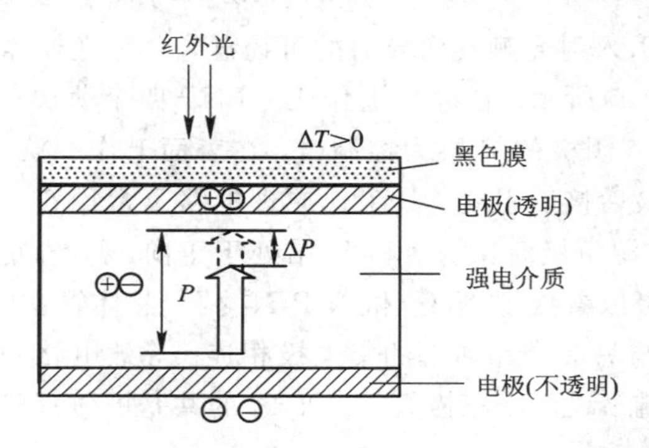

图 3.64　热释电传感器原理图

图 3.66 表示热释电材料的自发极化 P 和温度 T 的关系。传感器工作在曲线 ΔP 大(热释电系数 $q=\mathrm{d}P/\mathrm{d}T$ 大)的部分。为得到好的时间响应，希望热释电材料的介电常数 ε 和 $\tan\delta$ 要小，比热 C_P 和密度 ρ 越小越好。

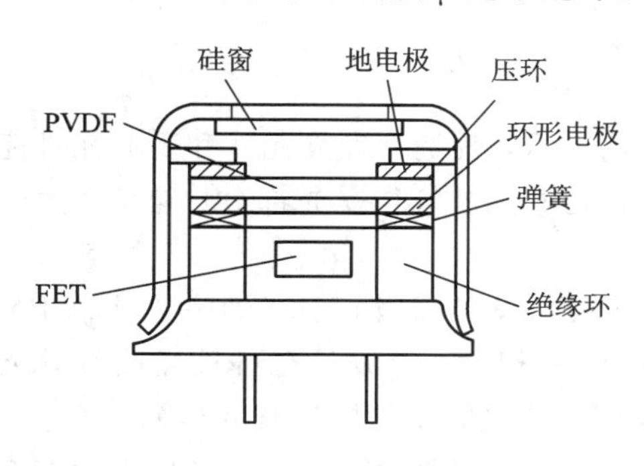

图 3.65 热释电传感器结构示意图

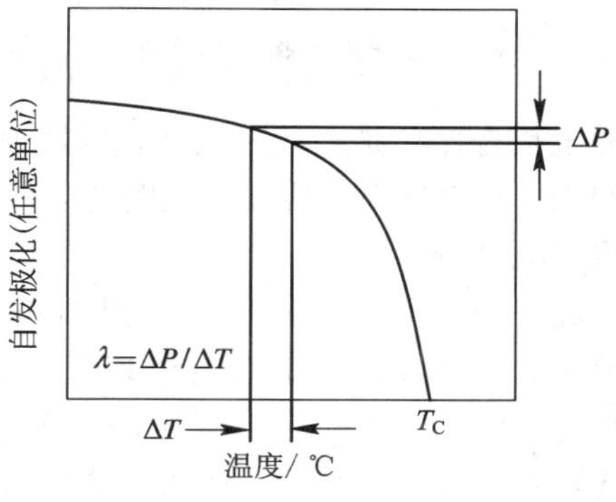

图 3.66 温度和自发极化的关系

当热释电材料由于热释电传感器受到频率为 f 的调制光照射时，自发极化 P 也以频率 f 作周期性变化。如果 $f>1/\tau$(τ 为中和平均时间)，就会输出频率为 f 的电信号。热释电传感器可以看做电流源，等效电路如图 3.67 所示。图中电流

$$I = A\frac{\mathrm{d}P}{\mathrm{d}t}$$

其中，A 为电极面积；R_d、C_d 为绝缘电阻和电容；R_L 和 C_L 为外接负载。传感器输出电压为

$$U_o = A\frac{\mathrm{d}P}{\mathrm{d}t}Z$$

式中，Z 为 R_d、C_d、R_L、C_L 的并联阻抗。

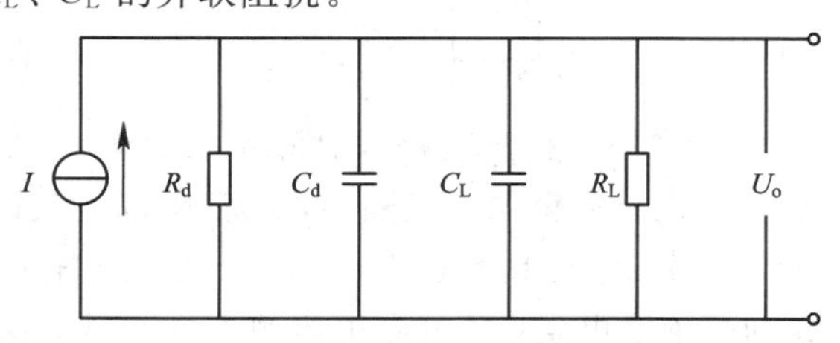

图 3.67 热释电传感器的等效电路

热释电传感器绝缘电阻高达几十到几百兆欧，容易引入外部噪声，在实际使用中，要求有输入阻抗高、噪声小的前置放大器。通常把前放的场效应晶体管和输入电阻装入管壳内。场效应管起到阻抗变换，同时起到抗干扰的作用。

3.5.11 达林顿光电三极管

达林顿光电三极管是光电三极管与普通三极管内部采用达林顿接线方式集成在一起的组件，如图 3.68 所示。达林顿管为两个 NPN 三极管组成的复合电路，输入晶体管是光电三极管，输出是普通的 NPN 晶体管。达林顿管的增益很大，其电流放大系数近似为两个管子分离时电流放大系数的乘积。能更可靠地使输出为开关状态，

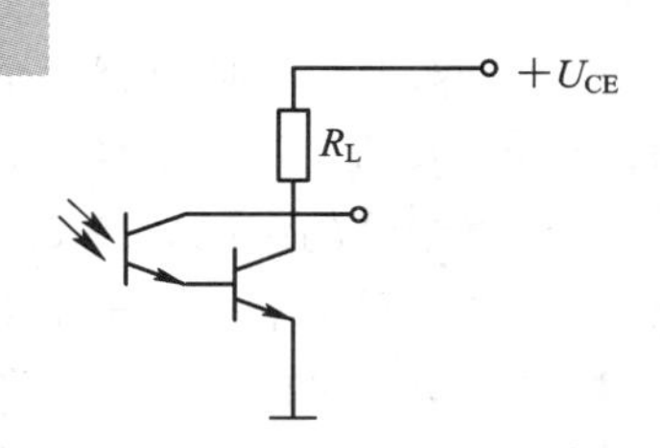

图 3.68 达林顿光电三极管的内部接线方式

也更容易驱动负载。例如，所获终端集电极电流可以驱动继电器等。达林顿管所需的入射光非常小，当输入为0.1 mW/cm^2 时，可获得 2 mA 的集电极电流。其缺点是响应速度低，当负载电阻为几千欧时，响应时间为毫秒量级。

3.5.12 光电耦合器件

光电耦合器件是一种光电结合的器件。从结构上看，就是将发光元件和受光元件完全封装起来，并将外部光线加以遮断的元件。常用硅光电三极管作受光部分，砷化镓发光二极管作发光部分。

发光二极管不属于传感器的范围，这里略加介绍。发光二极管(LED)是靠注入 PN 结的载流子自发跃迁产生的自发辐射发光的。发射的是相干光，波长在可见光或红外光区域。发光二极管的开启电压约为 1～2 V，发光亮度与流过管子的电流密度有关。

光电耦合器件工作时，在输入端接入电信号，使发光器件发光，而受光器件管芯在此光辐射的作用下输出光电流。通过电一光、光一电两次转换，进行输入端和输出端之间的电的耦合。图 3.69 为一种光电三极管和发光二极管组合的光电耦合器件的结构和外形。

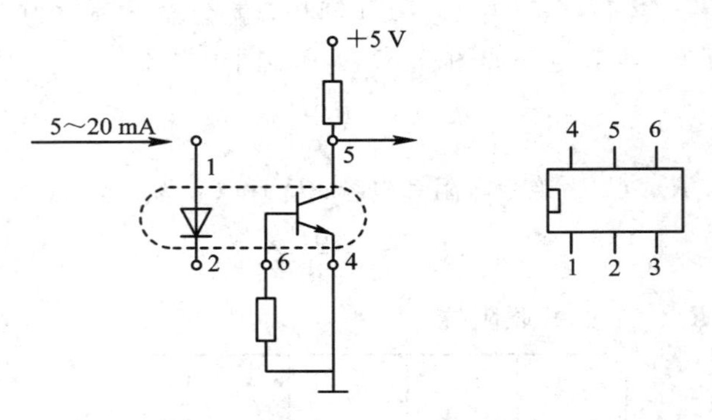

图 3.69　一种光电耦合器件的结构和外形

这种器件能将输出和输入进行完全的电气隔离，以消除漏电流的影响，同时还可以使输入和输出完全没有反馈。另外，它还具有独立选择输入阻抗和输出阻抗的优点。输入与输出之间有 10^{11}～10^{12} Ω 的高绝缘电阻，其分布电容只有几皮法，这就大大增强了器件的抗干扰能力和隔离性能。

3.5.13 光导摄像管

光导摄像管出现于 20 世纪 60 年代，之后性能得到很大改善，广泛应用于电视摄像等方面。

作为摄像装置，必须有三个功能：把图像的像素图转换为相应电荷图的功能，把电荷图暂存器起来的功能和把各个像素依次读出的功能。光导摄像管就具备这三个功能。

光导摄像管的结构如图 3.70(*a*)所示。在真空管的前屏幕上设置有光电导膜和透明导电膜的阵列小单元。由电子枪射出的电子经电子透镜聚焦成电子束射向光电导膜。通过电子束扫描，读取储存在光导电子靶面上的由于入射光的激励所产生的电子图像。

图 3.70(*b*)示出了原理性的等效电路。R 与 C 并联电路代表光电导膜的像素小单元，并假定为射束的撞击面积。工作时，用电子束逐点扫描像素小单元，把各小单元均充至电

源电压V，然后中断。在光的照射下，由于光电导效应，R会变小，C则会放电，电压降低。电压降低的多少与光强成比例，实现把图像的像素图转换为相应的电荷图，并把电荷图暂存起来。当用电子束再次逐点扫描时，如图3.70(*b*)所示形成闭合电路，(电子束)所放出的电荷量使C充电。充电电流大小与小单元电压降低的程度成正比。充电电流流过负载电阻R_L，从而输出与强弱程度不同的光成正比的电压信号。根据这样的工作原理来扫描二维的光电膜表面，就可获得二维图像信号，完成各个像素信号的依次读出。电子束的偏转有电磁方式和静电方式两种。为使电子加速必须外加300～600 V的电压。

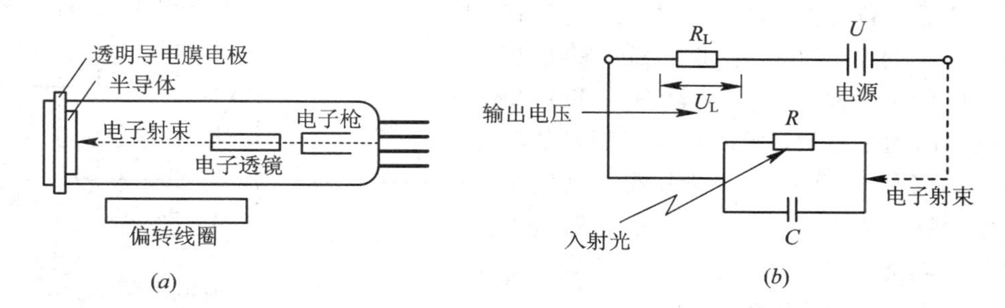

图3.70　光导摄像管的结构和等效电路
(*a*) 结构；(*b*) 等效电路

3.5.14　CCD图像传感器

电荷耦合器件(Charge Coupled Devices，简称CCD)是贝尔实验室的W. S. Boyle和G. E. Smith于1969年发明的，由于它有光电转换、信息存储、延时和将电信号按顺序传送等功能，且集成度高、功耗低，因此随后得到飞速发展，是图像采集及数字化处理必不可少的关键器件，广泛应用于科学、教育、医学、商业、工业、军事和消费领域。

CCD图像传感器是按一定规律排列的MOS(金属—氧化物—半导体)电容器组成的阵列，其构造如图3.71所示。在P型或N型硅衬底上生长一层很薄(约1200 Å)的二氧化硅，再在二氧化硅薄层上依次序沉积金属或掺杂多晶硅电极(栅极)，形成规则的MOS电容器阵列，再加上两端的输入及输出二极管就构成了CCD芯片。

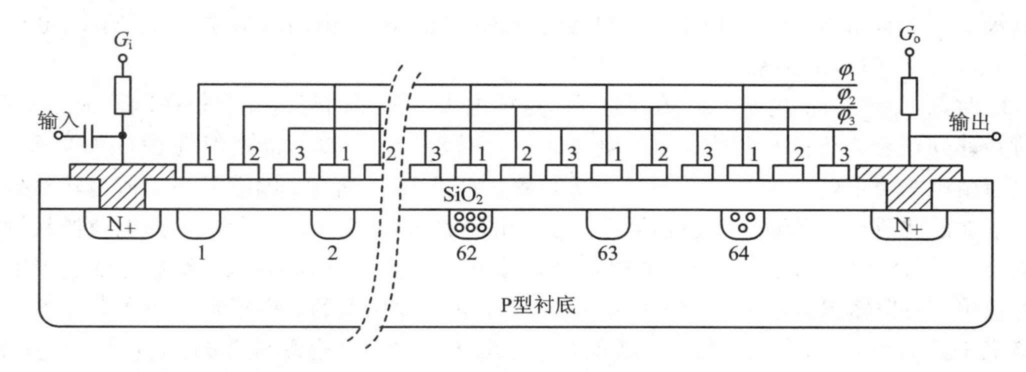

图3.71　CCD芯片的构造

图3.71中所示为64位CCD结构。每个光敏元(像素)对应有三个相邻的转移栅电极1、2、3，所有电极彼此间离得足够近，以保证使硅表面的耗尽区和电荷的势阱耦合及电荷

转移。所有的 1 电极相连并施加时钟脉冲 φ_1，所有的 2、3 也是如此，并施加时钟脉冲 φ_2、φ_3。这三个时钟脉冲在时序上相互交迭，如图 3.72 所示。

MOS 电容器和一般电容器不同的是，其下极板不是一般导体而是半导体。假定所用半导体是 P 型硅，其中多数载流子是空穴，少数载流子是电子。若在栅极上加正电压，衬底接地，则带正电的空穴被排斥离开 Si－SiO_2 界面，带负电的电子被吸引到紧靠 Si－SiO_2 界面。当电压高到一定值，形成对电子而言的所谓势阱，电子一旦进入就不能复出。电压愈高，产生的势阱愈深。可见 MOS 电容器具有存储电荷的功能。如果衬底是 N 型硅，则在电极上加负电压，可达到同样目的。

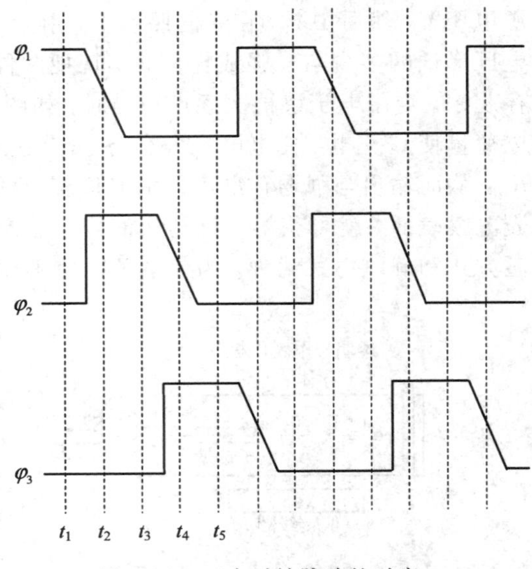

图 3.72　三个时钟脉冲的时序

光照射到光敏元上，会产生电子一空穴对(光生电荷)，电子被吸引存储在势阱中。入射光强则光生电荷多，弱则光生电荷少，无光照的光敏元则无光生电荷。这样就在转移栅实行转移前，把光的强弱变成与其成比例的电荷的数量，实现了光电转换。若停止光照，电荷在一定时间内也不会损失，可实现对光照的记忆。

下面说明电荷如何实现转移和输出。实行转移的方法是，依次对三个转移栅 φ_1、φ_2 和 φ_3 分别施加三个相差 120°前沿陡峭、后沿倾斜的脉冲，如图 3.72 所示。

转移栅实行转移的工作原理是，t_1 时刻 φ_1 是高电平，于是在电极 1 下形成势阱，并将少数载流子(电子)吸引至聚集在 Si－SiO_2 界面处，而电极 2、3 却因为加的是低电平，形象地称为垒起阱壁。图 3.71 所示的情况是，第 62、64 位光敏元受光，而第 1、2、63 位等单元未受光照。

t_2时刻，φ_1 的高电平有所下降，φ_2 变为高电平，而 φ_3 仍是低电平。这样在电极 2 下面势阱最深，且和电极 1 下面势阱交迭，因此储存在电极 1 下面势阱中的电荷逐渐扩散漂移到电极 2 下的势阱区。由于电极 3 上的高电平无变化，所以仍高筑势垒，势阱里的电荷不能往电极 3 下扩散和漂移。

t_3 时刻，φ_1变为低电平，φ_2 为高电平，这样电极 1 下面的势阱完全被撤除而成为阱壁，电荷转移到电极 2 下的势阱内。由于电极 3 下仍是阱壁，所以不能继续前进，这样便完成了电荷由电极 1 下转移到电极 2 下的一次转移，如图 3.73 所示。继续下去电荷包转移到电极 3 下面的势阱内。再继续下去，则最靠近输出端的第 64 位光敏元所产生的电荷便从输出端输出，而第 62 位光敏元所产生的电荷到达第 63 位电极下的势阱区，就这样依次不断地向外输出。根据输出先后可辨别出电荷包是从哪位光敏元来的，根据输出电量的多少，可知该光敏元的受光强弱。如图 3.71 所示，首先出来“三个”电荷说明第 64 位光敏元受光照，但较弱，接着有“六个”电荷输出，说明第 62 位光敏元受光较强。输出电荷经由放大器放大后变成一个个脉冲信号，电荷多则脉冲幅度大，电荷少则脉冲幅度小，这样便完成了光电模拟转换和传送。直到整个一行的各像素都传送完，如果是一维的，就可以再进行光照，重新传送新的信息。如果是二维的，就开始第二行的传送。这种转移结构称为三相驱动结构(串行输出)，还有两相、四相等其他驱动结构。

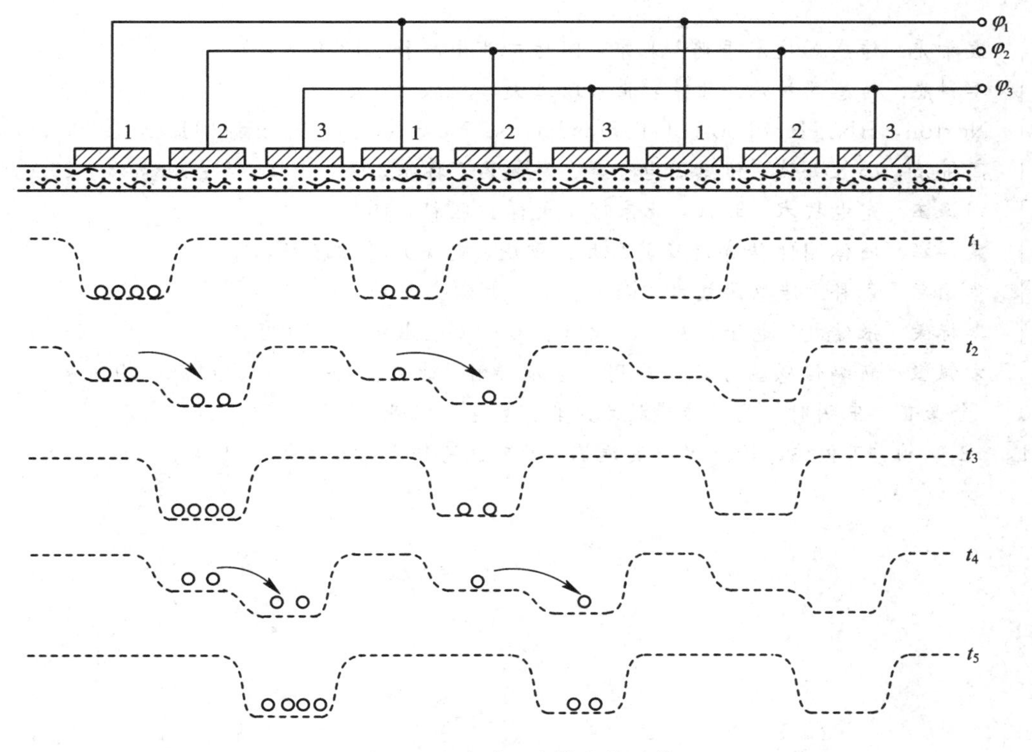

图 3.73　完成一次转移的过程

CCD 也可在输入端用电形式输入被转移的电荷，或用以补偿器件在转移过程中的电荷损失，从而提高转移效率。电荷输入的多少，可用改变二极管偏置电压，即改变 G_i 来控制。

CCD 输出经由输出二极管。输出二极管加反向偏压的大小由输出栅控制电压 G_0 来控制。

目前商品 CCD 器件，一维的有 512、1024、2048 位等，二维的有 256×320、512×340 像素等。图 3.74 为一种商品 CCD 传感器外形图。

图 3.74　一种商品 CCD 图像传感器外形图

参 考 文 献

[1] 袁希光. 传感器技术手册. 北京：国防工业出版社，1989.
[2] 李科杰. 传感器技术. 北京：北京理工大学出版社，1989.
[3] Norton，HN. Handbook of Taransducers. New Jersey：Prentice-Hall，1989.
[4] 高桥清，小长井诚. 传感器电子学. 秦起右，蒋冰，译. 北京：宇航出版社，1990.
[5] 刘振玉. 光电技术. 北京：北京理工大学出版社，1990.
[6] 袁祥辉. 固体图像传感器及其应用. 重庆：重庆大学出版社，1992.
[7] 贾伯年，俞朴. 传感器技术. 南京：东南大学出版社，1992.
[8] 李标荣，张绪礼. 电子传感器. 北京：国防工业出版社，1993.
[9] 方佩敏. 新编传感器原理·应用·电路详解. 北京：电子工业出版社，1994.
[10] 金篆芷，王明时. 现代传感技术. 北京：电子工业出版社，1995.
[11] 王家桢，王俊杰. 传感器与变送器. 北京：清华大学出版社，1996.

第4章　光纤传感器

20世纪70年代以来，随着光纤技术的发展，光纤传感器逐渐得到发展和应用。近年来，光纤传感器作为一种新兴的应用技术，在许多领域都已显示出强大的生命力，受到了世界各国科研、工业、军事等部门的高度重视。许多公司、军事部门和大学都积极开展这方面的研究，开发研制成百余种不同类型的光纤传感器。

光纤传感器具有如下优点：

(1) 与其他传感器相比，它具有很高的灵敏度。

(2) 频带宽动态范围大。

(3) 可根据实际需要做成各种形状。

(4) 可以用很相近的技术基础构成传感不同物理量的传感器，这些物理量包括声场、磁场、压力、温度、加速度、转动(陀螺)、位移、液位、流量、电流、辐射等等。

(5) 便于与计算机和光纤传输系统相连，易于实现系统的遥测和控制。

(6) 可用于高温、高压、强电磁干扰、腐蚀等各种恶劣环境。

(7) 结构简单、体积小、重量轻、耗能少。

从传感器机理上来说，光纤传感器可分为振幅型(也叫强度型)和相位型(也叫干涉仪型)两种。振幅型传感器的原理是：待测的物理扰动与光纤连接的光纤敏感元件相互作用，直接调制光强。这一类传感器的优点是结构简单、具有与多模光纤技术的相容性，信号检测也较容易，但灵敏度较低。考虑到大多数应用并不需要极高的灵敏度，因此，这类传感器目前仍拥有较大市场。相位型传感器的原理是：在一段单模光纤中传输的相干光，因待测物理场的作用，产生相位调制。理论上，相位型传感器的灵敏度要比现有的传感器高出几个数量级，并可通过改变光纤上的涂层来改变其传感的物理量。这样，使用共同的光源和检测技术就能研制成传感不同物理量的具有极高灵敏度的传感器。相位型的缺点是：结构较复杂，检测也需要复杂的手段。另外，需要研制对某种物理量敏感的特种光纤。随着低损耗单模光纤、超小型固体激光源、光电检测器和其他有关光器件、电光器件的发展，干涉型传感器将会在高技术领域得到较多的应用。

4.1　光导纤维(光纤)

4.1.1　光纤的结构

光纤的结构如图4.1所示。中心圆柱体，称为纤芯，由某种类型的玻璃或塑料制成。

环绕纤芯的是一层圆柱形套层，称为包层，由特性与纤芯略有不同的玻璃或塑料制成。纤芯的折射率略大于包层的折射率。最外面通常由一层护套包覆。光纤的导光能力取决于纤芯和包层的光学性能，而纤芯的强度则由护套来维持。护套通常由塑料制成。

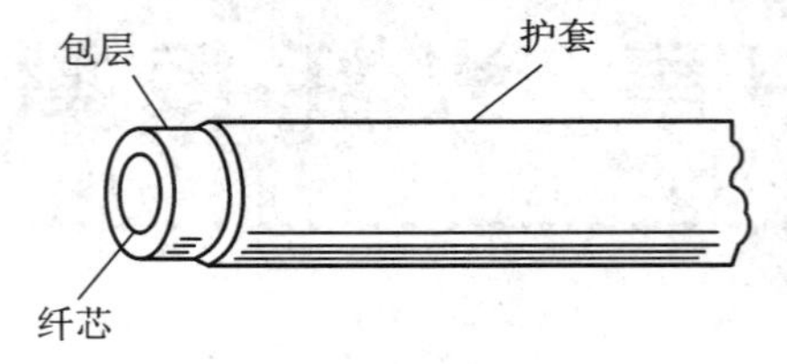

图 4.1 光纤的结构

4.1.2 光在光纤中的传播

光在光纤中传播的基本原理可以用光线或光波的概念来描述。光线的概念是一个简便的近似的方法，可以用它来导出一些重要概念，如全内反射概念、光线截留的概念等。然而，要进一步研究光的传播理论，光是射线理论就不够了，必须借助波动理论。即要考虑到光是电磁波动现象以及光纤是圆柱形介质波导等，才能研究光在圆柱波导中允许存在的传播模式，并导出经常要提到的波导参数(V 值) 等概念。

下面先从光线在层状介质中的传播，来讨论光在光纤中传播的基本原理。

当光纤的直径比光的波长大得多时，可以用几何光学的方法讨论光在光纤中的传播。根据斯涅尔定律，光线在两种不同介质的分界面上会产生折射现象，折射定律为

$$n_1 \sin\alpha = n_2 \sin\beta$$

式中，α、β分别为入射角和折射角，如图 4.2 所示。n_1 和 n_2 分别为介质 1 和介质 2 的折射率(介质的折射率定义为光线在真空中的传播速度与光线在该介质中的传播速度之比。介质的折射率越高，则光线在该介质中传播得越慢)。当光线由光的密媒质(折射率大)的介质向光的疏媒质(折射率小)的介质传播时将发生全内反射，即反射光将不再离开介质 1。

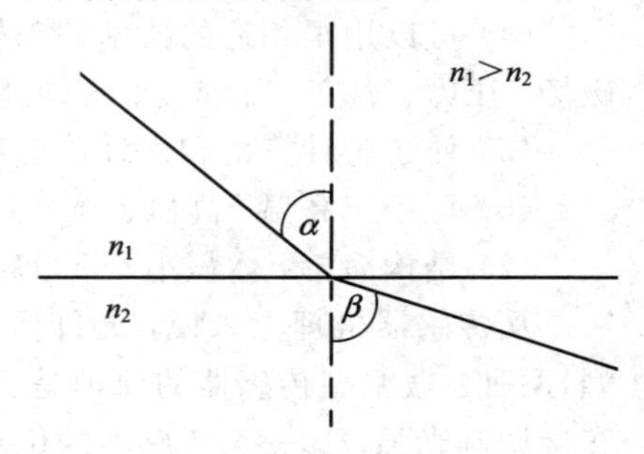

图 4.2 光线在两种不同介质分界面上的折射

图 4.3 表示光在光纤中传播的原理。根据全内反射原理，设计光纤纤芯的折射率 n_1 要大于包层的折射率 n_2。图中所示的两根光线，其中一根代表掠射角(入射角的余角)$\theta>\theta_c$(临界角)的一些光线。这些光线由于从纤芯折射到包层中，不能传播很远。另外一根代表

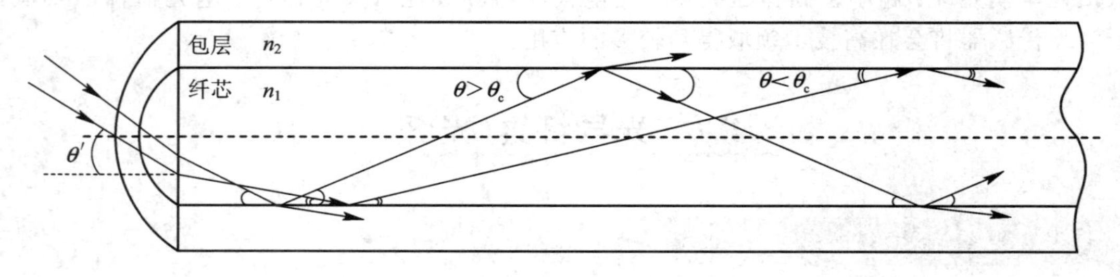

图 4.3 光在光纤中传输

掠射角 $\theta<\theta_c$（临界角）的一些光线。这些光线每当光入射到纤芯－包层分界面时，都发生全反射，所以这些光线一直被截留在光纤中，在界面上产生多次的全内反射，以锯齿形的路线在纤芯中传播。在理想情况下，将无损耗地通过光纤纤芯传输，直到它到达光纤的端面为止。

4.1.3　光纤的几个重要参数

1. 数值孔径（NA）

数值孔径是反映纤芯接收光量的多少，标志光纤接收性能的一个重要参数。数值孔径定义为：光从空气入射到光纤输入端面时，处在某一角锥内的光线一旦进入光纤，就将被截留在纤芯中，此光锥半角（θ）的正弦称为数值孔径。可导出

$$\mathrm{NA}=\sqrt{n_1^2-n_2^2}$$

式中，n_1 为纤芯折射率，n_2 为包层折射率。

数值孔径的意义是无论光源发射功率有多大，只有 2θ 张角之内的光功率被光纤接受传播。一般希望光纤有大的数值孔径，这有利于耦合效率的提高。但数值孔径大，光信号将产生大的“模色散”，入射光能分布在许多个模式中，各模式的速度不同，导致各个能量分量到达光纤远端的时间不同，信号将发生严重畸变，所以要适当选择。典型的多模光纤 $\theta=10°\sim13°$，对应的数值孔径为 0.17～0.22。

2. 传播模式

根据电介质中电磁场的麦克斯韦方程，考虑到光纤圆柱波导和纤芯－包层界面处的几何边界条件时，则只存在波动方程的特定（离散）的解。不同的允许存在的解代表许多离散的沿波导轴传播的波。每一个允许传播的波称为模式。每个波具有不同的离散的振幅和速度。在阶跃型折射光纤中常采用“V 值”表述光在阶跃型折射率光纤中的传播特性。V 值是一个能用来表示或计算阶跃折射率光纤的传播模式数量的参数，可用数学式表示为

$$V=\frac{2\pi a}{\lambda_0}(n_1^2-n_2^2)^{\frac{1}{2}}=\frac{2\pi a}{\lambda_0}(\mathrm{NA})$$

式中，a 为纤芯半径，λ_0 为入射光在真空中的波长（真空中的光波长近似等于光在空气中的波长）。光纤 V 值越大，则光纤所能拥有的，即允许传输的模式（不同的离散波）数越多。当 V 值低于 2.404 时，只允许一个波或模式在光纤中传输。即圆柱波导的“单模条件”是

$$\frac{2\pi a}{\lambda_0}(n_1^2-n_2^2)^{\frac{1}{2}}<2.404$$

在光导纤维中传播模式很多对信息传输是不利的。因为同一光信号采取很多模式传播，就会使这一光信号分为不同时间到达接收端的多个小信号，从而导致合成信号的畸变。在信息传输中一般希望模式数量越少越好。希望 V 小，纤芯直径 $d=2a$ 不能太大，一般为几个微米，不能超过几十微米。另外，n_1 与 n_2 之差很小（例如，一般纤芯折射率 n_1 可能是 1.46，而包层折射率 n_2 可能是 1.44）。一般要求 n_2 与 n_1 之差不大于 1.4%～6.2%。

3. 传播损耗

光在光纤的传播过程中由于材料的吸收、散射和弯曲处的辐射损耗等的影响，不可避免地要有损耗。通常用衰减率 A 表示传播损耗。

$$A = \frac{-10\ \lg \frac{I_1}{I_0}}{l} \quad (\text{dB/km})$$

式中，l 为光纤长度，I_0 为输入端光强，I_1 为输出端光强。

在一根衰减率为 20 dB/km 的光纤中，当光传输 1 km 后，光强将下降到入射光强的 1/100，3 dB/km 衰减率相当于经过 1 km 后，光强减小到入射光强的一半(因为 lg0.5＝－0.3)。目前传播损耗可达 0.16 dB/km。

这里要提一下与传感器设计有关的弯曲损耗。弯曲损耗有两种类型，一种类型是由整根光纤以给定尺寸的半径弯曲所引起的，如把光纤绕在卷筒上可能引起的损耗。另一种类型称为微弯损耗，是由于纤芯轴线方向的随机变化引起的。它是由外力、纤芯或包层的不完整性、纤芯－包层界面的波动、微小的疵点等原因造成的。

图 4.4 中，表示出以给定尺寸的半径弯曲所引起的弯曲损耗机理的光线图。假定在光纤的平直部分有一根光线正向右传播，在界面上的掠射角 θ 小于临界角 θ_c，但在弯曲部分，光线则可能以大于 θ_c 的角度 θ' 和纤芯－包层界面相交，这样光线将部分地由纤芯传播出去并进入包层中。弯曲损耗通常是不希望有的，也是有害的，但在光纤传感器中则可利用弯曲(在光纤传感器中称为微弯)损耗来作为换能机理。

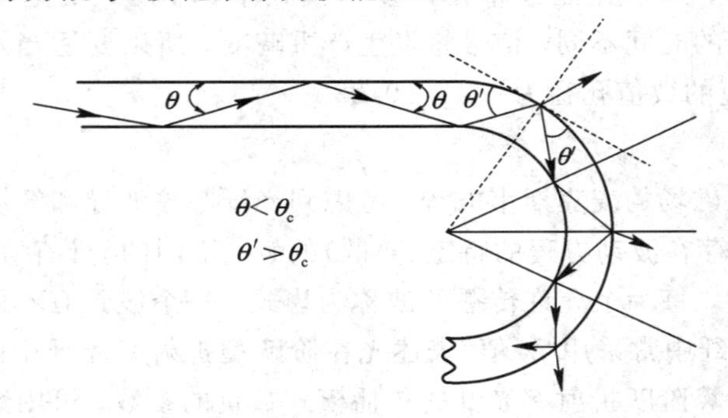

图 4.4 给定尺寸的弯曲半径损耗光线图

4.1.4 光纤的类型

1. 按折射率变化类型分类

阶跃折射率光纤：图 4.5(a)表示阶跃折射率光纤的折射率从纤芯中央到包层外侧随距离而变化的曲线。在纤芯内折射率不随半径变化而变化，有一恒定值 n_1。在纤芯－包层界面折射率突然从 n_1 减小到 n_2，而在整个包层中折射率保持恒定。

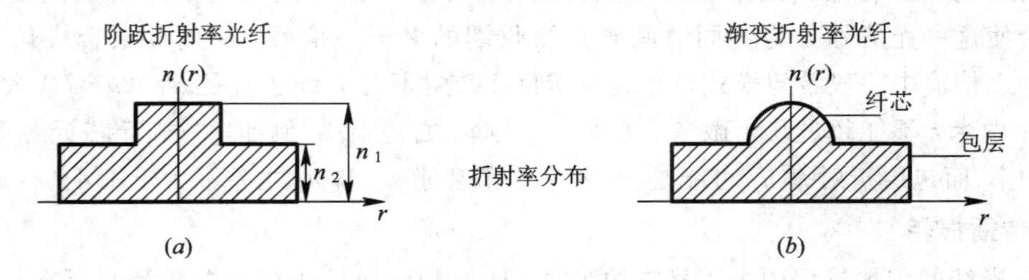

图 4.5 光纤的折射率分布图

渐变折射率光纤：图 4.5(*b*)表示渐变折射率光纤的折射率从纤芯中央到包层外侧随距离的分布。这种类型光纤的折射率从纤芯中央开始向外随径向距离增加而逐渐减小，而在包层中折射率保持不变。

图 4.6(*a*)和图 4.6(*c*)示出了能够在阶跃光纤纤芯中传播并具有最小光功率损耗的典型光线。图 4.6(*b*)示出了在渐变型折射率光纤中传播的子午光线。因为从纤芯中心到纤芯一包层界面折射率连续不断地变化，所以这种光线在通过光纤中心轴的平面内沿曲线传播而不沿直线传播，并连续不断地发生反复弯曲。渐变型折射率光纤中还存在一种螺旋光线，它沿着与光纤的中心轴线不相交的螺旋路径传播，如图 4.6(*d*)所示。(在阶跃型光纤中存在与此类似的光线，称为扭转光线。)

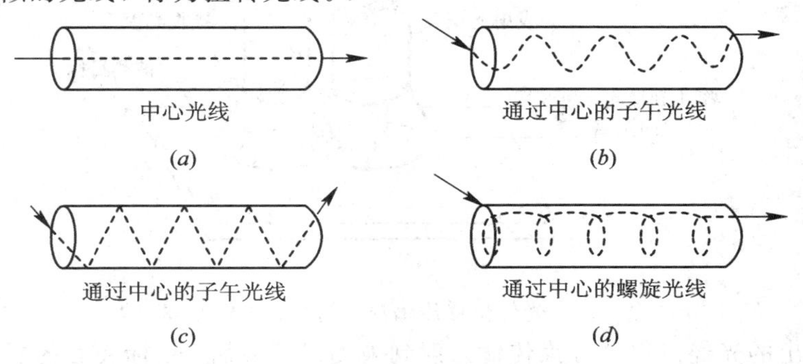

图 4.6　在光纤纤芯中传播的典型光线图

2. 按传播模式的多少分类

单模光纤：通常是指阶跃型光纤中的纤芯尺寸很小(通常仅几微米)、光纤传播的模式很少、原则上只能传送一种模式的光纤(通常是芯径很小的低损耗光纤)。这类光纤传输性能好(常用于干涉型传感器)，制成的传感器较多模传感器有更好的线性、更高的灵敏度和动态测量范围。但单模光纤由于纤芯太小、制造、连接和耦合都很困难。

多模光纤：通常是指阶跃光纤中纤芯尺寸较大(大部分为几十微米)、传播模式很多的光纤。这类光纤性能较差，带宽较窄，但由于芯子的截面大，容易制造，连接耦合也比较方便。这种光纤常用于强度型传感器。

3. 按用途分类

普通光纤：是指用于光纤通信的单模和多模光纤。

非通信光纤：是指特殊用途的非通信光纤。如低双折射率光纤、高双折射率光纤、涂层光纤、激光光纤和红外光纤等。

此外，还有以制作材料和制作方法分类的，此处不再赘述。

4.2　强度型(振幅型)光纤传感器

4.2.1　反射式光纤位移传感器

反射式光纤位移传感器结构简单、设计灵活、性能稳定、造价低廉、能适应恶劣环境，在实际工作中得到了广泛应用。反射式光纤位移传感器结构示意图如图 4.7(*a*)所示。

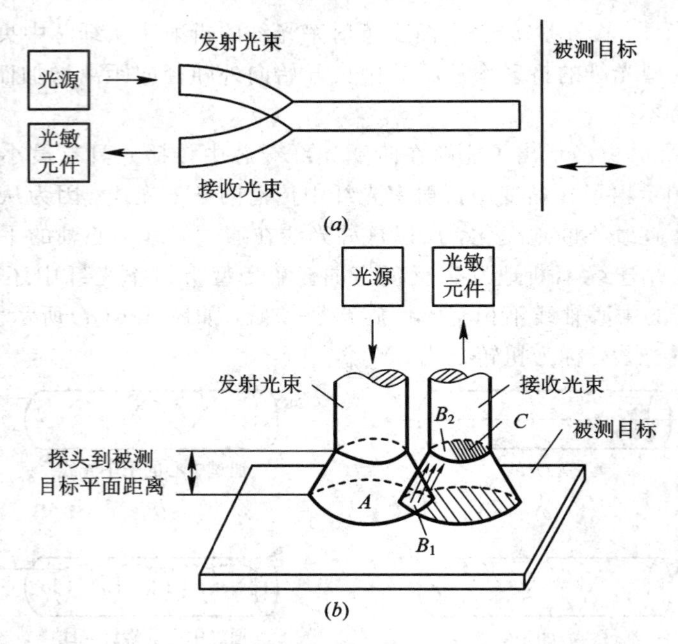

图 4.7 光纤位移传感器的结构和工作原理

由光源发出的光经发射光纤束传输入射到被测目标表面，目标表面的反射光由与发射光纤束扎在一起的接收光纤束传输至光敏元件。根据被测目标表面光反射至接收光纤束的光强度的变化来测量被测表面距离的变化。其工作原理如图 4.7(*b*)所示：由于光纤有一定的数值孔径，当光纤探头端部紧贴被测件时，发射光纤中的光不能反射到接收光纤中去，接收光纤中无光信号；当被测表面逐渐远离光纤探头时，发射光纤照亮被测表面的面积越来越大，于是相应的发射光锥和接收光锥重合面积 B_1 越来越大，因而接收光纤端面上被照亮的 B_2 区也越来越大，有一个线性增长的输出信号；当整个接收光纤被全部照亮时，输出信号就达到了位移－输出信号曲线上的“光峰点”，光峰点以前的这段曲线叫前坡区；当被测表面继续远离时，由于被反射光照亮的 B_2 面积大于 C，即有部分反射光没有反射进接收光纤，还由于接收光纤更加远离被测表面，接收到的光强逐渐减小，光敏输出器的输出信号逐渐减弱，进入曲线的后坡区，如图 4.8 所示。

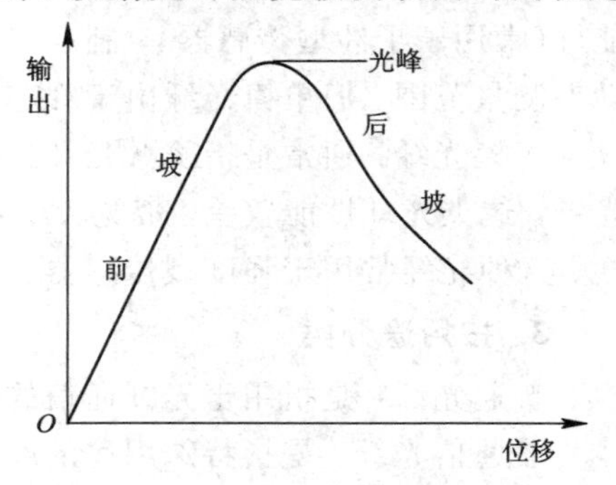

图 4.8 位移－输出信号曲线

在位移－输出曲线的前坡区，输出信号的强度增加得非常快，这一区域可以用来进行微米级的位移测量。在后坡区，信号的减弱约与探头和被测表面之间的距离平方成反比，可用于距离较远而灵敏度、线性度和精度要求不高的测量。在光峰区，信号达到最大值，其大小取决于被测表面的状态。所以这个区域可用于对表面状态进行光学测量。

所使用光纤束的特性是影响这种类型光纤传感器的灵敏度的主要因素之一。这些特性包括光纤的数量、尺寸和分布，以及每根光纤的数值孔径。而光纤探头端部的发射光纤和接收光纤的分布状况对探头测量范围和灵敏度的大小有较大影响。一般在光纤探头的端部，发射光纤与接收光纤有以下4种分布：(*a*) 随机分布；(*b*) 半球形对开分布；(*c*) 共轴内发射分布；(*d*) 共轴外发射分布，如图4.9所示。将接收光纤和发射光纤一根一根交错排列，可以获得最大位移灵敏度。但这样排列较困难。若控制好光纤，随机排列也可近似地达到灵敏度的最佳值。不同的光纤分布，以及改变光纤的一、二个特性参数，也会影响到测量范围。例如半球状分布的探头，测量范围比随机分布时要大。每根光纤直径加粗，也有同样的效果。但是位移范围的加大，又伴随着灵敏度下降。本章参考文献[8]介绍了如何采用光纤探头的端部的不同设计来提高传感器测量精度和扩大测量范围。

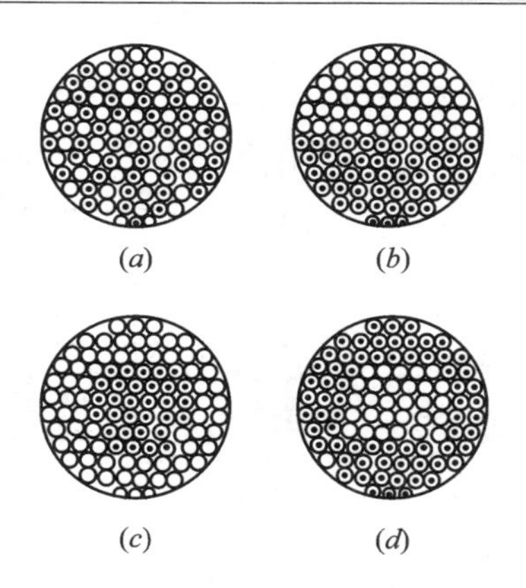

图4.9　发射光纤与接收光纤的四种分布

光纤位移传感器的一个典型例子是，发射、接收各300根光纤组成一根0.762 mm的光缆。光纤内芯是折射率为1.62的火石玻璃，包层是折射率为1.52的玻璃。光缆的后部被分成两支，一支用于发射光，一支用于接收光。光源是2.5 V的白炽灯泡，而接收光信号的敏感元件是光电池。光敏检测器输出与接收到的光强成正比的电信号。对于每0.25 μm位移产生1 V的电压输出，分辨率是0.025 μm。

光纤传感器位移一输出信号曲线的形状取决于光纤探头的结构特性，但是输出信号的绝对值却是被测表面反射率的函数。为了使传感器的位移灵敏度与被测表面反射率无关，可以采取"归一化"过程。即将光纤探头调整到位移一输出曲线的光峰位置上，调整输入光，使输出信号达到满量程，这样就可对被测表面的颜色、灰度进行补偿。"归一化"后，就可将探头移到前坡区或后坡区进行测量。实际上现在已有对表面反射率进行自动补偿的专门技术和线路了。

为使这种光纤传感器有较高的分辨率和灵敏度，必须把敏感探头置于离被测件0.127～2.54 mm的地方，这是一个很小的距离。为了扩大传感器的应用范围，在光纤探头的前端加一专门的透镜系统，可使投影距离增加至12.7 mm或更大，而保持原有位移灵敏度。本章参考文献[6]使用电子电路对这种光纤传感器的信号进行了处理和补偿，扩大传感器的测量范围。

4.2.2　光纤测压传感器

这种传感器是在前面介绍的光纤位移传感器的探头前面加上一个膜片构成的。其结构如图4.10所示。光源发出的光经发射光纤传输并投射到膜片的内表面上，反射光由接收光纤接收并传回光敏元件。与位移传感器不同的是，这里膜片位移的微小变化是在压力的作用下由膜片产生的挠曲而引起的。在第二章曾分析过边界固定的圆形膜片一边在均匀压力作用下膜片位移的分布变化情况。当膜片的位移发生变化，则输出的信号也发生变化。光通量是膜片的形状尺寸以及探头到膜片的平均距离的函数。

这种传感器也可在高温下使用。一个例子是，将光纤束包上聚氯乙烯外壳，可耐温190℃，加上螺旋钢套可达316℃。现在暴露在数百摄氏度高温下功能不受损坏的光纤束已商品化，这可使传感器高温特性得到进一步的提高。

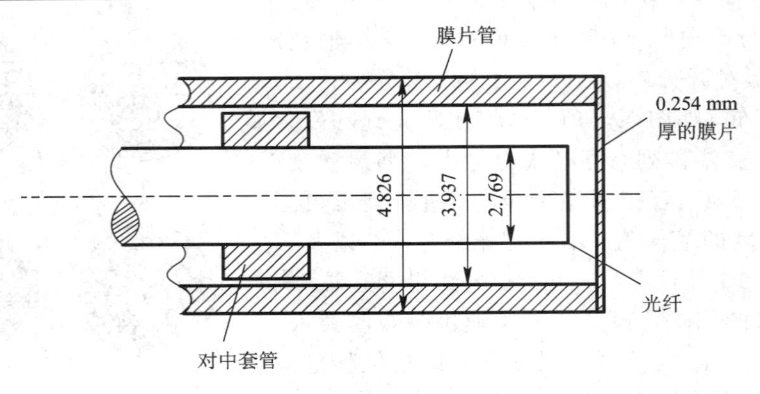

图 4.10 光纤测压传感器

4.2.3 移动光栅光纤传感器

移动光栅光纤传感器原理如图 4.11(*a*)所示。两根光纤的端面间相隔一微小间隙，间隙中放置一对光栅，光栅由等宽的全透射和全反射(不透光的)平行线无交替形成的栅格构成。

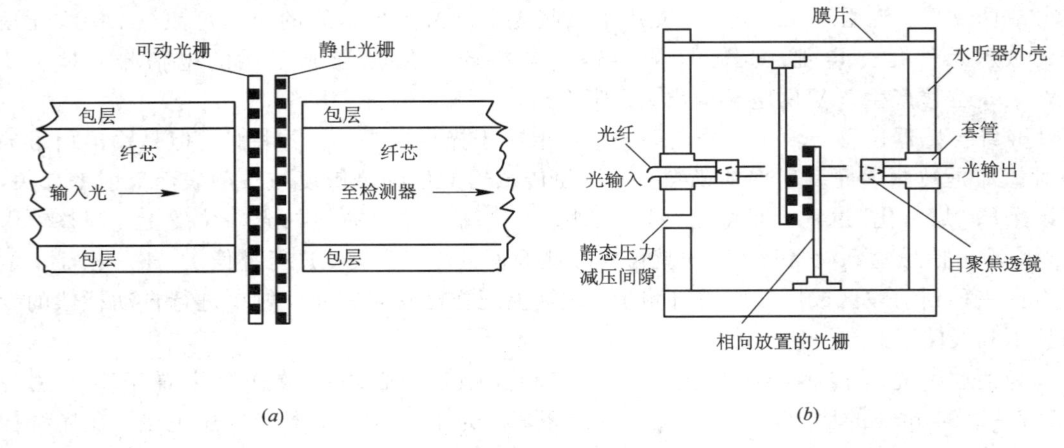

图 4.11 移动光栅光纤传感器
(*a*) 原理；(*b*) 水听器

当这两个光栅发生相对移动时，光的透射强度就随之发生变化，如图 4.12 所示。假定这两个光栅都由间隔为 5 μm、宽 5 μm 的光栅元组成，那么透射光的光强度便按图 4.12 所示的曲线作周期性变化，每当光栅位移改变 10 μm，它相继达到最大值。由该曲线可见，当静止的工作点即偏置工作点调节在 2.5 μm、7.5 μm、12.5 μm 等等相对位移时，其灵敏度将为最大。此外，若减小栅元宽度也可使灵敏度提高，但动态范围将降低。

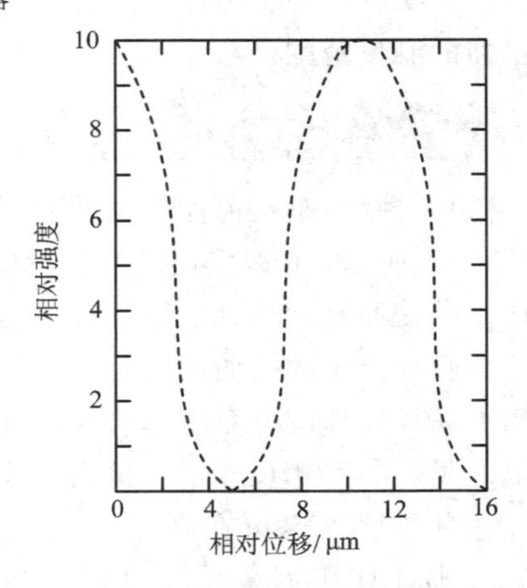

图 4.12 透射光光强度的周期性变化

图 4.11(*b*)是该原理在水听器方面应用的例子。它的两光栅中有一个安装在外壳的刚性底板上，而另一个光栅则与一块弹性膜片相连。由左侧输入光

纤的光束，经一小段渐变折射率自聚焦透镜准直后，一部分成为通过两个光栅传输的平行(准直)光束，再经第二个自聚焦透镜，把它们聚焦到输出光纤中。

4.2.4　微弯光纤传感器

在以前的讨论中已经由光线的概念证明了光纤的弯曲能够使光从纤芯射入包层而产生损耗。微弯光纤传感器就是根据光纤弯曲(微弯)时纤芯中的光注入包层的原理研制成的。这类传感器的敏感元件是由一个能引起光纤产生微弯的变形器。变形器如一对错开的带锯齿槽的平行板，如图 4.13 所示。相邻两个齿之间的距离 L 决定了这种变形器的空间频率。当施加于变形器上的力增加时，光纤的弯曲程度增加，产生的损耗也增加。用波动理论对光纤周期性弯曲引起模间耦合的研究表明：当一对模的有效传播常数之差 β(纤芯)$-\beta$(包层)$=\pm 2\pi/L$ 时，其模间耦合程度(包括不衰减的纤芯模式以及衰减的纤芯模式和包层模式)是最强的。

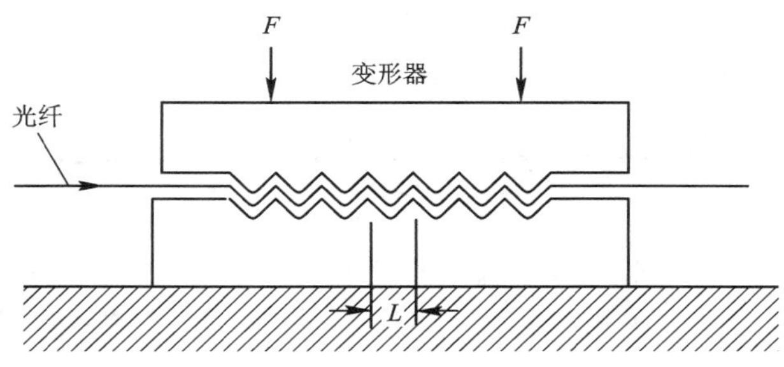

图 4.13　能引起光纤产生微弯的变形器

图 4.14 是美国休斯(Hughes)研究实验室研制的亮视场微弯传感器系统。该系统中，激光束射入穿过变形器的阶跃折射率多模光纤，作用力借助于变形器调制光强，用光敏元件对到达光纤端部的纤芯光光强进行监测。在变形器前面和后面的包层段上，设有模式去除器。这些模式去除器(其最简单的结构形式是在包层的外表面涂上几厘米长的黑漆)能吸收几乎所有可能在光纤包层中传播的光。作用是，首先保证只有纤芯光才能到达变形器中的光纤段，其次是保证吸收掉因采用变形器而进入包层中的任何纤芯光，使它们不能到达检测器。

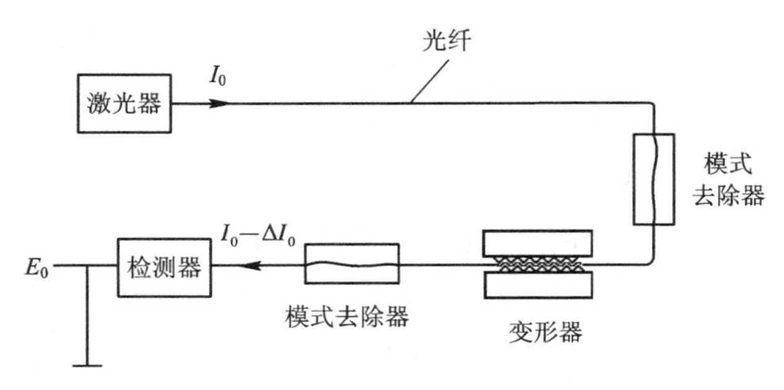

图 4.14　亮视场微弯传感器

休斯研究实验室的研究人员研究了不同的输入光入射角，传输光强与作用在传感器(微弯变形器)上的力的函数关系。利用一个准直优良的氦氖(He－Ne)激光束，改变投射到光纤中的光的入射角，可把入射光射进严格限定的一组纤芯传播模中。结果如图 4.15 所示。由图4.15可见，当输入光的入射角调节在0°时，即光沿着光纤轴注入时，如果作用于变形器上的力从0增加到2 N，那么光的输出强度大约减少20%左右。而当输入光的入射角调节在9°时，作用力同样从0增加到2 N，传播光的光强则降低到输入光强的40%左右。而且在0.5 N$<F<$1.5 N的范围内，传输强度I与作用力F的关系曲线的斜率几乎是不变的。9°大致相当于临界入射角，注入的光主要是最高阶的传输模，因此就更容易使纤芯中的光传输到包层中。

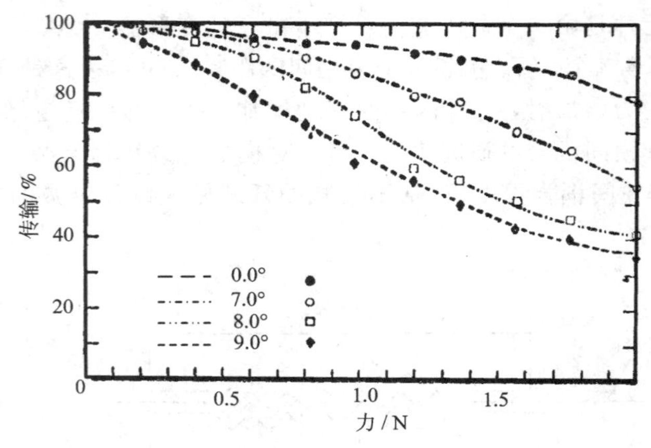

图4.15 不同入射角传输光强与作用在传感器上力的函数关系

图4.16是休斯研究实验室的研究人员与美海军实验室合作研制的一种以这种微弯变形器作为换能元件的水听器。其中一块变形片刚性地安装在水听器的圆柱形外壳上，而另一块变形片连接到一块薄膜片上。该水听器除了通常的光纤外，还包含一根不通光的光纤，以确保变形片在工作过程中保持平行。这种经过改进的微弯传感器的灵敏度已能与许多普通的水听器相比。

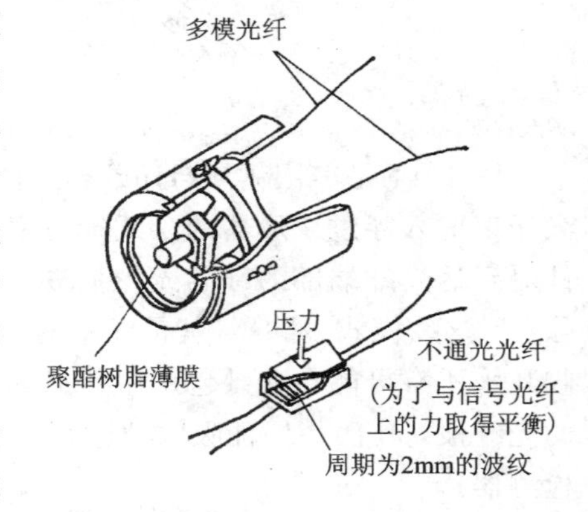

图4.16 微弯变形器作为换能元件的水听器

以上讨论的微弯传感器，是检测极强光束中非常微小的光强变化，这类传感器称为亮视场微弯传感器。另一种是所谓的暗视场微弯传感器。最初是由教会(Catholic)大学的一个研究小组提出的。其结构如图4.17所示。该结构从光源到变形器为止，都与亮视场传感器一样，都要尽可能把由宽带非相干光源产生的光注入多模光纤纤芯，并在光到达变形器之前，要设法去除包层光。暗视场传感器与亮视场传感器的不同之处在于：它使用从纤芯进入包层的光产生输出信号。

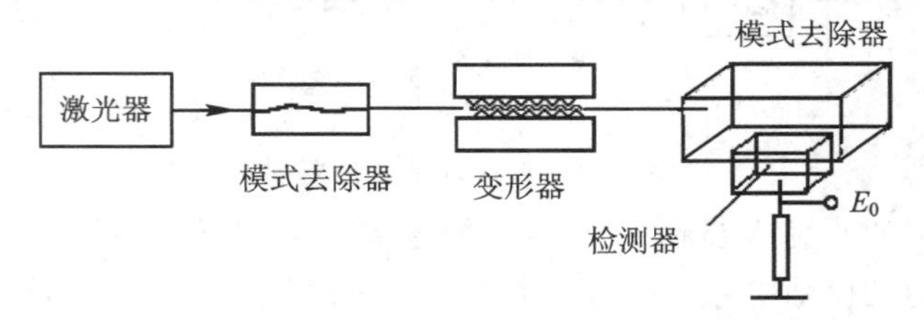

图4.17 暗视场微弯传感器

该研究小组在光纤的输出段使用了一个更加精巧的去模器。该去模器的结构是将光纤剥去外被覆层后，穿过注满折射率匹配液的小盒。在小盒壁上安装若干个光检测器，探测从纤芯射到包层的光的强度变化。与亮场相反，暗场的背景光较弱而且受到变形器位移变化的调制，调制的程度可以相当大，这样就能采用极高灵敏度的光探测器而不致过载。原则上讲，其最低可检测信号应低于亮场。最近的研究业已证实了这一点。

一个结构更为简单的暗视场微弯传感器如图 4.18(*a*)所示，其检测光纤直接耦合到传输光纤包层的外表面。这种结构的传感器便于组成直线阵列，并可使用许多不同的多路复用方案，实现远距离的传输，如图 4.18(*b*)所示。

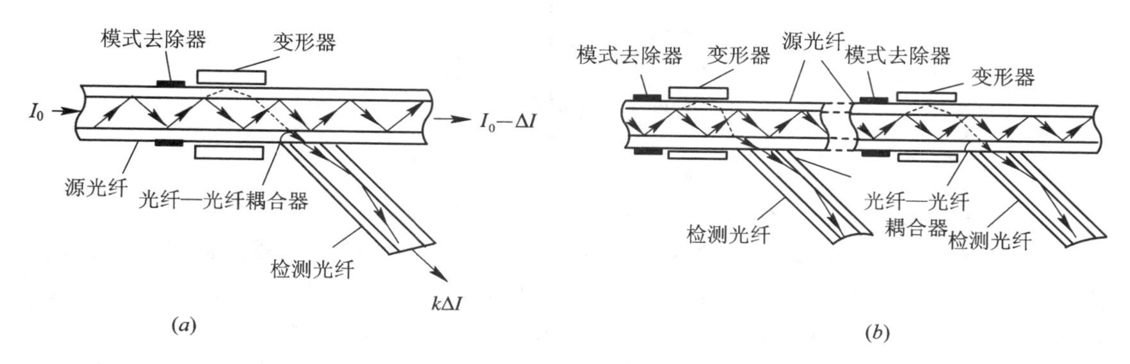

图 4.18 暗视场微弯传感器

以上介绍了几种强度型光纤传感器，这种介绍是不完全的。还有其他类型的许多强度调制光纤传感器已经研制成功或正在研究之中，例如，采用对温度敏感的吸收性掺杂光纤的传感器，以及几种以应变引起双折射作为传感机理的位移传感器和压力传感器等等。讨论的目的，在于介绍一些有关它们的总的设计思想和基本性能。上述各种强度传感器与下面要介绍的干涉型光纤传感器相比，其优点是结构和工作原理非常简单，缺点是灵敏度较低。可以预期，强度型光纤传感器的性能将会得到进一步改善，包括提高它们的灵敏度。

4.3 干涉型光纤传感器

4.3.1 基本原理

干涉型光纤传感器的基本换能机理是：在一段单模光纤中传输的相干光，因待测能量场的作用，而产生相位调制。目前光纤传感器中采用四种不同的干涉测量结构。迈克尔逊、马赫-泽德、萨格奈克和法布里-珀罗结构。下面用空气光路和光学原件框图的示意图来说明它们的工作原理。

1. 迈克尔逊(Michelson)干涉仪

迈克尔逊干涉仪的基本原理如图 4.19 所示。用一块部分反射、部分透射的平面镜作分束器。分束器使激光器输出的一部分光向上反射到固定平面镜。这些光被固定平面镜反射回分束器，于是一部分光透射到光检测器，另一部分光被反射回激光器。激光器输出的另一部分光透过该分束器，被移动平面镜反射回分束器，一部分光被该分束器反射到光检测器。另一部分光透过分束器返回激光器。如果光往返于固定平面镜和移动平面镜的光程差小于激光器的相干长度，那么透射到光检测器的两束光就可能互相发生干涉。每当移动平面镜移动 1/2 光波长的距离时，检测器的输出就从最大值变到最小值，然后再变回最大值。采用这种技术在 He－Ne 激光器的红光情况下，它可以检测平面镜小到 10^{-7} μm，即 0.63×10^{-13} m 的位移。迈克尔逊因发明干涉仪和光速的测量而获得 1907 年诺贝尔物理学奖金。

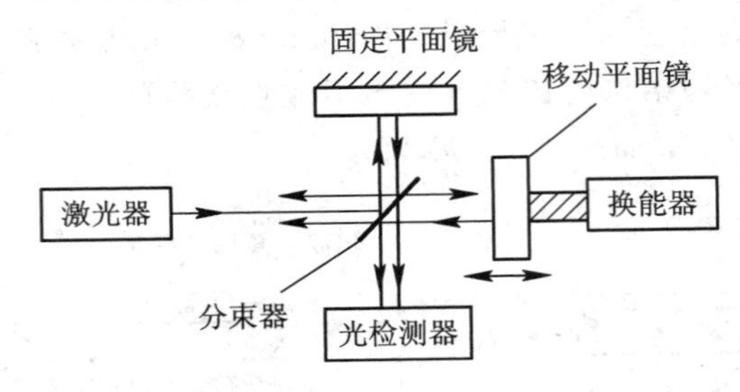

图 4.19　迈克尔逊干涉仪

2. 马赫-泽德(Mach－Zehnder)干涉仪

马赫-泽德干涉仪的结构如图 4.20 所示。下方的分束器把激光器的输出光束分成两束。它们经上、下光路的传输之后又重新合路，使它们在光检测器处互相发生干涉。这种结构也可用于检测移动平面镜小到 10^{-13} m 的位移。与迈克尔逊干涉仪相比，它的优点是：只有少量的或者没有光直接返回激光器，这就避免了反馈光使激光器不稳定和产生噪声。在图中还有没有标明的另外两束光，它们就是从上面一个分束器朝上传输的光，即一束是上面水平光束的反射光，另一束是右面垂直光束的透射光。可以把这两束光馈入另一只光检测器，产生第二个输出信号，这个信号对于某些应用场合是有用的。

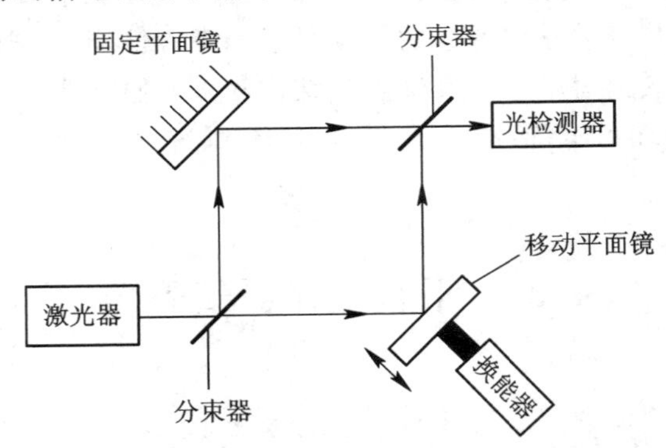

图 4.20　马赫-泽德干涉仪

3. 萨格奈克(Sagnac)干涉仪

图 4.21 为萨格奈克干涉仪的结构。在这种结构中，激光器输出的两束光沿着一条由一个分束器和三个平面镜构成的闭合光路反方向传输，它们重新合路后再入射到光检测器，同时一部分光又返回到激光器。如果某块平面镜沿着与反射面垂直的方向移动，那么两个光程的长度必然改变同样的数量，故在光检测器上不会检测到干涉过程中的变化。反之，如果使固定该干涉仪的台子绕着垂直于光束平面的轴作顺时针旋转，那么沿顺时针方向传输的光束(即沿台子旋转方向传输的光束)必须追赶在同一方向运动的终端，而逆时针传输的光束则迎头撞向反方向运动的终端，因此，顺时针方向传输的光束就必然滞后于逆时针

方向传输的光束。

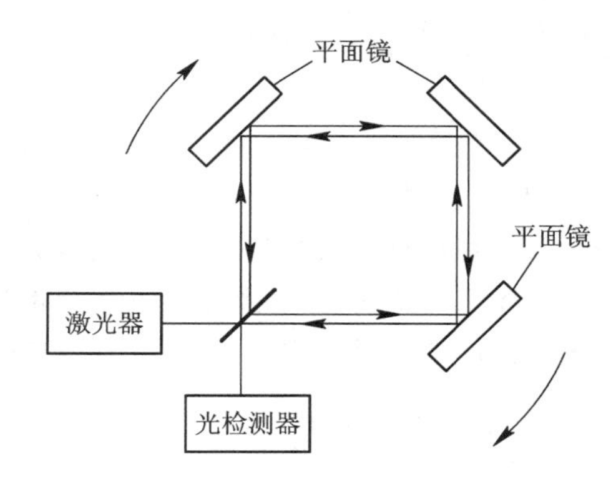

图 4.21 萨格奈克干涉仪

可以求得，顺、反两光束之间的光程差为

$$\Delta L = \frac{4A}{c}\omega$$

式中，A 为光路系统围成的面积，c 为光速，ω 为光路系统旋转的角速度。

若由光检测器测得 ΔL，则可由上式求得干涉仪的台子相对惯性空间的转动角速度。可见，萨格奈克干涉仪可用作灵敏的旋转检测器。从原理上讲，它是目前许多惯性导航系统所用的环形激光陀螺和光线陀螺的设计基础。

4. 法布里-珀罗(Fabry - Perol)干涉仪

法布里-珀罗干涉仪原理如图 4.22 所示。它是由两块平行的部分透射平面镜组成的。这两块平面镜的反射率(反射系数)通常是非常大的，一般大于或等于 95%。假定反射率为 95%，那么在任何情况下，激光器输出光的 95%将朝着激光器反射回来，余下的 5%的光将透过平面镜而进入干涉仪的谐振腔内。当这部分透射光到达右面的平面镜时，它的 95%将朝着左面的平面镜反射回来，而余下的 5%的光将透过右面的平面镜入射到光检测器。这部分光将与在两块平面镜之间接连多次往返反射的光合并。除了 5%的透射(在每个界面处)损耗外，忽略其他损耗的话，则下一个输出光束的强度都是上一个输出光束强度的 0.9025 倍。假设激光器的相干长度是两块平面镜间距的若干倍，那么采用把各种透射光束电场矢量求和，就可求出入射在光检测器上光信号的强度。

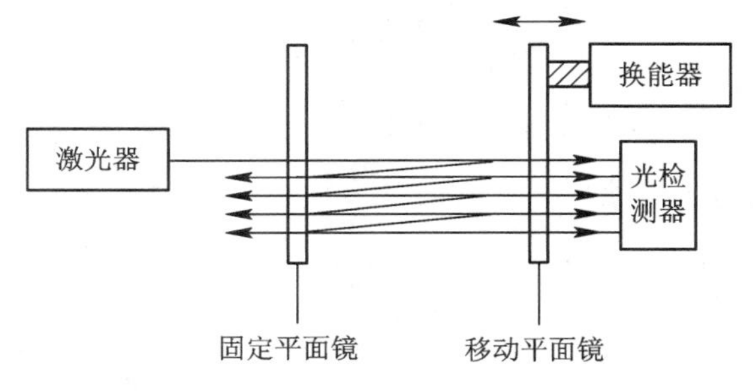

图 4.22 法布里-珀罗干涉仪

5. 干涉仪的灵敏度

图 4.23 示出了 4 种干涉仪的灵敏度。前 3 种干涉仪，都是两束分开的光在光探测器的

敏感表面上组合起来的，像在图 4.23(a)左方示出的那样。用矢量 $\boldsymbol{E}_1$ 和 $\boldsymbol{E}_2$ 表示两电场，并且假定 $\boldsymbol{E}_1$ 和 $\boldsymbol{E}_2$ 是等振幅和在相同方向上线偏振的。光强度与它们的矢量和的平方 E^2 成正比，有

$$E^2 = E_1^2 + E_2^2 - 2E_1E_2\cos\varphi = E_1^2 + E_2^2 + 2E_1E_2\cos\theta$$

式中，$\theta=\pi-\varphi=2\beta_0\Delta l$，$2\Delta l$ 为两相干光光程差，β_0 为空气中传播常数。如果干涉仪的光路中有一条光路长度发生变化，那么相位角 θ 也将发生变化。强度就按上式的函数关系变化，即如图 4.23(a)右方所表示的曲线那样变化。也就是：当 θ 从 0 增加到 π 弧度，强度按 θ 的余弦变化而降到 0；当 θ 进一步增加时，θ 每变化 2π 弧度，E^2 便从 0 变化到最大值，然后再返回 0。

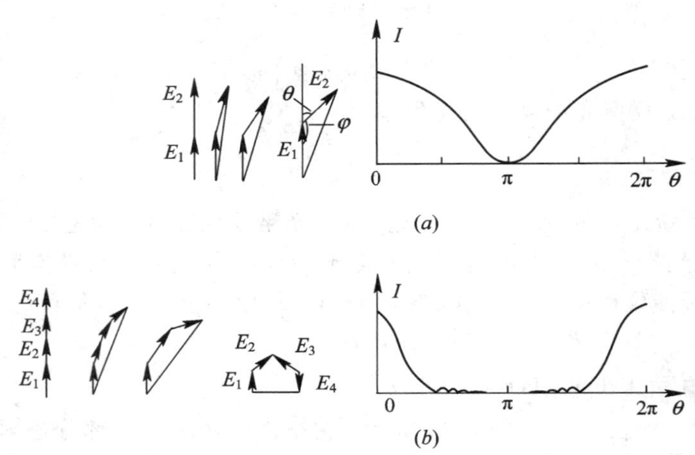

图 4.23　四种干涉仪灵敏度的说明

法布里 - 珀罗干涉仪相应的变化关系如图 4.23(b)所示。在这种情况下，有一系列电场矢量，在原理上它们的数量是无限的，每一个后续电场矢量都按系数 R^2 依次递减，这里 R 是反射系数。当反射镜间的距离为半波长的某一整数倍时，所有这些矢量都同相，输出强度达到最大值。当反射镜间的距离稍稍增加时，每一个后续矢量都相对于前一个矢量位移相同的角度。就像在图 4.23(b)中间所示那样。无限地把矢量不断相加，根据多光束干涉原理，光检测器探测到的光强为

$$I = I_0\,\frac{T^2}{1+R^2}\cdot\frac{1}{1+F\,\sin^2\left(\dfrac{\theta}{2}\right)}$$

式中，I_0 为入射光强，T 为一个镜面的光透射率，R 为反射镜反射率，θ 为相邻光束间的相位差。$F=\dfrac{4R}{(1-R)^2}$ 称为精细度。

当 $\theta=0$，2π，$4\pi\cdots$时，干涉光强有最大值；当 $\theta=\pi$，3π，5π $\cdots$时干涉光强有最小值。注意到

$$\frac{I_{\max}}{I_{\min}} = \left(\frac{1+R}{1-R}\right)^2$$

反射率越大，干涉光强变化越明显，分辨率越高。I 是一个在 $\theta=0$，2π，$4\pi\cdots$ 等处具有最大值的陡峭的多峰函数，如图 4.23(b)右方所表示的那样。法布里 - 珀罗干涉仪是一种极灵敏的位置和长度测量装置。事实上，它是能用于现代科学的最灵敏的位移测量装置之一。

4.3.2　光纤(强度)干涉仪

上面介绍的几种干涉仪，是由空气光路和多个光学器件(分束器和平面镜)组合而成的。这些干涉仪型传感器有个共同之处，在每种传感器中，光源的输出光束均被分成两束或两束以上。这些分开的光束沿不同光路传输之后，又重新合路并激励光敏检测器。这些干涉仪有极高的灵敏度，还具有非常大的动态范围，可用于检测位移，还可用于测量应变和应力。然而由于对使用环境的严格要求，限制了它们在实际条件下的应用。

如果用单模光纤作为干涉仪的光路，就可立即取消对光路长度相当苛刻的限制。用这种方式 1 km 左右的光路长度是容易实现的。目前能用于恶劣环境的极小、长寿命的固体激光器和光检测器，一些光路元件，如腐蚀或搭接的光纤—光纤耦合器，以及与它们相应的集成光学元件能够从市场上买到。因而，光纤传感器特别是相位型光纤传感器的研究和应用得到了很大发展。一些小型的、稳定性高的和非常牢固的干涉仪型光纤传感器已经开始得到应用。

4 种不同类型的“全光纤”干涉仪结构如图 4.24 所示。在图 4.24(*b*)马赫-泽德干涉仪中，用两只腐蚀的或搭接的 3 dB 耦合器代替两只分束器。它们可以把激光器的输出光束分

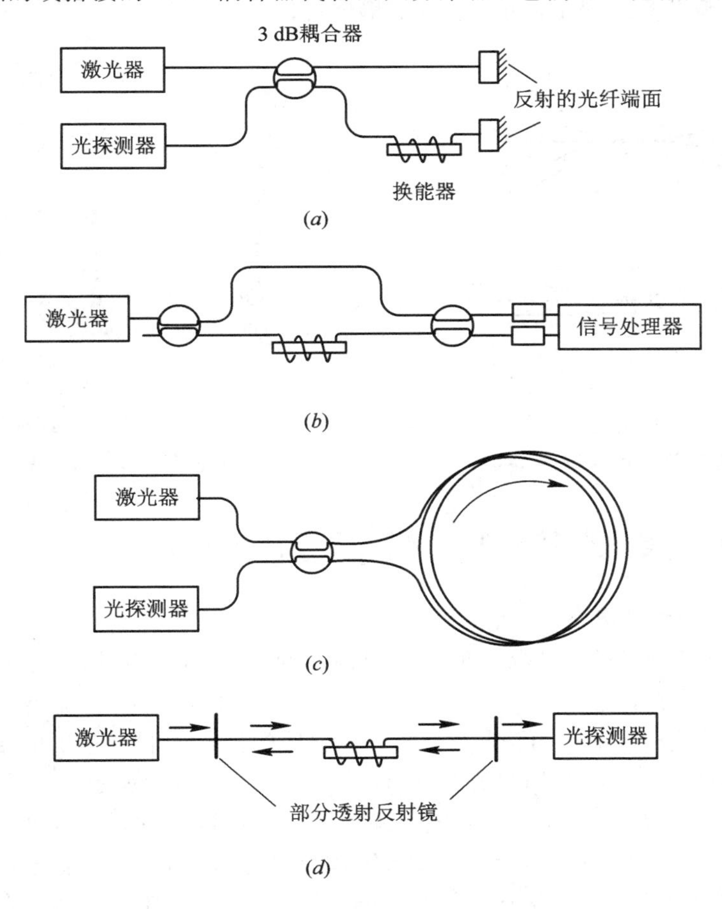

图 4.24　“全光纤”干涉仪结构

成相等的两束光，也可以使从两个光路传来的光重新合并。这样就可以直接把激光器的输出光束耦合到光纤内，也可以相似地把光纤输出直接耦合到两个光探测器中。因此，在光源和检测器之间，该干涉仪只包含光纤元件。如果把集成电路技术和目前的电光技术能力结合起来，则可以把其他所有元件(包括激光器、检测器和信号处理器等)组装在一小块与光纤可以对接、耦合简单的小型集成片上。

光纤耦合器是使光信号能量实现分路/合路的器件。光纤耦合有光纤强耦合和弱耦合。光纤强耦合是由于纤芯间形成直通，传输模直接进入耦合臂而形成的。光纤弱耦合是由于光纤的弯曲和变形为锥状，纤芯中的部分传导模变为包层模，再由包层进入耦合臂中的纤芯，形成传导模。耦合器常有三种结构形式。一种结构是将每根光纤埋入玻璃块的弧形槽中，在光纤侧面进行研磨抛光，使光纤顶点处的包层厚度达到耦合要求，然后将两根光纤拼接在一起，如图 4.25(*a*)所示。另一种结构是将两根光纤稍加扭绞，用微火炬对耦合部分进行加热，在熔融过程中拉伸光纤，最后拉细成型，如图 4.25(*b*)所示。图 4.25(*b*)所示的耦合器在耦合部分形成双锥区，两根光纤包层合并在一起，纤芯也变细，并且逼近，成为一个新的合成波导，形成弱耦合。另一种方法是，去掉光纤部分护套，扭绞在一起，浸蚀光纤，腐蚀掉大部分包层，并将两根纤芯紧靠在一起，然后加固，如图 4.26 所示。通过控制扭力或张力，调节光纤间距，可达到调节耦合的目的。

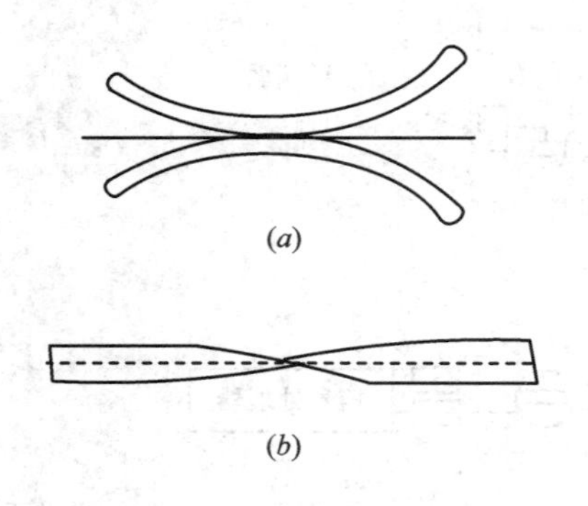

图 4.25 搭接光纤耦合器
(*a*) 拼接型；(*b*) 熔融拉锥型

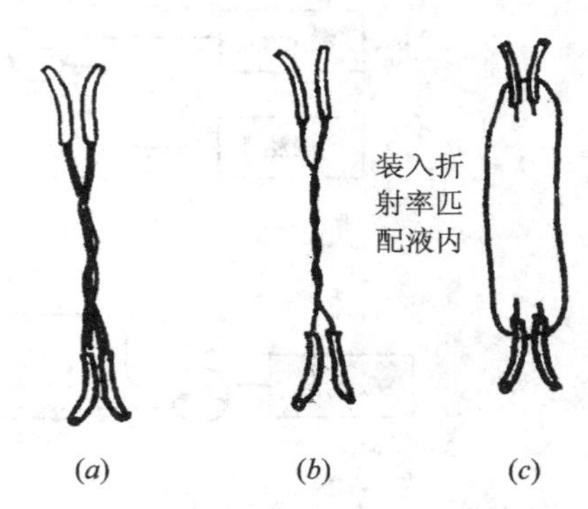

图 4.26 腐蚀光纤耦合器
(*a*) 剥离护套扭绞；(*b*) 腐蚀；(*c*) 固化

4.3.3 相位检测中的几个问题

1. 相位检测和强度检测

图 4.27 为强度型光纤传感器中的输入与输出的关系。传感器的光输入和时间的关系如图 4.27(*b*)所示。在传感器中，由基带输入信号 S_b 的振幅调制光源输入 I_{in}，从而产生一个图 4.27(*c*)中曲线所示的输出信号。最后，传感器的振幅调制光输出信号被光检测器接收，使光检测器产生一个振幅调制的电输出信号，如图 4.27(*d*)所示。

由于光的频率一般约为 10^{14} Hz，光检测器不能响应这样高的频率，也就是不能跟踪以这样高的频率变化的瞬时值，因而相位调制不能直接被探测到。为了达到相位探测的目的，在探测之前应该用干涉测量技术把相位调制转换成振幅调制，将相位检测转换成强度检测。

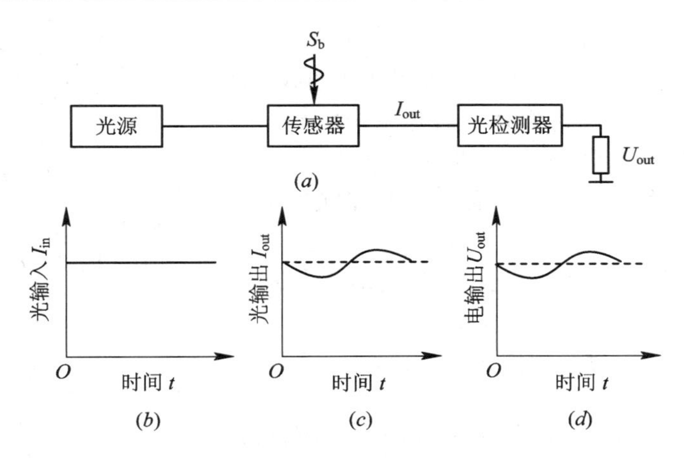

图 4.27　强度型光纤传感器中输入与输出的关系

对如图 4.28 上图所示的长度为 L 的光纤，从左端面输入波长为 λ 的光波，以光纤入口平面为基准在右端面测得的相位角 φ 为

$$\varphi = \frac{2\pi L}{\lambda} = \frac{2\pi n_1 L}{\lambda_0}$$

此处，λ_0 是真空中的光波长，n_1 是光纤芯的折射率。如果 L 和 λ_0 用同样的单位表示，则 φ 的单位为弧度。如果光纤的长度变化 ΔL，如图 4.28 所示，那么相对于入口的固定平面，光纤右端面的相位角变成

$$\varphi + \Delta\varphi = 2\pi n_1 \frac{L + \Delta L}{\lambda_0}$$

这里假定长度变化期间整个光纤中的 n_1 值没有发生任何变化。这一假定在很多情况下接近于实际情况。

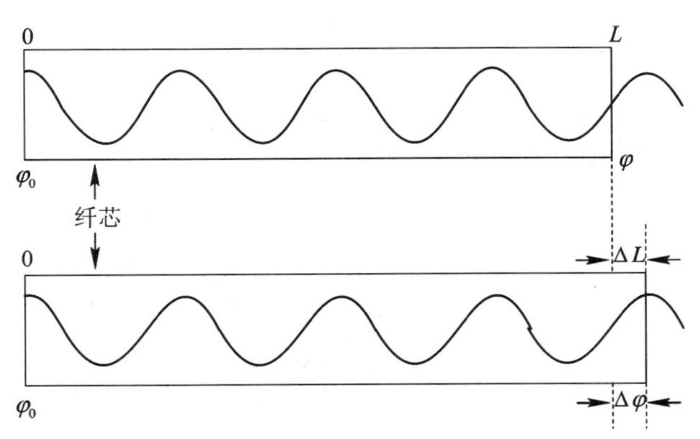

图 4.28　光波通过长度为 L 的光纤并伸长 ΔL 的相位变化

图 4.28 的光纤为干涉仪两臂中的光纤，上面的光纤为参考光纤，下面的光纤为测量光纤。设两根光纤初始长度相同，或长度差为 2π 弧度的整数倍，此时，光波被同时送入这两根光纤的左端，则最初两光纤的输出是同相的。如果图 4.28 下面那根光纤的长度由于外加物理场的作用而伸长，那么干涉仪的输出强度将减少，直到下面那根光纤的长度伸长 $\lambda/2$，即相移增加 π 弧度时达到极小值。此时，如果下面那根光纤继续伸长，那么输出幅度将增加，直到下面那根光纤的长度再伸长 $\lambda/2$，即再增加 π 弧度相移时，回到极大值。放置在光

纤端部的光检测器检测到的电流示于图 4.29 的上部曲线中。下部曲线为相对相位变化的灵敏度变化曲线。这种输出变化情况，是阶跃式温升之后热平衡恢复所产生的典型相移效应。通常，这样的振荡是令人讨厌的，当被测信号产生的相位变化比其低许多数量级时尤其是这样。

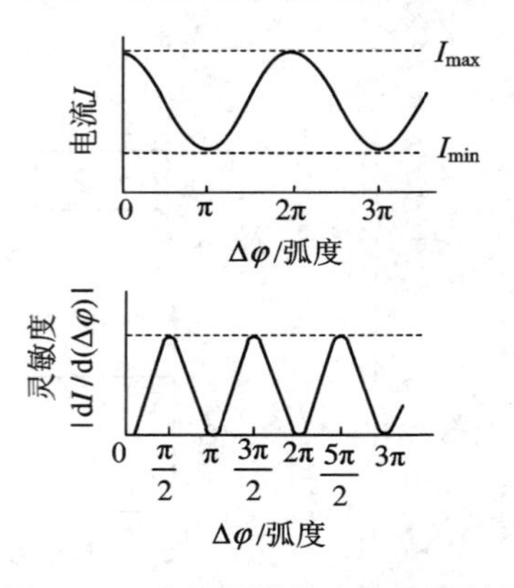

图 4.29　光探测器的电流和灵敏度变化曲线

对比波长大得多的长度变化，物理扰动 P 随时间变化的速率与振荡频率 f 成正比，即

$$\frac{\mathrm{d}P}{\mathrm{d}t}=Af$$

式中，A 为定标因子，近似地为一常数(通常与光纤长度成反比)。因而，可通过检测频率得到所测物理场的量值。

对于比波长小得多的长度变化(或者更准确地说是相位)，例如，10^{-6} 弧度的探测，此时，任何大的振幅漂移(变化)都会大大地增加测量小的变化的困难。必须用补偿器将振幅漂移加以补偿。若所研究的信号如图 4.30 所示，为一小振幅扰动，相位变化为±10°的连续(正弦)信号分别加在 0°和 90°的偏置点上。把相位(输入信号)振动投影到实线上，由其变化轨迹在纵向的投影上可以得到合成输出电流的振幅。在 90°时合成电流的振幅大，并且与输入信号的频率相同，而在 0°偏置时合成电流的振幅很小，且频率为输入信号频率的两倍。如果干涉仪两臂之间相对相位由 90°向 0°点漂移，那么光探测器电流的振幅将逐渐减小，在小于 10°偏置时将出现二次谐波。在 0°偏置点上，基波成分变为零而只留下很小的二次谐波成分，电流振幅变成极小值。这个过程称为衰落。90°偏置条件称为正交。这种检测方法称为零差检测。

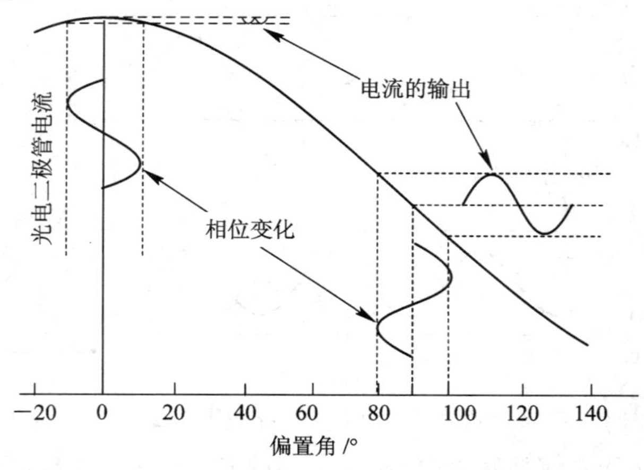

图 4.30　光纤零差检测在 0°偏置和 90°偏置时的合成电流

2. 共模抑制

由激光源引起的光强波动，常称为激光振幅噪声。激光振幅噪声有时与被测信号产生的光强变化很难区分。共模抑制是一种抵消激光振幅噪声的方法。

对图 4.24(*b*)中的马赫-泽德光纤干涉仪，若不考虑偏振效应，即假设偏振态是始终不变的，根据双光束相干原理，两个光探测器接收到的光强分别为

$$I_1 = \frac{I}{2}(1 + a\cos\Phi_A) \tag{4.1}$$

$$I_2 = \frac{I}{2}(1 - a\cos\Phi_A) \tag{4.2}$$

式中，I 是去掉各种插入损耗和光纤吸收损耗后的激光输出光强(功率)，Φ_A 是两束光的相位差，a 是耦合系数，与干涉仪两臂光强及相干度成正比。设有振幅波动，则用 $I+\Delta I$ 分别代替方程(4.1)和(4.2)中的 I，可得到

$$2I_1 = I + \Delta I + Ia\cos\Phi_A = I\left(1 + \frac{\Delta I}{I} + a\cos\Phi_A\right) \tag{4.3}$$

$$2I_2 = I + \Delta I - Ia\cos\Phi_A = I\left(1 + \frac{\Delta I}{I} - a\cos\Phi_A\right) \tag{4.4}$$

式中，$\Delta I/I$ 是与 a 的大小为一数量级的振幅波动，例如 10^{-5} 或 10^{-6}。式中，忽略了微小量 $\Delta I/I$ 和 a 的高次项。方程(4.3)减去方程(4.4)，得

$$I_1 - I_2 = Ia\cos\Phi_A \tag{4.5}$$

于是，消除了激光输出振幅中的波动。这种减法实际上是在差分放大器中用电的方法完成的。差分放大器常置于光探测器之后。

采用共模抑制，在低频时，最小可检测相移可降低一个数量级。当频率大于 1 kHz，最小可检测相移能达到 0.1 微弧度(10^{-7}弧度)。同时由伴生模和多模工作引起的激光器噪声也能被消除。

3. 相位跟踪系统

相位跟踪系统的功能，一是抵消任何不必要的大的低频相位漂移，使干涉仪保持平衡，二是提供保证干涉仪在正交状态下工作的相移。相位跟踪系统由电路系统和光纤相位调制器组成。

1) 电路系统

相位跟踪系统的电路系统如图 4.31 所示。图中，光电二极管的输出在差动放大器中合并，该放大器除起放大作用外，还起共模抑制作用。它的后面接了两级积分放大器。这两级积分放大器可通过从直流到所希望的最高频率的所有信号。两级积分放大器的输出被加到装在干涉仪参考臂的移相器上，使参考臂中产生一个相移，该相移抵消传感臂中的相位漂移，使干涉仪保持平衡，同时使干涉仪始终处于正交状态。

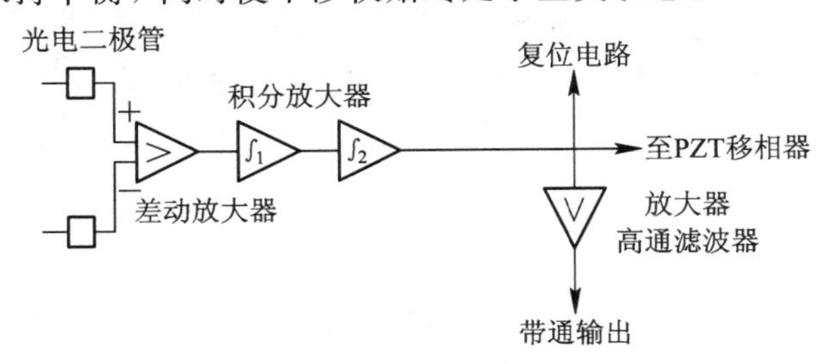

图 4.31　相位跟踪系统电路的示意图

补偿电路的信号也通过一只高通滤波器(滤去低频噪声)输出。该滤波器的低频极限被调在希望的最低频率上。因此，干涉型传感器的输出是一个频带，该频带相应于希望的信号频率范围。

通常的反馈电路和复位电路加到相移器上的电压电平为±10 V量级。而在许多情况下由温度或压力变化引起的相移振幅比加到相移器上的±10 V电压所产生的相移大得多(几百伏甚至上千伏)。因而，必须始终监视在移相器上所加的电压到底有多大，如果一达到电路的极限值，就必须迅速地使这些电路恢复到它能够重新启动的初始状态。这就是图中所示的复位电路的作用。这样，伴随大幅值慢漂移产生的相位变化，被一些锯齿形的小幅值相位变化所补偿。必须注意把复位过程中产生的噪声减到最小。

2）光纤相位调制器

相位调制器即移相器，其作用是要通过一小段光纤根据需要随时改变光程长度。光纤相位调制器可以通过对光纤某一部分的长度或波导模的折射率进行外部调制来实现。最常用的方法是在压电陶瓷管(PZT)上绕若干圈光纤，并且稍稍拉紧，如图4.32(*a*)所示。通过在PZT元件上加上电压，使其扩张或收缩，光纤就被拉长或缩短，从而改变光程长度。对一根单模SiO_2光纤，当$\lambda=633$ nm，圆管工作频率低于最低机械共振频率时，通过施加70～100 V的反转电压，可产生2π弧度的相移。若工作在机械共振频率，相移的调制幅度可增加几个数量级。

图4.32(*b*)是带有共轴压电换能器的光纤相位调制器。光纤置于一PZT圆管的轴线上，圆管与光纤间充以声学材料(环氧树脂)。PZT圆管工作于厚度模式，由圆管薄壁产生的厚度谐振频率的声波会聚于圆管中心，对纤芯施加压力，通过光弹效应使光纤的折射率受到调制。例如，壁厚为0.51 mm、共振频率为6.02 MHz时，能产生0.058 rad/V·cm的相位调制。

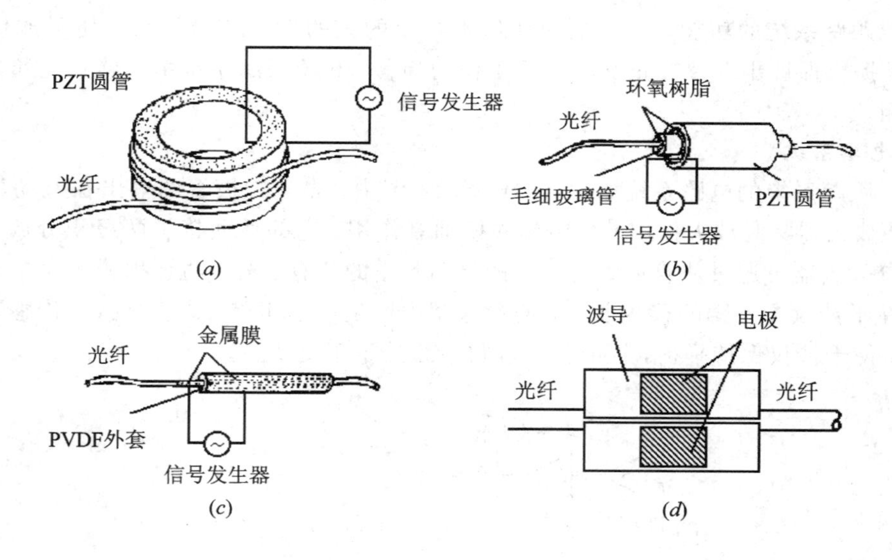

图4.32 光纤相位调制器

图4.32(*c*)是被覆压电外套的光纤相位调制器。在光纤上被覆一层压电塑料外套，如聚偏二氟乙烯(PVDF)，外套的内外表面被覆金属膜作电极，在外加电场的激励下，这层被覆的压电套就会对光纤的相位进行调制。实验表明，采用厚度为120 μm的径向极化PVDF外套，在很宽的频率范围(30 kHz～2.5 MHz)有一致的频率响应，相位调制系数为0.01 rad/V·m。

还有一种平面型的相位调制器，如图 4.32(d)所示。它由一个带电极的直线型波导构成。施加电压可改变波导的折射率，从而改变波导模的相速，达到相位调制的目的。

4.3.4 相位检测方法

1. 零差检测

如在 4.3.3 节中所述，当一真空中波长为 λ_0 的光入射到长为 L 的光纤时，若以其入射端面为基准，则反射端光的相位为

$$\varphi = \frac{2\pi L}{\lambda} = \beta_0 nL = \beta L$$

式中，β_0 为光在真空中的传播常数，λ 为光纤中光波波长，n 为纤芯折射率，β 为光在光纤中的传播常数。

当光纤受到外界物理场的作用时，光纤的长度(应变效应)、纤芯的直径(泊松效应)和纤芯折射率(光弹效应)都会发生变化，这些变化将导致光纤中光波相位的变化。所引起的光波相位变化为

$$\begin{aligned}\Delta\varphi &= \beta\Delta L + L\Delta\beta = \beta L\left(\frac{\Delta L}{L}\right) + L\left(\frac{\partial\beta}{\partial n}\right)\Delta n + L\left(\frac{\partial\beta}{\partial a}\right)\Delta a \\ &= \Delta\varphi_L + \Delta\varphi_n + \Delta\varphi_a \end{aligned} \tag{4.6}$$

式中，a 为光纤芯半径。$\Delta\varphi_L$、$\Delta\varphi_n$、$\Delta\varphi_a$ 分别表示由于光纤的长度变化、折射率变化、半径变化引起的相位变化。

图 4.33 为检测电路的框图。图中通过测量臂和参考臂的光波分别为

$$E_1\cos(\omega t + \varphi_1)$$
$$E_2\cos(\omega t + \varphi_2)$$

式中，ω 为光波圆频率，E_1、E_2 为各相应臂光波的振幅，$\varphi_1 = \Delta\varphi + \varphi_1'$ 为测量臂光波的相位，$\varphi_2 = \Delta\varphi_p + \varphi_2'$ 为参考臂光波的相位，$\Delta\varphi$ 如式(4.6)所示，$\Delta\varphi_p$ 为由 PZT 移相器产生的补偿相位差，φ_1' 和 φ_2' 为由温度、振动和杂散场等因素引起的相位漂移。

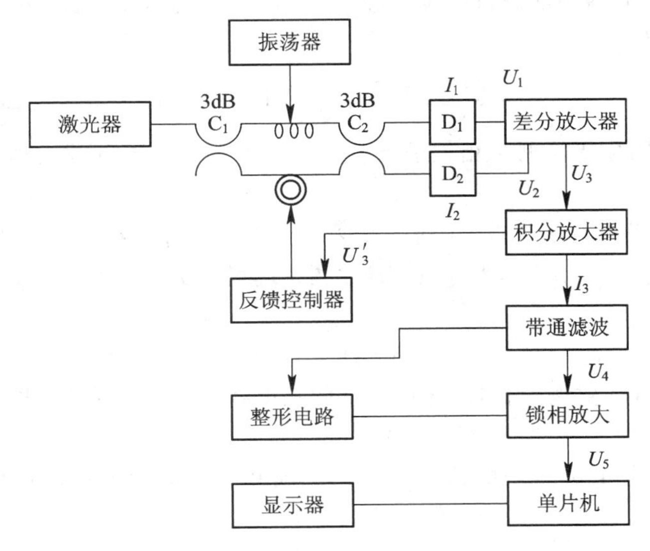

图 4.33 零差检测电路框图

光在耦合器 C_2 中发生干涉，根据耦合方程组的推导结果，当两束光波的振幅 $E_1=E_2=E_0$ 时，3 dB 耦合器 C_2 的输出光强为

$$I_1 = I_i[1+\alpha\cos(\varphi_1-\varphi_2)] = I_i(1+\alpha\cos\varphi)$$
$$I_2 = I_i[1-\alpha\cos(\varphi_1-\varphi_2)] = I_i(1-\alpha\cos\varphi)$$

式中，$I_i \propto E_i^2$，$\varphi=\varphi_1-\varphi_2$ 为两束光的相位差。

由光探测器 D_1、D_2 探测到光强 I_1 和 I_2 后，输出的电信号分别为

$$U_1 = U_{i0}(1+\cos\varphi)$$
$$U_2 = U_{i0}(1-\cos\varphi)$$

根据灵敏度定义，信号 U_2 对相位差 φ 的灵敏度为

$$S = \frac{\mathrm{d}U_2}{\mathrm{d}\varphi} = U_{i0}\cdot\sin\varphi$$

由上式可见，只有当 $\varphi=\pi/2$ 时，灵敏度 S 有最大值。也就是说，只有当测量臂与参考臂之间的相位差保持 $\pi/2$ 偏置(即正交运行)时，系统最为灵敏。这在 4.3.3 节中已经加以详细说明。此处的正交工作点，是由积分放大器的输出电压 $U_3{}'$，通过反馈控制器控制 PZT 移相器加以实现的。

PZT 在参考臂上引起的相移为

$$\Delta\varphi_{\mathrm{p}} = C_{\mathrm{p}}U_3{}'$$

式中，C_{p} 为比例系数。

光电探测器的输出信号经差分放大后的输出为(见(4.5)式)

$$U_3 = k_{\mathrm{v}}(U_1-U_3) = 2k_{\mathrm{v}}U_{i0}\cos(\Delta\varphi+\varphi_1'-\Delta\varphi_{\mathrm{p}}-\varphi_2') \tag{4.7}$$

式中，k_{v} 为放大系数。

在被测信号引入之前(在 $\Delta\varphi=0$ 时)调节 PZT 移相器使其处于正交运行，即使

$$\varphi_1'-\Delta\varphi_{\mathrm{p}}-\varphi_2' = \frac{\pi}{2}$$

这时，$U_3=k_{\mathrm{v}}(U_1-U_2)=0$。若此时加上被测信号，则 $U_1-U_2\neq 0$，反馈控制器即输出一个反馈信号去控制 PZT 移相器进行相位跟踪，以保持系统的正交运行。在进行跟踪的动态过程中，由(4.7)式得

$$U_3 = 2k_{\mathrm{v}}U_{i0}\cos\left(\Delta\varphi+\frac{\pi}{2}\right) = 2k_{\mathrm{v}}U_{i0}\sin\Delta\varphi \approx 2k_{\mathrm{v}}U_{i0}\Delta\varphi \tag{4.8}$$

上式表明，采用零差检测对相位进行补偿和跟踪时，由差分放大器的输出 U_3 即可求得被测相位信号。

为了抑制低频噪声在图 4.33 中进一步采用了载波技术。在信号臂上施加由振荡器产生的高频交流信号 $F_0\cos\omega_0 t$ 作为载波。若被测物理场为 $F_x(t)$，则作用于传感器敏感元件的交变物理场为

$$F = F_x(t) + F_0\cos\omega_0 t$$

设某物理场(例如磁场)与引起光纤产生的长度变化为平方关系，即

$$\Delta L \approx C_0 F^2$$

式中，C_0 为常数。设(4.6)式中的第一项比第二项和第三项大得多，则得此物理场引起的相位变化为

$$\begin{aligned}\Delta\varphi &= \beta\Delta L = \beta C_0(F_x + F_0\cos\omega_0 t)^2 \\ &= \beta C_0 F_x^2 + 2\beta C_0 F_0 F_x \cos\omega_0 t + \beta C_0 F_0^2 \cos^2\omega_0 t \\ &= CF_x^2 + \frac{1}{2}CF_0^2 + 2CF_0 F_x \cos\omega_0 t + \frac{1}{2}CF_0^2 \cos 2\omega_0 t\end{aligned}$$

式中，$C=\beta C_0$。

在该实际物理场中，(4.8)式U_3中的$\Delta\varphi$即为上式所示。通过带通滤波器将信号U_3滤波后，可得

$$U_4 = 4k_v U_{i0} CF_0 F_x(t)\cos\omega_0 t$$

再经锁相放大器解调，就有

$$U_5 = AF_x(t)$$

式中，A为与锁相放大器放大倍数成正比的系数。

随后把U_5送入单片机进行处理、显示就可得到测量结果。

2. 外差检测

外差检测的优点是对光强波动和低频噪声不敏感。它不需要相位跟踪系统和与之有关的电路，而是在参考臂中引入布喇格盒(移频器)。其框图如图4.34所示。参考光束通过布喇格移频器的声波体波或表面波调制器，产生频率为$(\omega_0-\omega_1)$的频移。ω_0为光源的光波频率，ω_1为布喇格盒引入的声波频率，约为100 kHz。

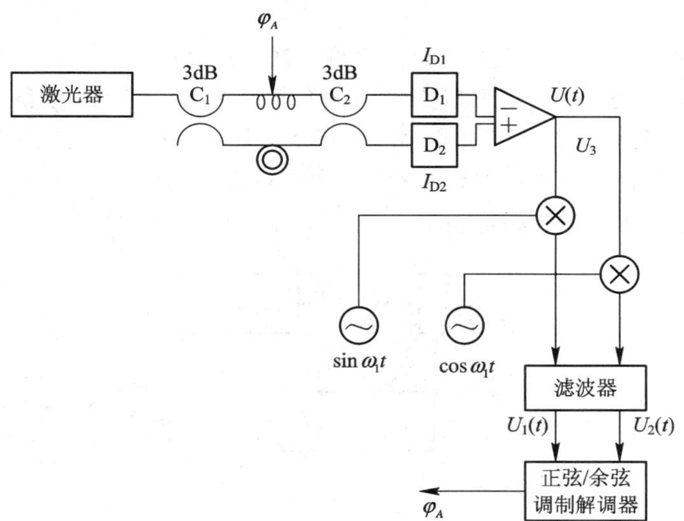

图4.34 外差检测的干涉仪框图

激光器经3 dB耦合器C_1输出两束光，上方的通过测量臂，下方的通过参考臂。由测量臂和参考臂输入C_2的光波分别为

$$E_1\cos(\omega_0 t + \varphi_A)$$

$$E_2\cos(\omega_0 t + \omega_1 t)$$

式中，ω_0为光波频率，φ_A为外界被测信号产生的相位，ω_1为布喇格盒引入的声波频率。这两束光经3 dB耦合器C_2后，输入探测器D_1和D_2的光强分别为

$$I_{D1} = I_1 + I_2 + 2\sqrt{I_1 I_2}\cos(\omega_1 t + \varphi_A)$$

$$I_{D2} = I_1 + I_2 - 2\sqrt{I_1 I_2}\cos(\omega_1 t + \varphi_A)$$

式中，I_1 为信号臂光强，I_2 为参考臂光强。则差分放大器输出为

$$U(t) = A\cos(\omega_1 t + \varphi_A) \tag{4.9}$$

式中，A 为与相位无关的常数。

$U(t)$经与 $\sin\omega_1 t$ 及 $\cos\omega_1 t$ 分别相乘，并经适当的滤波后，可得到

$$U_1(t) = B\cos\varphi_A$$

$$U_2(t) = B\sin\varphi_A$$

式中，B 为常数。这一信号经过如图 4.35 所示的正弦余弦解调装置解调，即得到被测信号 φ_A。

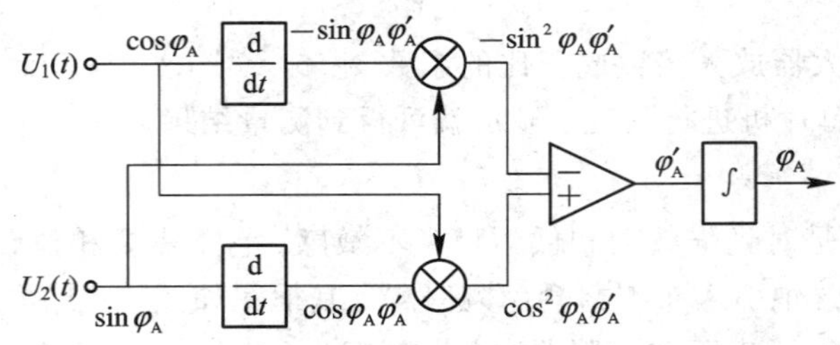

图 4.35 正弦余弦解调装置框图

3. 合成外差检测

合成外差检测是近来采用较多的相位检测方法。其设计思路是，不用复杂化的光路，而采用较复杂的电路处理系统经 PZT 压电元件反馈到光路中起到布喇格盒的同等作用。

合成外差检测系统的框图，如图 4.36 所示。图中，带通滤波器至干涉仪的信号 $\sin\omega_m t$，经 PZT 压电陶瓷元件反馈到参考臂，产生一附加的调制相位 $-\varphi_m\sin\omega_m t$。而测量臂附加的相位 φ_A 是由被测外场引起的。

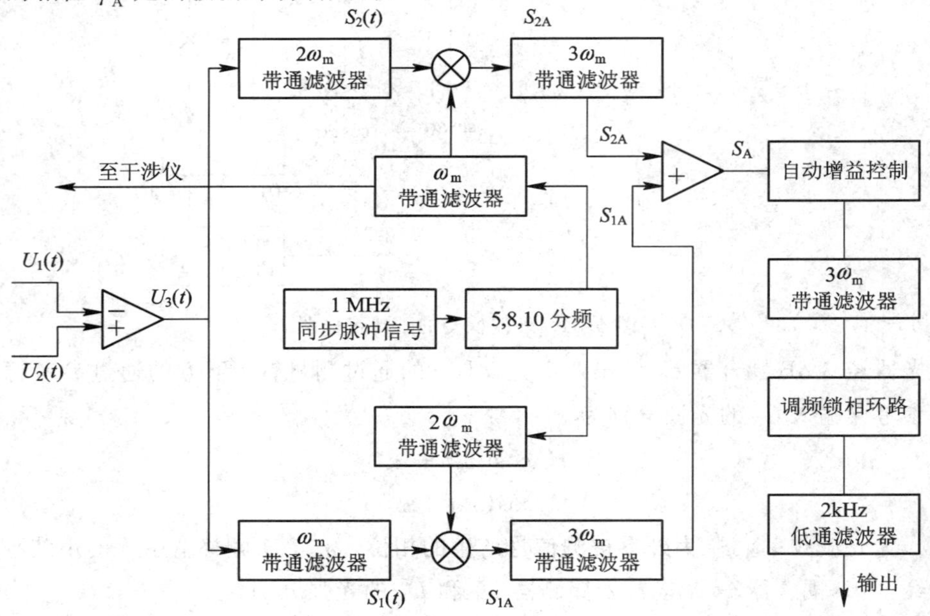

图 4.36 合成外差检测系统框图

测量臂和参考臂光强信号分别为

$$I_1\cos(\omega_0 t+\varphi_A)$$

$$I_2\cos(\omega_0 t-\varphi_m\sin\omega_m t)$$

这两路光信号经 3 dB 耦合器合路后再由差分放大器差分放大。则差分放大器的输出为

$$U_3(t)=2U_0\cos(\varphi_m\sin\omega_m t+\varphi_A)$$

展开成贝塞尔函数

$$U_3(t)=2U_0\left[\sum_{n=0}^{\infty}J_{2n}(\varphi_m)\cos 2n\omega_m t\cos\varphi_A-\sum_{n=0}^{\infty}J_{2n+1}(\varphi_m)\sin(n+1)\omega_m t\sin\varphi_A\right]$$

$$=2U_0[J_0(\varphi_m)\cos\varphi_A-J_1(\varphi_m)\sin\omega_m t\sin\varphi_A+J_2(\varphi_m)\cos 2\omega_m t\cos\varphi_A-\cdots]$$

通过 $2\omega_m$ 和 ω_m 带通滤波器，有

$$S_1(t)=-2U_0[J_1(\varphi_m)\sin\omega_m t\sin\varphi_A]$$

$$S_2(t)=2U_0[J_2(\varphi_m)\cos 2\omega_m t\cos\varphi_A]$$

经乘法器后(设相位差为 θ)，有

$$S_{1A}(t)=-2U_0J_1(\varphi_m)\sin\omega_m t\sin\varphi_A\cos(2\omega_m t+\theta)$$

$$S_{2A}(t)=2U_0J_2(\varphi_m)\cos 2\omega_m t\cos\varphi_A\cos(\omega_m t+\theta)$$

再经 $3\omega_m$ 带通滤波器，有

$$S_{1A}(t)=-2U_0J_1(\varphi_m)\sin(3\omega_m t+\theta)\sin\varphi_A$$

$$S_{2A}(t)=2U_0J_2(\varphi_m)\cos(3\omega_m t+\theta)\cos\varphi_A$$

上述两路信号经相加器相加，若在 $J_1(\varphi_m)=J_2(\varphi_m)$ 的条件下，得

$$S_A=S_{1A}(t)+S_{2A}(t)=2U_0J_1(\varphi_m)\cos(3\omega_m t+\theta+\varphi_A)$$

将上式与(4.9)式进行比较，二式有基本相同的形式。这就是一个合成的外差信号。合成外差检测的优点是避免了使光路复杂化的布喇格盒，但伴随的缺点是相移和振幅失配，产生的输出信号不是一个纯粹的外差信号，从而导致调制鉴别器输出劣化，并限制了最小可测信号。

4.3.5 光纤声传感器

图 4.37 为锁相环零差检测马赫-泽德干涉仪型声传感器。激光经二极管激光器的单模光纤引线送到固态 3 dB 耦合器中，并相等地分配在干涉仪的两臂上。分别从两臂传来的两束光通过第二个 3 dB 耦合器重新汇合起来，并将相位调制转换为强度调制。3 dB 耦合器的两个光输出端口各接有一个光电二极管，将光信号转换为电信号。差动放大器将两个光电二极管的输出电信号放大，并使共模噪声(如激光振幅的波动)得到抑制。为了消除低频噪声，差动放大器的输出信号经过低通滤波器滤波。积分器输出一信号通过参考臂上的移相器来补偿相位的大幅度漂移，并使零差检测处于正交工作状态。

该系统稍加改进，将干涉仪的两个臂都设计成有一部分光纤对声场敏感，并使这两部分在空间保持一定距离，也可用于测量声场声压梯度(声速)。

光纤声(或其他物理场)传感器的关键是检测臂的传感部分要设计得对待测声场(或其他物理场)敏感，而检测臂的其余部分和参考臂要对声场不敏感。为使检测臂对声场(或其他物理场)敏感要研制对声场敏感的特种光纤或光纤元件。研制特种光纤是光纤传感器研究的一个重要领域，其主要方法是在石英中掺杂合适的物质以增强某一种特定的效应。对

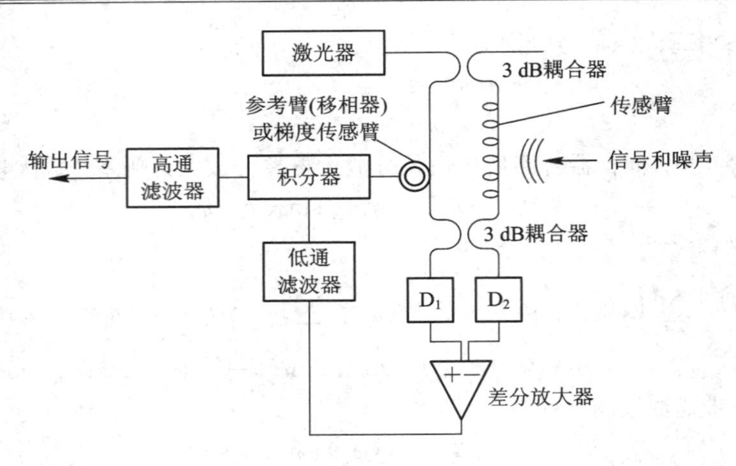

图 4.37 锁相环零差检测马赫-泽德干涉仪型声传感器

于声敏感光纤元件，一种方法是在光纤上包上被覆层以使其对声场敏感，例如采用镀膜技术，可以大幅度提高光纤对声波的灵敏度。另一种方法是将光纤绕在对声场敏感的芯棒上。这些方面已有人作了较多的研究。参考臂可采取声屏蔽，使其与声场隔离，同时也可采用某些包层材料，使压力引起的光纤折射率变化和因压力引起的长度变化产生的相位正好抵消，从而减小对声波的敏感性。

4.3.6 光纤磁传感器

与光纤声传感器相似，利用磁致伸缩效应——磁致伸缩材料受到磁场作用后尺寸发生变化，可以作成光纤磁传感器。将磁致伸缩材料(例如镍和某些金属玻璃)被覆在光纤上，也可把光纤绕在磁致伸缩材料的圆柱体上或贴在镍条上，制成对磁场敏感的元件。已有人对这些元件的磁光实验数据进行了研究。传感器的其他部分都与声传感器相似。光纤磁传感器主要用于测量非常弱及变化非常缓慢的磁场，在频率为几个赫兹时检测磁场强度可达 10^{-6} A • m^{-1}。

马赫 - 泽德干涉仪型磁传感器有参考臂和传感臂，结构不够紧凑，易受环境温度和振动的影响。法布里-珀罗干涉仪型磁传感器则有体积小、结构紧凑、抗振动的优点。

将法布里-珀罗干涉仪腔的反射面和磁致伸缩材料连在一起，由磁致伸缩引起腔的长度变化，可以构成法布里-珀罗干涉仪型磁传感器。图 4.38 为一种法布里-珀罗干涉仪型磁传感器结构。两段在一端粘有反射镜的镍管由环氧树脂粘结于空心管中。透镜 1 将光纤发出的光变成平行光，透镜 2 将腔的透射光耦合进输出光纤，再由电路进行信号检测和处理。

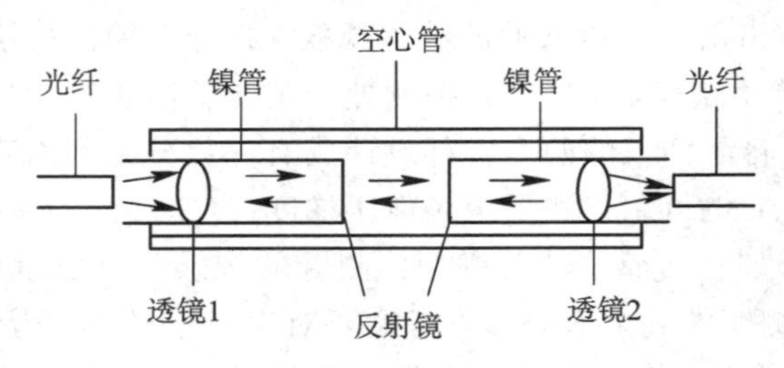

图 4.38 法布里-珀罗干涉仪型磁传感器

4.3.7 光纤电流传感器

图 4.39 表示用光纤干涉仪测量电流的光纤敏感元件的两种结构。在第一种结构中，把一段被覆镍的光纤放在受待测电流激励的螺旋管中央。通过测量磁场强度，确定电流的大小。利用这种方法，在 100～5 000 Hz 的频率范围内，每一米敏感光纤测出最小电流为3×10^{-8} A。

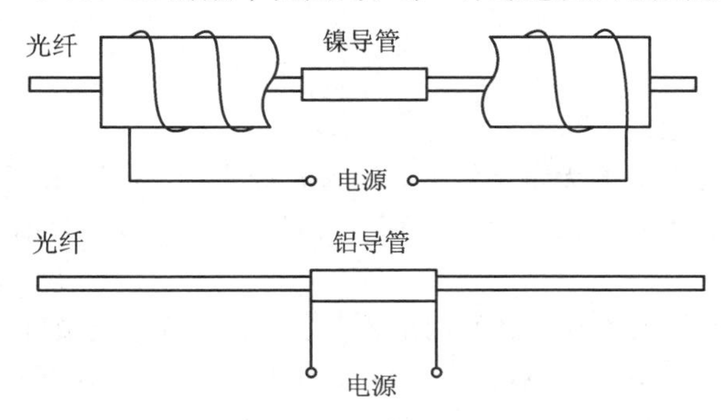

图 4.39 测量电流的光纤敏感元件的两种结构

第二种结构是在光纤上被覆一层铝，当电流流过铝层时发热引起光纤折射率变化。采用这种方法，在 1 Hz 时每一米敏感光纤最小可检测电流为 1.3×10^{-5} A。

还有一种磁光效应光纤电流传感器，利用电流引起的磁场变化改变光的偏振态检测电流。这种传感器应用面也较广。

4.3.8 光纤线性加速度计

光纤线性加速度计的原理如图 4.40 所示。其中，干涉仪一条臂中有一段光纤被固定在外壳的上端与悬挂物体之间。而干涉仪另一条臂中一段相同长度的光纤则固定在悬挂物体与外壳的下端之间。如果让加速度计的外壳以加速度 a 向上运动，那么在加速该物体所需的作用力 F 的作用下，上面的一段光纤将伸长 ΔL，下面的一段光纤则缩短 ΔL。检测相差可得加速度。图中的膜片是用来支撑悬挂物体，以减小传感器对横向加速度的敏感性。

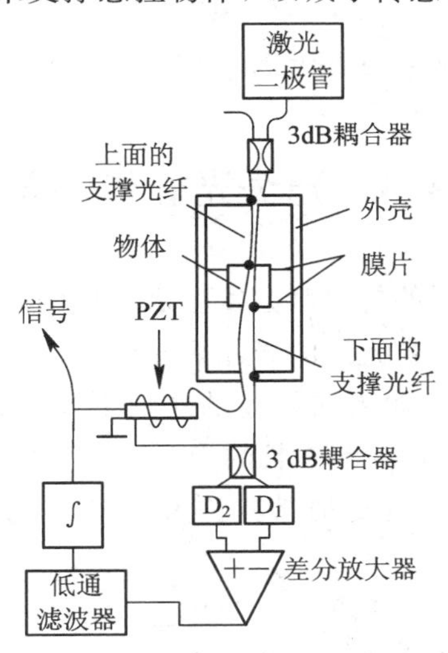

图 4.40 双光纤线性加速度计

4.3.9 涡流式光纤流量传感器

涡流式光纤流量传感敏感元件结构如图 4.41 所示。其中 YL 为液流管，光纤 OF 被固定装置 G 和下面的重物 XZ 拉紧。当液流管内的液体流经光纤时将出现诱导性振荡，并以相同的频率作用于光纤。如果设法测出光纤的振荡频率 f，就可以计算出流体的平均流速 v。二者的关系为

$$v = \frac{Af}{D}$$

式中，A 为与液体变化有关的无量纲常数，D 为光纤直径。可以采用迈克尔逊干涉仪或马赫-泽德干涉仪测定光纤的振荡频率。下面介绍 R－R(Ring－Resonetor)型光纤流量传感器。

R－R 型光纤流量传感器有较高的测量精度、较高的测量灵敏度，并且结构简单。其传感系统如图 4.42 所示。其中，敏感元件 MG 如图 4.41 所示。耦合器的Ⅱ、Ⅲ两端相连构成谐振回路。半导体激光器 LD 的光从耦合器 C_R 的Ⅰ端输入，其中大部分传送到Ⅲ端并直通至Ⅱ端，Ⅱ端的光又经耦合器至Ⅲ端和Ⅳ端，如此反复循环在腔内形成多光束干涉，可获得很高的灵敏度。Ⅳ端的多光束干涉信号由 PIN 光电二极管转换成电信号，再送至信号处理系统进行检测。

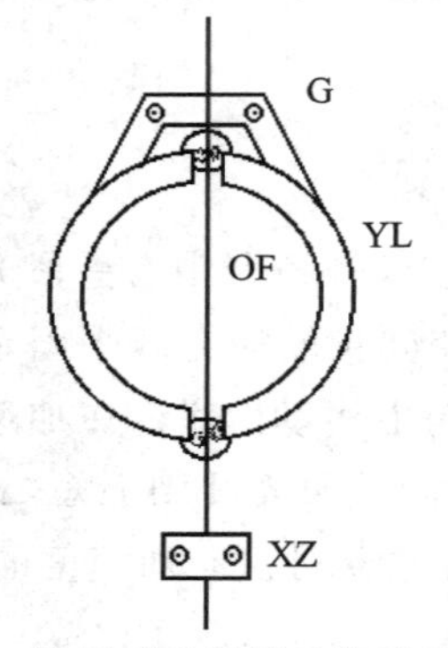

图 4.41 涡流式光纤流量传感器的结构

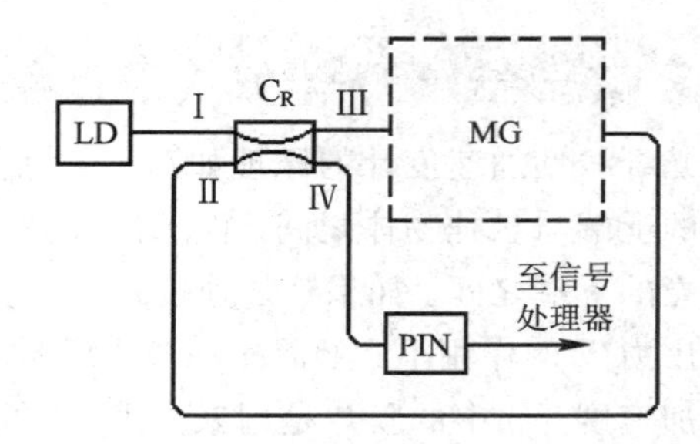

图 4.42 R－R 型光纤流量传感器系统

4.4 光纤光栅传感器

当紫外光照射光纤时，光纤的折射率会发生永久性的改变，利用光纤的这种性质，可在光纤的纤芯“写”上光栅。当宽带光源的光注入光纤时，将发生反射和透射，反射光的波长与光栅的周期和折射率有关。如果在外场的作用下使光纤光栅的形变、折射率发生变化，反射光的波长也将变化。解调检测波长的变化量，可以解算出作用外场的大小。

由于光纤光栅传感器传感量主要是以波长为载体，与强度型和干涉型光纤传感器比较，光纤光栅传感器有如下优点。

(1) 由于光源强度的起伏，光纤微弯效应引起的随机起伏和耦合损耗等不会影响波长特性，光纤光栅传感器排除了曾长期困扰其他光纤传感器的光强起伏干扰，因而，基于光

纤光栅的传感系统具有很高的可靠性和稳定性。

(2) 避免了一般干涉型传感器中必须引入参照臂以及复杂的检测系统。

(3) 光纤光栅传感器可以做得很小，而且在一根光纤上采用复用技术可以检测多种外场，并可形成网络进行分布式测量。

因此，自从20世纪70年代Hill等人首次制作出第一根短周期光纤光栅(即布拉格光纤光栅——FBG)以来，光纤光栅的制作技术得到很大提高，光纤光栅传感器得到广泛研究和普遍应用。

4.4.1　光纤光栅传感器的原理

1. 布拉格光纤光栅(FBG)传感器的工作原理

光纤芯区折射率周期性变化造成光纤波导条件的改变，一定波长的入射光波会发生相应的模式耦合。当一宽谱光源注入光纤后，经过光纤光栅将有中心波长为λ_B的窄谱分量的光返回，其余波长的光透过光纤光栅继续传输，如图4.43所示。反射光的中心波长λ_B与光栅周期Λ和纤芯的有效折射率n_{eff}有关：

$$\lambda_B = 2n_{eff}\Lambda \tag{4.10}$$

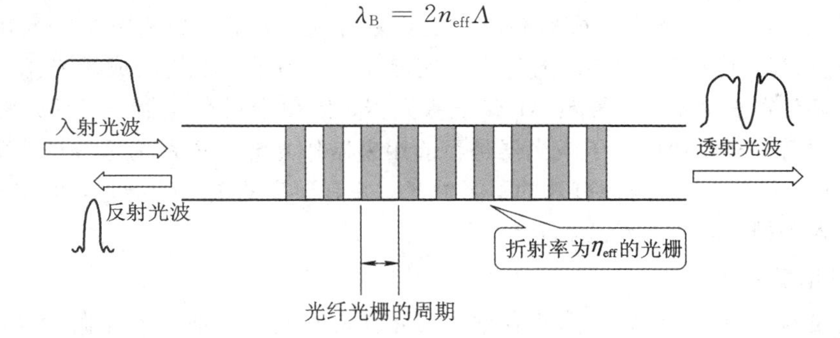

图4.43　光纤光栅结构与传光原理

当外界的被测量(如温度、应变、压力和磁场等)引起光纤光栅周期和纤芯的有效折射率改变时，都会导致反射光的中心波长的变化。光纤光栅的中心波长与温度和应变的关系为

$$\frac{\Delta\lambda_B}{\lambda_B} = (\alpha_f + \xi)\Delta T + (1 - p_e)\Delta\varepsilon$$

式中，$\alpha_f = \frac{1}{\Lambda}\frac{d\Lambda}{dT}$为光纤的膨胀系数，$\xi = \frac{1}{n_{eff}}\frac{dn_{eff}}{dT}$为光纤材料的热光系数，$p_e = -\frac{1}{n_{eff}}\frac{dn_{eff}}{d\varepsilon}$为光纤材料的弹光系数。也就是说，光纤光栅反射光中心波长的变化反映了外界被测信号的变化情况，通过光谱分析仪检测反射或透射中心波长的变化，就可以间接检测外场的变化。

2. 啁啾光纤光栅(CFBG)传感器的工作原理

与光纤布拉格光栅传感器有所不同，啁啾光纤光栅由于应变的改变会引起反射信号的展宽和峰值波长的位移，而温度的变化则仅影响反射信号重心的位置。在需要同时测量应变和温度时，通过同时测量光谱位移和展宽，就可以测得应变和温度。

3. 长周期光纤光栅(LPFG)传感器的工作原理

长周期光纤光栅(LPFG)的周期一般有数百微米，LPFG在特定的波长上把纤芯的光耦合进包层，光在包层中将由于包层/空气界面的损耗而迅速衰减。长周期光栅的透射峰

波长主要与光栅的栅格周期以及纤芯和包层的折射率有关

$$\lambda_n = (n_{co} - n_{cl}^n)\Lambda$$

式中，n_{co}为纤芯的有效折射率，n_{cl}^n为第 n 阶包层模的有效折射率，λ_n为耦合到第 n 阶包层模的波长，Λ 为光栅周期。当光纤包层模与被测场相互作用时，将对光纤的传输特性进行调制，从而使 LPFG 的透射谱特性发生变化。探测出 LPFG 透射谱线的变化，即可推知被测量的变化。

4.4.2 光纤光栅成栅方法

光纤光栅的形成基于光纤材料的光敏性，当激光通过光敏光纤时，光纤的折射率将随光强的空间分布发生相应的变化，这种折射率变化呈现周期性分布，并被保存下来，从而形成永久性的空间相位光栅。不同的曝光条件、不同类型的光纤可产生多种不同折射率分布的光纤光栅。光纤的成栅是光纤光栅传感器最重要的关键技术之一。

1. 成栅光源

由于光纤的光致折射率变化的光敏性主要表现在 244 nm 紫外光的吸收峰附近，因此除驻波法用 488 nm 可见光外，成栅光源都是用紫外光。大部分成栅方法是利用激光束的空间干涉条纹，所以成栅光源要求有好的空间相干性。目前，主要的成栅光源有准分子激光器、窄线宽准分子激光器、倍频 Ar 离子激光器、倍频染料激光器、倍频光参量振荡器(OPO)激光器等。窄线宽准分子激光器是目前用来制作光纤光栅最为适宜的光源。它可同时提供 193 nm 和 244 nm 两种有效的写入波长，并有很高的单脉冲能量，可在光敏性较弱的光纤上写入光栅并实现光纤光栅在线制作。

2. 光纤增敏

采用适当的光源，可以在几乎所有种类的光纤上不同程度地写入光栅，然而未经增敏的光纤中的光致折变量很低，达不到实用要求，需要采用增敏技术提高芯区对紫外光(UV)的吸收率，增大光致折变量。目前光纤增敏方法主要有：① 掺杂，硼/锗(B/Ge)共掺或掺杂锗(Ge)、锡(Sn)，钽(Ta)、硼(B)，铈(Ce)、铒(Er)等光敏性杂质；② 载氢处理，即在刻写 FBG 前，将普通光纤置于氢气中一段时间，使光纤中的氢达到饱和，提高芯区对紫外光的吸收率；③ 刷火，用温度高达 1700℃的氢氧焰来回灼烧要写入光栅的区域，持续约 20 分钟，可使折射率增大 10 倍以上。

3. 光纤光栅的种类

根据光栅周期的长短不同，光纤光栅分为光纤布喇格光栅(FBG)和长周期光纤光栅(LPFG)。长周期光纤光栅又称透射光栅，其周期通常为几十微米到几百微米；而光纤布喇格光栅又称为短周期光栅或反射光栅，其周期大致在零点几微米到几微米之间。光纤光栅是一种参数周期性变化的波导，其纵向折射率的变化将引起不同光波模式之间的耦合，并且可以通过将一个光纤模式的功率部分或完全地转移到另一个光纤模式中去来改变入射光的频谱。在一根单模光纤中，纤芯中的入射基模既可被耦合到反向传输模也可被耦合到前向包层模中。短周期光栅主要将正向传播导波模式耦合到反向传播导波模式，属于反射型带通滤波器(窄带的反射镜)；长周期光纤光栅主要将正向传播导波模式耦合到正向传播包层模式，属于透射型带阻滤波器。

按照光纤光栅的空间周期分布是否均匀，可分为周期性光栅和非周期性光栅。周期性结构制造简单，其特性受到限制；非周期性结构制造困难，其特性容易满足各种要求。均匀光栅分为光纤布拉格光栅、闪耀光纤布拉格光栅和长周期光栅；非均匀周期光栅分为啁啾光纤光栅、切趾光纤光栅、相移光纤光栅、莫尔光纤光栅和超结构光纤光栅。从功能上可分为滤波型光栅和色散补偿型光栅。色散补偿型光栅是非周期光栅，又称啁啾光栅。啁啾光纤光栅的周期是随其长度变化的，变化形式较多，如线性变化、按平方率变化、随机变化等等。还有一类啁啾光纤光栅，其周期保持恒定，而有效折射率的大小随其长度有一定的变化。光纤布喇格光栅、啁啾光栅和长周期光栅常作为光纤传感元件。

4. 成栅方法

成栅方法是利用光纤材料的光敏性，通过紫外光曝光的方法将入射光相干场图样写入纤芯，在纤芯内产生沿纤芯轴向的折射率周期性变化的光栅。经过几十年的不断发展，写入激光光源的不断更新和光纤制作技术的不断完善，使光纤光栅的成栅技术有了长足的发展。成栅方法多种多样，下面从原理上介绍几种有代表性的传感器件常用的光纤布拉格光栅(FBG)、长周期光纤光栅(LPFG)和啁啾光纤光栅(CFBG)的主要成栅方法。

1) 布拉格光栅的成栅

(1) 内部写入法。内部写入法又称驻波法，是早期使用的方法。波长 488 nm 的单模氩离子激光从一个端面耦合到光敏光纤中，位于光纤另一端面的反射镜将入射激光反射，入射和反射激光在纤芯中相干涉形成驻波。由于纤芯的光敏性，其折射率会发生相应的周期变化，于是便形成了与干涉周期一样的立体折射率光栅。该光栅的反射率可达 90%以上，反射带宽小于 200 MHz。由于成栅需在特制锗掺杂光纤中进行，要求锗含量很高，芯径很小，因此现今很少采用。

(2) 横向干涉法。利用双光束干涉所产生的干涉条纹对光纤曝光以形成光纤光栅，产生干涉条纹的方法有多种，全息相干法是最早采用的一种方法，如图 4.44 所示，其结构类似于 M－Z 干涉仪。入射紫外光波长为 244 nm，经分光镜分成两束，经全反射后相交于光纤上，干涉形成正弦分布明暗相间的干涉条纹。利用光纤的光敏性，在纤芯内部引起和干涉条纹同样分布的光栅。这种方法可以精确控制光栅性质，改变两束光的夹角或旋转光纤

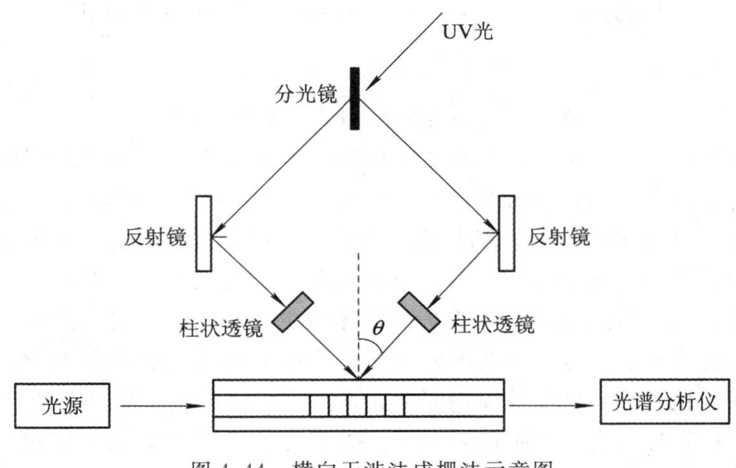

图 4.44 横向干涉法成栅法示意图

放置都可以方便改变光栅常数，如果将光纤以一定弧度放置于相干场，又可以得到啁啾(Chirped)型光纤光栅，但是对光源的相干性和光路调整的精度要求很高，容易受机械振动和温度漂移的影响。

(3) 相位掩模法。相位掩模法是目前写入光栅常用的方法，如图 4.45 所示。相位掩模板(Phase Mask)是一个在石英衬底上刻制的相位光栅，它可以用全息曝光或电子束蚀刻结合反应离子束蚀刻技术制作，具有压制零级、增强一级衍射的功能。紫外光经过掩模相位调制后将入射光束分为+1级和−1级两束光功率电平相等的衍射光束，两束光相干涉并形成明暗相间的条纹，在相应的光强作用下纤芯折射率受到调制，写入周期为掩模周期一半的布拉格光栅。这种成栅方法不依赖于入射光波长，只与相位掩模的周期有关，因此对光源的相干性要求不高，简化了光纤光栅的制造系统。但这种方法的缺点是掩模制作复杂。

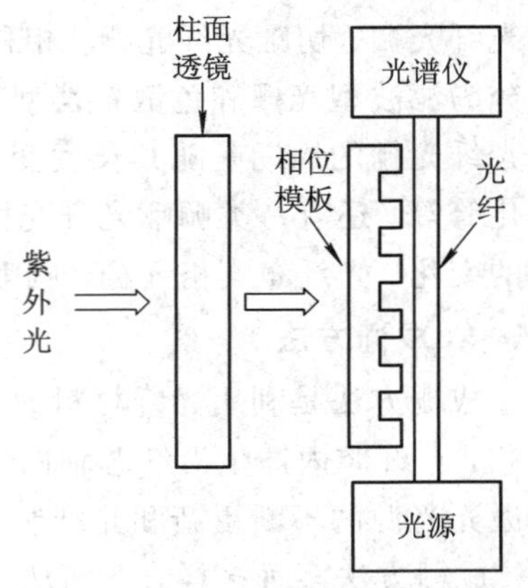

图 4.45 相位掩模法成栅示意图

2) 长周期光纤的成栅

(1) 振幅掩模法。振幅掩模法不采用衍射光束干涉条纹调制折射率来写入光栅，而是在模板上刻好光栅图案，通过光学系统，将图案垂直投射到光纤上，使纤芯折射率发生相应的变化。写入后对其退火，以稳定光学特性。成栅装置如图 4.46 所示。因为长周期光纤光栅的周期一般为几百微米，掩模板的制作很方便，而且精度容易得到保证，所以用这种方法制作的光栅，其一致性和光谱特性比较好，而且对紫外光的相干性没有要求。振幅掩模法是目前制做长周期光纤光栅最常用的一种方法。

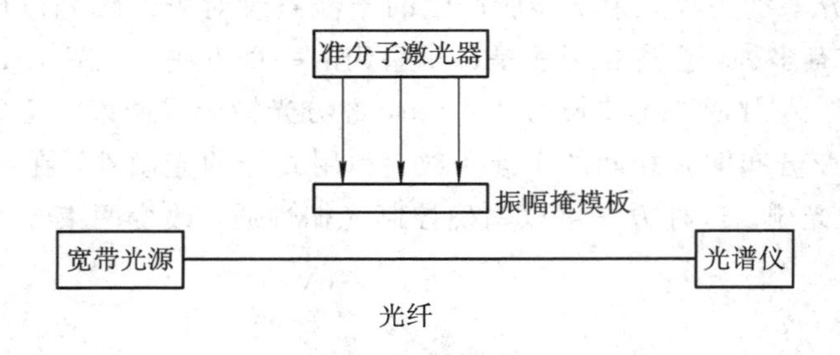

图 4.46 振幅掩模法 LPFG 成栅示意图

(2) 逐点写入法。这种方法是光束经柱面镜聚焦成细长条后在光纤侧面上曝光，写入光栅条纹后，利用精密机构控制光纤位移，每隔一个周期曝光一次，逐点写入光栅条纹，通过控制光纤移动速度来控制光栅的周期。这种方法在原理上具有最大的灵活性，对光栅的耦合截面可以任意进行设计制作，可以制作出任意长度的光栅，也可以制作出极短的高反射率光纤光栅。但是写入光束必须聚焦到很密集的一点，因此这一技术主要适用于长周期光栅的写入。它的缺点是需要复杂的光学聚焦系统和精确的位移控制平台。目前，由于各种精密移动平台的出现，这种长周期光纤光栅写入方法正在越来越多的被采用。

(3) 微透镜阵列写入法。这种方法的关键技术是采用一种微透镜阵列。微透镜阵列可用熔融石英光纤构成，相邻微透镜之间无间隙，微透镜之间的中心间距决定了写入光栅的空间周期。

采用微透镜阵列成栅如图4.47所示。当一宽束准分子激光垂直入射到微透镜阵列上时，透过微透镜阵列，在其焦平面上形成一系列等间距的聚焦条纹，再投影到单模光纤上，在光纤侧面上曝光，写入光栅条纹。实验表明，随着写入时间的延长，长周期光栅的深度也不断增大，特征波长向长波方向移动。因此，通过控制写入的时间和照射到模板上光栅的宽度，可以用同一块微透镜模板写入不同波长、不同透射率的长周期光栅。这种技术的写入效率比金属掩模技术高几倍。但微透镜阵列的缺点在于阵列和光纤之间的间隔需要精确控制，以及大功率的紫外光束很容易损坏微透镜阵列。

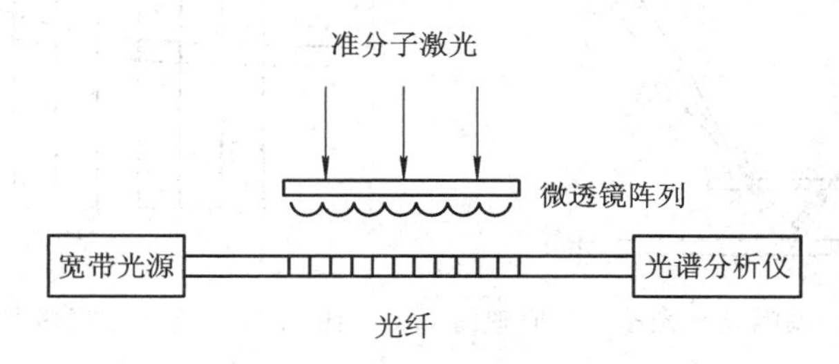

图4.47 微透镜阵列成栅示意图

3）啁啾光纤光栅的成栅

（1）二次曝光法。第一次曝光如图4.48(a)所示，不透明的模板在光纤与光源之间以恒定速度平移，使光纤的曝光时间线性地增加，从而在光纤上形成了一个渐变折射率梯度。第二次曝光如图4.48(b)所示，利用相位掩模板在第一次曝光的光纤段曝光，写入均匀周期光栅。两次曝光叠加形成一线性啁啾光纤光栅。这种二次曝光法的优点是利用了制作均匀光栅的曝光光路，使制作方法大大简化，缺点是两次曝光导致折射率变化量过大，易引起光栅色散曲线的振荡。

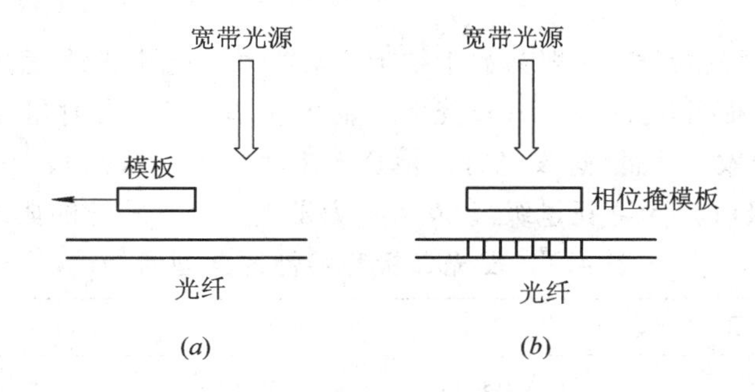

图4.48 二次曝光法啁啾光纤光栅成栅原理图

（2）全息干涉法。通过在双光束全息光路系统中加入焦距不等的柱状透镜，使两束光的干涉角度沿着光纤轴向发生连续变化，从而造成光纤的纤芯折射率发生周期性渐变，形成啁啾光纤光栅。如图4.49所示，紫外光经分光器M_1分为两束，经全反射镜M_2和M_3反射后，通过两柱状透镜F_1和F_2聚焦后干涉，形成具有啁啾性质的干涉条纹，再经第三个柱状透镜F_3，将之会聚后，在光纤上形成啁啾光栅。该方法的优点是可通过调节透镜的位置来改变啁啾量的大小，从而可获得任意带宽的啁啾光栅。但由于光的干涉条件比较苛刻，因此柱状透镜的相对位置和角度必须精确控制，任意微小的外部扰动都可能破坏光的干涉条件，故此方法的重复性较差。

(3) 弯曲法。此方法是利用均匀周期光栅成栅的曝光光路，只是使光纤机械变形便可制作啁啾光栅，如图 4.50 所示。此法的优点是所用光学器件少，利用同一周期的相位掩模板，可制成不同啁啾的光栅；缺点是弯曲角度较难控制和保持。

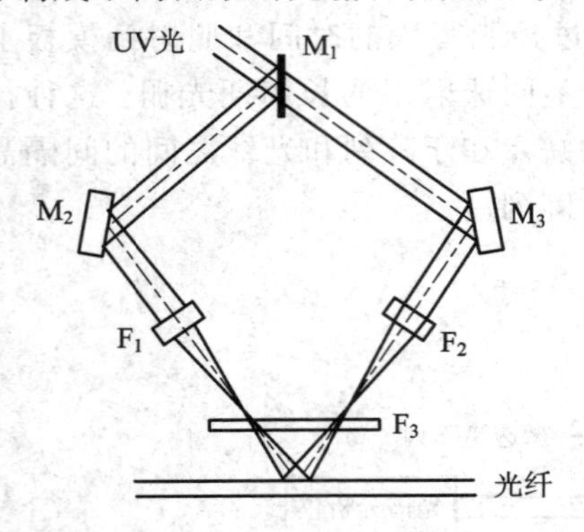

图 4.49　全息干涉法啁啾光纤光栅成栅原理图

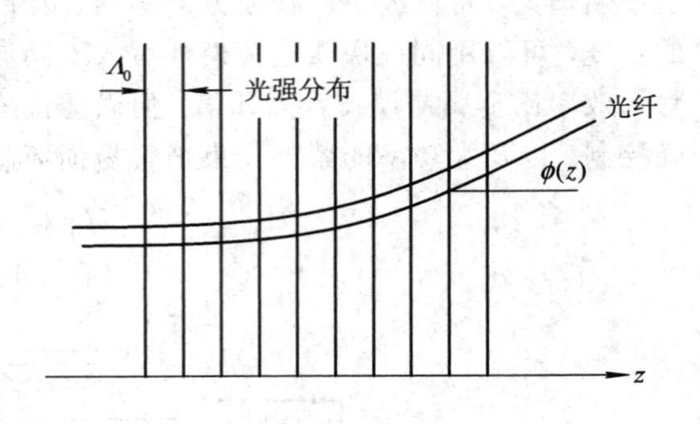

图 4.50　弯曲法啁啾光纤光栅成栅示意图

4.4.3　光源

在选择光纤光栅传感器的光源时，应考虑的因素很多，如光源的光谱特性、相干性、输入输出功率、与光纤的耦合难易程度、稳定性、尺寸等。另外，光源的价格也在很大程度上决定了这种光纤传感器最终是否能够实用化。

光源的性能直接影响光纤光栅传感系统的量程及抗噪声能力：为扩大测量范围，则应使用宽光谱光源；而欲提高检测信噪比，则要求光源输出功率高。光纤光栅传感系统常用的光源有发光二极管(LED)、激光二极管(LD)，超辐射发光二极管(SLD)和超荧光光源(SFS)。

LED 光源有较宽的带宽，一般为数十纳米，光功率－电流线性度好，工作稳定，室温下连续工作时间长，而且经济。但 LED 光源的输出功率较低、发射角大、谱线宽、响应速度低，与光纤的耦合效率很低(边发光管的耦合效率较面发光管高)，入纤光功率仅为几十微瓦到几百微瓦量级(LD 为毫瓦量级)。表 4.1 为发光二极管特性的典型值。

表 4.1　发光二极管特性的典型值

项　目	面发光型				边发光型
材料(发光区)	GaAlAs	InGaAsP			InGaAsP
峰值波长 λ_0/nm	850	1150	1300	1550	1300
光谱线宽 $\Delta\lambda$/nm	50	90	110	150	80
出纤光功率 P/μW	50*	50*	35*	20*	15**
调制截止频率 f_c/MHz	100	60	80	100	350

注：* G1 型光纤 (芯径 50 μm，NA＝0.2)，电流 100 mA；

** SM 型光纤(模块直径 10 μm)，电流 50 mA

LD光源具有单色性好、相干性强、波长范围宽、发送功率大、响应速度快，且使用方便的特点。但LD温度稳定性差，性能易退化。表4.2为半导体激光器特性的典型值。

表4.2　半导体激光器特性的典型值

材料(发光区)	GaAlAs (FP-LD)	InGaAsP (FP-LD)		InGaAsP (DFB-LD)	
峰值波长 λ_0/nm	850	1300	1550	1300	1550
阈值电流 I_{th}/mA*	60	20	20	20	20
输出光功率 P/(mW/单面输出)	8	10	8	10	8
光谱线宽(直流连续)/$\Delta\lambda$(nm)	2	2	2	50	8
响应速度(上升时间)/t_r(ns)	≤0.5	≤0.5	≤0.5	≤0.5	≤0.5

注：* 只有当注入电流大于激光器的阈值电流 I_{th} 时才输出相干的激光，这时输出功率随电流增大而急剧增加，否则是自发辐射的萤光，功率很小且随电流的增加而缓慢上升。即工作时应使激光器的工作电流大于阈值，要加偏置电流，其大小接近阈值，再加上信号脉冲电流驱动，就可获得输出的光脉冲。

超辐射发光二极管(SLD)是一种介于激光二极管(LD)和发光二极管(LED)之间的半导体光源，相对LED有较高输出功率，与LD相比光谱宽度($\Delta\lambda$)宽(见表4.3)，是光纤传感器的理想光源。在实际应用中与LD工作时情况相同，SLD管芯将产生热量，随着结温升高，SLD发光效率将降低，影响出纤功率稳定。超辐射发光二极管特性的典型值如表4.4所示。

表4.3　半导体发光器件的比较

	半导体激光器	发光二极管	超辐射发光二极管
光输出功率	高	低	高
与光纤的耦合效率	高	低	高
相干长度	长		短
温度特性	差	好	较差
响应速度	高	低	较低
反馈噪声	大	小	小
可靠性	低	高	高

表4.4　超辐射发光二极管特性的典型值

类　型	SLD	SLD	SLD	SLD	SLD
峰值波长/nm	670～690	830～850	960～990	1300～1320	1510～1560
典型功率/mW	1	40	2	5	0.2
光谱宽度/nm	10	15	35	20	35

用掺稀土元素光纤放大的自发辐射(ASE)可以构成超荧光光源(SFS)。与超辐射发光二极管(SLD)相比，SFS具有荧光谱线宽、偏振相关度低、温度稳定性好、功率高、光谱稳定、受环境影响小、使用寿命长，和易于与单模光纤耦合等诸多优点。研究最广泛的是掺铒光源，例如，运用单程后向结构，通过优化掺Er光纤结构，从实验上实现了一种功率达29.4 mW，平均波长为1544.336 nm的高功率宽带掺Er超荧光光源，3 dB带宽为31.2 nm，在C波段1525～1565 nm之间可实现功率高于27.8 mW，在1532.1～1560.6 nm间的平坦度可达±0.5 dB(不加任何滤波器的条件下)，可以较好地满足光纤Bragg光栅在传感领域的研究和实用化的应用要求。

4.4.4　信号解调

在光纤光栅传感系统中，信号解调一部分为光信号处理，完成光信号波长信息到电参量的转换；另一部分为电信号处理，完成对电参量的运算处理，提取外界信息，并以人们熟悉的方式显示出来。其中，光信号处理，即传感器的中心反射波长的跟踪分析是解调的关键。

传感器的中心反射波长跟踪分析的关键技术无疑就是波长漂移的检测。有各种各样的检测方法，包括光谱仪检测法、匹配光栅法、可调谐Fabry－Perot法、非平衡Mach－Zehnder干涉仪跟踪法、可调谐光源法等等。

1. 光谱仪检测法

光谱仪检测法是光纤光栅传感器的波长移位最直接的检测方法。光信号由宽带光源(如发光二极管LED、超辐射发光二极管SLD)输入光纤光栅，再用光谱仪(或多波长计)检测输出光的中心波长移位，如图4.51所示。使用光谱仪进行测量，在光功率、信噪比、信道增益方面能够得到较为理想的结果，分辨率可达0.001nm，基本可满足对光栅布拉格波长移位量的分辨。这种方法的优点是设备结构简单，缺点是这类光谱仪的价格高、体积大，不能直接输出对应波长变化的电信号，适合实验室使用。

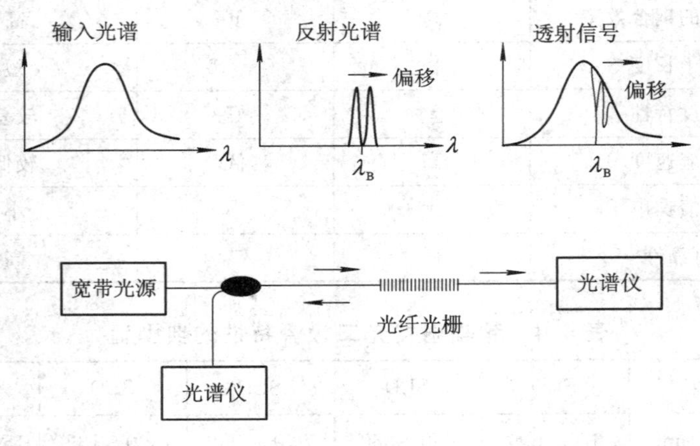

图4.51　光谱仪检测法

2. 匹配光栅滤波法

在检测端设置一参考光栅，其光栅常数与传感光栅相同。参考光栅贴于一压电陶瓷片(PZT)上，PZT由一外加扫描电压控制，如图4.52所示。当传感光栅处于自由态时，参考光栅的反射光最强，光探测器输出信号幅度最高。这时控制扫描信号发生器使之固定输出为零电平，当传感光栅感应外场时，波长发生移位，使参考光栅的反射光强下降，信号发生器工作，使参考光栅的输出重新达到原有值，这时的扫描电压对应一定的外界物理量。图 4.52 中，光纤光栅的另一输出端涂有少量匹配液，以保证剩余光不会产生反射。

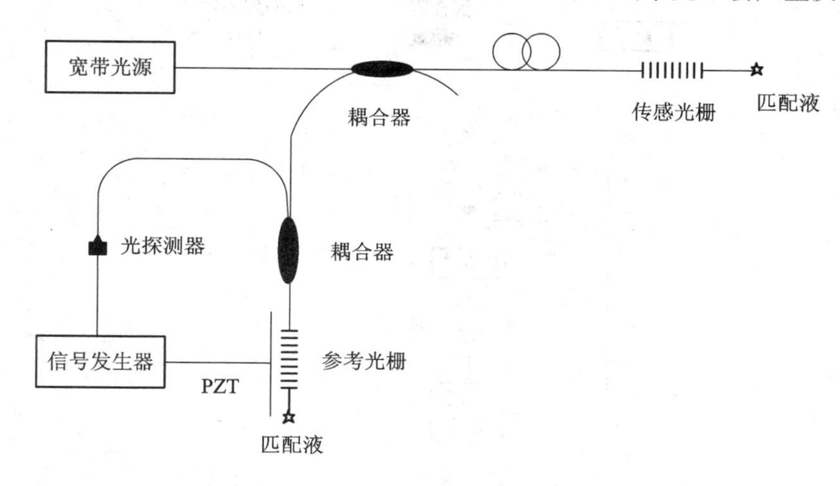

图 4.52　匹配光栅滤波法

匹配光栅检测结构简单、线性度好、各类强度噪声对输出结果无影响，而且对最终检测的反射光强也无绝对要求。不足之处是，两个光栅要严格匹配，光损耗较大。系统的检测灵敏度由 PZT 的位移灵敏度决定，和光纤光栅的高灵敏度不匹配，PZT 的响应速度有限且非线性会影响输出结果。使用这种方法适合于测量静态或低频变化的物理量。

3. 可调谐 F－P 滤波器法

可调谐 F－P 滤波器法原理如图 4.53 所示。传感阵列 FBG 的反射信号进入可调光纤 F－P 滤波器(FFP)，当调节 FFP 的透射波长至 FBG 的反射峰值波长时，滤波后的透射光强达到最大值。通过压电陶瓷(PZT)精确移动平面镜的间距，可改变 Fabry－Perot 腔的腔长，从而实现滤波器的调谐。该滤波器有两种工作形式：可检测单个光栅的跟踪(闭环)模式；可检测多个光栅的扫描模式。为保证光纤光栅的反射信号总能被 FFP 检测，FFP 的自由光谱区应大于光纤光栅的工作光谱区。该解调法可实现动态和静态的测量，但高精度

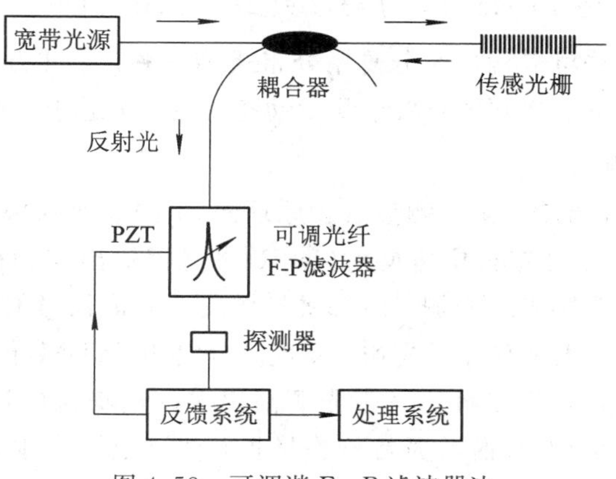

图 4.53　可调谐 F－P 滤波器法

FFP成本较高。

4. 非平衡Mach-Zehnder(M-Z)干涉仪跟踪法

非平衡Mach-Zehnder干涉仪跟踪法，其原理如图4.54所示。

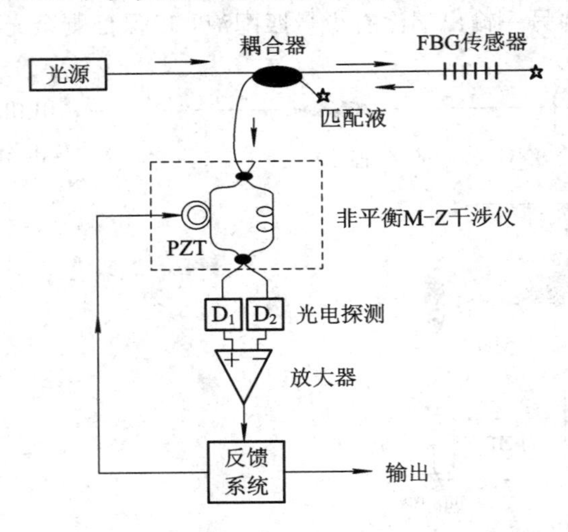

图4.54 非平衡Mach-Zehnder干涉仪跟踪法

宽带光源的光经过耦合器注入到传感光纤光栅，其反射光经另一耦合器进入不等臂长的M-Z干涉仪(光程差为nd)，通过M-Z干涉仪把布拉格波长漂移转化为相位变化。若干涉仪的两臂相位差为

$$\varphi(\lambda)=\frac{2\pi nd}{\lambda_B}$$

式中，n为光纤的折射率，d为干涉仪的两臂长度差。当FBG传感器反射波长的漂移为$\Delta\lambda_B$时，引起的相位变化为$\Delta\varphi$

$$\Delta\varphi(\lambda)=-2\pi nd\frac{\Delta\lambda_B}{\lambda_B^2}$$

由上式可见，探测器测得$\Delta\varphi$便可得到FBG波长变化量，从而探知被测信号大小。该装置可以用来进行动态应变的高分辨率测量(大于100 Hz)，具有低于纳米级的应变分辨率，当所检测的应变振源频率为10 Hz时，分辨率为$2n\varepsilon/\sqrt{\text{Hz}}$，500 Hz时其应变分辨率可达$0.6n\varepsilon/\sqrt{\text{Hz}}$。利用此方法可以构成时分复用分布式传感系统。此方案具有宽带宽、高分辨率等优点，但随机相移使得该方法局限于测量动态应变，不适于对绝对应变的测量。

5. 波长可调谐光源法

图4.55为一波长可调谐光源法测量装置原理图。图中，锯齿波发生器将周期性扫描电压施加于PZT调谐器，使分布布拉格反射(DBR)激光器输出与扫描电压成比例的窄带调谐光，再将调谐光输入传感光纤光栅。由每次扫描反射光最强时的扫描电压可知相应的波长值。窄带可调谐光可输入多只光纤光栅，实现波分复用(WDM)传感网络。该方案最大的优点在于使用光纤激光器可以获得比宽带光源高得多的信噪比(SNR)，并有高的分辨率；不足之处在于高精度的PZT调谐器通常价格昂贵，调谐范围有限，而且检测速度受PZT响应时间和控制回路的限制。

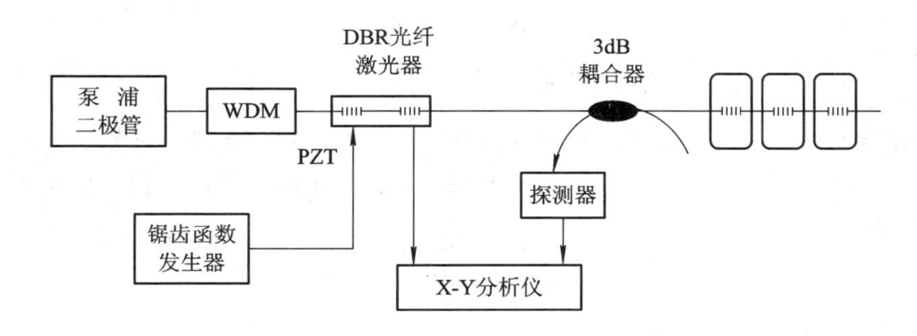

图 4.55　波长可调谐光源法

4.4.5　光纤光栅的灵敏度

温度、应变和应力的变化会引起栅距和折射率的变化，从而使光纤光栅的反射和透射谱发生变化。通过检测光纤光栅反射谱或透射谱的变化，就可以获得相应的温度、应变和压力信息。利用磁场诱导的左右旋圆偏振光的折射率变化不同，可实现对磁场的测量。

1. 温度灵敏度

温度影响布拉格波长是由热膨胀效应和热光效应引起的。由式(4.10)可知，光纤光栅的中心反射波长可以表示为

$$\lambda_B = 2n_{eff}\Lambda$$

光栅周期 Λ 和光栅区的有效折射率 n_{eff} 均会受外界环境影响(温度、应力、压力等)而变化，这样的变化会导致光纤光栅的反射波长发生移动。假设均匀压力场和轴向应力场保持恒定，由温度变化引起的光纤光栅反射波长的相对移动为

$$\frac{\Delta\lambda_B}{\lambda_B} = \frac{\Delta\Lambda}{\Lambda} + \frac{\Delta n_{eff}}{n_{eff}} = \left(\frac{1}{\Lambda}\frac{\partial\Lambda}{\partial T} + \frac{1}{n_{eff}}\frac{\partial n_{eff}}{\partial T}\right)\Delta T = (\alpha_f + \xi)\Delta T \tag{4.11}$$

式中，$\xi = \frac{1}{n_{eff}}\frac{\partial n_{eff}}{\partial T}$为热光系数，$\alpha_f = \frac{1}{\Lambda}\frac{\partial\Lambda}{\partial T}$为光纤的热膨胀系数，描述光栅的栅距随温度的变化关系。布拉格波长的变化与温度之间的变化有良好的线性关系，通过测量光纤光栅反射波长的移动 $\Delta\lambda_B$ 便可以确定环境温度 T 的变化。这样可以推导出常温和常应力条件下的 FBG 温度灵敏度系数为

$$\frac{1}{\lambda_B}\frac{\Delta\lambda_B}{\Delta T} = 6.7\times10^{-6}/℃$$

2. 应变灵敏度

应变影响布拉格波长是由于光栅周期的伸缩和弹光效应引起的。假设温度场和均匀压力场保持恒定，光纤光栅仅受轴向应力作用。轴向应变引起光纤光栅的栅距和折射率发生变化，因此有

$$\frac{\Delta\lambda_B}{\lambda_B} = \frac{\Delta\Lambda}{\Lambda} + \frac{\Delta n_{eff}}{n_{eff}}$$

式中，$\Delta\Lambda$ 是轴向应变引起的栅距变化。Δn_{eff} 是轴向应变引起的折射率变化。对各向同性介质

$$\frac{\Delta n_{eff}}{n_{eff}} = -\frac{1}{2}n_{eff}^2[(1-\mu)P_{12} - \mu P_{11}]\varepsilon = P_e\varepsilon$$

其中

$$P_e=-\frac{1}{2}n_{\mathrm{eff}}^2[(1-\mu)P_{12}-\mu P_{11}]$$

式中，ε 是轴向应变，μ 是泊松比，P_{11} 和 P_{12} 为弹光系数。对于典型的石英光纤 $n_{\mathrm{eff}}=1.46$，$\mu=0.16$，$P_{11}=0.12$，$P_{12}=0.27$，则 $P_e=0.22$。取近似光栅的周期的相对变化等于光栅长度的相对变化

$$\frac{\Delta\Lambda}{\Lambda}=\frac{\Delta L}{L}=\varepsilon$$

式中，L 为光纤光栅的长度。得

$$\frac{\Delta\lambda_B}{\lambda_B}=(1-P_e)\varepsilon=0.78\varepsilon \tag{4.12}$$

则光纤光栅轴向灵敏度系数为

$$\frac{\frac{\Delta\lambda_B}{\lambda_B}}{\varepsilon}=0.78=\frac{7.8\times10^{-7}}{\mu\varepsilon}\quad(\mu\varepsilon=10^{-6}\text{ 为微应变单位符号})$$

3. 压力灵敏度

压力影响也是由光栅周期的伸缩和弹光效应引起的。假设温度场和轴向拉力保持恒定，由 $\lambda_B=2n_{\mathrm{eff}}\Lambda$，有

$$\frac{\Delta\lambda_B}{\lambda_B}=\left(\frac{1}{\Lambda}\frac{\partial\Lambda}{\partial P}+\frac{1}{n_{\mathrm{eff}}}\frac{\partial n_{\mathrm{eff}}}{\partial P}\right)\Delta P=\left(\frac{1}{L}\frac{\partial L}{\partial P}+\frac{1}{n_{\mathrm{eff}}}\frac{\partial n_{\mathrm{eff}}}{\partial P}\right)\Delta P$$

式中，Λ 为光栅周期，L 表示光纤光栅长度，n_{eff} 是光栅区纤芯部分的有效折射率，P 为作用于光纤光栅的压力。上式表示光纤光栅的波长相对变化 $\Delta\lambda_B/\lambda_B$ 与压力变化 ΔP 之间的关系。

对各向同性介质，设光栅的周期的相对变化等于光栅长度的相对变化，可导出光纤光栅长度的相对变化和折射率的相对变化与压力变化的关系为

$$\frac{\Delta L}{L}=-\frac{1-2\mu}{E}\Delta P$$

$$\frac{\Delta n_{\mathrm{eff}}}{n_{\mathrm{eff}}}=\frac{1-2\mu}{2E}n_{\mathrm{eff}}^2(2P_{12}+P_{11})\Delta P$$

式中，E 为光纤的杨氏模量，μ 为光纤的泊松比，P_{11} 和 P_{12} 是光纤的弹光系数。这样得到光纤光栅的压力灵敏度为

$$\frac{\Delta\lambda_B}{\lambda_B\Delta P}=\frac{1-2\mu}{E}\left[\frac{n_{\mathrm{eff}}^2}{2}(2P_{12}+P_{11})-1\right] \tag{4.13}$$

若光纤光栅的杨氏模量为 $7\times10^{10}\ \mathrm{N/m^2}$，泊松比为 0.17，弹光系数 P_{11} 和 P_{12} 分别是 0.121 和 0.270，纤芯的折射率是 1.465，按照式(4.13)可以得到其灵敏度是 -4.86×10^{-6}/MPa。由于掺杂成分和掺杂浓度的不同，各种光纤光栅的压力灵敏度差别较大。

4. 磁场灵敏度

由于磁场作用的法拉第效应，左右旋圆偏振光的折射率变化不同，从而引起偏振相关损耗。利用磁场与偏振相关损耗之间存在的关系，通过检测输出光的偏振相关损耗，可以达到磁场测量的目的。

依据法拉第效应，当线偏振光在光纤光栅中传播时，由磁场引起的左旋和右旋圆偏振光折射率之差为

$$\Delta n = n_L - n_R = \frac{VB\lambda}{\pi}$$

式中，n_L、n_R分别为左旋、右旋圆偏振光等效折射率，B 为磁感应强度，λ 为偏振光波长，V 为 Verdet 常数。石英光纤在 1300 nm 波长附近的 Verdet 常数约为 8×10^{-5} rad/Gs・m。

由 $\lambda_{BL}=2n_{effL}\Lambda$、$\lambda_{BR}=2n_{effR}\Lambda$，则有

$$\lambda_{BL} - \lambda_{BR} = \frac{2}{\pi}VB\lambda\Lambda$$

通过测量光栅两个反射峰的距离，利用上式可确定磁场大小。但该方法需要很精密的仪器和复杂的步骤。下面介绍通过偏振相关损耗(PDL)测量磁场的方法。

折射率的差异，导致光纤布拉格(FBG)的圆偏振相关损耗。偏振相关损耗(PDL)定义为两个偏振模之间的差分损耗，对 FBG 其 PDL 为

$$f_{PDL}(\lambda) = \left| 10\lg\left[\frac{T_L(\lambda)}{T_R(\lambda)}\right] \right| \tag{4.14}$$

式中，$T_L(\lambda)$和 $T_R(\lambda)$分别为左、右旋圆偏振光的能量透射系数。

图 4.56 给出了偏振相关损耗峰值随磁场变化的近似曲线。在近似条件下，以 dB 表示的 PDL 值与外加磁场成正比。利用 PDL 与外加磁场的这一关系，可以较为方便地进行磁场测量。

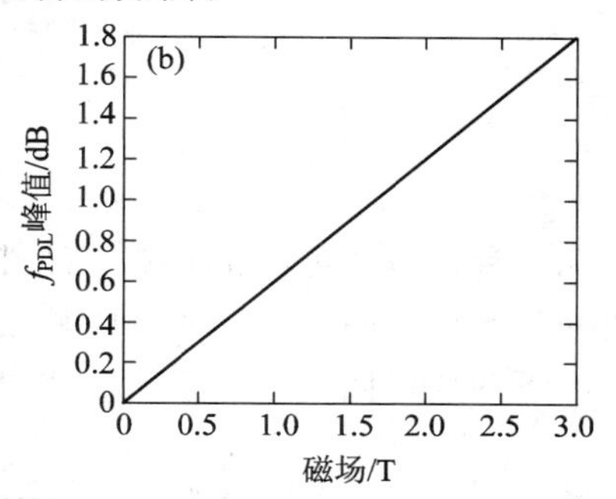

图 4.56 f_{PDL}的峰值随磁场的变化

4.4.6 光纤光栅传感器

1. 光纤光栅温度传感器

假设均匀压力场和轴向应力场保持恒定，由温度变化引起的光纤布拉格光栅反射波长的相对变化由式(4.11)表示。

通过测量光纤光栅反射波长的移动 $\Delta\lambda_B$便可以确定环境温度 T。布拉格波长的变化与温度之间的变化有良好的线性关系，图 4.57 为 $\lambda_B=1550.190$ nm，环境温度为 $T=25$℃～49℃时测得的裸光纤布拉格光栅波长随温度变化的曲线。

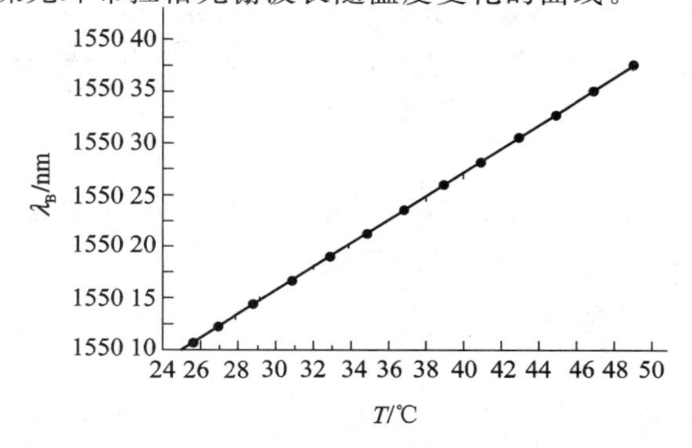

图 4.57 裸光纤布拉格光栅波长随温度变化的曲线

图 4.58 为用一根裸光纤布拉格光栅(FBG)对温度进行测量的原理图。中心波长为 1.55 μm 的典型光纤布拉格光栅，在室温条件下，其灵敏度是 8.2～12 pm/℃。可见，用裸光纤布拉格光栅来测量温度，其线性度比较好，但是灵敏度比较低。为了增强其灵敏度，人们对此进行了各种设计，将光纤光栅粘贴于温度灵敏度比较大的基底材料上是常用的方法之一。

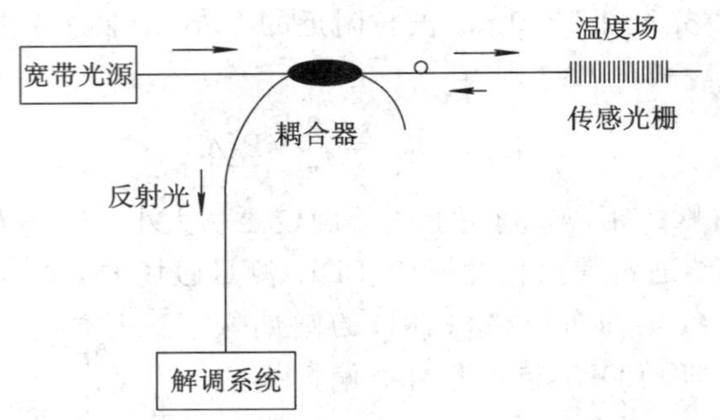

图 4.58　裸光纤布拉格光栅(FBG)对温度进行测量的原理图

一种比较常见的粘贴基底材料的板式结构如图 4.59 所示。图 4.59(*a*)为用环氧树脂胶将光纤光栅粘贴于单层的聚四氟乙烯上的结构，图 4.59(*b*)是将光纤光栅用环氧树脂粘贴于上下两层聚四氟乙烯之间的结构。

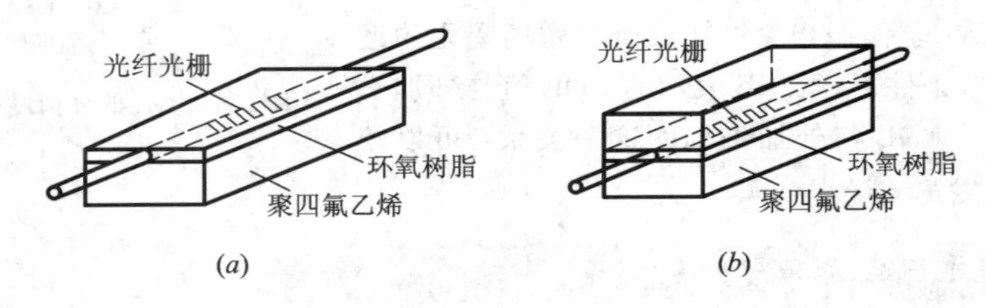

图 4.59　板式结构的光纤光栅温度传感器

2. 光纤光栅位移应变传感器

图 4.60 为悬臂梁光纤光栅位移应变传感器的原理图。图中发光二极管(LED)作为光源，接收装置是光谱分析仪(OSA)，光纤布拉格光栅(FBG)粘贴在悬臂梁上，光耦合器的分光比为 1∶1。被测量的物体通过一突出物作用于悬臂梁的自由端。悬臂梁可以是等截面梁，也可以是等强度梁。当右侧的被测量物体上下移动时，悬臂梁将被上下弯曲，通过悬臂梁把被测量物体的位移转变为光纤光栅的应变。

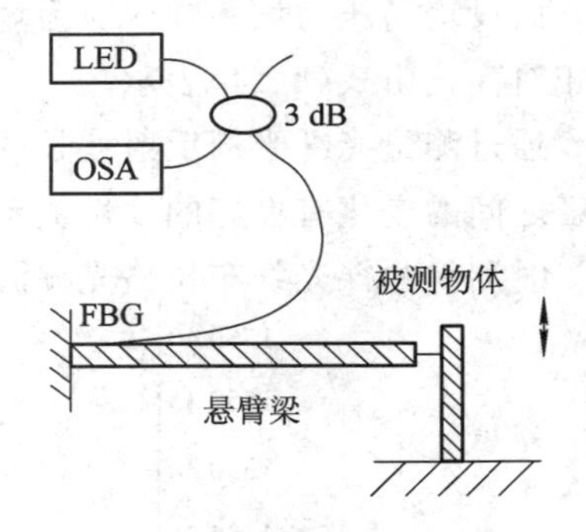

图 4.60　悬臂梁光纤光栅位移应变传感器

如果测得悬臂梁某点处的 $\Delta\lambda_B/\lambda_B$，则由(4.12)可得到应变 ε。由应变式传感器中的等截面梁或等强度梁的计算公式可以换算得到自由端的位移。

3. 光纤光栅压力传感器

由式(4.13)得到其灵敏度是 -4.86×10^{-6}/MPa。有人进行了测量，在 0～70 MPa 的

范围内，光纤光栅的中心波长只移动了 0.22 nm，这样的灵敏度太低，需要对光纤光栅进行增敏。例如，图 4.61 为玻璃球光纤光栅压力传感器，图(*a*)为测量装置，图(*b*)为该传感器增敏结构。对于这种玻璃球增敏结构，当它受压时，其直径的相对变化率 $\Delta d/d$ 与压强的变化 ΔP 有如下的关系：

$$\frac{\Delta d}{d}=-\frac{d(1-\mu)}{4Et}\Delta P$$

式中，E 是杨氏模量，μ 是泊松比，t 是玻璃球的壁厚。如果光纤与玻璃球紧密结合，则可认为由压力引起的光纤光栅的应变与玻璃球直径的相对变化 $\Delta d/d$ 是相等的。由式(4.12)可得

$$\frac{\Delta\lambda_B}{\lambda_B}=-0.195\frac{d(1-\mu)}{Et}\Delta P$$

由上式可见，$\Delta\lambda_B/\lambda_B$与玻璃球直径成正比，与壁厚成反比，增加直径、减小厚度，可以提高压力灵敏度。例如，设玻璃球直径为 5.0 mm、壁厚为 0.2 mm、其杨氏模量为 7×10^{10} N/m^2、泊松比为 0.2，则计算得到压力灵敏度为-5.57×10^{-5}/MPa，比裸光纤(-4.86×10^{-6}/MPa)提高了一个数量级。

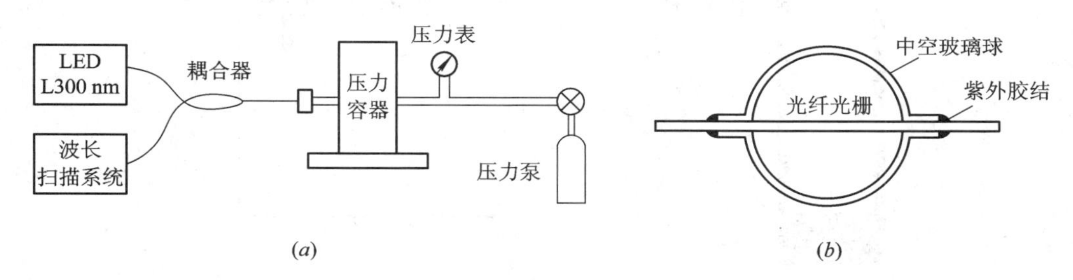

图 4.61　玻璃球光纤光栅压力传感器

另一个光纤光栅压力传感器的结构如图 4-62 所示。两块金属板用调节螺旋与金属圆环固定，光纤光栅两端固定于金属板的中心，并通过两个固定点拉紧。在压力作用下金属板弯曲，光纤光栅发生形变。圆环的直径增大、金属板减薄，压力灵敏度增加。在恒温条件下，确定压力传感头的测试零点。选择不同金属板材，或同种板材的不同厚度，可设计不同量程范围。

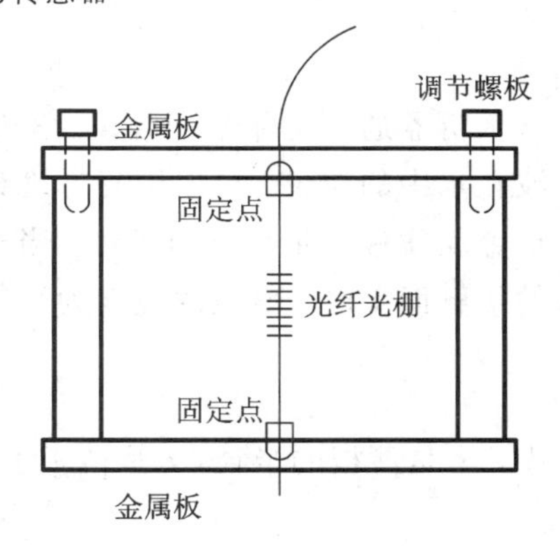

图 4.62　光纤光栅压力传感器

4. 光纤光栅水声传感器(水听器)

水声传感器，简称水听器，是用于测量水中微弱声信号的仪器。水听器是声呐的核心部件，在军事领域中有着重要的应用，在水声物理、水声工程研究以及民用领域如海洋石油和天然气的勘探、海洋渔业、地震波探测等方面也有着广泛的用途。原则上，以上列举的光纤光栅压力传感器均可用作水听器，但要求有高的灵敏度、宽的工作频带，能承受高的静水压，能耐海水的长期腐蚀以及适应温度变化和振动冲击等恶劣的环境条件。

当传感光栅处的水声声压变化 ΔP 时，由式(4.13)可得传感光栅相应的中心反射波长

相对变化可以表示为

$$\frac{\Delta\lambda_B}{\lambda_B}=\frac{1-2\mu}{E}\left[\frac{n_{eff}^2}{2}(2P_{12}+P_{11})-1\right]\Delta P$$

所以，通过实时检测中心反射波长偏移量 $\Delta\lambda_B$，即可获得声压 ΔP 的变化的信息。

为了达到实用的高灵敏度，设计光纤光栅敏感探头的增敏结构是关键。图 4.63(*a*)为一光纤光栅水听器增敏结构示意图。图中，光纤光栅固定于刚性端盖和弹性金属薄圆片的中心并被拉紧。理论上，在相同声压作用下，弹性片厚度越薄变形越大，即灵敏度越高。但弹性片厚度越薄，能经受静水压的能力也越弱，需要根据实际使用要求加以折衷。图 4.63(*b*)为 FBG 水听器敏感原理图。当周期变化的水声信号作用时，薄板作弯曲振动，与其连接的光纤作伸缩振动，使 FBG 中心波长产生与水声信号相应的周期变化，从而实现对水声信号的检测。

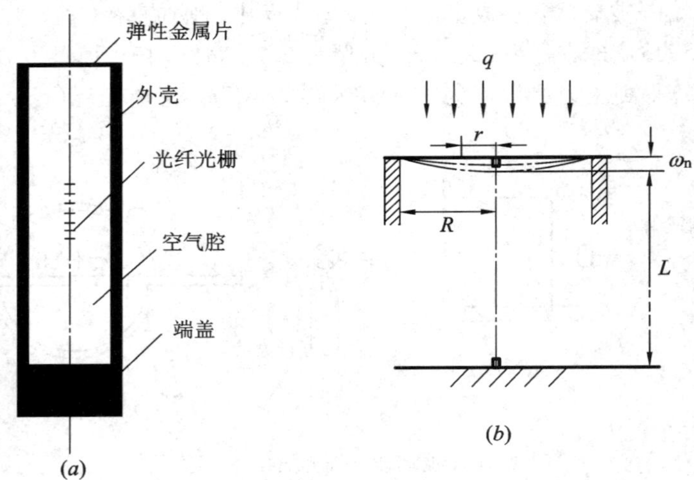

图 4.63 薄弹性金属圆片结构增敏示意图

水听器通常工作于低频段，工作频率远低于圆形金属薄板的共振频率，其尺寸远小于声波在水中的波长，可以用静态理论近似推导水听器的灵敏度表达式。假设圆管壁较厚，圆形金属薄板满足夹支边条件。当压力 q(包括静水压 p_0 与声压 Δp)均匀地施加在薄板和水的接触面上时，薄板的挠度为

$$w_S(q,\ r)=\frac{q}{64D}(R^2-r^2)^2$$

式中，R 是薄板的半径，r 是薄板上某点与圆心的距离，D 为薄板的刚度。

$$D=\frac{E_S t^3}{12(1-\mu^2)}$$

式中，E_S为薄板的杨氏模量，t 为薄板的厚度，μ 为泊松比。因为薄板的中心和 FBG 紧密连接，端盖近似为刚性，所以薄板中心的挠度 w_{SC} 近似等于长为 L 的 FBG 光纤的伸长 ΔL，即

$$w_{SC}=w_S(q,\ r)\Big|_{r=0}=\frac{q}{64D}R^4=\frac{12}{64}\,\frac{(1-\mu^2)}{E_S t^3}R^4 q=\Delta L$$

由应变灵敏度公式(4.12)和光纤参数

$$\frac{\Delta\lambda_B}{\lambda_B} = (1-P)\varepsilon = 0.78\varepsilon$$

此处

$$\varepsilon = \frac{\Delta L}{L} = \frac{w_{SC}}{L}$$

则得到声压灵敏度表达式为

$$\frac{\Delta\lambda_B/\lambda_B}{\Delta p} = \frac{12}{64}\frac{1-\mu^2}{E_S}\frac{R^4}{t^3}\frac{1-P}{L} = 0.78 \times \frac{12}{64}\frac{1-\mu^2}{E_S}\frac{R^4}{t^3 L}$$

由 $E_S=1.06\times10^{11}$ Pa，$t=0.1$ mm 和 $\mu=0.3$，得

$$\frac{\Delta\lambda_B/\lambda_B}{\Delta p} = 1.96\times10^{-2}/\text{MPa}$$

约为裸光纤灵敏度(4.86×10^{-6}/MPa)的 4000 倍。

通过实验测量一个具体的样品，表明该增敏结构使灵敏感度提高了 79 dB，即增敏近 9000 倍。该实验采用的系统如图 4.64 所示。图中，振动液柱产生水声信号，宽带光源的光信号经光环形器注入光纤光栅水听器，反射光信号经外调制 Michelson 干涉仪产生干涉信号，经探测器转换为电信号输入数据采集器，再输入计算机解调。

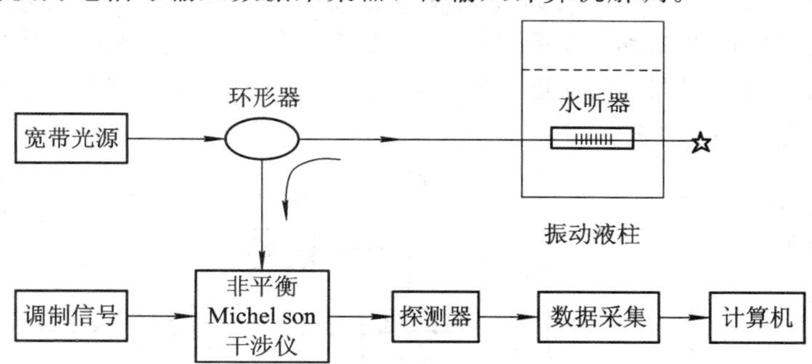

图 4.64　光纤光栅水听器实验系统

图 4.64 所示的光环行器是一种多端口非互易光学器件，它的典型结构有 N(N 大于等于 3)个端口，如图 4.65 所示。当光由端口 1 输入时，光几乎毫无损失地由端口 2 输出，其他端口处几乎没有光输出。光由端口 2 输入时，光几乎毫无损失地由端口 3 输出，其他端口处几乎没有光输出。以此类推。这 N 个端口形成了一个连续的通道。光环形器的非互易性使其成为双向通信中的重要器件，它可以完成正反向传输光的分离任务。

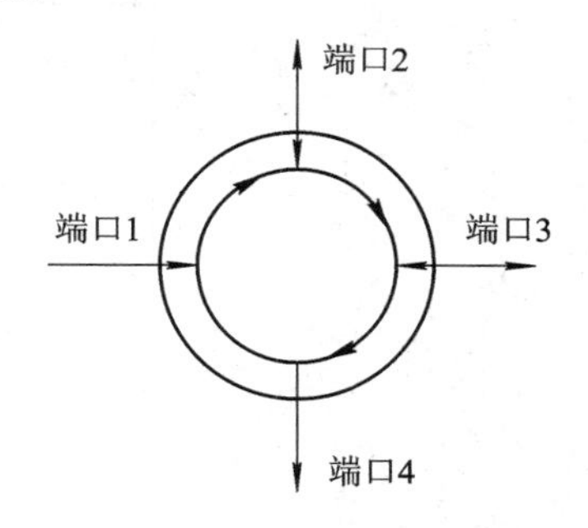

图 4.65　光环形器示意图

5. 光纤光栅振动与加速度传感器

图 4.66 为匹配光纤光栅法振动传感实验装置原理图。图 4.66(a)为实验装置，图中光纤光栅 FBG1 为传感光栅，光纤光栅 FBG2 为检测匹配光栅。图 4.66(b)为传感光纤光栅 FBG1 的悬臂梁结构。传感器光栅粘贴在弹性薄钢片上，绕有线圈的电磁铁激励弹性薄钢片作机械振动。当信号源给线圈加上交变信号时，电磁铁在交变电流的作用下产生交变磁场，弹性薄钢片在周期性交变磁场激励下振动，引起光栅常数周期性变化，导致光栅峰值

反射波长周期性漂移。

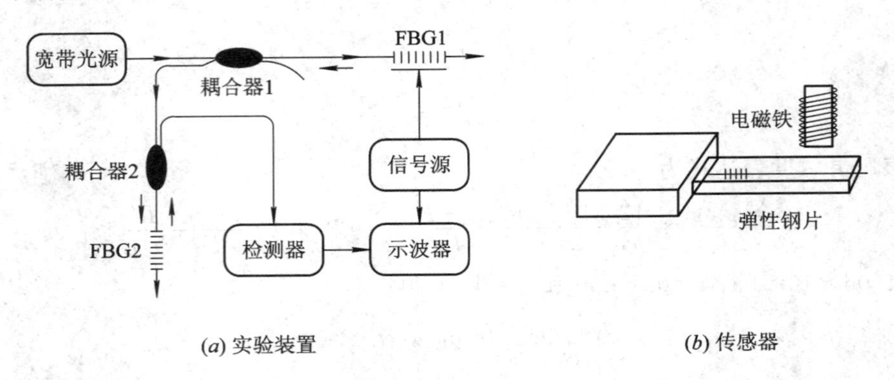

图 4.66　匹配光纤光栅法的振动传感实验装置示意图

匹配光栅 FBG2 的光栅常数与传感光栅 FBG1 相同。当传感光栅峰值反射波长周期性地漂移时，检测器输出相应的周期信号并经由示波器显示。信号源的激励信号也同时在示波器上显示。

一个利用简支梁结构的光线光栅加速度传感器实验装置如图 4.67 所示。图中激振器在梁的中心激励梁做周期振动，光纤光栅与加速度计置于对称位置，光纤光栅的光信号经解调器解调输入数据采集器，加速度计经电荷放大器放大也输入数据采集器，两路信号一并进入计算机进行处理和比较。

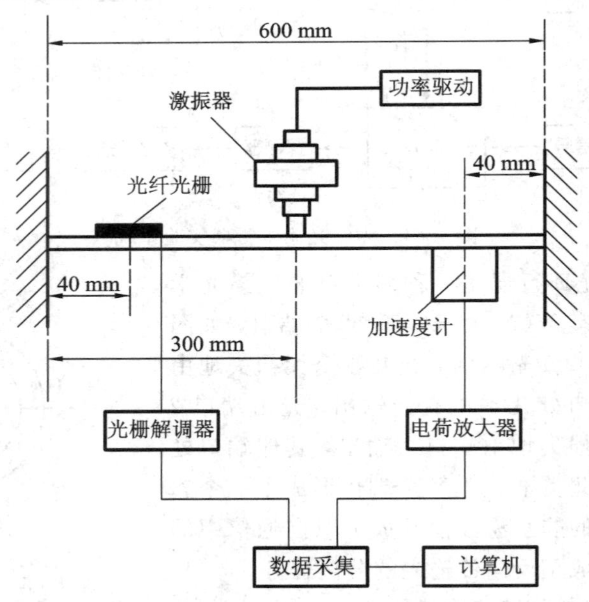

图 4.67　简支梁结构的光纤光栅加速度传感器

6. 光纤光栅磁场传感器

采用光纤布拉格光栅(FBG)探测磁场的方案，常用的是基于光纤光栅对外应变(力)的敏感性，在光纤光栅外涂上磁致伸缩材料或将光纤光栅镶入磁致伸缩材料中，也可以在光纤光栅表面贴装磁性薄膜，形成磁场传感头。在磁场作用下，借助磁致伸缩效应，转换为光纤光栅的形变，达到磁场探测目的。确定波长变化与被测磁场之间的对应关系，就可以准确地测量磁场了。也可在已知磁场的条件下，对于不同的磁性材料，通过测量其光谱位移量，能够得到该种材料的磁致伸缩常数。但是由于磁致伸缩材料的形变属于机械运动，不适合测量频率较高的时变磁场，基于偏振效应的光纤光栅磁场传感器，利用以 dB 表示的 f_{PDL} 值与磁场近似成正比的关系式(4.14)，可以较为方便地来测量外加磁场大小。利用光纤光栅的偏振效应来进行磁场传感，可以同时解决瞬态磁场与弱磁场的问题，而且光栅的设计比较灵活，对于传感头的设计也更加方便。

4.4.7 光纤光栅传感器网络

光纤布拉格光栅传感器的突出优点之一是可实现分布式传感，即在一根或多根光纤上刻入多个光纤光栅，并利用复用技术实现对各种输入量的分布式测量。在需求上，被测对象往往是呈空间分布的场，如温度场、应力场等，为了获得比较完整的信息，需要采用分布式的传感系统。在实际应用中，单一节点的 FBG 传感器在性价比上并不占优势，而通过复用技术构成光纤光栅 FBG 阵列，实现分布式传感获得多元被测量的大小和空间分布，可大幅度提高性价比。

根据复用方式的不同，可将 FBG 传感网络分为波分复用(WDM，Wavelength Division Multiplexing)、时分复用(TDM，Time Division Multiplexing)、空分复用(SDM，Space Division Multiplexing)等。此外，不同类型的复用网络相结合还可构成混合复用网络。下面介绍光纤光栅传感组网中的复用技术。

1. WDM 传感网络

由于光纤光栅的传感信号是波长编码的，因此波分复用技术在光纤光栅传感组网中起着重要的作用。波分复用是通过光纤总线上各传感器的调制信号的特征波长来寻址。原理如图 4.68 所示，多条分别写入各不相同 Bragg 波长的光纤光栅，构成一定的空间分布，宽带光源通过耦合器分别注入到各条光纤通路，并被光纤光栅反射，由于每个波长信号携带不同测量点、不同参量(可以是同一测量点的信息)的信息，在经过耦合器取出反射信号后，再用波长探测解调系统同时对多个光栅的波长偏移进行测量，从而检测出相应被测量的大小和空间分布。由于受光源带宽和功率以及解调技术的限制，每根光纤线路上复用的光纤光栅数目会受到一定的限制。

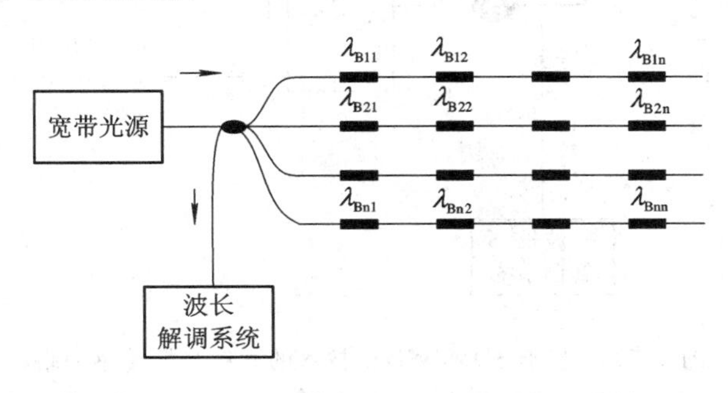

图 4.68 WDM 光纤光栅的传感网络原理

2. TDM 传感网络

TDM 光纤光栅传感网络原理如图 4.69 所示。各传感光纤光栅(FBG)之间由光纤延迟线(S_n)连接，利用同一根光纤上的 FBG 传感器之间的光程差，即光纤对光波的延迟效应来寻址。当一个光脉冲(脉宽小于光纤延迟线的传输时间)注入到光纤时，由于光纤总线上各传感器距光脉冲发射端的距离不同，在光纤总线的始端(或终端)将会接收到许多光脉冲，其中每一个光脉冲对应光纤总线上的一个光纤光栅传感器，光脉冲的延时量反映了传感器在光纤总线上的地址，光脉冲的幅度或波长的变化即反映了该点被测量的大小。注入的光脉冲越窄，传感器在光纤总线上的允许间距越小，可耦合的传感器越多，但对解调系统的要求也越苛刻。

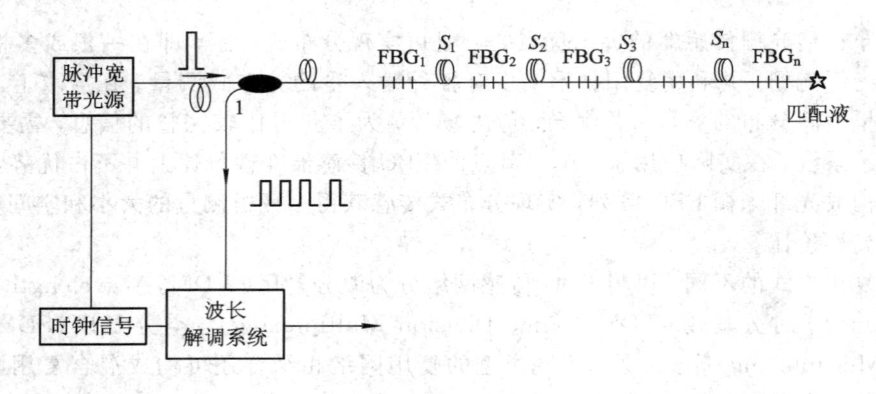

图 4.69　TDM 光纤光栅传感网络原理图

3. SDM 传感网络

如图 4.70 所示，在 SDM 传感网络中，各条光纤通路(时分或波分)按照空间位置进行编码，光源发出的光信号通过选通光开关切换到所需要寻址的光纤通路，将此时该光纤通路上被测量调制的光纤光栅信号反馈到波长解调系统。实际应用中，光开关可以根据需要布置在相应的位置。这种技术允许各光纤通路上的光纤光栅具有相同的特征，从而有效地利用光源的频带资源。

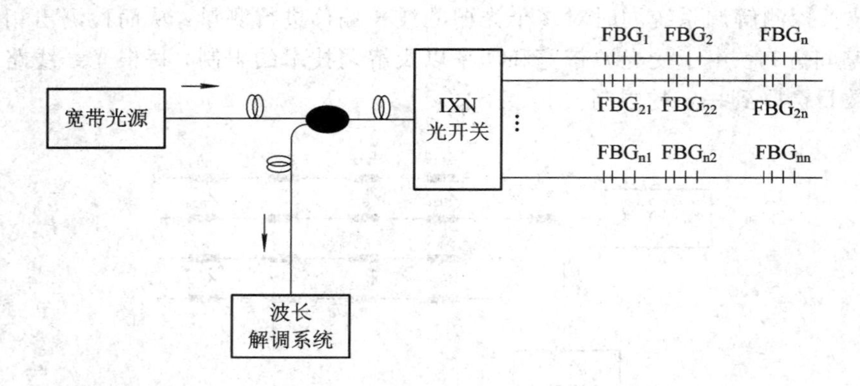

图 4.70　基于 SDM/WDM 技术的光纤光栅传感网络

利用光纤光栅传感的组网技术，根据工程实际需要可构建点阵、面阵和体阵等多种拓扑结构的智能网络传感系统。这种系统能对被测场的多种参数如温度、应变等进行大范围的实时监控、诊断和测量，并通过光电终端进行状态分析，同时对各种超出参量变化范围的行为及时告警，从而保证系统的安全工作和科学的运营管理。

4.4.8　光纤光栅传感器的应用

光纤光栅传感器应用十分广泛，特别适合有强电磁干扰、腐蚀等恶劣或特殊的环境中。其主要应用范围如下：

（1）在工程结构中的应用。力学参量的测量对于桥梁、矿井、隧道、大坝、建筑物等工程结构的维护和状况监测是非常重要的。通过测量工程结构的应力、应变分布，可以预知局部结构的载荷及形变状况。光纤光栅传感器可以贴在结构的表面或预先埋入结构中，对结构同时进行振动冲击、形状控制和机械阻尼等检测，以监视结构状态。多个光纤光栅传感器可以构成传感网络，对结构进行分布式检测，并进行远程控制。

（2）在航天器及船舶中的应用。飞行器需要及时感知压力、应变、温度、振动、加速度、噪声场、起落驾驶状态、燃料液位等信息，以做出评估和预报。船舶的损伤评估及早期报警，也需要测量船体的不同部位的变形，甲板所受的冲击力等数据。这些通常都需要上百个传感器，故重量轻、尺寸小、波长复用能力极强的光纤光栅传感器是最好的选择。

（3）在医学中的应用。光纤光栅传感器是目前为止能够做到的最小的传感器，能够以最小限度的侵害测得人体组织内部的温度、压力及声场等局部精确信息。目前，光纤光栅传感系统已经成功地用于检测病变组织的温度和超声场，获得了精确的测量结果。

（4）在工业领域的应用。电力工业中，由于光纤光栅传感器不受电磁场的影响且可实现长距离低损耗传输，因此特别适合于电力系统中的温度监控。石油化学工业中，光纤光栅的安全性，特别适合于石化厂、油田中的温度、液位等的监控。核工业中，光纤光栅也适合监视废料站的情况，监测反应堆建筑的情况等。

（5）光纤光栅还可以应用于水听器、机器人手臂传感、安全识别系统等。

参考文献

[1]　徐予生，等译．光纤传感器技术手册．北京：电子工业出版社，1987.
[2]　刘广玉．几种新型传感器——设计和应用．北京：国防工业出版社，1988.
[3]　张志鹏，(英)Gambling W A．光纤传感器原理．北京：中国计量出版社，1991.
[4]　金篆芷，王明时．现代传感技术．北京：电子工业出版社，1995.
[5]　[英] B. Culshaw J D．光纤传感器．李少慧等译．武汉：华中理工大学出版社，1997.
[6]　张环宇，李学金．一种反射式光纤位移传感器的线性化电路设计．传感技术，1999，18(1)：19.
[7]　张兴周，李绪友．光纤流量传感器．传感技术，1999，18(1)：57.
[8]　赵勇，李鹏生，浦昭邦．光纤位移传感器进展及其应用．传感技术，1999，18(2)：4.
[9]　赵勇．光纤光栅及其传感技术．北京：国防工业出版社，2007.
[10]　相艳荣，孙伟民，苑立波．光纤光栅制作技术综述．光电子技术与信息，2004，17(6)：103.

[11] 杨兴，胡建明，戴特力．光纤光栅传感器的原理及应用研究．重庆师范大学学报（自然科学版），2009，26(4)：101.
[12] 禹大宽，乔学光，贾振安，王敏．光纤光栅传感系统的技术简介，传感器技术，2011，28(3)：14.
[13] 祖伟，马修水，李桂华．光纤光栅传感器原理与应用及其发展趋势．安徽电子信息职业技术学院学报，2008，7(2)：83.
[14] 郭小东，乔学光，贾振安，王小凤．光纤光栅传感器用的高功率宽带光源．传感器技术，2005，24(1)：75.
[15] 王文华，林钧岫．光纤光栅传感领域中的组网技术研究．激光杂志，2007，28(3)：5.
[16] 李川，韩雪飞，张以谟，刘铁根，丁永奎．采用WDM技术的光纤Bragg光栅传感网络．光子学报，2003，32(5)：542.
[17] 李川，张以谟．光纤光栅：原理、技术与传感应用．北京：科学出版社，2005.
[18] 李东明，张自丽，桑卫兵，周苏萍．干涉型光纤光栅水听器实验研究．声学与电子工程，2009，1：1.

第 5 章　变磁阻式传感器

变磁阻式传感器是得到广泛应用的传感器之一。这种传感器是利用被测量调制磁路的磁阻，导致线圈电感量改变，实现对被测量测量的。变磁阻式传感器有多种形式，本章重点讨论电感式、变压器式等几种变磁阻式传感器。

5.1　电感式传感器

电感式传感器的结构原理图如图 5.1 所示。它由 1—线圈、2—铁芯和 3—衔铁 3 部分组成，在铁芯和衔铁之间留有空气隙 δ。被测物与衔铁相连，当被测物移动时通过衔铁引起空气隙变化，改变磁路的磁阻，使线圈电感量变化。电感量的变化通过测量电路转换为电压、电流或频率的变化，从而实现对被测物位移的检测。

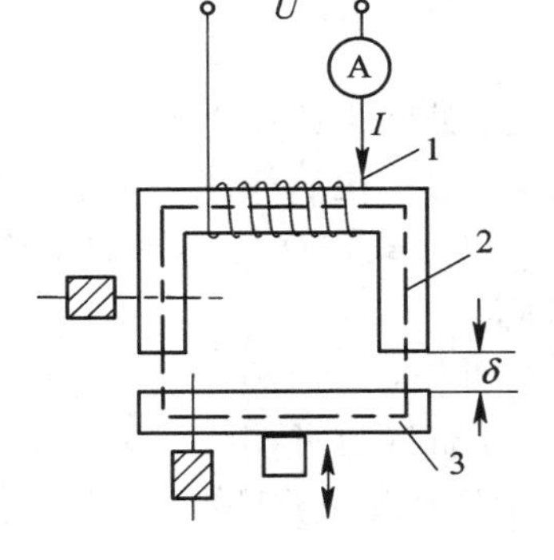

图 5.1　电感式传感器的结构原理图

当线圈的匝数为 N，流过线圈的电流为 I(A)，磁路磁通为 Φ(Wb)，则电感量

$$L = \frac{N\Phi}{I} \tag{5.1}$$

根据磁路定理

$$\Phi = \frac{NI}{R_1 + R_2 + R_\delta} \tag{5.2}$$

式中，R_1、R_2 和 R_δ 分别为铁芯、衔铁和空气隙的磁阻。

$$R_1 = \frac{l_1}{\mu_1 S_1}, \quad R_2 = \frac{l_2}{\mu_2 S_2}, \quad R_\delta = \frac{2\delta}{\mu_0 S} \tag{5.3}$$

式中，l_1、l_2 和 δ 分别为磁通通过铁芯、衔铁和气隙的长度(m)，S_1、S_2 和 S 分别为铁芯、衔铁和气隙的横截面积(m^2)，μ_1、μ_2 和 μ_0 分别为铁芯、衔铁和空气的导磁率(H/m)。$\mu_0 = 4\pi \times 10^{-7}$ H/m。将式(5.2)、(5.3)代入式(5.1)，考虑到一般导磁体的导磁率远大于空气的导磁率(大约千倍乃至数万倍)，即有

$$R_1 + R_2 \ll R_\delta$$

得

$$L = \frac{N^2 \mu_0 S}{2\delta} \tag{5.4}$$

由上式可见，线圈匝数确定之后，只要气隙长度 δ 和气隙截面 S 二者之一发生变化，传感器的电感量就会发生变化。因此，有变气隙长度和变气隙截面电感传感器之分，前者常用来测量线位移，后者常用于测量角位移。下面以变气隙长度传感器为例来说明这种传感器的特性。

将式(5.4)微分得到

$$\Delta L = -\frac{N^2\mu_0 S}{2\delta^2}\Delta\delta \tag{5.5}$$

可见，测得 ΔL 即可得知衔铁(即待测物)位移的大小 $\Delta\delta$。ΔL 可通过电桥测得，亦可将 L 作为振荡线圈的一部分，通过振荡频率的改变测得 ΔL。图 5.1 所示为一种简单的测量方法。其中，传感器的线圈与交流电表串联，用频率和幅值一定的交流电压 U 作电源。当衔铁移动时，传感器的电感变化，引起电路中电流改变，从而得知衔铁位移的大小。因为

$$I = \frac{U}{\mathrm{j}\omega L}$$

由于电感的改变引起的电流改变

$$\Delta I = -\frac{U}{\mathrm{j}\omega}\cdot\frac{\Delta L}{L^2} = -\frac{U}{\mathrm{j}\omega L}\cdot\frac{\Delta L}{L}$$

将式(5.4)和式(5.5)代入上式得

$$\Delta I = \frac{2U}{\mathrm{j}\omega N^2\mu_0 S}\Delta\delta$$

可见，测量电路中电流的改变与气隙的大小成正比。上式是在忽略了铁芯磁阻、电感线圈的铜电阻、电感线圈的寄生电容以及铁损电阻的情况下得到的，实际表示式比较复杂。

电感式位移传感器的结构简单，测量电路简便易行，然而它存在欠缺，不宜作精密测量。

首先，式(5.5)只有在 $\Delta\delta$ 很微小时才成立。由式(5.4)知，L 与 δ 是成反比的非线性关系，下面对这种非线性关系作进一步说明。

设衔铁处于起始位置时，传感器的初始气隙为 δ_0。由式(5.4)，初始电感为

$$L_0 = \frac{N^2\mu_0 S}{2\delta_0}$$

当衔铁向上移动 $\Delta\delta$ 时，传感器的气隙长度将减少，即为 $\delta=\delta_0-\Delta\delta$，这时的电感量为

$$L = \frac{N^2\mu_0 S}{2(\delta_0-\Delta\delta)}$$

电感的变化为

$$\Delta L = L - L_0 = L_0\frac{\Delta\delta}{\delta_0-\Delta\delta}$$

相对变化量为

$$\frac{\Delta L}{L_0} = \frac{\Delta\delta}{\delta_0-\Delta\delta} = \frac{\Delta\delta}{\delta_0}\cdot\frac{1}{1-\dfrac{\Delta\delta}{\delta_0}}$$

当 $\dfrac{\Delta\delta}{\delta_0}\ll 1$ 时，可将上式展开成级数

$$\frac{\Delta L}{L_0} = \frac{\Delta\delta}{\delta_0}\left[1+\frac{\Delta\delta}{\delta_0}+\left(\frac{\Delta\delta}{\delta_0}\right)^2+\cdots\right] = \frac{\Delta\delta}{\delta_0}+\left(\frac{\Delta\delta}{\delta_0}\right)^2+\left(\frac{\Delta\delta}{\delta_0}\right)^3+\cdots \tag{5.6}$$

同理，如衔铁向下移动 $\Delta\delta$ 时，传感器气隙将增大，即为 $\delta=\delta_0+\Delta\delta$，电感量的变化量为

$$\Delta L = L_0 - L = L_0 \frac{\Delta\delta}{\delta_0 + \Delta\delta}$$

相对变化量为

$$\frac{\Delta L}{L_0} = \frac{\Delta\delta}{\delta_0} - \left(\frac{\Delta\delta}{\delta_0}\right)^2 + \left(\frac{\Delta\delta}{\delta_0}\right)^3 - \cdots \tag{5.7}$$

由式(5.6)和式(5.7)可以看出，当忽略高次项时，ΔL 才与 $\Delta\delta$ 成比例关系。当然，$\Delta\delta/\delta_0$ 越小，高次项迅速减小，非线性可得到改善。然而，这又会使传感器的量程变小。所以，对输出特性线性度的要求和对测量范围的要求是相互矛盾的，一般对变气隙长度的传感器，取 $\Delta\delta/\delta_0=0.1\sim0.2$。

此外，由灵敏度公式(5.5)可见，电感量的改变与 δ 的平方成反比，即气隙愈小灵敏度愈高。然而该公式是在忽略导磁体磁阻时得到的，当气隙很小时，导磁体磁阻不可忽略，灵敏度反而变坏。

再则，这种传感器又像交流电磁铁一样，有电磁力作用在活动衔铁上，力图将衔铁吸向铁芯。如果衔铁由膜片等敏感元件带动时，则此电磁力将作用在敏感元件上，使仪表产生误差。另外，当电源频率太低时，还可能产生衔铁不断接触铁芯的振动现象。

为了克服这些缺点，采用下面介绍的差动式电感传感器。

5.2　差动式电感传感器

两只完全相同电感式传感器合用一个活动衔铁便构成了差动式电感传感器，如图 5.2(*a*)所示。图 5.2(*b*)为其电路接线图。传感器的两只电感线圈接成交流电桥的相邻的两臂，另外两个桥臂由电阻组成。还有一种螺管形结构的差动电感传感器，工作原理与此相同。

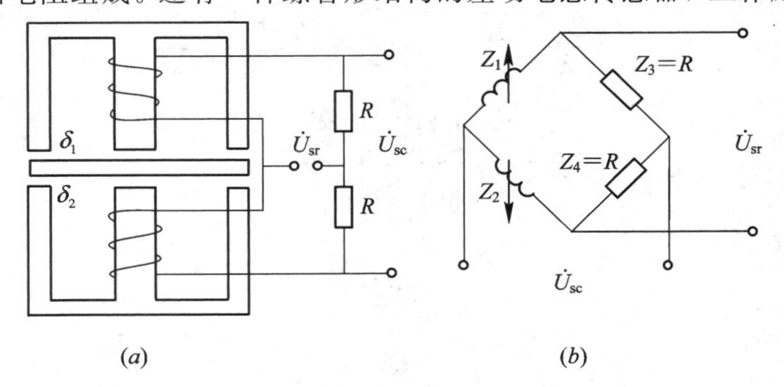

图 5.2　差动式电感传感器

(*a*) 结构原理图；(*b*) 电路接线图

在起始位置时，衔铁处于中间位置，两边的气隙相等，两只线圈的电感量相等，电桥处于平衡状态，电桥的输出电压 $U_{sc}=0$。

当衔铁偏离中间位置向上或向下移动时，两边气隙不等，两只电感线圈的电感量一增一减，电桥失去平衡。电桥输出电压的幅值大小与衔铁移动量的大小成比例，其相位则与衔铁移动方向有关。假定向上移动时输出电压的相位为正，而向下移动时相位将反向 180°

为负。因此，如果测量出电压的大小和相位，就能决定衔铁位移量的大小和方向。

由图 5.2 知，假定电桥输出端的负载为无穷大，则得输出电压

$$U_{sc}=\frac{U_{sr}Z_1}{Z_1+Z_2}-\frac{U_{sr}Z_3}{Z_3+Z_4}=\frac{Z_1Z_4-Z_2Z_3}{(Z_1+Z_2)(Z_3+Z_4)}U_{sr}$$

由于两线圈结构完全对称，由式(5.4)知在平衡位置时

$$L_{10}=L_{20}=L_0=\frac{\mu_0 S}{2\delta_0}N^2$$

$$Z_{10}=Z_{20}=Z_0=R_0+j\omega L_0$$

式中，R_0 为线圈的铜电阻。

当某一时刻，设衔铁向上位移，则上下两边气隙不等，阻抗也随之改变，上边增加了 $\Delta Z_1=j\omega\Delta L_1$，下边减少了 $\Delta Z_2=j\omega\Delta L_2$，则 $Z_1=Z_0+\Delta Z_1$，$Z_2=Z_0-\Delta Z_2$。电桥的另两臂是相同的电阻，即 $Z_3=Z_4=R$，代入上式则得

$$U_{sc}=U_{sr}\frac{(Z_0+\Delta Z_1)R-(Z_0-\Delta Z_2)R}{2R(Z_0+\Delta Z_1+Z_0-\Delta Z_2)}=\frac{U_{sr}}{2}\cdot\frac{\Delta Z_1+\Delta Z_2}{2Z_0+\Delta Z_1-\Delta Z_2}$$

由于 $\Delta Z_1-\Delta Z_2$ 比 Z_0 小得多，故可略去，则得

$$U_{sc}=\frac{U_{sr}}{4}\cdot\frac{\Delta Z_1+\Delta Z_2}{Z_0}=\frac{U_{sr}}{4}\cdot\frac{j\omega}{R_0+j\omega L_0}(\Delta L_1+\Delta L_2) \tag{5.8}$$

可见，电桥的输出与$(\Delta L_1+\Delta L_2)$成比例。由式(5.6)、(5.7)可得

$$\Delta L_1+\Delta L_2=2L_0\left[\frac{\Delta\delta}{\delta_0}+\left(\frac{\Delta\delta}{\delta_0}\right)^3+\left(\frac{\Delta\delta}{\delta_0}\right)^5+\cdots\right] \tag{5.9}$$

可见，也存在一定的非线性，但其中不存在偶次项，这说明差动电感传感器比一般电感传感器非线性小得多。

略去式(5.9)三次以上的高次项，代入式(5.8)得

$$\begin{aligned}U_{sc}&=\frac{U_{sr}}{4}\cdot\frac{j\omega}{R_0+j\omega L_0}\left(2L_0\frac{\Delta\delta}{\delta_0}\right)\\&=\frac{U_{sr}}{2}\cdot\frac{\Delta\delta}{\delta_0}\cdot\frac{j\omega L_0(R_0-j\omega L_0)}{(R_0+j\omega L_0)(R_0-j\omega L_0)}\\&=\frac{U_{sr}}{2}\cdot\frac{\frac{\Delta\delta}{\delta_0}+j\frac{R_0}{\omega L_0}\cdot\frac{\Delta\delta}{\delta_0}}{1+\left(\frac{R_0}{\omega L_0}\right)^2}\\&=\frac{U_{sr}}{2}\cdot\frac{\frac{\Delta\delta}{\delta_0}+j\frac{1}{Q}\cdot\frac{\Delta\delta}{\delta_0}}{1+\frac{1}{Q^2}}\end{aligned} \tag{5.10}$$

式中，$Q=\omega L_0/R_0$ 为电感传感器的品质因数。由上式可知，电桥输出电压中包含两个分量，一个是与电源电压同相的分量，另一个是与电源电压相位差 90°的正交分量。输出电压的正交分量与 Q 有关，Q 增大，正交分量便随之减小。

对于高 Q 值的传感器，上式可简化为

$$U_{sc}=\frac{U_{sr}}{2}\cdot\frac{\Delta\delta}{\delta_0}=K\cdot\Delta\delta$$

式中，K 称为差动电感传感器连成四臂电桥的灵敏度。K 的物理意义是，衔铁单位移动量

引起的电桥输出电压。K 值越大，灵敏度就越高。由 $K=U_{sr}/2\delta_0$ 可知，K 值与电桥的电源电压和初始气隙有关，提高电桥的电压，减小起始气隙，就可以提高灵敏度。上式还说明，电桥的输出电压与衔铁位移量 $\Delta\delta$ 成正比，其相位则与衔铁移动方向有关。若设衔铁向下移动 $\Delta\delta$ 为正，U_{sc} 为正，则衔铁向上移动 $\Delta\delta$ 为负，U_{sc} 为负，即相位反向 180°。

应当指出式(5.10)是忽略了一系列因素后得出的，因此是近似公式，但从此式中可以清楚看出电感传感器一些主要参数对输出电压特性的影响。

5.3 差动变压器式传感器

差动变压器式传感器，简称差动变压器(Liner Variable Differential Transformer 简称 LVDT)，如图 5.3 所示。它是一个有可动铁芯和两个次级线圈的变压器。传感器的可动铁芯和待测物相连，两个次级线圈接成差动形式，可动铁芯的位移利用线圈的互感作用转换成感应电动势的变化，从而得到待测位移。

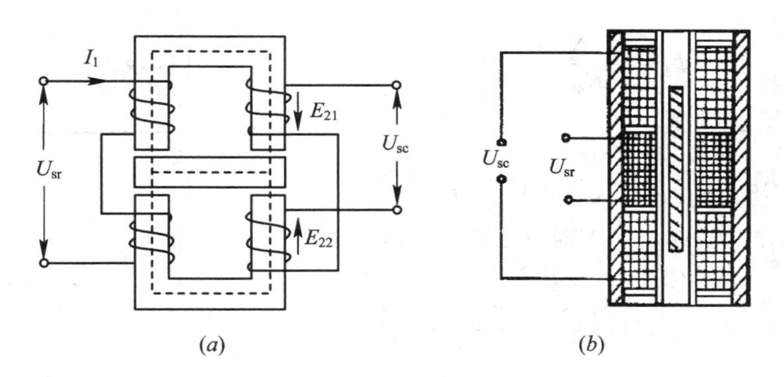

图 5.3　差动变压器式传感器

由于互感，初级线圈的交流电在两个次级线圈分别产生感应电动势 E_{21} 和 E_{22}。又因接成差动形式，即两个感应电动势反向串联，则输出电压

$$U_{sc}=E_{21}-E_{22}$$

设两个次级线圈完全相同，当铁芯处在中间位置时，感应电动势 $E_{21}=E_{22}$，此时

$$U_{sc}=E_{21}-E_{22}=0$$

当铁芯向上移动时，次级线圈 2 中穿过的磁通减少，感应电动势 E_{22} 也减少，而次级线圈 1 中穿过的磁通增多，感应电动势 E_{21} 也增大，则

$$U_{sc}=E_{21}-E_{22}>0$$

反之，当铁芯向下移动时，则

$$U_{sc}=E_{21}-E_{22}<0$$

可见，输出电压的大小和符号反映了铁芯位移的大小和方向。

差动变压器有多种结构形式。图 5.3(a)的 Π 形结构，衔铁为平板形，灵敏度较高，但测量范围较窄，一般用于测量几微米到几百微米的机械位移。图 5.3(b)是衔铁为圆柱形的螺管形差动变压器，可测一毫米至上百毫米的位移。此外还有衔铁旋转的用来测量转角的差动变压器，通常可测到几角秒的微小角位移。

5.3.1 Π形差动变压器的输出特性

图 5.3(a)所示的Π形差动变压器，当不考虑铁损、漏感且忽略铁芯和衔铁的磁阻，在次级线圈开路时有

$$E_{21}=-\frac{\mathrm{d}\psi_1}{\mathrm{d}t},\qquad E_{22}=-\frac{\mathrm{d}\psi_2}{\mathrm{d}t}$$

式中，ψ_1和 ψ_2 分别为次级线圈 1 和 2 的磁通匝链数，有

$$\psi_1=N_2\Phi_1,\qquad \psi_2=N_2\Phi_2$$

则

$$U_{sc}=E_{21}-E_{22}=-\mathrm{j}\omega N_2(\Phi_1-\Phi_2)$$

式中，N_2 为两次级线圈匝数。

现在来求，当初级线圈激励电压为U_{sr}时，次级线圈的磁通 Φ_1 和 Φ_2。根据磁路定理，可画出传感器磁路图如图 5.4 所示。由磁路可求出

$$\Phi_1=\frac{I_1N_1}{R_{\delta1}}$$

$$\Phi_2=\frac{I_1N_1}{R_{\delta2}}$$

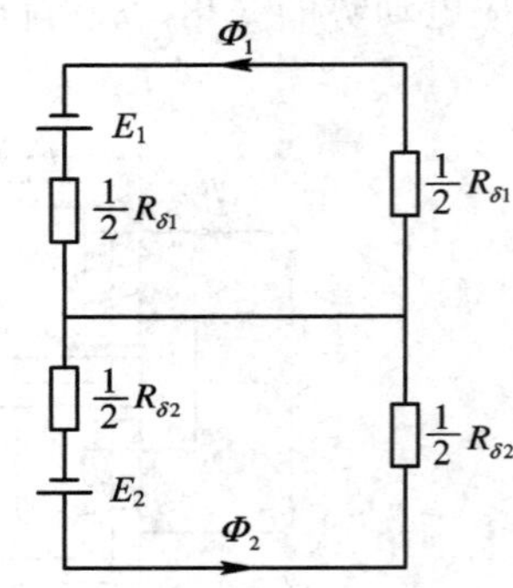

图 5.4 传感器磁路图

设衔铁向上移动了 $\Delta\delta$，则

$$R_{\delta1}=\frac{2\delta_1}{\mu_0S}=\frac{2(\delta_0-\Delta\delta)}{\mu_0S}$$

$$R_{\delta2}=\frac{2\delta_2}{\mu_0S}=\frac{2(\delta_0+\Delta\delta)}{\mu_0S}$$

$$U_{sc}=-\mathrm{j}\omega N_1N_2I_1\frac{\mu_0S}{2}\left(\frac{2\Delta\delta}{\delta_0^2-\Delta\delta^2}\right)$$

式中除 I_1 外均为已知，为此，需要求出初级线圈中的激磁电流 I_1。当次级线圈中无电流时(负载为无穷大)

$$I_1=\frac{U_{sr}}{Z_{11}+Z_{12}}$$

式中，$Z_{11}=R_{11}+\mathrm{j}\omega L_{11}$，$Z_{12}=R_{12}+\mathrm{j}\omega L_{12}$。$R_{11}$、$R_{12}$，$L_{11}$、$L_{12}$，$Z_{11}$、$Z_{12}$分别表示上下初级线圈的铜电阻，电感和复阻抗，其中

$$L_{11}=\frac{N_1^2\mu_0S}{2\delta_1},\qquad L_{12}=\frac{N_1^2\mu_0S}{2\delta_2}$$

代入前式，得

$$U_{sc}=-\mathrm{j}\omega N_1N_2\frac{\mu_0S}{2}\left(\frac{2\Delta\delta}{\delta_0^2-\Delta\delta^2}\right)\frac{U_{sr}}{R_{11}+R_{12}+\mathrm{j}\omega N_1^2\frac{\mu_0S}{2}\left(\frac{2\delta_0}{\delta_0^2-\Delta\delta^2}\right)}$$

该式中含有 $\Delta\delta^2$ 项，这是引起非线性的因素。

如果忽略 $\Delta\delta^2$ 项，并设 $R_{11}=R_{12}=R_1$，上式可改写为

$$U_{sc}=-\mathrm{j}\omega\frac{N_2}{N_1}\frac{N_1^2}{\frac{2\delta_0}{\mu_0S}}\left(\frac{\Delta\delta}{\delta_0}\right)\frac{U_{sr}}{R_1+\mathrm{j}\omega\frac{N_1^2}{\frac{2\delta_0}{\mu_0S}}}$$

把 $L_0 = N_1^2 / \dfrac{2\delta_0}{\mu_0 S}$ 代入上式，整理后得

$$U_{sc} = -U_{sr} \frac{N_2}{N_1} \cdot \frac{\mathrm{j}\dfrac{1}{Q} + 1}{\dfrac{1}{Q^2} + 1} \cdot \frac{\Delta\delta}{\delta_0}$$

式中，$Q = \omega L_0 / R$ 为品质因数。

由上式可知，输出电压中包含与电源电压 U_{sr} 同相的基波分量和相位差 90°的正交分量。这两个分量都同气隙的相对变化量 $\Delta\delta/\delta_0$ 有关。Q 值提高，正交分量将减小。因此，希望差动变压器具有高的 Q 值。Q 值很高时，$R_1 \ll \omega L_0$，上式可简化成

$$U_{sc} = -U_{sr} \frac{N_2}{N_1} \frac{\Delta\delta}{\delta_0}$$

上式表明，输出电压 U_{sc} 与衔铁位移 $\Delta\delta$ 之间是成比例的，其输出特性曲线如图 5.5 所示。由图可见，单一线圈的感应电动势 E_{21} 或 E_{22} 与铁芯的位移不成线性，两个线圈差接以后，输出电压就与铁芯的位移成线性关系了。上式中负号的意义是，当 $\Delta\delta$ 向上为正时，输出电压 U_{sc} 与电源电压 U_{sr} 反相，当 $\Delta\delta$ 向下为负时，两者同相。

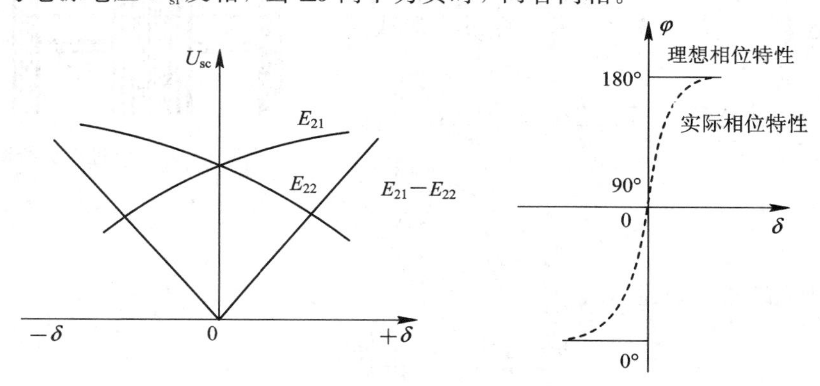

图 5.5　输出特性曲线

由差动变压器的灵敏度表达式

$$K = \frac{U_{sc}}{\Delta\delta} = \frac{U_{sr}}{\delta_0} \cdot \frac{N_2}{N_1}$$

可知，传感器的灵敏度将随电源电压 U_{sr} 和变压比 N_2/N_1 的增大而提高，随起始间隙增大而降低。一般情况下取 $N_2/N_1 = 1 \sim 2$，太大时，次级线圈的输出阻抗过高，易受外部干扰的影响。必须注意，位移量要限制在一定范围内，δ_0 一般在 0.5 mm 左右。δ_0 过大，灵敏度要降低，而且边缘磁通将增大到不能忽略的程度，从而使非线性增大。在实际输出特性中，当 $\delta_0 = 0$ 时，还存在着零位电压 U_0。

5.3.2　螺管形差动变压器

如前节所述，Π 形或 E 形差动变压器在工作气隙大于 0.5 mm 时，灵敏度降低，输出特性变坏。测量 1 mm 至上百 mm 以上的位移，常用螺管形差动变压器。

通常螺线管差动变压器包括线圈组合、铁芯和衔铁三部分。线圈组合由初次级线圈和线圈架组成。线圈架由绝缘材料制成。线圈的排列方式有二段型、三段型和多段型几种。

铁芯(也称屏蔽罩)的功用用以提供闭合磁路增加灵敏度，并提供磁屏蔽防止外磁场干扰。衔铁和铁芯用同种材料制成，通常选用电阻率大、导磁率高、饱和磁感应大的材料，如纯铁、坡莫合金、铁淦氧等。

下面以如图 5.3(b)所示的中间是初级线圈，两边是对称的两个次级线圈为例(称为三段型螺线管差动变压器)，来讨论差动变压器的输出特性。对符号规定为：b—初级线圈的长度，N_1—初级线圈的匝数，m—次级线圈的长度，N_2—每个次级线圈的匝数，L—活动衔铁的长度，r_i—螺线管的内径，r_0—螺线管的外径，L_{21}—衔铁伸入次级线圈 1 的长度，L_{22}—衔铁伸入次级线圈 2 的长度。

根据法拉第电磁感应定律，次级线圈 1 和 2 感应电动势为

$$E_{21}=-\frac{\mathrm{d}\psi_1}{\mathrm{d}t}=-\mathrm{j}\omega\psi_1=-\mathrm{j}\omega N_{21}\Phi_1$$

$$E_{22}=-\frac{\mathrm{d}\psi_2}{\mathrm{d}t}=-\mathrm{j}\omega\psi_2=-\mathrm{j}\omega N_{22}\Phi_2$$

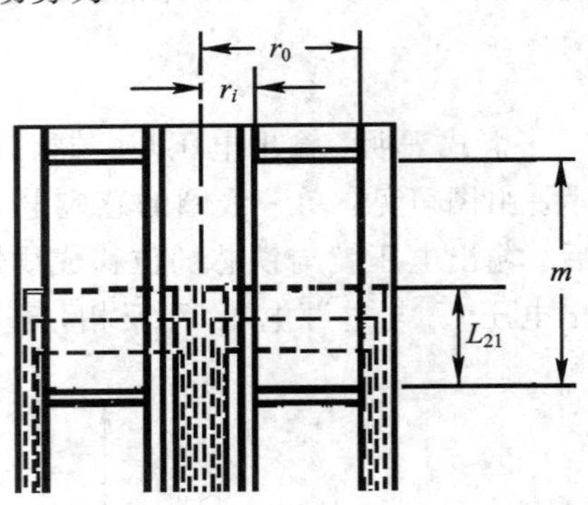

图 5.6　磁通穿过次级线圈 1 的匝数

式中，N_{21} 和 N_{22} 分别为磁通穿过次级线圈 1 和 2 的匝数。Φ_1、Φ_2 和 ψ_1、ψ_2 分别为穿过次级线圈 1 和 2 的磁通和磁通匝连数。由图 5.6 知，磁通穿过次级线圈 1 的匝数

$$N_{21}=\frac{N_2(\pi r_0^2-\pi r_i^2)L_{21}}{(\pi r_0^2-\pi r_i^2)m}=\frac{N_2L_{21}}{m}$$

同理

$$N_{22}=\frac{N_2L_{22}}{m}$$

根据磁路定理，磁路的磁通

$$\Phi=\frac{N_1I}{R_X+R_Y+R_{21}+R_{22}}$$

式中，R_X、R_Y、R_{21} 和 R_{22} 分别为铁芯、衔铁棒、衔铁伸入次级线圈 1 和衔铁伸入次级线圈 2 的磁阻，因为

$$R_X+R_Y\ll R_{21}+R_{22}$$

所以

$$\Phi=\frac{N_1I}{R_{21}+R_{22}}$$

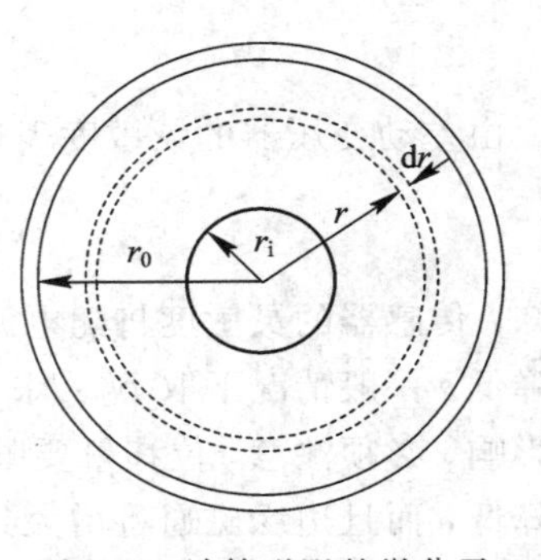

图 5.7　计算磁阻的微分元

R_{21} 和 R_{22} 为同心圆环的磁阻，可由积分求得。图 5.7 所示微分元的磁阻为 $\frac{\mathrm{d}r}{\mu_0 2\pi rL_{21}}$，则总磁阻

$$R_{21}=\int_{r_i}^{r_0}\frac{\mathrm{d}r}{\mu_0 2\pi rL_{21}}=\frac{1}{\mu_0 2\pi L_{21}}\int_{r_i}^{r_0}\frac{\mathrm{d}r}{r}=\frac{\ln\frac{r_0}{r_i}}{\mu_0 2\pi L_{21}}$$

同理

$$R_{22}=\frac{\ln\frac{r_0}{r_i}}{\mu_0 2\pi L_{22}}$$

代入上式得

$$\Phi = \frac{N_1 I_1}{\dfrac{\ln\dfrac{r_0}{r_i}}{\mu_0 2\pi L_{21}} + \dfrac{\ln\dfrac{r_0}{r_i}}{\mu_0 2\pi L_{22}}} = \frac{N_1 I_1}{\dfrac{\ln\dfrac{r_0}{r_i}}{\mu_0 2\pi}\left(\dfrac{1}{L_{21}} + \dfrac{1}{L_{22}}\right)}$$

因为磁路串联，所以 $\Phi_1 = \Phi_2 = \Phi$，则

$$E_{21} = -\mathrm{j}\omega \frac{N_2 L_{21}}{m} \times \frac{N_1 I_1 2\pi\mu_0}{\ln\dfrac{r_0}{r_i}\left(\dfrac{1}{L_{21}} + \dfrac{1}{L_{22}}\right)}$$

$$E_{22} = -\mathrm{j}\omega \frac{N_2 L_{22}}{m} \times \frac{N_1 I_1 2\pi\mu_0}{\ln\dfrac{r_0}{r_i}\left(\dfrac{1}{L_{21}} + \dfrac{1}{L_{22}}\right)}$$

输出电压

$$E = E_{21} - E_{22} = -\mathrm{j}\omega \frac{N_2}{m}(L_{21} - L_{22}) \cdot \frac{N_1 I_1 2\pi\mu_0 L_{21} L_{22}}{\ln\dfrac{r_0}{r_i}(L_{21} + L_{22})}$$

设某一时刻衔铁向上移动 $\Delta\delta$，则

$$L_{21} = L_{20} + \Delta\delta, \qquad L_{22} = L_{20} - \Delta\delta$$

$$L_{21} - L_{22} = (L_{20} + \Delta\delta) - (L_{20} - \Delta\delta) = 2\Delta\delta$$

$$L_{21} + L_{22} = (L_{20} + \Delta\delta) + (L_{20} - \Delta\delta) = 2L_{20}$$

$$L_{21} L_{22} = (L_{20} + \Delta\delta) \times (L_{20} - \Delta\delta) = L_{20}^2 - \Delta\delta^2 = L_{20}^2\left[1 - \left(\frac{\Delta\delta}{L_{20}}\right)^2\right]$$

则得

$$e = -\mathrm{j}\omega \frac{2\pi\mu_0 N_1 N_2 I_1}{m \ln\dfrac{r_0}{r_i}} \cdot \frac{2\Delta\delta \cdot L_{20}^2\left[1 - \left(\dfrac{\Delta\delta}{L_{20}}\right)^2\right]}{2L_{20}}$$

$$= -\mathrm{j} \frac{4\pi^2 \mu_0 f N_1 N_2 I_1 L_{20}}{m \ln\dfrac{r_0}{r_i}} \cdot \Delta\delta\left[1 - \left(\frac{\Delta\delta}{L_{20}}\right)^2\right]$$

可见，差动变压器的灵敏度与激励频率成正比，通常在中频(400 Hz～10 kHz)应用，其电压灵敏度可达 0.1～5 V/mm。由于灵敏度高，在测量大位移时可不用放大器，因此测量线路简单。差动变压器的非线性决定于最后一项，一般测±9 mm 的差动变压器，线性范围约±(5～6) mm。活动衔铁的直径在允许的条件下尽可能粗些，这样有效磁通较大。在不影响其线性度的情况下，初级线圈的输入电压(电流)尽可能高些。

当铁芯处于线圈中心时，次级线圈的输出电压应为零。但是由于实际结构不完全对称，激磁电流与铁芯磁通的相位差不为零以及寄生电容的综合影响等，使得输出电压不为零，此值称为零点电压。通常为几 mV 到几十 mV，它决定传感器的精度。为了消除零点电压值，通常在测量电路中采取补偿措施。

差动变压器输出的交流信号，其波形是调幅波，无法鉴别被测位移的方向。为了观察衔铁的实际运动规律，可采用差动相敏整流电路。差动变压器除测量位移外，还可以用来测量振动、加速度及压力。

差动变压器从供电方式可分为交流式和直流式两种。直流式差动变压器是将直流电通过振荡器变为交流电，并将电子电路与差动变压器封装在一起，如图 5.8 所示。这种传感器，供给稳定的直流电，就能获得与位移成正比的直流电压输出。下面列出这种传感器的一种系列的主要技术指标供参考。

量程(mm)：3(±1.5)～20(±10)；40(±20)～200(±100)；250(±125)～700(±350)

精度(%)：0.05，0.1，0.2，0.3；0.1，0.2，0.3，0.5；0.2，0.3，0.5

供电电压(V)：±9～±15，+12～+24

输出方式：电流型(mA)　4～20,0～10,±10

　　　　　电压型(V)　　0～5,0～10,1～5,±5

环境温度(℃)：-10～+70

结构型式(可选)：回弹式、非回弹式

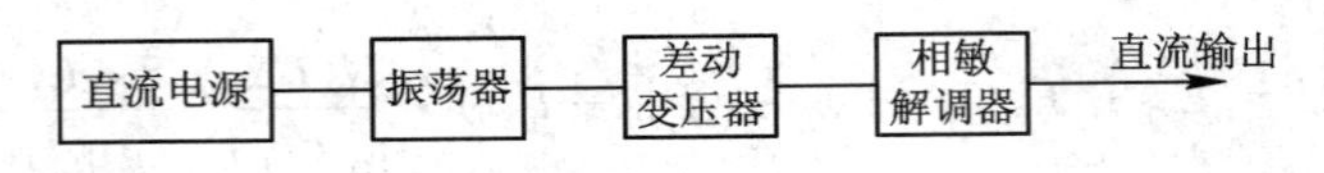

图 5.8　直流式差动变压器

5.4　电动式传感器

电动式传感器亦称动圈式传感器，可用于监测位移、压力等物理量。其结构如图 5.9 所示。图中，1—振动膜，2—可动线圈，3—磁铁，4—外壳。这种传感器可看成由两部分组成，一是产生磁场的磁路部分，二是由振动膜和线圈构成的机械振动系统部分。磁铁可以是永久磁铁，也可以用电磁铁，其作用是用来产生强恒定磁场 B_0。

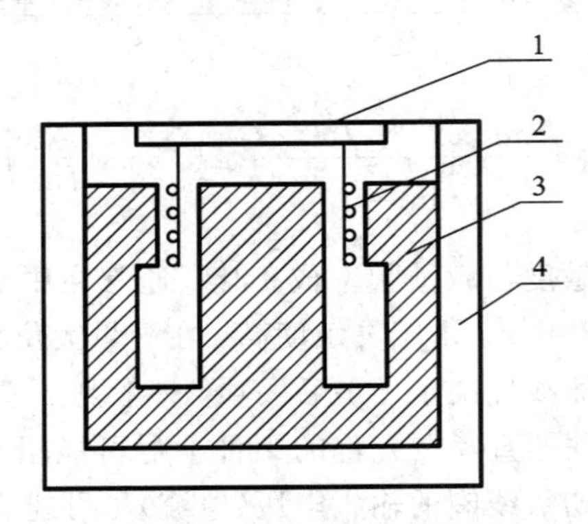

图 5.9　电动式传感器结构示意图

当振动膜在外界位移或压力作用下振动时，可动线圈也随着振动，线圈切割磁力线，从而在线圈两端产生一感应电动势 U，如果线圈接在电负载 Z_L 上，则在电负载与线圈构成的回路中产生电流 I。当膜片以振速 ξ 振动时，根据法拉第电磁感应定律，在线圈两端产生一感应电动势为

$$U = B_0 l\xi$$

式中，l 为位于恒定磁场 B_0 中线圈导线的长度。

流过回路的电流为

$$I = \frac{B_0 l \dot{\xi}}{Z_L}$$

当膜片作简谐振动时

$$\dot{\xi} = j\omega\xi$$

因而，由线圈两端产生一感应电动势或流过电负载 Z_L 上的电流，即可得知膜片的振速和位移。这种结构的传感器亦可用来测量压力，实际上这就是动圈式微音器的基本结构。

参 考 文 献

[1]　南京航空学院，北京航空学院. 传感器原理. 北京：国防工业出版社，1980.

[2]　袁希光. 传感器技术手册. 北京：国防工业出版社，1986.

[3]　李科杰. 传感技术. 北京：北京理工大学出版社，1989.

[4]　贾静科. 基于 AD598 的差动变压器式位移传感器. 传感器世界，2000，8(9)：21.

第6章 压电传感器

压电传感器的转换原理是基于晶体的压电效应。在讨论压电传感器之前，作为准备知识，先介绍晶体压电效应的机理。

6.1 晶体的压电效应

6.1.1 晶体压电效应的说明

当某些晶体沿一定方向伸长或压缩时，在其表面上会产生电荷(束缚电荷)，这种效应称为压电效应。晶体的这一性质称为压电性。具有压电效应的晶体称为压电晶体。压电效应是可逆的，即晶体在外电场的作用下要发生形变，这种效应称为反向压电效应。

晶体的压电效应可用图6.1来加以说明。图6.1(*a*)是说明晶体具有压电效应的示意图。一些晶体当不受外力作用时，晶体的正负电荷中心相重合，单位体积中的电矩(即极化强度)等于零，晶体对外不呈现极性，而在外力作用下晶体形变时，正负电荷的中心发生分离，这时单位体积的电矩不再等于零，晶体表现出极性。图6.1(*b*)中，另外一些晶体由于具有中心对称的结构，无论外力如何作用，晶体正负电荷的中心总是重合在一起，因此这些晶体不会出现压电效应。

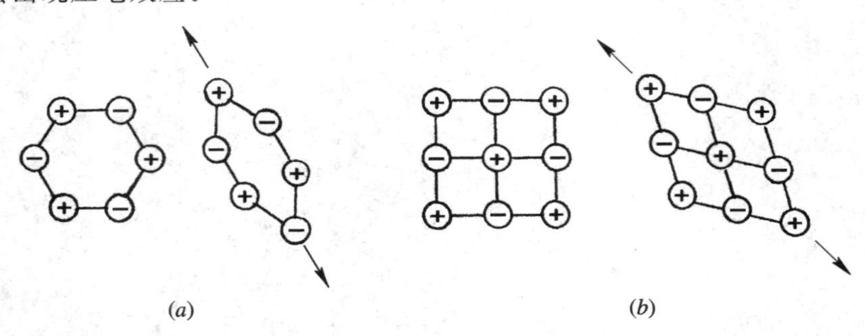

图6.1 晶体的压电效应

(*a*) 具有压电效应的晶体；(*b*) 不具有压电效应的晶体

6.1.2 压电方程

晶体的压电效应是一种机电耦合效应。它是由力学量应力 T 和应变 S 与电学量电场强度 E 和电位移 D 之间互相耦合产生的。对于具有压电效应的晶体，不仅电学量 E 和 D

以及力学量T和S存在着直接的关系，同时还存在力学量和电学量之间的耦合效应。压电方程就是描写力学量间、电学量间以及力学量和电学量相互之间互相联系的关系式。实际上力学量和电学量之间的关系式还和热学量(温度和熵)有关。但对于较快的变化，例如声频或更高的频率，可认为是等熵(绝热)过程。下面的压电方程假定均适合绝热情况。对于等温情况需另加说明。

在电场强度、电位移和应力、应变这四组变量中，可以任选一组力学量和一组电学量作自变量，这就有四种情况，有四组压电方程。

(1) 选取应变分量S_k和电位移分量D_j为独立变量，得到h型压电方程

$$T_h = c_{hk}^D S_k - h_{jh} D_j \qquad i,j = 1,2,3$$

$$E_i = - h_{ik} S_k + \beta_{ij}^S D_j \qquad h,k = 1,2,\cdots,6$$

式中，c_{hk}^D是电位移不变(恒电位移)时的弹性常数或开路弹性常数；β_{ij}^S是应变不变(恒应变)时的介质隔离率(也称倒介电常数)或受夹介质隔离率；h_{jh}、h_{ik}称为压电刚度常数，简称压电常数。

(2) 选取电场强度分量E_j和应力分量T_k为独立变量，得到d型压电方程

$$S_h = s_{hk}^E T_k + d_{jh} E_j \qquad i,j = 1,2,3$$

$$D_i = d_{ik} T_k + \varepsilon_{ij}^T E_j \qquad h,k = 1,2,\cdots,6$$

式中，s_{hk}^E是恒电场下的柔性常数，也称短路柔性常数；ε_{ij}^T是恒应力下的介电常数，也称自由介电常数；d_{jh}、d_{ik}称为压电应变常数，简称压电常数。

(3) 选取应力分量T_k与电位移D_j为独立变量，得到g型压电方程

$$S_h = s_{hk}^D T_k + g_{jh} D_j \qquad i,j = 1,2,3$$

$$E_i = - g_{ik} T_k + \beta_{ij}^T D_j \qquad h,k = 1,2,\cdots,6$$

式中，s_{hk}^D是恒电位移下的柔性常数，或称开路柔性常数；β_{ij}^T是恒应力下介电隔离率，也称自由介电隔离率；g_{jh}、g_{ik}称为压电电压常数，简称压电常数。

(4) 选取应变分量S_k与电场强度分量E_j为独立变量，得到e型压电方程

$$T_h = c_{hk}^E S_k - e_{jh} E_j \qquad i,j = 1,2,3$$

$$D_i = e_{ik} S_k + \varepsilon_{ij}^S E_j \qquad h,k = 1,2,\cdots,6$$

式中，c_{hk}^E是恒电场下的弹性常数，或称短路弹性常数；ε_{ij}^S是应变不变时的介电常数或称受夹介电常数；e_{jh}、e_{ik}称为压电应力常数，简称压电常数。

在压电方程中，弹性常数、柔性常数各有36个，压电常数有18个，介电常数、介电隔离率各有9个。由于晶体的对称性，独立的常数将有不同程度的减少。例如常用的压电材料，石英晶体和压电陶瓷的压电方程如下：

石英晶体属32点群(三角晶系)，由其常数矩阵可写出其d型压电方程，即

$$S_1 = s_{11}^E T_1 + s_{12}^E T_2 + s_{13}^E T_3 + s_{14}^E T_4 + d_{11} E_1 \quad \text{(纵向振动)}$$

$$S_2 = s_{12}^E T_1 + s_{11}^E T_2 + s_{13}^E T_3 - s_{14}^E T_4 - d_{11} E_1 \quad \text{(横向振动)}$$

$$S_3 = s_{13}^E T_1 + s_{13}^E T_2 + s_{33}^E T_3$$

$$S_4 = s_{14}^E T_1 - s_{14}^E T_2 + s_{44}^E T_4 + d_{14} E_1 \quad \text{(轮廓切变)}$$

$$S_5 = s_{44}^E T_5 + 2 s_{14}^E T_6 - d_{14} E_2 \quad \text{(轮廓切变)}$$

$$S_6 = 2s_{14}^E T_5 + 2(s_{11}^E - s_{12}^E)T_6 - 2d_{11}E_2 \quad (\text{厚度切变})$$

$$D_1 = d_{11}T_1 - d_{11}T_2 + d_{14}T_4 + \varepsilon_{11}^T E_1$$

$$D_2 = -d_{14}T_5 - 2d_{11}T_6 + \varepsilon_{11}^T E_2$$

$$D_3 = \varepsilon_{33}^T E_3$$

压电陶瓷的常数矩阵同六角晶系 6 mm 点群。其 d 型压电方程如下：

$$S_1 = s_{11}^E T_1 + s_{12}^E T_2 + s_{13}^E T_3 + d_{31}E_3 \quad (\text{横向振动})$$

$$S_2 = s_{12}^E T_1 + s_{11}^E T_2 + s_{13}^E T_3 + d_{31}E_3 \quad (\text{横向振动})$$

$$S_3 = s_{13}^E T_1 + s_{13}^E T_2 + s_{33}^E T_3 + d_{33}E_3 \quad (\text{纵向振动})$$

$$S_4 = s_{44}^E T_4 + d_{15}E_2 \quad (\text{厚度切变})$$

$$S_5 = s_{44}^E T_5 + d_{15}E_1 \quad (\text{厚度切变})$$

$$S_6 = 2(s_{11}^E - s_{12}^E)T_6$$

$$D_1 = d_{15}T_5 + \varepsilon_{11}^T E_1$$

$$D_2 = d_{15}T_4 + \varepsilon_{11}^E E_2$$

$$D_3 = d_{31}T_1 + d_{31}T_2 + d_{33}T_3 + \varepsilon_{33}^T E_3$$

6.1.3 压电材料

石英晶体是最早应用的压电材料，至今石英仍是最重要的也是用量最大的振荡器、谐振器和窄带滤波器等元件的压电材料。随着压电传感器的大量应用，在石英之后研制出了许多人造晶体，如罗息盐、ADP、KDP、EDT、DKT 和 LH 等压电单晶体。但由于它们的性能存在某些缺陷，后来随着人造压电石英的大量生产和压电陶瓷性能的提高，这些人造单晶体已逐渐被取代了。

现今压电传感器的材料大多用压电陶瓷。压电陶瓷的压电机理与单晶不同，是利用多晶压电陶瓷的电致伸缩效应。极化后的压电陶瓷可以当作压电晶体来处理。当前常用的压电陶瓷是锆钛酸铅(PZT)。

另外，铌酸锂和钽酸锂大量用作声表面波(SAW)器件。此外，氧化锌和氮化铝等压电薄膜已是当今微波器件的关键材料。

压电单晶和压电陶瓷都是脆性材料。而以聚偏二氟乙烯(PVDF)为代表的压电高聚物薄膜，压电性强，柔性好，特别是声阻抗与水和生物组织接近，是制作传感器的良好材料。用压电陶瓷和高聚物复合而成的压电复合材料也已在压电传感器领域中得到应用。

6.2 压电加速度传感器

压电加速度传感器又称压电加速度计或压电加速度表。测量加速度的传感器种类很多，目前使用最广泛、最普遍的是压电加速度传感器。压电加速度传感器广泛用于检测导弹、飞机、车辆等的冲击和振动。压电加速度传感器的外形和性能可根据使用要求进行设计，其体积小，工作温度可达 650℃以上。

6.2.1 压电加速度传感器的工作原理

1. 原理

图 6.2 为压电加速度传感器的原理图。它由质量块、压电元件和支座组成。支座与待测物刚性地固定在一起。当待测物运动时，支座与待测物以同一加速度运动，压电元件受到质量块与加速度相反方向的惯性力的作用，在晶体的两个表面上产生交变电荷(电压)。当振动频率远低于传感器的固有共振频率时，传感器的输出电荷(电压)与作用力成正比。电信号经前置放大器放大，即可由一般测量仪器测试出电荷(电压)大小，从而得知物体的加速度。

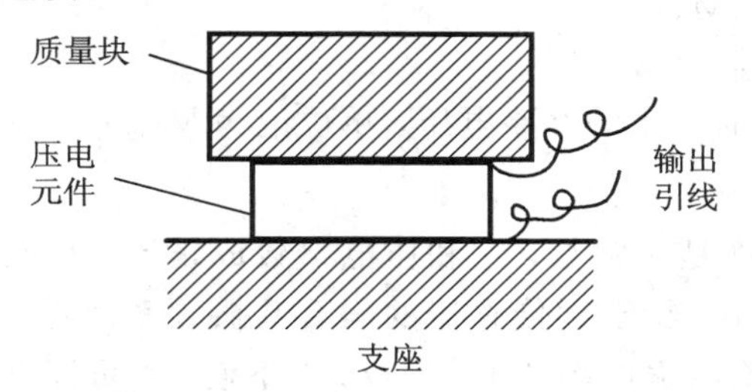

图 6.2 压电加速度传感器原理图

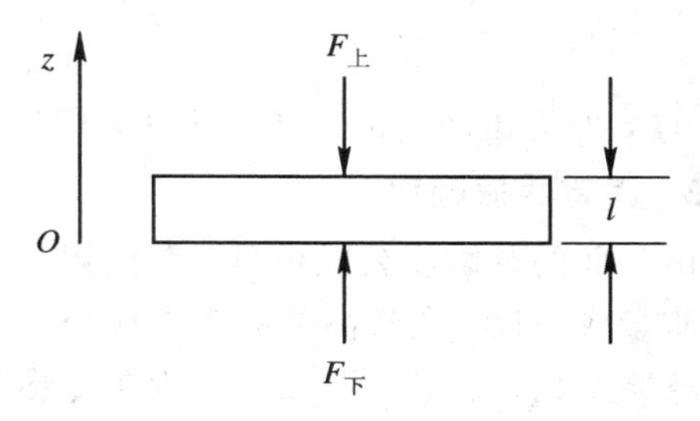

图 6.3 作用于压电元件两边的力

2. 灵敏度公式的推导

如图 6.3 所示，作用于压电元件两边的力为

$$F_{上} = Ma$$

$$F_{下} = (M+m)a$$

式中，M 为质量块质量，m 为晶片质量，a 为物体振动加速度，晶片中 z 处任一截面上的力为

$$F = Ma + ma\left(1-\frac{z}{l}\right)$$

式中，l 为晶片厚度。平均力为

$$\overline{F} = \frac{1}{l}\int_0^l\left[Ma + ma\left(1-\frac{z}{l}\right)\right]\mathrm{d}z = \left(M+\frac{1}{2}m\right)a$$

设晶片为压电陶瓷，极化方向在厚度方向(z 方向)。由于作用力沿着 z 方向，故这时只有 T_3 不等于零，其平均值为

$$\overline{T}_3 = \frac{1}{A}\left(M+\frac{1}{2}m\right)a$$

选用 d 型压电方程，得

$$D_3 = d_{33}\overline{T}_3$$

$$Q = D_3A = d_{33}\left(M+\frac{1}{2}m\right)a$$

式中，A 为晶片电极面面积。质量块一般采用质量大的金属如钨或其他金属制成，而晶片很薄，即有 $M \gg m$，故上式通常写为

$$Q = d_{33}Ma$$

$a=g$(重力加速度)时得到的电荷 Q 值，常称为灵敏度，单位记为 C/g，即灵敏度为一个 g 产生的电荷。上式为灵敏度的电荷表示法。灵敏度亦可用开路输出电压表示，因为

$$U = \frac{Q}{C_{\mathrm{d}}}$$

式中，C_{d} 为晶片的低频电容(自由电容)

$$C_{\mathrm{d}} = \frac{\varepsilon_{33}^{T} A}{l}$$

所以

$$U = \frac{d_{33} l M a}{\varepsilon_{33}^{T} A}$$

取 $a=g$，即为灵敏度的电压表示法，即一个 g 时产生的开路电压，单位记为 V/g。

3. 固有共振频率

由上面的灵敏度公式可见，在低频时灵敏度是一常数，它和压电常数成正比，和质量块的质量成正比。在较高的频率下该公式不适用，特别到传感器的固有共振频率附近，灵敏度急剧变化(增大)，该公式一般在传感器固有共振频率的 1/2～1/5 以下使用。可以近似地把质量块看成一个纯质量(忽略其弹性)，晶片看成一纯弹性元件(忽略其质量)来计算传感器的固有频率。如将晶片看成一弹簧，则由定义可求出其劲度系数为

$$k = \frac{A}{S_{33} l} = \frac{EA}{l}$$

式中，E 为压电晶片的杨氏模量。则固有频率

$$f_{\mathrm{n}} = \frac{1}{2\pi}\sqrt{\frac{k}{M}}$$

6.2.2　压电加速度传感器的结构

图 6.4(a)为常用的压缩式压电加速度传感器。这是目前最常见的一种。结构简单，装配较为方便。为便于装配和增大电容量常用两片极化方向相反的晶片，电学上并联输出。采用石英晶片时也有采用四片晶片并联的方式。

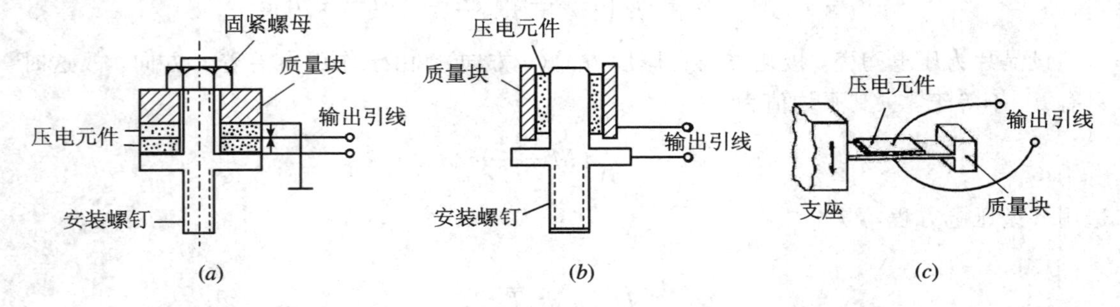

图 6.4　压电加速度传感器的几种结构

图 6.4(b)是剪切式压电加速度传感器，采用剪切应力实现压电转换。管式压电元件(极化方向平行于轴线，电极面在内外圆柱面上)紧套在金属圆柱上，在压电元件外径上再套上惯性质量块，相互之间用导电胶粘结。工作原理是：如传感器感受向上的运动，金属

圆柱向上运动，由于惯性质量环保持滞后，这样压电元件就受剪切应力作用，从而在压电元件的内外表面上产生电荷；如果传感器感受向下的运动，则压电元件内外表面上的电荷极性相反。这种结构形式的传感器灵敏度高，横向灵敏度小，而且能减小基座应变的影响。剪切式压电传感器容易小型化，有很高的固有频率，所以频响范围宽，适于测量高频振动。但是，由于压电元件、金属圆柱以及惯性质量环之间粘结较难，装配成功率较低。

图6.4(*c*)为弯曲式压电加速度传感器。压电晶片粘贴在悬臂梁的侧面，悬臂梁的自由端装配质量块，固定端与基座连接。振动时，悬臂梁弯曲，侧面受到拉伸压缩，使压电元件发生形变，从而输出电信号。也可用圆板代替悬臂梁，在圆周装配质量块，在圆板表面上安装压电元件。弯曲式压电加速度传感器固有共振频率低，灵敏度高，适用于低频测量。缺点是体积大，机械强度较前两种差。

采用不同的结构设计和选用不同性能的压电材料，可以得到满足各种使用要求的压电加速度传感器。表6.1给出了三种基本结构的加速度传感器的一般性能。

表6.1 加速度传感器的一般性能

结构类型	压缩型	切变型	弯曲型
灵敏度/PC/g	170	300	4900
电容量/pF	1000	900	7000
频率响应/Hz	4～8000	2～7000	1～100
固有振动频率/Hz	32 000	30 000	1200
耐振性/g	4000	2500	50

计算举例：一96%钛酸钡，4%钛酸铅的混合压电陶瓷作压电元件的加速度计，结构如图6.4(*a*)所示。参数如下：

$$D=4.5\ \text{mm}=4.5\times10^{-3}\ \text{m}$$
$$l=0.5\ \text{mm}=5\times10^{-4}\ \text{m}(\text{单片})$$
$$E=1.13\times10^{11}\ \text{N/m}^2$$
$$M=1.1\ \text{g}=1.1\times10^{-3}\ \text{kg}$$
$$\varepsilon_{33}^T=7.95\times10^{-9}\ \text{F/m}$$
$$d_{33}=9.32\times10^{-11}\ \text{C/N}$$
$$g=9.80\ \text{m/s}^2$$

经计算得固有频率为

$$f_n=\frac{D}{4}\sqrt{\frac{E}{2\pi Ml}}=204\ 000\ \text{Hz}$$

静电容量

$$C_a=\frac{\varepsilon_{33}^T\pi D^2}{2l}=500\ \text{pF}$$

电压灵敏度

$$U\big|_{a=g}=\frac{4d_{33}Mgl}{\varepsilon_{33}^T\pi D^2}=4\times10^{-3}\ \text{V/g}$$

表6.2列出了一种市售压电加速度传感器的主要技术指标，供参考。这种压电加速度

传感器采用剪切设计，内装集成电路，是一种低阻抗电压输出加速度传感器。图 6.5 是这种压电加速度传感器的外形图。

表 6.2　一种市售压电加速度传感器的主要技术指标

技术指标/单位 \ 型号	111/112	121/122	131/132	141/142	151/152	161/162
灵敏度/mV/ms^{-2}	1	2	5	10	25	50
频率范围(±5%)/Hz	0.5～10000	0.5～8000	0.5～6000	0.5～8000	0.5～400	0.5～2500
频率范围(±10%)/Hz	0.35～12000	0.35～12000	0.35～10000	0.35～10000	0.35～6000	0.35～4000
分辨率/ms^{-2}·rms	0.02	0.01	0.004	0.002	0.001	0.004
输出阻抗/Ω	<100	<100	<100	<100	<100	<100
安装谐振频率/kHz	48	40	32	29	18	15
最大加速度/m/s^2	10000	5000	1000	500	250	100
直流偏置电压/V	12	12	12	12	12	12
基座应变灵敏度/s^{-2}/mε	<0.05	<0.05	<0.02	<0.02	<0.01	<0.005
供电电源/V	18～30	18～30	18～30	18～30	18～30	18～30
重量/g	12	13	14	15	25	38
外形尺寸-顶端输出/mm	13×19×26	13×19×26	13×19×26	13×19×26	16×21×28	18×27×34
外形尺寸-侧端输出/mm	13×18×19	13×18×19	13×18×19	13×18×19	16×21×22	18×27×34
安装螺钉	M5	M5	M5	M5	M5	M5

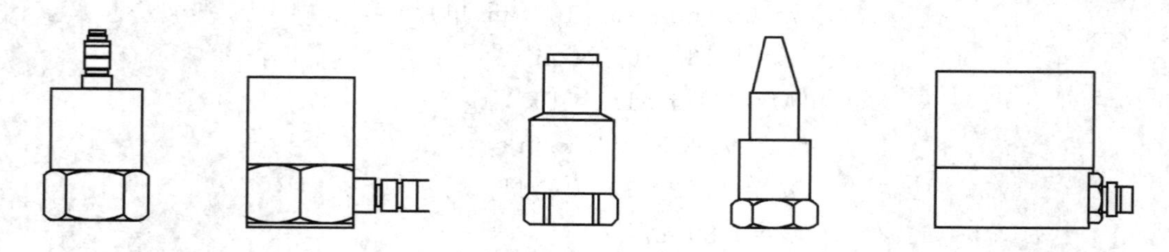

图 6.5　一种压电加速度传感器的外形

6.2.3　压电加速度传感器的等效电路

压电元件是压电式传感器的敏感元件。当它受到外力作用时，就会在电极上产生电荷，因此，可以把压电式传感器等效为一个电荷源与一个电容并联的电荷发生器，等效电路如图 6.6(a)所示。由于电容上的(开路)电压

$$U=\frac{q}{C_{\mathrm{d}}}$$

因此压电式传感器也可以等效为一个电压源和一个电容串联的电压源，等效电路如图 6.6(b)所示。

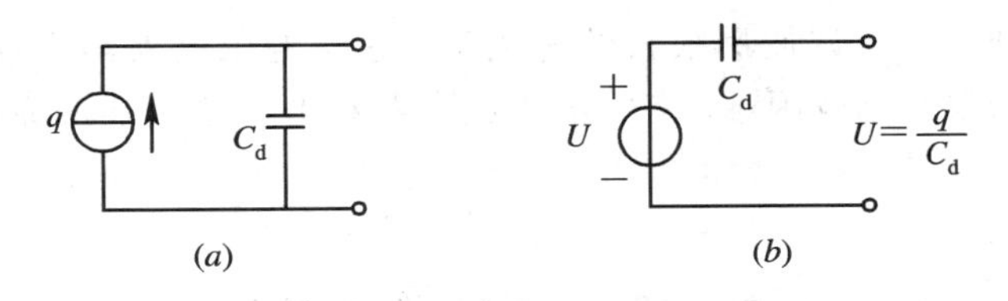

图 6.6　压电加速度传感器的等效电路
(a) 等效电荷源；(b) 等效电压源

当压电式传感器与测量电路配合使用时，方块图如图 6.7 所示。这样在等效电路中就必须将前置放大器的输入电阻 R_i、输入电容 C_i，以及低噪声电缆的电容 C_c 包括进去。因此，当考虑了压电元件的绝缘电阻 R_d 以后，完整的等效电路可表示成如图 6.8 所示的电荷等效电路(a)和电压等效电路(b)。这两种等效电路是完全等效的。

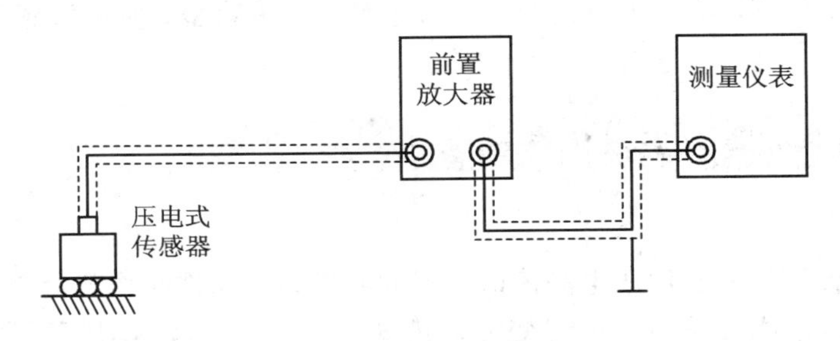

图 6.7　测量电路方块图

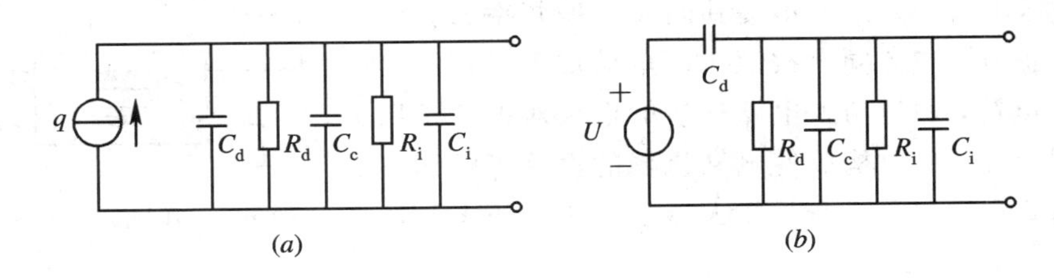

图 6.8　完整的等效电路
(a) 电荷等效电路；(b) 电压等效电路

由于压电传感器的内阻抗很高、输出电信号很弱，一般需将电信号经高输入阻抗的前置放大器放大再进行传输、处理和测量。前置放大器的主要作用是将压电传感器的高阻抗输出变换成低阻抗输出，也起放大弱信号的作用。压电传感器的输出信号经过前置放大器的阻抗变换和放大后，就可以采用一般的放大、检波指示或通过功率放大至记录和数据处理设备。前置放大器应距传感器尽量近，常将其与传感器装配在一起，或集成在一起。否则，传感器的输出信号需由低噪声电缆输入到高输入阻抗的前置放大器。

按照压电式传感器的工作原理及其等效电路，传感器可看成电压发生器，也可看成电荷发生器。因此前置放大器也有两种形式：一种是电压放大器，一般称作阻抗变换器，其输出电压与输入电压成比例；另一种是电荷放大器，其输出电压与输入电荷成比例。这两种放大器的主要区别是：使用电压放大器时，测量系统的输出对电缆电容的变化很敏感，连接电缆长度的变化明显影响测量系统的输出。而使用电荷放大器时，电缆长度变化的影响差不多可以忽略不计，允许使用很长的电缆，但它与电压放大器比较，价格要高得多，电路也比较复杂，调整又比较困难。有关电压放大器和电荷放大器的原理和电路，请参阅第十一章。

6.3 压电谐振式传感器

压电谐振式传感器于20世纪40年代末开始研制，60年代开始得到应用。压电谐振式传感器可以测应力、应变、压力、角速度、加速度、温度、湿度、流速及浓度等许多物理量。谐振式传感器以数字输出，不必经过A/D转换就可以方便地与计算机连接，组成高精度的测量和控制系统。传感系统功耗小，抗干扰性强，稳定性好，是传感技术重点发展的方向之一。压电谐振式传感器有应变敏感型、热敏感型、声敏感型、质量敏感型和回转敏感型等五种。

6.3.1 石英晶体谐振式温度传感器

1. 工作原理

压电谐振式传感器是利用压电晶体谐振器的共振频率随被测物理量变化而变化进行测量的。压电晶体谐振器常采用厚度切变振动模式AT切或BT切型的石英晶体制作。当电极上加上电激励信号时，利用逆压电效应，振子将按其固有共振频率或其泛音产生机械振动，与此同时按照正压电效应电极板上又将出现交变电荷，通过与外电路连接的电极对振子予以适当的能量补充，便可构成使电和机械的振荡等幅地持续下去的振荡电路。图6.9为放大器表示法的压电晶体振荡电路。

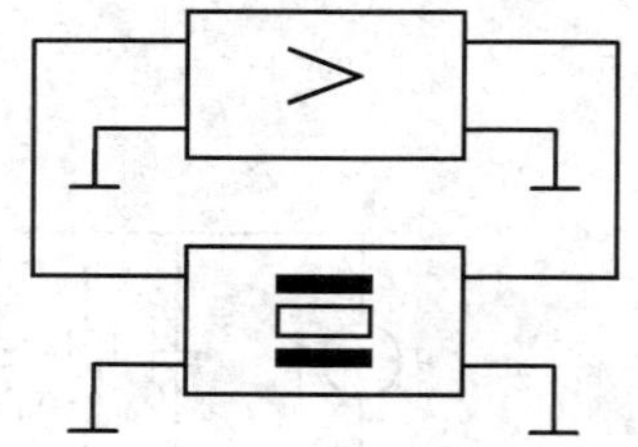

图 6.9 压电晶体振荡电路

石英晶体谐振式温度传感器属于热敏感型压电式谐振传感器，其工作原理基于压电谐振器对温度的热敏感性。用于稳频的石英晶体振荡器要求很高的温度稳定性，为此通常选择频率温度系数很小的AT切——$(yxl)35\frac{1}{4}^{\circ}$、BT切——$(yxl)-49^{\circ}$晶片。相反，石英晶体作为温度敏感元件时，则要求有较大的频率温度系数。

Y切的晶体作厚度剪切模振动时有正的频率温度系数，在长度方向上振动时有负的频率温度系数。总的温度系数可以从-20×10^{-6}/℃到$+100\times10^{-6}$/℃。X切的晶体在厚度方向上振动时，频率温度系数近似为-20×10^{-6}/℃。可根据对频率温度系数的要求加以选择。

可根据温度每变化1℃振荡频率变化若干Hz的要求与晶体的频率温度系数来确定振荡电路的基本共振频率。例如，要求温度变化1℃频率变化1000 Hz，亦即分辨率为0.001℃，如果晶体的频率温度系数为35.4×10^{-6}℃，则晶体的基本共振频率为

$$f=\frac{1000}{35.4\times10^{-6}}\approx28\times10^{6}\ \text{Hz}$$

一种具有线性温度一频率特性的石英切型，是如图6.10所示的LC切——$(yxwl)11°10'/9°24'$的平凸透镜形谐振器。当谐振器的直径为6.25 mm，表面曲率半径约为125 mm时，谐振频率取28 MHz（三次谐波），可满足上例要求。

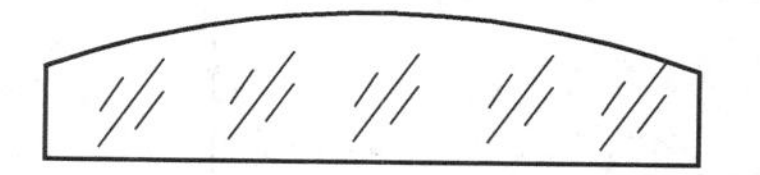
图 6.10 LC切平凸透镜形谐振器

2. 结构和电路框图

谐振器置于充氦气TO-5型三极管壳内，管壳内压力约133 Pa。为了降低热惰性，压电元件置于外壳的上盖附近，使其与上盖的间隙尽量小。该温度传感器在10～9000 Hz的频率范围内，经受单次冲击达10^4 g、振动加速度幅值达10^4 m/s^2的情况下，仍能保持其初始灵敏度。其他性能指标为：分辨率0.0001℃，绝对误差0.02℃，温度频率特性的非线性为0.05℃(0～100℃)，热惰性时间常数为1 s(在水中)。与该传感器配套的测温仪电路框图如图6.11所示。该测温仪能够进行T_1和T_2两路的温度测量，还能确定温差T_1-T_2，转换分辨率选择开关，可按10^{-2}、10^{-3}或10^{-4}℃的分辨率进行测量。如果采用一个传感器测温，传感器相应的热敏振荡信号与基准振荡器十倍频后的信号混频后输出，输出值除以1000 Hz/℃即为被测温度。

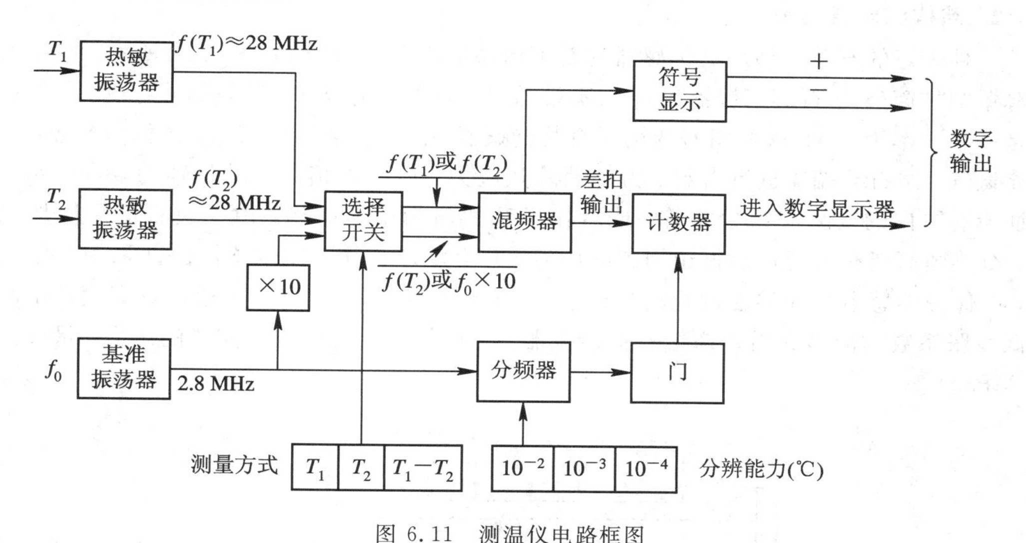

图 6.11 测温仪电路框图

6.3.2 石英晶体谐振式压力传感器

1. 工作原理

厚度剪切模的石英振子固有共振频率为

$$f=\frac{1}{2h}\sqrt{\frac{C_{66}^D}{\rho}}$$

可见，频率与厚度h、密度ρ、厚度剪切模量C_{66}^D三者均有关系。当石英振子受静态压力作用时，振子的共振频率将发生变化，并且频率的变化与所加压力呈线性关系。这一特有的静应力一频移效应主要是因C_{66}^D随着压力变化产生的。图6.12示出了AT切型振子频率与(不同应力作用角α)压应力的关系曲线。

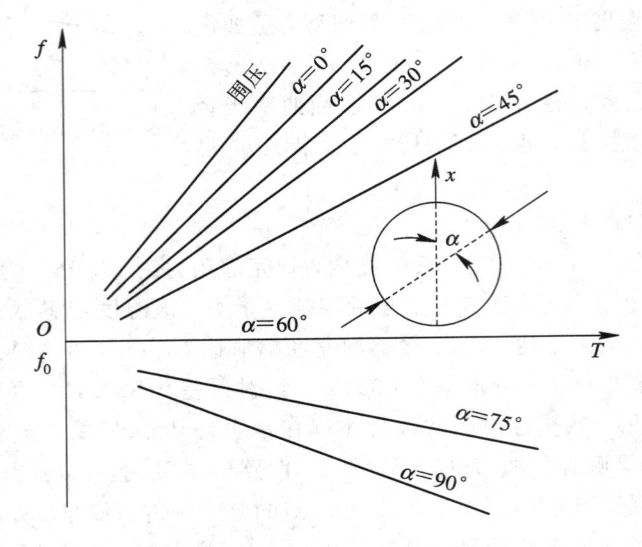

图 6.12 AT 切型振子频率与压应力的关系曲线

2. 结构和电路框图

一种较好的石英谐振压力传感器的石英谐振器 QPT 的结构如图 6.13 所示。它由石英的薄壁圆柱筒(3)、石英谐振器(2)、石英端盖(1、4)以及电极(6、7)等部分组成。其关键元件是一个频率为 5 MHz 的精密透镜形石英谐振器，位于石英圆柱筒内。圆柱筒空腔(5、8)内充氦气，用石英端盖进行密封。为了消除热应力，筒和盖相对于结晶轴的取向一致，以保证所有方向的线膨胀系数相等，或者振子和圆筒为整体结构，由一块石英晶体加工而成。石英圆筒能有效地传递振子周围的压力，并有增压作用。在传感器内部采用双层恒温器，以保证传感器工作温度的稳定(误差不大于±0.05℃)。被测压力通过隔离膜片由高弹性低线胀系数的液体介质传递给石英谐振器。这种传感器可以测量液体的压力，量程达到 70 MPa。

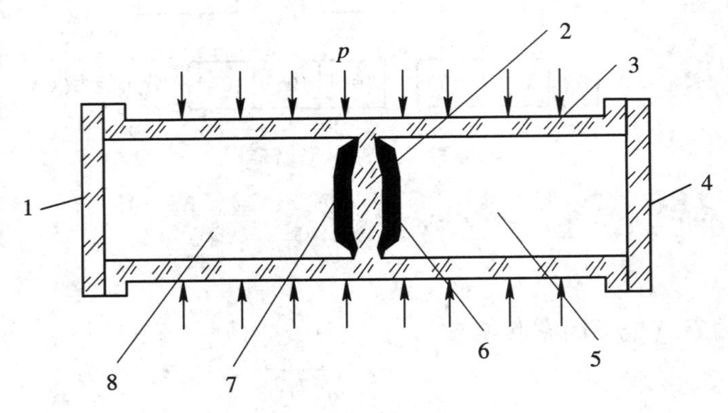

图 6.13 石英谐振器 QPT 的结构

图 6.14 为这种石英谐振式压力传感器的结构。图中 QPT 靠薄弹簧片 N 悬浮于传压介质油 O 中。压力容器由铜套筒 C 和钢套筒 S 构成，隔膜 D 与钢套筒 S 连接，E 为 QPT 的电接头。QPT 的温度由内加热器 HI 和外加热器 HO 控制。当传感器工作时，可使 QPT 保

持在±0.05 ℃恒温以内，从而使振子达到零温度系数。隔膜D是容器内的油和外压力介质的分界层。液体油O(合成磷酸盐脂溶液)热膨胀系数比较低，以便减小因温度变化引起的液体油压变化而造成的(温度)读数误差。端盖用不锈钢制造，P为压力进口。

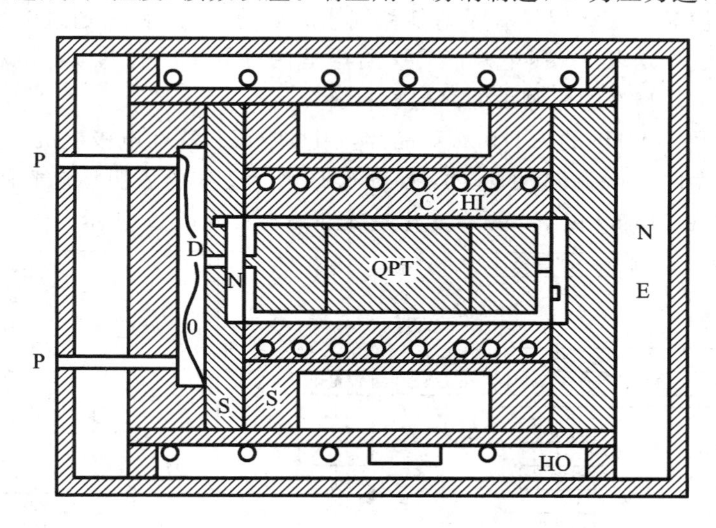

图 6.14 石英谐振式压力传感器的结构

与传感器配套实现数字测量的电路框图如图 6.15 所示。

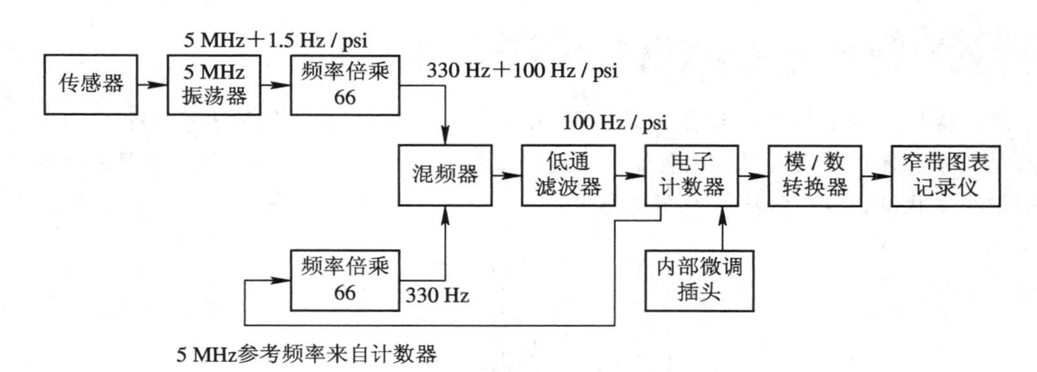

图 6.15 与传感器配套实现数字测量的电路框图

测量振荡器产生的 5 MHz$+\frac{1.5\ \text{Hz}}{\text{psi}}p$(待测压力)的信号经 66 倍频和 330 MHz 的参考频率混频，并经滤波后，正比于压力的差频信号进入频率计，由电子计数器显示以 psi (1 psi$=6.89\times10^3$ Pa)为单位的压力值，其最高分辨力为 6.89 Pa ，是被测压力上限 10 000 psi 的10^{-7}。此外，该传感器的其他主要性能，如滞后、重复性、回零偏移、长期稳定性均小于满量程的 10^{-6}。

6.3.3 压电汞蒸气探测器

石英晶片的共振频率 f 因附加到其上的质量的增减而变化，即

$$\Delta f = -2.3 \times 10^6 f^2 \frac{\Delta m}{A}$$

式中，Δf 是共振频率的变化(Hz)，Δm 是涂层吸附的附加质量(g)，A 是涂层面积(cm^2)。由上式可知，如使晶片的涂层具有吸附某种气体成分的功能，则可通过测量共振频率的变化，得知该气体成分是多少。压电汞蒸气探测器是在石英晶片的电极上沉积金膜。金膜能吸收汞生成汞齐，是良好的检测汞的涂层材料。

一实验装置用 9 MHz 的 AT 切石英晶片，用真空沉积法在电极上沉积金膜，装在晶体盒内，作为敏感元件。实验装置的框图，如图 6.16 所示。实验表明，空气中汞浓度在 3 ppb 以下或吸附汞量在 246 ng 以下，频率变化是线性的，如图 6.17 所示。

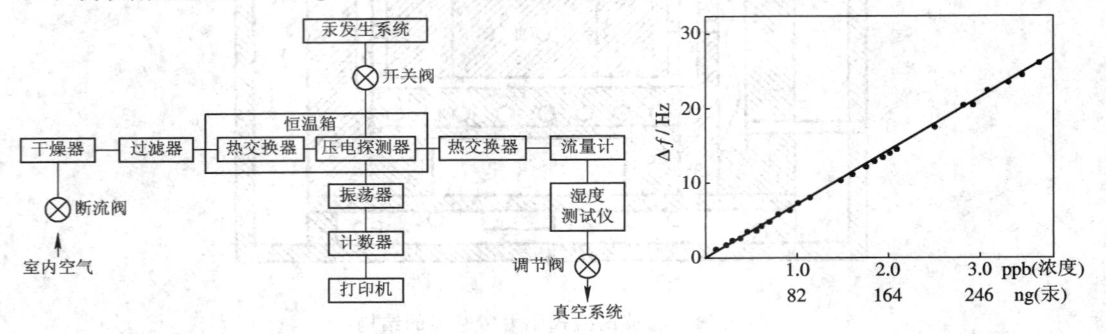

图 6.16　实验装置的框图　　　图 6.17　空气中汞浓度与频率变化的关系

6.3.4　测量液体密度的压电传感器

测量液体密度的压电传感器的敏感元件是一个由压电晶片激励的空心音叉，图 6.18 为其结构示意图。音叉由不锈钢管制作，其 Q 值高达 800，接近一般音叉，可满足检测共振频率微小变化的需要。两片压电陶瓷晶片，一片激励叉臂产生振荡，另一片接收信号。

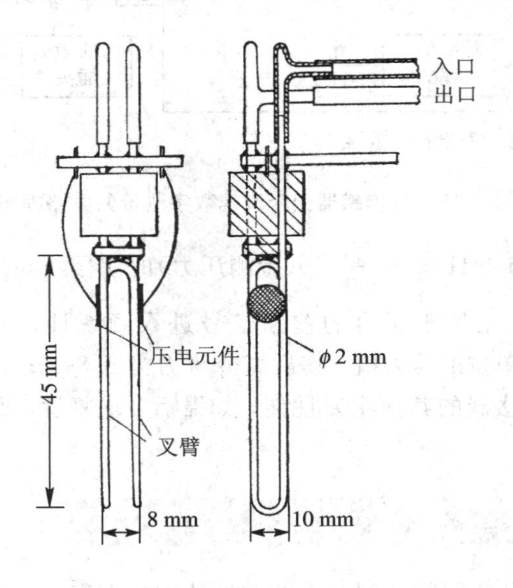

图 6.18　传感器结构示意图

流过音叉液体密度的微小变化，会导致音叉共振频率发生变化，关系式为

$$\rho = \frac{A}{f^2} + B$$

式中，ρ 为液体密度，f 为共振频率，A、B 为定标系数。

图 6.19 是测量系统的方块图。由微型计算机控制的频率发生器激励传感器振动，晶片接收的信号经 A/D 变换后输给微型计算机，由微型计算机算出频率和密度，最后传输给显示器显示。该系统能连续测量流动液体的密度，测量迅速方便。测量的七种液体(蒸馏水及六种不同配比的乙醇与水和丙三醇与水)密度与频率的关系，如图 6.20 所示。测量值与校正值之间的相对偏差小于 0.05%。

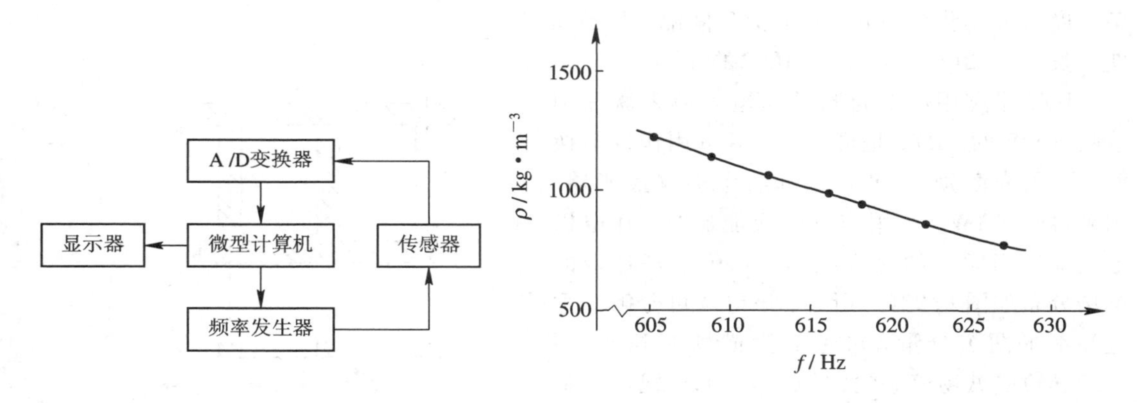

图 6.19 测量系统的方块图

图 6.20 密度与频率的关系

6.4 声表面波传感器

声表面波(Surface Acoustic Wave)是 19 世纪 80 年代瑞利研究地震波时发现的，简写为 SAW，是一种能量集中于媒质表面、沿表面传播、其振幅随深度呈指数衰减的弹性波。通常在压电晶体的表面设置叉指换能器(IDT)来激励和检测声表面波。SAW 传感器主要利用 SAW 振荡频率特性受外界力学量、热学量、电学量、化学量和生物量的影响而变化的机理来达到检测物理量、化学量和生物量的目的。SAW 传感器具有分辨率高、灵敏度高、可靠、一致性好、制造简单等优点，而且由于它符合数字化、集成化和高精度的发展方向，国际上对其研究和开发十分重视，是当代传感器的重要支柱之一。

6.4.1 SAW 传感器的基本原理

SAW 传感器的基本原理是，在压电材料表面形成叉指换能器，构成 SAW 振荡器或谐振器，适当设计 SAW 振荡器或谐振器，使其对微细的待测量敏感。一般是使待测量作用 SAW 的传播路径，引起 SAW 的传播速度发生变化，从而使振荡频率发生变化，通过频率的变化检测待测量。由于是频率输出，很容易转换成数字形式，有利于高精度测量与计算机接口。

1. SAW 叉指换能器

SAW 的发射和接收是靠 SAW 叉指换能器来实现的。叉指换能器是由若干条淀积在压电材料衬底上的金属膜电极组成，基本结构如图 6.21 所示。这些电极条互相交叉配置，两端由汇流条连接在一起，其形状如同交叉平放的两排手指，故称为叉指电极，该种换能器称为叉指换能器（Interdigital Transducer，简称 IDT）。图中，所示的几何参数为：W 是 IDT 孔径（有效指条长度），a 是指条宽度，b 是指条间隔，L 是周期节长，$L=2(a+b)$，均匀 IDT 的 $a=b=L/4$。

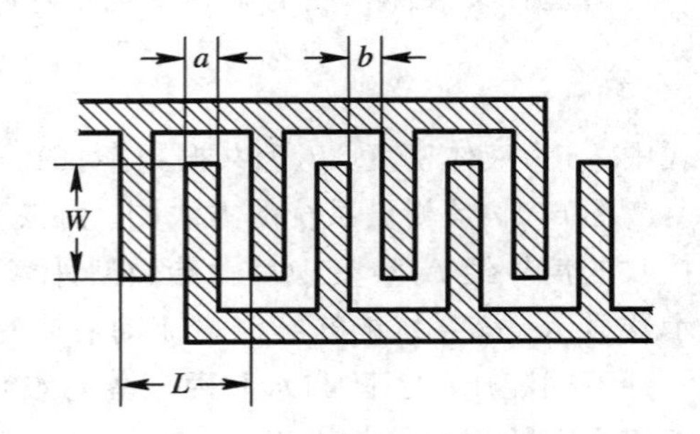

图 6.21 SAW 叉指换能器结构

IDT 是利用压电材料的压电效应来激励和接收 SAW 的。IDT 是可逆的，既可用作发射换能器，用来激励 SAW，又可用作接收换能器，用来接收 SAW。当用作发射换能器时，在电极上施加适当频率的交变电信号，压电基片内的电场分布如图 6.22(a)所示。该电场可分解为垂直和水平两个分量，可近似为横场模等效（图 6.22(b)）或纵场模等效（图 6.22(c)），视压电材料和切割方法的不同，选取其一。根据反向压电效应，产生沿表面传播的 SAW。由于叉指电极周期排列，故各电极激发的 SAW 互相加强。接收过程与此相反，沿表面传播的 SAW 引起电极间的压电晶体形变，根据正向压电效应，在电极上产生电信号。

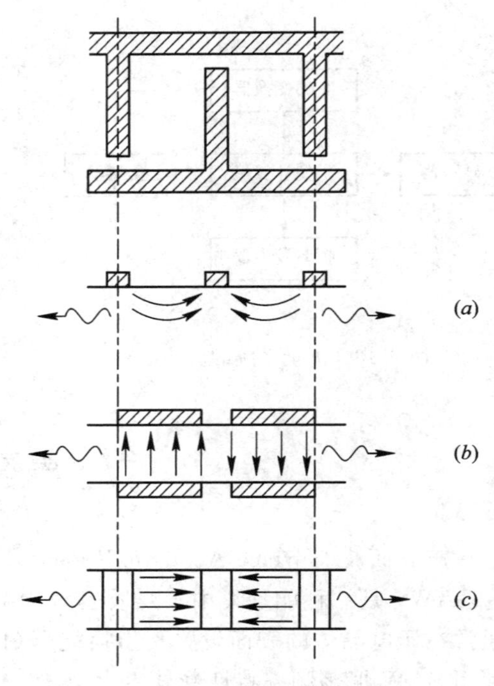

图 6.22 叉指换能器激励 SAW 示意图

2. SAW 振荡器

SAW 振荡器也称 SAW 延迟线振荡器，它由一组 SAW 发射、接收 IDT 和反馈放大器组成，如图 6.23 所示。由发射换能器发射的表面波经媒质延迟被接收换能器接收。接收的信号经放大器放大，再反馈到发射换能器构成振荡回路。当放大器的增益可以补偿延迟线的损耗同时又满足一定的相位条件时，振荡器就可以起振。其振荡条件是

$$A > L_P + L_B + L_C, \quad \varphi_D + \varphi_E = 2n\pi$$

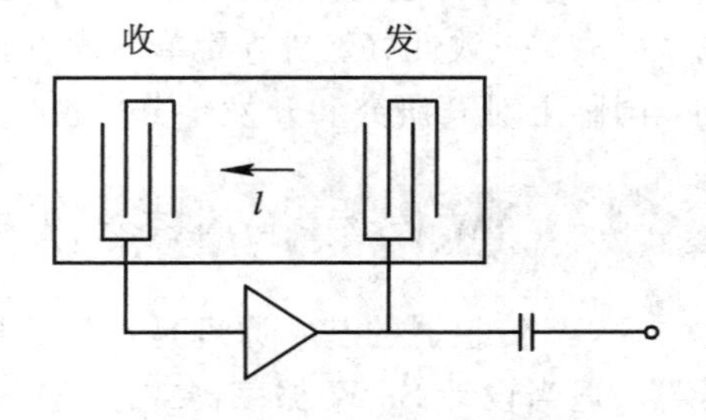

图 6.23 SAW 振荡器

式中，A 是放大器增益，L_P 是 SAW 延迟线的传播损耗，L_B 是 IDT 的双向损耗，L_C 是放大器和 IDT 之间的变换损耗，$\varphi_D=\omega\tau=\omega l/v$，$\varphi_E$ 是放大器通配网络和 IDT 的相移，l 为收发换能器的距离，v 为波速。通常相应的延迟相移 $\omega l/v \gg \varphi_E$，所以，起振的相位条件可写为

$$\frac{\omega l}{v} = 2n\pi \tag{6.1}$$

3. SAW 谐振器

SAW 谐振器由 IDT 和栅格反射器组成。栅格反射器是在压电基片表面上设置的栅阵和沟槽等，其声阻抗不连续。当表面波在基片上传播时，在声阻抗不连续区(反射器)产生相干反射。若适当设计栅格反射器的长度和位置，即选择谐振腔长度，则在腔体内形成驻波，能量被封闭在腔体内。如果按某种方式从腔体中取出能量，便可得到谐振器，类似体波振子的谐振状态。

图 6.24 所示为谐振器的两种形式，即双端对(图 6.24(*a*))和单端对(图 6.24(*b*))。它们的区别是，单端对仅有一 IDT 同时负担发送和接收信号；双端对则有两个 IDT，一个发送信号，另一个接收信号。双端对又有两种结构，如图 6.25 所示，即 IDT 置于两端的内腔式(图 6.25(*a*))和 IDT 置于中间的外腔式(图 6.25(*b*))。

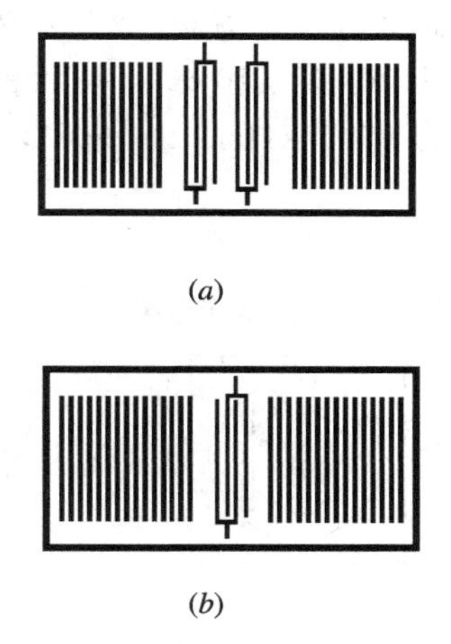

图 6.24　谐振器的两种形式
(*a*) 双端对；(*b*) 单端对

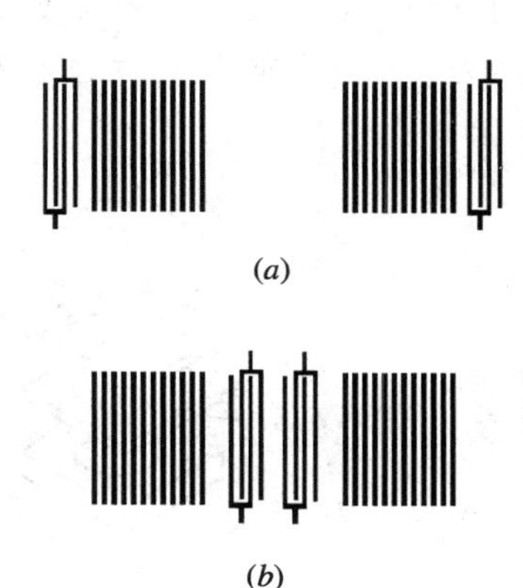

图 6.25　双端对的两种结构
(*a*) 内腔式；(*b*) 外腔式

6.4.2　SAW 压力传感器

图 6.26 为 SAW 压力传感器的原理结构图。其 SAW 延迟线的基片很薄，在压力作用下，SAW 传播路径的长度以及 SAW 的波速都要发生变化，由式(6.1)可知，二者的变化都会引起振荡频率的偏移，由偏移量的大小就可检测出基片所受压力的大小。

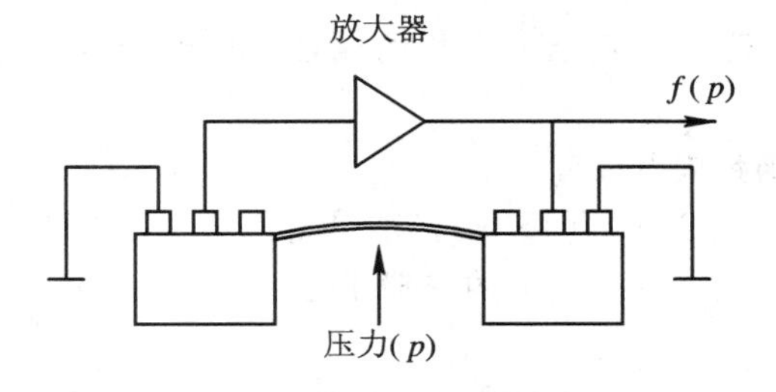

图 6.26　SAW 压力传感器原理结构

一般压电材料都有一定的温度系数，温度变化引起的频偏往往超过压力变化引起的频偏，必须对温度变化引起的频偏进行补偿。一种较简便的解决办法是采用双振荡器结构，如图 6.27 所示，图中二振荡器输出馈入混频器，得到差频，经低通滤波器输出。只有一个振荡器的基片与待测压力相接触，因此，压力的大小可通过差频的改变来测量。由于二振荡器的结构和材料相同，故温度变化引起的二振荡器的频偏相同，在混频器中可以互相抵消，从而补偿了温度变化。

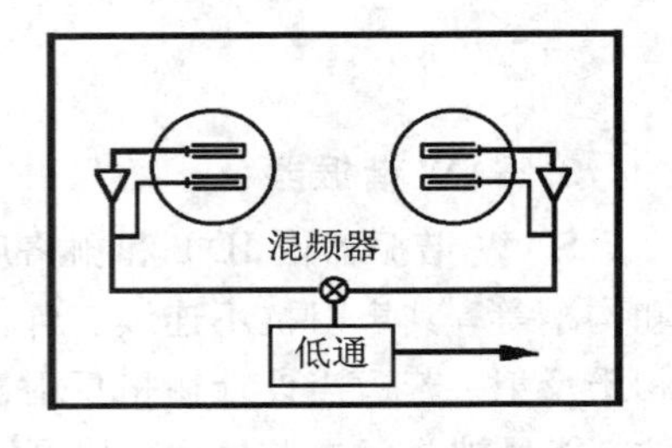

图 6.27 双振荡器结构

图 6.28 为一种 SAW 压力传感器的结构图。所有零部件都采用相同方向切割的压电石英，把它们熔焊在一起，由于它们的温度系数都相同，故减小了温度变化时热膨胀引起的额外应力变化。为了得到高灵敏度，传播基片做得很薄，并且两面抛光，从而提高耐压强度。其余三片的厚度为 0.3 cm。用 SAW 谐振器代替延迟线构成振荡器，谐振器频率为 130 MHz，反射栅由 500 个反射沟槽组成。谐振器插损 10 dB，Q 值为 10 000。一个谐振器放在中间敏感压力，另一个放在基片边上做参考。灵敏度为 35.5 kHz/kg · cm^{-2}，测量范围 0～3.5 kg/cm^2。

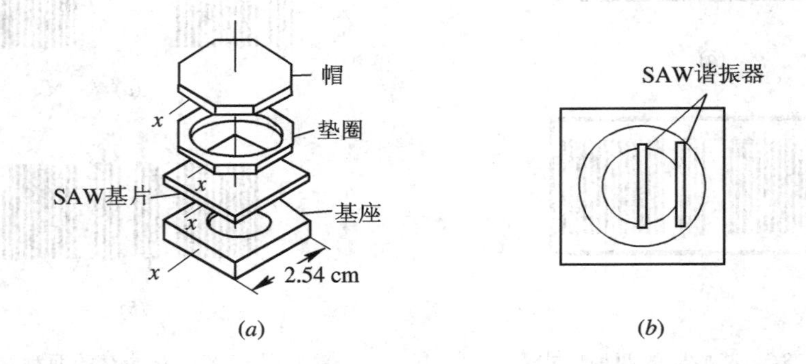

图 6.28 SAW 压力传感器的结构图

通常 SAW 传感器的基底材料可采用 $LiNbO_3$、ZnO、石英等，也可以用单晶硅作膜片，在其上面形成压电薄膜。

SAW 压力传感器可用以监视心脏病人的心跳，用射频振荡器把信息发射出去，实现遥测。

6.4.3 SAW 热敏传感器

利用 SAW 振荡器振荡频率随温度变化的原理构成的温度传感器，称为 SAW 热敏传感器。

把频率作为温度的函数展开，有

$$f(T) = f(T_0) + [1 + a_0(T - T_0) + b_0(T - T_0)^2 + \cdots]$$

应选择合适的单晶材料切型，使上式中的一阶温度系数 a_0 尽可能大，而二阶温度系数 b_0 尽可能小。

一个满足上述要求的例子是 JCL 和 LST 切型的两种石英晶片。其 SAW 波速及一、二阶温度系数列于表 6.3。其温度灵敏度分别为 1800 Hz/℃和 2800 Hz/℃，当测量温度的时间为 1 s时，分辨率为 100 μ℃。

表 6.3　JCL 和 LST 切型晶片的一、二阶温度系数及波速值

切型	V/m/s	10^{-6}/℃	10^{-9}/℃
JCL	3271	18	−1.5
LST	3347	28	−2

另一例是，基底采用 YZ 切型的 $LiNbO_3$(铌酸锂)，在其上面蒸发 Al 膜，厚度为 8000 Å，经过光刻制成叉指电极，研制成延迟型温度传感器。它和放大电路配合组成的振荡器，如图 6.29 所示，器件和电路同时放在温度槽内，测得的频率温度特性如图 6.30 所示，灵敏度为 4 kHz/℃，工作频率为 42.65 MHz。

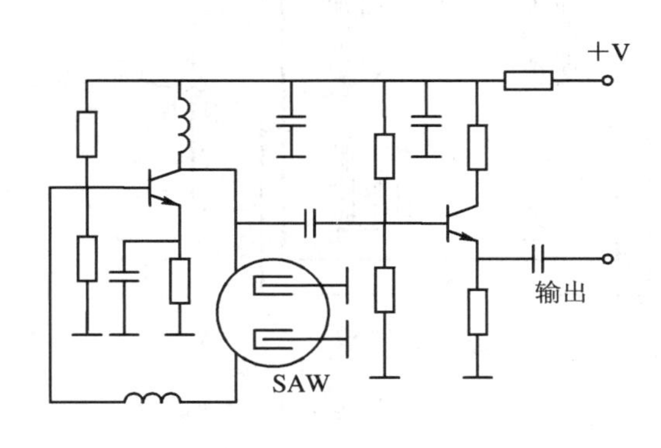

图 6.29　延迟型温度传感器

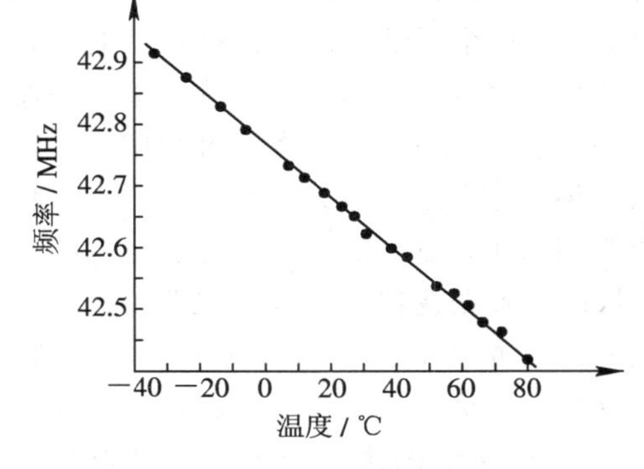

图 6.30　频率—温度特性

不用热传导而用热辐射也可以制成另一种类型的 SAW 辐射热敏传感器。它也是用 SAW 振荡器作为热敏元件。当待测物体放射的红外线辐射到 SAW 传播的路径上时，SAW 波速发生变化，使振荡器的相位条件也发生变化，从而导致振荡频率改变。日本松下公司研制的这种辐射热敏传感器，其灵敏度在 100～140℃是 8.4 Hz/℃；在 60～100℃是 4.8 Hz/℃；在 0～60℃是 3.3 Hz/℃。该传感器的分辨率为 0.2～0.6℃。实验时热源距传感器 70 cm。

6.4.4　SAW 气敏传感器

在 SAW 气敏传感器中，除 SAW 延迟线振荡器之外，关键是要有对待测气体有特殊选择性的吸附膜。SAW 器件的输出一般与大气中各种成分的含量无关，要使 SAW 器件对某些特殊气体敏感，需要在延迟线的两个叉指换能器之间，即声表面波的传播路径上敷设一层具有特殊选择性的吸附膜，该吸附膜只对所需敏感的气体有吸附作用。吸附膜吸收了环境中的某种特定气体，使基片表面性质发生变化，导致 SAW 振荡器振荡频率发生变化，通过测量频率的变化就可检测特定气体成分的含量。目前可检测的气体主要有二氧化硫、水蒸气、氢气、丙酮、硫化氢、一氧化碳、二氧化碳、二氧化氮等。为了实现对环境温度变化的补偿，SAW 气敏传感器大多采用双通道延迟线结构。

SAW 气敏传感器的敏感机理随吸附膜的不同而不同。当薄膜是绝缘材料时，它吸附气体引起密度的变化，进而引起 SAW 延迟线振荡器频率的偏移；当薄膜是导电体或金属氧化物半导体膜时，主要是由于导电率的变化引起 SAW 延迟线振荡器频率的偏移。目前选择性的吸附膜主要有三乙醇胺薄膜（敏感 SO_2）、Pd 膜（敏感 H_2）、WO_3（敏感 H_2S）、酞箐膜（敏感 NO_2）等。

选择性吸附膜是传感器的最直接的敏感部分，其特性直接影响传感器的性能。首先，它需要对特定气体有灵敏的选择性和分辨率；其次，性能应稳定可靠；第三，要有较快的响应时间并易于解吸恢复。随着敏感膜的不断发展，将会有更多的 SAW 气体传感器崭露头角。

二氧化硫（SO_2）的含量是大气污染的一项重要指标。图 6.31 示出这种传感器的原理结构。两个相同的延迟线并列设置在同一基片上，并与放大器连接成 SAW 延迟线振荡器，其中一个延迟线的声传播路径上敷有三乙醇胺，它对 SO_2 有吸附作用。整个基片放在一个容量为 144 ml 的密封盒中，盒内保持室温。盒内充入 SO_2 气体后，三乙醇胺敷层吸附 SO_2，使声传播路径的表面性质改变，从而导致振荡器频率也随之改变。另一个没有敷层的振荡器的频率不受 SO_2 的影响，故两个振荡器的输出经混频后，得到的差频随 SO_2 含量的多少而变化。采用双通道结构，温度的影响得到了补偿。该传感器能够分辨 SO_2 的最低浓度为 0.07 ppm，当浓度再降低时，差频输出没有重复性。能检测的浓度上限为 22 ppm，当浓度高于该值时，声表面波由于敷层吸收 SO_2 过多衰减太大，以致振荡器不能起振。把敷层暴露在不含 SO_2 的大气中，几分钟后敷层中的 SO_2 即被排除。

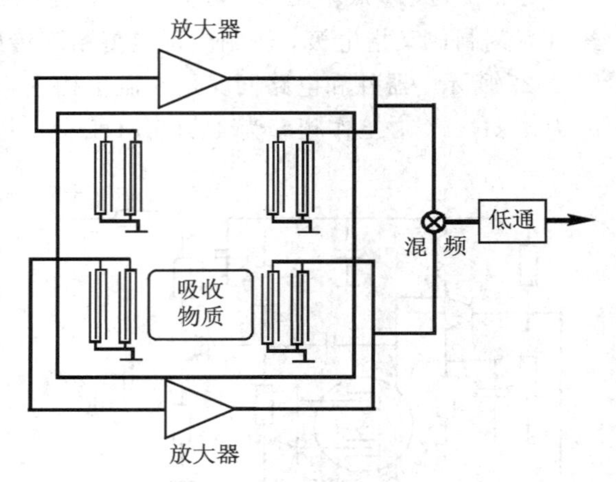

图 6.31 气敏传感器的原理结构

一种 SAW 氢气传感器的结构与上述传感器相似。敏感膜采用钯（Pd）膜，厚度为 0.2～1 μm，相当于 SAW 波长的 0.4%～2%。该器件暴露在含有 0.1%～10%的 H_2 和 N_2 气体中，其振荡频率随气体浓度发生变化。若将它放在 O_2 气体中，振荡频率复原。钯膜吸附氢的反应原理可能是通过氢的结合，在钯表面由于催化反应导致产生质子转移，使之导电，催化反应式为

$$Pd+H_2 \rightarrow Pd+[H^+]+[H^+]$$

质子$[H^+]$成为导电离子，这样在 Pd 薄膜中因为吸附氢和解吸氢而改变了膜密度和弹性特性，从而引起表面波速度的变化。实验证实 Pd 膜吸附氢气时，声速增加，氢气浓度增大，传播速度也增大，整个反应过程是可逆的。

6.4.5 SAW 电力传感器

基片采用压电材料，当电场作用 SAW 传播路径时，基片将发生应变，使延迟时间发生变化。在一定范围内此变化与施加电压呈线性关系，即可构成电位频率转换器。图 6.32（*a*）为 SAW 电位传感器结构图，图 6.32（*b*）为电位一频率特性曲线。这种结构传感器的输入电压为 1000 V，输入阻抗为 10^{12} Ω 以上。它用在复印机的带电鼓上，控制静电复印机的

表面静电位，保证复印机的清晰度。

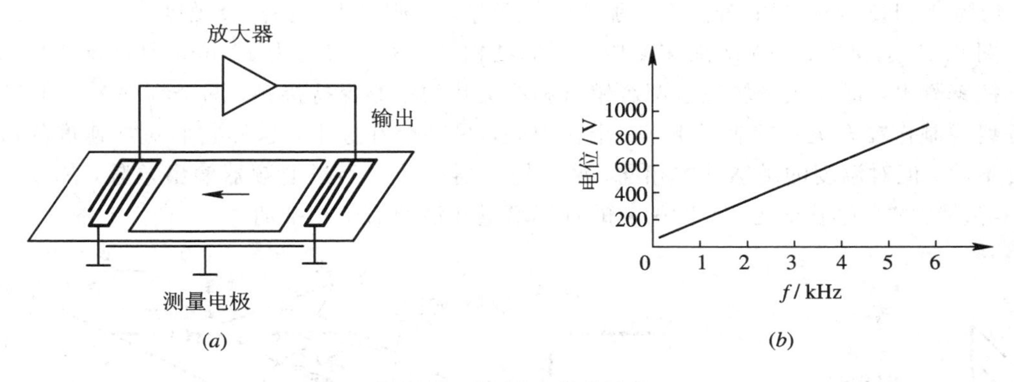

图 6.32　SAW 电位传感器

(a) 电位传感器结构图；(b) 电位—频率特性曲线

图 6.33 是电力传感器的结构和外围电路，在 SAW 延迟线中间装置由输入电流而发热的电阻，其和放大器、移相器一起构成振荡电路。传感器的输入电流引起 SAW 传播路径上温度上升，改变频率。检测频率变化量，即可测出输入电流。传感器基底材料采用 $LiTaO_3$、$LiNbO_3$，IDT 电极用 1 μm 厚的铝层制作。IDT 共 12 对，用 Ti 材料作 50 Ω 阻值的电阻，在电阻下面开一个圆形窗口，以减少基底温度。该传感器输出电压为 800 mV，灵敏度为 1.2 kHz/mV，有良好的线性和分辨率。

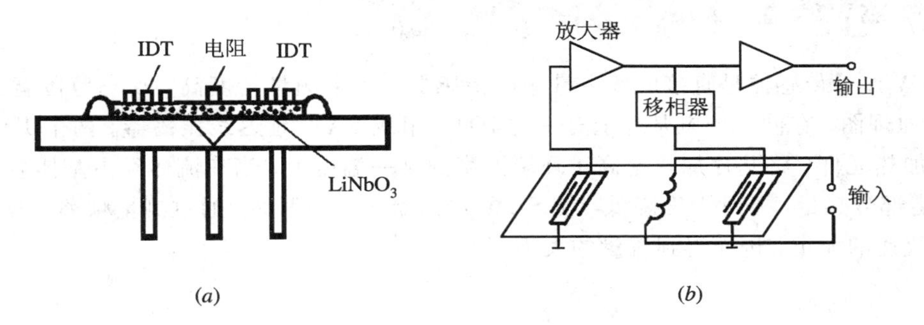

图 6.33　SAW 电力传感器

(a) 传感器的结构；(b) 外围电路

6.4.6　SAW 加速度传感器

SAW 加速度传感器能够实现固态化，直接输出频率信号，精度高、灵敏度高，采用半导体工艺制作，便于批量生产，可靠性、一致性好。

SAW 加速度传感器的敏感质量块在加速度作用下，将加速度转换成力，力再作用到悬臂梁或膜片上，从而使梁或膜片上的应力发生变化。若在梁或膜片上制备有 SAW 谐振器，那么，应力的变化将使 SAW 的传播速度发生变化，从而改变 SAW 谐振器的谐振频率。加速度越大，谐振频率变化就越大。通过频率的测量，即可知道加速度的大小。

图 6.34 为悬臂梁式 SAW 加速度传感器结构示意图。

膜片式 SAW 加速度传感器的基片可采用 $LiNbO_3$、ZnO、石英等。也可用在其上面形成压电薄膜的单晶硅作膜片。若只靠基片本身的惯性质量承受加速度，则得到的灵敏度很低，约为 10 Hz/m・s^{-2}；若使基片加上惯性质量块，则可大大提高灵敏度。

图 6.35 是膜片式 SAW 加速度传感器的结构图。两个直径为 10 mm 的石英薄片固定在不锈钢圈上，惯性质量块通过两个销钉和石英片的中心保持接触，两个频率为 251 MHz 的延迟线制作在石英片的表面上，一个在中心，另一个在边上，这样它们对加速度的敏感程度不同，但对温度的敏感基本相同。两个振荡器的输出经过混频器输出差频，加速度的大小与差频的变化成正比，温度引起的频率增量在混频器中相抵消。

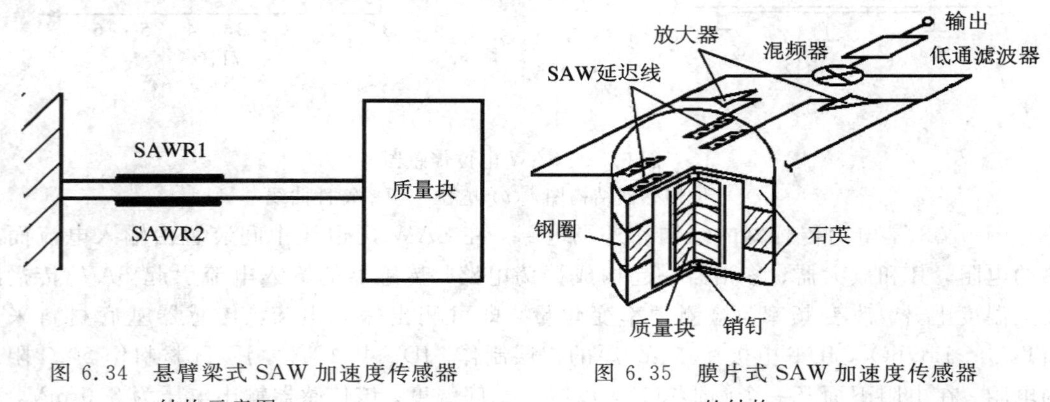

图 6.34 悬臂梁式 SAW 加速度传感器结构示意图

图 6.35 膜片式 SAW 加速度传感器的结构

6.4.7 SAW 流量传感器

SAW 流量传感器是直接的数字量输出传感器，频率测量精度高，动态范围宽。图 6.36 是其原理图。在同一压电基片上有一对 IDT，组成 SAW 延迟线振荡器。两个 IDT 之间设置有加热元件，将基片加热至高于环境温度的某一温度值。当有流体经由基体表面通过时，带走部分热量，基片温度降低，使 SAW 振荡器的频率偏移。通过测量频率的变化，得知流体流速的大小，进而得到流量的大小。

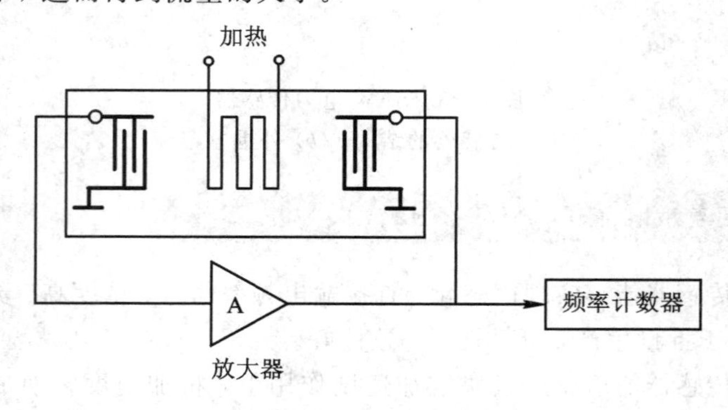

图 6.36 SAW 流量传感器结构原理图

由于流量变化引起的温度变化为

$$\Delta T_s = -\frac{(T_s - T_0)\Delta h_f}{g_0 + h_f}$$

式中，T_s 是 SAW 基片温度；T_0 是环境温度；g_0 是在没有流体流动时，单位面积的基片和环境间的有效热导；h_f 是强迫对流系数，是流速的函数；Δh_f 是流速的变化引起的强迫对流系数的改变。SAW 振荡器频率变化 Δf 与 ΔT_s 的关系为

$$\frac{\Delta f}{f_0} = \alpha \Delta T_s$$

式中，f_0 为流速为零时振荡器的频率值，α 为振荡器的频率温度系数。从而得

$$\Delta f = -\alpha f_0 \frac{(T_s - T_0)\Delta h_f}{g_0 + h_f}$$

由上式可知，若要获得高的灵敏度，就要求振荡器有大的频率温度系数，基片的热导要小。

基片的加热可用单独的加热器，亦可在 SAW 的传输路径上设置吸声材料，当声传播时吸收声能使温度升高。

参考文献

[1] 袁希光. 传感器技术手册. 北京：国防工业出版社，1986.

[2] 李科杰. 传感技术. 北京：北京理工大学出版社，1989.

[3] 栾桂冬，张金铎，王仁乾. 压电换能器和换能器阵(上册). 北京：北京大学出版社，1990.

[4] 刘广玉，陈明，吴志鹏，樊尚春. 新型传感器技术及应用. 北京：北京航空航天大学出版社，1995.

[5] 金篆芷，王明时. 现代传感技术. 北京：电子工业出版社，1995.

[6] 陈明，范东远，李岁劳. 声表面波传感器. 西安：西北工业大学出版社，1997.

第7章 压电声传感器

声传感器常称为换能器。大多数换能器是可逆的，既可用作发射声信号，也可用作接收声信号。在空气声中，常将发射换能器称为扬声器，俗称为喇叭；常将接收换能器称为微音器，也音译为麦克风，俗称为话筒。在水声中，常将接收换能器称为水听器。在超声中，常将换能器称为探头。按照转换原理可将换能器分为电动式换能器、电磁式换能器、电容式换能器、压电式换能器、磁致伸缩式换能器和电致伸缩式换能器等。本章在上一章的基础上主要介绍压电式声换能器。

本章用机电等效图的方法来处理换能器问题。等效图法或称等效线路法、等效电路法，是把机械振动、电振荡以及机电转换过程用机电类比的原理，形象地组合在一个等效图中。这个等效图在机电转换的问题上和它所代表的压电振子等效。等效图就如同一般的线性网络，因而容易为一般读者所理解，对于研究电路的读者来说就更加熟悉。

7.1 厚度振动换能器

厚度振动换能器是利用压电陶瓷的厚度振动模式，工作频率一般从几百 kHz 至十几 MHz 广泛应用于超声技术中。图 7.1 为厚度振动换能器结构图。压电晶片通常为圆片。保护膜的作用是防止晶片与外界接触和磨损，并起声阻抗匹配作用。背衬由环氧树脂和钨粉混合固化而成，用于增加机械阻尼，扩展带宽，减小波形失真，提高分辨率。

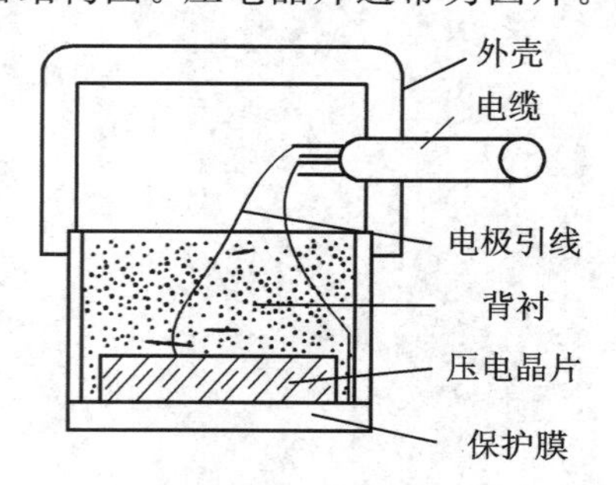

图 7.1　厚度振动换能器结构图

图 7.2 是超声检测中实际应用的探头的结构剖面图。图 7.2(a)为直探头，声波垂直入射。图 7.2(b)为斜探头，声波以一定角度入射。

从探头的结构可见，厚度振动换能器主要由压电陶瓷晶片、保护膜和背衬组成。这三部分决定了厚度振动换能器的主要特性，下面就以图 7.3 所示的厚度振动换能器的这一理论模型研究这种换能器的性能。图中 1 为保护膜，2 为背衬，3 为压电晶片。由于篇幅所限，以下只列出主要结果，读者若要了解详细推导过程，可参看本章参考文献[2]。

从晶体的压电方程、运动方程、几何方程和边界条件，可导出如图 7.4 所示的厚度振动晶片的机电等效图。图中，ρ、v、t 和 S 分别表示晶片的密度、声速、厚度和截面积，

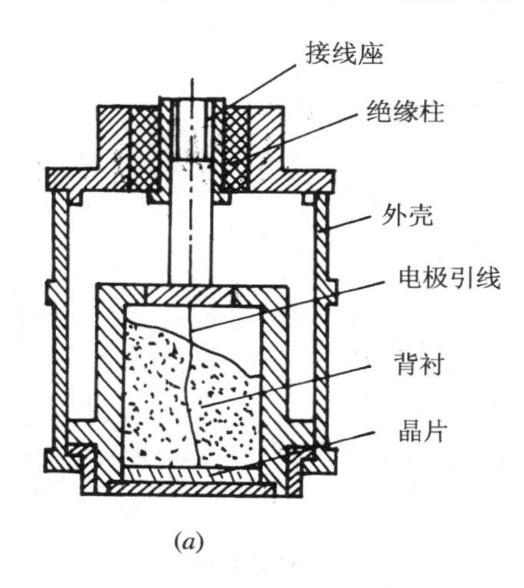

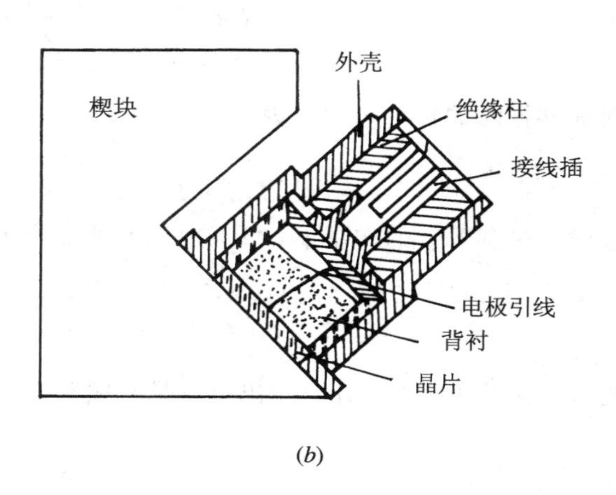

图 7.2 超声检测中实际应用的探头结构

$C_0=S/(t\beta_{33}^S)$为晶片截止电容，$n=Sh_{33}/(\beta_{33}^S t)$为机电转换系数，$\dot{\xi}_1$、$\dot{\xi}_2$ 和 F_1、F_2 表示晶片两端的振速和所受外力。

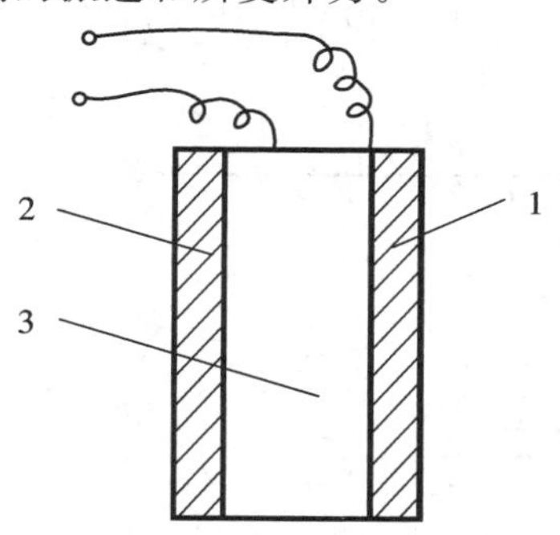

图 7.3 厚度振动换能器的理论模型

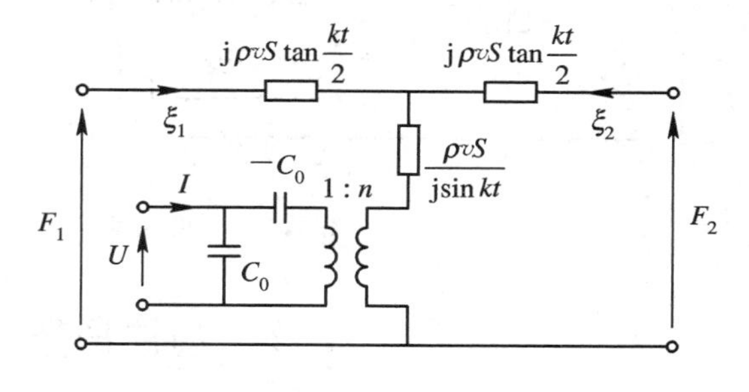

图 7.4 厚度振动晶片的机电等效图

保护膜和背衬的等效机电图如图 7.5 所示。对保护膜 $Z_1=\mathrm{j}\rho_1 v_1 S_1 \tan\dfrac{k_1 t_1}{2}$，$Z_2=\dfrac{\rho_1 v_1 S_1}{\mathrm{j}\ \sin k_1 t_1}$。对背衬只需将下标 1 改为 2，则 Z_1 和 Z_2 有相同的表达式。

由图 7.4 和图 7.5，利用交界面力和速度连续的边界条件，可得到如图 7.6 所示的厚度振动换能器的机电等效图。图中 Z_s 为辐射声阻抗。有了此等效图，分析换能器的机电性能就比较容易了。

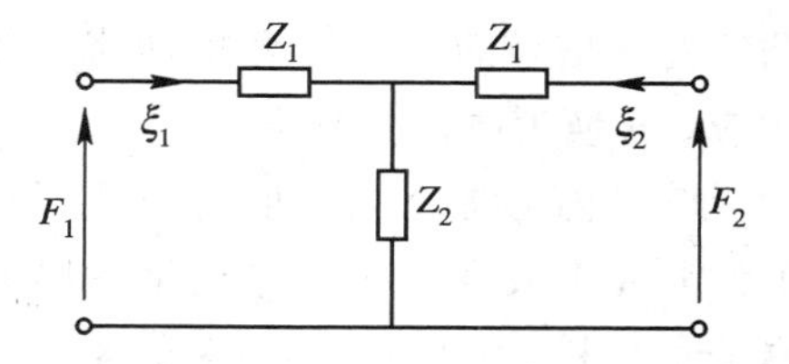

图 7.5 保护膜和背衬的等效机电图

若设背衬的机械阻抗为无限大(这近似一般的实际情况)，即图 7.6 中的 2-2′端开路，可得辐射面共振(ξ_{10}最大)的共振条件为

$$\rho_1 v_1 S_1 X \cos k_1 t_1 + R Z_s \sin k_1 t_1 = 0$$

式中

$$X=\frac{n^2}{\omega C_0}-\rho v S\ \cot kt+\rho_1 v_1 S_1\left[1-\left(\frac{Z_s}{\rho_1 v_1 S_1}\right)^2\right]\frac{\tan k_1 t_1}{1+\left(\dfrac{Z_s}{\rho_1 v_1 S_1}\right)^2\tan^2 k_1 t_1}$$

$$R = Z_s \frac{1 + \tan^2 k_1 t_1}{1 + \left(\frac{Z_s}{\rho_1 v_1 S_1}\right)^2 \tan^2 k_1 t_1}$$

辐射面共振时的辐射声功率为

$$P_a = \left(\frac{\rho_1 v_1 S_1 n\mu}{\rho_1 v_1 S_1 R \cos k_1 t_1 - Z_s X \sin k_1 t_1}\right)^2 Z_s$$

接收时，在声压 p 的作用下，低频时的开路输出电压为

$$U = \frac{nS_1 p}{C_0\left(\frac{\rho v^2 S}{t} - \rho_1 S_1 t_1 \omega^2\right)} \approx \frac{nS_1 pt}{\rho v^2 SC_0}$$

可见，在很低频率时，开路输出电压是与频率无关的常数。

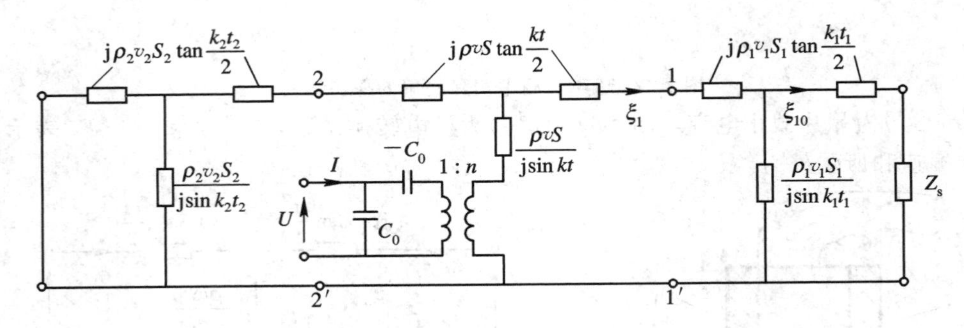

图 7.6 厚度振动换能器的机电等效图

7.2 圆柱形压电换能器

圆柱形压电换能器的转换元件为一压电陶瓷圆管，极化方向常沿着半径方向(径向极化)和长度方向(纵向极化)，作接收换能器时，有时极化方向也沿着圆周的切线方向(切向极化)。当换能器工作于发射状态时，压电陶瓷圆管在电场的作用下，借助反向压电效应，发生伸张或收缩，从而向媒质发射声波。当换能器工作于接收状态时，压电陶瓷圆管在声信号的作用下发生伸张或收缩，借助正向压电效应，转换为电信号输出。

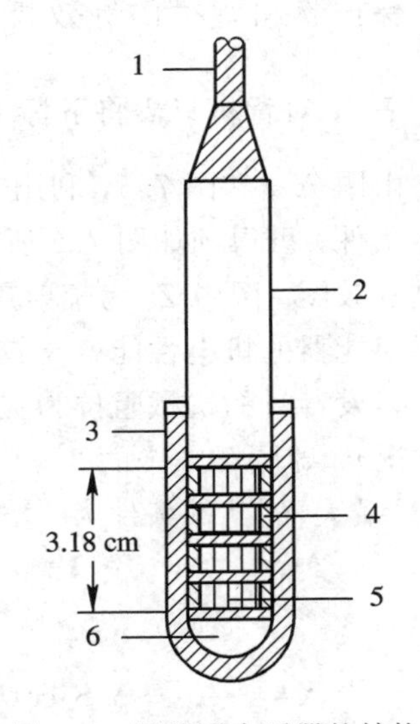

图 7.7 圆柱形水听器的结构

圆管内部常充以反射材料或吸声材料，振子置于充油的外壳中或直接在外部硫化一层透声橡胶和浇注一层高分子材料。圆柱形压电换能器沿半径方向有均匀的指向性、有较高的灵敏度，且结构较简单，因而广泛用于水声技术、超声技术、海洋开发和地质勘探中，并常用来作标准接收换能器。图 7.7 为一圆柱形水听器的结构，图中，1—同轴电缆，2—金属套筒，3—橡皮护套和衬垫，4—压电陶瓷圆管，5—释压材料，6—金属端帽。在低频(远低于共振频率)时，这种换能器的接收灵敏度有平坦

的响应。较小的圆管有较高的共振频率，可获得较宽的、平坦的频带宽度，但灵敏度将有所降低。

7.2.1 薄壁圆管的共振频率方程

长为 l，平均半径为 a，边界自由的薄壁圆管的共振频率方程为

$$(\omega^2-\omega_r^2)(\omega^2-\nu^2\omega_l^2)=\sigma^2\omega^4$$

式中，$\omega_l=v\pi/l$，$\omega_r=v/a$，v 为声速，σ 为泊松系数，$\nu=1,3,5\cdots$

下面考虑几种特殊情形(当 $\nu=1$ 时)：

(1) $a\to 0$

$$\omega\to\omega_l=\frac{\pi v}{l}=\frac{\pi}{l}\sqrt{\frac{Y_0^E}{\rho}}$$

即为长 l 的棒的共振角频率。式中，ρ 为密度，Y_0^E 为杨氏模量。

(2) $l\to 0$

$$\omega\to\omega_r=\frac{v}{a}=\frac{1}{a}\sqrt{\frac{Y_0^E}{\rho}}$$

即为平均半径为 a 的薄圆环径向振动的共振角频率。

(3) $l\to\infty$

$$\omega\to\frac{\omega_r}{\sqrt{1-\sigma^2}}=\frac{1}{a}\sqrt{\frac{Y_0^E}{\rho(1-\sigma^2)}}$$

为无穷长的薄壁圆管径向共振角频率。

(4) $\omega_l=\omega_r$ 即 $\pi a=l$

$$\omega=\frac{\omega_r}{\sqrt{1\pm\sigma}}=\frac{1}{a}\sqrt{\frac{Y_0^E}{\rho(1\pm\sigma)}}$$

或写成

$$\omega=\frac{\pi}{l}\sqrt{\frac{Y_0^E}{\rho(1\pm\sigma)}}$$

为长度等于半周长的薄圆管的耦合共振角频率。

由以上的共振频率方程可以估算圆管的共振频率。

7.2.2 开路接收电压灵敏度

当频率远低于第一个共振频率时接收灵敏度有平坦的响应。接收灵敏度还和圆柱水听器的两端力学边界条件有关。对于径向极化管端自由(声屏蔽)的力学边界条件得到的低频时的开路接收电压灵敏度为

$$M=b\left(g_{33}\frac{1-\frac{a}{b}}{1+\frac{a}{b}}+g_{31}\right)$$

其中，a 和 b 分别为圆管的内外径，g_{33} 和 g_{31} 为压电常数。

7.3 复合棒压电换能器

复合棒压电换能器，也称为夹心式压电换能器或喇叭形压电换能器，是一种常用的大功率发射换能器。它以较小的重量和体积获得大的声能密度而广泛地用于水声和超声技术中。这种换能器用于接收亦有较高的灵敏度。复合棒压电换能器振子结构示意图如图 7.8 所示。图中，1—金属前盖板，2—电极引线，3—金属节板，4—压电陶瓷晶片堆，5—预应力螺钉，6—金属后盖板。图 7.9 为复合棒压电换能器外形图。

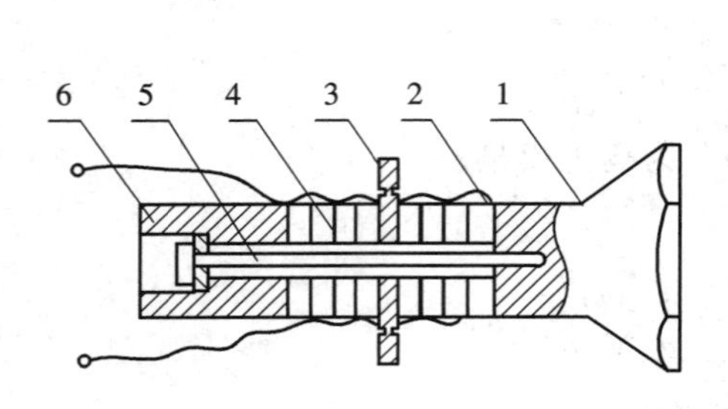

图 7.8　复合棒压电换能器振子结构示意图

图 7.9　复合棒压电换能器外形图

压电陶瓷晶片安放时要注意：每相邻两片的极化方向相反；晶片的数目一般成偶数，以使前后金属盖板与同一极性的电极相连，否则在前后盖板与晶片之间要垫以绝缘垫圈。每两片晶片之间、以及晶片和金属盖板之间通常夹以薄黄铜片(一般厚度小于 0.1 mm)，作为焊接电极引线用。振子通过节板固定在外壳或支架上，金属节板的位置设计在振子振动的节面上。为了尽量减轻振子与外壳的机械耦合，在保证节板支撑强度的情况下，节板尽可能的薄一些，有时在稍大于晶片直径的圆周上车一槽，增加其顺性。晶片、电极铜片、金属节板和金属前后盖板之间用环氧树脂胶合。由于压电陶瓷的抗压应力远大于抗拉应力；胶合层在大振幅的情况下通常也在拉伸阶段遭到破坏，所以加上预应力螺钉把振子的晶片和胶合部分加上预压应力。加上预应力螺钉对共振频率有小的影响，而电声效率不变，所承受的最大功率却要增加数倍。

金属前盖板通常采用硬铝或镁铝合金等轻金属，后盖板通常采用钢或黄铜。前盖板采用轻金属，后盖板用重金属，是为了得到大的前后盖板的位移比。由动量守恒定律，节板两边的动量要相等，则其速度与密度成反比。在利用铝和钢作为前盖板和后盖板时，其位移比约为三比一。在这种情况下轻金属表面(辐射面)位移较大，将辐射出振子中储存的振动能量的较大部分。

金属前盖板设计成喇叭形，可以降低机械 Q 值，并能调节换能器的指向性。在超声加工等技术中，为在工作端得到大位移，则将金属前盖板设计成锥形、指数型或悬链形，称为变幅杆。

陶瓷片的厚度以及选用陶瓷片数目的多少，需要进行仔细全面地考虑。它和换能器的电阻抗、机械 Q 值、指向性以及机电耦合系数都有关系。一般取陶瓷片的总长度(片厚乘以片数)为换能器振子总长的三分之一左右较为适宜。

7.3.1 复合棒压电振子的机电等效图

从图 7.8 和图 7.9 中可以看出，复合棒压电振子的结构比较复杂，但它们不外是由喇叭形盖板、圆柱形盖板和圆柱压电陶瓷晶片堆等三种基本元件组合而成的。只要推导出这三种基本元件的机电等效图，就能得到较复杂的喇叭形压电振子的机电等效图，从而也就能够解决机电换能的一系列问题了。下面讨论如图 7.10 所示的，由金属喇叭形前盖板、圆柱压电陶瓷晶片堆和金属圆柱形后盖板组成的振子。这是最简单也是最基本的一个振子。只要掌握了处理这种振子的方法，原则上也就能够去解决结构较复杂的振子的问题了。

实际振子的振动比较复杂，在下面的讨论中，假定在所讨论的频率范围内，振子的总长可以和波长相比，而振子的最大直径比波长小得多，那么整个振子可近似看作为一复合捧，即振子只沿轴向作一维振动。

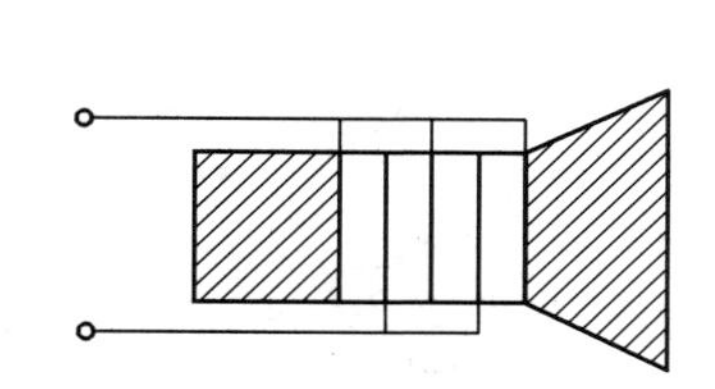

图 7.10 简化的喇叭形压电振子

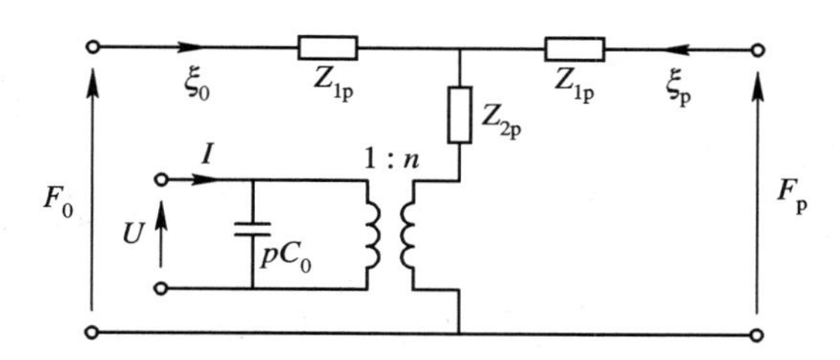

图 7.11 压电晶片堆的机电等效图

由 p 个相同的陶瓷片组成的晶片堆的机电等效图，为 p 个单个晶片的机电等效图的级联。根据级联理论，其机电等效图如图 7.11 所示。图中

$$Z_{1p} = \mathrm{j}\rho v_e S \tan\left(\frac{1}{2}Pk_e l\right)$$

$$Z_{2p} = \frac{\rho v_e S}{\mathrm{j}\sin(Pk_e l)}$$

$$C_0 = \frac{S}{l}\varepsilon_{33}^T(1-k_{33}^2), \quad n = \frac{Sd_{33}}{lS_{33}^E}$$

上式中，ρ 为晶片密度，l 为晶片长度，S 为晶片截面积。$k_e = \omega/v_e$，$v_e = 1/\sqrt{\rho S_{33}^E} = v\sqrt{1-k_{33}^2}$。

由运动方程和边界条件可推导出喇叭形前盖板的等效机电图，如图 7.12 所示。

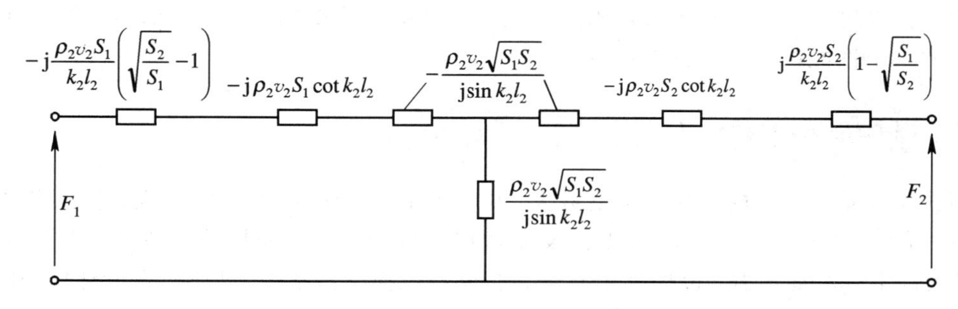

图 7.12 喇叭形前盖板的等效机电图

图 7.12 中 S_1 和 S_2 分别表示喇叭胫和喇叭口的截面积。以下标 2 表示喇叭形前盖板的常数。圆柱形后盖板的等效机电图与图 7.5 有相同的形式，只是其中

$$Z_1 = j\rho_1 v_1 S_1 \tan\frac{k_1 l_1}{2}$$

$$Z_2 = \frac{\rho_1 v_1 S_1}{j\sin k_1 l_1}$$

式中，S_1 为圆柱形后盖板的截面积。以下标 1 表示圆柱形后盖板的常数。

由喇叭形前盖板的等效机电图、压电晶片堆的机电等效图和圆柱形后盖板的等效机电图，可得图 7.13 所示的复合棒压电振子的机电等效图。图中

$$Z_{a1} = Z_{b1} = j\rho_1 v_1 S_1 \tan\frac{k_1 l_1}{2}$$

$$Z_{c1} = \frac{\rho_1 v_1 S_1}{j\sin k_1 l_1}$$

$$Z_{1p} = j\rho_e v_e S_1 \tan\left(\frac{1}{2} p k_e l_e\right)$$

$$Z_{2p} = \frac{\rho_e v_e S_1}{j\sin(p k_e l_e)}$$

$$Z_{a2} = -j\frac{\rho_2 v_2 S_1}{k_2 l_2}\left(\sqrt{\frac{S_2}{S_1}} - 1\right) - j\rho_2 v_2 S_1 \cot k_2 l_2 - \frac{\rho_2 v_2 \sqrt{S_1 S_2}}{j\sin k_2 l_2}$$

$$Z_{b2} = j\frac{\rho_2 v_2 S_2}{k_2 l_2}\left(1 - \sqrt{\frac{S_1}{S_2}}\right) - j\rho_2 v_2 S_2 \cot k_2 l_2 - \frac{\rho_2 v_2 \sqrt{S_1 S_2}}{j\sin k_2 l_2}$$

$$Z_{c2} = \frac{\rho_2 v_2 \sqrt{S_1 S_2}}{j\sin k_2 l_2}$$

Z_{S2}、Z_{S1} 为前后盖板的声辐射阻抗。

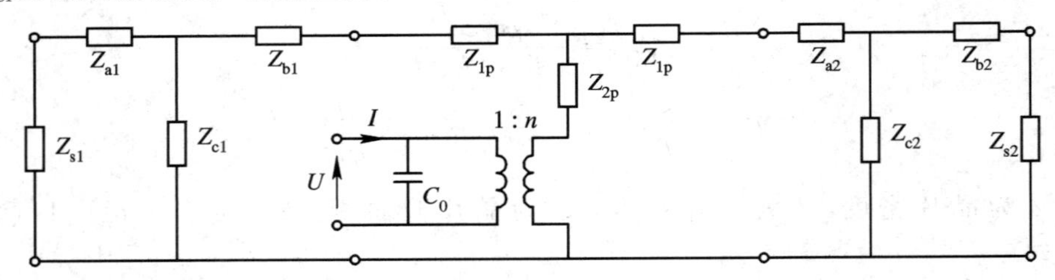

图 7.13 复合棒压电振子的机电等效图

由此机电等效图可以求得换能器有关机电转换的性能指标，下面来求作为发射换能器最重要的一个性能指标——共振频率。

7.3.2 共振频率方程

当振子在基频振动时，两端振幅最大，中间存在一个振速为零的截面，称为节面，如图 7.14 所示。节面的位置随前后盖板及晶片堆的密度、声速和尺寸而改变。在设计振子时，必须确定其节面位置，以便固定振子和整体考虑换能器结构。因此，在设计振子时，就可由节面将它分成两部分，从而使设计简化。图 7.14 中，假定截面 A 为振子的振动节面，由节面 A 将其分为左右两半，经过分析计算，每一部分的机电等效图均如图 7.15 所示。但

是左右部分的 Z_m 不同，对右半部分

$$Z_m = -\mathrm{j}\frac{\rho v S_1}{kFl} - \mathrm{j}\rho v S_1 \cot kl + \frac{\mathrm{j}\rho v S_1}{\sin^2 kl\left[\cot kl - \dfrac{1}{k(F+1)l} + \mathrm{j}\dfrac{Z_0}{\rho v S_2}\right]}$$

$$= \frac{\rho v S_1 kl(F+1)(\tan kl + klF)Z_0 - \mathrm{j}\rho^2 v^2 S_1 S_2\{kl - [1 + k^2 l^2 F(F+1)]\tan kl\}}{\mathrm{j}k^2 l^2 F(F+1)\tan kl Z_0 - \rho v S_2 klF[\tan kl - kl(F+1)]} \tag{7.1}$$

式中

$$F = \frac{r_1}{r_2 - r_1}$$

r_2 和 r_1 为喇叭口和喇叭胫的半径。Z_0 为喇叭盖板的辐射声阻抗，如喇叭盖板置于空气中，$Z_0 = 0$，则

$$Z_m = \frac{\mathrm{j}\rho^2 v^2 S_1}{klF} \cdot \frac{kl - [1 + k^2 l^2 F(F+1)]\tan kl}{\tan kl - kl(F+1)} \tag{7.2}$$

对左半部分，可令上式 $F \to \infty$，$S_1 = S_2 = S$ 得到

$$Z_m = \rho v S \frac{Z_0 + \mathrm{j}\rho v S \tan kl}{\rho v S + \mathrm{j}Z_0 \tan kl} \tag{7.3}$$

若置于空气中，则

$$Z_m = \mathrm{j}\rho v S \tan kl \tag{7.4}$$

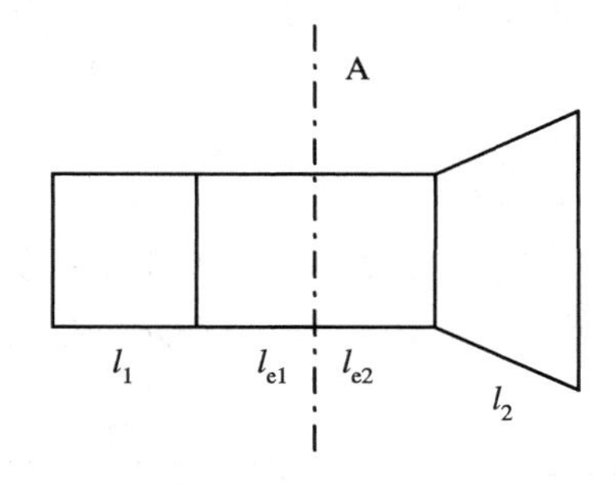

图 7.14 截面 A 将振子分为左右两半

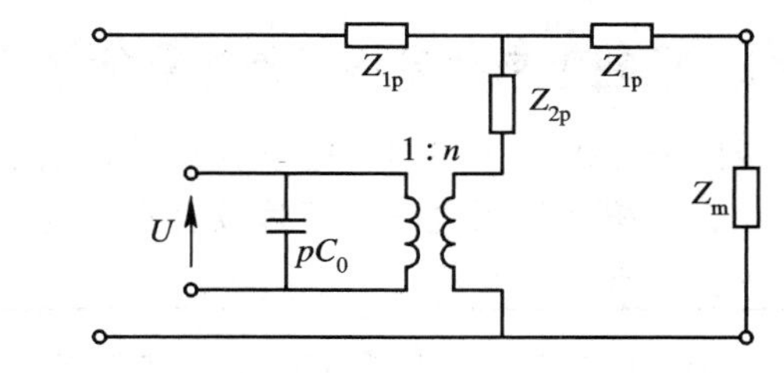

图 7.15 右(或左)半部分的机电等效图

机械共振频率为动态回路中总电抗等于零时的频率。设 $Z_m = R_m + \mathrm{j}X_m$，则共振时的总电抗

$$X = \mathrm{j}\rho_e v_e S_1 \tan\frac{k_e l_{e2}}{2} + \frac{\rho_e v_e S_1}{\mathrm{j}\sin k_e l_{e2}} + \mathrm{j}X_m = -\mathrm{j}\rho_e v_e S_1 \cot k_e l_{e2} + \mathrm{j}X_m = 0$$

即

$$\tan k_e l_{e2} = \frac{\rho_e v_e S_1}{X_m}$$

由式(7.1)求出 X_m 代入上式即得节面右半部分的频率方程。

对于左半部分的频率方程为

$$\tan k_e l_{e1} = \frac{\rho_e v_e S_1}{X_m}$$

这里的 X_m 由式(7.3)给出。

在空气中 X_m 分别由式(7.2)和式(7.4)给出，即右半部分的频率方程为

$$\tan k_e l_{e2} = \frac{\rho_e v_e}{\rho_2 v_2} \frac{F k_2 l_2 [(1+F) k_2 l_2 - \tan k_2 l_2]}{[1+F(F+1)(k_2 l_2)^2] \tan k_2 l_2 - k_2 l_2} \tag{7.5}$$

左半部分的频率方程为

$$\tan k_e l_{e1} = \frac{\rho_e v_e}{\rho_1 v_1} \cot k_1 l_1 \tag{7.6}$$

作为例子，利用式(7.5)和式(7.6)计算了前盖板为硬铝、后盖板为钢、压电陶瓷为PZT－4，选取 $F=3$，共振频率为30 kHz的振子的尺寸如下：

(1) $l_{e1}=0$，$l_{e2}=1.00$ cm，$l_1=3.81$ cm，$l_2=1.73$ cm。

(2) $l_{e1}=l_{e2}=1.00$ cm，$l_1=2.48$ cm，$l_2=1.73$ cm。

(3) $l_{e1}=1.00$ cm，$l_{e2}=0$，$l_1=2.48$ cm，$l_2=4.38$ cm。

对共振频率为5 kHz，算得振子尺寸为：$l_{e1}=l_{e2}=3.00$ cm，$l_1=18.94$ cm，$l_2=16.94$ cm，振子总长为41.88 cm；共振频率为100 kHz时，算得振子尺寸为：$l_{e1}=l_{e2}=0.20$ cm，$l_1=0.88$ cm，$l_2=0.72$ cm，振子总长为2.00 cm。因此，复合棒换能器的频率范围约在几千赫到几百千赫，对于太低或太高的频率由于尺寸过大或过小，加工或使用均不太方便。

7.4　压电陶瓷双叠片弯曲振动换能器

弯曲振动压电陶瓷换能器的结构简单、尺寸小、重量轻，易于与水和空气匹配，常用作空气超声换能器，也常用作低频水声换能器。

7.4.1　弯曲振动压电陶瓷换能器的原理

若把两片极性相同的压电陶瓷薄片胶合在一起，电路上并联，如图7.16(a)所示，或把两片极性相反的压电陶瓷薄片胶合在一起，电路上串联，如图7.16(b)所示，在电场激励

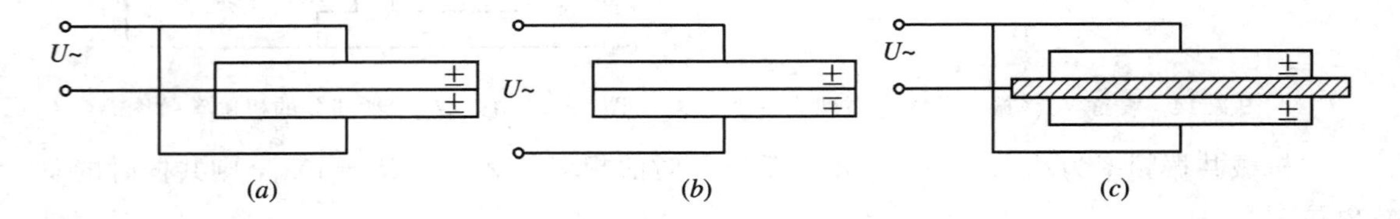

图7.16　弯曲振动压电陶瓷换能器的工作原理图

下，当某一时刻其中一片伸张时，另一片则收缩，使陶瓷片产生弯曲振动，这就是弯曲振动压电陶瓷换能器的工作原理。为了改善换能器的机械性能和机电耦合，以及结构安装的方便，常在两陶瓷片之间胶合一金属薄片，为便于支撑和进行电连接，金属片经常延伸到压电陶瓷片以外，如图7.16(c)所示。用金属薄片和一压电陶瓷薄片胶合在一起也同样可构成弯曲换能器，称为金属压电陶瓷双叠片弯曲换能器。这种换能器结构简单，便于安装和密封，特别是边缘固定金属压电陶瓷双叠片圆板弯曲振动换能器(如图7.17所示)，由于其电阻抗低，机械阻抗也低，易于和电路、介质匹配，施加阻尼较易扩展带宽，性能稳定可靠，从而得到了广泛应用。

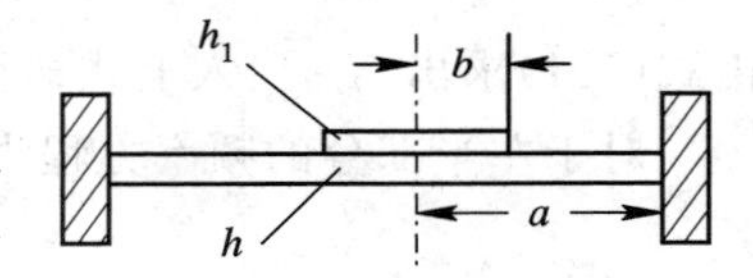

图7.17　边缘固定金属压电陶瓷双叠片圆板弯曲振动换能器结构图

由两片陶瓷薄圆片组成的弯曲换能器由能量法推导得到的共振频率方程为

$$J_0(ka)\left[\frac{1-\sigma}{ka}I_1(ka)-I_0(ka)\right]+I_0(ka)\left[\frac{1-\sigma}{ka}J_1(ka)-J_0(ka)\right]=0$$

式中，$J_0(ka)$、$J_1(ka)$分别为零阶、一阶第一类贝塞尔函数，$I_0(ka)$、$I_1(ka)$分别为零阶、一阶第二类变形(或虚宗量)贝塞尔函数，a 为薄圆片的半径，k 为波数，σ 为泊松系数。共振基频近似为

$$f_0 = K\frac{h}{a^2}$$

式中，K 为常数，h 为两片晶片的总厚度。

7.4.2　弯曲振动压电陶瓷换能器的实例

1. 压电陶瓷双叠片弯曲振动空气超声换能器

图 7.18 为一压电陶瓷双叠片弯曲振动空气超声换能器的结构图。压电陶瓷双叠片作弯曲振动时圆片上有一节圆，节圆内外的振动位移反相，这两部分对远场声压的贡献相互抵消。锥形共振盘可使这种相互抵消减轻，并有增加声辐射阻和聚焦声能的作用。支撑圆环应恰巧支撑于节圆处，以保持晶片近似处于自由振动状态。金属丝网罩既能保护振子又能正常透声。这种换能器的工作频率一般为 20～45 kHz。

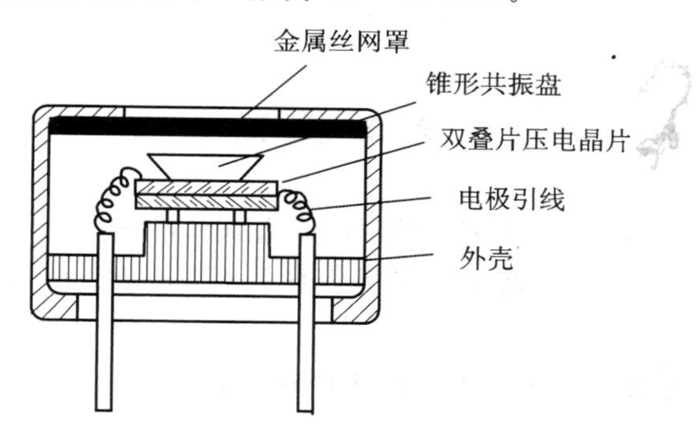

图 7.18　压电陶瓷双叠片弯曲振动空气超声换能器结构图

2. 密封式压电陶瓷双叠片弯曲振动空气超声换能器

图 7.19(a)为密封式压电陶瓷双叠片弯曲振动空气超声换能器结构图，图 7.19(b)为其外形图。

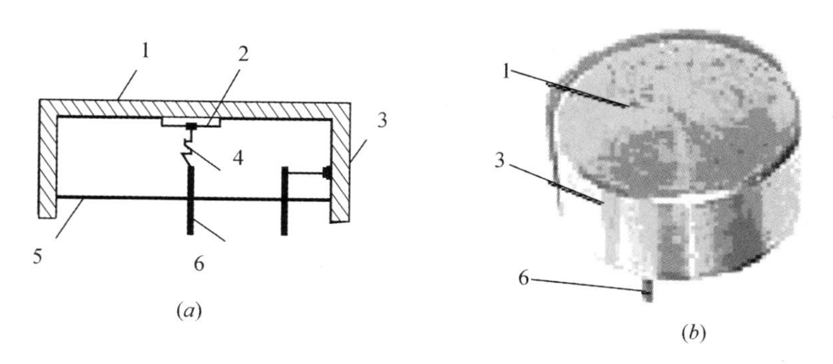

图 7.19　密封式压电陶瓷双叠片弯曲振动空气超声换能器

图 7.19 中：1—圆铝板，2—PZT 圆片，3—外壳(固定边界)，4—电极引线，5—后盖，6—电极插头。一个实际样品的金属板和压电陶瓷晶片的半径分别为 1 cm 和 0.5 cm，厚度分别为 0.036 cm 和 0.04 cm，共振频率为 42～43 kHz。这种换能器由于采用密封结构，能够在需要防水、防尘等恶劣的环境下工作。

3. 弯曲振动水声换能器

图 7.20 为弯曲振动水声换能器结构图。图中：1—压电陶瓷片，2—铝圆盘，3—保护膜，4—筒支压环，5—电极引线，6—外壳，7—电缆。

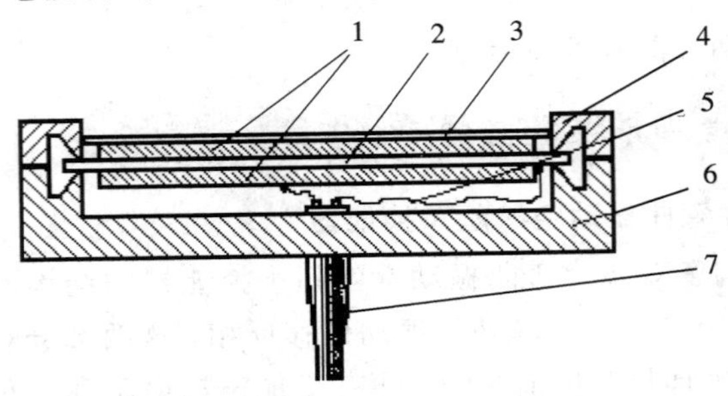

图 7.20 弯曲振动水声换能器结构图

这种换能器结构简单、尺寸小、重量轻、灵敏度高，在声呐技术、石油勘探等领域得到广泛应用。

参 考 文 献

[1] 袁希光. 传感器技术手册. 北京：国防工业出版社，1986.

[2] 栾桂冬，张金铎，王仁乾. 压电换能器和换能器阵(上册). 北京：北京大学出版社，1990.

[3] 方佩敏. 新编传感器原理·应用·电路详解. 北京：电子工业出版社，1994.

第 8 章　半导体传感器

8.1　半导体温度传感器

温度是与人类的生活、工作关系最为密切，也是各门学科与工程研究设计中经常遇到的和必须精确测定的物理量。不论是空间、海洋，还是工农业生产、科学技术研究；不论是大气环境、人体健康，还是家庭生活都离不开测温和控温。因此温度传感器在各类传感器中，是应用最广泛的一种。随着应用范围的扩大，人们对温度传感器的要求日益提高。

与温度有关的物理量有热膨胀、电阻、热电动势、磁性、电容、光学特性、弹性(本征频率)、热噪声等。利用这些物理量与温度的关系可以做出各种温度测量元(器)件。

温度传感器从使用上大致可分为接触型和非接触型两大类，前者是让温度传感器直接与待测对象接触，后者是使温度传感器与待测对象离开一定距离，检测从待测对象放射出的红外线，从而达到测温的目的。

8.1.1　接触型半导体传感器

1. 半导体热敏电阻

1) 半导体热敏电阻的主要参数及其特性

热敏电阻是一种对热敏感的电阻元件，一般用半导体材料做成，属体型元件。它的主要特点如下：

(1) 灵敏度高，其电阻温度系数要比金属大 10～100 倍以上，能检测出 10^{-6}℃温度变化。

(2) 小型，元件尺寸可做到直径为 0.2 mm，能够测出一般温度计无法测量的空隙、腔体、内孔、生物体血管等处的温度。

(3) 使用方便，电阻值可在 0.1～100 kΩ 之间任意选择。

半导体热敏电阻的工作原理一般用量子跃迁观点进行分析。由于热运动(譬如温度升高)，越来越多载流子克服禁带宽度(或电离能)引起导电，这种热跃迁使半导体载流子浓度和迁移率发生变化，根据电阻率公式可知元件电阻值发生变化。

热敏电阻的主要参数有：

(1) 标称阻值 R_H：在环境温度为(25±0.2)℃时测得的阻值，也称冷电阻，单位为 Ω。

(2) 电阻温度系数 α_t：热敏电阻的温度每变化 1℃时，阻值的相对变化率，单位为%/℃。如不作特别说明，是指 20℃时的温度系数。

$$\alpha_t = \frac{1}{R}\frac{dR}{dT} \tag{8.1}$$

式中，R 为温度为 T(K)时的阻值。

(3) 时间常数 τ：它是指热敏电阻从温度为 T_0 的介质中突然移入温度为 T 的介质中，热敏电阻的温度升高 $\Delta T=0.63(T-T_0)$所需的时间，单位为 s。它表征热敏电阻加热或冷却的速度。

(4) 散热系数 H：它是指热敏电阻自身发热使其温度比环境温度高出 1℃所需的功率，单位为 W/℃或 mW/℃。它取决于热敏电阻的形状、封装形式以及周围介质的种类。

(5) 最高工作温度 T_m：它是指热敏电阻长期连续工作所允许的最高温度，在该温度下，热敏电阻性能参数的变化应符合技术条件的规定。

热敏电阻主要有三种类型，即正温度系数型(Positive Temperature Coefficient)(简称 PTC 型)、负温度系数型(Negative Temperature Coefficient)(简称 NTC 型)和临界温度系数型(Critical Temperature Resistor)(简称 CTR 型)。它们的电阻特性如图 8.1 所示。

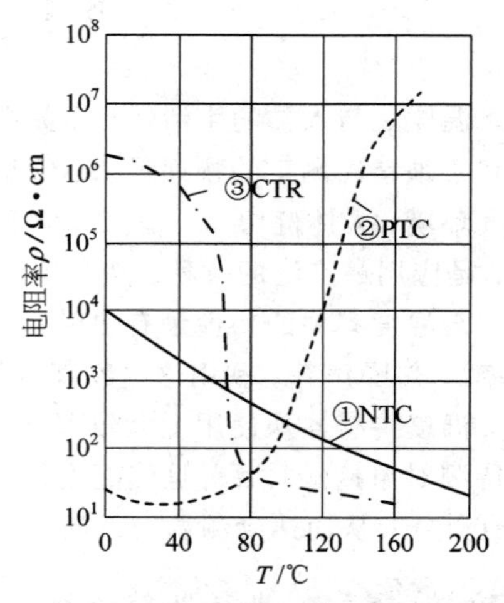

图 8.1　半导体热敏电阻的温度特性

正温度系数(PTC)型热敏电阻是由在 $BaTiO_3$ 和 $SrTiO_3$ 为主的成分中加入少量 Y_2O_3 和 Mn_2O_3 构成的烧结体。其特性曲线是随温度升高而阻值增大，其色标标记为红色。开关型正温度系数热敏电阻在居里点附近阻值发生突变，有斜率最大的区段，通过成分配比和添加剂的改变，可使其斜率最大的区段处在不同的温度范围里，例如加入适量铅其居里温度升高；若将铅换成锶，其居里温度下降。

如果用 V、Ge、W、P 等的氧化物在弱还原气氛中形成半玻璃状烧结体，还可以制成临界型(CTR)热敏电阻，它是负温度系数型，但在某个温度范围里阻值急剧下降，曲线斜率在此区段特别陡峭，灵敏度极高，其色标标记为白色。此特性可用于自动控温和报警电路中。

负温度系数(NTC)型半导体热敏电阻研究最早，生产最成熟，是应用最广泛的热敏电阻之一，通常是一种氧化物的复合烧结体，特别适合于−100℃～300℃之间的温度测量，其色标标记为绿色。其阻值与温度的关系为

$$R = A e^{\frac{B}{T}} \tag{8.2}$$

式中，R 为温度 T 时的阻值，单位为 Ω；T 为温度，单位是 K；A，B 为取决于材质和结构的常数，其中 A 的量纲为 Ω，B 的量纲为 K。

由上面的关系式不难得到下式

$$R = R_0 \exp\left[B\left(\frac{1}{T}-\frac{1}{T_0}\right)\right] \tag{8.3}$$

式中，R 为任意温度 T 时热敏电阻的阻值，T 为任意温度[K]，R_0 为标准温度 T_0[K]时的阻值，B 称为负温度材料系数也称为 B 常数。

式(8.3)是经验公式，实验表明，无论是用氧化物还是用单晶做成的热敏电阻，在不太宽的温度范围内(小于 400℃)都能用上式描述。

这里应该指出，B 常数不是固定值，是温度 T 的函数，即 $B=f(T)$，不同厂家生产的热敏电阻 B 值都不一样，从公式(8.3)可求出 B 常数为

$$B=\frac{1}{\frac{1}{T}-\frac{1}{T_0}}\ln\frac{R}{R_0} \tag{8.4}$$

如果被测温度比较低，而且不需要很高的精度时，一般把 B 看成一个常数，求出温度或热敏电阻的阻值。这时计算温度的公式为

$$T=\frac{B}{\ln\frac{R}{R_0}+\frac{B}{T_0}} \tag{8.5}$$

根据式(8.2)，我们可以求出热敏电阻的温度系数为

$$\alpha_t=\frac{1}{R}\frac{dR}{dT}=-\frac{B}{T^2} \tag{8.6}$$

图 8.2 表示热敏电阻 B 常数的温度特性。

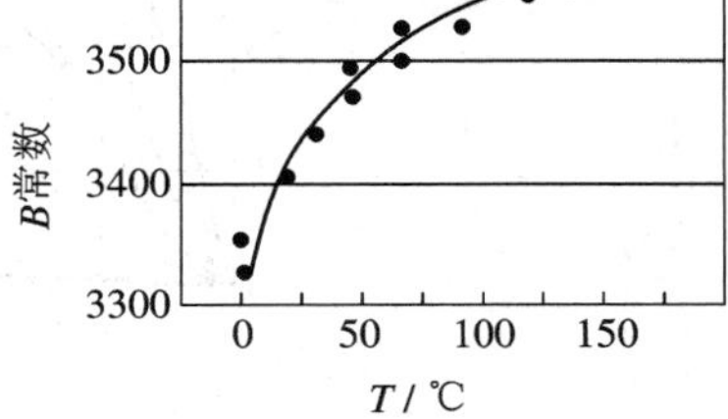

图 8.2　B 常数的温度特性

热敏电阻的温度系数随温度减小而增大，所以低温时热敏电阻温度系数大，所以灵敏度高，故热敏电阻常用于低温－100～300℃测量。

在稳态情况下，热敏电阻上的电压和通过的电流之间的关系，称为伏安特性。热敏电阻的典型伏安特性如图 8.3 所示。从图中可见，在小电流情况下，电压降和电流成正比，这一工作区是线性区，这一区域适合温度测量。随电流增加，电压上升变缓，曲线呈非线性，这一工作区是非线性正阻区。当电流超过一定值以后，曲线向下弯曲出现负阻特性，称为负阻区。这是因为电流引起热敏电阻自身发热升温，阻值减小，所以电压降反而变小了。特别是阻值大的热敏电阻，应注意勿使电流过大，以免超过允许功耗，带来测温误差。

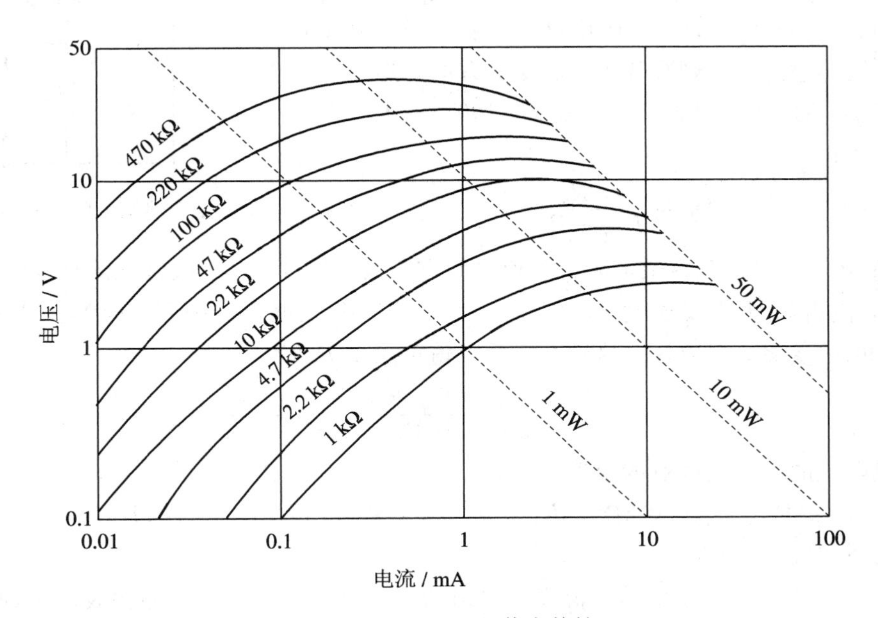

图 8.3　热敏电阻的伏安特性

流过热敏电阻的电流与时间的关系，称为安时特性，如图 8.4 所示。它表示热敏电阻在不同电压下，电流达到稳定最大值所需要的时间。对于一般结构的热敏电阻，其值均在 0.5～1 s 之间。

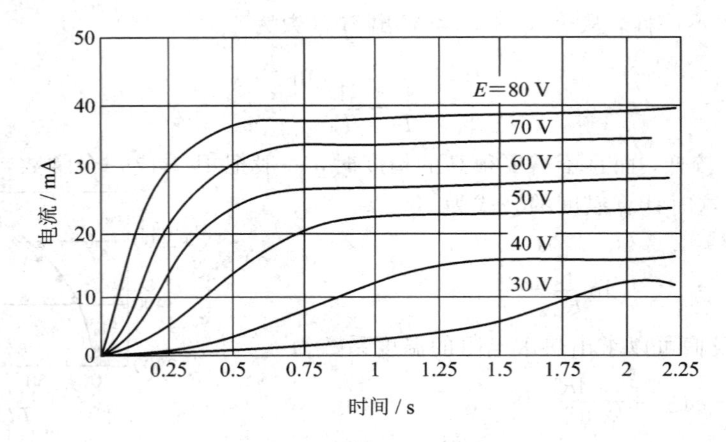

图 8.4 热敏电阻的安时特性

NTC 型热敏电阻主要由 Mn、Co、Ni、Fe 等金属的氧化物烧结而成，通过不同材质组合，能得到不同的电阻值 R_0 及不同的温度特性。

目前半导体热敏电阻还存在一定缺陷，主要是互换性和稳定性还不够理想，虽然近几年有明显改善，但仍比不上金属热电阻，其次是它的非线性严重，且不能在高温下使用，因而限制了其应用领域。

2）热敏电阻温度传感器

（1）热敏电阻测温的基本电路。为了取得热敏电阻的阻值和温度成比例的电信号，需要考虑它的直线性和自身加热问题。图 8.5 表示热敏电阻的基本联接电路。对于负温度系数的热敏电阻（NTC 型）当温度上升时，热敏电阻的阻值变小，输出电压 U_{out} 上升。在 0～100℃温度范围内有如下关系：

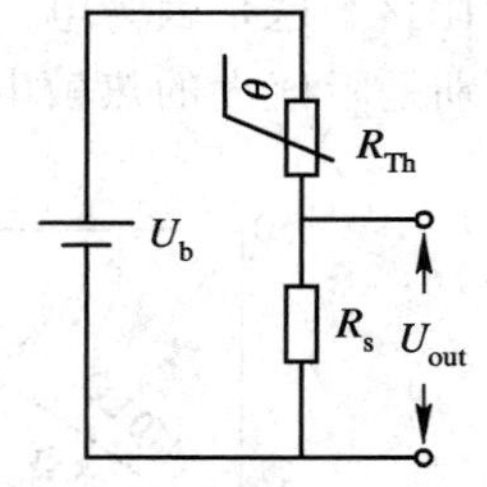

图 8.5 热敏电阻的基本联接法

$$U_{out} = \frac{U_b R_s}{R_{Th} + R_s} \tag{8.7}$$

从式(8.3)可知，温度和热敏电阻的阻值之间有非线性特性。为了改善它的直线性，适当调整 R_s 值，使得特性曲线通过 0℃、50℃、100℃三个温度点。从 $U_{out}(50)\times 2 = U_{out}(0) + U_{out}(100)$ 的关系，利用各点热敏电阻的阻值可求出 R_s 值，

$$R_s = \frac{2R_{Th0}R_{Th100} - R_{Th0}R_{Th50} - R_{Th50}R_{Th100}}{2R_{Th50} - R_{Th100} - R_{Th0}} \tag{8.8}$$

如果热敏电阻的三个温度点的阻值各为

$$R_{Th0} = 30.0\ \text{k}\Omega,\quad R_{Th50} = 4.356\ \text{k}\Omega,\quad R_{Th100} = 1.017\ \text{k}\Omega$$

代入公式(8.8)后得到 $R_s = 3.322\ \text{k}\Omega$。

图 8.6 为图 8.5 所示电路的温度和输出功率特性。其中特性百分比表示不同温度下，电源输出功率与 100℃时输出功率的百分比。

另外，考虑到自身加热问题，由于加在热敏电阻上的电功率和阻值变化的关系为

$$P=\left(\frac{U}{R_{\mathrm{Th}}+R_{\mathrm{s}}}\right)^{2}\cdot R_{\mathrm{Th}} \tag{8.9}$$

对式(8.9)进行微分，根据极大值条件可求出如图8.7所示的温度和自身加热电功率关系。也就是当 $R_{\mathrm{Th}}=R_{\mathrm{s}}$ 时，输出的电功率最大。为此，根据测量所要求的精度，决定自身加热量之后，从 P 的公式决定桥式电路电压。如果 $P=0.15$ mW，则 $U\approx1.4$ V。

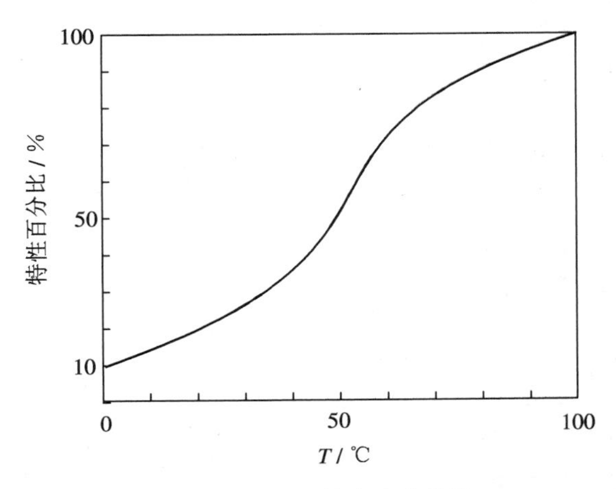

图 8.6　温度和输出功率特性

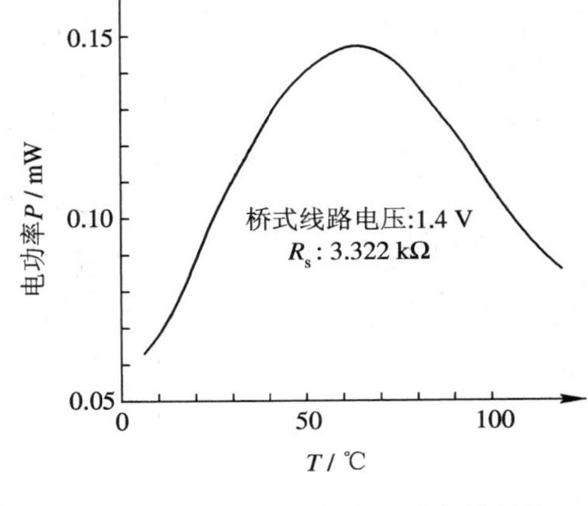

图 8.7　温度与自身加热电功率的特性

由于热敏电阻的阻值与温度之间成非线性关系，所以温度精确测量时，设计灵敏度高且有非线性校正的测量电路显得十分重要。

通过热敏电阻把温度的变化转换成频率信号的方法，其原理如图8.8所示，其中，R_{T}为热敏电阻，整个传感器线路用运算放大器接成多谐振荡回路，当环境温度变化时，得到热敏电阻的阻值与振荡器振荡频率的关系曲线(也可看成温度与振荡器振荡频率的关系曲线)，我们希望温度与频率的特性曲线是线性的，因此，在电路中必须合理地确定 R_1、R_2 和 C_1 的值。

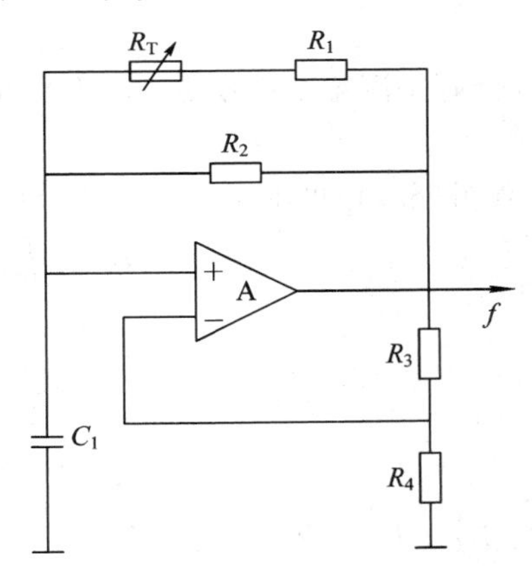

图 8.8　振荡回路

设 R_0 为 R_{T} 与 R_1 串联后与 R_2 并联的值，即

$$R_0=\frac{(R_{\mathrm{T}}+R_1)R_2}{(R_{\mathrm{T}}+R_1)+R_2}$$

可以证明振荡频率

$$f=\frac{1}{2R_0C_1\ln\left(1+\dfrac{2R_4}{R_3}\right)}$$

设

$$2\ln\left(1+\frac{2R_4}{R_3}\right)=1$$

则

$$f = \frac{1}{R_0 C_1} = \frac{1}{C_1\left[\frac{(R_T + R_1)R_2}{(R_T + R_1) + R_2}\right]} \tag{8.10}$$

如在温度为 T_1、T_2、T_3时与热敏电阻 R_T-T 曲线在被测温度内有三点相交，如图 8.9 中的 A、B、C 三点，根据式(8.10)，在三个校准点上满足方程：

$$\begin{cases} f_1 = \dfrac{1}{C_1}\left(\dfrac{1}{R_2} + \dfrac{1}{R_1 + R_{T1}}\right) & \text{(A 点)} \\ f_2 = \dfrac{1}{C_1}\left(\dfrac{1}{R_2} + \dfrac{1}{R_1 + R_{T2}}\right) & \text{(B 点)} \\ f_3 = \dfrac{1}{C_1}\left(\dfrac{1}{R_2} + \dfrac{1}{R_1 + R_{T3}}\right) & \text{(C 点)} \end{cases} \tag{8.11}$$

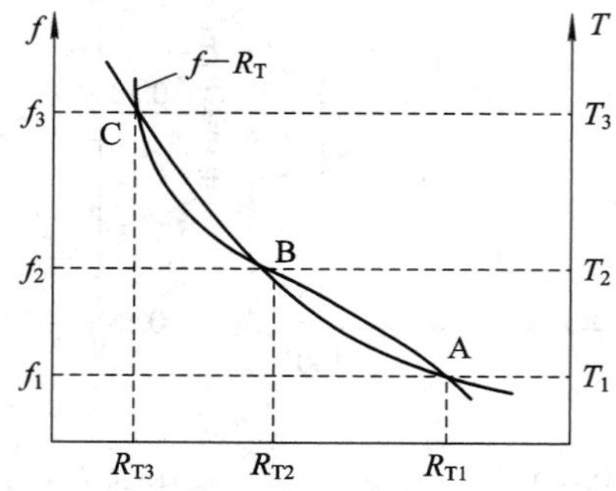

图 8.9　校准曲线

若 T_2恰好是测温范围中点，而 R_1、R_2的选择又使得

$$f_3 - f_2 = f_2 - f_1$$

解方程组(8.11)可求出满足上述条件的电路参数

$$R_1 = \frac{R_{T1}R_{T2} + R_{T2}R_{T3} - 2R_{T1}R_{T3}}{R_{T1} + R_{T3} - 2R_{T2}} \tag{8.12}$$

$$C_1 = \frac{1}{f_2 - f_1}\left(\frac{1}{R_1 + R_{T2}} - \frac{1}{R_1 + R_{T1}}\right) \tag{8.13}$$

$$R_2 = \frac{R_1 + R_{T2}}{f_2 C(R_1 + R_{T2}) - 1} \tag{8.14}$$

式中，R_{T1}、R_{T2}、R_{T3}为对应 T_1、T_2、T_3时热敏电阻值，可通过实验测得。f_1、f_2、f_3为 R_T 在 R_{T1}、R_{T2}、R_{T3}时电路输出频率，可按线性化设计要求根据测温范围预先给定。据此，即可计算出电路的参数。

将式(8.12)～(8.14)中 R_1、R_2和 C_1元件连接于线路对应的位置上，便可得到 3 点修正的被测温度-频率转换的特性曲线，该曲线近似为线性。

(2) 利用两个热敏电阻，求出其温度差的电路。测量温度差的电路是充分利用热敏电阻高灵敏度的一个例子。在温度测量中，测量温度的绝对值一般能测量到 0.1℃左右的精度，要测到 0.01℃的高精度是很困难的。但是，如果在具有两个热敏电阻的桥式电路中，在同一温度下，调整电桥平衡，当两个热敏电阻所处环境温度不同，测量温度差时，精度可以大大提高。

图 8.10 示出这种求温度差的电路图。图 8.10(*a*)电路的测温范围较小，而且两个热敏电阻的 B 常数应该一致，但灵敏度高；图 8.10(*b*)电路的测温范围较大，而且对 B 常数一

致性的要求也不严格，因为它们可以用 R_s 来适当调整。

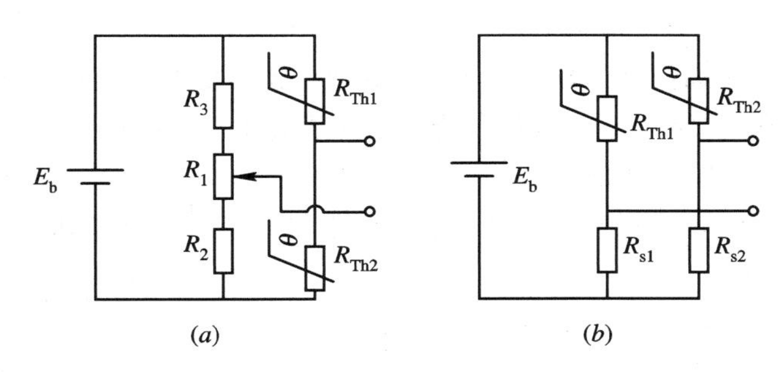

图 8.10　求温度差的桥式电路

2. PN 结型热敏器件

利用半导体二极管、晶体管、可控硅等的伏安特性与温度的关系可做出温敏器件。它与热敏电阻一样具有体积小、反应快的优点。此外，线性较好且价格低廉，在不少仪表里用来进行温度补偿。特别适合对电子仪器或家用电器的过热保护，也常用于简单的温度显示和控制。不过由于 PN 结受耐热性能和特性范围的限制，只能用来测量 150℃以下的温度。

分立元件型 PN 结温度传感器也存在互换性和稳定性不够理想的缺点，集成化 PN 结温度传感器则把感温部分、放大部分和补偿部分封装在同一管壳里，性能比较一致而且使用方便。

1）晶体二极管 PN 结热敏器件

根据半导体器件原理，流经晶体二极管 PN 结的正向电流 I_D 与 PN 结上的正向压降 U_D 有如下关系

$$I_D = I_s\, e^{\frac{qU_D}{kT}} \tag{8.15}$$

式中，q 为电子电荷量，k 为玻耳兹曼常数，T 为绝对温度，I_s 为反向饱和电流。它可写为

$$I_s = B \cdot T^{\eta} \cdot e^{-\frac{qU_{g0}}{kT}} \tag{8.16}$$

式中，qU_{g0} 为半导体材料的禁带宽度；B 和 η 为两个常数，其数值与器件的结构和工艺有关。将式(8.15)取对数并考虑到式(8.16)，得

$$U_D = \frac{kT}{q}\ln I_D + U_{g0} - \frac{kT}{q}\ln B - \frac{kT}{q}\eta \ln T$$

对上式两边取导数，得到 PN 结正向压降对温度的变化率为

$$\frac{dU_D}{dT} = \frac{k}{q}\ln I_D - \frac{k}{q}\ln B - \frac{k}{q}\eta \ln T - \frac{k}{q}\eta$$

从以上二式得到温度灵敏度为

$$\frac{dU_D}{dT} = -\left[\frac{U_{g0} - U_D}{T} + \eta\frac{k}{q}\right] \tag{8.17}$$

式中，$k = 8.63 \times 10^{-5}$ eV/K，对硅半导体材料 $U_{g0} = 1.172$ V，如设 $U_D = 0.65$ V，$T = 300$ K 和 $\eta = 3.5$，则得

$$\frac{dU_D}{dT} = -2 \text{ mV/K}$$

在此条件下，温度每升高 1℃，PN 结正向电压下降 2 mV。应用晶体管的这一特性就可测温。低温可测至接近绝对零度。

硅二极管正向电压的温度特性如图 8.11 所示。显而易见，在 40～300 K 之间有良好的线性。当正向电流一定时，二极管的种类不同，其温度特性也不同，正向电流变化时，温度特性也随之变化。二极管测温电路如图 8.12 所示。利用二极管 V_D、R_1、R_2、R_3 和 R_W 组成一电桥电路，再用运算放大器把电桥输出电信号放大并起到阻抗变换作用，可提高信号的质量。

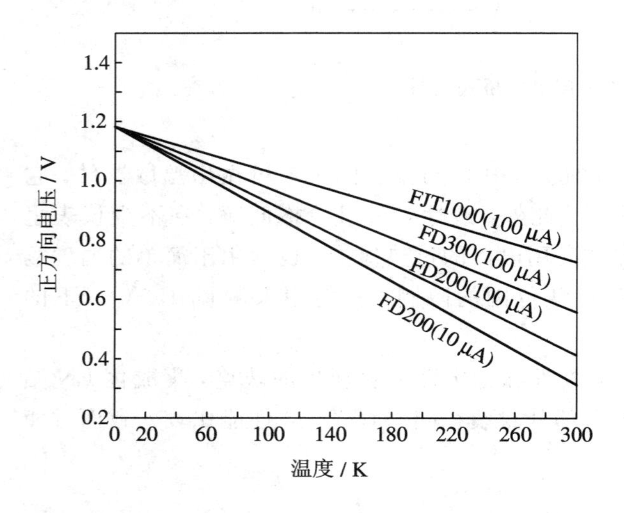

图 8.11 硅二极管正向电压的温度特性

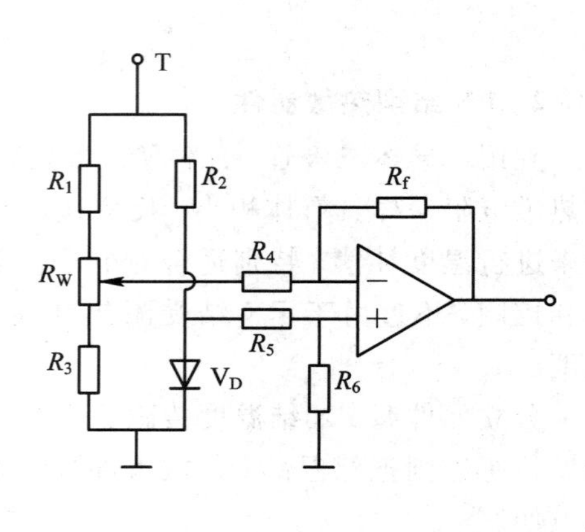

图 8.12 二极管测温电路

2）晶体三极管温度传感器

根据晶体管原理，处于正向工作状态的晶体三极管，其发射极电流和发射结电压能很好地符合下面关系

$$I_E = I_{se}(e^{\frac{qU_{BE}}{kT}} - 1)$$

式中，I_E 为发射极电流，U_{BE}为发射结压降，I_{se}为发射结的反向饱和电流。

因为在室温时，$kT/q=36$ mV 左右，因此，在一般发射结正向偏置的条件下，都能满足 $U_{BE} \gg kT/q$ 的条件，这时上式可以近似为

$$I_E = I_{se} e^{\frac{qU_{BE}}{kT}} \tag{8.18}$$

对上式取对数，得

$$U_{BE} = \frac{kT}{q} \ln \frac{I_E}{I_{se}} \tag{8.19}$$

令 $a=\frac{k}{q} \ln \frac{I_E}{I_{se}}$=常数，则

$$U_{BE} = aT \tag{8.20}$$

由上式可知，温度 T 与发射结压降 U_{BE}有对应关系，我们可根据这一关系通过测量 U_{BE}来测量温度 T 值，且在温度不太高的情况下，两者近似成线性关系，其灵敏度为

$$\frac{dU_{BE}}{dT} = a = \frac{k}{q} \ln \frac{I_E}{I_{se}} \approx 常数$$

图 8.13 为硅半导体晶体管的基极—发射极间电压 U_{BE} 和集电极电流 I_C 关系的温度特性。从图中可看出 U_{BE} 具有大约 −2.3 mV/℃ 的温度系数。利用这种现象可以制成高精度、超小型的温度传感器。测温范围在 −50～200℃ 左右。

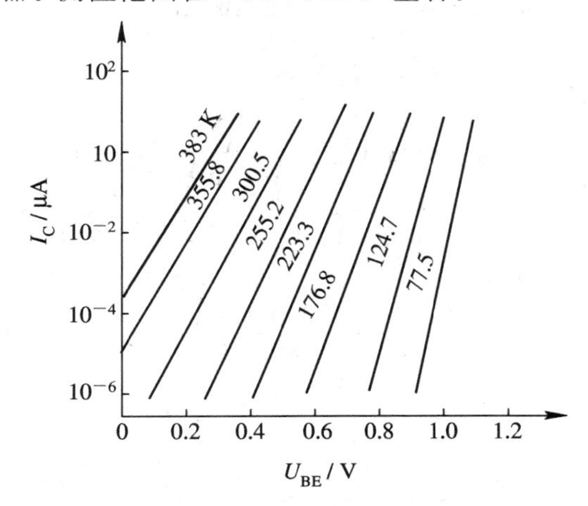

图 8.13　U_{BE} 与 I_C 的温度特性

图 8.14 为晶体管温度传感器用作电子体温计的原理图及其输出特性。在 0～50℃的范围内，输出电压变化为 0～−1 V，测温精度不低于 0.05℃。

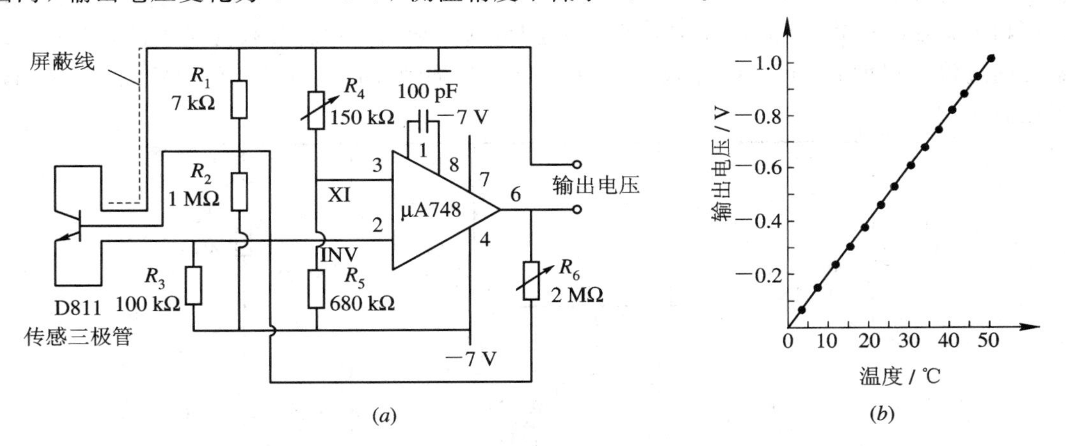

图 8.14　晶体管体温计原理图及测温输出特性

3）可控硅热敏开关

结型热敏器件另一种类型是利用可控硅元件的热开关特性制成的可控硅热敏开关，是一种无触点热开关元件。当元件处于关态时，流过阳极与阴极之间的电流 I_D 为

$$I_D = \frac{I_{C0} - a_1 I_G}{1 - (a_1 + a_2)}$$

式中，I_G 为流过阳极与栅极电阻的旁路选通电流；a_1 为空穴电流增长率，a_2 为电子电流增长率，I_{C0} 为集电极截止电流。

当截止电压一定时，随温度的上升，热激电子空穴对成指数增加，使 I_{C0} 增大，a_1 和 a_2 也增大。当温度达到一定值，使 $a_1 + a_2 = 1$ 时，元件即由截止状态转换为导通状态。图 8.15 为可控硅热敏开关元件的开关电压与开关温度之间的关系特性。

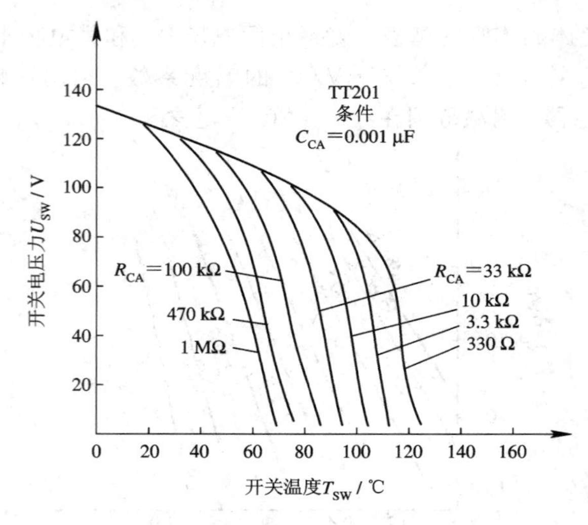

图 8.15 可控硅热敏开关元件的温度特性

可控硅热敏开关元件具有温度传感和开关两种特性，开关温度可通过调整栅极电阻上的外加电压进行控制，导通状态具有自保持能力，并能通过较大电流。

图 8.16 为可控硅热敏开关元件(T·Thy)用于控温的原理图。在设定温度下处于关闭状态，设定温度由 VR 调整。由于 RC 电路的相移作用，流经 C_1、R_1、R_2 的电流相位较电源电压超前，故可控硅管(SCR)V 从电源的零相位开始导通，并向负载提供半波电功率。当温度超过设定温度时，可控硅热敏开关(T·Thy)导通致使可控硅管(SCR)V 截止，从而达到控温作用。

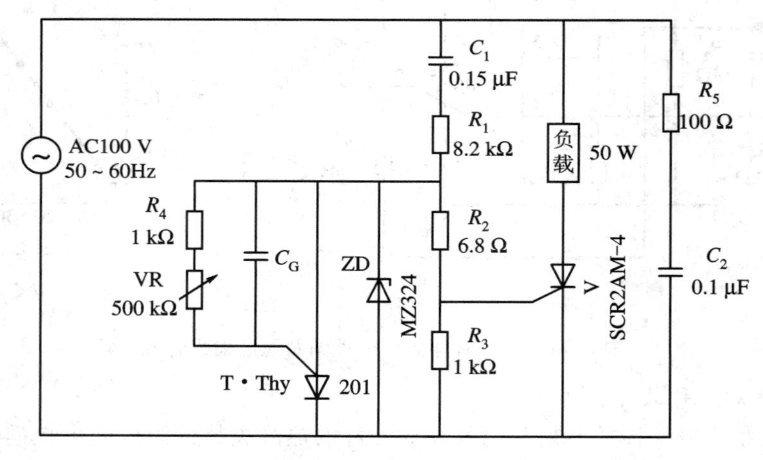

图 8.16 可控硅热敏开关元件用于控温的原理图

图 8.17 为全波式温度控制电路，不仅在交流电的正半周使可控硅处于开态，而且在负半周也使可控硅处于开态。当被检测部位温度比 T·Thy 开关设定温度 T_{SW}(由电阻 R_{GA} 来设定)低时，由于触发电路 SCR_1 在电源电压为 0 V 时被触发，使三端双向可控硅开关器件 BCR 处于开态，另外，当 SCR_1 处于开态时，由于 C_4 充电像图中所示，电流电压由正向负反转的一瞬间 C_4 的充电电荷通过 SCR_2 而放电，使 BCR 仍处于开态。这样即使当温度比 T_{SW} 低时，BCR 也能被触发而向负载提供电流。当被检测部位温度升高到比 T_{SW} 高时，T·Thy处于开态，而 SCR_1 则变成关态。C_4 不再充电，虽然在负半周期中 SCR_2 的控制极

上有附加信号也不能触发 BCR。这样，不论正负半周期，BCR 始终处于关态而不向负载供给电力。重复上述的过程可达到保持一定温度的目的。

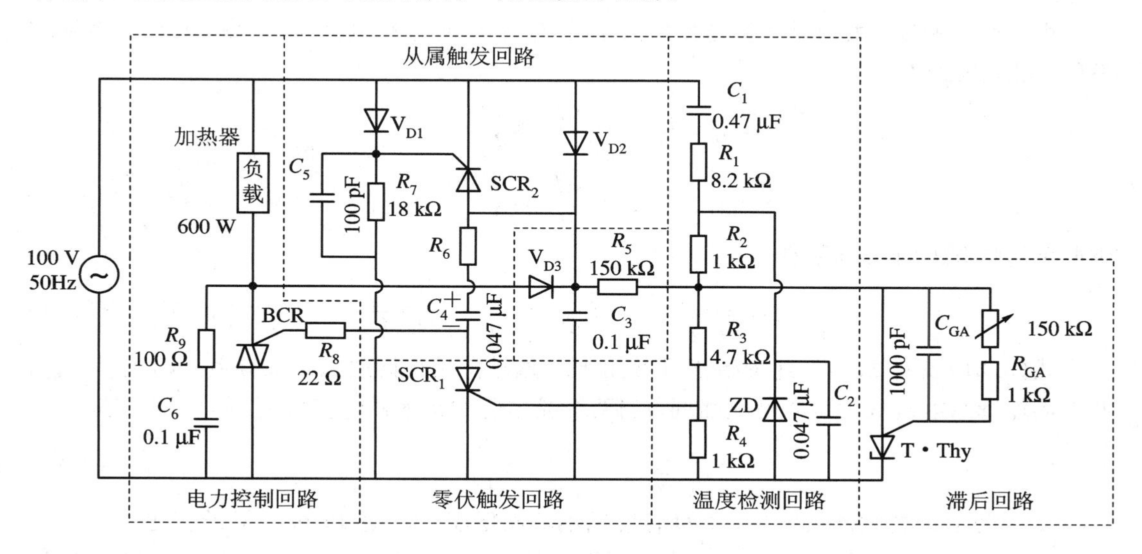

图 8.17 全波式温控电路

目前已商品化的元件特性为：工作电压 50 V，导通平均电流 100 mA，接通温度有低温−30～30℃、室温 10～70℃、高温 70～120℃三种规格，时间常数为 20 s。表 8.1 列出了可控硅热敏开关的应用范围。

表 8.1 可控硅热敏开关的应用范围

使用目的	应 用 实 例
温度控制	汽车冷却器、冷藏车、空气调节器、电子恒温器
过热保护	电机、变压器、半导体元件、复印机、计算机电源
温度指示和报警	火灾报警器、汽车水箱温度、蓄电池充电
其他	液位检测、热定时器

3. 集成(IC)温度传感器

集成电路(IC)温度传感器是近期开发的，把温度传感器与后续的放大器等用集成化技术制作在同一基片上而成的，集传感与放大为一体的功能器件。这种传感器，输出特性的线性关系好，测量精度也比较高，使用起来方便，越来越受到人们的重视。它的缺点是灵敏度较低。

IC 传感器的基本特性如下：

(1) 可测得线性输出电流(1 μA/℃)。

(2) 检测温度范围广−55～150℃。

(3) 测量精度为±1℃。

(4) 无调整时也可使用。

(5) 直线性很好，满量程非线性偏离：±0.5℃。

(6) 使用电源范围广(+4～+30 V)。

IC 温度传感器的设计原理是，对于集电极电流比一定的两个晶体管，其 U_{BE} 之差 ΔU_{BE} 与温度有关。

由式(8.19)知，发射结压降与发射极电流 I_E 及反向饱和电流 I_{se} 有关，两个晶体管的发射结正向压降分别为

$$U_{BE1} = \frac{kT}{q}\ln\frac{I_{E1}}{I_{se1}}$$

$$U_{BE2} = \frac{kT}{q}\ln\frac{I_{E2}}{I_{se2}}$$

则两个晶体管发射结压降差

$$\Delta U_{BE} = U_{BE1} - U_{BE2} = \frac{kT}{q}\ln\frac{I_{E1}I_{se2}}{I_{E2}I_{se1}} \tag{8.21}$$

式(8.21)表明 ΔU_{BE} 与绝对温度 T 成正比。选择特性相同的两个晶体管，则 $I_{se1}=I_{se2}$，两个晶体管的电流放大系数也应相同，当两个晶体管的集电极电流分别为 I_{C1}、I_{C2} 时，

$$\Delta U_{BE} = \frac{kT}{q}\ln\frac{I_{C1}}{I_{C2}} \tag{8.22}$$

ΔU_{BE} 经后级放大器放大后，可使传感器的输出随温度产生 10 mV/℃的变化量。

IC 温度传感器按输出方式可分为电压输出型和电流输出型。图 8.18 为电压输出型 IC 温度传感器原理图。图中 T_1、T_2 为集电极电流分别为 I_1、I_2 的两个性能相同的晶体管。图 8.19 为放大器的原理框图。

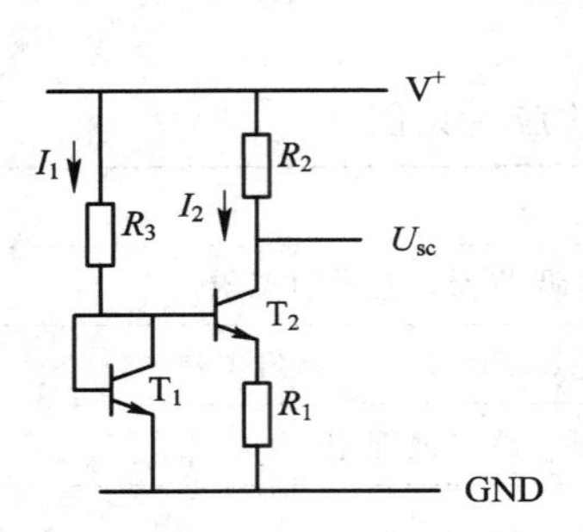

图 8.18 电压输出型 IC 温度传感器原理图

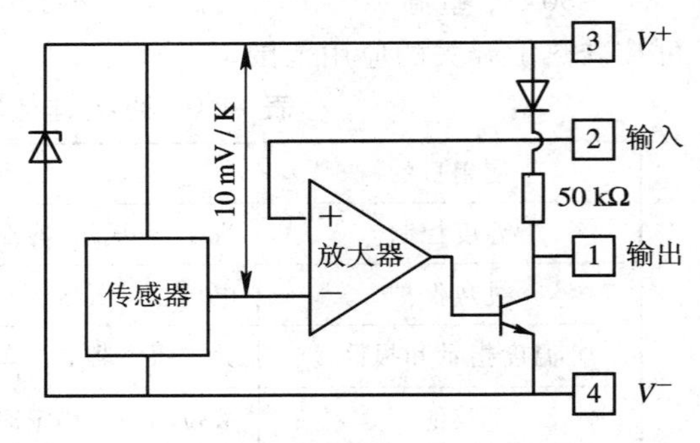

图 8.19 电压输出型 IC 温度传感器放大器的原理框图

电流输出型 IC 温度传感器原理图如图 8.20 所示。从图中不难看出

$$U_{BE1} = U_{BE2}, \quad I_{C3} = I_{C4}$$

IC 设计时，取 V_3 发射极面积为 V_4 发射极面积的 8 倍，于是根据式(8.22)得电阻 R 上的电压输出为

$$U_T = \frac{kT}{q}\ln 8 = 0.1792 \text{ mV/K}$$

图中集电极电流由 U_T/R 决定，电路中流过的电流为流过 R 的电流的 2 倍。取 $R=358\ \Omega$，则可获得灵敏度为 1 μA/K的温度传感器。

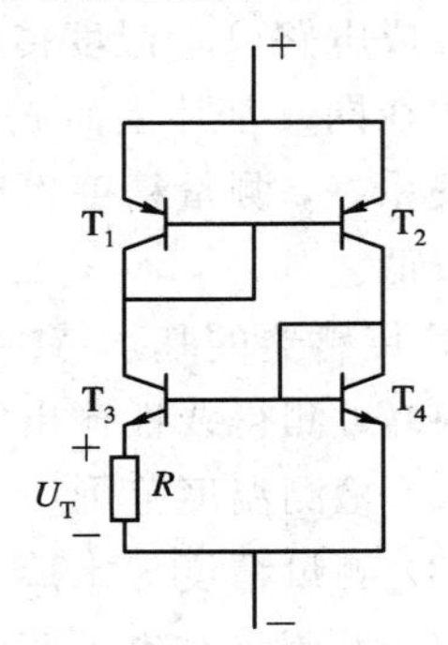

图 8.20 电流输出型 IC 温度传感器原理图

IC 温度传感器的一大特点是应用起来很方便。图 8.21 表示最简单的绝对温度计(开耳芬温度计)。如果把它的刻度换算成摄氏、华氏温度刻度时就可以做成各种温度计了。图 8.22 表示用串联电路时测量低温度的电路图。图 8.23 表示用并联电路时测量平均温度值的电路图。

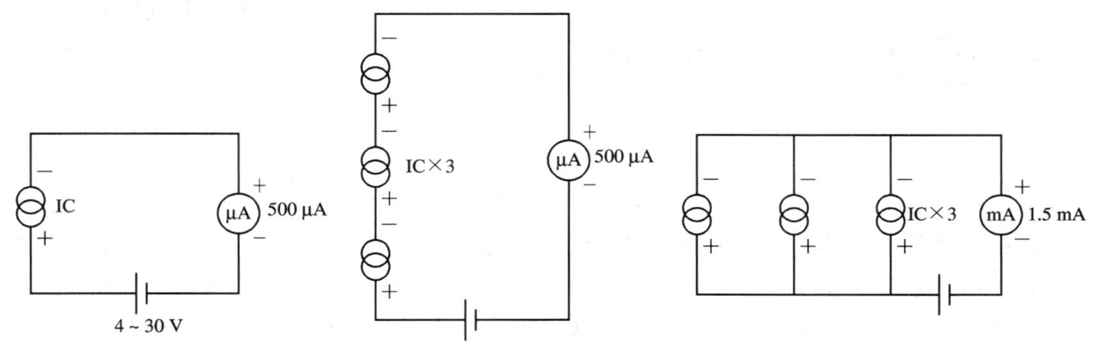

图 8.21　开耳芬温度计　　图 8.22　低温测量温度计　　图 8.23　测量平均温度的电路图

4. 半导体光纤温度传感器

光纤的特征是对电、磁及其他辐射的抗干扰性好，而且细、轻、能量损失少。因此，利用光纤做的传感器，在恶劣的环境下也能正常工作。

图 8.24 表示各种半导体禁带宽度的温度特性，从图中可看出，半导体的禁带宽度 E_g 随温度 T 增加近似线性地减小。因此，半导体吸收边波长 λ_g($\lambda_g = ch/E_g$，式中，c 为光速，h 为普朗克常数)随温度增加而向长波长方向位移，如图 8.25 所示。利用半导体材料的光吸收与温度的关系，可以构成透射式光纤温度传感器。

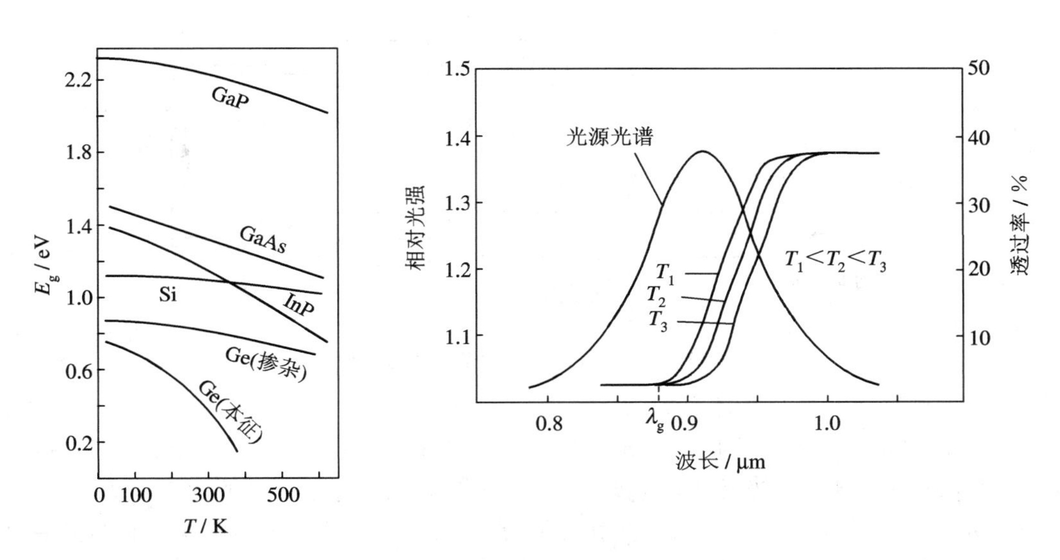

图 8.24　各种半导体禁带宽度的温度特性　　图 8.25　半导体材料的吸收特性

图 8.26(a)为测量原理图。在输入光纤和输出光纤之间夹一片厚度约零点几毫米的半导体材料，并用不锈钢管加以固定，如图 8.26(b)所示。

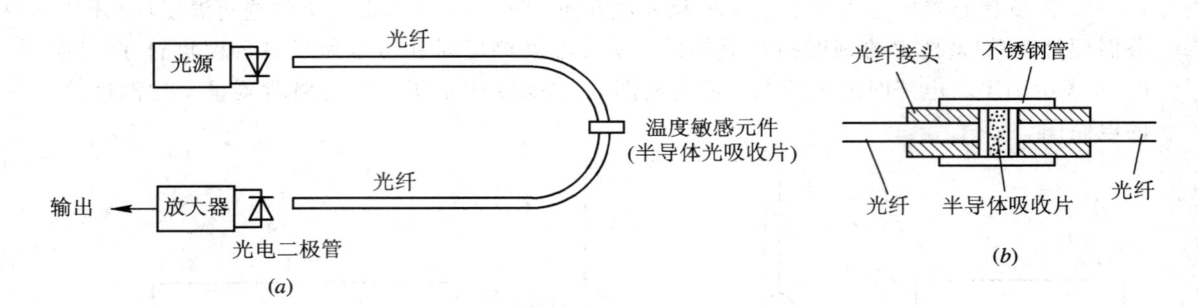

图 8.26 半导体吸收式光纤温度传感器的测温原理图

选择适当的半导体发光二极管 LED，使其光谱范围正好落在吸收边的区域。半导体材料的光吸收，随着吸收边波长变短而急剧增加，直到光几乎不能透过半导体。相反，波长比 λ_g 长的光，半导体透过率就高。由此可见，半导体透射光强随温度的增加而减少。用光电探测器检测出透射光强的变化，并转换成相应的电信号，便能测量出温度。

为了进一步提高传感器的稳定性及抗干扰能力，并提高测量精度，可采用以下两种方法。

1) 双光纤参考基准通道法

其结构框图如图 8.27 所示。光源采用 GaAlAs－LED，半导体吸收材料 CdTe 或 GaAs 作为测量元件。探测器选用 Si－PIN 发光二极管。从图 8.27 中可看出，此方案与前一方案的区别在于增加了一条参考光纤及相应的探测器。由于采用了参考光纤和除法器，消除了干扰，提高了测量精度。这种温度计测温范围为－40～120℃，精度为±1℃。

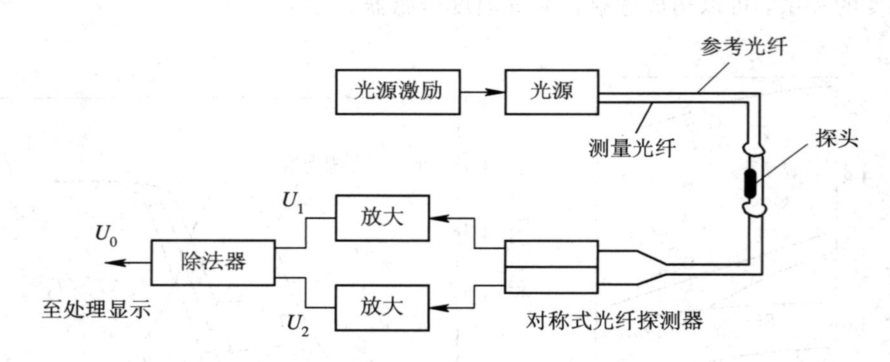

图 8.27 双光纤参考基准通道法原理框图

2) 双光源参考基准通道法

图 8.28 为测温示意图。发光二极管 LED（AlGaAs，$\lambda_1=0.88\ \mu$m；InGaAsP，$\lambda_2=1.27\ \mu$m）交替地发出光脉冲，经耦合器送入光纤探头，每个光脉冲的宽度为 10 ms。半导体 GdTe（或 GaAs）对一只 LED 发射波长为 λ_1 的光的吸收与温度有关，而对另一只 LED 发出的波长为 λ_2 的光几乎不吸收，这样可以作为参考光，经 Ge－APD 光电探测器送入采样保持电路，得到正比于脉冲幅值的直流信号，最后采用除法器获得温度信号。该温度计测温范围为－10～300℃，精度为±1℃。

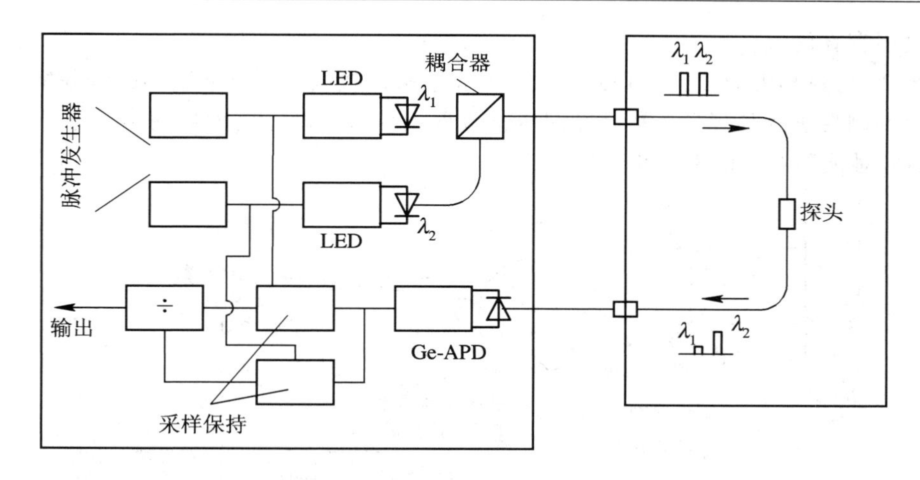

图 8.28　双光源参考基准通道法原理框图

8.1.2　非接触型半导体温度传感器

温度为 T 的物体对外辐射的能量 E 与波长 λ 的关系，可用普朗克定律描述，即

$$E(\lambda T) = \varepsilon_T C_1 \lambda^{-5}\left[\exp\frac{C_2}{\lambda T} - 1\right]^{-1} \tag{8.23}$$

式中，ε_T 为物体在温度 T 之下的发射率(也称为“黑度系数”，当 $\varepsilon_T=1$ 时物体为绝对黑体)；C_1 为第一辐射常数(第一普朗克常数)，$C_1=3.7418\times10^{-16}$ W·m^2；C_2 为第二辐射常数(第二普朗克常数)，$C_2=1.4388\times10^{-2}$ m·K。

根据斯特藩一玻耳兹曼定律，将上式在波长自 0 到无穷大进行积分，当 $\varepsilon_T=1$ 时可得物体的辐射能

$$\int_0^\infty E(\lambda T)\,d\lambda = \sigma_b T_b^4 \tag{8.24}$$

此处，σ_b 是黑体的斯特藩一玻耳兹曼常数，$\sigma_b=5.7\times10^{-8}$ W·m^{-2}·K^{-4}；T_b 是黑体的温度。

一般物体都不是“黑体”，其发射率 ε_T 不可能等于 1，而且普通物体的发射率不仅和温度有关且和波长有关，即 $\varepsilon_T=\varepsilon_T(\lambda\cdot T)$，其值很难求得。虽然如此，辐射测温方法可避免与高温被测体接触，测温不破坏温度场，测温范围宽，精度高，反应速度快，即可测近距离小目标的温度，又可测远距离大面积目标的温度。辐射能与温度的关系通常用实验确定。

黑体的辐射规律之中，还有维恩位移定律，即辐射能量的最大值所对应的波长 λ_m 随温度的升高向短波方向移动，用公式表达为

$$\lambda_m = \frac{2898}{T}\ \mu\text{m} \tag{8.25}$$

利用以上各项特性构成的传感器，必须由透镜或反射镜将物体的辐射能会聚起来，再由热敏元件转换成电信号。常用的热敏元件有热电堆、热敏或光敏电阻、光电池或热释电元件。

透镜对辐射光谱有一定的选择性，例如光学玻璃只能透过 0.3～2.7 μm 的波长，石英玻璃只能透过 0.3～4.5 μm 的波长。热敏元件，尤其是光敏元件也对光谱有选择性。这样就使得接收到的能量不可能是物体的全部辐射能，而只是部分辐射能。真正的全辐射温度

传感器是不存在的。

图 8.29 为热辐射温度计的原理框图。由光学系统接收来的被测物体的辐射能，经光调制盘进行调制后进入传感器，然后经同步整流取出信号，再经放大后输出。为了能够正确测量，还应对被测对象的发射率进行修正。

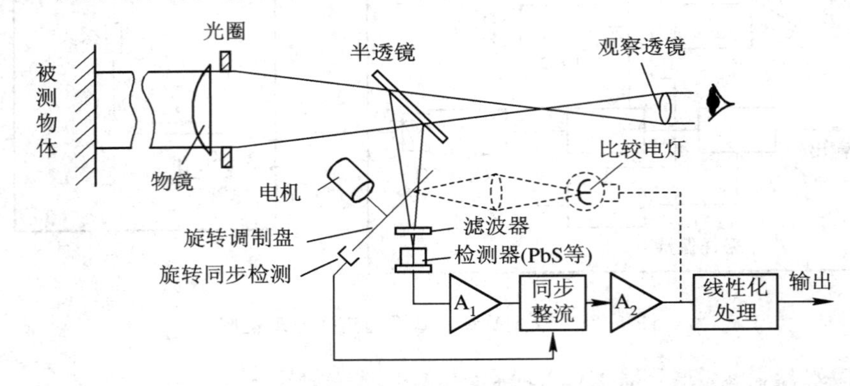

图 8.29 热辐射温度计的原理框图

用热辐射传感器制成的温度计测温范围为(－50～＋3500)℃，测量灵敏度为(0.01～1)K，精度为 ±(0.5～2)%。

红外热辐射传感器，从原理上又可分为热电型和光量子型。热电型是指由于辐射热引起元件温度的微小变化，导致电阻一类的物理量的变化，而达到测温的目的。这类传感器一般与波长无关。光量子型是利用光电效应制成的，因而与波长有关。

热电型红外传感器的优点是使用方便，可直接在室温下使用，光谱特性平坦，灵敏度与波长无关。缺点是响应速度慢，灵敏度低。常用的此类传感器有热电堆、热释电元件等。

热释电元件和压电陶瓷一样，都是铁电体，如铌酸锶钡、钛酸铅、铌酸钽等，除具有压电效应外，在辐射能量照射下也会放射出电荷。经高输入阻抗的放大电路放大之后，可得到足够大的电信号。但是在连续不断的照射下，它并不能产生恒定的电动势，必须对辐射进行调制，使成为断续辐射，才能得到交变电动势。因此，应该用交流放大电路。热释电元件的响应时间短，通常把它和场效应管封装在同一外壳里，辐射经锗或硅窗口射入，由场效应管阻抗变换后与放大电路配合。其结构和电路如图 8.30 所示。

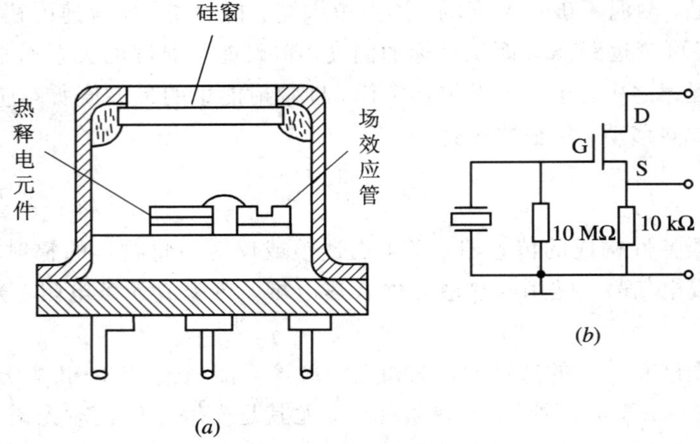

图 8.30 热释电辐射传感器

热释电元件多用于红外波段的辐射测温中。图 8.30 中只画出了管壳内部电路，使用时还需配接放大器。由于管内已有阻抗变换，放大器设计比较简单，只需将交流信号放大到一定程度再解调成直流即可反映被测温度。

光量子型传感器可以分为光导(PC)型、光电(PV)型、光电磁(PEM)型、肖特基(ST)型。PC 型结构是电阻体光照后引起阻值变化；PV 型为一 PN 结二极管，其耗尽层上由于光照射生成电子空穴对，检测由此产生的光电流；PEM 型是利用 PEM 效应，即在加上电场及磁场的同时，由于光照而产生与光强成比例的感应电荷；而肖特基型是根据金属与半导体接触形成的肖特基势垒随光照而变化的原理制备的。图 8.31 为它们的结构示意图。常用的红外传感材料有 Ge、Si、PbS、HgCdTe、InSb 等。图 8.32 给出了它们相应的光谱特性。这类传感器因与波长有关，故测量温度存在下限，例如 PbS 为 100℃以上，Si 为 400℃以上。

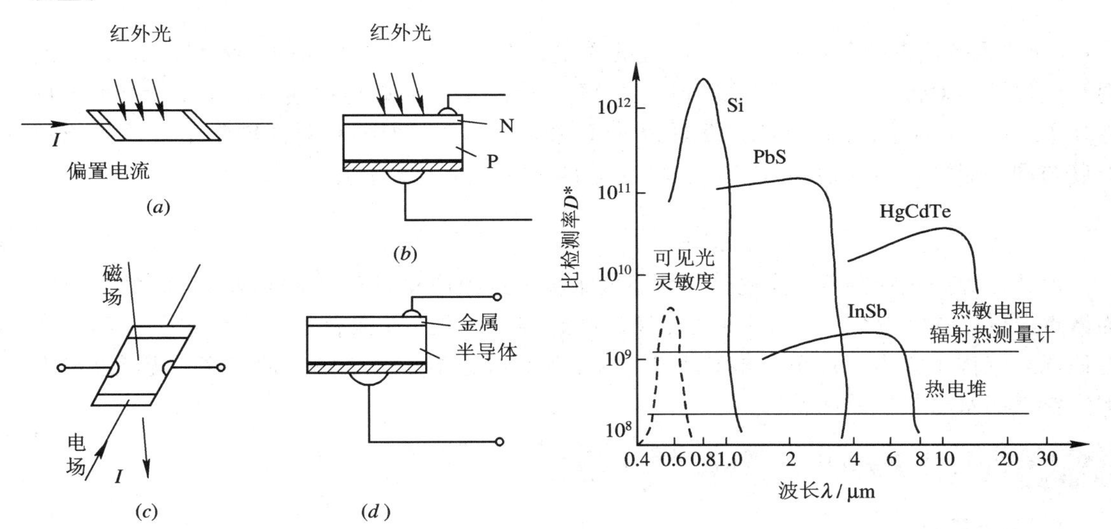

图 8.31　光量子型红外传感器示意图
(a) PC 型；(b) PV 型；(c) PEM 型；(d) ST 型

图 8.32　红外传感器的光谱特性

8.2　半导体湿度传感器

在我们生活的环境中，空气的潮湿或干燥程度对我们的生活和工作有很大的影响。如果空气太潮湿，不仅将使我们感到沉闷和窒息，而且会使生产的产品不能正常使用，棉纱因含水多而易发霉变质，电子仪器也容易出故障；如果空气太干燥，又会使口腔感到不适，甚至会发生咽喉类等疾病，棉纱会变脆而易折断。温室栽培若不控制湿度就会影响产量，工业生产若不控制湿度，产品质量就会下降。人们处在湿度控制在 40%～70%的空调房内就会感到舒适。在国防方面，枪支弹药、军用仪器、武器装备等都不能受潮，对军用仓库必须对温度和湿度进行自动检测与控制。因此，对于不同的事物，对其所处的环境湿度，有着不同的要求。目前，测量湿度的方法很多，但是到目前为止高精度的湿度测量很困难。世界上最高水平的测湿精度也不过是±0.1%左右。湿度测量精度不高的原因在于空气中所含的水蒸气含量极少，比空气少得多，并且难于集中在湿敏元件表面；此外水蒸气会使一些感湿材料溶解、腐蚀、老化，从而丧失原有的感湿性能；再者湿度信息的传递必须靠水对感湿元件直接接触来完成，因此感湿元件只能暴露在待测环境中，而不能密封，易于损坏。近几年出现的半导体湿敏元件和 MOS 型湿敏元件已达到较好水平，具有工作范围宽、响应速度快、耐环境能力强等特点。

8.2.1 湿度的定义

大气中含有水分的多少直接影响大气的干、湿程度。在物理学和气象学中，对大气(空气)湿度的表征通常使用绝对湿度、相对湿度和露(霜)点湿度。

在一定温度和压力条件下，单位体积的混合气体中所含水蒸气的质量为绝对湿度，

$$P_V = \frac{m_V}{V}$$

式中，m_V 为待测混合气体中所含水蒸气的质量；V 为待测混合气体的总体积；P_V 为待测混合气体的绝对湿度，其单位为 g/m^3，以 AH 表示。为了更好地描述一些与湿度有关的自然现象，目前，普遍用相对湿度(缩写为 RH)来表示湿度。所谓相对湿度是指气体的绝对湿度与同一温度下达到饱和状态的绝对湿度 P_S 的百分比，即满足如下关系：

$$H = \frac{P_V}{P_S} \times 100(\%RH) \tag{8.26}$$

保持压力一定而降温，使混合气体中的水蒸气达到饱和而开始结露或结霜时的温度称为露点温度，单位为℃。空气的相对湿度越高越容易结霜，而混合气体中的水蒸气压就是在该混合气体中露点温度下的饱和水蒸气压，所以通过测定空气露点的温度，就可以解决测定空气的水蒸气压的问题。

8.2.2 湿度传感器的主要参数

1. 湿度量程

能保证一个湿敏器件正常工作的环境湿度的最大变化范围称为湿度量程。湿度范围用相对湿度(0～100)%RH 表示，量程是湿度传感器工作性能的一项重要指标。

2. 感湿特征量-相对湿度特性曲线

每种湿度传感器都有其感湿特征量，如电阻、电容、电压、频率等，在规定的工作温度范围内，湿度传感器的感湿特征量随环境相对湿度变化的关系曲线，称为相对湿度特性曲线，简称感湿特性曲线。通常希望特性曲线应当在全量程上是连续的且呈线性关系。有的湿度传感器的感湿特征量随湿度的增加而增大，这称为正特性湿敏传感器；有的感湿特征量随湿度的增加而减小，这称为负特性湿敏传感器。

3. 感湿灵敏度

在某一相对湿度范围内，相对湿度改变 1%RH 时，湿度传感器感湿特征量的变化值或百分率称为感湿灵敏度，简称灵敏度，又称湿度系数。感湿灵敏度表征湿度传感器对湿度变化的敏感程度。如果湿度传感器的特性曲线是线性的，则在整个使用范围内，灵敏度就是相同的；如果湿度传感器的特性曲线是非线性的，则灵敏度的大小就与其工作的相对湿度范围有关。

目前，采用较为普遍的一种表示方法是，以不同环境湿度下，感湿特征量之比来表示感湿灵敏度。如感湿特征量为电阻时，以 $R_{1\%}$，$R_{20\%}$，$R_{40\%}$，$R_{60\%}$，$R_{80\%}$，$R_{100\%}$ 分别表示相对湿度为1%，20%，40%，60%，80%，100%时湿敏元件的电阻值，湿敏元件的灵敏度可表示为一组电阻比，即 $R_{1\%}/R_{20\%}$，$R_{1\%}/R_{40\%}$，$R_{1\%}/R_{60\%}$，$R_{1\%}/R_{80\%}$ 及 $R_{1\%}/R_{100\%}$。

4. 温度系数

温度系数是反映湿度传感器的感湿特征量—相对湿度特性曲线随环境温度而变化的特征。感湿特征量随环境温度的变化越小，环境温度变化所引起的相对湿度的误差就越小。温度系数分为特征量温度系数和感湿温度系数。

在环境湿度保持恒定的情况下，湿度传感器特征量的相对变化量与对应的温度变化量之比，称为特征量温度系数。如感湿特征量是电阻，则电阻温度系数为

$$电阻温度系数(\%/℃) = \frac{R_2 - R_1}{R_1\ \Delta T} \times 100$$

式中，ΔT 为一个规定温度(25℃)与另一规定环境温度之差；$R_1(C_1)$为温度为25℃时湿度传感器的电阻值；$R_2(C_2)$为另一规定环境温度时湿度传感器的电阻值。

湿度传感器的感湿特征量(例如电阻)恒定的条件下，在两个规定温度下(通常一个规定温度为25℃)，其对应的相对湿度之差与两个规定的温度变化量之比，称为感湿温度系数，也即环境温度每变化1℃时，所引起的湿度传感器的湿度误差。

$$感湿温度系数(\%RH/℃) = \frac{H_2 - H_1}{\Delta T}$$

式中，ΔT 为一个温度(25℃)与另一规定环境温度之差；H_1 为温度为25℃时湿度传感器的某一电阻值对应的相对湿度值；H_2 为另一规定环境温度下，湿度传感器的同一电阻值对应的另一相对湿度值。

5. 响应时间

在一定的温度下，当相对湿度发生跃变时，湿度传感器的感湿特征量之值达到稳态变化量的规定比例所需要的时间称为响应时间，也称为时间常数。它反映了湿度传感器对于相对湿度发生变化时，其反应速度的快慢。一般是以相应于起始和终止这一相对湿度变化区间63%的相对湿度变化所需要的时间，叫响应时间，单位是s，也有规定从始到终90%的相对湿度变化作为响应时间的。响应时间又分为吸湿响应时间和脱湿响应时间。大多数湿度传感器都是脱湿响应时间大于吸湿响应时间，一般以脱湿响应时间作为湿度传感器的响应时间。

6. 湿滞回线

湿度传感器在升湿和降湿往返变化时的吸湿和脱湿特性曲线不重合，所构成的曲线叫湿滞回线。由于吸湿和脱湿特性曲线不重合，对应同一感湿特征量之值，相对湿度之差称为湿滞量。湿滞量越小越好，以免给湿度测量带来难度和误差。

7. 电压特性

用湿度传感器测量湿度时，由于加直流测试电压引起感湿体内水分子的电解，致使电导率随时间的增加而下降，故测试电压应采用交流电压。湿度传感器感湿特征量之值与外加交流电压之间的关系称为电压特性。当交流电压较大时，由于产生焦耳热，对湿度传感器的特性会带来较大影响。

8. 频率特性

湿度传感器的阻值与外加测试电压频率有关。在各种湿度下，当测试频率小于一定值时，阻值不随测试频率而变化，该频率被确定为湿度传感器的使用频率上限。当然，为防止水分子的电解，测试电压频率也不能太低。

9. 其他特性与参数

精度是指湿度量程内，湿度传感器测量湿度的相对误差。

工作温度范围表示湿度传感器能连续工作的环境温度范围，它应由极限温度来决定，即由在额定功率条件下，能够连续工作的最高环境温度和最低环境温度所决定。

稳定性是指湿度传感器在各种使用环境中，能保持原有性能的能力。一般用相对湿度的年变化率表示，即±%RH/年。

寿命是指湿度传感器能够保持原来的精度，能够连续工作的最长时间。

8.2.3 湿度传感器器件

目前常用的湿度传感器种类有：机械式湿度传感器，如利用脱脂处理后的毛发(现多改成竹膜、乌鱼皮膜、尼龙带等材料)，在空气相对湿度增大时毛发伸长，带动指针转动构成的毛发式湿度计等；由两个完全相同的玻璃温度计，其中一个感温包直接与空气接触，指示干球温度，另一感温包外有纱布且纱布下端浸在水中经常保持湿润，指示的是湿球温度，由干球温度和湿球温度之差即可换算出相对湿度的干湿球湿度计。这些湿度计的主要缺点是灵敏度和分辨率等都不够高，而且是非电信号的湿度测量，难以同电子电路和自动控制系统及仪器相联结。

要研制和生产出高性能的湿度传感器，关键在于材料和工艺。根据所使用的材料的不同，湿度传感器分为电介质型、陶瓷型、高分子型和半导体型等。这里只介绍半导体湿度传感器。从性能的总体来看，无论哪一种材料制成的传感器，都有它各自的特点，既有长处，也有短处，它们分别能满足某些方面的要求。近几年来出现的半导体陶瓷感湿元件、MOS型感湿元件和结型湿敏器件已达到较好水平，具有工作范围宽，响应速度快，耐环境能力强等特点，是当前湿度传感器的发展方向。

1. 元素半导体湿敏器件

在电绝缘物表面上通过蒸发等工艺，制备一层具有吸湿性的元素半导体薄膜，可形成湿敏电阻器。湿敏传感器就是利用上述湿敏电阻器的电阻值随湿气的吸附与脱附过程而变化的现象制成的。通常利用Ge和Se等元素半导体的蒸发膜制备湿敏器件，锗的蒸发膜厚度约为100 nm。锗的湿敏器件的电阻值很高。在相对湿度为50%RH时，约等于10^8 Ω。它比较适用于高湿度的测量。锗的湿敏器件的特点是不受环境中灰尘等的影响，能够得到比较精确的测量结果。然而在制备器件时，锗的蒸发膜的老化需要较长时间，并且器件的重复性差。

利用金属硒蒸发膜或无定型硒蒸发膜都可以做湿敏器件。就湿度特性来说，无定型硒蒸发膜湿敏器件比金属硒蒸发膜湿敏器件要好些，但就稳定性来说，却不如金属硒蒸发膜湿敏器件好。一般来说，硒蒸发膜的湿敏器件的电阻值比锗蒸发膜的湿敏器件电阻值低，被测湿度范围较大，但它也有和锗膜湿敏器件同样的需要较长老化时间的缺点。

利用硒、锗及硅烧结膜等制作的湿敏器件，要求膜要做得相当薄，而且还应具有多晶型结构。目的在于使其晶粒界面电导及表面电导对整个薄膜的电导起着支配作用。水分子的吸收将改变其表面态的占有情况以及影响晶粒界面的势垒高度。这样就能有效地控制膜的电导率，即当大气中湿度发生变化时，将改变薄膜表面及其晶界面处所吸附的水分子数。因而改变薄膜的电导率，使器件电阻值发生变化。通过对器件电阻的测量，便可以得知大气中湿度的大小。

因此，这类器件的膜要做得足够薄，否则体内电导将成为电流通过的主要成分，使湿度影响表面及界面电导的变化不能起支配作用，这样一来，给器件制作工艺中膜厚度的控制及调整带来一系列问题，并在使用过程中常因损伤、腐蚀和挥发等影响器件的精度、稳定性和寿命。所以这些器件未能得以广泛应用。

图 8.33 为硒蒸发膜湿度传感器的结构，在绝缘瓷管表面上镀一层铂膜，然后以细螺距将铂膜刻成宽约 0.1 cm 的螺旋状，以此作为两个电极。在两个电极之间蒸发上硒，A 为铂电极，B 为硒蒸发膜层。图 8.34 为硒蒸发膜湿度传感器的电阻一湿度特性。由于这种传感器不使用吸湿性盐和固定剂，所以能够在高温下长期连续使用。

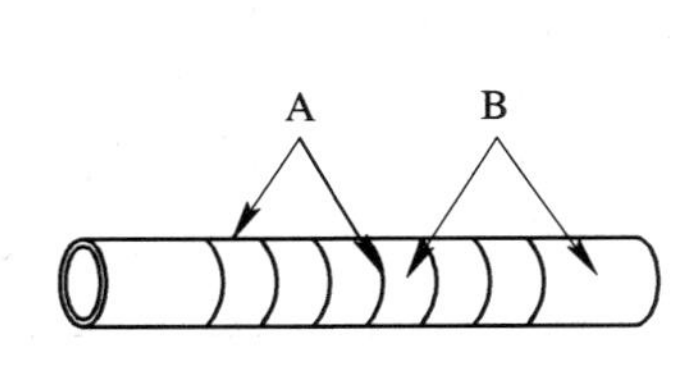

图 8.33　硒蒸发膜湿度传感器的结构

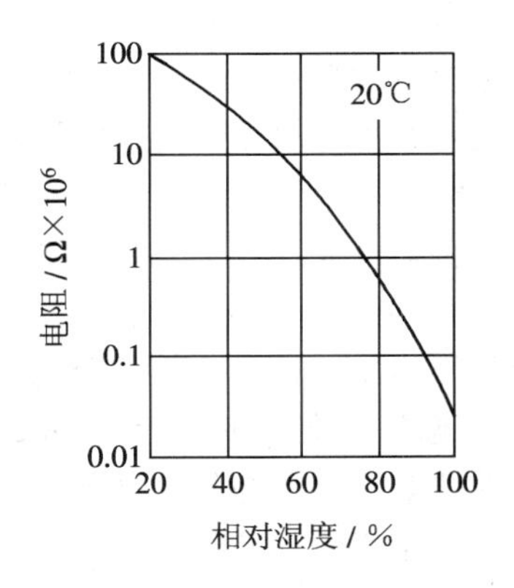

图 8.34　硒蒸发膜湿度传感器电阻一湿度关系

2. 金属氧化物半导体陶瓷湿敏器件

在湿敏器件的发展过程中，由于金属氧化物半导体陶瓷材料具有较好的热稳定性及其抗沾污的特点，而逐渐被人们所重视。因此，相继出现了各种半导体陶瓷湿敏器件。半导体陶瓷使用寿命长，可以在很恶劣的环境下使用几万小时，这是其他湿敏器件所无法比拟的。半导体陶瓷湿敏器件，在对湿度的测量方面，可以检测 1%RH 这样的低湿状态，而且还具有响应快、精度高、使用温度范围宽、湿滞现象小和可以加热清洗等各种优点。所以，半导体陶瓷湿敏器件已在当前湿度敏感器件的生产和应用中占有很重要的地位。

金属氧化物半导体陶瓷材料，按其制备方法的不同可分为两大类：一类就是把一些金属氧化物微粒经过粘结而堆积在一起的胶体，人们通常将这种未经烧结的微粒堆积体称为陶瓷，用这种陶瓷材料制成的湿度敏感器件，一般称为涂覆膜型湿度敏感器件。另一类陶瓷材料是经过研磨、成型和按一般制陶方法烧结而成具有典型陶瓷结构的各种金属氧化物半导体陶瓷材料。它们共同的特点是多孔状的多晶烧结体。因此，有时也将它们称为烧结型陶瓷材料。

1）涂覆膜型 Fe_3O_4 湿度敏感器件

涂覆膜型湿度敏感器件有许多种类，其中比较典型且性能较好的是 Fe_3O_4 湿度敏感器件。一般来说，像 Fe_3O_4 这样的金属氧化物是很好的吸附水和脱水速干的材料。同时，Fe_3O_4 比其他金属氧化物材料具有比较低的固有电阻，而且对基板附着性好，因此，使用 Fe_3O_4 做湿敏器件，不但工艺简单，而且价格低廉。

把氯化铁和氯化亚铁按 2∶1 的比例加水混合成溶液，然后加进 NaOH，这时就沉淀出黑色 Fe_3O_4。用纯水洗去杂质，可做成质量很好的 Fe_3O_4 胶体。

这类器件的特点是物理特性和化学特性比较稳定，结构、工艺简单，测湿量程宽，重复性和一致性较好，寿命长，成本低等。Fe_3O_4 和 Al_2O_3 湿度敏感器件材料就属于涂覆膜型湿度敏感器件材料。除此之外，作为涂覆膜型湿度敏感器件材料的还有 Cr_2O_3、Ni_2O_3、Fe_2O_3、ZnO 等。

在滑石瓷或氧化铝基片上用丝网印刷工艺制成一对梳状金电极，然后采用喷涂法在电极上涂覆约 30 μm 厚的预先调好的纯净的 Fe_3O_4 胶液，经低温烘干后，通过老化处理即可制成湿度传感器。Fe_3O_4 微粒之间，依靠分子力和磁力的作用，构成接触型结合。虽然 Fe_3O_4 微粒本身的体电阻较小，但微粒间的接触电阻却很大，这就导致 Fe_3O_4 感湿膜的整体电阻很高。当水分子透过松散结构的感湿膜而吸附在微粒表面上时，将扩大微粒间的面接触，导致接触电阻的减小，因而这种器件具有负感湿特性（烧结型湿敏器件具有正感湿特性）。由于 Fe_3O_4 胶体膜对滑石瓷和氧化铝基片的密封性极好，因此，不需要粘合剂等固着剂，从而不必考虑粘合剂的龟裂等造成的不良影响。这种传感器的优点是：因为氧化物的特性不易改变，在常温、常湿下性能比较稳定，有较强的抗结露能力；在全湿范围内有相当一致的湿敏特性；可以获得长寿命产品，制备容易，价格便宜，可做成各种形状的器件。其缺点是：当环境湿度发生变化时，水分子要在数十 μm 厚的感湿膜体内充分扩散，才能与环境湿度达到新的平衡。这一扩散和平衡过程需时较长，使器件响应缓慢，吸湿和脱湿过程响应速度差别较大，因而器件有较明显的湿滞效应。图 8.35 示出了传感器的电阻与湿度的关系。

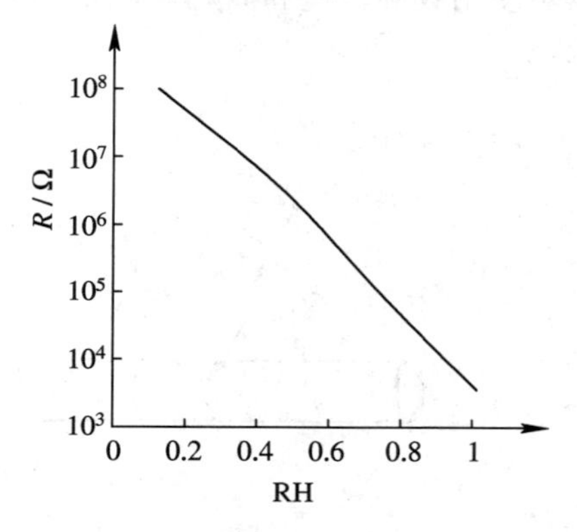

图 8.35　Fe_3O_4 胶体膜传感器的电阻与湿度的关系

2）多孔质烧结型陶瓷湿敏器件

目前，从各国湿度传感器的产量中可以看出，约有 50％以上是烧结型的，而厚膜和薄膜各占 15％到 20％。以不同的金属氧化物为原料，通过典型的陶瓷工艺制成了品种繁多的烧结型陶瓷湿度传感器，其性能也各有优劣。

作为半导体湿敏材料的多孔质烧结型陶瓷主要有：$MgCr_2O_4-TiO_2$ 系陶瓷、$MgCr_2O_4$ 系陶瓷、$ZnO-Cr_2O_3$ 系陶瓷、$TiO_2-V_2O_5$ 系陶瓷等。

以 $MgCr_2O_4-TiO_2$ 系烧结型陶瓷为例，由其制成的湿度传感器是由日本松下电器公司新田恒治等人在 1978 年研制成功的。它具有感湿范围宽、温度系数小和响应时间短等特点。$MgCr_2O_4-TiO_2$ 系烧结型多孔陶瓷的气孔大部分为粒间气孔，气孔率在 20％～35％之间，粒间气孔与颗粒大小有关，平均粒径在 1 μm 左右，气孔直径随 TiO_2 添加量的增多而增大，平均气孔直径在 100～300 nm 范围内，可看做相当于一种开口毛细管，容易吸附水分。

多孔质烧结型陶瓷的气孔率是控制器件电阻的主要因子，同时，考虑到互换性，气孔径在某种程度上要细而均匀。这就要求颗粒要细且具有一定形状。另外，为了长期稳定性，陶瓷颗粒表面对大气湿度要稳定。在多孔陶瓷制备工艺中，粉料的制备是制造性能优良的陶瓷湿度传感器的关键之一。选择质地优良的原料，严格的原料配比，球磨后粉料粒径的大小，粒子的形状，粒径的分布决定着陶瓷感湿体的气孔率和孔径，进而决定着传感器的性能。在多孔陶瓷感湿体的制造过程中，烧成的作用也特别重要。1300℃温度下把干压(或其他)成型的陶体坯体制成多孔陶瓷。

烧成过程对晶粒的半导化，晶粒的大小，晶粒的形状，晶界状态，孔径大小，孔径分布以及陶瓷感湿体的机械强度，表面形状，阻值大小等有着直接的影响。

其他的烧结型半导体陶瓷湿敏材料，比如 TiO_2-V_2O_5 系陶瓷湿敏材料等的制备过程与 $MgCr_2O_4$-TiO_2 系陶瓷湿敏材料大体上一致，晶粒直径大约为 1 μm，烧结体细孔径分布为 0.2～0.5 μm，气孔率大约为 45%，测量湿度范围为 15%～100%RH，工作温度为 0℃～150℃，使用范围较宽。

多孔质烧结型陶瓷 $MgCr_2O_4$-TiO_2 湿敏器件的结构如图 8.36 所示。为避免底座上测量电极 2、3 之间因吸湿和污染而引起漏电，在测量电极 2、3 的周围设置了隔离环。图中 1、4 是加热器引出线。电极材料选用 RuO_2，这是因为所制成的 RuO_2 电极具有多孔性，允许水分子通过电极到达陶瓷表面，同时 RuO_2 的热膨胀系数与陶瓷体相一致，附着力也比较好。另外，RuO_2 化学性能稳定。

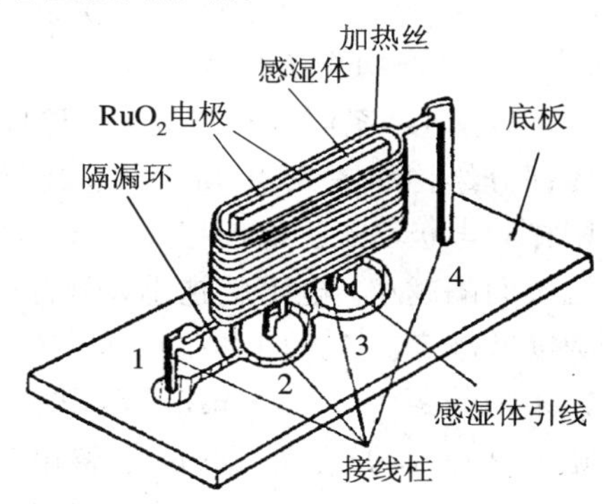

图 8.36　烧结型 $MgCr_2O_4$-TiO_2 湿敏传感器结构

电极的制作方法是将 RuO_2 浆料用丝网印刷方法印刷在陶瓷体的上、下表面上，在 800℃下烧结 15 分钟，然后焊接出 Pt-Ir 引线。由于湿度传感器是裸露在大气中，所以在使用过程中不可避免地要吸收一部分油污和有害气体，这种污染会使传感器的灵敏度大大下降，甚至失效。为使传感器再生复原以便重复使用，所以要在陶瓷感湿体的周围设置一个加热器。加热温度为 450℃，加热时间为 1 分钟。为保证传感器的测量精度，需要对湿度传感器定时进行加热清洗。

$MgCr_2O_4$-TiO_2 系陶瓷湿度传感器的电阻-湿度特性、电阻-温度特性及响应时间特性如图 8.37 所示。从电阻-湿度特性看出，随着相对湿度的增加，电阻值急剧下降，基本按指数规律下降，当相对湿度由 0 变到 100%RH 时，阻值从 10^7 Ω 下降到 10^4 Ω，即变化了 3 个数量级。从电阻-温度特性中可看出，从 20℃到 80℃各条曲线的变化规律基本一致，具有负温度系数，其感湿负温度系数为 -0.38%RH/℃。如果要精确测量湿度，对这种湿度传感器需要进行温度补偿。从响应时间特性可知，响应时间小于 10 s。

$MgCr_2O_4$-TiO_2 系陶瓷湿度传感器的不足之处在于性能还不够稳定，需要加热清洗。这又加速了敏感陶瓷的老化，对湿度不能进行连续测量。

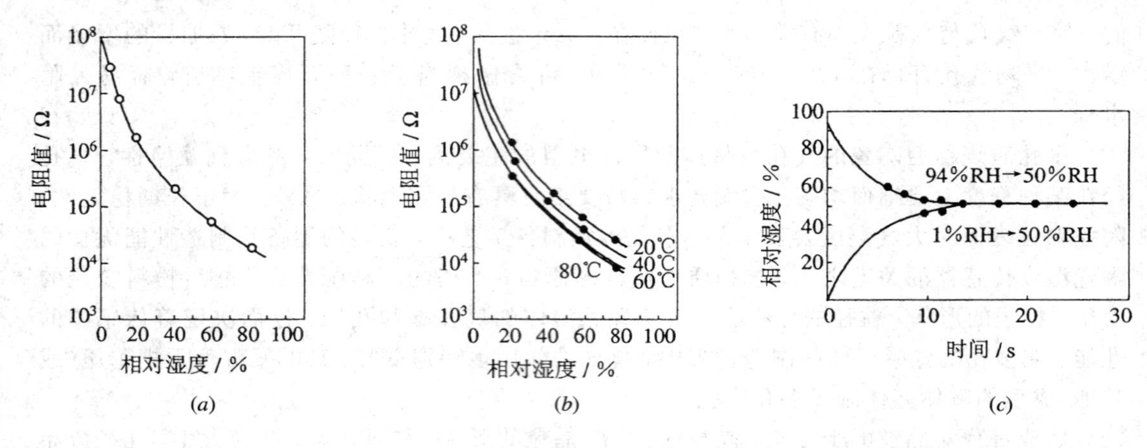

图 8.37　$MgCrO_4-TiO_2$ 系陶瓷湿度传感器的特性

(*a*) 电阻—湿度特性；(*b*) 电阻—温度特性；(*c*) 响应时间特性

3）厚膜陶瓷湿度传感器

以 ZrO_2 系湿敏材料为例，厚膜湿度传感器主体部分结构如图 8.38 所示，是在氧化铝基片上印刷梳状电极，梳状电极相互交错排列并成平行线。梳条间隔越小，电阻就越小，因而湿度传感器的灵敏度就越高。梳条间隔在 0.05～0.2 mm 之间，通常采用间距为 0.13 mm，梳状电极的长为 18 mm，宽为 9 mm，总宽为 12 mm。将用共沉淀法制得的粒径为 1 μm 的 $ZrO_2-Y_2O_3$ 固溶体超微粉料同适量的无铅硼硅盐玻璃在球磨中混合搅拌均匀，然后加入适量的有机溶剂和环氧树脂，调整粘度在 2×10^5～3×10^5 CP 范围内，用丝网印刷的方法把膏状的浆料印在梳状电极上，形成厚度约为 20 μm 的感湿层。在 170℃的环境下干燥 1 小时，在 800～900℃烧结 15～30 min，再焊上引线，就形成了厚膜陶瓷湿度传感器的主体部分。在主体部分外套上塑料保护壳，壳上正对感湿体处开有窗口，由于大气中的液态水和其它微小颗粒沉积在湿度传感器的感湿膜上，使其性能变坏，因而在保护壳的窗口上需装上一过滤膜。过滤膜一般由高分子材料制成，膜厚 20～2000 μm 之间，膜的气孔率在 35%～85%之间，孔的大小在 0.01～3 μm 的范围内，使水蒸气能通过，而液态水和灰尘不能通过。

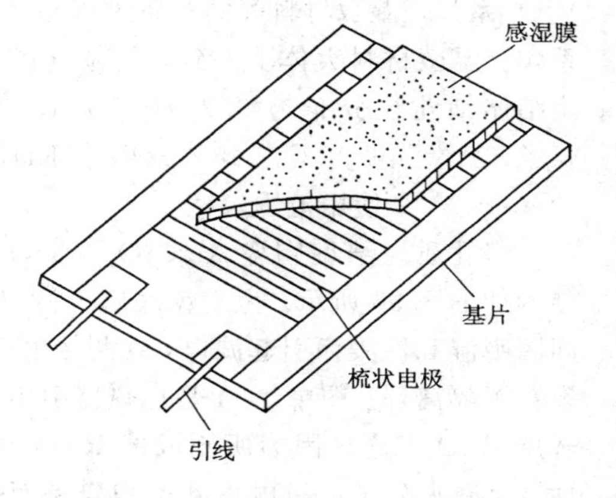

图 8.38　厚膜湿度传感器主体部分结构图

传感器的电阻值与温度、湿度的关系，在常温下，相对湿度大于 30%RH 时，电阻值小于 1 MΩ，当湿度从 30%RH 变化到 90%RH 时，电阻值约变化三个数量级。温度对电阻-湿度特性有影响，低湿时影响较大，相对湿度不变的情况下，随着温度升高，电阻值变小。

厚膜湿度传感器使用的湿敏陶瓷材料除 ZrO_2 系材料外，还有 $MnWO_4$ 系、$NiWO_4$ 系等。

厚膜湿度传感器由于阻值易调整，提高了产品的合格率；省掉贵重引线，使成本降低；

由于膜比较薄，响应时间大大地加快；烧结温度低，节省了大量的能源；厚膜工艺易于大批量生产，提高了生产效率；不需要进行热清洗，体积小，重量轻，互换性好和易于集成化，目前备受人们关注。

4）薄膜湿度传感器

薄膜湿度传感器的结构一般有两种形式，一种是在硼硅玻璃或蓝宝石衬底上沉积一层氧化物薄膜，然后在薄膜上再蒸发一对梳状电极；另一种是先在硼硅玻璃或蓝宝石衬底上，用真空蒸发方法制作下金电极，再用喷镀法或溅射法生成一层多孔质的氧化物薄膜，然后再在此薄膜上蒸发上金电极，为了让水蒸气顺利通过，金的厚度在 70 nm 左右。薄膜湿度传感器的结构如图 8.39 所示。

制作薄膜湿度传感器的主要薄膜材料是 Ta_2O_5 和 Al_2O_3。由于它们都具有很高的热稳定性和化学稳定性，因此用它们制成的湿度传感器能在很高的环境温度下工作。由于感湿膜很薄，响应时间很快(约 1～3 s)，特别适宜在高速湿度响应场合下使用。

薄膜湿度传感器的感湿特征量往往都采用电容量，由于纯水的介电常数比较大，当环境相对湿度增加时，薄膜湿度传感器所吸附的水分子增多，因而使电容量增大。图 8.40 是 Ta_2O_5 薄膜湿度传感器的电容—湿度特性。它具有正电容湿度系数。

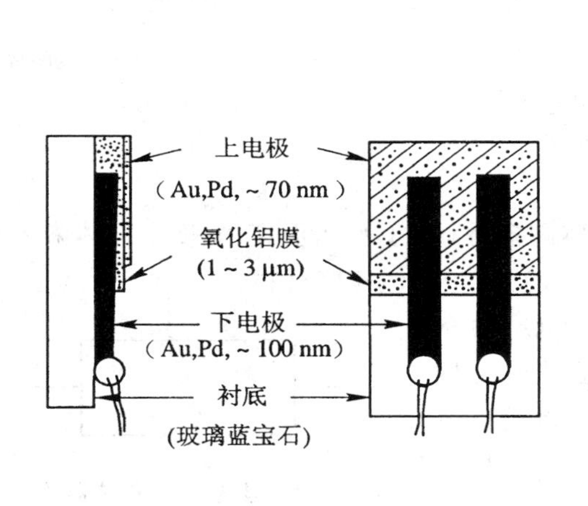

图 8.39 薄膜湿度传感器的结构

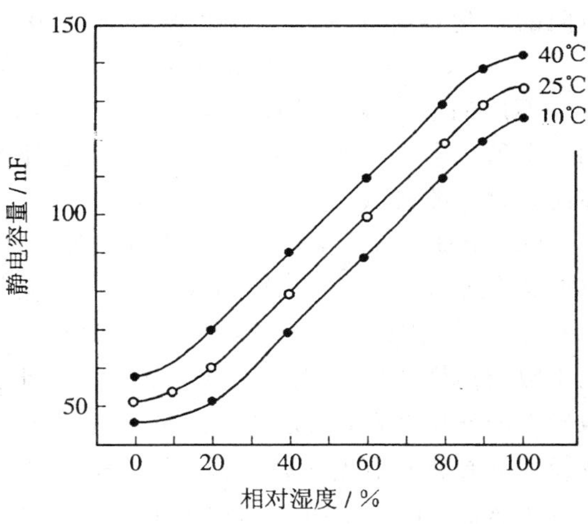

图 8.40 Ta_2O_5 薄膜湿度传感器的电容-湿度特性

3. 多功能半导体陶瓷湿度传感器

随着微机的普及，产业和家庭电器方面的自动控制技术发展迅速，这就要求研究和生产更方便的各种传感器，其中对能够同时检测湿度、温度和气体的多功能传感器的呼声尤其高，比如，冷暖空调机的温度和湿度的控制，干燥机的温度控制和水分的检测，电子灶的温度、湿度和各种气体的检测方面越来越多地要求使用这种多功能传感器。

目前，多功能传感器大部分是应用多个单一功能敏感器件的组合来检测所要求的每个物理量的。为了取代这种复杂的机构，目前正积极进行一个器件具有多功能的敏感器件的研究，其中之一就是同时能够检测湿度和气体的 $MgCr_2O_4-TiO_2$ 系多功能敏感器件和同时检测温度和湿度的 $BaTiO_3-SrTiO_3$ 系多功能敏感器件。

$MgCr_2O_4-TiO_2$ 系陶瓷传感器，如前所述，当工作温度低于 150℃时，具有良好的感湿特性，随着温度的增加，电阻值显著地下降，但在此温度之下，不易吸附各种有机气体，即对气体不敏感。当温度比较高(处于 300～550℃的高温)时，传感器丧失了对水蒸气的敏感特性，但在陶瓷晶粒表面对某些氧化还原气体产生化学吸附，改变了半导体陶瓷的表面态，从而引起陶瓷表面电导能力的改变。利用 $MgCr_2O_4-TiO_2$ 半导体陶瓷的这种性质研制成功了能够同时检测湿度和某些还原性气体的多功能湿度-气体半导体敏感器件。

$MgCr_2O_4-TiO_2$ 系多功能半导体陶瓷材料的导电性一般是空穴导电，在 300～550℃温度范围内对各种气体都较敏感。比如，在以氧气为首的氧化性气氛中这种陶瓷材料的电阻减少，而随着硫化氢、酒精、氢等还原性气体浓度的增加其电阻率增加。$MgCr_2O_4-TiO_2$ 系陶瓷高温气敏特性如图 8.41 所示。

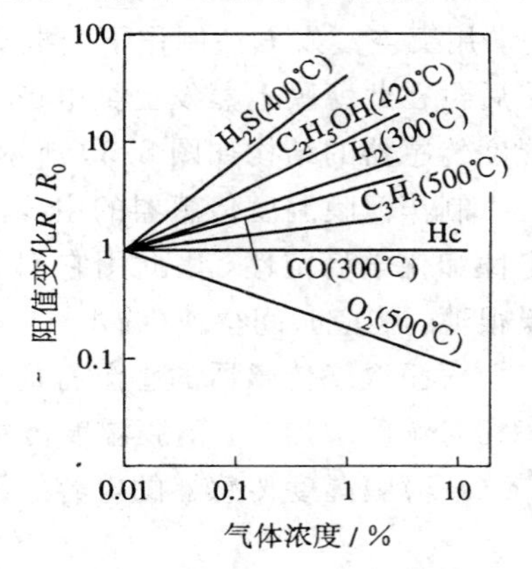

图 8.41　$MgCr_2O_4-TiO_2$ 系陶瓷高温气敏特性

当温度高于 550℃时，由于半导体陶瓷体内热生载流子浓度的增加，体电阻的变化影响了表面气体的吸附作用，也就是表面气体吸附的作用不占主导地位，而总电阻的变化主要是陶瓷材料的体电阻变化决定的。另外，在 300℃以下时，除了水蒸气以外，对其它气体的吸附并不影响这个陶瓷材料的电阻率变化。因此，可以只用一个器件来检测湿度和气体，这就是这种多功能半导体陶瓷材料的特点。

除上述的 $MgCr_2O_4-TiO_2$ 系多功能半导体陶瓷材料外，作为湿度-温度半导体陶瓷敏感材料有 $BaTiO_3-SrTiO_3$ 和 $Mn_3O_4-TiO_2$ 等多功能半导体陶瓷材料。

金属氧化物半导体陶瓷材料 $BaTiO_3-SrTiO_3$ 的介电常数与温度的依赖性是极其明显的，因此也就成为热敏器件的理想材料，通过掺入少量的 $MgCr_2O_4$ 以及利用陶瓷体本身所具有的多孔结构，就可制得多功能的湿度-温度传感器。这就是巧妙利用了半导体陶瓷材料的体单晶性质和表面性质而做的复合功能传感器。其等效电路如图 8.42 所示。其中 C 为在某一湿度下多孔质半导体陶瓷 $BaTiO_3-SrTiO_3$ 晶体的体电容，R 则为在某一湿度下该晶体晶粒表面的由吸附水分子而引起的电阻。如图 8.42 所示，如果测出电容和电阻的数据，那么，就可以分别求出温度和湿度。

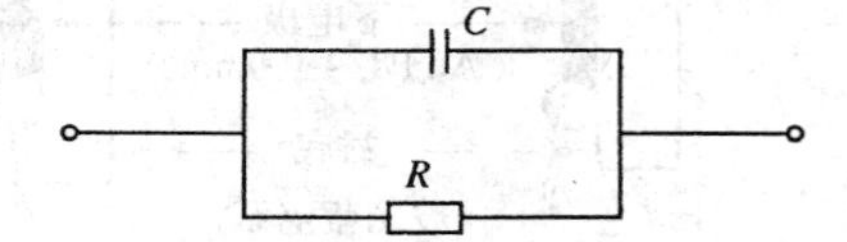

图 8.42　湿度-温度传感器的等效电路

4. MOSFET 湿敏器件

用半导体工艺制成的 MOS 型场效应管湿敏器件，由于是全固态湿敏传感器，有利于传感器的集成化和微型化，因此是一种很有前途和价值的湿度传感器。

图 8.43 表示 MOS 型场效应管湿敏器件的典型结构。从图中看出，这种湿敏器件是在 MOS 型场效应管的栅极上涂覆一层感湿薄膜，在感湿薄膜上增加另一电极而构成的新型湿敏器件。聚合物工艺适合于集成电路，目前聚合物湿敏材料已成功地制作在硅衬底上，并同其它的敏感器件和处理电路集成在同一基片上。聚合物湿敏材料具有机械强度高、耐高温等特点。在这种 MOSFET 湿敏器件的栅极上施加脉冲正电压时，经过一定时间后，正

电荷均匀分布在聚合物等感湿材料膜上，并在栅极绝缘层下面形成 N 沟道而开始流通漏电流。这时，环境的相对湿度的大小直接影响脉冲弛豫时间，也就是正电荷均匀分布在感湿膜上的时间随相对湿度而变化，因此，可以达到测量相对湿度的目的。

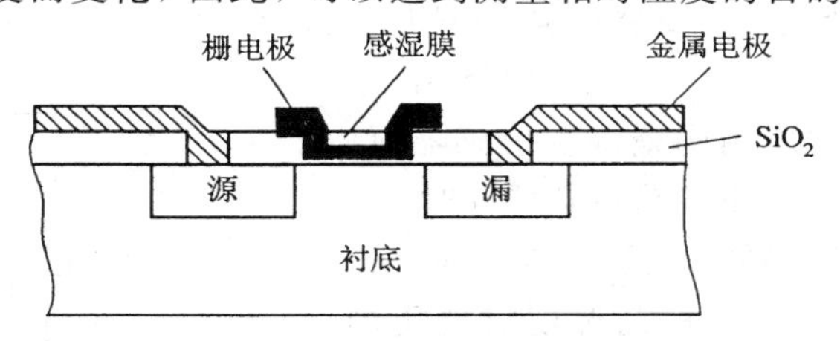

图 8.43　MOSFET 湿敏器件结构

5. 结型湿敏器件

利用肖特基结或 PN 结二极管的反向电流或者反向击穿电压随环境相对湿度的变化，可以制成一种结型湿度敏感器件。在结型湿度敏感器件中，二氧化锡湿敏二极管是比较有代表性的。

这种二极管是采用电阻率为 5 Ω · cm 的 N 型硅单晶材料制作的。制作过程为：将硅片置于通氧和水汽的、温度达 520℃左右的石英管道炉中，使其生成一层 SiO_2，再在 SiO_2 上淀积一层透明而又导电的 SnO_2 薄膜，最后在硅片的背面和 SnO_2 层上用真空镀膜方法制作金属 Al 电极。电极膜的厚度不宜太厚，以便 SnO_2 表面和空气中的水蒸气相接触，理想的厚度为 100 Å 左右。SnO_2 具有很好的导电性，因而这种结构的二极管可看做是一个肖特基结或异质结，具有整流特性。

上述二极管的结区直接暴露于环境气氛之中，结果发现，在二极管处于反向偏压状态时，在雪崩击穿区附近，其反向电流直接与环境的相对湿度有关，或者说，其反向击穿电压随环境相对湿度而改变，即使二极管具有了感湿特性。图 8.44 表示二氧化锡湿敏二极管的结构。图 8.45 为 SnO_2 湿敏二极管雪崩电流与相对湿度的关系。从图中看出，随着相对湿度增加，反向电流减少。这是由于当二极管置于待测湿度的环境中时，二极管的势垒部分处就会有水分吸附，耗尽层即向硅衬底扩展，从而提高了二极管的雪崩击穿电压。如果保持反向击穿电压不变，那么当环境相对湿度增加时，雪崩电流就减小，利用这种特性可测出相对湿度。

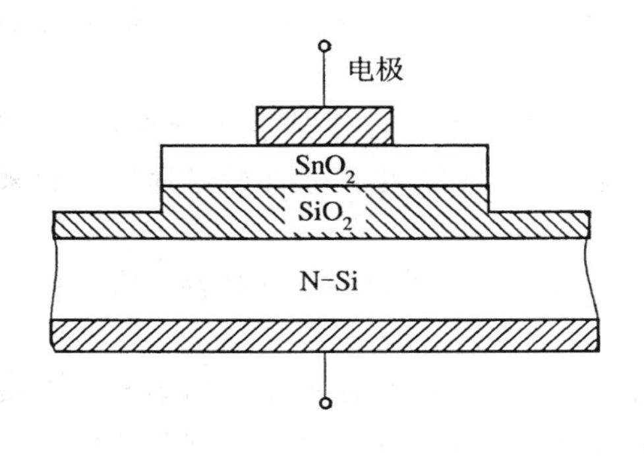

图 8.44　SnO_2 湿敏二极管的结构

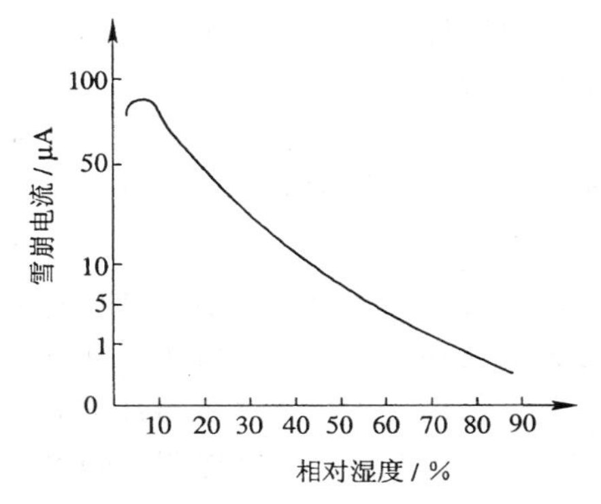

图 8.45　SnO_2 湿敏二极管雪崩电流与相对湿度关系

8.2.4　半导体陶瓷湿度传感器的检测精度

大部分半导体陶瓷湿度传感器是利用电阻值变化检测湿度的。这样在实际应用时可在很大程度上简化检测电路，在空调机、加湿器、除湿器等民用家电产品中应用陶瓷湿度传感器时，应当考虑其成本。因此，在研究传感器特性时，应当考虑检测电路的结构和精度，图 8.46 表示陶瓷湿度传感器在广泛湿度范围检测湿度时使用的电路。

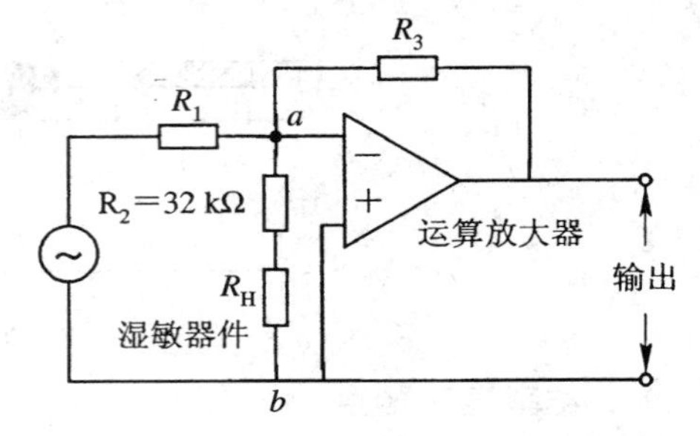

图 8.46　放大电路

通常的双极输入型运算放大器的差分输入阻抗值有从 100 kΩ 至 10 MΩ 左右的差异，但差分输入电容量则通常为 2～3 pF 左右。湿敏器件的电阻比运算放大器输入阻抗小很多时，对湿度的测量结果不会引起很大误差，但如果湿敏器件的电阻值不比运算放大器输入阻抗小很多时，必须更换高输入阻抗型运算放大器，否则，运算放大器输入阻抗会造成湿度的测量结果存在很大误差。因此，湿度敏感器件的电阻越小越有利。另外，如果湿敏器件(探头)和传感器的检测部分之间的距离较长时，应考虑导线的分布电容的影响，从这一点来说也是电阻小的湿敏器件对测试精度有利。

8.3　半导体气体传感器

随着科学技术的发展，工业生产规模逐渐扩大，在生产中使用的气体原料和生产过程中产生的气体种类和数量也在增加。这些气体物质中有些是易燃易爆的，有些是引起人们窒息、中毒的。它们泄露到空气中将严重地污染环境并可能诱发爆炸、火灾及使人中毒等事故的发生。

为了保证生产和生活的安全，防患于未然，就需要对各种可燃性气体、有毒性气体进行定量分析和检测。

目前已实用的检测气体的方法有很多种，比如，电化学方法、光学方法、电学方法等。其中电学方法中的半导体气敏器件因灵敏度好、价格低、制作简单、体积小等原因目前受到人们的重视。

所谓半导体气体传感器，是利用半导体气敏元件同气体接触，造成半导体性质变化，借此来检测特定气体的成分和浓度的传感器。它是 19 世纪 60 年代才开始迅速发展起来的新型功能器件。

目前已有几种半导体气敏器件得到应用，但气敏器件在重复性、选择性、稳定性及互换性等方面还存在不少急待解决的问题。

表 8.2 给出了半导体气敏器件的分类。从表中看出，目前研究和使用的半导体气敏器件大体上可分为电阻式和非电阻式两大类。电阻式又可分成表面电阻控制型和体电阻控制型。非电阻式又可分为利用表面电位的、二极管整流特性的和晶体管特性的三种。

表 8.2　半导体气敏器件的分类

所利用的特性		气敏器件例	工作温度	代表性被测气体
电阻型	表面电阻控制型	SnO_2、ZnO	室温～450℃	可燃性气体
	体电阻控制型	γ-Fe_2O_3 TiO_2	300～450 ℃ 700 ℃以上	乙醇、可燃性气体 O_2
非电阻型	表面电位	Ag_2O	室温	硫醇
	二极管整流特性	Pb-CdS	室温～200℃	H_2、CO、乙醇
	晶体管特性	Pd-MOSFET	150℃	H_2、H_2S

8.3.1　半导体电阻型气敏器件

适宜制作半导体气敏传感器的材料主要是氧化物。由于半导体材料的特殊性质，气体在半导体材料颗粒表面的吸附可导致材料载流子浓度发生相应的变化，从而改变半导体元件的电导率。由氧化物半导体粉末制成的气敏元件，具有很好的疏松性，有利于气体的吸附，因此其响应速度和灵敏度都较好。通常所指的氧化物半导体气敏传感器，就是由粉末状氧化物经烧结或沉积而制成的。

除氧化物半导体材料外，某些非氧化物半导体材料如 MoS_2、LaF_3 等的电导率在一定条件下也能对吸附有所响应。但是，由于半导体气敏传感器的理想工作温度通常要高达几百摄氏度，而 MoS_2 在高温下化学性质不稳定，LaF_3 在高温下有一定的挥发性，因此不适合制作高温条件下的气敏传感器。所以，从半导体气敏传感器的工作稳定性和可靠性方面考虑，一般采用氧化物半导体材料制作所需的气敏传感器。

氧化物半导体可分为 N 型和 P 型两类。最常用的氧化物气敏传感器材料是 N 型氧化物，如 SnO_2、ZnO 和 Fe_2O_3。这是因为当 N 型半导体材料暴露在纯净空气中时，空气中的氧气在其表面产生吸附，因而具有很高的阻值。此时当它一旦接触到还原性气体，其阻值随即降低，因此用其测量还原性气体的灵敏度很高，重现性也较好。在众多的 N 型氧化物材料中，最受重用的是化学性质相对稳定的 SnO_2；Fe_2O_3 材料应用也相当广，它可以制成一系列检测还原性气体的传感器；ZnO 材料的应用也较普遍，但其高温稳定性不如 SnO_2 和 Fe_2O_3。

1. 表面电阻控制型气敏器件

它是利用半导体表面因吸附气体引起半导体元件电阻值变化特性制成的一类传感器。多数是以可燃性气体为检测对象，但如果吸附能力很强，即使是非可燃性气体也能作为检测对象。这种类型的传感器，具有气体检测灵敏度高、响应速度比一般传感器快、实用价值大等优点。

表面电阻控制型半导体气敏器件的工作原理，主要是靠表面电导率变化的信息来检验被接触气体分子。因此，要求做这种器件的半导体材料的体内电导率一定要小，这样才能提高气敏器件的灵敏度。基于这个原因，一般用禁带宽度比较大的半导体材料来制备气敏器件。

由于金属和氧分子之间的电负性相差很大，所以一般金属氧化物半导体材料的禁带宽度较大(如 SnO_2、N 型 3.5 eV；ZnO、N 型 3.2 eV)，因此它们的本征载流子浓度很小。

从目前制造的表面电阻控制型气敏器件的结构来看，大体有烧结型、薄膜型(包括多层薄膜型)和利用烧结体材料做出的厚膜型(包括混合厚膜型)结构。由于薄膜型气敏器件的表面积很大，表面电导率的变化对整个器件电导率的变化贡献很大，所以它的灵敏度较高。薄膜型气敏元件还具有一致性好、稳定性高、寿命长等优点，适于批量生产，且成本低，是一种很有发展前景的气敏元件。对于烧结型气敏器件来说，常常是多孔质的结构，因此，不仅表面部分吸附气体分子，多孔质内部也吸附气体分子，所以响应速度比较慢。烧结型气敏器件因组分和烧结条件不同，传感器性能也各异。一般说来，空隙率越大的敏感器件，其响应速度越快。

薄膜型气敏元件的制作通常是以石英或陶瓷为绝缘基片，在基片的一面印上加热元件，如 RuO_2 厚膜。在基片的另一面镀上测量电极及氧化物半导体薄膜。在绝缘基片上制作薄膜的方法很多，包括真空溅射、先蒸镀后氧化、化学气相沉积、喷雾热解等。

烧结型气敏元件的制作是以多孔质 SnO_2、ZnO 等氧化物为基体材料，添加不同物质，采用传统制陶方法进行烧结，形成晶粒集合体。根据加热元件位置可分为直热式和旁热式两种，直热式传感器是将加热元件与测量电极一同烧结在氧化物材料及催化添加剂的混合体内，加热元件直接对氧化物敏感元件加热。旁热式传感器是采用陶瓷管作为基底，将加热元件装入陶瓷管内，而测量电极、氧化物材料及催化添加剂则烧结在陶瓷管的外壁。加热元件经陶瓷管壁均匀地对氧化物敏感元件加热。

厚膜型气敏元件是将 SnO_2、ZnO 等氧化物材料与 3%～15%(重量)的硅凝胶混合，并加入适量的催化剂制成糊状物，然后将该糊状混合物印刷到事先安装有铂电极和加热元件的 Al_2O_3 基片上，待自然干燥后置于 400～800℃中烧结制成。其不仅机械强度高，各传感器间的重复性好，适合于大批量生产，而且生产工艺简单，成本低。

以上三类气敏器件都附有加热器。它能使附着在探测部分的油污、尘埃等烧掉，同时加速气体的吸附，从而提高了器件的灵敏度和响应速度。一般加热到 200～400℃，具体温度视所掺杂质不同而异。

用金属氧化物半导体 SnO_2、ZnO 等材料制作的气敏器件对 H_2、碳氢化合物等气体很灵敏。为了提高识别不同气体分子的能力，掺入适当的物质作为催化剂来制备不同用途的气敏器件。例如，在 SnO_2 系中添加 ThO_2，在 ZnO 中掺入 Pd 时，这些气敏器件对 CO、H_2 的灵敏度很高，但对碳氢化合物的灵敏度很低。如果在 ZnO 中掺入 Pt，则只能对碳氢化合物具有很高的灵敏度。这是由于在不掺催化剂时，吸附的氧与被检测气体直接进行反应，而掺入催化剂时，由于催化作用而促进表面反应，因此，适当的催化剂在表面和晶粒结合部分的存在对烧结型气敏器件是非常重要的。

用金属氧化物半导体 SnO_2、ZnO 等材料制作的表面电阻控制型气体传感器，为了加快气体分子在表面上的吸附作用，将器件加热到 150℃以上的温度下工作。

图 8.47 给出了几种表面电阻控制型气体传感器的结构，图 8.48 给出了氧化锡气敏传感器阻值与被测气体浓度的关系。

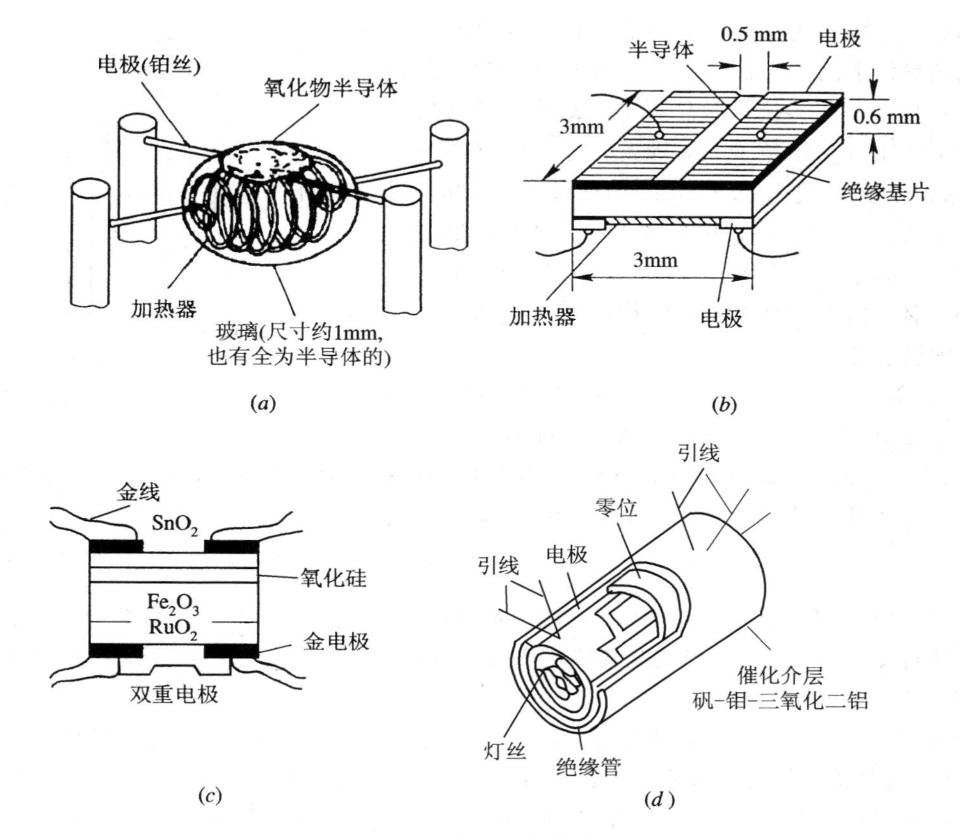

图 8.47　表面电阻控制型气体传感器的结构

(*a*) 烧结型；(*b*) 薄膜型；(*c*) 厚膜型；(*d*) 多层结构型

气敏器件的阻值 R 与空气中被测气体的浓度 C 成对数关系变化：

$$\lg R = m \lg C + n \tag{8.27}$$

式中，n 与气体检测灵敏度有关，除了随传感器材料和气体种类不同而变化外，还会由于测量温度和激活剂的不同而发生大幅度的变化。m 是随气体浓度而变化的传感器灵敏度(也称为气体分离度)，对于可燃性气体，$1/3 \leqslant m \leqslant 1/2$。

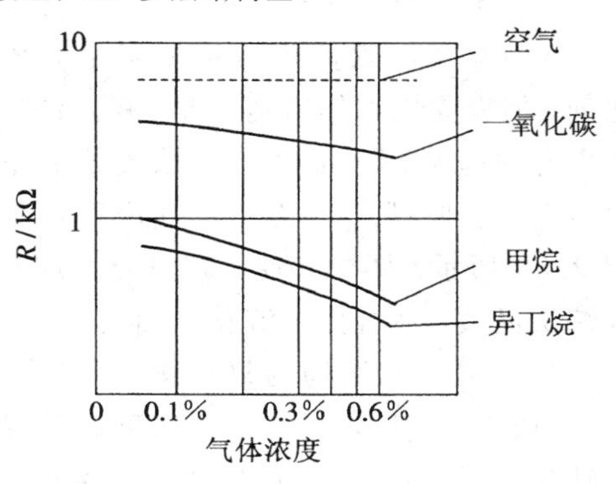

图 8.48　氧化锡气敏传感器阻值与被测气体浓度的关系

2. 体电阻控制型气敏器件

除了表面电阻控制型半导体气敏器件之外，目前还有体电阻控制型半导体气敏器件。

体电阻控制型半导体气敏器件与被检测气体接触时，引起器件体电阻改变的原因比较多。对热敏型气敏器件而言，在 600～900℃下，在半导体表面吸附可燃性气体时，由于这类器件的工作温度比较高，被吸附气体燃烧使器件的温度进一步升高，因此，半导体的体电阻发生变化。

还有一种原因是，由于添加物和吸附气体分子在半导体能带中形成新能级的同时，母体中生成晶格缺陷，结果引起半导体的体电阻发生变化。

另外，很多氧化物半导体，由于化学计量比的偏离，尤其是化学反应强而且容易还原的氧化物，在比较低的温度下与气体接触时晶体中的结构缺陷就发生变化，继之体电阻发生变化，因此，可以检测各种气体。比如，目前常使用的 $\gamma-Fe_2O_3$ 气敏器件，其结构如图 8.49 所示。它是将研磨好的 Fe_3O_4 粉末压制成圆柱形管芯，直径和长度均为 2 mm，在 700～800℃烧结成烧结体，内部装有测定电阻用的金或铂制作的电极，外围设有螺旋状加热器，再在 350～400℃下氧化成 $\gamma-Fe_2O_3$，并焊接在基座上，经初测后，封装上不锈钢防暴罩即成。当它与气体接触时，随着气体浓度增加形成 Fe^{+2} 离子，而变成为 Fe_3O_4，使器件的体电阻下降。也就是说，由 $\gamma-Fe_2O_3$ 被还原成 Fe_3O_4 时形成 Fe^{+2} 离子。它们之间的还原—氧化反应为：

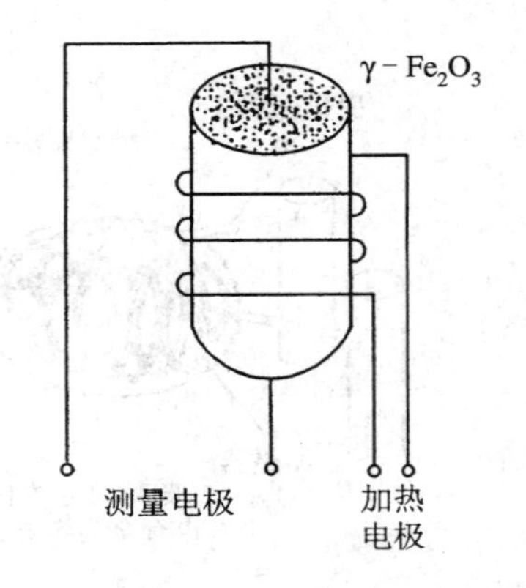

图 8.49　$\gamma-Fe_2O_3$ 气敏器件结构

$$\gamma-Fe_2O_3 \underset{\text{氧化}}{\overset{\text{还原}}{\Leftrightarrow}} Fe_3O_4 \tag{8.28}$$

$\gamma-Fe_2O_3$ 和 Fe_3O_4 都属于尖晶石结构的晶体，进行这种转变时，晶体结构并不发生变化。这种转变又是可逆的。当被测气体脱离后又氧化而恢复原状态。这就是 $\gamma-Fe_2O_3$ 气敏器件的工作原理。

当温度过高(400～420℃)时，$\gamma-Fe_2O_3$ 向 $\alpha-Fe_2O_3$(刚玉)转化失去敏感性，这是 $\gamma-Fe_2O_3$ 气体传感器的失效机理。把 $\alpha-Fe_2O_3$ 的晶粒微细化(粒度为 0.1 μm，比表面面积为 130 m^2/g)和提高空隙率，可提高这种传感器的气体检测灵敏度。

$\gamma-Fe_2O_3$ 对丙烷等很灵敏，但对甲烷不灵敏，而 $\alpha-Fe_2O_3$ 对甲烷和异丁烷都非常灵敏，对水蒸气及乙醇都不灵敏，因此做家庭用报警器特别合适。

Fe_2O_3 类气敏传感器不用贵金属催化剂，但也要用加热措施，通常在元件外部由电热丝烘烤。接触还原性气体后电阻值下降。典型三氧化二铁气敏特性如图 8.50 所示。图中表明：它对异丁烷和丙烷很灵敏，适合探测液化石油气。

又如尖晶石结构的氧化物 ABO_3 的 A、B 或者 O 任何一个缺少都可产生晶格缺陷。以 $Ln_{1-x}Sr_xCoO_3$(Ln 为镧系元素)为例来看，加热到 800℃以上时放出大量的氧而形成氧空位以改变器件的体电阻。

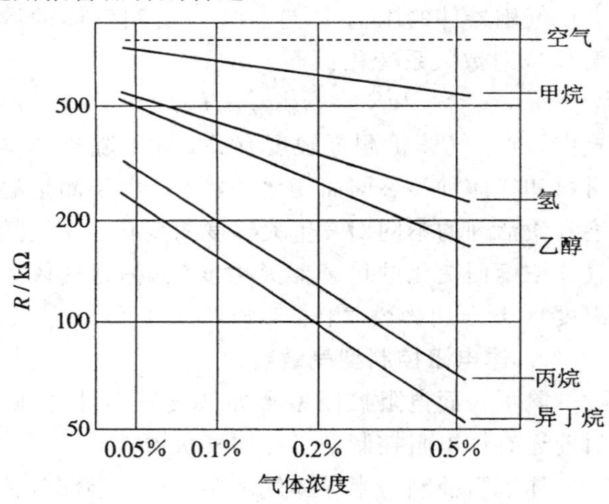

图 8.50　Fe_2O_3 气敏特性

当然还会有种种新的更合理的电阻型半导体气敏器件工作原理被揭示，但一般来说，不论哪一种原理，都离不开这样一个事实，即表面电阻和体电阻控制型半导体气敏器件是利用器件表面与吸附气体分子的作用，使金属氧化物半导体的电导率发生变化。

8.3.2 非电阻控制型半导体气敏器件

除了上述的表面电阻和体电阻控制型半导体气敏器件之外，目前利用金属半导体接触肖特基势垒的伏安特性以及金属氧化物半导体场效应管(MOSFET)的阈值电压等特性研制非电阻控制型半导体气敏器件。这类器件虽然还未广泛应用，但由于可以利用半导体平面工艺，能做出小型、集成化、重复性、互换性和稳定性都很好的半导体气敏器件，所以目前很受重视。

1. 肖特基二极管气敏器件

当金属和半导体接触形成肖特基势垒时构成金属半导体二极管。在这种金属半导体二极管中附加正偏压时，从半导体流向金属的电子流将增加；如果附加负偏压时，从金属流向半导体的电子流几乎没有变化，这种现象称为二极管的整流作用。

当在金属和半导体界面处附近有气体时，这些气体对半导体的能带或者金属的功函数都将产生影响，其整流特性将发生变化。根据这个原理可以制作气敏器件。在掺 In 的 CdS 片上蒸发一层 Pd 薄膜(厚为 80 nm)而做成 Pd－CdS 的二极管气敏器件能检测 H_2。后来陆续做出了 Pd－TiO_2、PdZnO、Pt－TiO_2 等二极管气敏器件，用它们来检测 H_2。图 8.51 表示 Pd－TiO_2 二极管气敏器件的整流特性与 H_2 浓度的关系。图中，空气中 H_2 浓度为($\times 10^{-6}$)：a：0、b：14、c：140、d：1400、e：7150、f：10000、g：15000。可以看出，随着 H_2 浓度的增加正向电流也急剧增加。因此，在一定偏压下由电流值可以确定 H_2 的浓度。电流值之所以增大，是因为 Pd 表面吸附的氧分子被 H_2 消耗而肖特基势垒下降，正向电流增加。最近又制作了 Au－TiO_2 二极管气敏器件，它可以检测硅烷(SiH_4)。

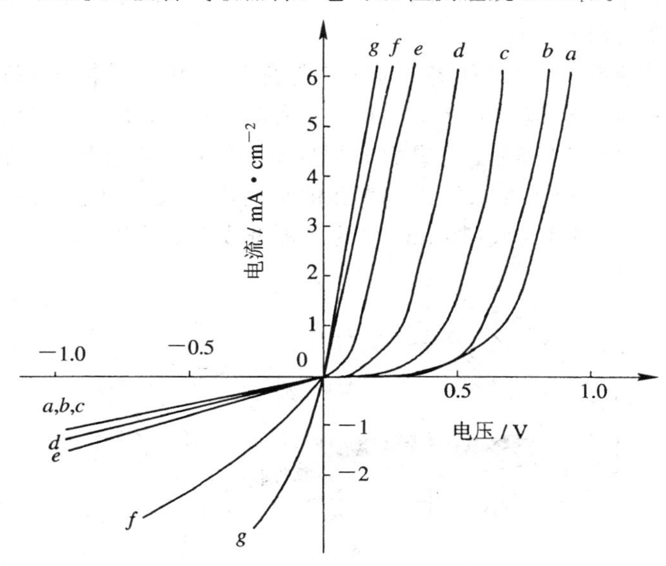

图 8.51　Pd－TiO_2 二极管的 V－I 特性(25℃)

2. MOS 二极管气敏器件

最近，正在研究用 MOS 二极管的电容-电压关系($C-V$ 特性)来检测气体的敏感器件。图 8.52 表示这种气敏器件的结构。栅电极用 Pd 或 Pt 薄膜(厚为 30～200 nm)形成，SiO_2

层厚度为 50～100 nm 左右。图 8.53 表示这种气敏器件 $C-V$ 特性的测试例子。在氢气中的 $C-V$ 特性比在空气中的向左移动。这是因为无偏置的情况下，由于 H_2 在 Pd-SiO_2 界面的吸附，使 Pd 的功函数下降的缘故。由于 H_2 浓度不同，$C-V$ 特性向左移动的程度不同，利用这种关系检测氢的浓度。这种 Pd-MOS 二极管气敏器件除了 H_2 以外，还对 CO 及丁烷也具有灵敏性。

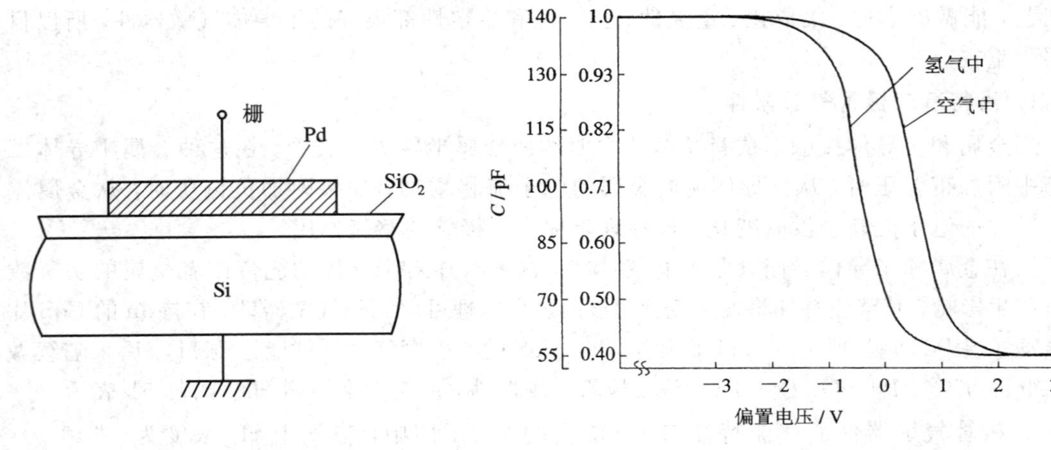

图 8.52　Pd-MOS 二极管　　　图 8.53　Pd-MOS 二极管的 $C-V$ 特性

3. MOSFET 气敏器件原理

MOSFET 金属-氧化物-半导体场效应气敏器件具有产品一致性好、体积小、重量轻、可靠性高、气体识别能力强、便于大批量生产、与半导体集成电路有较好的工艺相容性等许多优点，日益受到人们的重视。

MOSFET 金属-氧化物-半导体场效应气敏器件是利用半导体表面效应制成的一种电压控制型元件，可分为 N 沟道和 P 沟道两种，N 沟道 MOSFET 金属-氧化物-半导体场效应气敏器件的结构如图 8.54 所示。它是由 P 型硅半导体衬底，两个间隔很近(约 10 μm)的 N 区、二氧化硅绝缘层及覆盖在二氧化硅表面的金属栅组成。SiO_2 层厚度比普通的 MOS 场效应管薄 10 nm。并用 Pd 薄膜(10 nm)作为栅极做成 Pd-MOSFET 气敏器件。

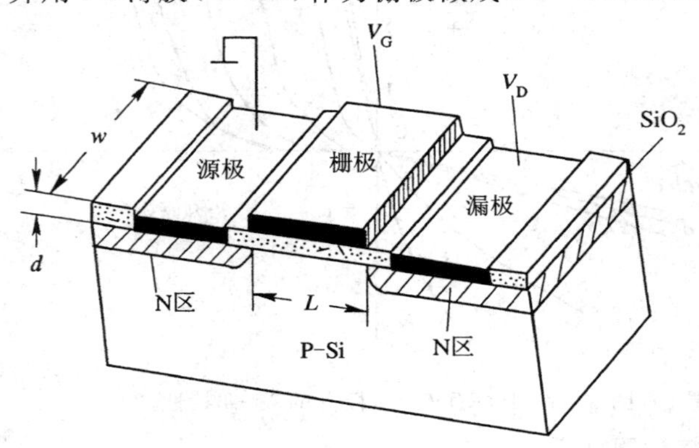

图 8.54　Pd-MOSFET 器件结构

在 MOSFET 中漏电流 I_d 由栅偏压控制。栅电极与漏电极短路，并在源极和漏极之间加电压 U 时，漏电流 I_d 为

$$I_d = \beta(U - U_T)^2 \tag{8.29}$$

其中，β 为常数，U_T 为阈值电压(能产生 I_d 电流的最小偏压)。Pd－MOSFET 气敏器件中，U_T 随着空气中 H_2 浓度的增加而下降，利用这种关系可检测 H_2 浓度。U_T 的下降原因认为是在 Pd 上 H_2 解离产生的氢原子通过 Pd 金属到达 Pd 和 SiO_2 界面处，并在这里极化而降低 Pd 的功函数。Pd－MOSFET 气敏器件不仅用于 H_2，也可用于 NH_3 等容易分解 H_2 的气体检测方面。为了加快响应速度，器件的工作温度为 120～150℃左右。对于利用硅材料的 MOSFET 来说，这个温度对它的长期稳定性和寿命有影响。这是一个值得研究解决的问题。

8.3.3　半导体气敏传感器的气敏选择性

选择性是检验化学传感器是否具有实用价值的重要尺度。欲从复杂的气体混合物中识别出某种气体，就要求该传感器具有很好的选择性。由前述可知，氧化物半导体气敏传感器的敏感对象主要是还原性气体，如 CO、H_2、甲烷、甲醇、乙醇等。为了能有效地将这些性质相似的还原性气体彼此区分开，达到有选择地检测其中某单一气体的目的，必须通过改变传感器的外在使用条件和材料的物理及化学性质来实现。

由于各种还原性气体的最佳氧化温度不同，因此首先可以通过改变氧化物传感器的工作温度来提高其对某种气体的选择性。例如，在某些催化剂如 Pd 的作用下，CO 的氧化温度要比一般碳氢化合物低得多，因此，在低温条件下使用可提高对 CO 气体的选择性。

上述 SnO_2 传感器在低温条件下不但对乙醇很敏感，对 CO 和 H_2 也很敏感，因此，仅通过改变传感器工作温度所能达到的气敏选择性是有限的。必须消除混合气体中欲单独检测气体以外气体的干扰。其中一个很有效的措施是通过使用某种物理的或化学的过滤膜，使单一气体能通过该膜到达氧化物半导体表面，而拒绝其它气体通过，从而达到选择性检测气体的目的。如石墨过滤膜，涂在厚膜氧化物传感器表面可以消除氧化性气体(如 NO_x)对传感器信号的影响。

提高传感器气敏选择性的最有效、最常用的手段是利用某些催化剂能有选择性地对被测气体进行催化氧化的原理来实现。通过选择合适的催化添加剂，可使由同一种基本氧化物材料制成的气敏传感器具有检测多种不同气体的能力。

在 MOS 元件的金属栅表面添加某种气敏膜，也可以提高 MOSFET 传感器对特定气体的灵敏度。例如，在 Pt－GaAs 肖特基二极管的 Pt 栅表面添加一层非晶态聚酰亚胺，可以提高其对 NH_3 的灵敏度；在 SiO_2－Si 肖特基二极管的 Pd－SiO_2 界面引入 LB(Langmuir－Blodgett)法制备的硬脂酸膜，可提高其对 H_2 的灵敏度。

一种基于互补增强和互补反馈原理的新型气体传感器可使灵敏度和选择性倍增。这种新型传感器可由两种相同导电类型的敏感体 N＋N 或 P＋P 组成，也可由两种不同导电类型的敏感体 P＋N(P 型在上，N 型在下)或 N＋P 组成。P＋N 型和 N＋P 型元件性能相似，可以根据检测气体和结构的难易程度选择合适的结构。理论分析表明，当构成气体传感器的两个敏感体满足一定条件时，P＋N 型气体传感器的灵敏度可大于常规结构传感器灵敏度。气体传感器的灵敏度与构成它的两个敏感体的灵敏度之积有关，故可使气体传感器的灵敏度得到互补，从而实现对多种气体的高灵敏度的检测；P＋N 型气体传感器的两个敏感体对气体都具有一定选择性时，可实现 P＋N 型气体传感器选择性倍增。在满足一定条件时，传感器的选择性等于两个敏感体选择性的乘积；当构成 P＋N 型气体传感器的两个敏感体满足一定条件时，可提高器件的热稳定性和减小零点漂移，或在较大的自由度下，使其热稳定性比常规结构气体传感器的好。此外还可提高器件的抗湿能力。

8.3.4 纳米技术在半导体陶瓷气体传感器中的应用

纳米技术是一门在纳米空间(0.1～100 nm)内研究电子、原子和分子运动规律及特性，通过操作单原子、分子和原子团、分子团，以制造具有特定功能的材料或器件为最终目的的一门技术。半导体陶瓷气体传感器具有灵敏度高、结构简单、价格便宜等优点，得到了迅速发展，有相当数量的产品，至今已成为一大体系。但这类传感器存在着选择性差、精度低和稳定性不高等问题，妨碍了它的应用。过去通过掺杂催化剂、控制工作温度、利用过滤分子筛等手段，取得了相当大的成功，但终究没有彻底解决这些问题。纳米技术在半导体陶瓷气体传感器中的应用，给这类传感器带来了希望，并取得了极大的进步。

纳米材料有两大效应，一是粒子尺寸降到小于电子平均自由程时，能级分裂显著，这就是量子尺寸效应。另一个显著效应是表面效应，颗粒细化到一定的程度(100 nm 以内)后，粒子表面上的原子所占的比例急剧增大，也即表面体积比增大，当这些表面原子数量增加到一定程度，材料的性能更多地由表面原子，而不是由材料内部晶格中的原子决定，使之氧化还原能力增强，自身的催化活性更加活泼。大量存在晶粒界面缺陷，对材料性质有决定性作用。而且，粒子进一步细化，而使粒子内部发生位错和滑移，所以纳米材料的性能多由晶粒界面和位错等表面缺陷所控制，从而产生材料表面异常活性。

前述表面电阻控制型气敏器件它的机理是器件中的敏感体表面在正常大气环境中，吸附大气中的活性气体氧气(O_2)，以 O_2^-、O_2^{2-} 等吸附氧形式塞积在晶粒间的晶界处，造成高势垒状态，阻挡载流子运动，使半导体器件处于高电阻状态。当遇到还原性气体如 H_2、CO、烷类可燃性气体时，与吸附氧发生微氧化一还原反应，降低了吸附氧的体积分数，降低了势垒高度，从而推动载流子运动，使半导体器件的电阻减少，达到检测气体的目的。器件的表面活性越高，这种微反应也就越激烈，器件的灵敏度、选择性也越好，这与纳米技术具有高活性的表面效应是相对应的。体电阻控制型气敏器件的机理为材料的内部原子也参与被检测气体的电子交换反应，而使之价态发生可逆的变化，所以粒子的尺寸越小，参与这种反应的数量和能量也越大，产生的气敏特性也就越显著，这种机理与纳米技术具有量子尺寸效应也是相适应的。

纳米粉体可采用先进的固相法、液相法、气相法以及涉及三种方法的复合相制法，制备出 10～100 nm 的纳米气敏材料。器件的制作工艺过程中，必须严格控制工艺条件和工艺方法，才能保证材料一直处于纳米量级，纳米材料的优异特性才能在器件中发挥出来，特别是成型和烧结等关键工艺。如在粉体成型中，用于造粒和调制成糊的粘合剂决不能使用 SiO_2、Al_2O_3 等无机粘合剂，避免非纳米颗粒及杂质的引入，影响纯度，最好采用松油醇、聚乙烯醇等有机粘和剂，不仅粘度大，固液混合均匀，保证器件的一致性，而且，在烧结中易挥发，不参与器件组成，避免了杂质的引入。

8.3.5 半导体气体传感器的应用

半导体气敏器件由于灵敏度高、响应时间和恢复时间短、使用寿命长、成本低，而得到了广泛的应用。目前，应用最广的是烧结型气敏器件，主要是 SnO_2、ZnO、$\nu-Fe_2O_3$ 等半导体气敏器件。近年来薄膜型和厚膜型气敏器件也逐渐开始实用化。上述气敏器件主要用于检测可燃性气体、易燃或可燃性液体蒸汽。金属-氧化物-半导体场效应晶体管型气敏器件在选择性检测气体方面也得到了应用，如钯栅 MOSFET 管作为检测氢气气敏器件也逐渐走向实用化。一些特殊的气敏器件，比如 ZrO_2 系半导体气敏器件作为氧敏器件广泛应用于汽车发动机排气中氧含量的检测方面及炼钢炉铁水中氧含量的检测方面。

1. 廉价家用气体报警器

烧结型 SnO_2 气敏器件基本测试电路如图 8.55 所示。

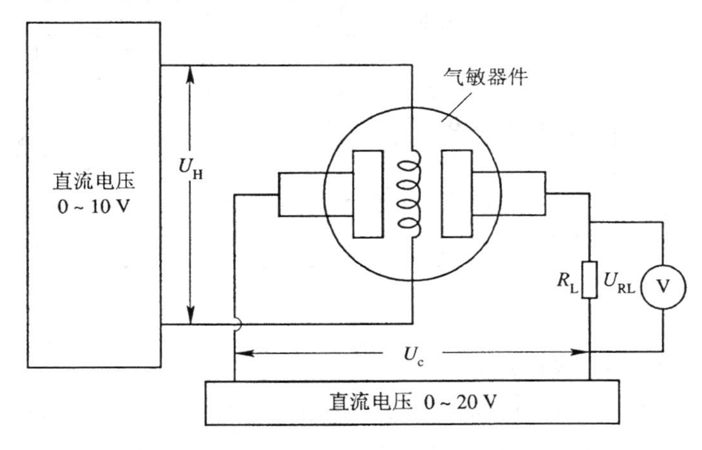

图 8.55　气敏器件测试电路

这是采用直流电压的测试方法。图中的 0～10 V 直流电源为半导体气敏器件的加热器电源，0～20 V 直流电源则提供测量回路电压 U_c。R_L 为负载电阻兼作电压取样电阻。从测量回路可得到回路电流 I_c 为

$$I_c = \frac{U_c}{R_s + R_L} \tag{8.30}$$

式中，R_s 为气敏器件电阻。另外，负载压降 U_{R_L} 为

$$U_{R_L} = I_c R_L = \frac{U_c}{R_s + R_L} R_L \tag{8.31}$$

从式(8.31)可得气敏器件电阻 R_s，即

$$R_s = \frac{U_c - U_{R_L}}{U_{R_L}} R_L \tag{8.32}$$

这就是说，在空气中或者在某一气体浓度下，半导体气敏器件的电阻 R_s 可由式(8.32)计算。同时，由于半导体气敏器件和某气体相互作用后器件的 R_s 发生变化时，U_{R_L} 也相应地发生变化，这就是能够知道有无某种气体的情况及数量的大小，也就是达到检测某种气体的目的。

图 8.56 表示新型半导体气敏器件 QM－N6 型半导体气敏器件的特征。

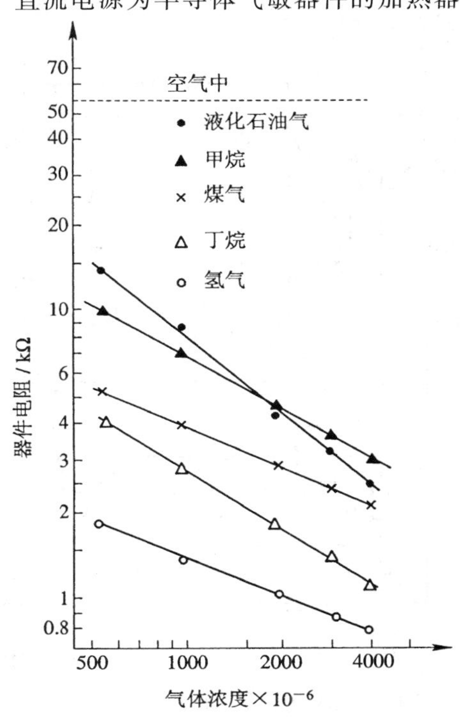

图 8.56　QM－N6 灵敏度特性

图 8.57 是利用 QM－N6 型半导体气敏器件设计的简单而且廉价的家用气体报警器电路图。这种测量回路能承受较高交流电压，因此，可直接由市电供电，不加复杂的放大电路，就能驱动蜂鸣器等来报警。这种报警器的工作原理是：蜂鸣器与气敏器件构成了简单串联电路，当气敏器件接触到泄漏气体（如煤气、液化石油气）时，其阻值降低，回路电流增大，达到报警点时蜂鸣器便发出警报。

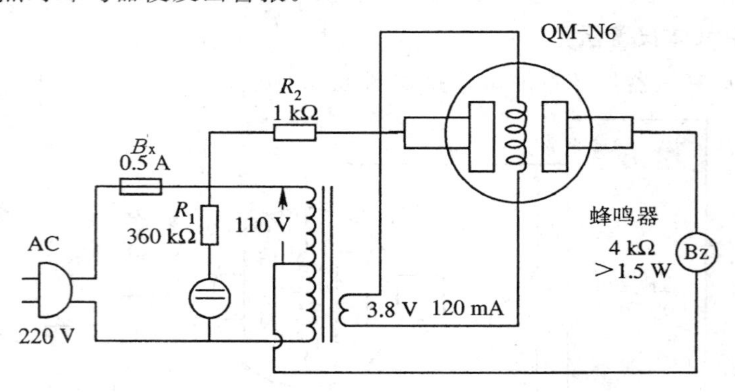

图 8.57 家用报警器电路图

2. 家用煤气（CO）安全报警电路

图 8.58 是家用煤气（CO）安全报警电路，该电路由两部分组成。一部分是煤气报警器，在煤气浓度达到危险界限前发出警报。另一部分是开放式负离子发生器，其作用是自动产生空气负离子，使煤气中主要有害成分一氧化碳与空气负离子中的臭氧（O_3）反应，生成对人体无害的二氧化碳。

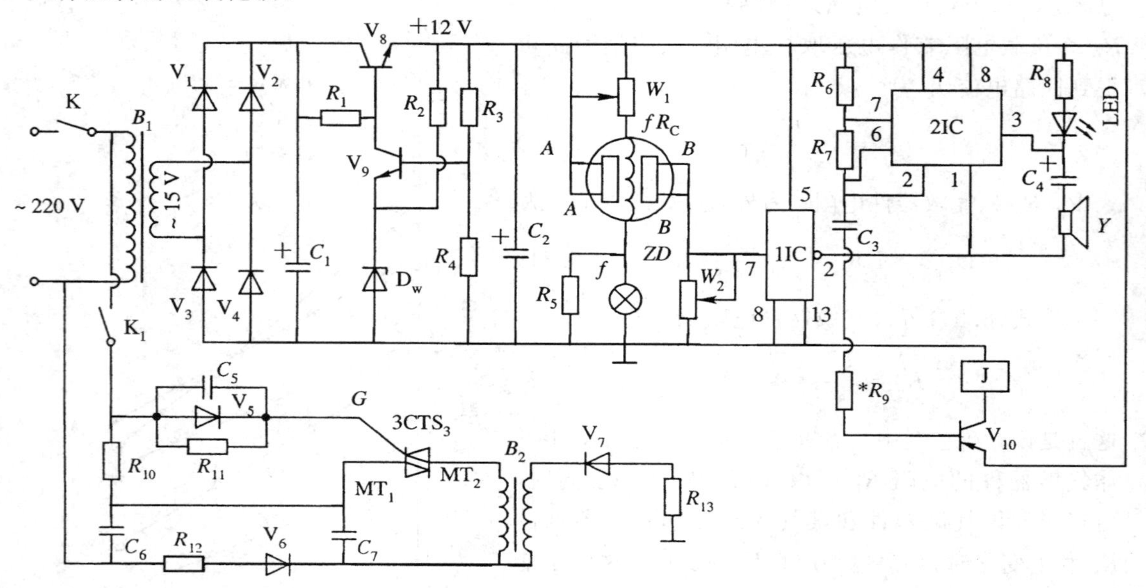

图 8.58 家用煤气（CO）安全报警器原理图

煤气报警电路包括电源电路、气敏探测电路、电子开关电路和声光报警电路。开放式空气负离子发生器电路由 R_{10}～R_{13}、C_5～C_7、V_5～V_7、$3CTS_3$ 及 B_2 等组成。这种负离子发生器，由于元件少，结构简单，通常无须特别调试即能正常工作。减小 R_{12} 的阻值，可使负离子浓度增加。

8.4　半导体磁敏传感器

半导体磁敏传感器是指电参数按一定规律随磁性量变化的传感器，常用的磁敏传感器有霍尔传感器和磁敏电阻传感器。除此之外还有磁敏二极管、磁敏晶体管等。磁敏器件是利用磁场工作的，因此可以通过非接触方式检验。非接触方式可以保证寿命长、可靠性高。

半导体磁敏器件的特点是：从直流到高频，比如数十吉赫，其特性完全一样，也就是完全不存在频率关系。这是因为半导体中电子的运动受磁场的影响，以电特性的变化来表现的。在磁敏器件的主要材料半导体中，电子的运动速度非常快，足以跟上频率的变化。半导体磁敏器件产生与磁场强度成比例的电动势，它不仅能够测量动磁场，也能把静止的磁场变换成电信号。如用线圈探测静磁场时，只要线圈相对磁场运动就可以测出静止的磁场强度。并且可以发挥半导体固有的共同特点，也就是能够使器件小型化和集成化。目前利用半导体可以做成很微型的磁敏器件，现在有的半导体磁敏器件其工作面积只有 $2\ \mu m \times 2\ \mu m$，但是，不因面积小而降低它的灵敏度。除了半导体材料以外，其它材料是很难做到这样的微型磁敏器件的。另外，对集成化的磁敏器件来说，它可以做成一维和二维集成化的半导体磁敏器件。这种集成化的半导体磁敏器件与硅等集成电路的接口也非常方便。

利用磁场作为媒介可以检测很多物理量，例如：位移、振动、力、转速、加速度、流量、电流、电功率等。它不仅可以实现非接触测量，并且不从磁场中获取能量。在很多情况下，可采用永久磁铁来产生磁场，不需要附加能量，因此，这一类传感器获得极为广泛的应用。

8.4.1　磁敏器件的工作原理

当我们制备各种磁敏器件时，首先要了解和研究与磁学量有关的各种现象。磁现象和电现象不同，它的特点之一是磁荷(Magnetic Charge)不单独存在，必须是 NS 成对存在(电荷则不然，正电荷和负电荷可以单独存在)，并且在闭区间表面全部磁束(磁力线)的进出总和必等于零，也就是 $\mathrm{div}\,\boldsymbol{B}=0$。磁感应强度、电场强度、力三者的关系可由如下公式表示：

$$\boldsymbol{F}=e(\boldsymbol{E}+\boldsymbol{v}\times\boldsymbol{B}) \tag{8.33}$$

这个公式表示运动电荷 e 从电场 $\boldsymbol{E}$ 受到的力和磁场(磁感应强度 $\boldsymbol{B}$)存在时电流 $e\boldsymbol{v}$($\boldsymbol{v}$ 为电荷速度)所受到的力，其中第二项称为劳伦兹力。与这个劳伦兹力相抗衡而产生的相反方向的电动势就是霍尔电压。

由电感 L 和电流 I 产生的磁束 Φ 之间有如下关系：

$$\Phi = LI \tag{8.34}$$

当磁束有变化时，在与其相交的电路中将产生电动势

$$E=-\left(\frac{\mathrm{d}\Phi}{\mathrm{d}t}\right)\propto-\left(\frac{\mathrm{d}B}{\mathrm{d}t}\right) \tag{8.35}$$

从前检测磁学量中所利用的现象几乎都是式(8.33)中的劳伦兹力或者式(8.35)中的电磁感应现象。作为最新技术研究的磁度盘、磁泡的检测等也是利用上述现象。下面分别介

绍与磁场有关的各种敏感器件。

8.4.2 半导体磁敏器件

1. 霍尔器件及其特性

1）霍尔器件

霍尔效应是导电材料中的电流与磁场相互作用而产生电动势的物理效应。图 8.59 为霍尔效应原理图。如图所示，在厚度为 d 的半导体长方形薄片上形成四个电极，宽度为 w 的控制电极①和②之间通直流电流 I_c，而在垂直于半导体薄片表面的方向加磁感应强度 $\boldsymbol{B}$ 时，则在长度为 l 的电极③和④之间根据式(8.33)的原理产生霍尔电压。

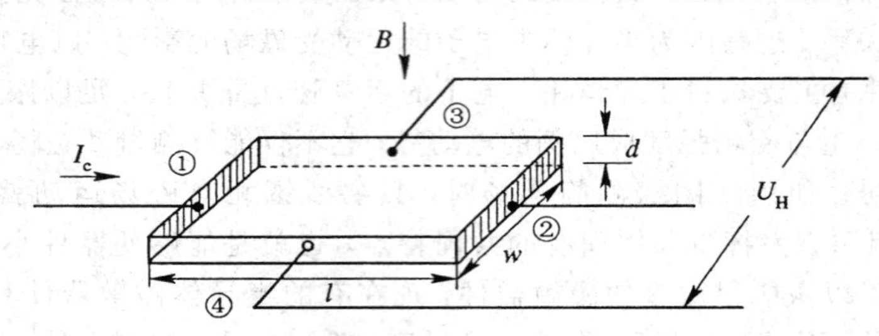

图 8.59　霍尔效应的原理图

我们知道电流是带电粒子(亦称为电荷载流子)在导电材料中定向运动的结果。而带电粒子在磁场中运动时，在劳伦兹力的作用下，就要发生偏转，因而在电极③和④上形成电荷积累。积累的电荷产生一个电场，这一电场对带电粒子也施加一个力。这个力与劳伦兹力方向相反，随着积累电荷的增加，这个力也增大，直到与劳伦兹力相平衡为止，如图 8.60 所示。

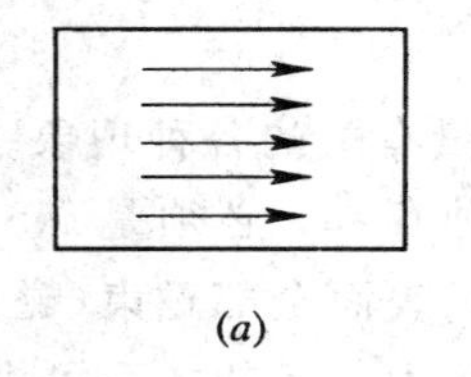

(a)

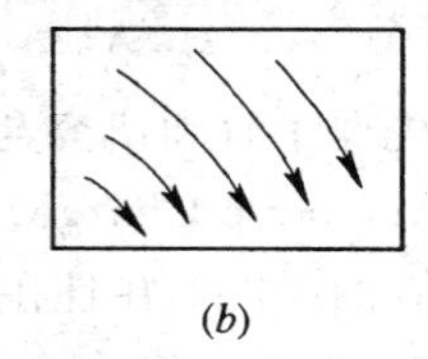

(b)

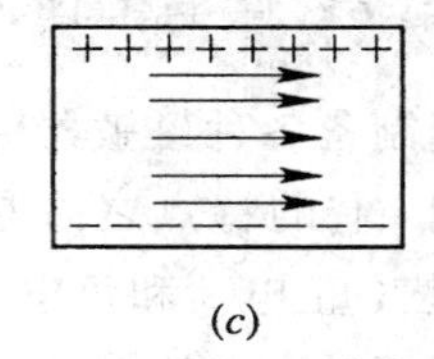

(c)

图 8.60　霍尔电压形成的定性说明

(*a*) 磁场为 0 时电子在半导体中的流动；(*b*) 电子在劳伦兹力作用下发生偏转；
(*c*) 电荷积累达到平衡时，电子在流动

假设霍尔元件使用的材料是 N 型半导体，导电的载流子是电子。外加电场从电极①到②方向，大小为 E。电子在这一电场作用下将从电极②到①方向作漂移运动，它的平均漂移速度为

$$v = \mu E \tag{8.36}$$

式中，μ 为电子的漂移迁移率或简称为迁移率，它表示在单位电场强度的作用下，电子的漂移速率。迁移率反映了材料中电子的可动程度。不同种类以及不同掺杂浓度的材料中电子迁移率是不同的。

因为电子带的电荷为 $-e$，在磁场作用下，由式(8.33)得劳伦兹力为

$$\boldsymbol{F} = -e\boldsymbol{v}\boldsymbol{B} \tag{8.37}$$

因此，劳伦兹力 F_L 的方向是从电极④到③，它的数值就是 evB。这个力使电子在电极③上积累，积累电荷在半导体中形成从电极④到③方向的电场 E_H，称为霍尔电场。在平衡时霍尔电场 E_H 对电子的作用力与劳伦兹力大小相等方向相反而相互平衡，即

$$eE_H = evB \tag{8.38}$$

所以，霍尔电场强度的大小为

$$E_H = vB \tag{8.39}$$

这一电场在电极③到④方向建立霍尔电压 U_H

$$U_H = E_H w \tag{8.40}$$

或

$$U_H = vBw \tag{8.41}$$

在电子浓度为 n 时，有

$$I_c = -nevwd \tag{8.42}$$

即

$$v = -\frac{I_c}{newd} \tag{8.43}$$

代入式(8.41)，得

$$U_H = -\frac{1}{ned} I_c B \tag{8.44}$$

对 N 型半导体材料，定义霍尔系数 R_H 为

$$R_H = -\frac{1}{ne} \tag{8.45}$$

将式(8.44)写成

$$U_H = R_H \frac{I_c B}{d} \tag{8.46}$$

或

$$U_H = K_H I_c B \tag{8.47}$$

在 N 型材料中

$$K_H = -\frac{1}{ned} \tag{8.48}$$

K_H 称为霍尔灵敏度或乘积灵敏度，单位为 mV/mA · T，它表示一个霍尔元件在单位控制电流和单位磁感应强度时产生的霍尔电压的大小。

从上面的分析可以看出，霍尔电压正比于控制电流强度和磁感应强度。在控制电流恒定时，霍尔电压与磁感应强度成正比。磁感应强度改变方向时，霍尔电压也改变符号。因此，霍尔器件可以作为测量磁场大小和方向的传感器，这个传感器的灵敏度与电子浓度 n 成反比。半导体材料的 n 比金属小很多，所以灵敏度较高。另外，霍尔器件的灵敏度与它的厚度 d 成反比，d 越小，灵敏度越高。

上面讨论的是磁场方向与器件平面垂直，即磁感应强度 B 与器件平面法线 n 平行的情况。在一般情况下，磁感应强度 B 的方向和 n 有一个夹角 θ，这时式(8.47)应推广为

$$U_H = K_H I_c B \cos\theta \tag{8.49}$$

当霍尔元件使用的材料是 P 型半导体时，导电的载流子为带正电的空穴，它的浓度用 p 表示。空穴带正电，在电场 E 作用下沿电力线方向运动(与电子运动方向相反)。因为空穴的运动方向与电子相反，所带电荷也与电子相反，结果它在劳伦兹力作用下偏转的方向与电子却相同。因此，积累电荷就有不同符号，霍尔电压也就有相反符号。在 P 型材料的情况下，霍尔系数为正，即

$$R_{\mathrm{H}} = \frac{1}{pe} \tag{8.50}$$

霍尔灵敏度也是正的，即

$$K_{\mathrm{H}} = \frac{1}{ped} \tag{8.51}$$

因而我们可以根据一种材料霍尔系数的符号判断它的导电类型。

前面给出的霍尔电压表达式是用控制电流表示的，在霍尔器件中，电源常是一个电压源 U_c，由于 $U_c=El$，将式(8.36)代入式(8.41)式得到

$$U_{\mathrm{H}} = \mu \frac{w}{l} U_c B \tag{8.52}$$

从上式中可以看出，霍尔电压 U_{H} 与电压 U_c 和磁感应强度 B 成正比外，还与材料的迁移率 μ 及器件的宽度 w 成正比，与器件的长度 l 成反比。

从式(8.47)、(8.48)、(8.51)可以看出，霍尔器件的灵敏度与载流子浓度成反比，由于金属自由电子浓度太高，所以不能用来制作霍尔元件，从式(8.52)又知，材料中载流子的迁移率 μ 也对元件灵敏度有直接影响，一般电子迁移率大于空穴迁移率，所以霍尔元件宜用 N 型半导体材料。通常多用 N 型锗、N 型锑化铟或砷化铟等。

从式(8.48)可以看出，元件厚度越小灵敏度越高，一般 $d=0.1\sim0.2$ mm，薄膜型霍尔元件只有 1 μm 左右。

使用霍尔元件时，除注意其灵敏度外，应考虑输入及输出阻抗、额定电流、温度系数和使用温度范围。输入阻抗是指 I_c 进出端之间的阻抗，输出阻抗是指霍尔电压输出的正负端子间的内阻，外接负载阻抗最好和它相等，以便达到最佳匹配。额定电流是指 I_c 允许的最大值。由于半导体材料对环境温度比较敏感，所以温度系数和使用温度范围也不容忽视，以免引起过大误差。

国产典型霍尔元件的性能请参阅表 8.3。

表 8.3 国产典型霍尔元件的性能

参数及单位 \ 材料 \ 型号	HZ-1	HZ-4	HT-1	HT-2
	N 型 Ge[111]	N 型 Ge[100]	InSb	InSn
电阻率/Ω·cm	0.2～0.8	0.4～0.5	0.003～0.01	0.003～0.01
尺寸($l\times w\times d$)/mm	8×4×0.2	8×4×0.2	6×3×0.2	8×4×0.2
输入阻抗/Ω	110±20%	45±20%	0.8±20%	0.8±20%
输出阻抗/Ω	100±20%	40±20%	0.5±20%	0.5±20%
灵敏度/(mV/mA·T)	>12	>4	1.8±20%	1.8±20%
额定电流/mA	20	50	250	300
U_{H} 的温度系数/℃$^{-1}$	0.05%	0.03%	−1.5%	−1.5%
内阻的温度系数/℃$^{-1}$	0.5%	0.3%	−0.5%	−0.5%
工作温度范围/℃	0～60	0～75	0～40	0～40

2）霍尔器件的特性

从公式(8.47)中看出，霍尔电压与乘积灵敏度、控制电流 I_c 和磁感应强度 B 有关。因此，在磁场恒定的情况下，选用灵敏度较低的元件时，如果允许控制电流较大的话，也可能得到足够大的霍尔电压。比如 InSn 霍尔器件 HT-2，它的灵敏度比 N 型 Ge 的元件 HZ-1 小许多，但控制电流能增加到 300 mA，可得到的霍尔电压 U_H 反而可能比 HZ-1 大。

在控制电流恒定的情况下，U_H 与 B 的关系只能在一定范围内保持线性，一般只在 $B<0.5$ T(相当于 5000 Gs 以下)时可认为是线性关系，尤其是 HZ-4 型元件线性较好。当磁场交变时，U_H 也是交变的，但频率只限几千赫兹以下。

元件的输入阻抗及输出阻抗并不是常数，随磁场增强而增大，这是半导体的磁阻效应。为了减少这种效应的影响，控制电流 I_c 最好用恒流源提供。

从理论上说，当 $B=0$，$I_c=0$ 时霍尔元件的输出应该为零，即 $U_H=0$，实际上仍有一定霍尔电压输出，这就是元件的零位误差。其主要原因有以下几种：

(1) 不等位电势。不等位电势是一个主要的零位误差。由于两个霍尔电压极在制作时不可能绝对对称地焊在霍尔元件两侧，控制电流极的端面接触不良，以及材料电阻率不均匀，霍尔元件的厚度不均匀等均会产生不等位电势。

(2) 寄生直流电势。在没有磁场的情况下，元件通以交流控制电流，它的输出除了交流不等位电势外，还有一直流电势分量。此电势称为寄生直流电势，其产生原因是由于控制电流极及霍尔电压极的接触电阻造成整流效应以及霍尔电极的焊点大小不一致，其热容量不一致产生温差，造成直流附加电压。

(3) 感应零电势 U_{i0}。当没有控制电流时，在交流或脉动磁场作用下产生的电势称为感应零电势。它与霍尔电极引线构成的感应面积 A 成正比，如图 8.61(a)所示。根据式(8.35)，得

$$U_{i0}=-A\frac{\mathrm{d}B}{\mathrm{d}t} \tag{8.53}$$

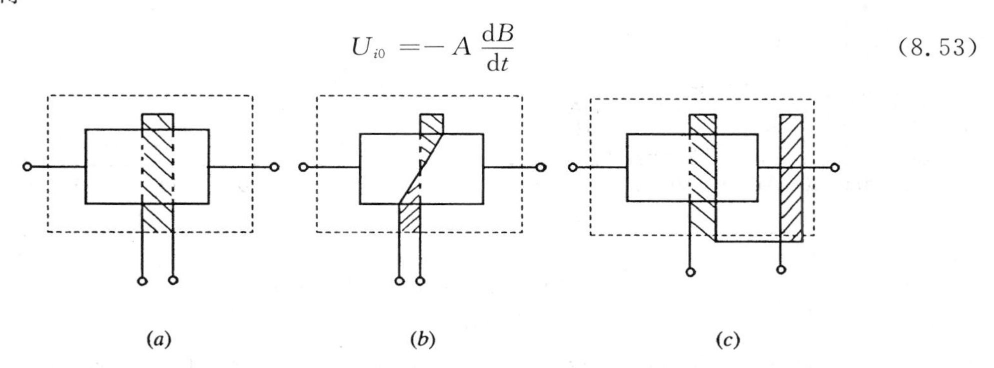

图 8.61　磁感应零电势及其补偿

(a) 感应零电势示意；(b) 自身补偿法；(c) 外加补偿法

感应零电势的补偿可采用图 8.61(b)、(c)所示的方法，使霍尔电压极引线围成的感应面积 A 所产生的感应电势互相抵消。

(4) 自激场零电势。当霍尔元件通以控制电流时，此电流就会产生磁场，这一磁场称为自激场，如图 8.62(a)所示，由于元件的左右两半场相等，故产生的电势方向相反而抵消。实际应用时，由于控制电流引线也产生磁场，使元件左右两半场不等，如图 8.62(b)所示，因而有霍尔电压输出。这一输出电压称为自激场零电势。

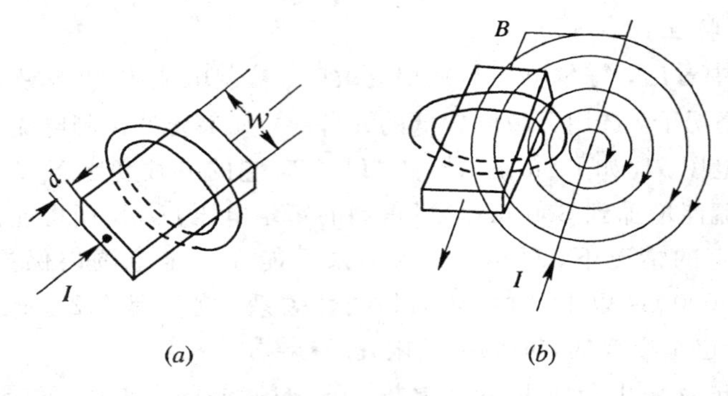

图 8.62　霍尔元件自激场零电势示意图

要克服自激场零电势的影响，只要将控制电流引线在安装过程中适当安排即可。

除上述以外，霍尔元件温度引起的误差更为普遍，因为温度对半导体材料的电阻率 ρ、迁移率 μ、载流子浓度 p(或 n)等都有影响，所以势必影响 K_H。

图 8.63 给出了各种材料霍尔输出电压随温度变化的情况，从(a)图可看出 InSb 变化最显著，其次是 InAs 和 Ge，硅的霍尔电压的温度系数最小。

HZ 元件的霍尔输出电压与温度的关系，如图 8.63(b)所示。当温度在 50℃左右时，HZ－1、2、3 输出的温度系数由正变负，而 HZ－4 则在 80℃左右由正变负。此转折点的温度称为元件的上限温度。考虑到元件工作时的温升，工作温度还要适当降低。

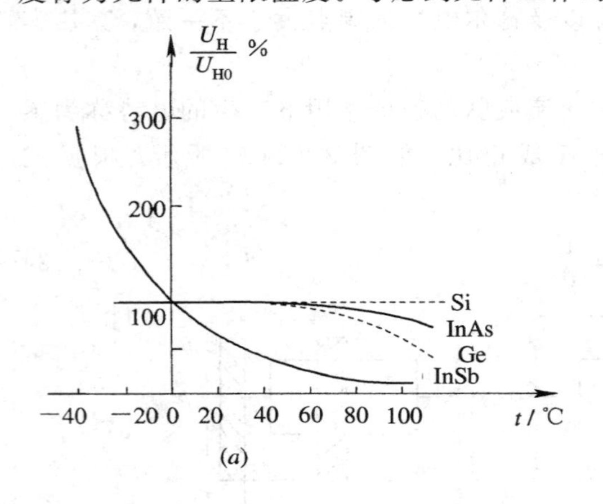

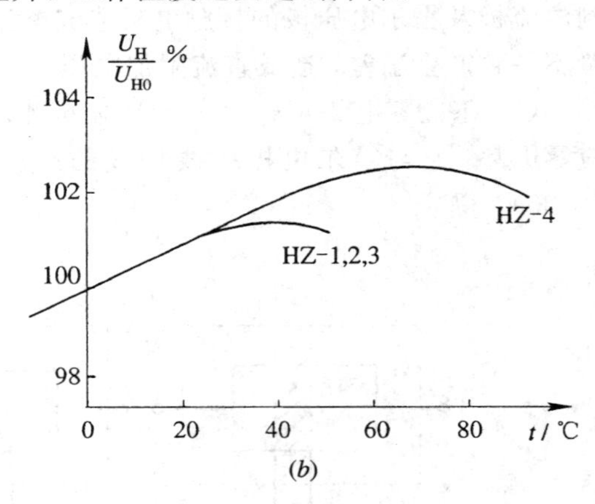

图 8.63　霍尔电压与温度的关系

(a) 各种材料；(b) HZ 型元件

温度还影响霍尔元件的内阻即输入阻抗和输出阻抗。不同材料制成的霍尔元件，其内阻与温度关系不同。图 8.64 给出几种材料的内阻与温度关系的曲线。

从图 8.64(a)中可看出 InSb 对温度最敏感，其温度系数最大，特别是低温范围内更为明显，其次是硅，InAs 的温度系数最小。从图 8.64(b)中可看出 HZ－1、2、3 三种元件的温度系数在 80℃左右开始由正变负，而 HZ－4 在 120℃左右开始由正变负。

当负载电阻比霍尔元件输出电阻大得多时，输出电阻变化对输出的影响很小。在这种情况下，只考虑输入端进行补偿，较简单的温度补偿方法是用恒流源补偿。这是当输入电阻随温度变化时，控制电流的变化极小，从而减少了输入端的温度影响。

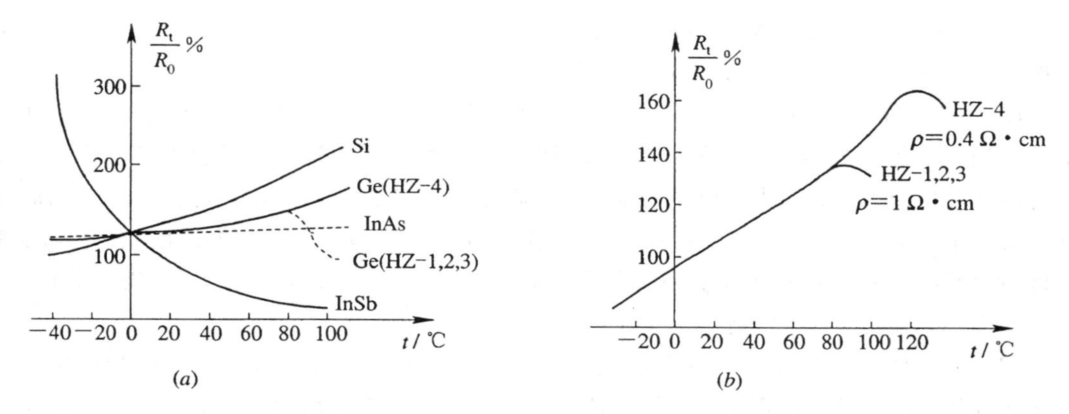

图 8.64　内阻与温度的关系

(*a*) 各种材料的内阻；(*b*) HZ 型元件的内阻

2. 磁阻(MR)器件

我们已经知道磁场中运动的载流子因受到劳伦兹力的作用而发生偏转。载流子运动方向的偏转起了加大电阻的作用。磁场越强，增大电阻的作用就越强。外加磁场使半导体(或导体)的电阻随磁场的增大而增加的现象称为磁阻效应。

我们也知道，由于霍尔电场的作用抵消了劳伦兹力，使载流子恢复直线方向运动。但导体中导电的载流子的运动速度不都是相同的，有的快些，有的慢些，形成一定的分布。所以劳伦兹力和霍尔电场力是在总的效果上使横向电流抵消掉。对个别的载流子来说，只有具有某一特定速度的那些载流子真正按直线运动，比这一速度快的载流子和比这一速度慢的载流子仍将发生偏转。快的载流子和慢的载流子偏转方向不同。因此，在有霍尔电场存在时，磁阻效应仍然存在，但是已被大大削弱了。为要获得大的磁阻效应，就要设法消除霍尔电场的影响。例如图 8.65 的四种形状各异的半导体片，都处在垂直于纸面而向外的磁场中，电子运动轨迹都将向左前方偏移，因而出现图中箭头所示的路径(箭头代表电子运动方向)。

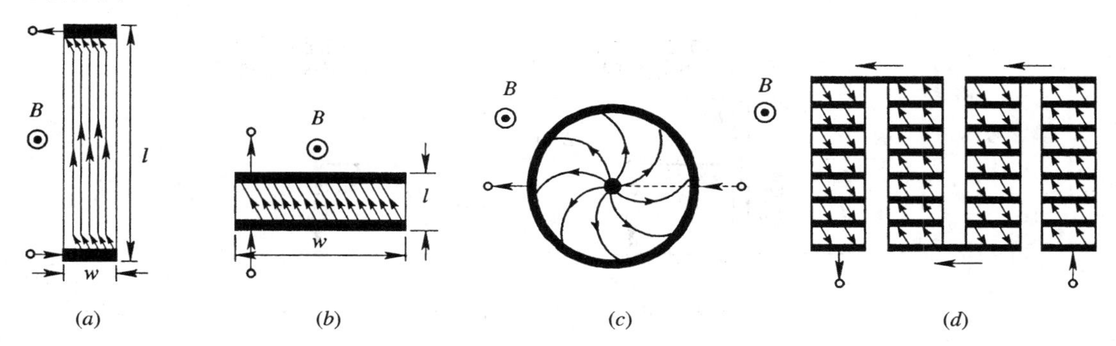

图 8.65　电子运动轨迹的偏移

图 8.65(*a*)为 $l \gg w$ 的纵长方形片，由于电子运动偏向一侧，必然产生霍尔效应，当霍尔电场施加的电场力和磁场对电子施加的劳伦兹力平衡时，电子运动轨迹就不再继续偏移，所以片的中段电子运动方向和长度 l 的方向平行，只有两端才是斜向的。这样一来，电子运动路径增长的并不显著，电阻加大得不多。

图 8.65(*b*)是 $l \ll w$ 的横长方形片，其效果比前者显著。实验表明，当 $B=1$ T 时，电阻可增大 10 倍(因为来不及形成较大的霍尔电场力)。

图 8.65(*c*)是圆形片，圆盘中心部分有一个圆形电极，圆盘外沿是一个环形电极，两个电极间构成一个电阻器。电流在两个电极间流动时，载流子的运动路径会因磁场作用而发生弯曲致使电阻增大。因为在电流的横向，电阻是无“头”无“尾”的，因此霍尔电压无法建立，也不存在霍尔电场。由于不存在霍尔电场，电阻会随磁场有很大的变化。这种圆形片称做“科比诺(Corbino)圆盘”，这种结构的缺点是它的电阻不易做得高。要获得较大电阻，器件的面积要做得很大。因此不太实用。

图 8.65(*d*)是按图 8.65(*b*)的原理把多个横长方片串联而成，片和片之间的粗黑线代表金属导体，这些导体把霍尔电压短路掉了，使之不能形成电场力，于是电子运动方向总是斜向的，电阻增加的比较多。由于在电子运动路径上有很多金属导体条，把半导体片分成多个栅格，所以叫“栅格式”磁敏电阻。

还有一种由锑化铟和锑化镍构成的共晶式半导体磁敏电阻。这种共晶里，锑化镍呈具有一定排列方向的针状晶体，它的导电性好，针的直径在 1 μm 左右，长约 100 μm，许多这样的针横向排列，代替了金属条起短路霍尔电压的作用。

磁阻器件和霍尔器件在很多情况下具有共同的应用范围。然而，霍尔电压只有毫伏数量级(也有几百毫伏的)，而磁阻器件却能给出伏级的信号。另外，与霍尔器件相比，磁阻器件只有两个电极，所以制备和使用都很方便。作为无接触可变电阻器的应用是磁阻器件的独特优点。

一般使用 N 型 InSb 和 InSb－NiSb 半导体材料做成磁阻器件。片的厚度尽可能小，通常用薄膜技术制作在基片上，典型厚度是 20 μm，横向宽度比纵向长度大 40 倍，初始电阻约 100 Ω，栅格金属条在 100 根以上。

InSb 磁阻器件灵敏度很高，但温度特性不好。因此，如图 8.66 所示，串联两个磁阻器件时可互相补偿其特性而改变其特性。

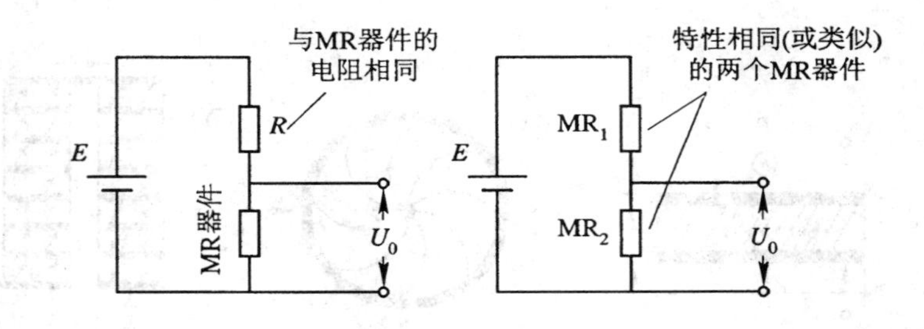

图 8.66　MR 器件的驱动电路

图 8.67 为磁阻器件的磁感应强度与电阻率变化率的关系。当磁场小时，磁阻与磁场的二次方成比例而增加，但磁场大时磁阻和磁场关系变为线性关系。因此，为了提高灵敏度，在磁阻器件上有必要附加一个具有一定磁场的磁铁。

磁阻器件的线性关系和温度特性等虽然不怎么好，但它的灵敏度非常高，可应用于磁场检测器、无接触电位器、磁带录像机的记录再生磁头等方面。

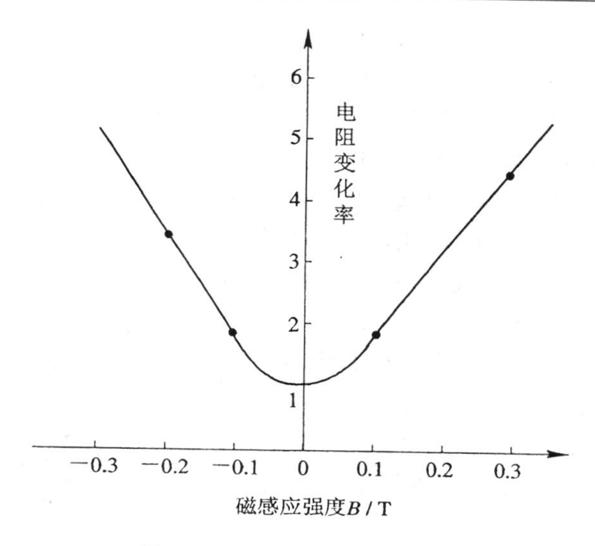

图 8.67　MR 器件的磁场关系

3. 磁二极管(SMD)

在外磁场的作用下，半导体中的载流子受到劳伦兹力而偏转。这样偏转到半导体表面的电子和空穴进行复合而消失。这与半导体表面的状态有关。在粗糙的表面上，电子和空穴的复合进行得迅速。因此，电磁场引起载流子偏转的半导体表面做成粗糙(或光滑)面，而其反面则做成光滑(或粗糙)的表面时，根据电流的方向不同，将改变电导率而观察到整流效应。

利用这种效应所做的磁敏器件是磁二极管(商标为 SMD)。如图 8.68 所示，这种磁二极管是 P^+IN^+ 结构的二极管。它是在高纯度半导体锗的两端用合金法做成高掺杂 P^+ 型和 N^+ 型半导体区域。I 是高纯区，I 区长度比载流子扩散长度 L 长好几倍。同时，在 I 区的一侧形成载流子复合中心浓度特别大的高复合区 r(粗糙面)。在 r 区载流子的复合速度大。在 P^+ 区接正电压，N^+ 区接负电压，即在磁二极管上加正向电压时，P^+ 区向 I 区注入空穴，N^+ 区向 I 区注入电子，在没有外加磁场作用下，大部分的空穴和电子分别流入 N^+ 区和 P^+ 区而产生电流，只有小量载流子在 I 区复合掉。若外加一个磁场 B，在磁场作用下，空穴和电子受劳伦兹力的作用偏向 r 区，如图中所示。由于在 r 区中电子和空穴复合速度大，因而载流子复合掉的比没有磁场时大得多，使 I 区中的载流子数目减少，电阻增大。当在磁二极管加上一定的电压时，在器件内部由三部分分压，即 P^+I 结，I 区，N^+I 结。由于此时

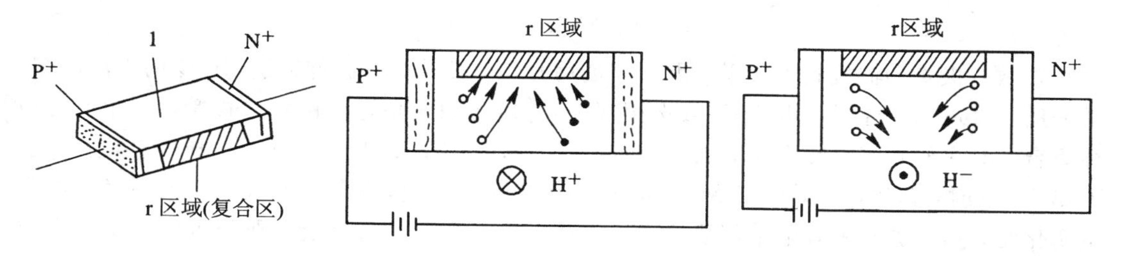

图 8.68　SMD 的原理

I 区的电阻增大，降在 I 区的电压就大，使加在 P^+I 结和 N^+I 结上的压降减小，从而使注入到 I 区的载流子的数目减少，其结果使 I 区的电阻继续增加，压降也继续增大，这是一个正反馈过程，直到达到某一动态平衡为止。当在磁二极管上加一个反向磁场时，其结果与上述情况刚好相反，此时磁二极管正向电流增大。从以上分析可知，磁二极管是采用电子和空穴双重注入效应和复合效应原理工作的。在磁场作用下，此两种效应再加上正反馈作用，使磁二极管的灵敏度大大地提高了。

磁二极管的伏安特性曲线如图 8.69 所示。当磁场 $B=0$，2 kGs，1 kGs，-1 kGs，-2 kGs（1 kGs$=10^{-4}$ T）时，伏安特性曲线不一样。线段 AB 表示负载线。通过磁二极管的电流越大，灵敏度越高。在负向磁场作用下，二极管的电阻小，电流大。在正向磁场作用下，二极管的电阻大，电流小。

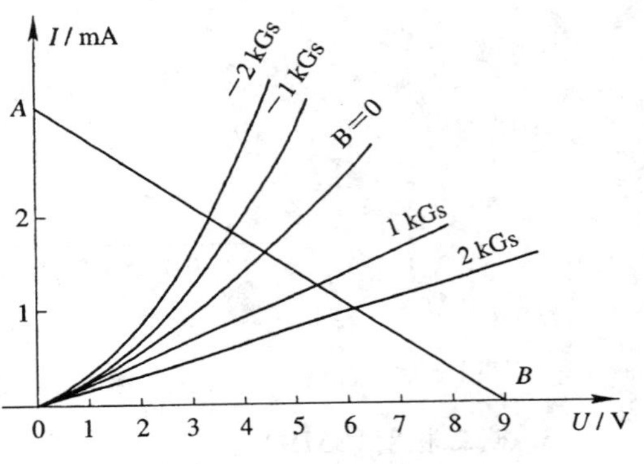

图 8.69 SMD 的伏安特性

在一定条件下，磁敏二极管的输出电压的变化量与外加磁场的关系叫做磁敏二极管的磁电特性。图 8.70 为 SMD 的磁电特性，其中(a)为单个使用时的磁电特性，(b)为互补使用时的磁电特性。从图 8.70 中可看出单个使用时正向磁灵敏度大于反向磁灵敏度，互补使用时正向特性曲线与反向特性曲线基本对称，磁感应强度增加时，曲线有饱和趋势，在弱磁场作用下，曲线有较好的线性。

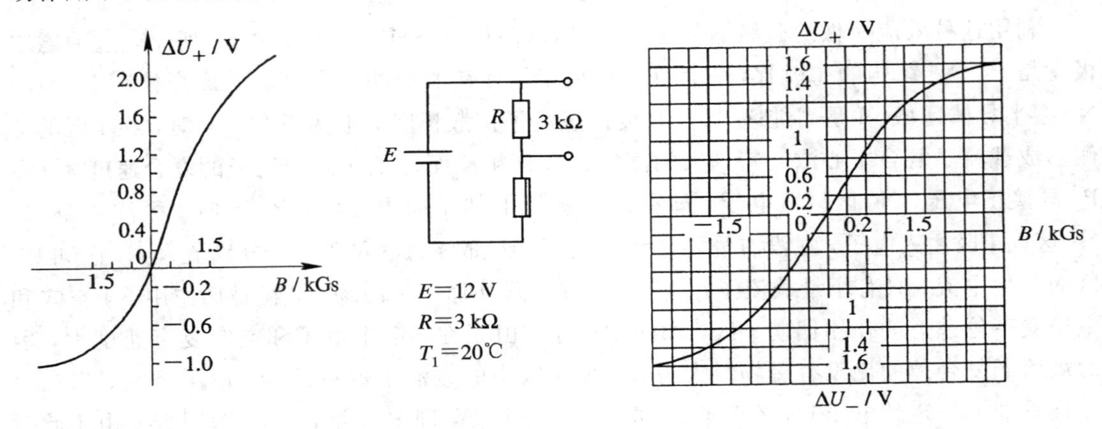

图 8.70 SMD 的磁电特性

磁敏二极管的温度特性较差，因此在使用时，一般需对它进行补偿，补偿的方法较多，常采用互补电路，选用一组两只（或选用两组）特性相同或相近的磁敏二极管，按相反磁极性组合，即管子的磁敏感面相对放置，如图 8.71(a)和图 8.71(b)所示，构成互补电路。当磁场 $B=0$ 时，输出电压取决于两管（或两组互补管）等效电阻分压比关系，当环境温度发生变化时，两只管子等效电阻都要改变，因其特性完全一致或相近，则分压比关系不变或变化很小，因此输出电压随温度变化很小，达到温度补偿的目的。

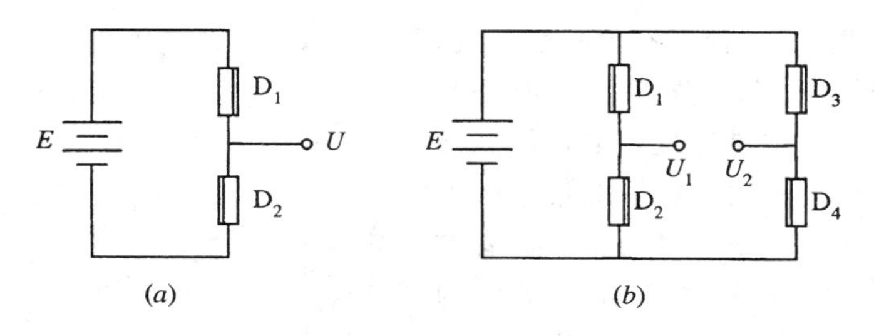

图 8.71　温度补偿电路

磁敏二极管相对于磁场及脉冲电源的频率特性由载流子在本征区域的渡越时间来决定，因此，元件的频率特性与元件的尺寸大小关系很大。锗 SMD 尺寸为 3.6 mm×0.6 mm×0.4 mm。在低于 10 kHz 时灵敏度不变，在 10 kHz 以上将下降，如图 8.72 所示。

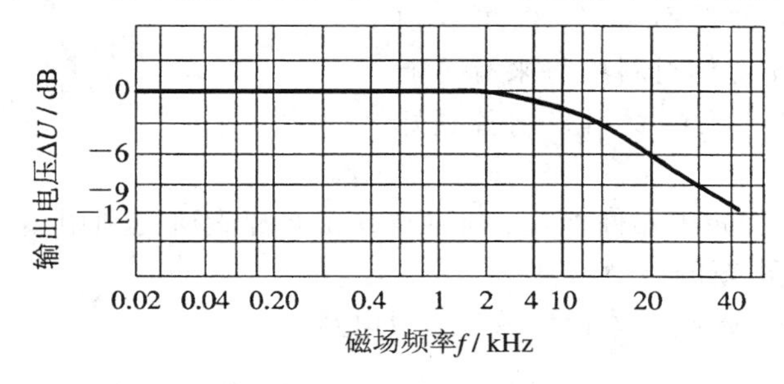

图 8.72　锗 SMD 的频率特性

目前只用 Ge 和 Si 材料置备 SMD。Si-SMD 比 Ge-SMD 具有很多优点。比如体积小、可以在高温下工作、温度系数小、频率特性好、稳定性好、便于批量生产等等。但是，Si-SMD 的工作电压稍高些(15 V，2 kΩ)。

4. 磁敏三极管

磁敏三极管也是以长基区为主要特征，以锗管为例，其结构示意和工作原理如图 8.73 所示。

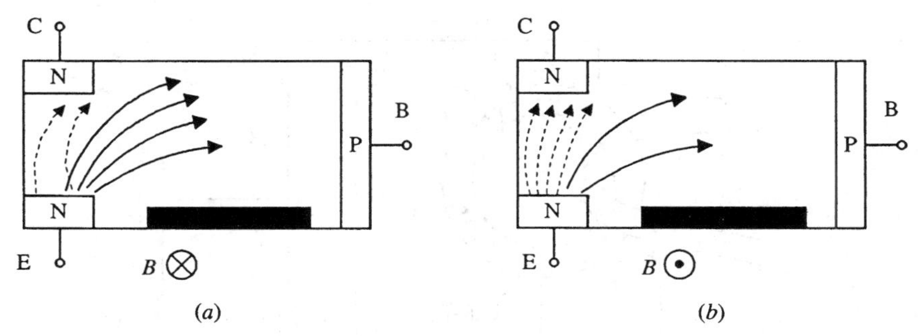

图 8.73　锗磁敏三极管结构和原理

磁敏三极管有两个 PN 结，其中发射极 E 和基极 B 之间的 PN 结是由长基区二极管构成，也设置了高复合区，即图中粗黑线部分。图 8.73(*a*)表示在磁场 B 作用下，载流子受劳伦兹力而偏向高复合区，使集电极 C 的电流减少。图 8.73(*b*)是反向磁场作用下载流子背离高复合区，集电极电流 I_B 增加。可见，即使基极电流 I_B 恒定，靠外加磁场同样改变集电极电流 I_C，这是和普通三极管不一样之处。

因为基区长度大于载流子有效扩散长度，所以共发射极直流电流增益 $\beta<1$，但是其集电极电流有很高的磁灵敏度，主要依靠磁场来改变 I_C。一般锗磁敏三极管的集电极电流相对磁灵敏度为(160%～200%)/T，有的甚至达到 350%/T。硅磁敏三极管平均为(60%～70%)/T，最大达到 150%/T。

锗磁敏三极管的集电极电流与磁感应强度间的关系如图 8.74 所示。

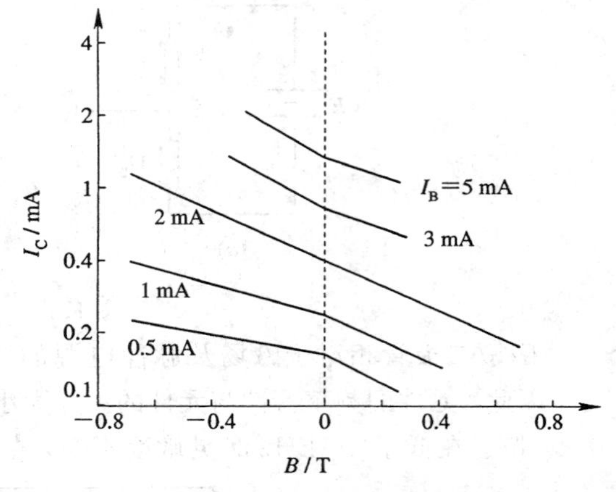

图 8.74　锗磁敏三极管的 I_C 与磁感应强度间的关系

从以上所述可以看出，目前可用做磁敏器件的半导体材料的种类不太多，但可以预计在Ⅲ-Ⅴ族化合物半导体材料中将来有可能获得纯度很高而迁移率大的材料来制备更好的磁敏器件。

除以上介绍的几种磁敏器件外，目前科技界正在探索研究利用热磁效应、磁等离子体效应、磁应变效应做出新的磁敏器件。

目前，我国已做出磁敏晶体管和磁敏集成电路。

8.4.3　磁传感器应用举例

1. 电流测量

图 8.75 为磁平衡方式的霍尔器件测量电流的原理图。被测电流 I_1 产生的磁感应强度为 B_1 时，根据 B_1 的存在，霍尔器件输出霍尔电压。这个电压通过 OP 放大器向反馈线圈 N_2 供给电流 I_2。在霍尔电压 $U_H=0$ 时，有

$$I_1N_1 = I_2N_2$$

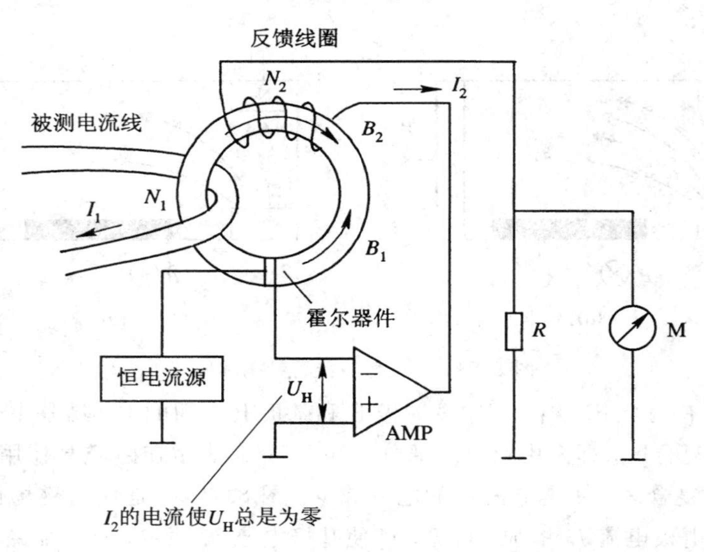

图 8.75　磁平衡方式测量电流的线路图

所以

$$I_2 = \frac{N_1}{N_2} I_1 \tag{8.54}$$

式中，N_1、N_2 分别为被测电流线圈和反馈线圈的圈数。

通过电阻 R 测量 I_2 时可得到与 I_1 成比例的值。从式(8.54)中可看出 I_2 与 N_1/N_2 成比例，因此，可大大改善霍尔器件的温度关系和磁场关系。

图 8.76 中的电路和图 8.75 类似。但它是用两个霍尔器件来改善温度关系和磁场关系的电路图。根据被测电流 I_1 产生的磁感应强度 B_1，霍尔器件 H_1 产生霍尔电压 U_{H1}。这个电压通过 OP 放大器向 N_2 线圈提供 I_2 电流。这时由 I_2 产生的磁感应强度 B_2 在霍尔器件 H_2 中产生霍尔电压 U_{H2}。当适当选择 I_2 的方向使 $U_{H1}+U_{H2}=0$ 时，I_2 则在 $U_{H1}=U_{H2}$时平衡。因此，I_2 由下式决定

$$U_{H1} = k_1 I_1 N_1$$

$$U_{H2} = k_2 I_2 N_2$$

因为 $U_{H1}=U_{H2}$，所以

$$I_2 = \frac{k_1 \cdot N_1}{k_2 \cdot N_2} \cdot I_1 \tag{8.55}$$

如果霍尔器件 H_1 和 H_2 的特性相同，则 $k_1=k_2$。因此，I_2 由下式给出

$$I_2 = \frac{N_1}{N_2} \cdot I_1 \tag{8.56}$$

由式(8.56)看出，I_2 只与 N_1/N_2 有关，因此，能够改善霍尔器件的温度和磁场特性。

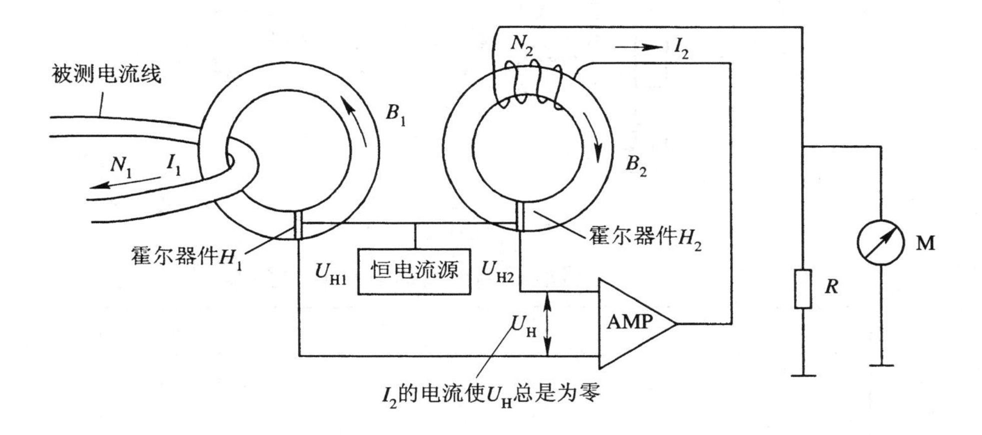

图 8.76　使用两个霍尔器件测电流的线路图

2. 位移测量

位移测量原理图如图 8.77 所示。二只磁阻元件 R_{M1}、R_{M2}组成电桥，并设磁铁处于两个磁阻元件之间时，$R_{M1}=R_{M2}$，因 $R_1=R_2$，故电桥处于平衡状态，电桥无输出。当位移变化时，迫使磁铁移动，则两个磁阻元件受磁场强度不同的磁场作用，则 R_{M1}与 R_{M2}的阻值不相等，电桥失去平衡，此时电桥输出电压与位移有关。当位移方向相反时，电桥输出极性发生变化，因此，磁阻元件就可检测位移，同时可判断位移方向。

如果位移是由压力产生的，磁阻元件又可检测压力的大小和方向。

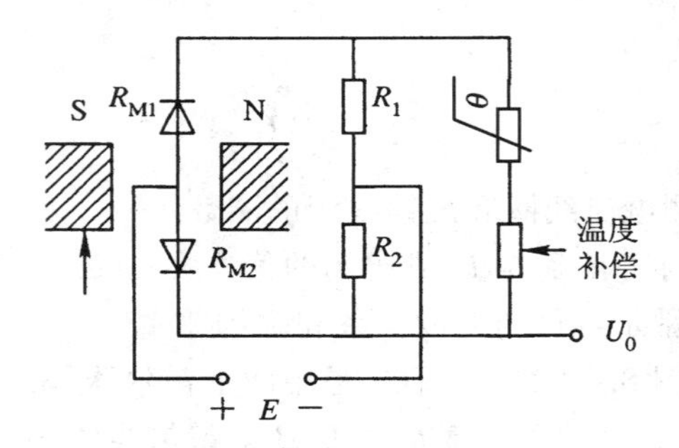

图 8.77 位移测量原理

3. 无刷直流电机

图 8.78 给出了无刷直流电机的基本结构图。从图可见，转子是由径向磁化的永久磁铁构成，设磁铁的 N 极指向 L_1 时霍尔传感器 H_1 的输出为：x_1 高，x_2低，霍尔传感器 H_2 的输出是平衡的；而当N极指向 L_2 时，H_1 的输出平衡，H_2 的输出为：y_1 高，y_2 低等等。我们把霍尔传感器输出与转子位置的关系列成表 8.4 形式，如利用霍尔传感器的输出来控制通过线圈 L_1 到 L_4 的电流，通过适当设计电路可以在 N 指向 L_1 时，使 L_2 中有磁化电流流过，产生把转子 N 极拉向 L_2 的力，而在 N 指向 L_2 时，使 L_3 中有磁化电流流过，产生把转子 N 极拉向 L_3 的力…… 这样就可使转子不停地转动。

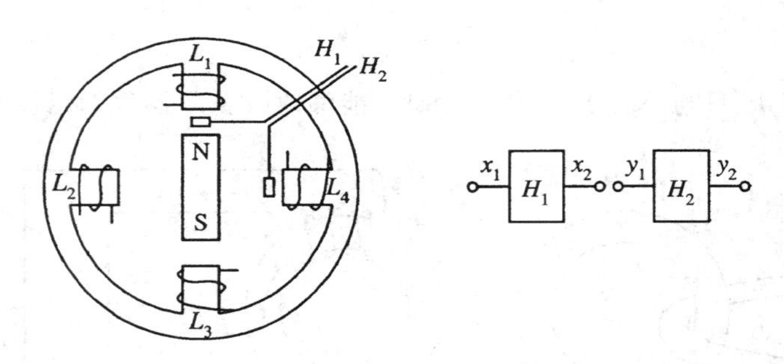

图 8.78 无刷直流电机的基本结构图

表 8.4 霍尔传感器输出与转子位置的关系

	x_1	x_2	y_1	y_2
N 指向 L_1	+	−	0	0
N 指向 L_2	0	0	+	−
N 指向 L_3	−	+	0	0
N 指向 L_4	0	0	−	+

无刷直流电机克服了普通电机电刷摩擦引起的噪声，且寿命长、无火花。还可以实现电机高速旋转及其调速和稳速。

4. 涡轮流量计

利用磁敏二极管或三极管对磁铁周期性地接近或远离，可输出频率信号。若采用磁性齿轮，则磁敏二极管或三极管的输出波形近似正弦波，其频率与齿轮的转速成正比。图

8.79 是涡轮流量计。传感器安装在与涡轮相垂直的位置上，利用转速与流量成正比的关系，可以测量流量。这种传感器的低速特性很好，因此无论流量大小都能很好计量。

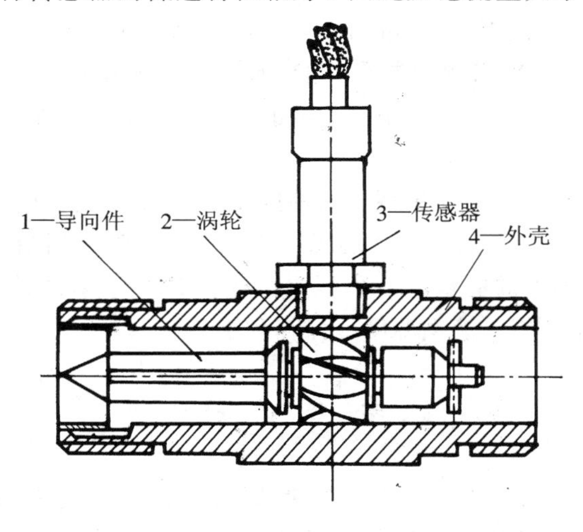

图 8.79　涡轮流量计

8.5　半导体射线传感器

1895 年德国的伦琴(W. C. Röntgen)发现 X 射线，1898 年法国的居里(P. Curie)夫妇发现镭以来，很多科学家发现了放射性物质。

放射线除 X 射线外还有中子射线，宇宙射线，α、β、γ 射线等，其中主要是 X 射线、α 射线、β 射线和 γ 射线。

射线在工业、农业、医学和其他领域获得广泛应用。但如果防护不当也会对人类的身体健康造成危害，甚至造成环境的放射性污染。因此，射线传感器无论是军用还是民用都很重要。

能够指示、记录和测量辐射的装置称为射线传感器。半导体射线传感器是由射线辐射在半导体中产生的载流子(电子和空穴)，在反向偏压电场下被收集、产生的电脉冲信号来测量射线辐射强度的。

纯净的半导体称为本征半导体，在本征半导体硅或锗中掺入一些磷或锂之类杂质后成为 N 型半导体，其主要载流子是电子。在本征半导体中掺入一些硼杂质后成为 P 型半导体，其主要载流子是空穴。在 P 型半导体和 N 型半导体间形成 P－N 结。图 8.80 为 P－N 结半导体射线传感器。通过负载电阻 R 在 P－N 结上加上适当的反向电压，由于结内缺乏载流子，电阻率很高，因此电压几乎全部加在 P－N 结上。当射线(如 α 射线)射入结内时，损失自己的能量在结内产生很多电子空穴对。这些电子和空穴由于电场的作用很快地移向结的两侧，产生一个脉冲信号电流。这个脉冲电流通过接线板在负载电阻上产生

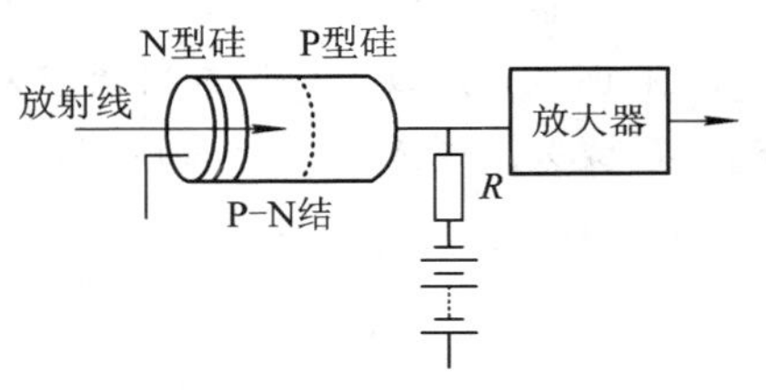

图 8.80　$P-N$ 结半导体射线传感器

电压脉冲，再经过放大器等电路加以测量。图 8.80 的 P－N 结探测器是在 P 型硅表面上扩散进去一点磷而形成一层 N 型半导体，在这层 N 型半导体和原来的 P 型半导体间形成一个 P－N 结。这层 N 型半导体很薄，可减少粒子进入结前的能量损失。

P－N 结探测器主要用来探测 α 粒子。输出脉冲的幅度和入射粒子的能量成正比，可用来测量粒子的能量，其能量分辨力也很高。由于 P－N 结太薄，因此一般不能测 β 射线和 γ 射线。

PIN 结探测器可测 β 射线和 γ 射线。这种探测器可以看做是由一块 P 型半导体和一块 N 型半导体的当中夹了一块本征半导体组成。本征半导体厚度相当于结厚度，但它可以做得很厚。PIN 结射线传感器的能量分辨力很高。硅型 PIN 结射线传感器可在常温下应用，锗型 PIN 结射线传感器则需在液氮温度下保存和工作。

参 考 文 献

[1] 康昌鹤，唐万新. 半导体传感器技术. 吉林：吉林大学出版社，1991.

[2] 贾伯年，俞朴. 传感器技术. 南京：东南大学出版社，1992.

[3] 单成祥. 传感器的理论与设计基础. 北京：国防工业出版社，1999.

[4] 李标荣，张绪礼. 电子传感器. 北京：国防工业出版社，1993.

[5] 贺安之，阎大鹏. 现代传感器原理及应用. 北京：宇航出版社，1995.

[6] 刘广玉，陈明，吴志鹤. 新型传感器技术及应用. 北京：北京航空航天大学出版社，1995.

[7] 陈德池. 传感器及其应用. 北京：中国铁道出版社，1993.

[8] 石利英，毕常青. 传感技术. 上海：同济大学出版社，1995.

[9] 刘迎春. 传感器原理设计与应用. 长沙：国防科技大学出版社，1989.

[10] 金篆芷，王明时. 现代传感技术. 北京：电子工业出版社，1995.

[11] 王毓德，吴兴惠，李艳峰. 半导体型气体传感器原理. 电子元件与材料，2000，(1).

[12] 施云波，陈耐生. 纳米技术在半导体陶瓷气体传感器中的应用. 传感器技术，2000，19(6).

[13] 方佩敏. 新编传感器原理・应用・电路详解. 北京：电子工业出版社，1994.

[14] 刘仲娥，张维新，宋文洋. 敏感元器件与应用. 青岛：海洋大学出版社，1993.

[15] 王化祥，张淑英. 传感器原理及应用. 天津：天津大学出版社，1988.

[16] 吕俊芳. 传感器接口与检测仪器电路. 北京：北京航空航天大学出版社，1994.

第 9 章　电位器式传感器

电位器是一种人们熟知的机电元件，作为传感器，它可以把线位移或角位移转换成一定函数关系的电阻或电压输出。因此它可以用来制作位移、压力、加速度、油量、高度等各种用途的传感器。由于它结构简单、尺寸小、重量轻、价格便宜、精度较高(可达 0.1%或更高)、性能稳定、输出信号大、受环境(如温度、湿度、电磁场干扰等)影响较小，且可实现线性的或任意函数的变换，因而在自动检测与自动控制中有着广泛的用途。由于存在滑动触头与线绕电阻或电阻膜的磨擦，存在磨损，因此它的缺点也是严重的，一般要求较大的输入能量，可靠性和寿命较差，分辨力较低，动态特性不好，干扰(噪声)大，一般用于静态和缓变量的检测。

电位器的结构可分为两大部分：电阻体和电刷。电阻体由电阻系数很大的材料制成。目前使用中，电阻体以合金电阻丝最多，经常使用的有卡玛丝、镍铬丝、康铜丝、金基合金丝、铂铱合金丝等。20 世纪 60 年代后期发展了由石墨、碳黑、树脂等材料配制的电阻液喷涂在绝缘骨架上形成合成电阻膜，在玻璃或胶木基体上分别用高温蒸镀和电镀方法涂覆一层金属膜或金属复合膜制成的金属膜，由塑料粉及导电材料粉(如金属合金粉、石墨粉、碳黑粉等)经压制而成的导电塑料等。由它们制成的非线绕电位器克服了线绕电位器的阶梯误差、分辨力低、耐磨性差、寿命较差的缺点。电刷由弹性金属片或金属丝制成，利用其弹性变形的恢复力，使其在电阻体上形成一定压力，以便两者相对滑动中可靠接触。电刷有直线位移和角位移方式。

电位器的输出特性有线性电位器和非线性电位器。

9.1　线性电位器

线绕电位器是目前最常用的电位器式传感器，它是由绕于骨架上的电阻丝线圈和沿电位器移动的滑臂以及其上的电刷组成。作为传感元件的线绕电位器有直线式的、旋转式的或二者结合式的。根据需要可制成线性的和非线性的。线性线绕电位器的骨架截面应处处相等，由材料和截面均匀的电阻丝等节距绕制而成。

电位器的一端一般都要接一负载，这时的输出特性为负载特性。当输出端不接负载或负载为无穷大时的输出特性为空载特性。

9.1.1　空载特性

线性电位器的理想空载特性曲线应具有严格的线性关系。图 9.1 所示为电位器式位移传感器原理图。如果把它作为变阻器使用，假定全长为 x_{max} 的电位器其总电阻为 R_{max}，电阻沿长度的分布是均匀的，则当滑臂由 A 向 B 移动 x 后，A 点到电刷间的阻值为

$$R_x = \frac{x}{x_{max}} R_{max} \tag{9.1}$$

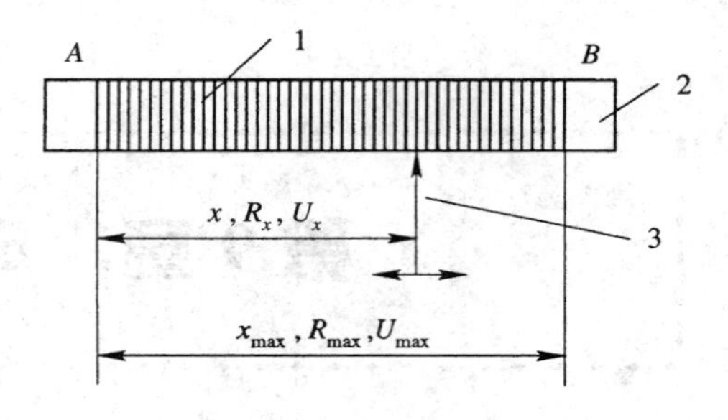

1—电阻丝；2—骨架；3—滑臂

图 9.1　电位器式位移传感器原理图

若把它作为分压器使用，且假定加在电位器 A、B 之间的电压为 U_{max}，则输出电压为

$$U_x = \frac{x}{x_{max}} U_{max} \tag{9.2}$$

图 9.2 所示为电位器式角度传感器。作变阻器使用，则电阻与角度的关系为

$$R_\alpha = \frac{\alpha}{\alpha_{max}} R_{max} \tag{9.3}$$

作为分压器使用，则有

$$U_\alpha = \frac{\alpha}{\alpha_{max}} U_{max} \tag{9.4}$$

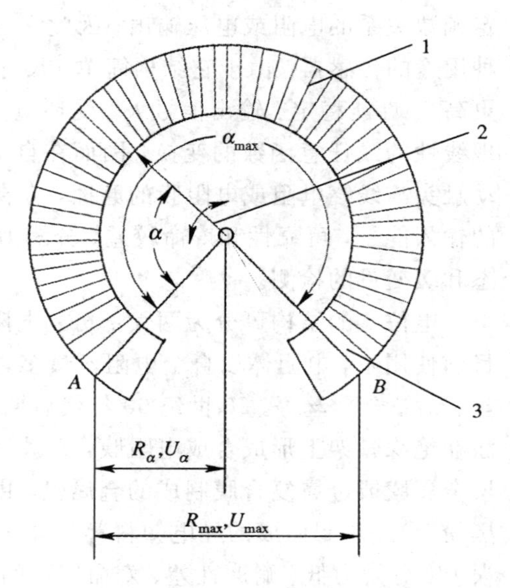

1—电阻丝；2—滑臂；3—骨架

图 9.2　电位器式角度传感器原理图

线性线绕电位器理想的输出、输入关系遵循上述 4 个公式。因此对如图 9.3 所示的位移传感器来说，有

$$R_{max} = \frac{\rho}{A} 2(b+h)n$$

$$x_{max} = nt$$

其灵敏度应为

$$S_R = \frac{R_{max}}{x_{max}} = \frac{2(b+h)\rho}{At} \tag{9.5}$$

$$S_U = \frac{U_{max}}{x_{max}} = I\,\frac{2(b+h)\rho}{At} \tag{9.6}$$

式中，S_R、S_U 分别为电阻灵敏度、电压灵敏度；ρ 为导线电阻率；A 为导线横截面积；n 为线绕电位器绕线总匝数。

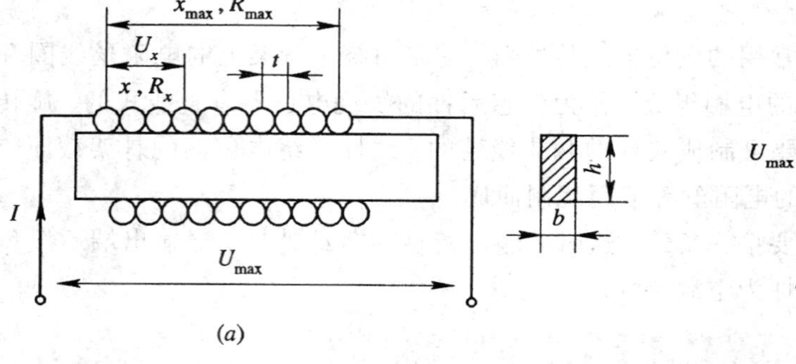

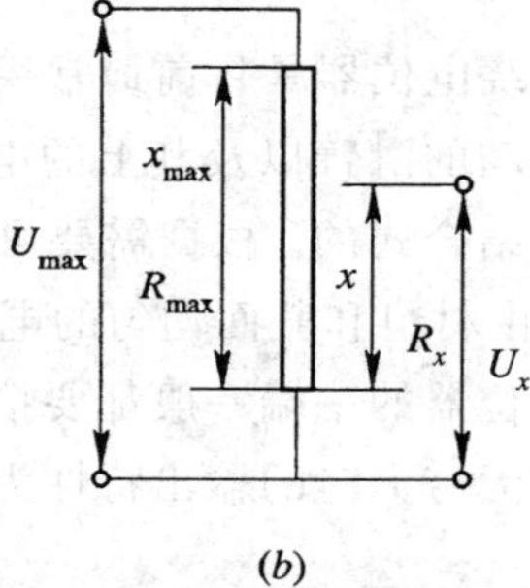

图 9.3　线性线绕电位器示意图

由式(9.5)和式(9.6)可以看出，线性线绕电位器的电阻灵敏度和电压灵敏度除与电阻率 ρ 有关外，还与骨架尺寸 h 和 b、导线横截面积 A(导线直径 d)、绕线节距 t 等结构参数有关；电压灵敏度还与通过电位器的电流 I 的大小有关。

9.1.2　阶梯特性、阶梯误差和分辨率

图 9.4 所示为绕 n 匝电阻丝的线性电位器的局部剖面和阶梯特性曲线图。电刷在电位器的线圈上移动时，线圈一圈一圈的变化，因此，电位器阻值随电刷移动不是连续地改变，导线与一匝接触的过程中，虽有微小位移，但电阻值并无变化，因而输出电压也不改变，在输出特性曲线上对应地出现平直段；当电刷离开这一匝而与下一匝接触时，电阻突然增加一匝阻值，因此特性曲线相应出现阶跃段。这样，电刷每移过一匝，输出电压便阶跃一次，共产生 n 个电压阶梯，其阶跃值亦即名义分辨率为

$$\Delta U=\frac{U_{\max}}{n} \tag{9.7}$$

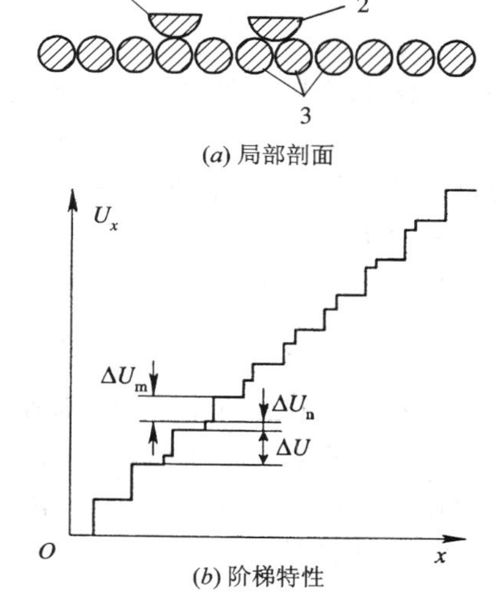

1—电刷与一根导线接触；2—电刷与两根导线接触；3—电位器导线

图 9.4　局部剖面和阶梯特性

实际上，当电刷从 j 匝移到$(j+1)$匝的过程中，必定会使这两匝短路，于是电位器的总匝数从 n 匝减小到$(n-1)$匝，这样总阻值的变化就使得在每个电压阶跃中还产生一个小阶跃。这个小电压阶跃亦即次要分辨脉冲为

$$\Delta U_{\mathrm{n}}=U_{\max}\left(\frac{1}{n-1}-\frac{1}{n}\right)j \tag{9.8}$$

式中，$U_{\max}\dfrac{j}{n-1}$为电刷短接第 j 和 $j+1$ 匝时的输出电压；$U_{\max}\dfrac{j}{n}$ 为电刷仅接触第 j 匝时的输出电压。即大的阶跃之中还有小的阶跃。这种小的阶跃应有$(n-2)$次，这是因为在绕线的始端和终端的两次短路中，将不会因总匝数降低到$(n-1)$而影响输出电压，所以特性曲线将有 $n+n-2$ 个阶跃。这 $n+n-2$ 个阶梯中，大的阶梯一般看作是主要分辨脉冲 ΔU_{m}，小的阶梯是次要分辨脉冲 ΔU_{n}，而视在分辨脉冲是二者之和，即

$$\Delta U=\Delta U_{\mathrm{m}}+\Delta U_{\mathrm{n}} \tag{9.9}$$

主要分辨脉冲和次要分辨脉冲的延续比，取决于电刷和导线直径的比。若电刷的直径太小，尤其使用软合金时，会促使形成磨损平台；若直径过大，则只要有很小的磨损就将使电位器有更多的匝短路，一般取电刷与导线直径比为 10 可获得较好的效果。

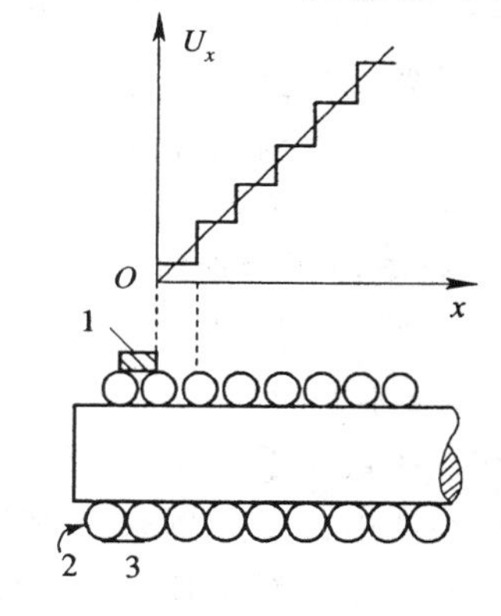

1—电刷；2—电阻线；3—短路线

图 9.5　理想阶梯特性曲线

工程上常把图 9.4 那种实际阶梯曲线简化成理想阶梯曲线，如图 9.5 所示。这时，电位器的电压分辨率定义为：在电刷行程内，电位器输出电压阶梯的最大值与最大输出电压 $U_{\max}$之比的百分数，对理想阶梯特性的线

绕电位器，电压分辨率为

$$e_{ba}=\frac{\frac{U_{max}}{n}}{U_{max}}=\frac{1}{n}\times 100\% \tag{9.10}$$

除了电压分辨率外，还有行程分辨率，其定义为：在电刷行程内，能使电位器产生一个可测出变化的电刷最小行程与整个行程之比的百分数，即

$$e_{by}=\frac{\frac{x_{max}}{n}}{x_{max}}=\frac{1}{n}\times 100\% \tag{9.11}$$

从图 9.5 中可见，在理想情况下，特性曲线每个阶梯的大小完全相同，则通过每个阶梯中点的直线即是理论特性曲线，阶梯曲线围绕它上下跳动，从而带来一定误差，这就是阶梯误差。电位器的阶梯误差 δ_j 通常以理想阶梯特性曲线对理论特性曲线的最大偏差值与最大输出电压值的百分数表示，即

$$\delta_j=\frac{\pm\left(\frac{1}{2}\frac{U_{max}}{n}\right)}{U_{max}}=\pm\frac{1}{2n}\times 100\% \tag{9.12}$$

阶梯误差和分辨率的大小都是由线绕电位器本身工作原理所决定的，是一种原理性误差，它决定了电位器可能达到的最高精度。在实际设计中，为改善阶梯误差和分辨率，需增加匝数，即减小导线直径(小型电位器通常选 0.5 mm 或更细的导线)或增加骨架长度(如采用多圈螺旋电位器)。

9.2 非线性电位器

非线性电位器是指在空载时其输出电压(或电阻)与电刷行程之间具有非线性函数关系的一种电位器，也称函数电位器。它可以实现指数函数、对数函数、三角函数及其他任意函数，因此可满足控制系统的特殊要求，也可满足传感、检测系统最终获得线性输出的要求。常用的非线性线绕电位器有变骨架式、变节距式、分路电阻式及电位给定式 4 种。

9.2.1 变骨架式非线性电位器

变骨架式电位器是利用改变骨架高度或宽度的方法来实现非线性函数特性。图 9.6 所示为一种变骨架高度式非线性电位器。

1. 骨架变化的规律

变骨架式非线性电位器是在保持电位器结构参数 ρ、A、t 不变时，只改变骨架宽度 b 或高度 h 来实现非线性函数关系。这里以只改变 h 的变骨架高度式非线性线绕电位器为例来对骨架变化规律进行分析。在图 9.6 所示曲线上任取一小段，则可视为直线，电刷位移为 Δx，对应的电阻变化就是 ΔR，因此前述的线性电位器灵敏度公式仍然成立，即

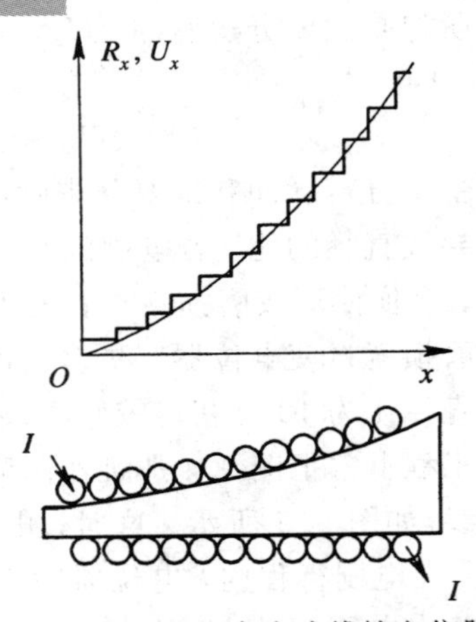

图 9.6 变骨架高度式线性电位器

$$S_R = \frac{\Delta R}{\Delta x} = \frac{2(b+h)\rho}{At}$$

$$S_U = \frac{\Delta U}{\Delta x} = I\,\frac{2(b+h)\rho}{At}$$

当 $\Delta x \to 0$ 时，则有

$$\frac{\mathrm{d}R}{\mathrm{d}x} = \frac{2(b+h)\rho}{At} \tag{9.13}$$

$$\frac{\mathrm{d}U}{\mathrm{d}x} = I\,\frac{2(b+h)\rho}{At} \tag{9.14}$$

由上述 2 个公式可求出骨架高度的变化规律为

$$h = \frac{At}{2\rho}\,\frac{\mathrm{d}R}{\mathrm{d}x} - b \tag{9.15}$$

$$h = \frac{1}{I}\,\frac{At}{2\rho}\,\frac{\mathrm{d}U}{\mathrm{d}x} - b \tag{9.16}$$

由式(9.15)及式(9.16)可知，骨架高度是电位行程 x 的函数，且与特性曲线的 $\mathrm{d}R/\mathrm{d}x$ 或 $\mathrm{d}U/\mathrm{d}x$ 有关，只要骨架高度变化规律满足上面 2 个公式，就能实现所需的函数关系。

2. 阶梯误差与分辨率

变骨架高度式电位器的绕线节距是不变的，因此其行程分辨率与线性电位器计算式相同，则有

$$e_{by} = \frac{t}{x_{max}} = \frac{\dfrac{x_{max}}{n}}{x_{max}} = \frac{1}{n} \times 100\%$$

但由于骨架高度是变化的，因而阶梯特性的阶梯也是变化的，最大阶梯值发生在特性曲线斜率最大处，故阶梯误差为

$$\delta_j = \pm\frac{1}{2}\,\frac{\left(\dfrac{\mathrm{d}U}{\mathrm{d}x}\right)_{max} t}{U_{max}} \times 100\% \tag{9.17}$$

式中，$\left(\dfrac{\mathrm{d}U}{\mathrm{d}x}\right)_{max}$ 为斜率最大处的灵敏度值。

3. 结构特点

变骨架式非线性电位器理论上可以实现所要求的许多种函数特性，但由于结构和工艺上的原因，对于所实现的特性有一定的限制，为保证强度，骨架的最小高度 $h_{min}>3\sim4$ mm，不能太小。特性曲线斜率也不能过大，否则骨架高度很大或骨架坡度太高，骨架型面坡度 α 应小于 20°～30°。坡度角太大，绕制时容易产生倾斜和打滑，从而产生误差，如图 9.7(a)所示，这就要求特性曲线斜率变化不能太激烈，为减小坡度可采用对称骨架，如图 9.7(b)所示。

为减小具有连续变化特性的骨架的制造和绕制困难，也可对特性曲线采用折线逼近，从而将骨架设计成阶梯形的，如图 9.8 所示。

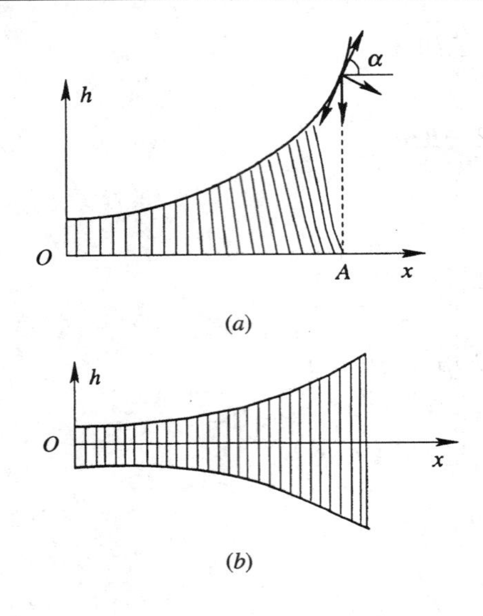

图 9.7　对称骨架式

(a) 骨架坡度太高；(b) 对称骨架减少坡度

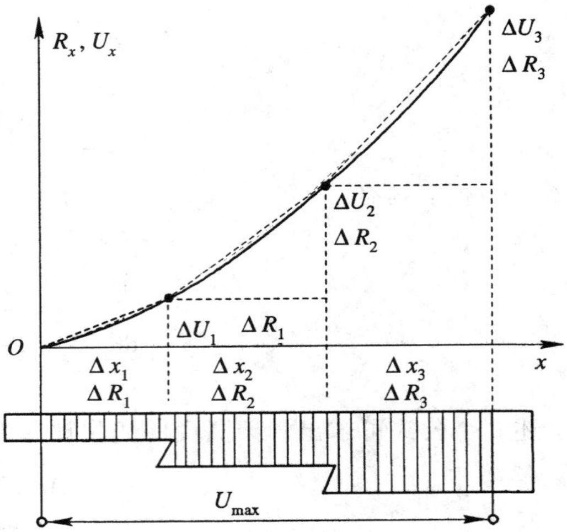

图 9.8　阶梯骨架式非线性电位器

9.2.2　变节距式非线性线绕电位器

变节距式非线性线绕电位器也称为分段绕制的非线性线绕电位器。

1. 节距变化规律

变节距式电位器是在保持 ρ、A、b、h 不变的条件下，用改变节距 t 的方法来实现所要求的非线性特性，如图 9.9 所示。由式(9.13)、(9.14)，可导出节距的基本表达式为

$$t=\frac{2\rho(b+h)}{A\,\dfrac{\mathrm{d}R}{\mathrm{d}x}}=\frac{2I\rho(b+h)}{A\,\dfrac{\mathrm{d}U}{\mathrm{d}x}}\qquad(9.18)$$

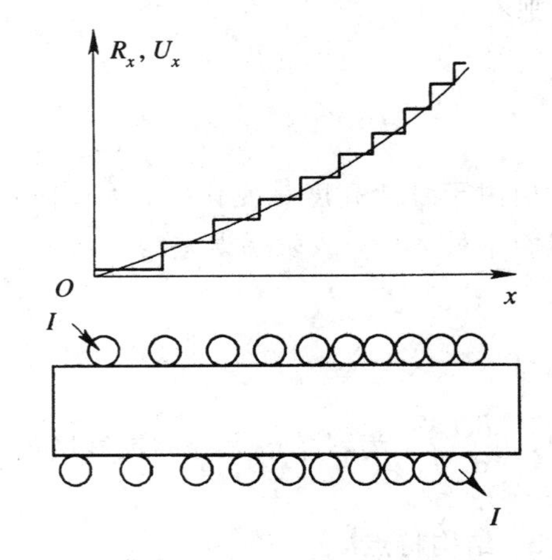

图 9.9　变节距式非线性电位器

2. 阶梯误差和分辨率

由图 9.9 可见，变节距式电位器的骨架截面积不变，因而可近似地认为每匝电阻值相等，即可以认为阶跃值相等。故阶梯误差计算公式和线性线绕电位器阶梯误差的计算公式完全相同，见式(9.12)。但行程分辨率不一样，这是由于分辨率取决于绕距，而变绕距电位器绕距是变化的，其最大绕距 $t_{\max}$ 发生在特性斜率最低处，故行程分辨率公式与线性线绕电位器不同，不能直接用匝数 n 表示，而应为

$$e_{\mathrm{by}}=\frac{t_{\max}}{x_{\max}}\times 100\%$$

3. 结构与特点

骨架制造比较容易，只能适用于特性曲线斜率变化不大的情况，一般

$$\frac{t_{max}}{t_{min}}=\frac{\left(\frac{dU}{dx}\right)_{max}}{\left(\frac{dU}{dx}\right)_{min}}<3$$

其中可取

$$t_{min}=d+(0.03\sim0.04)\ \mathrm{mm}$$

近年来由于数字程控绕线机的制成，减小了绕制的困难，因而变节距法又有了采用的价值。

9.2.3　分路(并联)电阻式非线性电位器

1. 工作原理

对于图 9.8 所示的阶梯骨架式电位器通过折线逼近法实现的函数关系，采用分路电阻非线性电位器也可以实现，如图 9.10 所示。这种方法是在同样长度的线性电位器全行程上分若干段，引出一些抽头，通过对每一段并联适当阻值的电阻，使得各段的斜率达到所需的大小。在每一段内，电压输出是线性的，而电阻输出是非线性的。

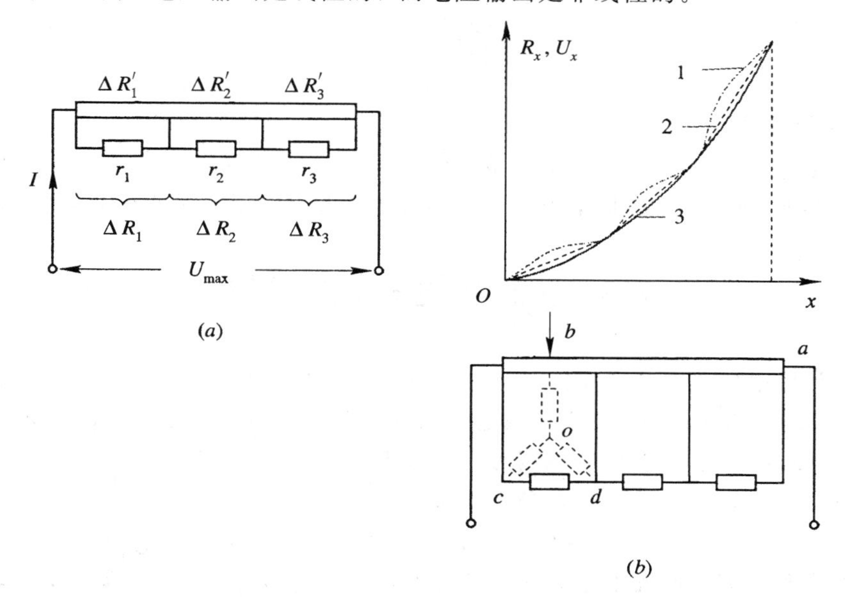

图 9.10　分路电阻式非线性电位器

(a) 分路电阻式非线性电位器；(b) 输出特性

图 9.10(b)中，曲线 1 为电阻输出特性，曲线 2 为电压输出特性，曲线 3 为要求的特性。

各段并联电阻的大小，可由下式求出：

$$\left.\begin{aligned}r_1\ /\!/\ \Delta R'_1=\Delta R_1\\ r_2\ /\!/\ \Delta R'_2=\Delta R_2\\ r_3\ /\!/\ \Delta R'_3=\Delta R_3\end{aligned}\right\}\tag{9.19}$$

若仅知要求的各段电压变化 ΔU_1、ΔU_2 和 ΔU_3，那么根据允许通过的电流确定 ΔR_1、ΔR_2 和 ΔR_3，或让最大斜率段电阻为 ΔR_3(无并联电阻时)压降为 ΔU_3，则

$$I=\frac{\Delta U_3}{\Delta R_3}$$

求出 I 后，则

$$\Delta R_2=\frac{\Delta U_2}{I}$$

$$\Delta R_1=\frac{\Delta U_1}{I}$$

再根据式(9.19)计算各段并联电阻 r_1、r_2。若曲线最大斜率段与其他曲线斜率相差很大时，最大斜率段可不并联电阻。

2. 误差分析

分路电阻式非线性电位器的行程分辨率与线性线绕电位器的相同。其阶梯误差和电压分辨率均发生在特性曲线最大斜率段上

$$\delta_j=\pm\frac{1}{2}\frac{\left(\frac{\Delta U}{\Delta x}\right)_{max}\cdot t}{U_{max}}\times 100\% \tag{9.20}$$

$$e_{bd}=\frac{\left(\frac{\Delta U}{\Delta x}\right)_{max}\cdot t}{U_{max}}\times 100\% \tag{9.21}$$

3. 结构与特点

分路电阻式非线性电位器原理上存在折线近似曲线所带来的误差，但加工、绕制方便，对特性曲线没有很多限制，使用灵活，通过改变并联电阻，可以得到各种特性曲线。

9.3 负载特性与负载误差

上面讨论的电位器空载特性相当于负载开路或为无穷大时的情况，而一般情况下，电位器接有负载，接入负载时，由于负载电阻和电位器的比值为有限值，此时所得的特性为负载特性，负载特性偏离理想空载特性的偏差称为电位器的负载误差，对于线性电位器负载误差即是其非线性误差。带负载的电位器的电路如图 9.11 所示。电位器的负载电阻为 R_f，则此电位器的输出电压为

$$U_{xf}=U_{max}\frac{R_xR_f}{R_fR_{max}+R_xR_{max}-R_x^2}$$

相对输出电压为

$$Y=\frac{U_{xf}}{U_{max}}=\frac{R_xR_f}{R_fR_{max}+R_xR_{max}-R_x^2} \tag{9.22}$$

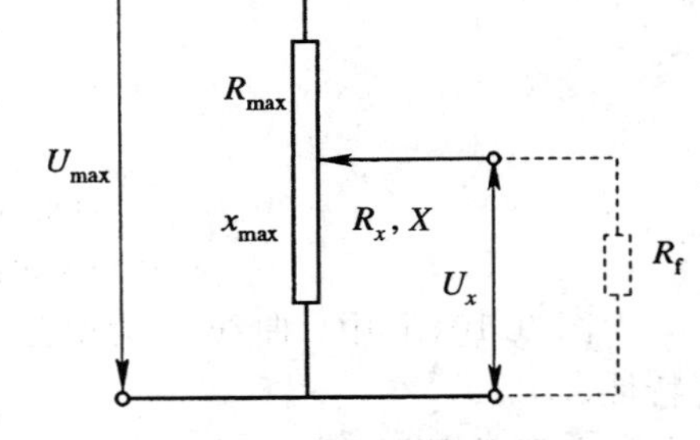

图 9.11 带负载的电位器电路

电阻相对变化

$$X=\frac{R_x}{R_{max}} \tag{9.23}$$

对于线性电位器电阻相对变化就是电阻相对行程，即

$$X=\frac{R_x}{R_{max}}=\frac{x}{x_{max}}$$

电位器的负载系数为

$$m = \frac{R_{\max}}{R_{\mathrm{f}}} \tag{9.24}$$

在未接入负载时，电位器的输出电压 U_x 为

$$U_x = XU_{\max} \tag{9.25}$$

接入负载 R_{f} 后的输出电压 $U_{x\mathrm{f}}$ 为

$$U_{x\mathrm{f}} = U_{\max} \frac{X}{1 + mX(1-X)} \tag{9.26}$$

电位器在接入负载电阻 R_{f} 后的负载误差为

$$\delta_{\mathrm{f}} = \frac{U_x - U_{x\mathrm{f}}}{U_x} \times 100\% \tag{9.27}$$

将式(9.25)、(9.26)带入上式，则得

$$\delta_{\mathrm{f}} = \left[1 - \frac{1}{1 + mX(1-X)}\right] \times 100\% \tag{9.28}$$

图 9.12 所示为 δ_{f} 与 m、X 的曲线关系。由图 9.12 可见，无论 m 为何值，$X=0$ 和 $X=1$ 时，即电刷在起始位置和最终位置时，负载误差都为零；当 $X=1/2$ 时，负载误差最大，且增大负载系数时，负载误差也随之增加。对线性电位器，当电刷处于行程中间位置时，其非线性误差最大。

若要求负载误差在整个行程都保持在 3%以内，由于当 $X=1/2$ 时，负载误差最大，即

$$\delta_{\mathrm{f}} = \left[1 - \frac{1}{1 + m \cdot \frac{1}{2}\left(1 - \frac{1}{2}\right)}\right] \times 100\% = \left(\frac{m}{4+m}\right) \times 100\% < 3\%$$

则必须使 $R_{\mathrm{f}} > 10R_{\max}$。但是有时负载满足不了这个条件，一般可以采取限制电位器工作区间的办法减小负载误差；或将电位器的空载特性设计为某种上凸的曲线，即设计出非线性电位器也可以消除负载误差，此非线性电位器的空载特性曲线 2 与线性电位器的负载特性曲线 1，两者是以特性直线 3 互为镜像的，如图 9.13 所示。

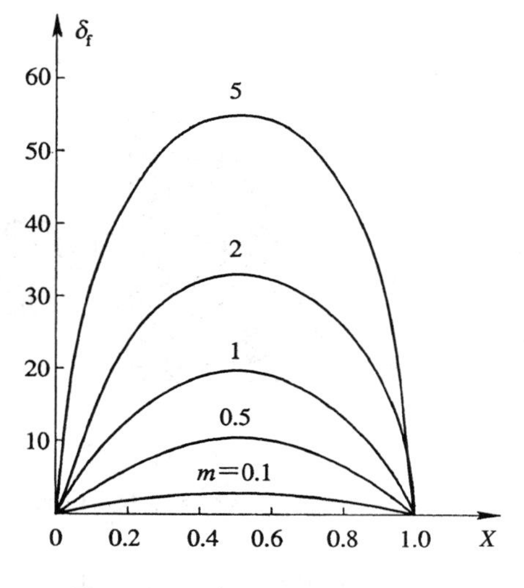

图 9.12　δ_{f} 与 m、X 的关系曲线

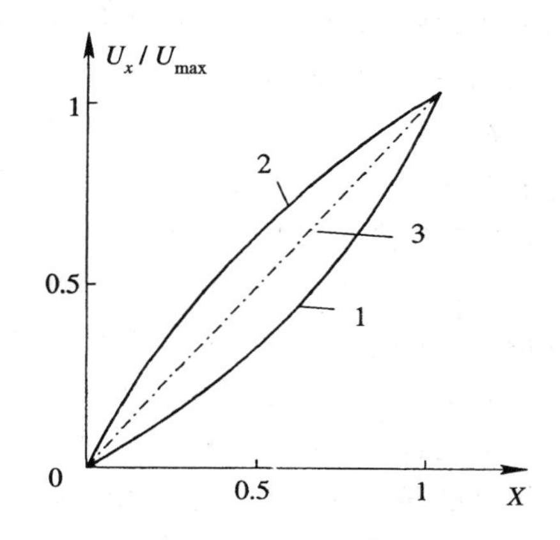

图 9.13　非线性电位器的空载特性

9.4　电位器式传感器

电位器式传感器主要用来测量位移，通过其他敏感元件(如膜片、膜盒、弹簧管等)进行转换，也可间接进行压力、加速度等其他物理量的测量。几种典型的电位器式传感器介绍如下。

9.4.1　电位器式位移传感器

电位器式位移传感器常用于测量几毫米到几十米的位移和几度到 360°的角度。

图 9.14 所示推杆式位移传感器可测量 5～200 mm 的位移，可在温度为±50℃，相对湿度为 98%(t=20℃)，频率为 300 Hz 以内及加速度为 300 m/s^2 的振动条件下工作，精度为 2%，电位器的总电阻为 1500 Ω。传感器有外壳 1，带齿条的推杆 2，以及由齿轮 3、4、5 组成的齿轮系统将被测位移转换成旋转运动，旋转运动通过爪牙离合器 6 传送到线绕电位器的轴 8 上，电位器轴 8 上装有电刷 9，电刷 9 因推杆位移而沿电位器绕组 11 滑动，通过轴套 10 和焊在轴套上的螺旋弹簧 7 以及电刷 9 来输出电信号，弹簧 7 还可保证传感器的所有活动系统复位。

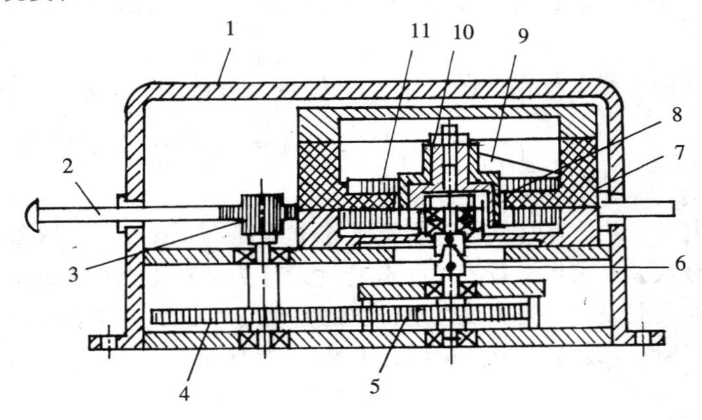

图 9.14　推杆式位移传感器

图 9.15 所示替换杆式位移传感器可用于量程为 10 mm 到量程为 320 mm 的多种测量范围，巧妙之处在于采用替换杆(每种量程有一种杆)。替换杆的工作段上开有螺旋槽，当位移超过测量范围时，替换杆则很容易与传感器脱开。需测大位移时可再换上其他杆。电位器 2 和以一定螺距开螺旋槽的多种长度的替换杆 5 是传感器的主要元件，滑动件 3 上装有销子 4，用以将位移转换成滑动件的旋转。替换杆在外壳 1 的轴承中自由运动，并通过其本身的螺旋槽作用于销子 4 上，使滑动件 3 上的电刷沿电位器绕组滑动，此时电位器的输出电阻与杆的位移成比例。

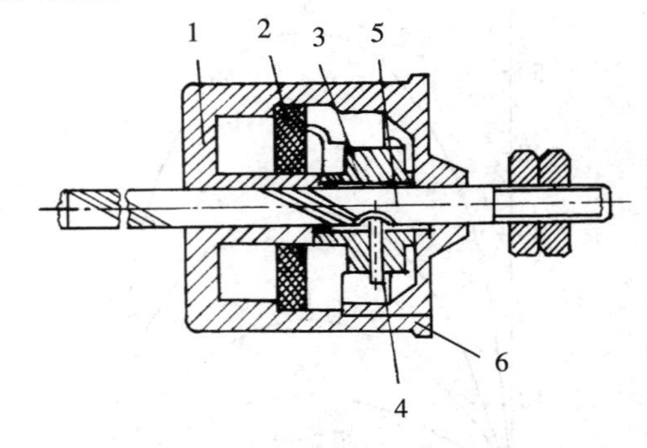

图 9.15　替换杆式位移传感器

这种传感器可在温度为±50℃，相对湿度为98%(20℃时)，振动加速度为500 m/s^2，频率为5～1000 Hz条件下使用。

我国研制的采用精密合成膜电位器的CII-8型拉线式大位移传感器如图9.16所示。它可用来测量飞行器级间分离及头体分离时的相对位移，火车各车厢的分离位移，跳伞运动员起始跳落位移等。位移传感器主体装在一物体上，牵引头1带动排线轮2和传动齿轮3旋转，从而通过轴4带动电刷5沿电位器6合成膜表面滑动，由电位器输出电信号，同时发条7扭转力矩也增大，当两物体相对距离减小时，由于发条7扭转力矩的作用，通过主轴4带动排线轮2及传动齿轮3、电刷5作反向运动，使与牵引头1相连的不锈钢丝绳回收到排线轮2的槽内。这种传感器量程为3 m，精度为0.5%FS。

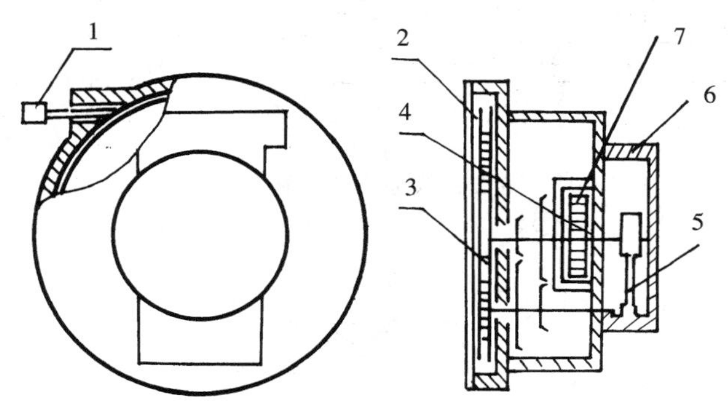

图9.16　拉线式大位移传感器

9.4.2　电位器式压力传感器

电位器式压力传感器如图9.17所示，弹性敏感元件膜盒的内腔，通入被测流体，在流体压力作用下，膜盒硬中心产生弹性位移，推动连杆上移，使曲柄轴带动电位器的电刷在电位器绕组上滑动，因而输出一个与被测压力成比例的电压信号。该电压信号可远距离传送，故可作为远程压力表。

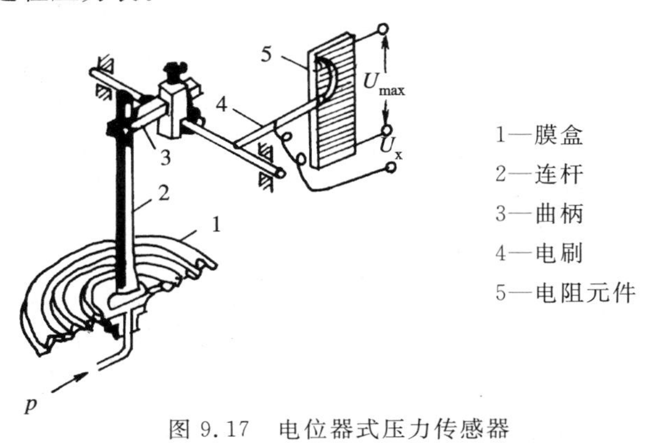

图9.17　电位器式压力传感器

9.4.3　电位器式加速度传感器

图9.18所示为电位器式加速度传感器，惯性质量块在被测加速度的作用下，使片状弹簧产生正比于被测加速度的位移，从而引起电刷在电位器的电阻元件上滑动，输出一与加

速度成比例的电压信号。

电位器传感器结构简单，价格低廉，性能稳定，能承受恶劣环境条件，输出功率大，一般不需要对输出信号放大就可以直接驱动伺服元件和显示仪表；其缺点是精度不高，动态响应较差，不适于测量快速变化量。

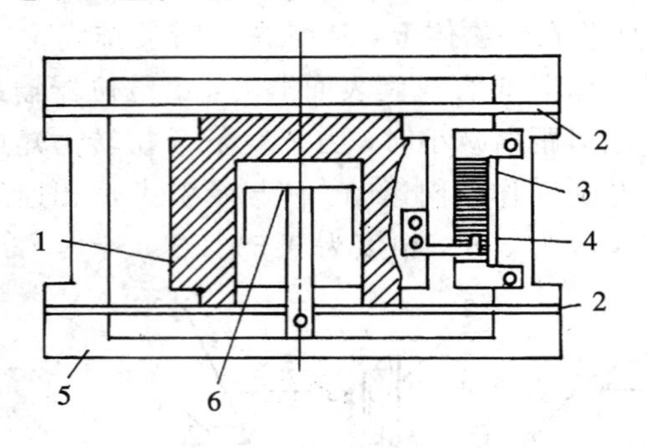

图 9.18　电位器式加速度传感器

参 考 文 献

[1]　李科杰. 传感技术. 北京：北京理工大学出版社，1989.
[2]　刘迎春. 传感器原理设计与应用. 长沙：国防科技大学出版社，1989.
[3]　陈德池. 传感器及其应用. 北京：中国铁道出版社，1993.
[4]　贺安之，阎大鹏. 现代传感器原理及应用. 北京：宇航出版社，1995.
[5]　林友德，郭亨礼. 传感器及其应用技术. 上海：上海科学技术文献出版社，1992.

第 10 章　电容式传感器

电容式传感器是将输入量的变化转换为电容量变化的传感器，是一种用途很广、很有发展潜力的传感器。电容式传感器有如下优点：

(1) 灵敏度高，测量范围大。电容式传感器由于带电极板间的静电引力很小(约几个 10^{-5} N)，需要的作用能量极小，可测极低的压力、力和很小的加速度、位移等，采用比例变压器电桥，可测的最小相对电容变化量达 10^{-7}，而可测的最大相对电容变化量可达100%。

(2) 动态性能好。电容式传感器的可动部分可以设计得很轻、很小，其固有频率很高，动态响应时间短，能在几兆赫兹的频率下工作，适用于动态信号的测量。

(3) 能量损耗小，温度稳定性好。电容式传感器的绝缘电阻很高、无机械摩擦元件，发热极小，温度性能稳定。

(4) 结构简单，适应性强。电容式传感器通常以金属作电极，以无机材料作绝缘支撑，因此，能经受大的温度变化和强辐射的作用。

(5) 可实现非接触测量。

电容式传感器的不足之处如下：

(1) 寄生电容影响较大。电容式传感器的容量受其电极的几何尺寸等限制，一般只有几皮法到几百皮法，而连接传感器和电子线路的引线电缆电容(1～2 m 导线可达 800 pF)、电子线路的杂散电容，以及传感器内极板与其周围导体构成的“寄生电容”却较大，不仅降低了传感器的灵敏度，而且这些电容(如电缆电容)常常是随机变化的，将使仪器工作很不稳定，影响测量精度。

(2) 变极距型电容传感器输出为非线性。

随着材料、工艺、电子技术，特别是集成技术的发展，实现了电容传感元件与微型测量处理器集成在一起的电容式传感器，使分布电容的影响大为减小，使电容式传感器的优点得到发扬而缺点不断地被克服。

10.1　电容式传感器的基本原理

忽略边缘效应，平行板电容器的电容量为

$$C_0 = \frac{\varepsilon A}{d}$$

式中，d 为两电极之间的距离，A 为电极的有效面积，ε 为极间介质的介电常数。由上式可知，d、A 和 ε 中任一个量的变化都将引起电容量的变化，并可通过测量电路转换为电量输出，构成传感器。与此相应，电容式传感器可分为变极距型、变面积型和变介质型三类。

10.1.1 变极距型电容传感器

变极距型电容传感器的原理图如图 10.1 所示。设平行板电容器的电极的有效面积 A 和介电常数 ε 不变，电极间的距离在外场的作用下从初始距离 d_0 减小为 $d_0-\Delta d$，则电容量增加为

$$\Delta C = C - C_0 = \frac{\varepsilon A}{d_0 - \Delta d} - \frac{\varepsilon A}{d_0} = C_0 \frac{\Delta d}{d_0} \frac{1}{1 - \frac{\Delta d}{d_0}}$$

按级数展开，得

$$\Delta C = C_0 \frac{\Delta d}{d_0}\left[1 + \frac{\Delta d}{d_0} + \left(\frac{\Delta d}{d_0}\right)^2 + \cdots\right] \tag{10.1}$$

电容相对变化量为

$$\frac{\Delta C}{C_0} = \frac{\Delta d}{d_0} \frac{1}{1 - \frac{\Delta d}{d_0}} = \frac{\Delta d}{d_0}\left[1 + \frac{\Delta d}{d_0} + \left(\frac{\Delta d}{d_0}\right)^2 + \cdots\right]$$

如图 10.2 所示，C 与 d 之间的关系为一双曲线，当 $\frac{\Delta d}{d_0} \ll 1$ 时，近似取

$$\Delta C \approx C_0 \frac{\Delta d}{d_0}$$

即

$$\frac{\Delta C}{C_0} \approx \frac{\Delta d}{d_0} \tag{10.2}$$

灵敏度为

$$k(\Delta d) = \frac{\Delta C}{\Delta d} = \frac{C_0}{d_0} = \frac{\varepsilon A}{d_0^2} \tag{10.3}$$

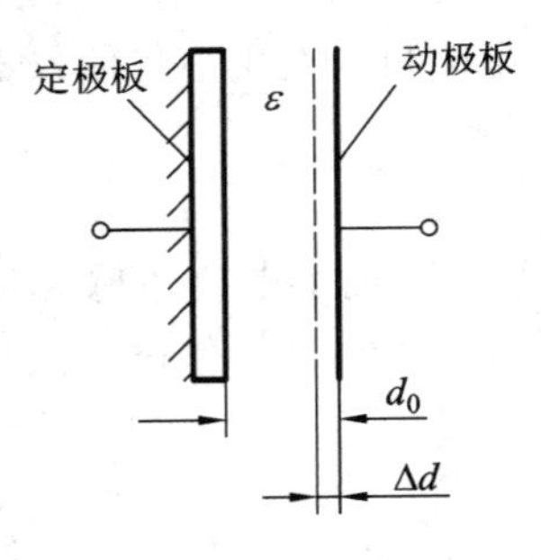

图 10.1 变极距型电容传感器原理图

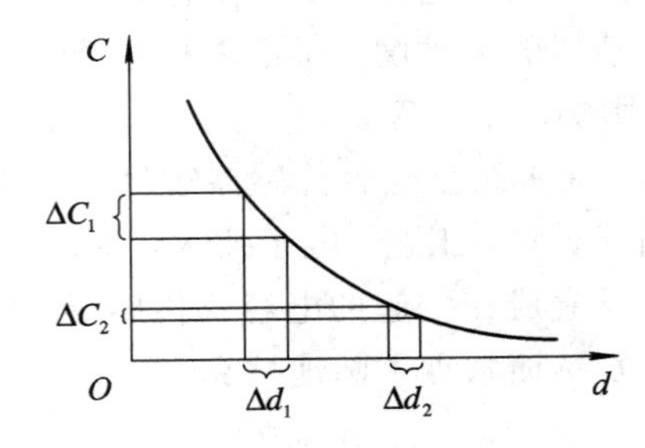

图 10.2 电容量与极板间距离的关系

使用式(10.2)的相对非线性误差为

$$e_f = \left| \frac{\frac{\Delta d}{d_0} - \frac{\Delta d}{d_0}\left[1 + \frac{\Delta d}{d_0} + \left(\frac{\Delta d}{d_0}\right)^2 + \cdots\right]}{\frac{\Delta d}{d_0}} \right| \times 100\%$$

忽略高次项，有

$$e_f = \left|\frac{\Delta d}{d_0}\right| \times 100\% \tag{10.4}$$

由图10.2和式(10.3)可知，对于同样的Δd，在d_0较小时，所引起的ΔC较大，传感器有较高的灵敏度。但d_0过小容易引起电容器击穿或短路，为此常在极板间引入云母、塑料等高介电常数材料的膜片，如图10.3所示，此时电容C可以看成电容$C_g = \varepsilon_g A/d_g$和$C_0 = \varepsilon_0 A/d_0$的串联。

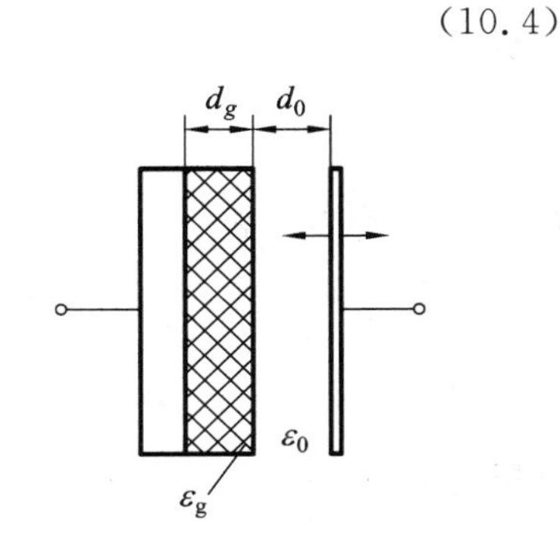

图10.3　引入云母膜片的变极距型电容传感器原理图

$$C = \frac{C_g C_0}{C_g + C_0} = \frac{A}{\frac{d_0}{\varepsilon_0} + \frac{d_g}{\varepsilon_g}}$$

式中，ε_g为云母的相对介电常数，ε_0为空气的介电常数，d_0为空气隙厚度，d_g为云母片的厚度。当动极板从初始距离d_0减小为$d_0 - \Delta d$时，则电容量的增加和电容相对变化量为

$$\Delta C = \frac{A\Delta d}{\varepsilon_0\left(\frac{d_g}{\varepsilon_g} + \frac{d_0}{\varepsilon_0}\right)}$$

$$\frac{\Delta C}{C} = \frac{\Delta d}{\varepsilon_0}$$

在上式的推导中忽略了高次项。云母片的相对介电常数是空气的7倍，其击穿电压不小于1000 kV/mm，而空气仅为3 kV/mm。因此，有了云母片，极板间起始距离可大大减小。但从式(10.4)知，极板间距减小将使非线性误差增大，需要作折衷考虑，通常取$\Delta d/d_0 = (0.02 \sim 0.1)$。

一般变极距型电容传感器的起始电容在20～100 pF之间，极板间距离在25～200 μm的范围内。最大位移应小于间距的1/10，变极距型电容传感器有很高的分辨力，故通常用于测量微位移。在实际应用中为了改善其非线性，提高灵敏度和减小外界影响，一般也采用差动结构，如图10.4所示。

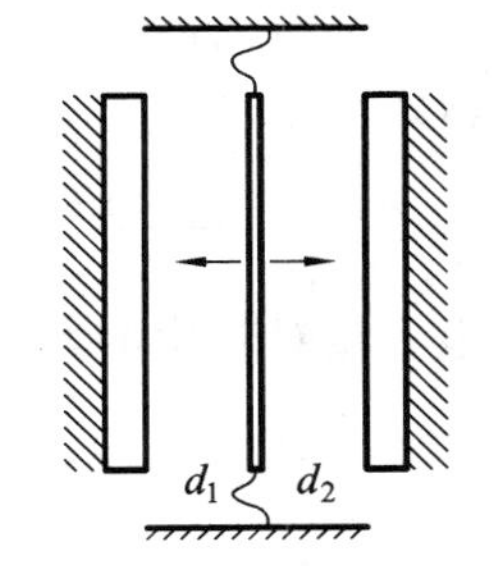

图10.4　差动式变极距型电容传感器原理图

设动极板向左位移，两边极距为$d_1 = d_0 - \Delta d$，$d_2 = d_0 + \Delta d$，两组电容一增一减

$$C_1 = C_0 + \Delta C_1, \quad C_2 = C_0 - \Delta C_2$$

$$\Delta C_1 = C_0 \frac{\Delta d}{d_0} \frac{1}{1 - \frac{\Delta d}{d_0}}, \quad \Delta C_2 = C_0 \frac{\Delta d}{d_0} \frac{1}{1 + \frac{\Delta d}{d_0}}$$

电容总的变化量

$$\Delta C = C_1 - C_2 = \Delta C_1 + \Delta C_2 = 2C_0 \frac{\Delta d}{d_0}\left[1 + \left(\frac{\Delta d}{d_0}\right)^2 + \left(\frac{\Delta d}{d_0}\right)^4 + \cdots\right]$$

忽略高次项，有

$$\Delta C = 2C_0 \frac{\Delta d}{d_0}$$

灵敏度为

$$k(\Delta d) = \frac{\Delta C}{\Delta d} = 2\frac{C_0}{d_0} = 2\frac{\varepsilon A}{d_0^2} \tag{10.5}$$

相对非线性误差为

$$e_f = \left| \frac{\frac{\Delta d}{d_0} - \frac{\Delta d}{d_0}\left[1 + \left(\frac{\Delta d}{d_0}\right)^2 + \left(\frac{\Delta d}{d_0}\right)^4 + \cdots\right]}{\frac{\Delta d}{d_0}} \right| \times 100\%$$

忽略高次项，有

$$e_f = \left| \left(\frac{\Delta d}{d_0}\right)^2 \right| \times 100\% \tag{10.6}$$

将式(10.3)和式(10.5)以及式(10.4)和式(10.6)对比可知，灵敏度可提高一倍，非线性误差也可大幅度降低。由于结构的对称性，还能有效补偿温度变化所造成的误差。

10.1.2 变面积型电容传感器

变面积型电容传感器包括直线位移型和角位移型两种。

1. 平面直线位移型

图 10.5 为变面积电容传感器原理图。

长 a、宽 b、极距为 d 的矩形平行板电容器的初始电容为

$$C_0 = \frac{\varepsilon A}{d} = \frac{\varepsilon ab}{d}$$

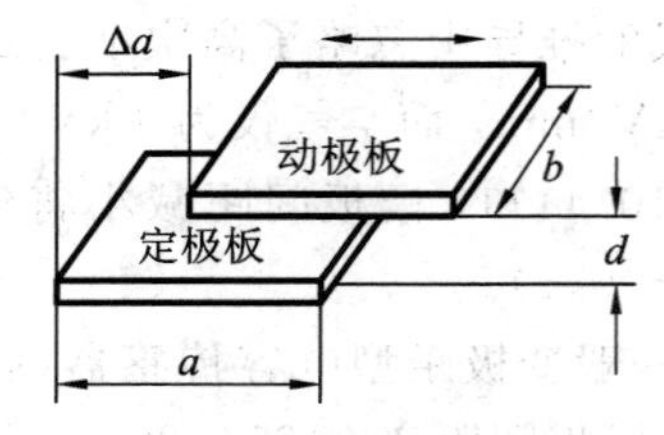

图 10.5 变面积型电容传感器原理图

若动极板沿 a 方向向右水平移动 Δa，在移动过程中极距保持不变，则电容为

$$C = \frac{\varepsilon(a - \Delta a)b}{d} = C_0\left(1 - \frac{\Delta a}{a}\right)$$

电容及电容相对变化量为

$$\Delta C = C_0 - C = C_0 \frac{\Delta a}{a}, \qquad \frac{\Delta C}{C_0} = \frac{\Delta a}{a}$$

灵敏度为

$$k(\Delta a) = \frac{\Delta C}{\Delta a} = \frac{C_0}{a} = \frac{\varepsilon b}{d} = \text{常数}$$

从上式可知，平面直线位移型电容传感器的电容变化量与输入位移成正比，其灵敏度为一常数，因而其量程不受线性范围的限制，适合于测量较大的直线位移。

以上结果是在假设初始极距 d 保持不变时推导出的，否则将导致测量误差。为减小这种影响，可以使用图 10.6 所示的中间极移动结构。

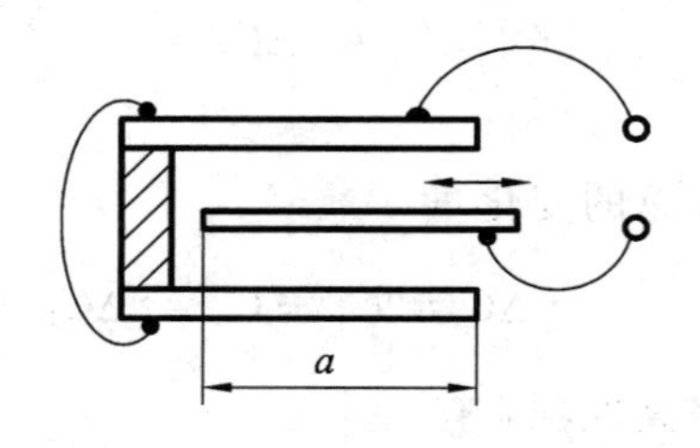

图 10.6 中间极移动结构示意图

2. 角位移型

角位移型电容传感器原理图如图10.7所示。半圆形平行板电容器的面积为

$$A_0=\frac{\pi r^2}{2}$$

初始电容

$$C_0=\frac{\varepsilon A_0}{d}=\frac{\varepsilon\pi r^2}{2d}$$

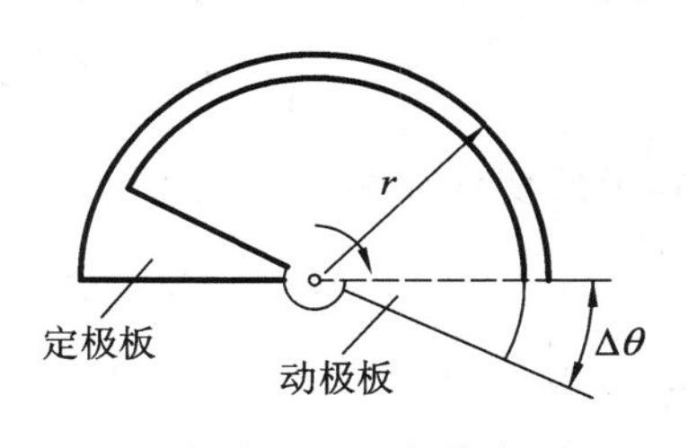

图10.7　角位移型电容传感器原理图

当动极板有一角位移 $\Delta\theta$ 时，面积减少

$$\Delta A=\frac{1}{2}\Delta\theta r^2$$

电容为

$$C=\frac{\varepsilon(\pi-\Delta\theta)r^2}{2d}=C_0\left(1-\frac{\Delta\theta}{\pi}\right)$$

电容变化量和电容相对变化量为

$$\Delta C=C_0-C=C_0\,\frac{\Delta\theta}{\pi},\qquad \frac{\Delta C}{C}=\frac{\Delta\theta}{\pi}$$

灵敏度为

$$k(\Delta\theta)=\frac{\Delta C}{\Delta\theta}=\frac{C_0}{\pi}=\frac{\varepsilon r^2}{2d}$$

可见，角位移型电容传感器的电容变化量与输入角位移变化量呈线性关系，其灵敏度为一常数。

变面积型电容传感器与变极距型相比，其灵敏度较低，在实际应用时，常做成差动式，如图10.8所示。图中左右两部分为互相绝缘的定板，中间为与定板平行的动板。在图中的初始位置两部分的电容相同，当动板转动时，左右两部分电容一增一减，差动输出，可将灵敏度提高一倍。

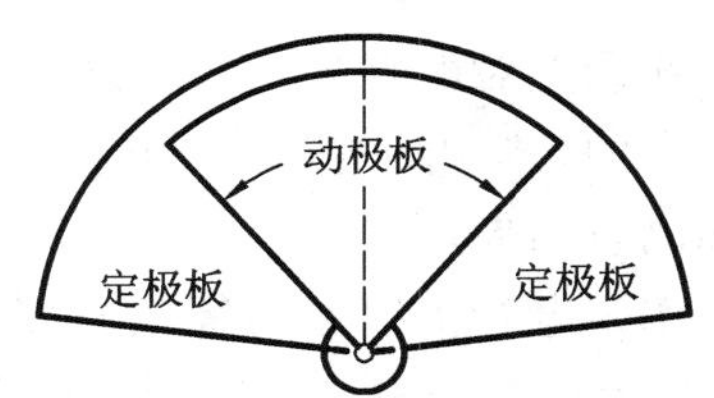

图10.8　角位移型差动式电容传感器原理图

10.1.3　变介质型电容传感器

图10.9为变介质型电容传感器的原理图。图10.9中两平行极板固定不动，板长为 a、宽为 b、极距为 d，介电常数为 ε_1。初始位置的电容为

$$C_0=\frac{\varepsilon_1 ab}{d}$$

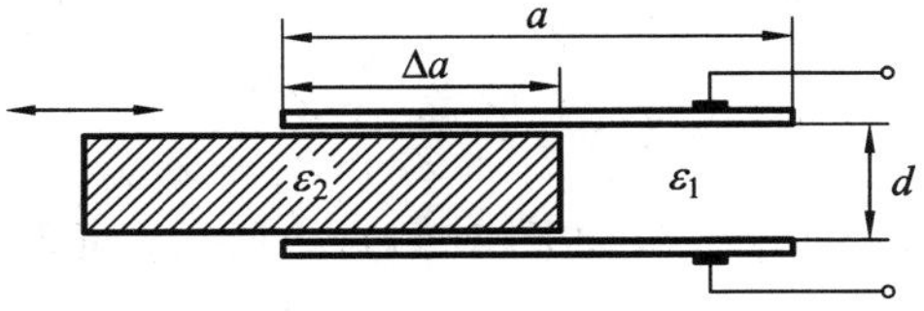

图10.9　变介质型电容传感器原理图

若相对介电常数为ε_2的电介质插入电容器中Δa，总电容量C为两个电容C_1和C_2并联

$$C = C_1 + C_2 = \frac{\varepsilon_1 b(a-\Delta a)}{d} + \frac{\varepsilon_2 b\Delta a}{d} = \frac{\varepsilon_1 ab}{d} + \frac{b}{d}(\varepsilon_2 - \varepsilon_1)\Delta a$$

电容量的变化和相对变化为

$$\Delta C = C_0 - C = \frac{b}{d}(\varepsilon_1 - \varepsilon_2)\Delta a, \quad \frac{\Delta C}{C_0} = \left(1 - \frac{\varepsilon_2}{\varepsilon_1}\right)\frac{\Delta a}{a}$$

灵敏度为

$$k(\Delta a) = \frac{\Delta C}{\Delta a} = \frac{b}{d}(\varepsilon_2 - \varepsilon_1)$$

可见，电容的变化与电介质的移动量Δa呈线性关系。

变介质型电容传感器原理常用来测量非导电固态散材物料的物位和液体的液位高低。

10.2 电容传感器的测量电路

电容传感器将被测非电量变换为电容变化后，必须借助测量电路转换为与其成正比的电流、电压或频率信号的变化，才能进行处理、记录、传输和显示。此类测量电路种类繁多，以下仅介绍有代表性的典型线路。

10.2.1 等效电路

在以上对电容传感器的讨论中，都将其理想化为一纯电容器。实际上理想的纯电容是不存在的，使用时它还必须通过接线柱和引线等和测量电路连接，这都将影响传感器的性能和测量结果。

实际电容传感器的等效电路如图 10.10 所示。图中，C为传感器电容，C_P为寄生电容，并联电阻R_P包含介质损耗和极板间漏电电阻，串联损耗电阻R_S包含引线电阻、接线柱电阻和极板间电阻等损耗电阻，L为电容器及引线电感。C_P和R_P将影响电路的输出，L对传感器的高频性能有较大影响，在传感器的设计、测量和标定时必须考虑并设法减小其影响，这对提高传感器的性能至关重要。

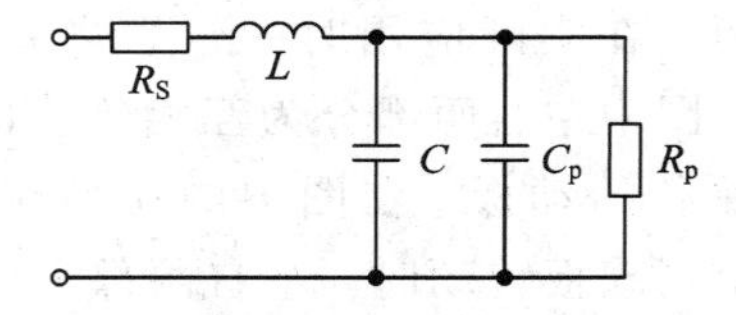

图 10.10 电容传感器的等效电路

10.2.2 交流电桥

交流电桥是电容传感器最基本的测量电路。

在第二章 2.4.3 中，从交流电桥的一般形式(如图 10.11(*a*)所示)得到输出电压的特性方程为

$$\dot{U}_{sc} = \dot{U}\frac{Z_1 Z_4 - Z_2 Z_3}{(Z_1 + Z_2)(Z_3 + Z_4)}$$

若$Z_1 = C_1$，$Z_2 = C_2$，$Z_3 = Z_4 = R$，如图 10.11(*b*)所示，可得

$$\dot{U}_{sc} = \frac{1}{2}\dot{U}\frac{C_2 - C_1}{C_2 + C_1}$$

若C_1为敏感电容，$C_1 = C_0 - \Delta C$，$C_2 = C_0$，则

$$\dot{U}_{sc} = \frac{1}{4}\dot{U}\frac{\Delta C}{C_0}$$

若 C_1、C_2 均为敏感电容并接成差动形式，$C_1=C_0-\Delta C$，$C_2=C_0+\Delta C$，则

$$\dot{U}_{sc} = \frac{1}{2}\dot{U}\frac{\Delta C}{C_0} \tag{10.7}$$

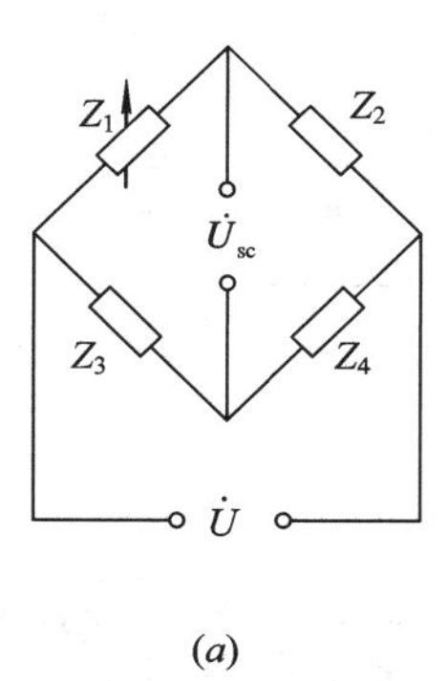

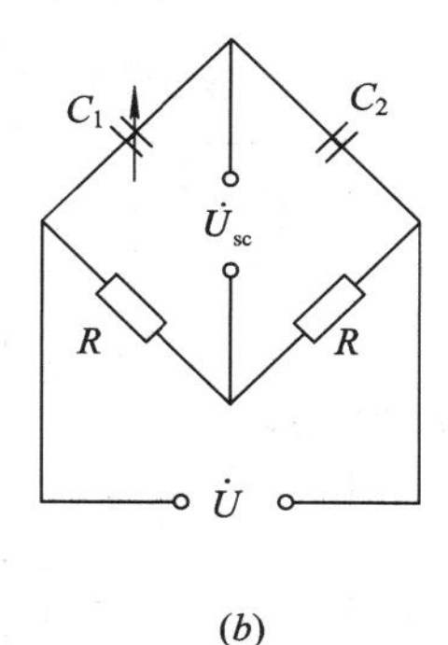

图 10.11　交流电桥

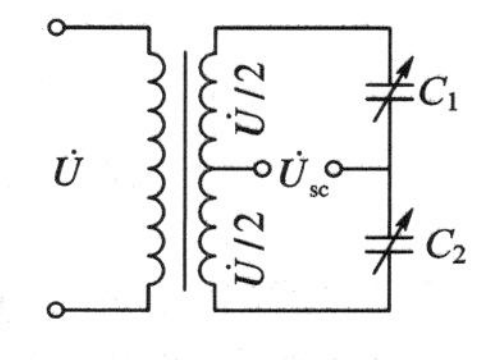

图 10.12　变压器电桥

可见，采用差动式连接，灵敏度可提高一倍。

在实际应用中，交流电桥大多数采用变压器的形式，称为变压器电桥，其原理如图 10.12 所示，相当于图 10.11(*b*)中的 R_3、R_4 换成等臂电感。若敏感电容并接成差动形式，电桥的空载输出电压为

$$\dot{U}_{sc} = \frac{1}{2}\dot{U}\frac{C_2-C_1}{C_2+C_1} = \frac{1}{2}\dot{U}\frac{\Delta C}{C_0}$$

上面两种电桥电路虽然能将电容的变化转化为电压的变化，但无法判定电压的相位(无法判定极板移动的方向)。如果要判定电压的相位，还要把桥式转换电路的输出经相敏检波电路进行处理。

10.2.3　调频电路

把电容式传感器与 LC 振荡器谐振回路中电容并联，当传感器电容量发生变化时，振荡器的振荡频率就发生变化。由测量频率的变化量可以计算出电容量的变化量，从而得知输入量的变化量。

图 10.13 为调频电路原理图。图中敏感振荡器的振荡频率为

$$f = \frac{1}{2\pi\sqrt{LC_Z}}$$

式中，$C_Z=C_1+C_2+C$ 为振荡回路的总电容，其中 C_1 为振荡回路固有电容，C_2 为传感器引线分布电容，$C=C_0-\Delta C$ 为传感器的电容。当被测信号为 0 时，$\Delta C=0$，则 $C_Z=C_1+C_2+C_0$，所以振荡器有一个固有频率 f_0，其表示式为

$$f_0 = \frac{1}{2\pi\sqrt{(C_1+C_2+C_0)L}}$$

当被测信号不为 0 时，$\Delta C\neq0$，振荡器频率有相应变化，此时频率为

$$f=\frac{1}{2\pi\sqrt{(C_1+C_2+C_0-\Delta C)L}}=f_0+\Delta f$$

可见，频率随电容的变化是非线性的，需要作相应的校正。但不易直接校正频率，通常要将频率的变化转换为成正比例关系的振幅变化(如图 10.13(a)所示)，或将频率变化转换成数字输出(如图 10.13(b)所示)进行处理。

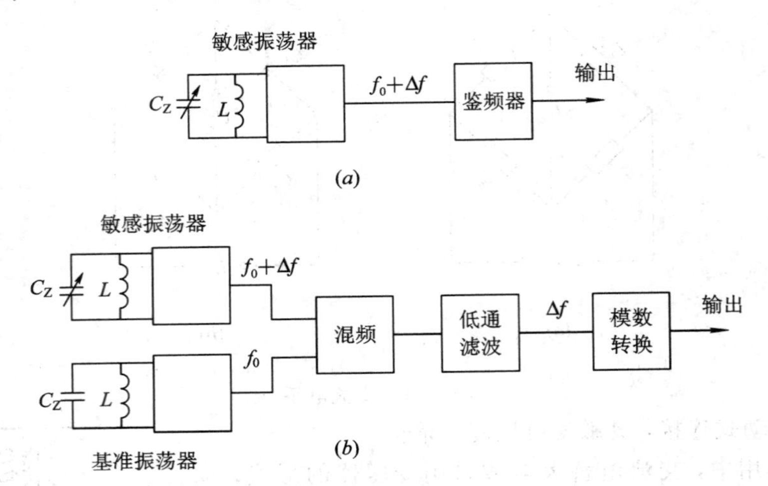

图 10.13 调频电路原理图

调频电容传感器测量电路信号易于转换为数字输出，并与计算机连接，具有较高的灵敏度，可以测量高至 0.01 μm 级位移变化量，抗干扰能力强，便于遥测遥控。

10.2.4 运算放大器电路

运算放大器有很高的放大倍数，又有很高的输入阻抗，是电容式传感器较为理想的测量电路。

图 10.14 为运算放大器电路原理图。图中，传感器电容 C 跨接在高增益运算放大器的输入端和输出端之间。由运算放大器工作原理可知，当运算放大器输入阻抗很高、增益很大时有

$$\frac{\dot{U}_o}{\dot{U}_i}=-\frac{Z}{Z_i}=-\frac{C_i}{C}$$

图 10.14 运算放大器电路原理图

式中，$\dot{U}_i$为信号源电压，C_i为固定电容，负号表示输出电压 $\dot{U}_o$的相位与信号源电压相反。对变极距型电容传感器($C=\varepsilon A/d$)，可得

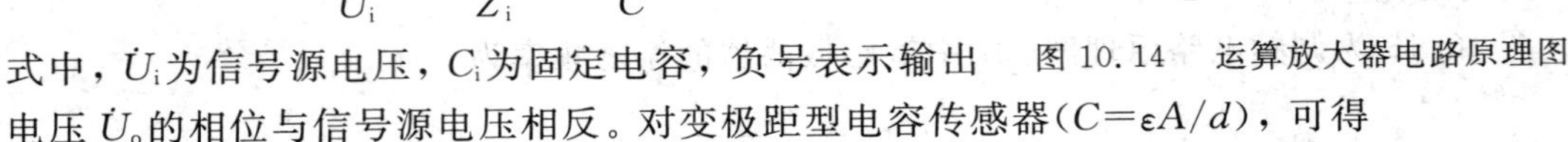

$$\dot{U}_o=-\frac{C_i d}{\varepsilon A}\dot{U}_i$$

可见，运算放大器的输出电压与极板间距离 d 成正比，解决了单个变极距离电容传感器的非线性问题。上式表明，输出电压 $\dot{U}_o$与信号源电压 $\dot{U}_i$、固定电容 C_i 以及传感器电容 C 的其它参数 ε 和 A 有关，这些参数的波动都会引起误差。实际使用时，要求信号源电压 $\dot{U}_i$的幅值和固定电容 C_i值必须稳定。

10.2.5　双 T 二极管交流电桥

图 10.15 为双 T 二极管交流电桥原理图。图中，U 是高频电源，V_{D1}、V_{D2} 为特性完全相同的两只二极管，固定电阻 $R_1=R_2=R$，C_1、C_2 为传感器的两个差动电容，R_L 为负载电阻。

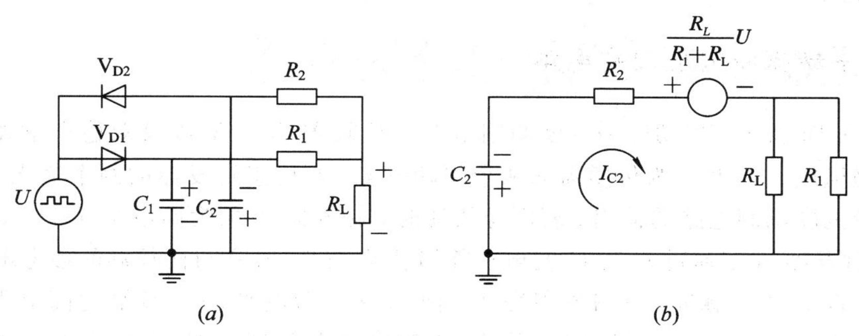

图 10.15　双 T 二极管交流电桥原理图

电路工作原理是利用电容的充放电。当 U 为正半周时，二极管 V_{D1} 导通、V_{D2} 截止，电容 C_1 充电。当 U 为负半周时，V_{D2} 导通、V_{D1} 截止，电容 C_2 充电，电容 C_1 上的电荷通过电阻 R_1、负载电阻 R_L 和 R_2 放电。在随后的正半周，C_2 通过电阻 R_2、负载电阻 R_L 和 R_1 放电，流过 C_2 的电流为 I_{C2}，同时，电源经 R_1 向负载电阻 R_L 供电，电压为 $R_LU/(R_1+R_L)$，设电源是理想的恒压电源，二极管为理想的二极管，则其等效电路如图 10.15(b)所示。由 $R_1=R_2=R$，可得流过电容 C_2 的电流为

$$I_{C2}=U\frac{1+\frac{R_L}{R+R_L}}{R+\frac{RR_L}{R+R_L}}\exp\left[\frac{-t}{\left(R+\frac{RR_L}{R+R_L}\right)C_2}\right]$$

正半周流过电容 C_2 的平均电流为

$$\overline{I}_{C2}=\frac{1}{T}\int_0^{\frac{T}{2}}I_{C2}\,\mathrm{d}t\approx\frac{1}{T}\int_0^{\infty}I_{C2}\,\mathrm{d}t=U\frac{1}{T}\frac{R+2R_L}{R+R_L}C_2$$

同样可得负半周流过电容 C_1 的平均电流为

$$\overline{I}_{C1}=U\frac{1}{T}\frac{R+2R_L}{R+R_L}C_1$$

故在一个周期内流过负载 R_L 上的平均电流产生的电压为

$$\overline{U}_L=\frac{RR_L}{R+R_L}(\overline{I}_{C1}-\overline{I}_{C2})=\frac{U}{T}\frac{RR_L(R+2R_L)}{(R+R_L)^2}(C_1-C_2)$$

当 R_L 已知，上式中

$$\frac{RR_L(R+2R_L)}{(R+R_L)^2}=\mathrm{K}$$

为常数，则

$$\overline{U}_L=KUf(C_1-C_2)$$

式中，f 为电源频率。从上式可知，输出电压 $\overline{U}_L$ 不仅与电源电压幅值和频率有关，而且与 T 形网络中的电容 C_1 和 C_2 的差值有关。当电源电压和频率确定后，输出电压 $\overline{U}_L$ 与电容 C_1

和 C_2 的差值成正比。

电路的灵敏度与电源电压幅值和频率有关，故电源要稳定。当 U 幅值较高，使二极管 V_{D1}、V_{D2} 工作在线性区域时，测量的非线性误差很小。电路的输出阻抗与电容 C_1、C_2 无关，而仅与 R_1、R_2 及 R_L 有关，约为 1～100 kΩ。输出信号的上升沿时间取决于负载电阻。对于 1 kΩ 的负载电阻上升时间为 20 μs 左右，可用来测量高速的机械位移。

10.2.6 差动脉冲宽度调制电路

如图 10.16 所示，差动脉冲宽度调制电路由比较器 A_1、A_2 以及双稳态触发器和电容充放电回路组成。C_1 和 C_2 为传感器的两个差动电容，双稳态触发器的两个输出端 A、B 作为差动脉冲宽度调制电路的输出。若电源接通时，触发器 A 端为高电平(U_1)，B 端为低电平(0)，则触发器 A 端通过 R_1 对 C_1 充电；当 M 点电位 U_M 升到与比较器的参考电压 U_i 相等时，比较器 A_1 产生一脉冲，使触发器翻转，使 A 端为低电平(0)，B 端为高电平(U_1)。此时，电容 C_1 通过二极管 V_{D1} 迅速放电至零，而触发器由 B 端经 R_2 对 C_2 充电；当 N 点电位 U_N 与比较器的参考电压 U_i 相等时，比较器 A_2 输出一脉冲使触发器又翻转一次，则 A 端为高电平(U_1)，B 端为低电平(0)，从而循环上述过程。

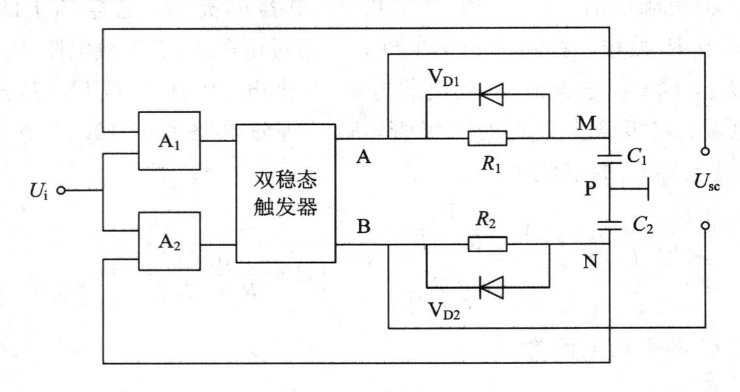

图 10.16 脉冲宽度调制电路图

可以看出，电路充放电的时间，即触发器输出方波脉冲的宽度受电容 C_1、C_2 调制。当 $C_1=C_2$ 时，各点的电压波形如图 10.17(a)所示，A 和 B 两端电平的脉冲宽度相等，两端间的平均电压为零。当 $C_1>C_2$ 时，则 C_1、C_2 的放电时间常数不等，A 端电平的脉冲宽度大于 B 端，各点的电压波形如图 10.17(b)所示，两端间的平均电压不再为零。

由电容充电公式

$$U_i = U_1(1-e^{-\frac{T_1}{R_1C_1}}), \quad U_i = U_1(1-e^{-\frac{T_2}{R_2C_2}})$$

可得，A、B 端电平的脉冲宽度分别为

$$T_1 = R_1C_1\ln\frac{U_1}{U_1-U_i}, \quad T_2 = R_2C_2\ln\frac{U_1}{U_1-U_i}$$

A、B 端电压的平均值分别为

$$U_{AP} = \frac{T_1}{T_1+T_2}U_1, \quad U_{BP} = \frac{T_2}{T_1+T_2}U_1$$

输出电压的平均值为

$$\overline{U}_{sc}=U_{AP}-U_{BP}=\frac{T_1-T_2}{T_1+T_2}U_1$$

$\overline{U}_{sc}$可由A、B两点电压经低通滤波得到。

若$R_1=R_2=R$，则

$$\overline{U}_{sc}=\frac{C_1-C_2}{C_1+C_2}U_1 \tag{10.8}$$

这种电路具有线性输出，不需要载频和附加解调线路，输出信号只需要通过低通滤波器简单引出，只需要一稳定度较高的直流电源。

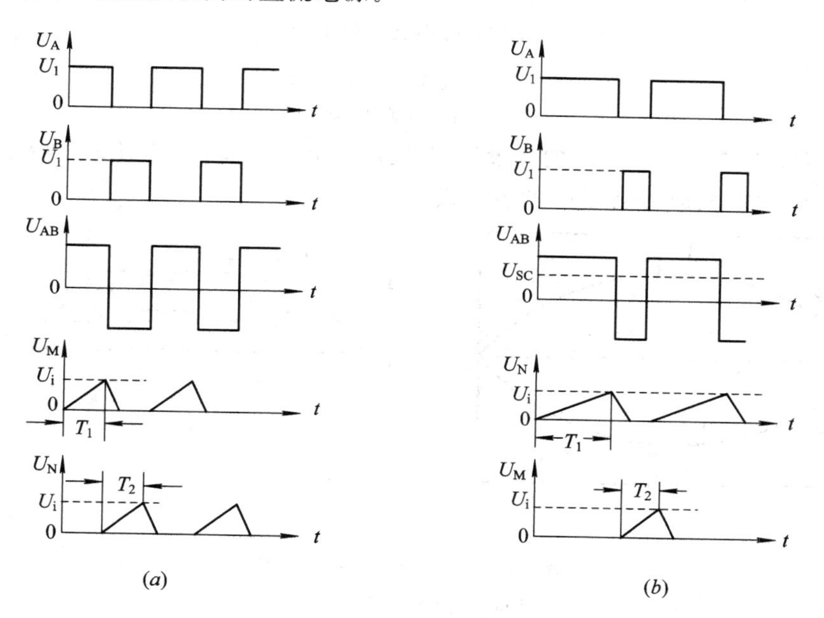

图10.17 各点电压波形图

10.3 电容式传感器及其应用

随着电子技术的发展，电容式传感器实际应用的关键技术问题逐步得到解决，从而推动了电容式传感器的实际应用。电容式传感器广泛应用于精确测量位移、厚度、角度、振动以及测量力、压力、差压、流量、成分、液位等量。电容式传感器的原理和MEMS技术的结合，使其在汽车、移动电子和家电等领域的应用得到迅速发展。

10.3.1 电容式压力传感器

图10.18(*a*)为一种差动型电容式压力传感器结构图。绝缘体(一般为玻璃或陶瓷)球冠面上镀有金属层作为电容的两个定极片，球冠底部加有预张力的弹簧片作为动极片。在压差作用下，膜片凹向压力小的一面，于是电容量发生变化。球冠定极片可以在压力过载时保护膜片。

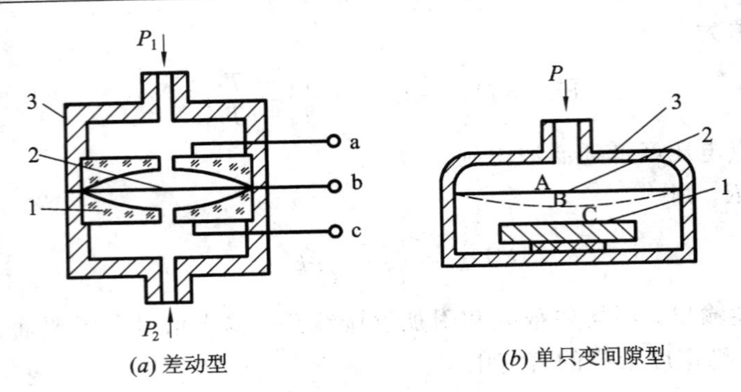

图 10.18　电容式压力传感器

(a) 差动型；(b) 单只变间隙型

下面先推导如图 10.19 所示的球冠面(粗线部分镀有金属)和球冠底(弹簧片未受压差作用时的初始位置)构成的电容 C_0 的表达式。

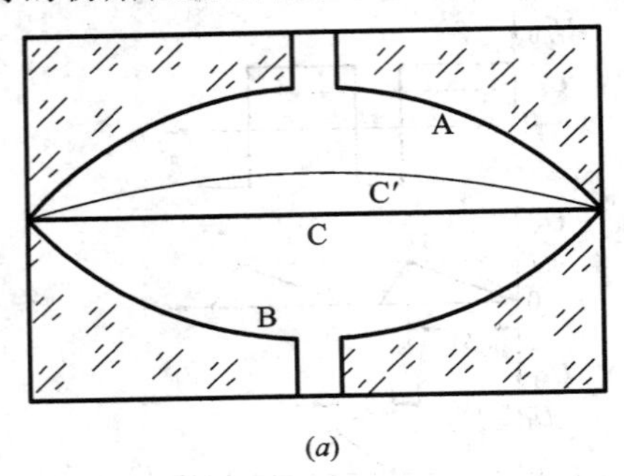

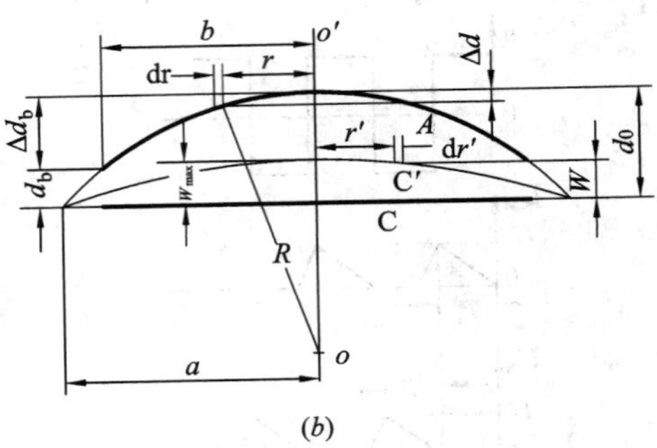

图 10.19　球冠一平面电容器

(a) 结构示意图；(b) 电容计算图

如图 10.19(b)所示，距对称轴 r 处、宽为 dr 的窄带环形面元与球冠底构成的电容为

$$\mathrm{d}C_0=\frac{\varepsilon 2\pi r\ \mathrm{d}r}{d_0-\Delta d}$$

式中，d_0 为球冠一平面电容器电极间的最大距离，Δd 为窄带环形面与球冠顶点的距离。由图 10.19 可知

$$r^2=R^2-(R-\Delta d)^2=\Delta d(2R-\Delta d)$$

得

$$\Delta d=\frac{r^2}{2R-\Delta d}\approx\frac{r^2}{2R}$$

式中，R 为球面的曲率半径。则电容为

$$C_0=\int_0^b\frac{\varepsilon 2\pi r\ \mathrm{d}r}{d_0-\Delta d}=2\pi\varepsilon\int_0^b\frac{r}{d_0-\dfrac{r^2}{2R}}\ \mathrm{d}r=2\pi R\varepsilon\ \ln\left(d_0-\frac{r^2}{2R}\right)\Bigg|_b^0$$

$$=2\pi R\varepsilon\left[\ln d_0-\ln\left(d_o-\frac{b^2}{2R}\right)\right]=2\pi R\varepsilon\left[\ln d_0-\ln d_b\right]$$

$$=2\pi R\varepsilon\ \ln\left(\frac{d_0}{d_b}\right)\tag{10.9}$$

式中，d_b为球冠一平面电容器电极间的最小距离。

下面再来求电容 $C_{C'C}$。距对称轴 r'处，宽为 dr'的环形窄带面元与球冠底构成的电容为

$$dC_{C'C} = \frac{\varepsilon 2\pi r' dr'}{w} \tag{10.10}$$

式中，w 为弹簧片的挠度。弹簧片可看作为弹性薄板，在压差($p_2 - p_1$)作用下弹性薄板的挠度公式为

$$w_s(q, r) = \frac{p_2 - p_1}{64D}(a^2 - r'^2)^2$$

式中，a 是弹簧片的半径，D 为弹簧片的刚度。将上式代入式(10.10)并积分，得

$$C_{C'C} = \varepsilon 2\pi \int_0^b \frac{r' dr'}{\frac{p_2 - p_1}{64D}(a^2 - r'^2)} = \frac{\varepsilon\pi 64D}{p_2 - p_1}\int_b^0 \frac{d(a^2 - r'^2)}{a^2 - r'^2}$$

$$= \frac{\varepsilon\pi 64D}{p_2 - p_1} \ln \frac{a^2}{a^2 - b^2} \tag{10.11}$$

如果弹簧片在压差作用下由初始位置向上位移形成曲面 C′，则下侧电容由 C_{CB}减小为 $C_{C'B}$，上侧电容由 C_{AC}增大为 $C_{AC'}$。电容 $C_{C'B}$可看成 C_{CB}和 $C_{C'C}$的串联

$$C_{C'B} = \frac{C_{CB} C_{C'C}}{C_{CB} + C_{C'C}}$$

电容 C_{AC}可看成 $C_{AC'}$和 $C_{C'C}$的串联，从而可得

$$C_{AC'} = \frac{C_{AC} C_{C'C}}{C_{C'C} - C_{AC}}$$

式中，$C_{AC} = C_{CB} = C_0$(初始电容)，即

$$C_{C'B} = \frac{C_0 C_{C'C}}{C_{C'C} + C_0}, \quad C_{AC'} = \frac{C_0 C_{C'C}}{C_{C'C} - C_0}$$

若采用差动输出

$$\Delta C = C_{AC'} - C_{C'B} = \frac{2C_0^2 C_{C'C}}{C_{C'C}^2 - C_0^2} \approx \frac{2C_0^2}{C_{C'C}} \tag{10.12}$$

将式(10.11)代入式(10.12)，得

$$\Delta C = \frac{(p_2 - p_1)C_0^2}{\varepsilon\pi 32D \ln \frac{a^2}{a^2 - b^2}} \tag{10.13}$$

图 10.18(b)是单只变间隙型电容式压力传感器。如图所示，加有预张力的弹簧片(动极板)在压力的作用下改变了其与定极板之间的间隙，极板间的间隙改变使电容发生变化。由图可知，传感器未受压力作用时的电容 $C_{AC} = C_0$，为平行板电容器的电容

$$C_{AC} = \frac{\varepsilon A}{d_0}$$

式中，A 为定极板的有效面积，d_0为定极板与弹簧片之间的间隙。弹簧片(动极板)在压力的作用下，凹向下至 B 位置，此时动、定极板之间的电容为 C_{BC}。为求得 C_{BC}，可将 C_{AC}看成 C_{AB}和 C_{BC}的串联，有

$$C_{AC} = \frac{C_{AB} C_{BC}}{C_{AB} + C_{BC}}$$

得

$$C_{BC} = \frac{C_{AB}C_{AC}}{C_{AB} - C_{AC}} = \frac{C_{AB}C_0}{C_{AB} - C_0}$$

$$\Delta C = C_{BC} - C_0 = \frac{C_0^2}{C_{AB} - C_0} = \frac{C_0^2}{C_{AB}\left(1 - \frac{C_0}{C_{AB}}\right)} \approx \frac{C_0^2}{C_{AB}} \tag{10.14}$$

式中，C_{AB}可由式(10.11)得到

$$C_{AB} = \frac{\varepsilon\pi 64D}{p} \ln \frac{a^2}{a^2 - b^2}$$

式中，a 为弹簧片的半径，b 为定极片的半径。则得

$$\Delta C = \frac{pC_0^2}{\varepsilon\pi 64D \ln \frac{a^2}{a^2 - b^2}} \tag{10.15}$$

其灵敏度与初始电容有关，一般在动态范围和非线性允许的情况下，将初始间隙 d_0 取得尽量小，以便获得高的灵敏度。

对比式(10.12)和式(10.14)可知，差动型电容式压力传感器的灵敏度是单只变间隙型电容式压力传感器的两倍。差动型电容式压力传感器采用 LC 振荡器调频电路，可以测量 0～0.75 Pa 的压力，响应时间为 100 ms。传感器的动态响应主要取决于弹簧片的固有频率。

10.3.2 电容式称重传感器

电容式称重传感器有多种结构形式，基本原理都是利用称重时弹性体受力变形，使动极板发生位移，导致传感器电容量变化。

图 10.20(a)为一种电子吊秤用电容式称重传感器示意图。动极板和定极板通过绝缘材料分别置于扁环形弹性体内腔的上下平面上。称重时，弹性体受力变形，使极板位移，导致传感器电容量变化。传感器通常配接调频电路，振荡器的振荡频率变化经计数、编码，传输到显示部分。

图 10.20(b)为另一种电子秤用电容式称重传感器示意图。在弹性钢块上高度相同处开一排圆孔，在孔内用粘结剂固定 T 形绝缘体再固定铜箔电极，形成一排平行的平行板电容，当钢体上端面承受重量时，圆孔变形，使每个圆孔中的电容极板间的间隙变小，其电容相应增大。由于在电路上各电容是并联的，因此所测得的结果是平均作用力的变化，测量误差大为减小。

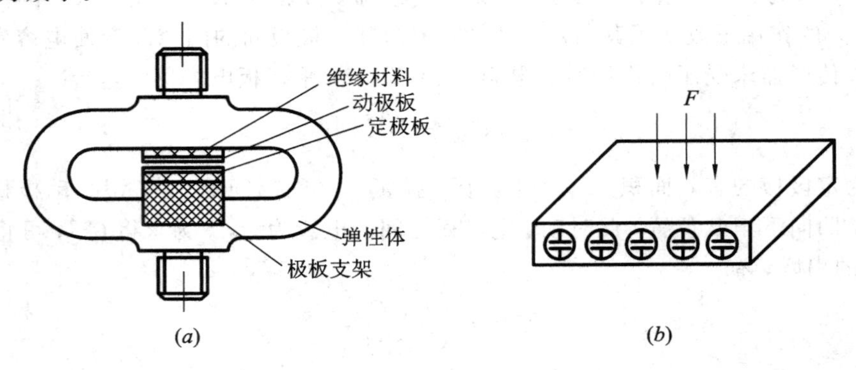

图 10.20 电容式称重传感器结构示意图

10.3.3　电容式位移传感器

图10.21为一种变面积型电容式位移传感器。传感器采用差动式结构，两个由绝缘体隔开的圆筒形固定电极通过绝缘体固定在壳体上，比定电极直径稍小的动定极通过绝缘体与测杆固定在一起。开槽模片用以承受横向应力和弯矩。测杆与被测物相连，当被测物移动时，动电极随被测物位移而轴向移动，从而改变活动电极与两个固定电极之间的覆盖面积，使电容发生变化。

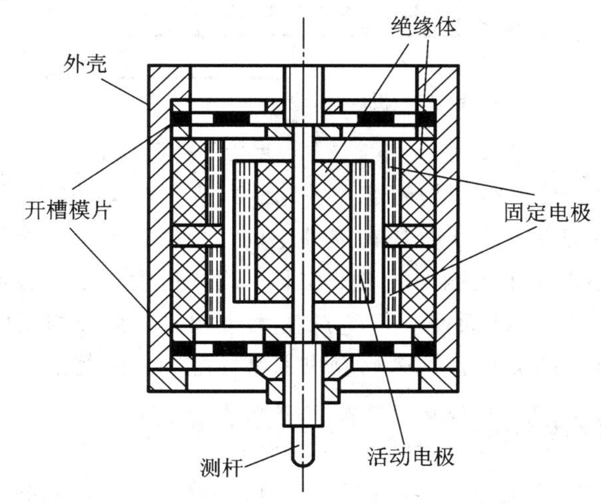

图10.21　电容式位移传感器

内径 R_1、外径 R_2、长 l 的圆管电容器的初始电容为

$$C_0 = \frac{\varepsilon 2\pi l}{\ln \dfrac{R_2}{R_1}}$$

若动极板沿轴向，垂直向下移动 Δl，在移动过程中，极距保持不变，上下两电容一减一增

$$C_1 = \frac{\varepsilon 2\pi (l - \Delta l)}{\ln \dfrac{R_2}{R_1}}, \quad C_2 = \frac{\varepsilon 2\pi (l + \Delta l)}{\ln \dfrac{R_2}{R_1}}$$

电容总的变化量为

$$\Delta C = C_2 - C_1 = \frac{\varepsilon 4\pi \Delta l}{\ln \dfrac{R_2}{R_1}}$$

灵敏度为

$$k(\Delta l) = \frac{\Delta C}{\Delta l} = \frac{4\pi\varepsilon}{\ln \dfrac{R_2}{R_1}} = \text{常数}$$

从上式可知，电容变化量与输入位移成正比，其灵敏度为一常数。该传感器有良好的线性度，而且其量程不受线性范围的限制，适合测量较大的直线位移。

10.3.4　电容式加速度传感器

如图10.22所示为一种电容式加速度传感器原理图。在两个定极板间有一个用弹簧片支撑的质量块，质量块的两端面经抛光后作为动极板，壳体内常充以空气或其他气体作阻尼物质。两个电容器 C_1、C_2 构成差动式结构。

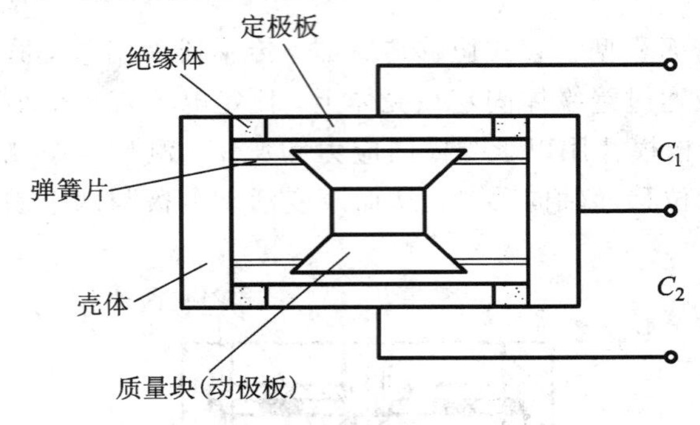

图 10.22 电容式加速度传感器原理图

测量时，传感器的壳体与待测物固定在一起。当待测物运动时，传感器壳体与待测物沿垂直方向以同一加速度运动，质量块在惯性空间中相对静止，两个固定电极相对于质量块在垂直方向产生大小正比于被测加速度的位移。此位移使两个电容器极板间的间隙发生变化，一个增加，一个减小，从而使 C_1、C_2 产生大小相等、符号相反的正比于被测加速度的增量。电容式加速度传感器具有频率响应快和量程范围大的特点。

10.3.5 电容式液位传感器

电容式液位传感器常称为电容式液位计，是利用被测液面高低的变化引起电容大小变化的原理进行测量的一种变介质型电容传感器。同样的原理也可进行其他种类的物位测量。电容式液位计的结构形式很多，有平极板式、同心圆柱式等。电容式液位计的安装形式因被测介质性质不同而有所差别。它的适用范围非常广泛，对介质本身性质的要求不像其他方法那样严格，对导电介质和非导电介质都能测量，可作液位控制器，也可用于连续测量。此外，还能测量有倾斜晃动及高速运动的容器的液位。电容式液位计的这些特点决定了它在液位测量中的重要地位。

图 10.23(*a*)为用于测量非导电介质的同轴双层电极电容式液位计。内电极和与之绝缘的同轴金属圆筒组成电容的两极，外电极上开有很多流通孔使液体容易流入两极板之间。

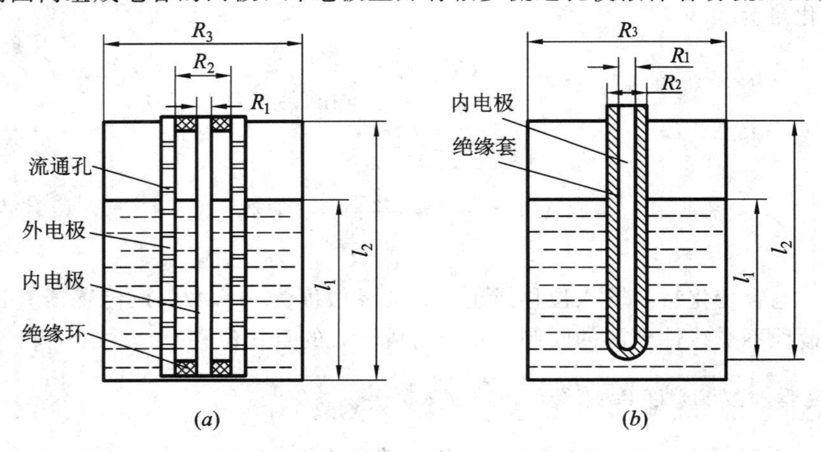

图 10.23 电容式液位传感器原理图

图 10.23(*b*)为用来测量导电液体的单电极电容液位计，它只用一根金属导电圆柱体作为电容器的内电极(一般用紫铜或不锈钢)，外套绝缘套(一般用聚四氟乙烯塑料管或涂敷搪瓷)，利用导电液体和容器壁构成电容器的外电极。

上述两种电容式液位计，实际上都是利用圆筒电容器电容大小的变化，得到被测液面高低的变化，进而测量液位高低。设液位位置如图 10.24 所示，此时传感器的电容为两个圆筒电容器的并联

$$
\begin{aligned}
C &= C_1 + C_2 = \frac{\varepsilon_1 2\pi l_1}{\ln \dfrac{R_2}{R_1}} + \frac{\varepsilon_2 2\pi (l_2 - l_1)}{\ln \dfrac{R_2}{R_1}} \\
&= \frac{\varepsilon_2 2\pi l_2}{\ln \dfrac{R_2}{R_1}} + \frac{(\varepsilon_1 - \varepsilon_2) 2\pi l_1}{\ln \dfrac{R_2}{R_1}} \\
&= C_0 + \frac{(\varepsilon_1 - \varepsilon_2) 2\pi l_1}{\ln \dfrac{R_2}{R_1}}
\end{aligned}
$$

式中，C_0为无液体时的电容。有液体时的电容增量为

$$
\Delta C = C - C_0 = \frac{(\varepsilon_1 - \varepsilon_2) 2\pi l_1}{\ln \dfrac{R_2}{R_1}}
$$

由上式可知，电容增量正比于被测液位高度 l_1，两种介质的介电常数差别越大、R_1与 R_2相差越小，传感器的灵敏度就越高。

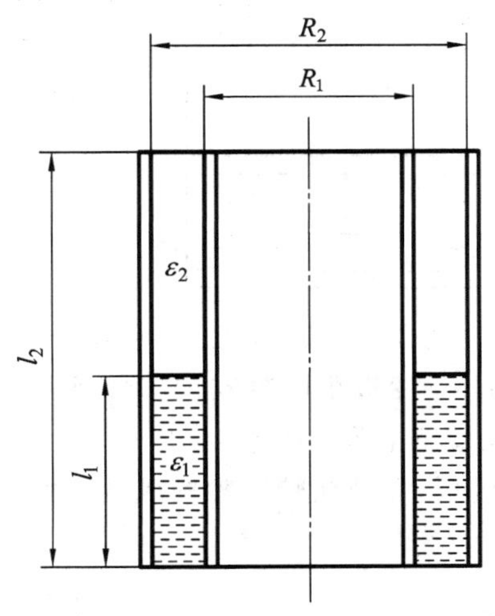

图 10.24　电容式液位传感器电容计算图

10.3.6　电容式传感器的其他应用简介

除前面详细介绍的之外，常用的电容式传感器还有以下几种：

(1) 湿敏电容传感器。湿敏电容传感器利用具有很大吸湿性的绝缘材料作为电容传感器的介质，在其两侧面镀上多孔性电极。湿敏电容传感器的电介质一般是由高分子材料制成的，常用的高分子材料有聚苯乙烯、聚酰亚胺、酪酸醋酸纤维等。当环境湿度发生改变

时，电容的介电常数发生变化，其电容量也发生变化，电容变化量与相对湿度成正比。

(2) 电容测厚传感器。电容测厚传感器亦称电容测厚仪(如图 10.25 所示)。电容测厚传感器应用于板材轧制装置中时，传感器上下两个极板与金属板材上下表面间构成敏感电容。当金属板材的厚度不同时，两极板的距离就不同，形成两个差动变化的电容，电容的变化可通过脉冲调宽电路转化为电压的变化。

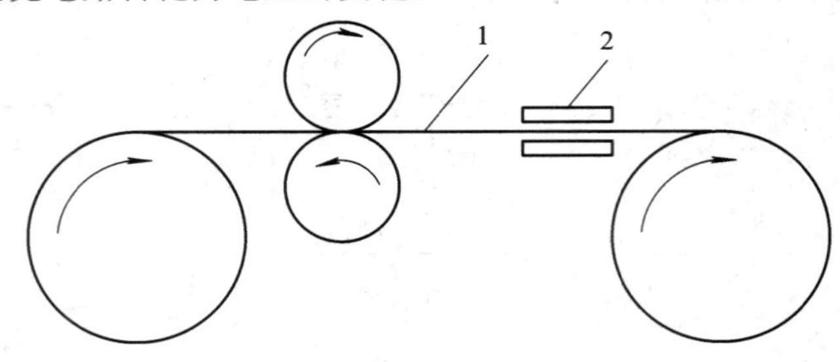

图 10.25　电容测厚仪

(3) 电容式接近开关。电容式接近开关的极板与大地间构成一个电容器，参与振荡回路工作。当检测物体接近作用表面时，回路的电容量发生变化，使高频振荡器减弱至停振，振荡器的振荡及停振这两个信号由电路转换成二进制的开关信号，从而起到开关作用。电容接近式开关常用于液面的检测与控制，如图 10.26 所示。

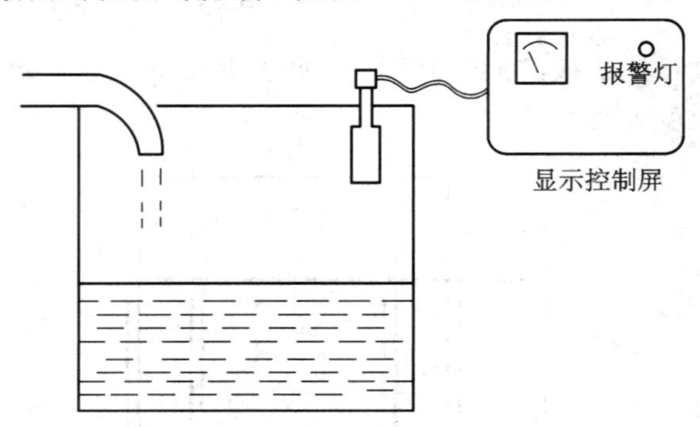

图 10.26　电容式接近开关在液位检测控制中的使用

(4) 电容式振动位移传感器。变极距电容式位移传感器用于测量振动位移时，电容探头(定极板)和被测振动物形成敏感电容，如图 10.27(*a*)所示。用于轴的回转精度和轴心动态偏摆测量时，电容探头(定极板)和被测转动轴构成敏感电容，如图 10.27(*b*)所示。

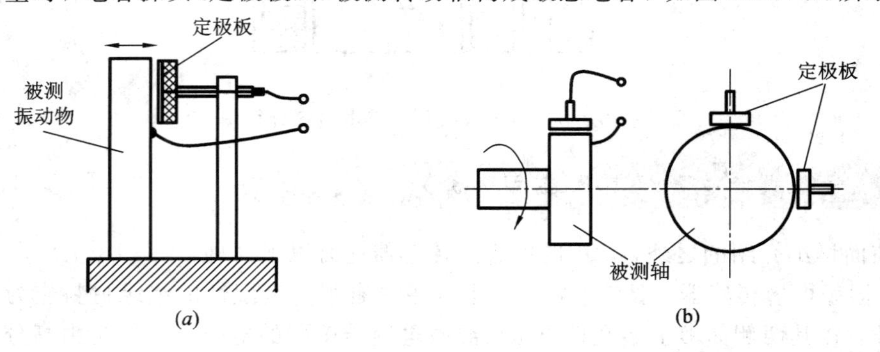

图 10.27　电容式振动位移传感器应用示意图
(*a*) 振动位移测量；(*b*)轴的回转精度和轴心动态偏摆测量

(5) 电容式转速传感器。电容式转速传感器可利用面积变化型和介质变化型两种原理进行测量。如图10.28(a)所示的装置，若用两个定极做敏感电容，插入其中的齿轮转动，便引起电容量的周期变化，可看成是变介质型。若用两个定极的其中之一和齿轮(动极板)组成敏感电容，则齿轮的转动引起电容量的周期变化，可看成是面积变化型。如图10.28(b)所示的装置，是由定极板和齿轮(动极板)组成敏感电容，当定极板与齿顶相对时，电容量最大；与齿隙相对时，电容量最小。齿轮转动时，电容量发生周期性变化，属于面积变化型。电容的变化通过测量电路可得到脉冲信号，脉冲频率反映了转速的大小。

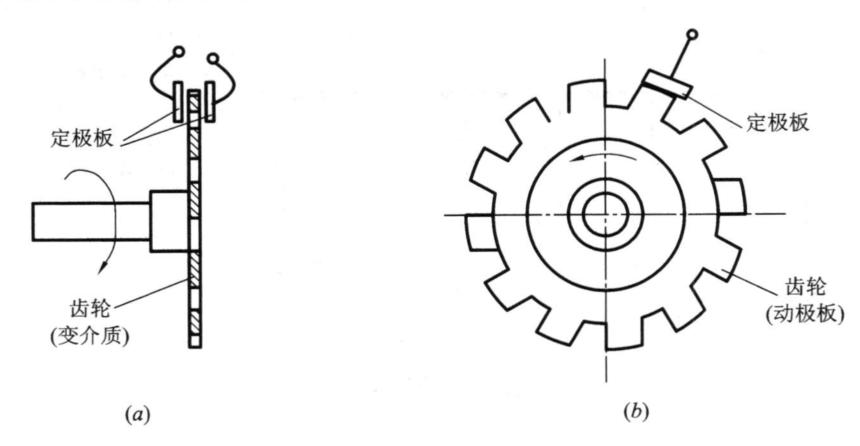

图10.28 电容式转速传感器原理图

(6) 电容式键盘，通过按键改变电极间的距离产生电容量的变化，暂时形成振荡脉冲允许通过的条件。这种开关是无触点非接触式的，磨损率极小。

(7) 电容传声器。电容传声器(麦克风)是常用的传声器，图10.29为其原理图。入射声波透过保护罩作用在振动膜片(动极板)上，引起振动膜片振动，使振动膜片与定极板间的电容量变化，电容量的变化通过前置放大器变换为与声压信号成正比的输出电压信号。在定极板上开孔是为了降低空气流阻抗，提高高频灵敏度。

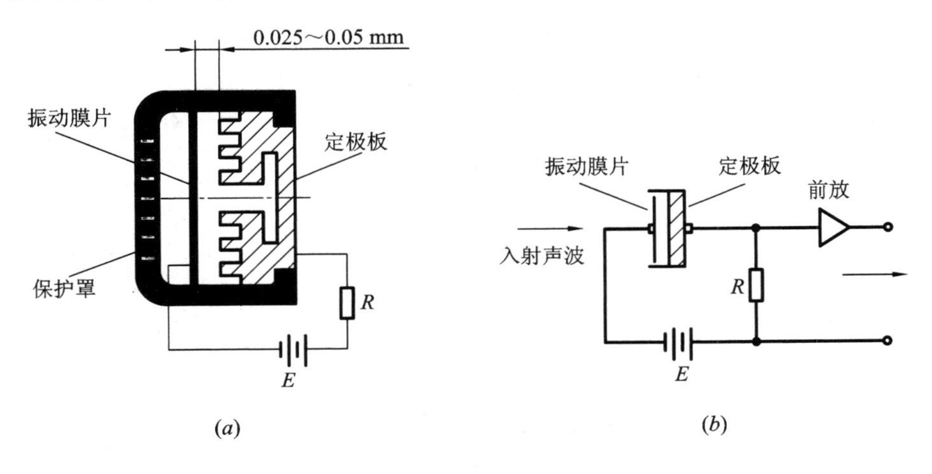

图10.29 电容传声器原理图

（8）电容指纹图像传感器。电容指纹图像传感器如图 10.30 所示。传感器阵列的每一点是一个金属电极，充当电容器的一极，按在传感面上的手指头的对应点则作为另一极，表皮形成两极之间的介电层。由于指纹的脊和谷相对于另一极之间的距离不同(纹路深浅的存在)，因此导致传感器阵列的各个电容值不同。测量并记录各点的电容值，就可以获得具有灰度级的指纹图像。

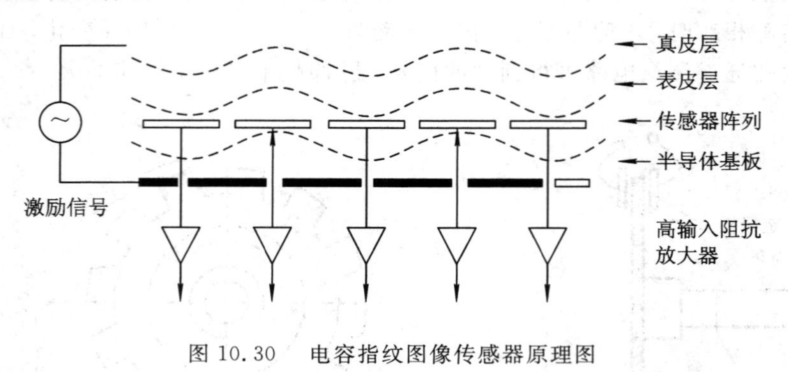

图 10.30　电容指纹图像传感器原理图

参 考 文 献

[1]　王化祥，张淑英．传感器原理及应用．天津：天津大学出版社，1988.
[2]　王万年，宋淑萍．电传感器应用手册．南京：江苏科学技术出版社，1987.
[3]　张福学，传感器应用及其电路精选(上册)．北京：电子工业出版社，1991.
[4]　高桥清，小长井诚．传感器电子学．秦起佑，蒋冰，译．北京：宇航出版社，1987.

第 11 章　Z—半导体敏感元件

进入信息化时代后，以数字技术支持的数字计算机已十分普及。现代数字计算机要求处理数字信号，而模拟传感器仍延袭传统的设计思想，它只能输出模拟信号，因此不得不把输出信号放大再加以 A/D 转换，即把模拟传感器加以数字化的方法与数字计算机相适应。从而致使信息采集与处理过程电路复杂、硬件成本增加。

数字时代需要数字传感器，Z—元件不但能输出模拟信号，还能输出开关信号或频率信号，即数字信号。Z—元件是发展高性能、多品种数字传感器的理想元件，特别适合开发新一代微型三端数字传感器。

11.1　Z—半导体敏感元件的由来与特点

11.1.1　由来

自 1993 年以来，Z—元件(Z—元件是俄罗斯传感器专家 V. D. Zotov 在 20 世纪 80 年代中期独家研制的专利技术，在全世界范围内无类似产品，属国际首创的高新技术前沿产品)在世界和我国引起轰动。这种元件正向输入直流电压，可得到幅值为输入电压 20%～40%的直流脉冲，频率随温度、湿度、磁场、流量、光强、射线等物理量变化，无需前置放大器和 A/D 转换直接得到数字信号(准确地说是脉冲信号)。它性能独特，完全区别于一般的半导体二极管和无源敏感元件(如热敏电阻)。它是一种有源非线性敏感元件。

1997 年中国科学院新疆物理研究所成立了 Z—元件研究小组，并研制出具有温度敏感和光敏感特性的频率输出元件，其特性同 Z—元件类似，但性能优于报道的 Z—元件，更重要的是制作工艺有明显的不同。由于其具有频率输出的特性且输出频率对温度敏感，因此为和 Z—元件区分且表明特点，特命名为 F 元件，即英文 Frequency 的首字母。

Z—半导体敏感元件(简称 Z—元件)是 20 世纪末刚刚出现的高新技术前沿产品。由于它特性新颖、市场潜力大、具有广阔的应用前景，已引起国内外广泛的关注和极大的兴趣。Z—元件主要有温敏、光敏和磁敏三种，目前力敏 Z—元件也已应用。本章详细介绍温敏 Z—元件的结构、特性、应用电路、工作原理和应用开发方向，以供广大读者了解 Z—元件，正确使用 Z—元件以备开发新产品时参考。本章还将简单介绍力敏 Z—元件。

Z—元件具有一系列优点，在信息产业界受到高度重视。它的应用电路极其简单，输出幅值大、灵敏度高、功耗低、抗干扰能力强，可分别输出模拟、开关或频率三种信号。当输出数字量信号时，它不需前置放大和A/D转换就可与计算机直接通讯，特别适合研制新一代微型三端数字传感器。这种新型数字传感器可使信息系统的硬件结构大为简化，有助于降低成本，提高可靠性，缩短研制周期，为用户新产品开发带来很大的方便。

温敏Z—元件的应用领域十分广阔，几乎可涉及国计民生各个部门。预期在航空航天、机器人、火灾探测、保安报警、家用电器、汽车电子、医疗保健、农业气象、光纤通讯、电力系统、仪器仪表、儿童玩具等领域将会得到广泛的应用。

Z—元件在正偏使用时，它具有一条"L"型伏安特性，在电压(或在温、光、磁等外部激励下)控制下，可从高阻状态迅速经过负阻区跳变到低阻状态。在反偏使用时，与常规PN结特性相似，但反向击穿电压很高，反向漏电流很小，具有低功耗特点。Z—元件能利用极其简单的电路，设定在不同的偏置状态，选择合适的静态工作点，可在温、光、磁等外部激励下，迅速产生灵敏度很高的与外部激励物理量成比例的开关量输出、频率脉冲输出或低功耗模拟量输出，这种优异的特性展示了Z—元件的开发潜力和应用前景。

11.1.2 特点

Z—半导体敏感元件是一种新型半导体敏感元件，它与其他敏感元件相比有如下突出的优点：

(1) 体积极小，特别适合研制微型电子装置。

(2) 反应灵敏，特别适合研制快速反应的电子装置。

(3) 工作电压低，工作电流小，特别适合研制便携式电子装置和本质安全型仪器。

(4) Z—元件应用电路目前在世界范围内是最简单的，可大幅度降低整机成本，而且由于它焊点少，因而故障率低，可提高整机可靠性。

(5) Z—元件应用电路统一规范，测量温度、磁场、光强等参数均用同一种简单电路，为用户的二次开发提供了极大的方便。

(6) Z—元件可直接输出频率信号，可与计算机直接连接，免除繁琐昂贵的中间环节，为用户降低整机成本提供了重要的前提。

(7) Z—元件是研制新一代"数字传感器"的理想元件，随着数字传感器的不断出现，在不久的将来可能促成传感器、仪器仪表结构和工业测控方式的重大变革。

(8) 可实现非接触测量。

11.2 温敏Z—元件的伏安特性

Z—元件是用电阻率为40～60 Ω·cm，厚度为50 μm的N型硅单晶，采用平面扩散工艺进行Al扩散以形成PN结，然后用$AuCl \cdot 4H_2O$溶液在高温下进行Au的扩散。制成的硅片进行单面打磨后，用化学方法镀上Ni电极以形成欧姆接触，然后划片切割，制取台面以减少漏电流，最后进行引线焊接和封装。

实际上Z—元件可以简化为一个PN结+敏感层的复合结构。该敏感层是由元件的扩金工艺制成的。对于Au在Si中的电学性质和对于掺金硅热敏电阻器的研究表明：Au在Si中为具有较大的扩散系数的深能级杂质，在距离价带顶0.35 eV处有一施主能级，在距离带底 0.45 eV 有一受主能级。无论是在 N 型硅还是在 P 型硅中 Au 均起到复合中心的作用，可以减少 Si 中的载流子浓度和提高电阻率并形成热敏电阻。该热敏层具有典型的体效应半导体的特征。

温敏 Z—元件是一种两端子有限热敏元件，它在 −25～+100℃的环境温度中具有较高的输出灵敏度，超过现今任何一种热敏元件。温敏 Z—元件的半导体结构如图 11.1(*a*)所示。其电路符号如图 11.1(*b*)所示，"+"号表示 P 区，即在正偏使用时接电源正极。图 11.1(*c*)为正向伏安特性，与一般 PN 结不同，该伏安特性具有"L"型特征。它可分成三个工作区：M_1 高阻区(详细又可分为线性区和非线性区)，M_2 负阻区，M_3 低阻区。它具有 4 个特征参数：U_{Th} 为阀值电压，I_{Th} 为阀值电流，U_f 为导通电压，I_f 为导通电流。M_1 区动态电阻很大，M_3 区动态电阻很小(近于零)，从 M_1 区到 M_3 区的转换时间很短(微秒级)，与其他具有"S"型的半导体器件相比，在形态上有显著区别，故称"L"型。温敏 Z—元件有两个稳定的工作状态：若静态工作点设定在 M_1 区，Z—元件处于稳定的高阻状态，作为开关元件在电路中相当于"阻断"。若静态工作点设定在 M_3 区，Z—元件将处于稳定的低阻状态，作为开关元件在电路中相当于"导通"。在正向伏安特性上 P 点是一个特别值得关注的点，特称为阀值点，坐标为：$P(U_{Th}, I_{Th})$。P 点对外部温度变化十分敏感，其灵敏度要比伏安特性上其他诸点要高许多。利用这一性质，在电路中通过电压控制使用工作点逼近阀值点或通过外部温度控制使阀值点逼近工作点，只要满足状态转换条件，都将引起工作状态的快速转换。温敏 Z—元件的反向伏安特性如图 11.1(*d*)所示。反向特性击穿电压很高(200～300 V)，反向电流很小(约十几微安到几十微安)；在常用反向电压 U_R 范围内，例如 U_R<36 V，反向特性线性良好，而且工作温度越低，线性度越好；当电源电压不变时，随温度升高，反向电流增加，具有正温度系数。温敏 Z—元件的反偏应用具有功耗低的特点，利用这一特点可开发低功耗温度传感器，或其他低功耗电子产品。

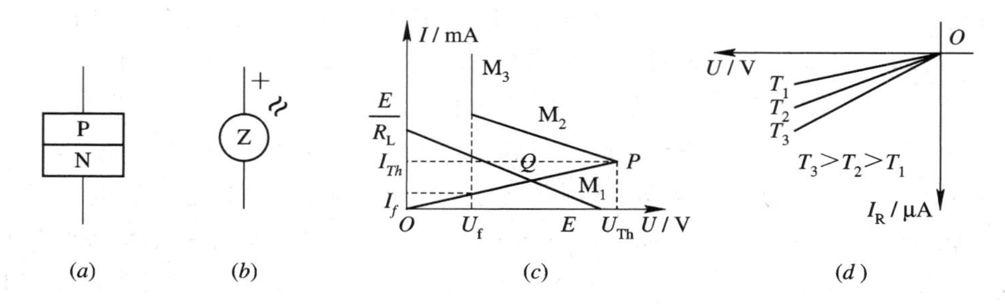

图 11.1　电路符号与伏安特性

11.3　基本应用电路

温敏 Z—元件的基本应用电路如图 11.2 所示。其中图 11.2(*a*)为 Z—元件正偏使用，可输出开关信号或模拟信号，用于温度越限报警或温度检测。图 11.2(*b*)为 Z—元件反偏使用，可输出模拟信号，用于温度检测，该检测电路具有低功耗的特点。图 11.2(*c*)为 Z—元件正偏使用，可输出与温度成比例的大幅值频率信号，它不需放大和 A/D 转换就可与计算机直接通讯，用于温度检测极为方便。图 11.2 所示的三种基本电路都是 Z—元件与无源元件的某种组合，电路极为简单而且规范。它们仅有三个端子：直流电源 E、输出 U_{out} 和地，可构成微型三端传感器。这种微型三端传感器按采用电路不同，可分别输出以温度为变量的模拟信号、开关信号和频率信号。其中后两种输出为数字信号，称为三端数字传感器。这种数字传感器，其输出信号不需放大，也不需经过 A/D 转换即是数字信号，因而可与计算机直接通讯。它使信息系统的硬件结构大为简化，为用户的系统设计带来极大的方便，必将成为未来信息采集系统的重要部件之一。

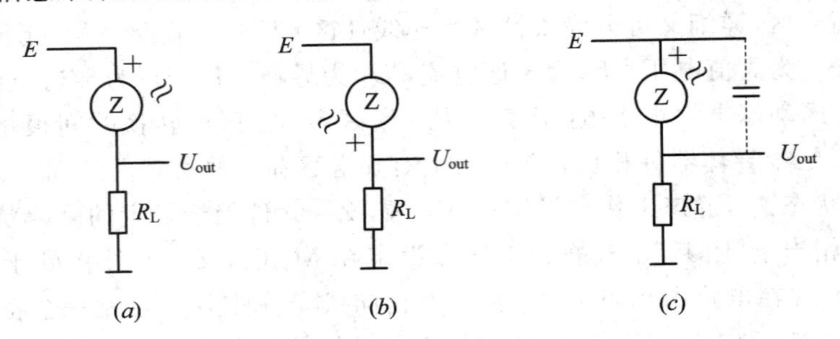

图 11.2　Z—元件的基本应用电路

11.4　应用开发的基本原理

11.4.1　应用开发综述

Z—元件应用电路包含 Z—元件在内，它仅用 2 个(或 3 个)电子元器件，改变不同的组合，采用不同的控制方式，就能输出多种不同的信号，实现不同的用途。利用温敏 Z—元件开发新产品，成本低、十分方便。在图 11.2 所示的电路结构中，Z—元件与负载电阻相串联，负载电阻 R_L 用于限制工作电流，并取出输出信号。Z—元件应用开发的基本原理，就在于控制 Z—元件的工作状态，通过工作电流的变化，改变 Z—元件与负载电阻 R_L 的压降分配，取出不同波形的输出信号。控制 Z—元件的工作状态，可通过恒定电压 E 下的温度控制，或者恒定温度下的电压控制两种方式实现，可分别开发出两种不同类型的新产品。若采取恒定电压下的温度控制，由于 Z—元件的伏安特性随温度改变将向左推移，只要满足状态转换条件就可实现 Z—元件工作状态的一次性转换或周期性转换。如果满足状态转换条件，实现 Z—元件工作状态的一次性转换，负载电阻 R_L 可输出开关信号；如果满足状态转换条件，实现 Z—元件工作状态的周期性转换，负载电阻 R_L 上可输出频率脉冲信号；如果在外部温度作用下，Z—元件的工作状态产生连续变化，则负载电阻 R_L 上可取出模拟信号。恒定温度下的电压控制与恒定电压下的温度控制具有雷同的物理本质，也能输出开关、模拟和频率脉冲信号，但实现的功能和应用领域完全不同。

11.4.2　状态转换条件

温敏 Z—元件采用的电路若输出模拟信号，可构成三端模拟传感器，它与常规模拟传感器相比，具有高灵敏度或低功耗特点，可用于温度检测。若输出开关信号或频率信号，则可构成新型三端数字传感器，用于温度监控报警或温度检测。三端数字传感器的工作本质是实现温敏Z—元件工作状态的转换，因此，必须首先了解它的状态转换条件。在图11.1(*c*)中由电源E和负载电阻R_L可决定一条直流负载线，该负载线即为温敏Z—元件工作状态的轨迹。负载线与伏安特性曲线的交点即为静态工作点Q，若静态工作点Q设定在M_1区或M_3区，其工作状态是稳定的；若静态工作点Q设定在M_2区，则工作状态就不稳定。为输出模拟信号或开关信号，静态工作点必须设定在M_1区；为输出频率信号，实现无稳态，静态工作点Q必须设定在M_2区。

温敏Z—元件是一种电压控制器件，其状态转换条件自然是一个电压表达式。实际上，只要实现静态工作点Q与阀值点P的“相汇”，就可实现工作状态的转换。若Z—元件两端的电压为U_Z，状态转换条件的电压表达式为$U_Z \geqslant U_{Th}$和$U_Z \leqslant U_f$。

若采用图11.2(*a*)所示电路，静态工作点Q设定在高阻M_1区。输出为低电平，可使温度升高(U_{Th}降低)或增高电压(U_Z增大)。当温敏Z—元件两端承受的电压$U_Z \geqslant U_{Th}$时，其工作状态会立即从M_1区可靠地跳变到M_3区，即从高阻态进入低阻态，其压降嵌位于U_f，输出为高电平，输出上跳变开关信号。反之，当满足$U_Z \leqslant U_f$时破坏了这种嵌位条件，又会立即从M_3区返回到M_1区，即从低阻态进入高阻态，输出恢复低电平。由此可引申：在图11.2(*a*)所示电路结构中，若把Z—元件与负载电阻互换位置，将会得到下跳变开关信号。在满足状态转换条件的前提下，实现工作状态的一次性转换，可得到开关量输出；实现工作状态的周期性转换，可得到频率输出。为实现工作状态的周期性转换，可借助一只辅助电容器C。该辅助电容器C利用寄生电容，通过工艺生产控制来实现。也可外接一只分立电容器构成的电路，如图11.2(*c*)所示。限流电阻大约在1 kΩ以上，电容大约在1 nF以上，通过电容C的充放电过程，可输出与温度(或电压)成比例的频率信号，频率范围为几百到几千Hz，输出幅度大约为电源电压的一半。脉冲输出的温度线性度很好。

11.4.3　基本应用举例

1. 基本应用

温敏Z—元件组态灵活，开发潜力大。基于上述的应用开发原理从表11.1～11.3可知：它包含温敏Z—元件在内，仅用2个(或3个)元器件，就能组合出12种电路结构，其中包括开关量、模拟量和频率脉冲三种输出方式，可相应输出12种波形，能实现温控开关、压(电压)控开关、模拟量输出温度传感器、低功耗模拟量输出温度传感器、频率输出温度传感器、电压频率变换器等6种基本应用，可广泛应用于温度检测、温度监控与报警，电压检测、电压监控与报警，把其他非电量变换成电压后也可间接应用于非电量检测、非电量监控与报警。其中温控开关和频率输出传感器将是温敏Z—元件应用的主导产品，具有广泛的应用前景；抑制温度影响是比较困难的，但也有解决的办法：可在恒温环境下使用，或者利用热敏负载电阻R_L进行温度补偿，或者构造一个局部恒温小环境，这种方法国内技术已经成熟，实践表明是有效的。

依据$U-I$曲线，我们对振荡频率进行了估算。使用参数有：电容C，限流电阻R，Z元件高阻时的阻值R_{bb}，电源电压E。

表 11.1　温敏 Z—元件基本应用

	产品名称	电路结构	输出波形	应 用 领 域
开关量输出	温控开关	图 A1	图 A2	温度控制与报警
		图 B1	图 B2	
	压控开关	图 C1	图 C2	电压控制与报警 非电量控制与报警
		图 D1	图 D2	
模拟量输出	温度传感器	图 E1	图 E2	温度检测
		图 F1	图 F2	
	低功耗温度传感器	图 G1	图 G2	温度检测
		图 H1	图 H2	
频率脉冲输出	温度频率变换器 (频率输出温度传感器)	图 I1	图 I2	温度检测
		图 J1	图 J2	
	电压频率变换器	图 K1	图 K2	电压检测 非电量检测
		图 L1	图 L2	

表 11.2　Z—元件的电路结构

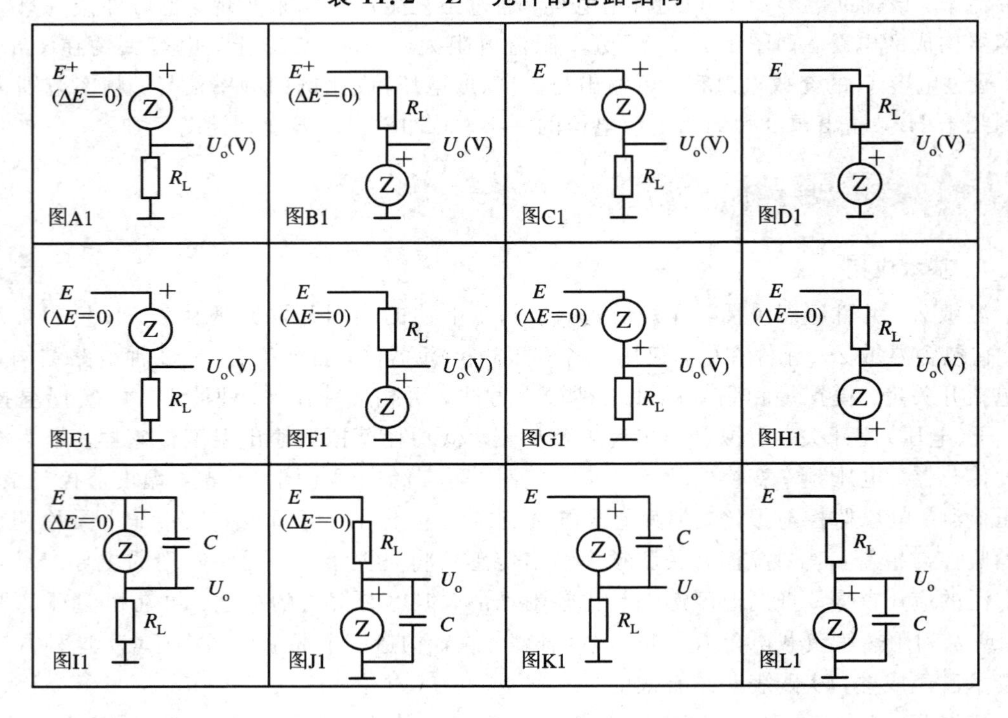

表 11.3　Z—元件的输出波形

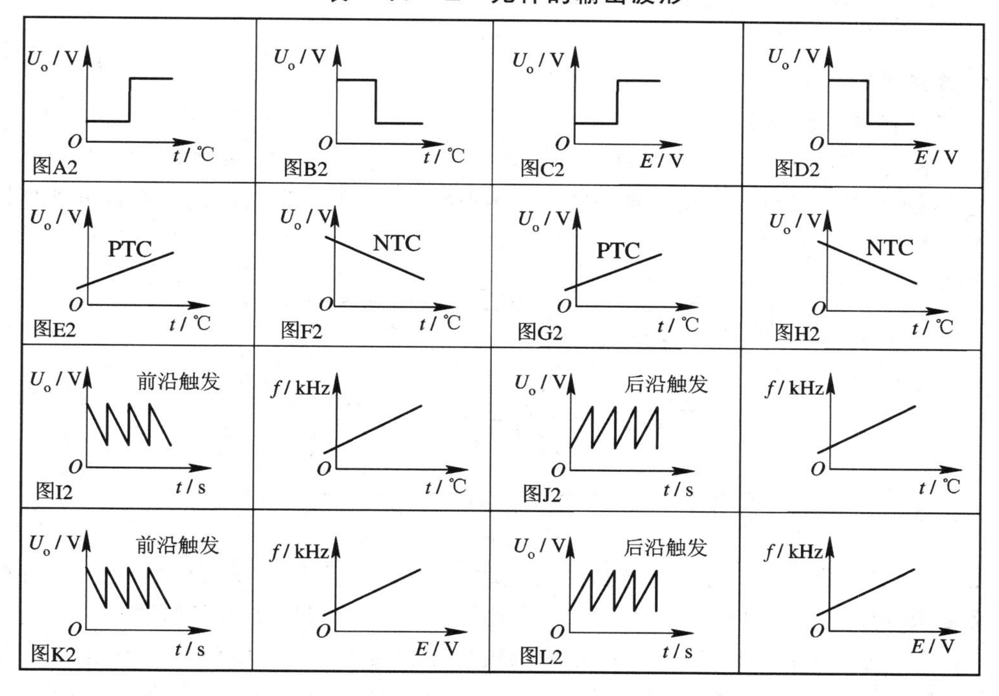

F 元件的阈值电压 U_{Th} 和导通电压 U_f，这两个参数从 $U-I$ 特性和脉冲输出波形上均可读出（F 元件的高阻 R_{bb} 和低阻态的电阻可由 $U-I$ 特性斜率来计算）。首先，要了解物理过程。电路接通电源后，电容充电，至电容上电压为 U_{th} 时，F 元件成低阻态，F 元件两端电压为 U_f，电容放电；至电容上电压稍低于 U_f 时，Z—元件成高阻态；从而在 R_L 上获得脉冲输出。从图 11.1(*c*)可知放电时间非常短，可忽略（F 元件低阻态的电阻约 20 Ω），因此仅考虑充电过程。充电过程为电源 E 通过电阻 R_L 向电容 C 充电，应满足

$$\frac{q}{C} + iR_L = E$$

其中

$$i=\frac{dq}{dt}+\frac{q}{CR_{bb}}$$

所以

$$R_L\frac{dq}{dt}+\frac{q}{C}\left(\frac{R_L}{R_{bb}}+1\right)=E$$

令

$$\alpha=\frac{R_{bb}}{R_L+R_{bb}}$$

解微分方程，得 F 元件充电电压随时间关系为

$$U = \alpha E\left(1 - e^{-\frac{t}{\alpha R_L C}}\right)$$

F 元件的振荡周期 T 近似为电容电压从 U_f 上升到 U_{Th} 的时间，即 $T=t_{Th}-t_f$。所以

$$T = \alpha R_L C\left[\ln\left(1-\frac{U_f}{\alpha E}\right)-\ln\left(1-\frac{U_{Th}}{\alpha E}\right)\right]$$

其中，参数 α 的意义是 F 元件在负阻之前的电阻不足够大所引起的修正系数。而电容放电时的 F 元件等效电阻约 20 Ω。

由于室温下的 R_L、C、R_{bb}、U_f、U_{Th}、E 均可测出，因此可相应地计算得出脉冲输出的频率 f。

2. 应用举例

1) 低功耗超温报警器

在日常生活和生产实践中，有许多需要对环境温度进行监视、报警和控制的例子，例如防火、大棚温度、冷库、宾馆和粮仓等。利用温敏 Z—元件，可以研制出多种低功耗控温及报警装置。

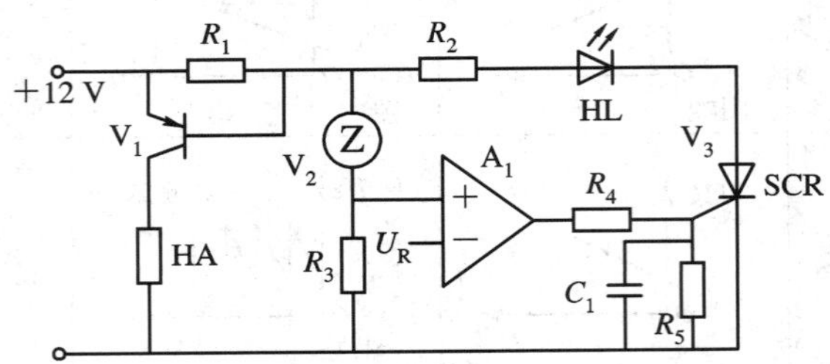

图 11.3　低功耗超温报警器电路

图 11.3 的报警器中，温度传感器使用温敏 Z—元件，而且是反向使用。Z—元件的反向电流是随着环境温度的升高而增大。A_1 为比较器，U_R 为对应于报警温度 T(℃)的设定电压。本图选用于报警温度高于室温(报警温度低于室温时，U_R 就换接在 A_1 的"+"端)。当被监视的环境温度上升时，反向电流 I_R 上升，输出电压 $U_o = I_R \times R_3$ 增加，调节 R_3 或 U_R 可设定报警温度，当环境温度 t(℃) = T (℃)时，A1 输出高电平 U_H，从而触发 SCR，点亮指示灯 HL。V_1 导通，电喇叭 HA 发出报警声。用该电路研制成功的火灾报警用差温、定温式感温探头，其监视电流仅 10 μA。

2) 冰柜温控器

随着人们生活水平的提高，对低温冷藏类家用电器的需求日益增加。Z—元件低温工作性能独特，非常适合开发各种低温工作的温控器。

图 11.4 温控器的温度传感器使用温敏 Z—元件，其工作方式为 M_1 区向 M_3 区转换而输出的"+"跳变信号，用以触发可控硅 V_8 从而使继电器 J1 动作，J1 的触点 J1－1 接通致冷泵 M，使其运转，而触点 J1－2 断开。

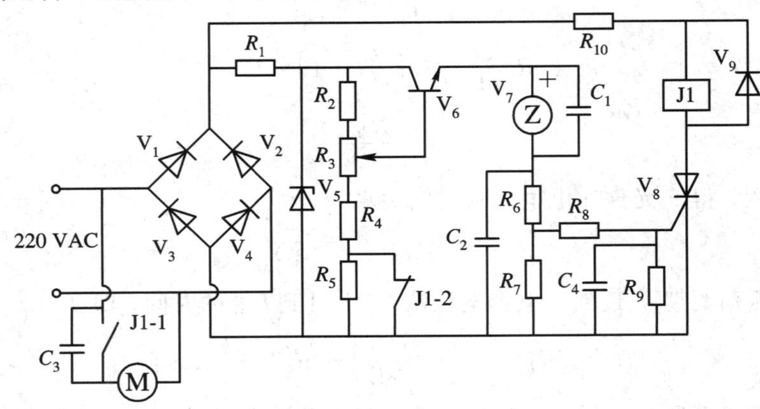

图 11.4　冰柜温控器电路

本电路采用无变压器的结构。V_5、R_2、R_3、R_4、V_6 构成了梯形扫描电压，从 V_6(E)输出，作为 Z—元件的电源电压。R_6、R_7 为 Z—元件的负载。用 R_5 建立补偿电压，以增加致冷泵的工作时间，满足开、停泵要求的温度范围，减少开泵次数。其工作原理为：当温度上升到－9℃时，每一个扫描电压的到来，Z—元件均输出一个“＋”信号幅值大于 10 V，该信号触发 V8，使 J1 动作，J1－2 断开，于是，R_5 上的电压使 V_6(E)产生一个电压增量 ΔE。$E'=E+\Delta E$，这时一方面 Z—元件可靠地转换到 M_3 区，另一方面冰柜内的温度需要降低到所需的温度－16℃时，才能使其仅工作在 M_1 区。M_1 区负载上的输出电压很小、V_8 截止，J1－2 重新闭合，这时补偿电压 $\Delta E=0$，扫描电压恢复到 E，Z—元件可靠地工作在 M_1 区。待温度上升，$A(U_{Th}, I_{Th})$点左移，重新回到电源 E 的负载线上，Z—元件的工作状态又变为每一个扫描电压的到来，输出一个“＋”信号，重复上述的工作过程，可实现冰柜的温度自动控制。

11.5　力敏 Z—元件简介

上面 Z—元件特性分析表明，无论何种 Z—元件都对温度敏感，如要获得对其他参数敏感的元件，可通过选取工作点使其对温度的敏感度下降，能够被忽略或可进行温度补偿。

半导体元件具有压阻效应。若元件正偏置，当外力作用于 Z—元件的 P 端时，敏感层的电阻率变小，使得伏安特性曲线高阻区的斜率增大，达到阈值电流时的电压值小于静态下的 U_{Th}，所以曲线发生跳变时的电压小于 U_{Th}，从而使特性曲线向左移，施加的力值越大，左移的距离越大。反之，当外力作用于 Z—元件的 N 端时，敏感层的电阻率变大，使得伏安特性曲线高阻区的斜率减小，达到阈值电流时的电压值大于静态下的 U_{Th}，所以曲线发生跳变时的电压大于 U_{Th}，从而使特性曲线向右移，施加的力值越大，右移的距离越大。

要应用力敏 Z—元件，首先应该在伏安特性曲线上选取对力敏感的工作点。曲线的高阻区和负阻区对温度很敏感，无法应用，工作点应选在低阻区。工作点的选取还必须考虑对力的敏感度。力敏 Z—元件在低阻区内对力的敏感度不一致，它依赖于电流和负载电阻的选取，当选定电流和负载电阻后，负载电阻上输出的电压为定值 U_{const}，如果这时在元件上施加力，则曲线将会移动，因此其输出电压将增加或减少，负载电阻上的电压输出为 $U_o=U_{const}+U_{fouse}$。

应用电路一般选取开关量输出或模拟量输出，当环境温度较稳定时，也可用于脉冲输出。

参 考 文 献

[1] Zotov V, Boduov V, Vinoguadova E, et al. Novel Semiconductor Sensitive Elements Based on The Z-Effect Intended for Various Robotic Sensors and Systems. Proc of 2nd ISMCR, 1992, 723－728.

[2] Zotov V, Boduov V. Small Displacement Sensors Based on Magneto-sensitive Z-Element. Proc of 3rd ISMCR, CM. 1993, IV—7－12.

[3] 傅云鹏. 温敏Z—元件应用开发进展. 中国电子元件协会敏感元器件与传感器分会学术交流会，哈尔滨，1998.

[4] 孙英达，傅云鹏，张靖环等. 数字时代呼唤数字传感器——Z—敏感元件及其三端数字传感器的发展. 传感器技术，1999. 18(5).

[5] 王键林. HN系列温敏Z—元件的应用. 中国电子元件协会敏感元器件与传感器分会学术交流会，哈尔滨，1998.

[6] 张靖环，周长恩. 半导体敏感元件的研制开发进展. 中国电子元件协会敏感元器件与传感器分会学术交流会，哈尔滨，1998.

[7] 董名垂，孙星. 世界上独一无二的传感器：Z—元件. 电子产品世界，1996，6.

[8] 傅云鹏. Z效应半导体敏感元件的微观机理分析. 电子产品世界，1996，8.

[9] 宋世庚，陶明德. 一种新型的温度传感器—F元件. 电子产品世界，1999，5.

[10] 刘莉，赵杰，蔡鹤木. 力敏Z—元件的研究及在触觉传感器上的应用. 传感器技术，1999，18(5).

[11] 曾建，陶明德，薛成山. 直接输出脉冲数字信号的温度传感器. 传感器技术，1998，17(1).

第12章 MEMS传感器

MEMS是微机电系统(Microelectro Mechanical Systems)的英文缩写，一般简称微机电。是指由半导体集成电路微细加工技术和超精密机械加工技术(MEMS工艺)将微传感器、微执行器、信号处理和控制电路、通讯接口和电源等部件集成在一个芯片上，组成的一体化的自动化和智能化的微型控制系统，如图12.1所示。其中的微传感器获取信息，信号处理和控制电路处理信息并发出指令由微执行器实现。MEMS技术涉及电子、机械、材料、物理学、化学、生物学、医学等多种学科与技术。

MEMS传感器是利用MEMS工艺将敏感元件和处理电路集成在一个芯片上的传感器，如图12.2所示。敏感元件功能与传统传感器相同，区别在于敏感元件是用MEMS工艺实现的。处理电路是对敏感元件输出的数据进行计算和处理，以补偿和校正敏感元件特性不理想引入的失真，获得准确的被测量。MEMS传感器具有体积小、质量轻、响应快、灵敏度高、易批产、成本低、功耗低、可靠性高、易于集成和实现智能化等优势，在航天、航空、航海、兵器、机械、化工等领域，尤其是汽车工业和移动电子产业获得较广泛应用。

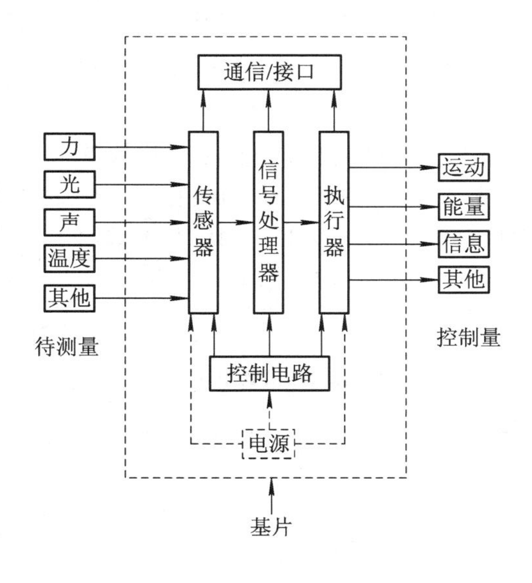

图12.1 MEMS原理图

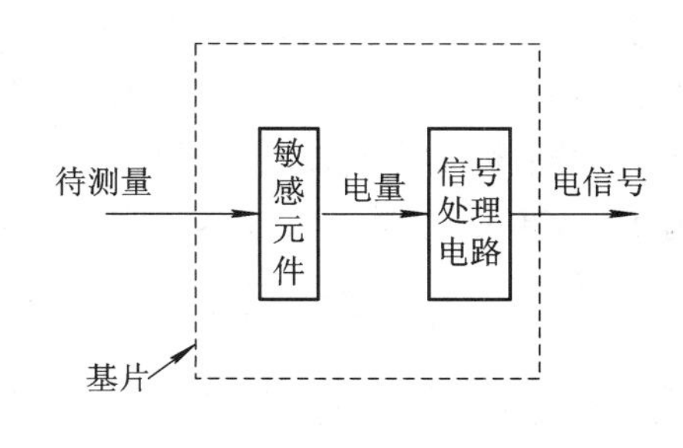

图12.2 MEMS传感器原理图

12.1 MEMS 的技术特点

MEMS 具有以下一些特点：

(1) 微型化。MEMS 器件最显著的特点是体积微小，从其尺寸可分为 1～10 mm 的微小机械，1 μm～1 mm 的微机械，1 nm～1 μm 的纳米机械。微细加工技术也可分为微米级、亚微米级和纳米级微细加工等。

(2) 多样化。MEMS 的多样化表现在材料、应用领域以及工艺等。

(3) 集成化。采用 MEMS 工艺，可以把不同功能、不同敏感方向的多个传感器或执行器集成于一体，形成微传感阵列或微执行器阵列，甚至把多种功能的器件集成在一起，形成复杂的微系统。

(4) 尺度效应现象。由于尺寸缩小带来的影响，许多物理现象与宏观世界有很大区别，因此许多原来的理论基础都会发生变化，如力的尺寸效应、微结构的表面与界面效应、微观摩擦机理等。

(5) 批量化。与微电子芯片类同，可大批量、低成本生产，有利于实现 MEMS 产品的工业化规模经济。

(6) 广义化。MEMS 中的“机械”不限于狭义的机械力学中的机械，它代表一切具有能量转化、传输等功能的效应:包括力、热、声、光、磁乃至化学、生物等。

12.2 制备 MEMS 器件的微细加工技术

微机械加工技术是制作微传感器的工艺技术，大致可分为体微加工技术、表面微加工技术、LIGA 技术和键合技术。

1. 体微加工技术

体微加工技术(Bulk Micromachining)主要是从基底中有选择地移走不需要的部分制备所需要的三维结构。材料移走的关键技术是刻蚀技术，刻蚀技术是通过物理或化学方法去除不需要的部分，用它来成型和抛光，从而形成微器件所需要的空间结构。常用于制备 MEMS 器件的刻蚀技术大体有两种：一种是化学刻蚀也叫湿法刻蚀；另外一种是干法刻蚀或等离子体刻蚀。体微加工技术流程如图 12.3 所示。

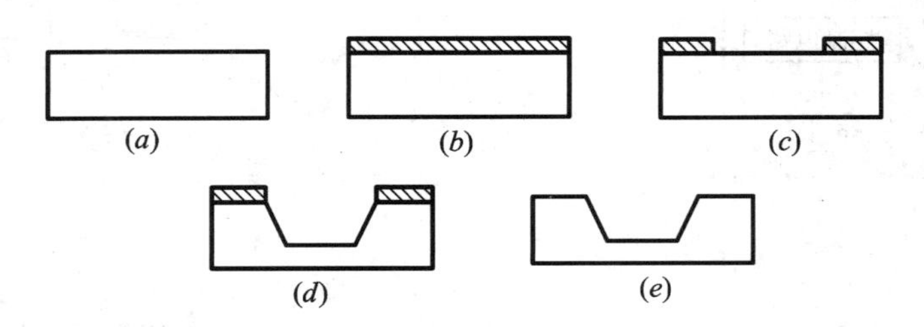

图 12.3 体微加工技术流程

(a) 裸片；(b) 淀积氧化层；(c) 图形化氧化层；(d) 腐蚀；(e) 除去氧化层

湿法腐蚀的机理是基于化学反应，腐蚀时先将材料氧化，然后选用适当的腐蚀剂，通过化学反应，使一种或多种氧化物溶解。对硅的各向同性腐蚀，普遍采用氧化剂硝酸(HNO_3)，去除剂氢氟酸(HF)及稀释剂水(H_2O)或乙酸(CH_3COOH)混合成的腐蚀剂。对硅的各向异性腐蚀，常用的腐蚀剂有 EDP(乙二胺-Ethylene，联氨--Diamine，邻苯二酚--Pyrocatechol)和水，还有 $KOH+H_2O$，$H_2N_4+H_2O$，以及 $NaOH+H_2O$ 等。

对于高精度的图案，特别是侧面垂直要求严格的图案，化学腐蚀法很难达到预期的效果。干法刻蚀(等离子刻蚀)可实现较高的刻蚀精度和较好的垂直特性。干法刻蚀常用的方法有：

(1) 溅射与离子束铣蚀(Sputtering and Ion Beam Milling Eclipse)——通过高能惰性气体离子的物理轰击作用刻蚀，各向异性性好，但选择性较差。

(2) 等离子刻蚀(Plasma Etching)——利用放电产生的游离基与材料发生化学反应，形成挥发物，实现刻蚀。该种方法选择性好、对衬底损伤较小，但各向异性较差。

(3) 反应离子刻蚀(Reactive Ion Etching，简称为 RIE)——通过活性离子对衬底的物理轰击和化学反应双重作用刻蚀。该种方法具有溅射刻蚀和等离子刻蚀两者的优点，同时兼有各向异性和选择性好的优点。目前，RIE 已成为超大规模集成电路工艺中应用最广泛的主流刻蚀技术。

2. 表面微加工技术

表面微加工技术(Surface Micromachining)是用光刻等技术使硅片表面淀积或生长而成具有一定图形的多层薄膜，然后去除某些不需要的薄膜层(称为牺牲层 Sacrificial Layer)，从而形成三维结构，该过程有时也称为结构释放。由于主要是对表面的一些薄膜进行加工，而且形状控制主要采用平面二维方法，因此称为表面微机械加工技术。表面微加工技术流程如图 12.4 所示。

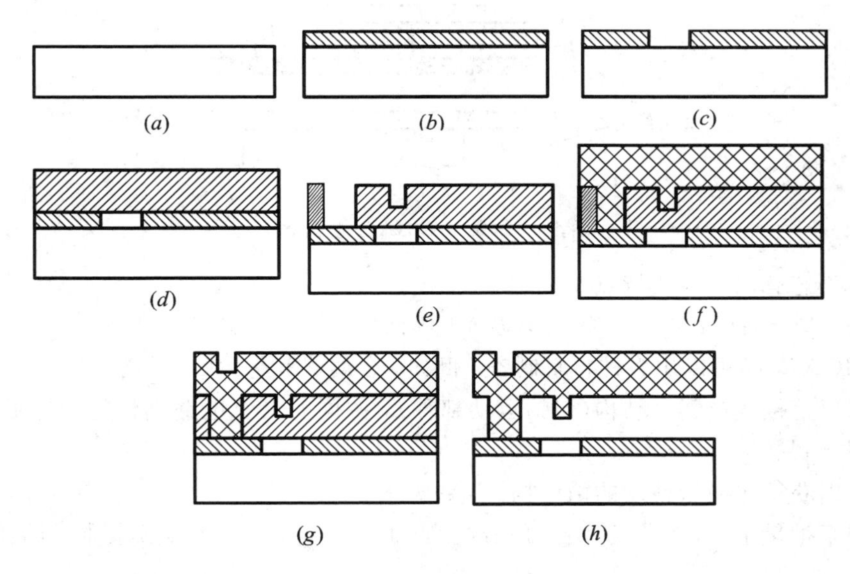

图 12.4　表面微加工技术流程

(a) 裸片；(b) 淀积薄膜；(c) 利用光刻图形化；(d) 淀积牺牲层膜；(e) 图形化牺牲层；(f) 淀积机械结构薄膜；(g) 图形化机械结构；(h) 释放机械结构

3. LIGA 技术和准 LIGA 技术

LIGA 一词来源于德语 Lithographie、Galvanoformung 和 Abformung 3 个词语的缩写，表示深层光刻、电镀、模铸 3 种技术的有机结合。LIGA 技术借鉴了平面 IC 工艺中的光刻手段，但是它对材料加工的深宽比远大于标准 IC 生产中的平面工艺和薄膜的亚微米光刻技术，并且加工的厚度也远大于平面工艺的典型值 2 μm。同时，它还可以实现对非硅材料的 3 维微细加工，用材也更为广泛。用 LIGA 技术可制成具有自由振动及转动或具有其他动作功能的微结构。

LIGA 技术包括 X 射线深层光刻、电铸成型和塑铸成型等 3 个工艺过程。其典型工艺流程如图 12.5 所示。

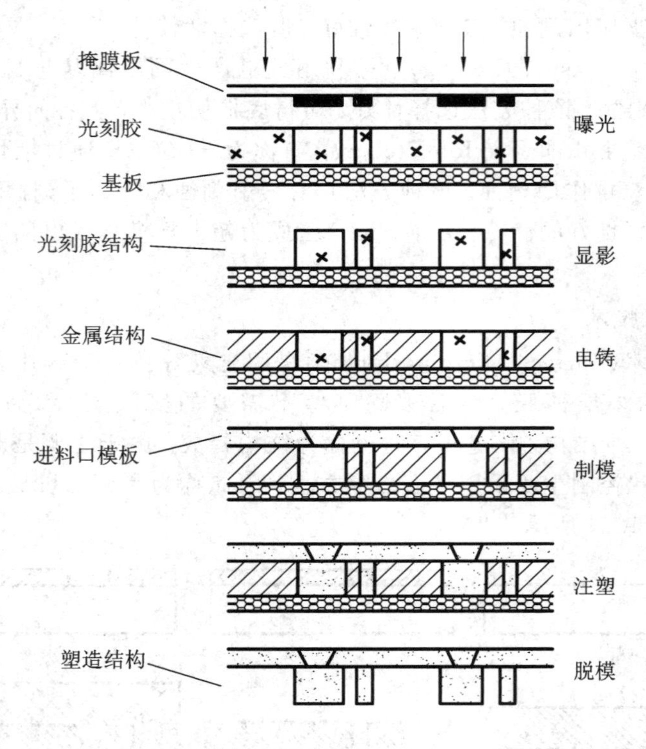

图 12.5 典型 LIGA 工艺流程

LIGA 工艺有以下主要特点：

(1) LIGA 产品可具有很大的结构强度，因而坚固耐用，实用性强。

(2) LIGA 产品可以用多种材料制备，例如：金属、陶瓷、聚合物等。

(3) 可以直接生产复合结构(包括运动部件)，并同时具有电路制作能力，便于制成机电一体化的产品。

(4) 可以获得亚微米精度的微结构。

(5) 便于批量生产(在基底片上可一次生产上千个部件)和大规模复制，因而成本低，价格便宜。

LIGA 技术在制作很厚的微机械结构方面有其独特的优点，是常规的微电子工艺所无法替代的。它的出现使原来难以实现的微机械结构能够制作出来。

LIGA 技术需要同步辐射 X 射线光源，加工时间比较长，工艺过程复杂，价格昂贵，并且制造带有曲面的微结构较困难，因此又出现了准 LIGA 技术。诸如，硅准 LIGA 技术，用深层刻蚀工艺代替同步辐射 X 射线深层光刻；激光准 LIGA 技术，用激光取代 X 射线进行光刻；用紫外光光刻的准 LIGA 技术。准 LIGA 技术的分辨率不如 LIGA 技术高但也能达到微米级，而且用准 LIGA 技术形成三维复杂结构更为方便。

键合技术相当于传统机械加工中的焊接、粘接或紧固的作用，其特点是能牢固地粘合 2 种材料。键合目的是使 2 种金属、金属与非金属、两种非金属等接触材料之间形成紧密的结合，从而实现引线连接、多芯片装配、立体结构等。键合技术主要有引线键合技术和硅片键合技术。

引线键合技术是通过热压、钎焊等方法将芯片中各金属化端子与封装基板相应引脚焊盘之间的键合连接。分热压键合、超声键合和热超声键合。热压键合的原理是，利用微电弧使 $\Phi25 \sim \Phi50\mu m$ 的金丝端头熔化成球状，通过送丝压头将球状端头压焊在芯片电极面的引线端子上，形成键合点。超声键合的原理是，对铝丝施加超声波，超声波能量被铝吸收，使基板上蒸镀的铝膜表面上形成的氧化膜被破坏，露出清洁的金属表面，便于键合。热超声键合的原理是，超声振动破碎氧化膜，使纯净的金属表面相互接触，接头区的温升以及高频振动，使金属晶格上原子处于受激活状态，发生相互扩散，实现金属键合。

硅片键合技术是指通过化学和物理作用将硅片与硅片、硅片与玻璃或其他材料紧密地结合起来的方法。常见的硅片键合技术包括金硅共熔键合、硅-玻璃静电键合、硅一硅直接键合以及玻璃焊料烧结等。

金硅共熔键合可以实现硅片之间的键合，常用于微电子器件的封装中。金硅共熔中的硅-硅键合工艺是，先热氧化 P 型(100)晶向硅片，后用电子束蒸发法在硅片上蒸镀一层厚 30 nm 的钛膜，再蒸镀一层 120 nm 的金膜。这是因为钛膜与 SiO_2 层有更高的粘合力。最后，将两硅片贴合放在加热器上，加一质量块压实，在 350～400℃ 温度下退火，完成键合。

除金之外，Al、Ti、PtSi、$TiSi_2$ 也可以作为硅-硅键合的中间过渡层。

硅-玻璃静电键合又称场助键合或阳极键合。将要键合的硅片接电源正极，玻璃接负极，电压为 500～1000 V。将玻璃-硅片加热到 300～500℃，在电压作用时，玻璃中的 Na 将向负极方向漂移，在紧邻硅片的玻璃表面形成耗尽层，耗尽层宽度约为几微米。耗尽层带有负电荷，硅片带正电荷，硅片和玻璃之间存在较大的静电引力，使二者紧密接触，实现键合。

静电键合技术还可以应用于玻璃与金属、合金或半导体键合。

硅-硅直接键合是将两抛光硅片通过高温处理形成了良好的键合。

硅-硅直接键合工艺不仅可以实现 Si－Si、Si－SiO_2 和 SiO_2－SiO_2 键合，而且还可以实现 Si－石英、Si－GaAs 或 InP、Ti－Ti 和 Ti－SiO_2 键合。另外，在键合硅片之间夹杂一层中间层，如低熔点的硼硅玻璃等，还可以实现较低温度的键合，并且也能达到一定的键合强度。

玻璃焊料烧结，是将颗粒状陶瓷坯体(或玻璃粉)置于高温炉中，使其致密化形成强固体材料实现键合。

12.3 尺度效应

经典弹塑性理论假设材料是连续、均匀的，不考虑材料内部微结构对材料性能的影响，这在宏观尺度范围内是足够精确的。当构件尺度达到微米和亚微米尺度时，材料本身的力学、物理性质与宏观体系有所不同，存在因几何尺寸的约束而导致的“尺度效应”。即微材料的力学性能依赖于微尺度的大小。一般地，当物理的特征尺寸达到微观结构的尺度时，尺度效应就显示出来，最高的尺寸约在 1 mm，随着特征尺度降低到微米、纳米数量级，尺度效应愈加显著，在不同的尺度范围内，由于对力学行为发生作用的微观物理机制的差异，其尺度效应也存在差异。下面简单介绍尺度效应的一些实验现象。

1. 形变的尺度效应

金属材料在微米和亚微米尺度的形变具有强烈的尺度效应。利用不同直径的细铜丝进行的扭转实验发现，当铜丝的直径从 170 μm 减小到 12.5 μm 时，其扭转强度大约增至 3 倍。在薄镍梁的微弯曲实验中观察到当梁的厚度从 100 μm 减小到 12.5 μm 时，无量纲化的弯曲强度增加约 2 倍。不同的金属材料的微压痕实验表明，随着压痕深度从 50 μm 减小到 1 μm，测得的压痕硬度增加了 1～2 倍。所有这些实验都显示材料在微米和亚微米量级时是“越小越硬”。

2. 杨氏模量的尺度效应

体硅材料亦或微米尺度的材料，杨氏模量是一个常量，而到了纳米尺度，则随着材料尺寸的变化而变化。例如，沿[100]和 [110]方向的硅纳米板杨氏模量均随着板厚度的减小而减小，并且减小的趋势随着板厚度的减小越来越明显。当单晶硅薄到 12 nm 厚时，等效杨氏模量从体硅材料的 170 GPa 下降到的 53 GPa。当板厚度逐渐增加超过 50 nm 时，两个方向上的杨氏模量均趋于定值，且都接近体硅材料的值。

纳米陶瓷材料弹性模量的尺度效应研究结果表明：当纳米晶粒尺寸小于 50 nm 时，纳米陶瓷材料的弹性模量随纳米晶粒尺寸的减小而下降；当纳米晶粒尺寸超过 50 nm 以后，纳米陶瓷材料的弹性模量基本保持不变。

3. 微梁振动的尺度效应

当微梁的厚度减小到可以和材料的本征长度相比时，微梁的固有频率明显增大、振动的振幅减小。材料本征长度越大，尺度效应越显著。若材料为理想的均匀连续变形体，其本征长度将趋近于零，此时尺度效应消失。

4. 微加工的尺度效应

将标准样件等比缩小，根据相似原理所进行的拉伸和镦粗试验表明：由于尺度效应的影响，随着样件尺寸的减小，流动应力也呈现减小的趋势。在板料成形方面，采用 CuZn15、CuNi18Zn20、铜、铝等材料的拉伸试验表明：当板料厚度由 2 mm 减小到 0.17 mm 时，流动应力减小了 30%。在体积成形方面，采用铜、CuZn15、CuSn6 的镦粗试验也表现出流动应力减小的趋势。不同厚度不锈钢板的单向拉伸表明，随着板料厚度升高，材料的流动应力也随之增大，表现出比较明显的尺度效应。

微成形(microforming)工艺是一种有效的微细加工(micro fabrication)工艺，微塑性成形中的尺度效应主要表现在材料的流动行为、成形中摩擦效应和实验结果的分散性上。

5. 微流动的尺度效应

宏观流动到微流动不单是“量”的变化，而且有“质”的不同。在微流动中，由于尺度效应，主导流动的作用力发生变化，惯性力不再占主导地位；在宏观尺度流动中可以忽略的表面效应和壁面滑移等现象，开始凸现出来，这就导致了微流动中出现了与宏观流动不同的现象和规律。

微尺度气体流动与宏观流动不同的是，即使对于马赫数很低的情况，微流动中的气体的可压缩效应也是不能忽略的，并且管道越长、压力梯度越大，可压缩效应越显著。

由于微材料的尺度效应，常规宏观条件下材料的力学性能参数已远不能满足MEMS系统结构的设计、制造和封装等要求。目前，基本上从实验的角度来研究尺度效应，对微结构的力学行为尺度效应的研究还没有建立完善和系统的理论体系，导致MEMS的设计和微成型等制造新工艺尚缺乏理论和可靠试验的支持。尺度效应成为整个微电子机械系统长足发展的瓶颈，并由MEMS微构件力学性能分析逐渐渗透到微构件的微成形与加工领域。因此，微构件尺度效应规律的探索，已成为MEMS技术中的急需解决的关键和热点问题之一。

12.4 MEMS传感器

12.4.1 MEMS压力传感器

相对于传统的机械量传感器，MEMS压力传感器的尺寸更小，最大的不超过1 cm，使性价比相对于传统“机械”制造技术大幅度提高。目前的MEMS压力传感器有硅压阻式压力传感器和硅电容式压力传感器，两者都是在硅片上生成的微机械电子传感器。

1. MEMS压阻式压力传感器

MEMS压阻式压力传感器采用压阻效应(见第2章2.8.1)，即被测压力作用于敏感元件引起电阻变化。一般利用直流或交流电桥将电阻变化转化成电压信号。

一种硅压阻式压力传感器结构如图12.6所示，上下二层是玻璃体，中间是硅片，硅片中部形成一应力杯，其应力杯的薄膜上部有一真空腔，形成为一个典型的压力传感器。应

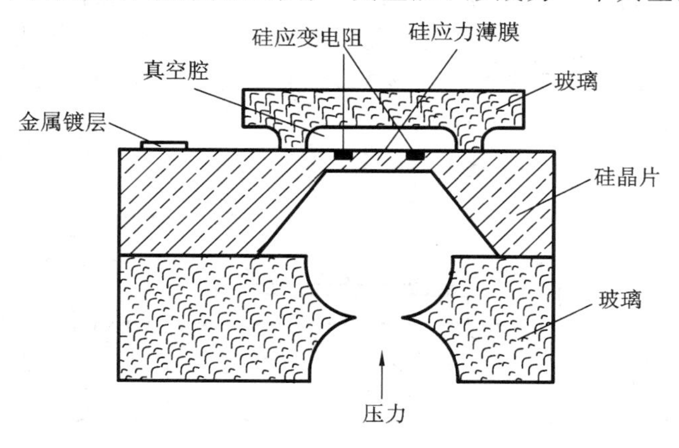

图12.6　MEMS硅压力传感器结构示意图

力杯采用 MEMS 体微加工技术在单晶硅基片上刻蚀而成。为能经受较大的机械力的作用，应力杯常由耐高温的金属，如钼、不锈钢等构成并用绝缘层与应变电阻隔离。在应力杯薄膜上应力最大处扩散杂质，形成 4 只应变电阻，组成如图 12.7(a)所示的电桥电路。传感器电桥电路的某光刻版本如图 12.7(b)所示。应变电阻的形成如图 12.8 所示。图中 P^- 形成压敏电阻，P^+ 与金属形成低阻互连，引线孔形成金属接触孔。

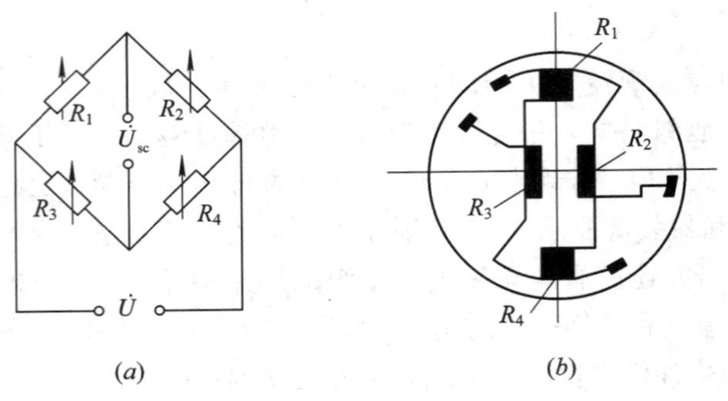

图 12.7 MEMS 压力传感器原理图

当外界的压力经引压腔进入传感器应力杯中时，应力硅薄膜会因受外力作用发生弹性变形而微微向上鼓起，四个电阻应变片因此而发生电阻变化，电桥输出与压力成正比的电压信号。

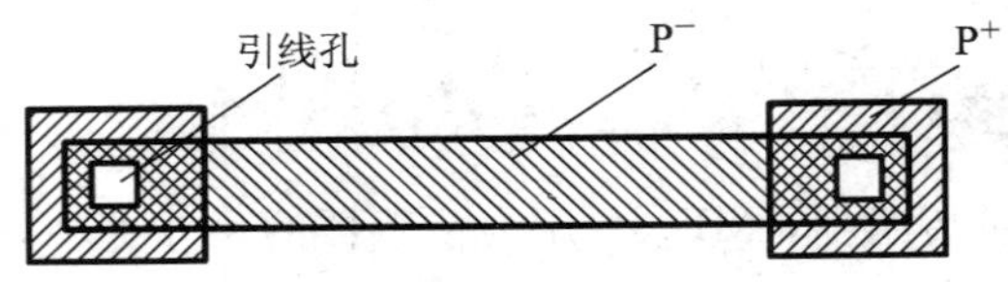

图 12.8 应变电阻形成示意图

这种传感器的芯片尺寸一般不大于 1 mm，输出 0～5 V 模拟量，测量精度达 0.01%～0.03%FS，一枚晶片可同时制作很多个力敏芯片，易于批量生产。

2. MEMS 电容压力传感器

MEMS 电容压力传感器与压阻式相比有如下特点：① 具有较高的固有频率和良好的动态响应；② 低损耗，发热小；③ 具有高的输出阻抗。

一种电容式压力传感器的结构如图 12.9 所示。利用 MEMS 技术在硅片上制造出薄膜作为动极板，承受外界压力作用，在玻璃基片上溅射金属膜作为定极板。硅片和玻璃基片采用键合技术，在定极板和动极板之间形成真空腔，构成典型的压力传感器。其制作工艺流程如图 12.10 所示。

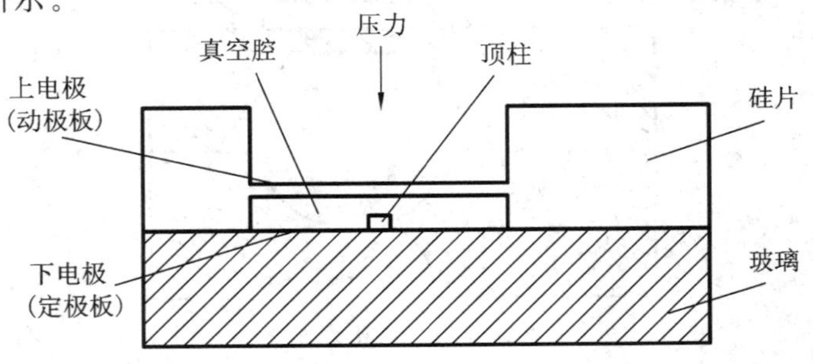

图 12.9 MEMS 电容压力传感器结构原理图

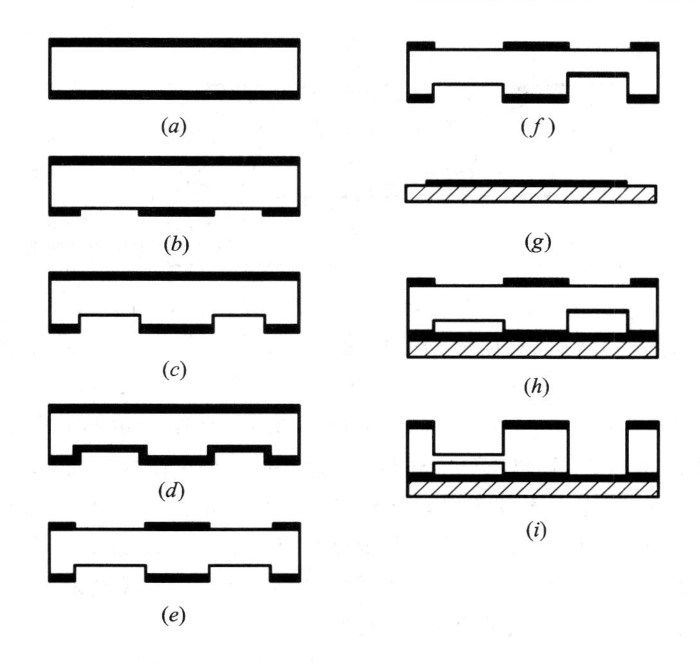

图 12.10　电容式压力传感器制作工艺流程简图

(a) 硅基上氧化 SiO_2；(b) 腐蚀 SiO_2；(c) 湿法腐蚀形成电容空腔；
(d) 再次氧化 SiO_2；(e) 腐蚀双面 SiO_2；(f) 湿法腐蚀硅形成停刻深度；
(g) 玻璃上溅射电极；(h) 硅和玻璃阳极键合；(i) 湿法腐蚀减薄后干刻蚀硅露出电极

在外界压力的作用下，硅膜发生弯曲形变，使动极板和定极板之间的距离发生变化，从而导致电容量发生变化，配置适当的电容传感器的测量电路即可将电容变化转换成相应的电信号。这种 MEMS 电容压力传感器的原理属于变极距型电容传感器。

MEMS 压力传感器广泛应用于汽车电子，如轮胎压力监测系统、发动机机油压力传感器、汽车刹车系统空气压力传感器、汽车发动机进气管压力传感器、柴油机共轨压力传感器等；消费电子，如血压计、胎压计、橱用秤、健康秤，洗衣机、电冰箱、微波炉、烤箱、吸尘器、洗衣机、饮水机、洗碗机、太阳能热水器等；工业电子，如数字压力表、数字流量表、工业配料称重等。

12.4.2　MEMS 加速度传感器

MEMS 加速度传感器尺寸小、重量轻、成本低、易集成且功耗小。据预测，MEMS 加速度计将来有可能占有中低精度的加速度计的大部分市场。

MEMS 加速度传感器依据转换原理可分为压阻式、压电式、电容式、谐振式、隧穿式、热对流式和光纤式等。其中，使用最普遍的是压阻式和电容式，下面分别加以介绍。

1. MEMS 压阻式加速度传感器

图 12.11 为一种悬臂梁压阻式加速度传感器原理图。敏感元件通常由一个平行的悬臂梁构成，梁的一端固定在边框架上，另一端固定一个小质量块(例如约 10 μg)。当有垂直加速度时，质量块运动，对加速度敏感的力导致悬臂梁活动端位移。

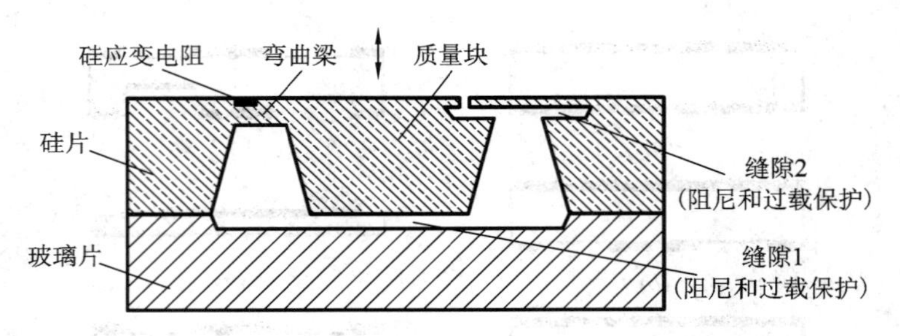

图 12.11　悬臂梁压阻式加速度传感器原理图

传感器的性能主要由梁和质量块的结构决定，在质量块一定的情况下，梁越长，传感器的灵敏度越高；在梁长一定的情况下质量块越大，传感器越灵敏。图 12.12 为常用加速度计敏感元件的梁结构示意图。图 12.12(*a*)和图 12.12(*b*)中所示的悬臂梁，有较高的灵敏度，固有频率较低，频率响应范围窄，且横向加速度灵敏度较大。图 12.12(*c*)～图 12.12(*g*)所示的梁结构，有较高的固有频率，较宽的频率响应范围，但其灵敏度低于悬臂梁式结构。图(*g*)所示的八梁结构有最低的横向灵敏度，但其灵敏度也最低。其中，五梁结构灵敏度较适中，横向效应极小。选用何种梁结构作为敏感元件，要从灵敏度、工作频率和采用何种测量电路以及工艺实现加以综合折衷考虑。

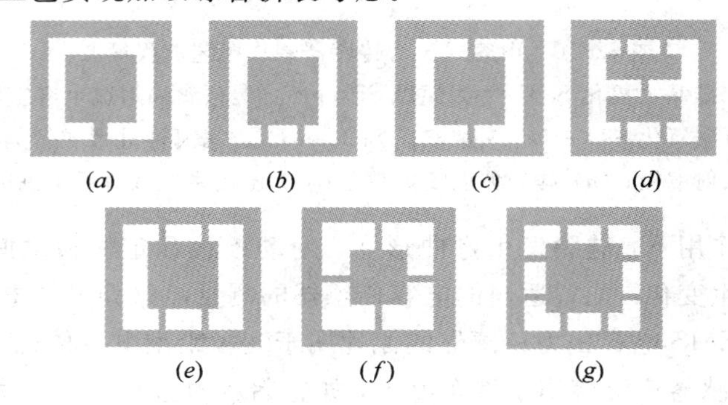

图 12.12　加速度计常用梁结构示意图

(*a*) 单悬壁梁；(*b*) 双悬壁梁；(*c*) 双端梁；(*d*) 双岛五梁；
(*e*) 双端四梁；(*f*) 四边梁结构；(*g*) 八梁结构

图 12.13 为另一种压阻式加速度传感器原理图，采用双端四梁结构，如图 12.22(*e*)，该结构具有较高的输出灵敏度并有较低的横向灵敏度。

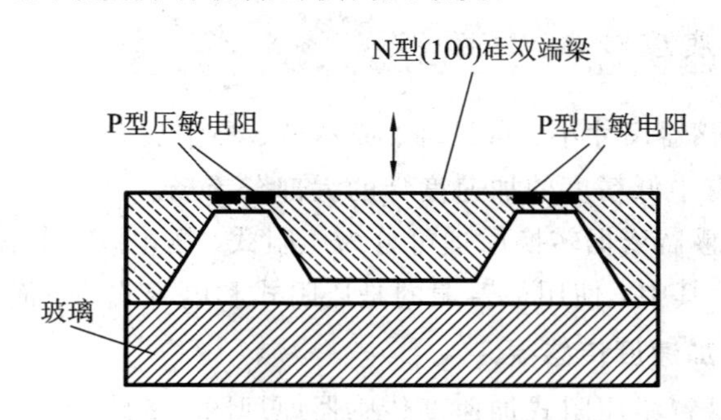

图 12.13　双端梁压阻式加速度传感器原理图

2. MEMS 电容式加速度传感器

图 12.14 和图 12.15 分别为悬臂梁差动式电容传感器和叉指式电容传感器原理图。

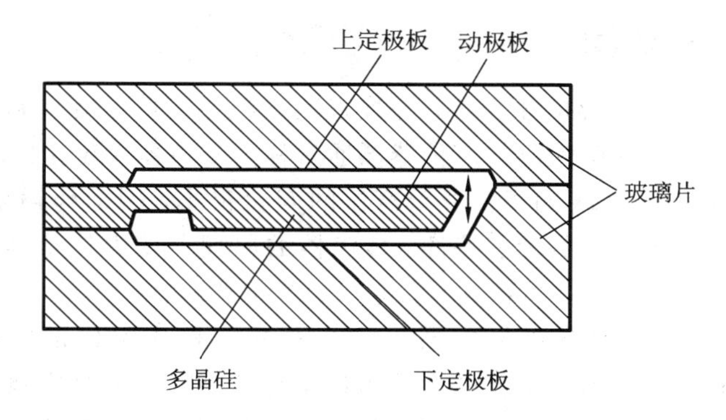

图 12.14　悬臂梁差动式电容传感器原理图

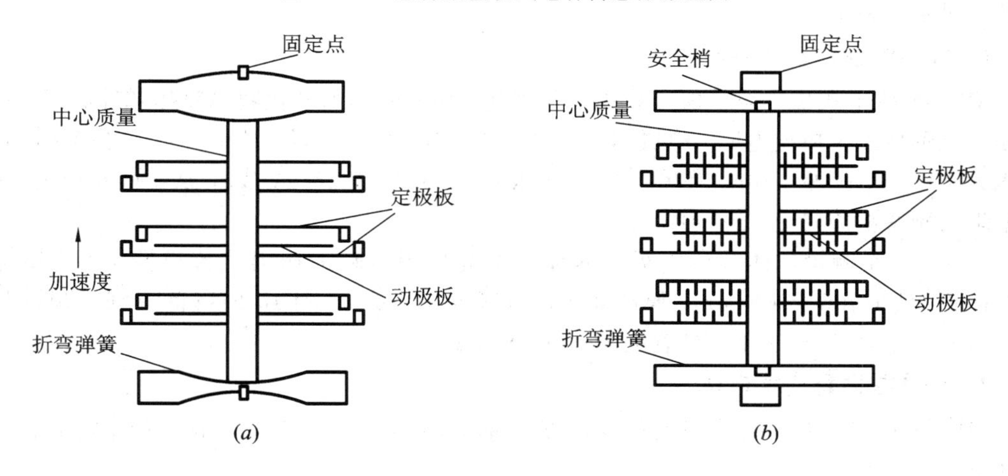

图 12.15　叉指式电容传感器原理图

悬臂梁差动式电容传感器结构较简单，敏感元件是玻璃-硅-玻璃的“三明治”结构，采用各向异性体硅材料，用半导体平面工艺，各向异性腐蚀和静电封装制作。敏感质量块和玻璃的内侧面均沉积了铝膜，构成三端差动电容。敏感质量块为动极板，上下两片玻璃作定极板并起过载保护作用。电容间隙介质为空气，改变气压可调节系统的阻尼。两个固定电极上加了反相偏压。当在垂直于硅片方向施加加速度时，惯性力使多晶硅质量块偏移，上下两个电容发生变化，经过测量电路采样/保持、低通滤波等处理，得到与施加的加速度成正比的输出电信号。

叉指式电容传感器的电容量大为增加，灵敏度得到提高，但理论计算和结构设计较为复杂，通常采用各向同性的多晶硅材料，用 LIGA 技术制作。

MEMS 加速度传感器广泛应用于工程测振，如：机械特性检测，土木结构状态监测，铁路、桥梁、大坝的振动测试与分析，高层建筑结构动态特性和汽车制动启动检测；安全防灾，如：地震监测，汽车气囊保护系统，汽车防盗系统，安全保卫振动侦察，报警系统；自动控制，如：机器人，卫星导航，器仪仪表；军事应用，如：精确制导，加速度测量，振动测量，冲击测量，弹药的安全系统，弹药的点火控制系统等；在消费电子和医疗电子方面也有着广阔的应用前景。

12.4.3 MEMS 声传感器

声波是在弹性媒质中传播的压力波，弹性媒质可以是气体、液体和固体。原则上声传感器属于压力传感器。空气中使用的声传感器通常称为传声器、微音器，也常称为麦克风。下面介绍的都是属于传声器的例子。由于声压的变化很小，因而传声器比起压力传感器来，要有更高的灵敏度和优良的动态特性。传声器的原理和压力传感器是相同的，因而它也有多种检测方式，如压阻式、电容式、压电式、光纤式等。

采用微机械加工方法制备的传声器，可以将感压膜片制作的很薄（如，可以小于 1 μm）、很小（如，80μm×80μm），器件尺寸可以精密地控制，成品率高，使用单晶硅衬底能和后续电路做在同一衬底上实现集成化，提高器件性能进行批量生产降低成本。其不足之处是灵敏度较低。

1. MEMS 压阻式传声器

MEMS 压阻式传声器一般用单晶硅作衬底、用多晶硅和硅化物薄膜作弹性膜片，在弹性膜片上形成 4 个应变电阻，组成如图 12.7(*a*)所示的电桥电路。例如，一个方形弹性膜片面积为 1 mm^2、膜厚 1 μm，在 6 V 电源电压下，灵敏度为 25 μV/Pa，从 100 Hz 到 5 kHz 有平坦的频率响应特性（±3 dB）。

再如，一个测量气体湍流中最小涡流所引起压力波动的压阻式传声器，压力敏感膜片的面积为100 μm ×100 μm，厚度 0.4 μm，频响在 10 Hz 到 10 kHz 间有很平坦的特性（±2 dB），在 10 V 电压下，灵敏度为 0.9 μV/Pa。

2. MEMS 电容式传声器

MEMS 电容式传声器因具有高灵敏度、高信噪比、低温度系数和长期稳定性而成为研究的重点。

图 12.16 所示是一个带有 J—FET 前置放大器的电容式传声器原理图。带孔的背极板（定极板）和薄膜（动极板）组成敏感元件。在声场声压的作用下，膜片发生形变使其与背极板之间的距离发生变化，从而电容值发生变化，经前置放大器放大，产生一个与声压信号成正比的输出电信号。在背极板上开大量声孔是为了降低空气流阻抗，提高高频灵敏度。

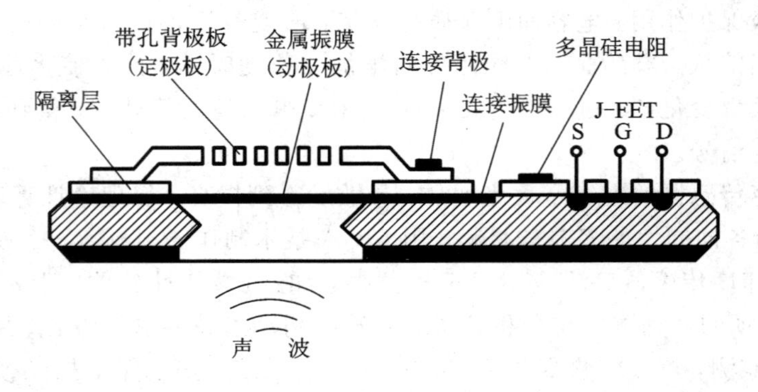

图 12.16 带有 J—FET 放大器硅麦克风剖面图

制备电容式传声器时，常采用双片制备方法，即带孔背极和振摸用MEMS工艺分开制作，通过粘接或键合的方式将之粘成一体。但粘接的对准工艺实现难度较大，不适合大批量生产，而且不利于与集成电路工艺兼容，所以后来制备电容式传声器，采用单片制备方法，即采用MEMS体微加工技术、表面微加工技术，将传声器的所有结构——包括声学振膜的制备、气隙形成及背极板的制备工作都在同一片硅片上完成。

一个例子是，传感器的振膜为用LPCVD法沉积的氮化硅，背极板和膜片厚度均为1 μm，空气隙为3 μm，振膜和背极相对面积为2 mm×2 mm，当偏压为5V时，灵敏度为5.0 mV/Pa；带宽为100 Hz～14 kHz，噪声级为30 dB。

另一个例子是(结构与上例相似)，背极板和声膜均采用聚酰亚胺结构，振膜面积为2.1 mm×2.1mm，当偏压为15V时，灵敏度为8.1 mV/Pa；截止频率为15 kHz，噪声级为34 dB。

MEMS传声器在民用和军用方面都有广阔的应用前景，经过近30年的研究，已经取得了很大进展。MEMS传声器稳定，一致性好，体积小，重量轻，功耗小，在应用的众多领域将可能取代传统传声器。

12.5 MEMS陀螺仪

MEMS陀螺仪与传统的陀螺仪相比具有体积小，重量轻，成本低，可靠性高(内部无转动部件，全固态装置)，工作寿命长，功耗低，大量程(适于高转速大g值的场合)，易于数字化、智能化，可数字输出，便于温度补偿、零位校正等优点。

一个旋转陀螺的旋转轴所指的方向，若无外力的作用，是不会改变的，而且高速自转的陀螺有极大的反抗外力矩的作用，以力图保持其转轴的方向不变。人们根据这一特性，用它来对运动系统定向和导航，制造出来的仪器就叫陀螺仪。

然而，要把这样一个高速旋转的陀螺用MEMS技术在硅片衬底上加工出来非常困难。于是人们用不同于传统陀螺仪的工作原理来制造MEMS陀螺仪。MEMS陀螺仪的设计和工作原理可能各种各样，但是公开的MEMS陀螺仪均是利用振动来诱导和探测科里奥利力来替代陀螺的功能，这样设计的MEMS陀螺仪没有旋转部件，已被证明可以用微机械加工技术大批量生产。

12.5.1 科里奥利力

由物理学知，在如图12.17所示的以匀角速度ω转动的圆盘上，质点m以速度v沿半径相对于圆盘作匀速运动，会受到科里奥利力f的作用。科里奥利力f的方向由如图12.17所示的右手螺旋法则确定，其大小为

$$f = 2mv\omega \tag{12.1}$$

如果v反向，则f也反向。如果m沿半径作往复周期振动，则m也会受到周期力的作用。由上式可知，如果

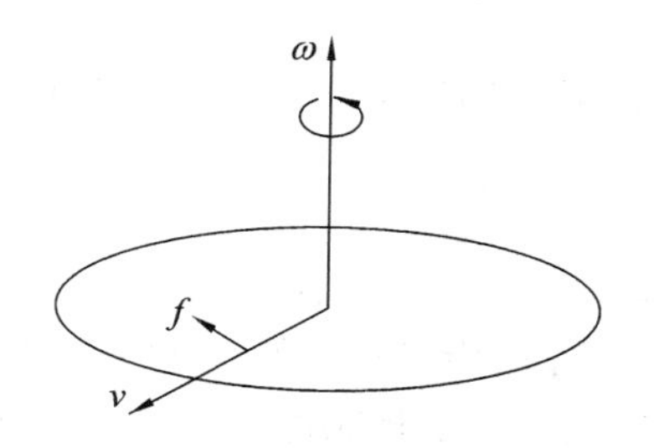

图12.17　确定科里奥利力的右手螺旋法则

振幅一定，振动的频率越高，线速度越大，则科里奥利力 f 也越大。

12.5.2 敏感原理

敏感原理如图 12.18 所示。质量块 m 在激励极板静电力的作用下，沿半径做简谐振动，则质量块受科里奥利力左右做简谐振动。

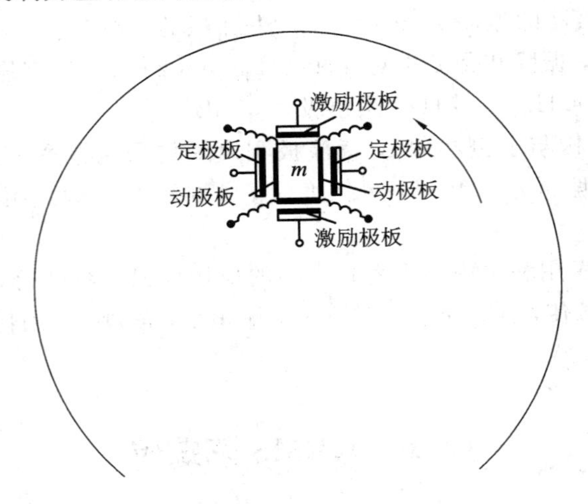

图 12.18 MEMS 陀螺仪敏感原理示意图

我们知道，在平行板电容器两极板加上电压 V，则一侧极板带 $+Q$，另一侧极板带 $-Q$，根据库仑定律，两极板将产生引力 F，其大小为

$$F=\frac{Q^2}{2\varepsilon_0 S}=\frac{C^2V^2}{2\varepsilon_0 S}=\frac{\varepsilon_0 S}{2d^2}V^2$$

式中，ε_0 为极板间电介质(一般为空气)的介电常数，C 为电容量，S 和 d 分别为极板的有效面积和距离。上式表明，引力 F 和电压之间呈非线性的平方关系。通常在电极间加一高的直流电压(极化电压)V_0，再加上小的交流激励电压 V_s($V_0 \gg V_s$)，忽略高次项，可得交流激励电压 V_s 产生的激励力

$$F_s=\frac{\varepsilon_0 S}{d^2}V_0 V_s$$

可见，此时激励力 F_s 与激励电压 V_s 成正比。由牛顿第二定律得质量块 m 的加速度

$$a=\frac{\varepsilon_0 S}{md^2}V_0 V_s$$

若激励电压按正弦规律变化，则速度大小为

$$v=\frac{\varepsilon_0 S}{2\pi fmd^2}V_0 V_s$$

式中，f 为频率。若图 12.18 中的两激励极板同时激励，则激励力增加一倍。

当 m 沿半径向外移动时，依据右手螺旋法则，m 受科里奥利力向左运动，右侧敏感电容减小，左侧敏感电容增大；当 m 沿半径向内移动时，依据右手螺旋法则，m 受科里奥利力向右运动，左侧敏感电容减小，右侧敏感电容增大。由式(12.1)知，电容变化的大小与角速度成正比。由测量电路测量出电容的变化量，即可解算出角速度的变化量。

12.5.3 MEMS陀螺仪结构原理图

MEMS陀螺仪的一种结构如图12.19所示。MEMS陀螺仪由梳子结构的驱动部分和叉指形差动电容板形状的传感部分组成，振动物体被柔软的弹性结构悬挂在基底上。

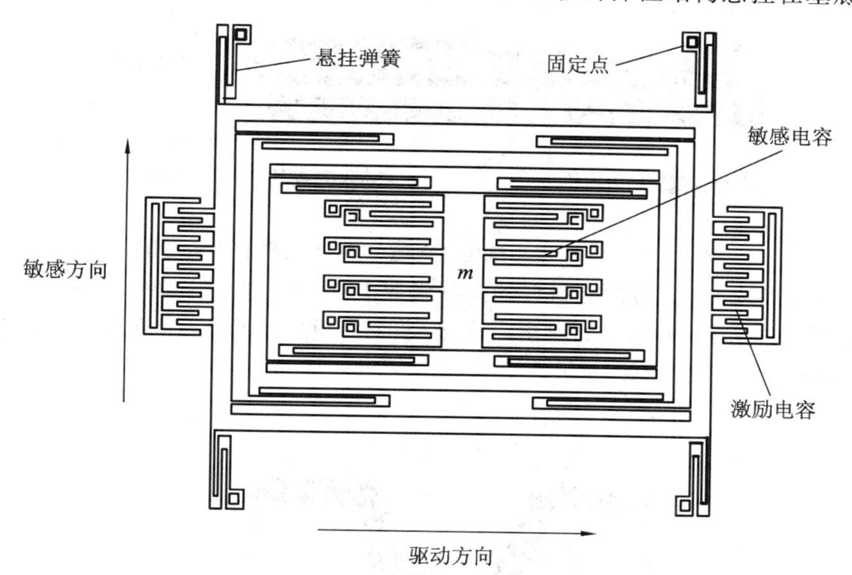

图12.19 MEMS陀螺仪结构原理图

MEMS陀螺仪由相互正交的振动和转动引起交变科里奥利力，通过改进设计和静电调试使得驱动和传感的共振频率一致，以实现最大可能的能量转移，从而获得最大灵敏度。

MEMS陀螺(微机械)可应用于航空、航天、航海、兵器、汽车、生物医学以及环境监控等领域。

12.6 MEMS超声传感器

MEMS超声换能器(MUT)又称为MEMS超声传感器，是采用微电子和微机械加工技术制作的新型超声换能器。与传统的超声换能器相比，MUT具有体积小、重量轻、成本低、功耗低、可靠性高、频率控制灵活、频带宽、灵敏度高以及易于与电路集成和实现智能化等优点。自上世纪90年代以来，MUT发展迅速，品种结构多样。随着MUT设计和微加工技术的提高和完善，MUT成为一个替代传统散装超声换能器的很有前途的选择，是超声换能器的重要研究方向之一。近年来，MUT已从原型样品的研究逐步进入到应用领域。

MUT主要包括压电MUT(PMUT)和电容MUT(CMUT)两种。

12.6.1 压电MEMS超声传感器

PMUT的换能机理与传统的压电陶瓷换能器相同，结构形式主要是压电双叠片或压电多层复合叠片，振动模式主要是利用弯曲振动。

PMUT常采用PZT和ZnO作为换能材料。PZT具有大的介电常数和压电常数，ZnO可以用传统的综合集成电路工艺技术沉积。

图 12.20 是以 PZT 作为换能材料的 PMUT 的横截面示意图。一个 PZT 和 P^+ 硅片组成的压电为 260 μm×260 μm 的双叠片膜片换能器，其共振频率在几 MHz 范围内，开路电压灵敏度为－273 dB(基准值 1 V/μPa)。

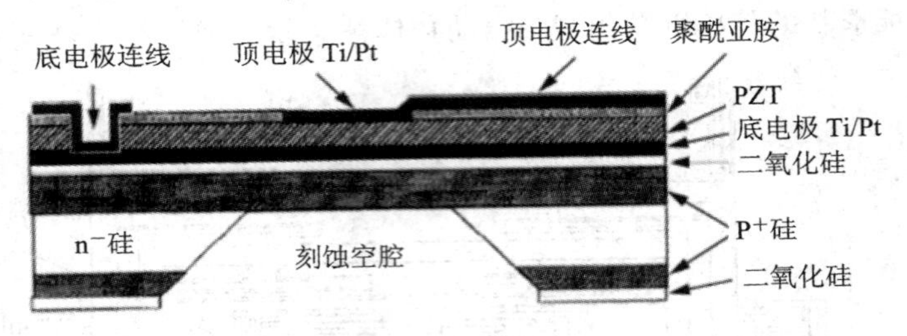

图 12.20　PZT 作为换能材料的 PMUT 的横截面示意图

图 12.21 是以 ZnO 作为换能材料的圆顶形膜 PMUT 示意图。图 12.21 中，铝膜厚 0.5 μm，ZnO 膜厚 0.5 μm，传感器的输出声压级(SPL)(距换能器 2 mm)为 70～113 dB。可在 15～200 kHz 的频率范围工作。

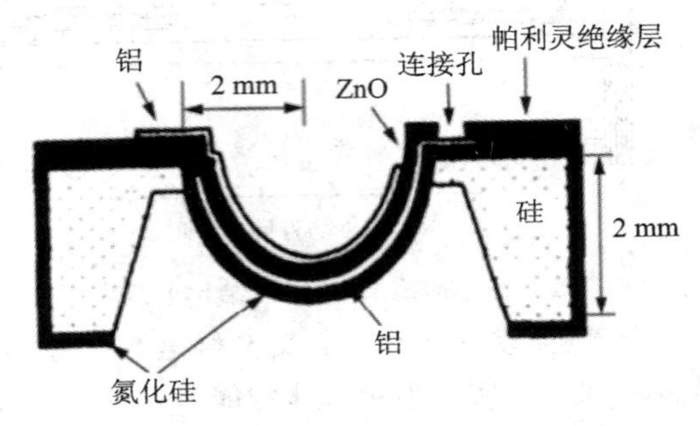

图 12.21　ZnO 作为换能材料的 PMUT 的横截面示意图

12.6.2　电容 MEMS 超声传感器

电容 MEMS 超声传感器的换能机理与传统的散装电容传感器相同，CMUT 基本上可用传统的半导体工艺制作，结构较为简单，技术较为成熟，并已在液体和固体媒质中得到应用。

图 12.22 为一 CMUT 的横截面示意图。氮化硅薄膜厚度取值 0.5～2 μm，宽度取值 200 μm～1 mm，频率范围 1～10 MHz。用此传感器作为基元可实现浸入水中充气管的超声成像。

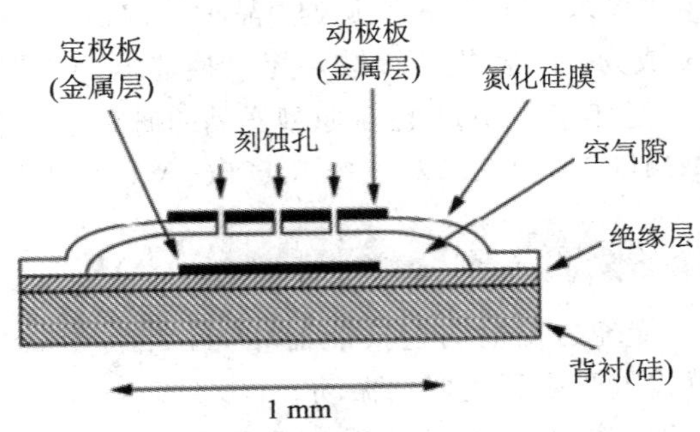

图 12.22　CMUT 的横截面示意图

可以用有机硅涂料耦合到固体应用的CMUT样品，如图12.23所示。图12.23(a)表示一个基元的截面图，其气隙为2.0 μm，多晶硅上电极厚2.0 μm，孔宽为5 μm的两个方孔之间的近似距离为30 μm，以供刻蚀和振动膜释放。由于单个膜非常小，可用180个膜的阵平行连接成一个换能器，图12.23(b)为180个单元并联的单个换能器的顶视图。试验芯片是由9个同样的单个换能器排成的直线相控阵，可用于宽带检测。

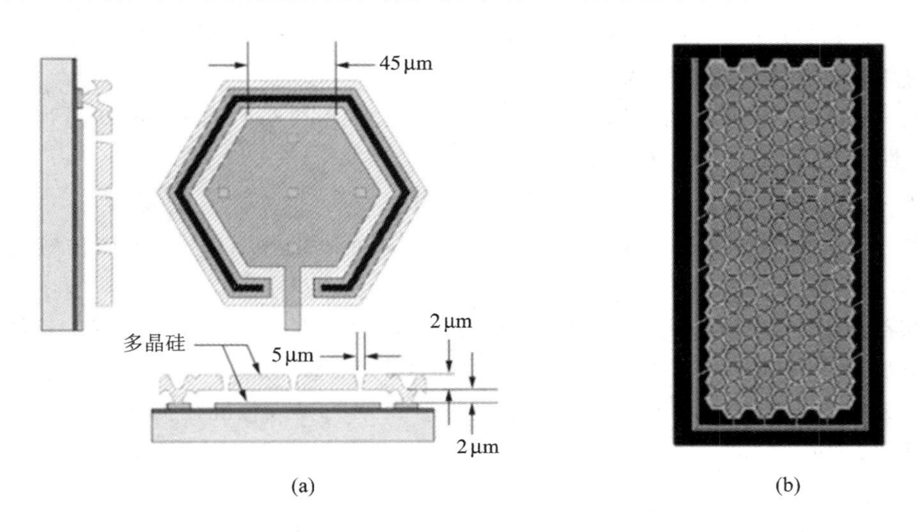

图12.23　固体中应用的CMUT图
(a) 单元截面图；(b) 180个单元并联的单个换能器顶视图

12.7　MEMS传感器的发展趋势

MEMS传感器的发展大致分为如下层次：

(1) 根据传统传感器的结构原理用MEMS技术制作成微型传感器。

(2) 由于功能的拓展需要将多个传感器一起使用，出现了集成传感器。

(3) 为开发传感器的功能，将软件算法添加到集成传感器中，称为传感平台。

(4) 将应用程序加载于传感平台之上，称为传感系统。

(5) 向网络化发展。

与传感器功能拓展的需求相应，对其性能的发展提出如下要求。

1. 向高精度发展

随着科学技术的发展，对传感器的要求也在不断提高，需要研制出灵敏度高、精确度高、响应速度快、互换性好的新型传感器。

国外已相继推出多种高精度、高分辨力的智能温度传感器。由美国DAIJAS半导体公司新研制的DS1624型高分辨力智能温度传感器，能输出13位二进制数据，其分辨力高达0.031 25℃，测温精度为±0.2℃。

美国Oak Ridge国家实验室研制的MEMS传感器使用2 μm长、50 nm厚的硅悬臂梁，由一种二极管激光器激励，检测出5.5 fg的物质，并计划提高MEMS传感器的灵敏度，通过将谐振频率从目前的2 MHz提高到50 MHz，相应地使悬臂梁更小、更硬，最终完成检测单个分子的目标。

传感器的检测极限正在迅速延伸，如利用约瑟夫逊效应研制的热噪声温度计和 SQOTO 磁传感器，可测出 0.000 01 K 的低温和 $1/10^{11}$的微弱场强。

2. 向高可靠性、宽温度范围发展

由于传感器经常在恶劣的环境下工作，传感器上错误的数据会影响到最终结果的正确性。随着科技和生产的发展，传感器的工作条件变得更加复杂，取得可信的数据就更加重要。研制高可靠性的传感器将是发展方向。

美国 Omega 公司研制出平均无故障工作时间在 10 万个小时的 PX5500 系列压力传感器，稳定性在 18 个月内为 0.1%FS。

3. 向微型化发展

各种控制仪器设备的功能越来越强，要求各个部件体积越小越好，因而传感器本身体积也是越小越好。

传感器的微型化决不仅是尺寸上的缩微与减少，而且是一种具有新机理、新结构、新作用和新功能的高科技微型系统，并在智能程度上与先进科技融合。其微型化主要基于以下发展趋势:尺寸上的缩微和性质上的增强性；各要素的集成化和用途上的多样化；功能上的系统化、智能化和结构上的复合性。

4. 向微功耗及无源化发展

传感器一般都是实现非电量向电量转化，工作时离不开电源，在野外现场或远离电网的地方，往往是用电池供电或用太阳能等供电，开发微功耗的传感器及无源传感器是必然的发展方向，这样既可以节省能源又可以提高系统寿命。

例如，通常的移动通信系统必须保持主应用处理器时刻运行，这样才能收到传感器传来的信号。然而使用智能传感器时，主应用处理器可以完全休眠，节省了将近 90%的系统功耗。

5. 向智能化发展

随着网络技术、微计算机技术和传感技术的发展，传统意义上的传感器已不能适应需要，传感器的智能化是传感器的发展趋势。

计算机技术和传感器技术的结合使传感器智能化。传感器的智能化是一门现代综合技术，它把传感器变换、调理、采集、处理、存储、输出等多种功能集成一体，具有自校准、自补偿、自诊断、自动量程、人机对话、数据自动采集存储与处理等能力，又具有分析、判断、自适应、自学习等功能，大大提高了传感器的测量精确度和方便性，从而可以完成图像识别、特征检测、多维检测等复杂任务。

智能温度传感器正从单通道向多通道的方向发展，具有多种工作模式可供选择，主要包括单次转换模式、连续转换模式、待机模式，有的还增加了低温极限扩展模式，操作非常简便。有些智能温度传感器的主机(外部微处理器或单片机)还可通过相应的寄存器来设定其 A/D 转换速率、分辨力及最大转换时间。

随着微处理器芯片的发展，其性/价比逐渐提高，已广泛内置在各种传感器中，在此基础上再利用人工神经网、人工智能和先进信息处理技术(如传感器信息融合技术、模糊理论等)，使传感器具有更高级的智能。

6. 向网络化发展

网络化传感器是计算机技术、通信技术和传感器技术结合的产物，各种现场数据直接在网络上传输、发布与共享，可在网路上任何节点对现场传感器进行在线编程和组态，使测控系统的结构和效能产生重大变革。网络化是传感器发展的一个重要方向，网络传感器必将促进电子科技的发展。

MEMS传感器已成为全世界增长最快的产品之一，除了应用得较早的汽车行业外，目前市场上MEMS传感器的主要应用分布在移动电话(方向检测、手势感应)、游戏、医疗(血压监测、睡眠窒息监测、医疗呼吸设备)和工业领域。MEMS传感器在电子设备和日常生活中的重要性越来越大，它使人类能够感知到自己所处的环境，如位置、方向、速度、高度、角度、温度等。

今后MEMS传感器与系统将会有更大的市场增长。惯性测量器件、微流量器件、光MEMS器件、压力传感器、加速度传感器、微型陀螺等的应用将具有巨大的潜力。

参考文献

[1] 张勇，张剑，熊国宏. 浅论MEMS技术发展趋势与应用. 科技信息，2010，35：123.
[2] 戴晓光. 制备MEMS器件的微细加工技术:研究现状与展望，湖北职业技术学院学报，2006，3(9)：94-98.
[3] 罗均，谢少荣，龚振邦. 面向MEMS的微细加工技术. 电加工与模具，2001，5：1.
[4] 梁静秋，姚劲松. LIGA技术基础研究. 光学精密工程，2000，1(8)：38-41.
[5] 张永华，丁桂甫，彭军，蔡炳初. LIGA相关技术及应用. 传感器技术，2003，3(22)：60-64.
[6] 苏继龙，庄哲峰，陈学永，徐洪烟. MEMS微结构变形行为尺度效应的研究进展. 传感器与微系统，2009，(7)28：1.
[7] 朱克勤，Dambricourt Pierre，郝鹏飞，Zahid Wasif Ali，尹游兵. MEMS中气体运动的若干微尺度效应. 空气动力学学报，2008，第26卷增刊：87.
[8] 李昕欣，夏晓媛，张志祥. 从MEMS到NEMS进程中的技术思考. 微纳电子技术，2008，1(45)：1.
[9] 康新，席占稳. 基于Cosserat理论的微梁振动特性的尺度效应. 机械强度，2007，29(1)：1-4.
[10] 冯秀艳，郭香华，方岱宁，王自强. 微薄梁三点弯曲的尺度效应研究. 力学学报，2007，4(39)：479.
[11] 王匀，孙日文，许桢英，张凯，袁国定. 微电子材料在微塑成形中的尺度效应. 功能材料. 2007. 增刊(38)：926.
[12] 周清，Itoh Goroh，孟祥康. 高温变形尺度效应及其微观结构. 南京大学学报(自然科学)，2009，2 (45)：198.
[13] 石庚辰. 微机械加速度传感器及其应用. 测控技术，2003，3(22)：5.
[14] 王善慈. 多晶硅敏感技术(连载八). 传感器技术，1995，2：60-64.

[15] 王善慈. 多晶硅敏感技术(连载六). 传感器技术，1994，6：55-61.
[16] 王丽. 微传声器的发展与光纤传声器. 传感技术学报，2004，4：720.
[17] 蔡公和，刘忠玉，蔡丽梅. 硅微声压传感器. 传感技术学报，1998，2：57.
[18] 宁瑾，刘忠立，赵慧. 电容式微传声器的制备研究新进展. 电子器件，2002，1(25)：10.
[19] 刘凯，陈志东，邹德福，马丽敏. MEMS 传感器和智能传感器的发展，仪表技术与传感器，2007，9：9.
[20] 徐安安. 论 MEMS 传感器的应用与发展. 现代商贸工业，2011，13：270.
[21] 栾桂冬. 压电 MEMS 超声换能器研究进展[J]. 应用声学，2012，31(3)：161-170.
[22] 栾桂冬. 电容 MEMS 超声换能器研究进展[J]. 应用声学，2012，31(4)：241-248.

第13章　纳米传感器

国民经济和科学技术的迅速发展对传感器也提出了更高的要求。由于材料所限，传统的传感器在可靠性、微型化、多功能化、标准化、低能耗、低成本等经济和技术指标方面的表现已不能满足需求。而20世纪80年代初发展起来的纳米材料以其所具有的良好的吸收性能、扩散性能、热导和热容性能、独特的光学性能(反射、吸收和发光)以及奇异的力学和磁学性能等，为传感器的发展提供了新的空间。由纳米材料研制的新型传感器，性能更好、尺寸更小，而且纳米技术立足于原子尺度，极大地丰富了传感器的理论，提高了传感器的研制水平，拓宽了传感器的应用领域。

13.1　纳米材料

纳米材料是指在三维空间中至少有一维处于纳米尺度范围(1～100 nm)的材料，或这类材料作为基本单元构成的材料，包括金属、氧化物、无机化合物和有机化合物等。由于纳米材料的尺寸已经接近电子的相干长度和光的波长，它的性质因强相干自组织而发生很大变化，它还具有大表面的特殊效应，因此它所表现的物理和化学特性往往不同于它在整体状态时所表现的性质。

纳米材料按形态可以分为纳米粒子(零维)、纳米纤维(一维)、纳米膜(二维)和纳米块体(三维)。

1. 纳米粒子

纳米粒子也叫超微颗粒，又称为超微粉或超细粉，是一种介于原子、分子与宏观物体之间的处于中间物态的固体颗粒材料。纳米粒子具有表面效应、小尺寸效应和宏观量子隧道效应，显示出许多奇异的特性，即它的光学、热学、电学、磁学、力学以及化学方面的性质和大块固体时相比有显著的不同。图13.1所示为纳米金粒子。

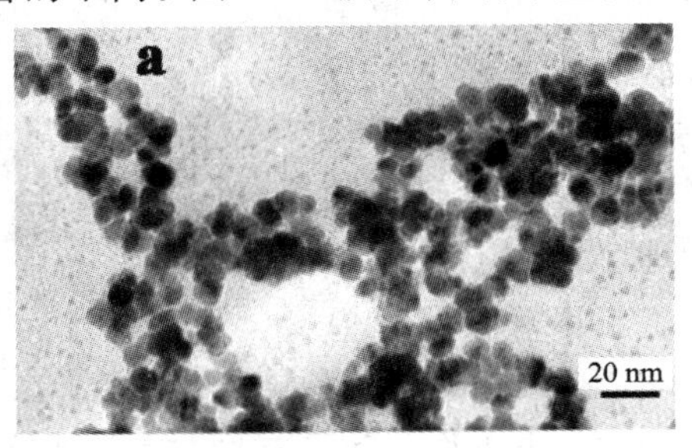

图13.1　纳米金粒子TEM图

2. 纳米纤维

纳米纤维是指直径处于纳米尺度范围(1～100 nm)内而长度较大的线状材料，如图13.2所示的碳纳米管和图13.3所示的ZnO纳米棒等。根据其组成成分可分为无机纳米纤维、聚合物纳米纤维和有机/无机复合纳米纤维。广义上还包括将纳米颗粒填充到普通纤维中对其进行改性的纤维。纳米纤维具有孔隙率高、比表面积大、长径比大、表面能和活性高、纤维精细程度和均一性高等特点，同时纳米纤维也具有纳米材料的一些特殊性质，如由量子尺寸效应和宏观量子隧道效应带来的特殊的电学、磁学和光学性质。

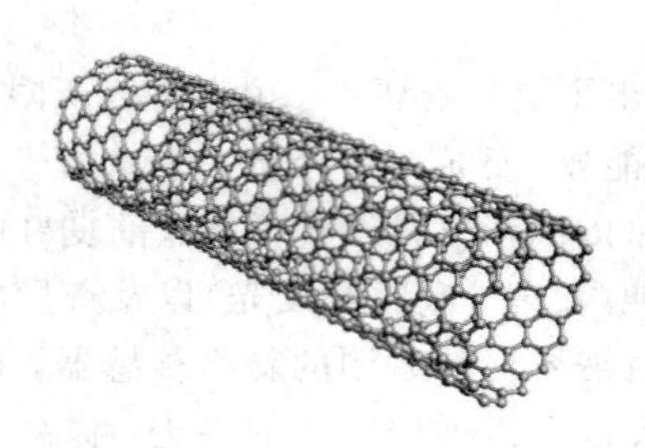

图 13.2　碳纳米管结构模型

图 13.3　ZnO 纳米棒的 SEM 图

3. 纳米膜

纳米膜分为颗粒膜与致密膜。颗粒膜是指由纳米颗粒构成、中间有极为细小的间隙的薄膜。致密膜指膜层致密但晶粒尺寸为纳米级的单层或多层膜。图13.4为网状碳纳米管薄膜TEM图。

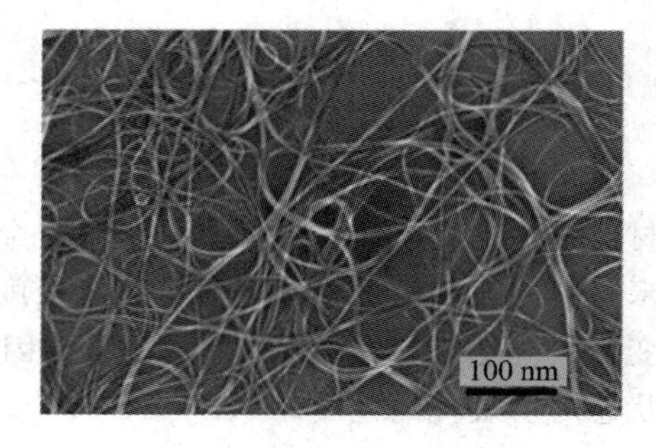

图 13.4　网状碳纳米管薄膜 TEM 图

纳米薄膜由于其组成的特殊性，使其光学、力学和电学性质都不同于传统的薄膜材料。如有些薄膜具有电阻的反常性和光学非线性性，有些有特异的硬度、耐磨性、韧性以及巨磁电阻特性等。一些纳米薄膜容易吸附各种气体而在表面进行反应，是制备各种气体传感器的良好材料。

4. 纳米块体

纳米块体是将纳米粉末高压成型或控制金属液体结晶而得到的纳米晶粒材料，图13.5所示为一种纳米块体材料的照片。由于大量纳米粒子/晶粒是在保持界面清洁的条件下组成的三维系统，所以其界面原子所占比例很高，微观上具有长程有序的晶粒结构和界面无序的特殊结构，从而具有高热膨胀性、高比热、高扩散率、高电导性、高强度、高溶解度及界面合金化、高韧性、低熔点和低饱和磁化率等许多异常的特性，在表面催化、磁记录、传感器及工程技术等方面有着广泛应用，也可作为超高强度材料、智能金属材料等。

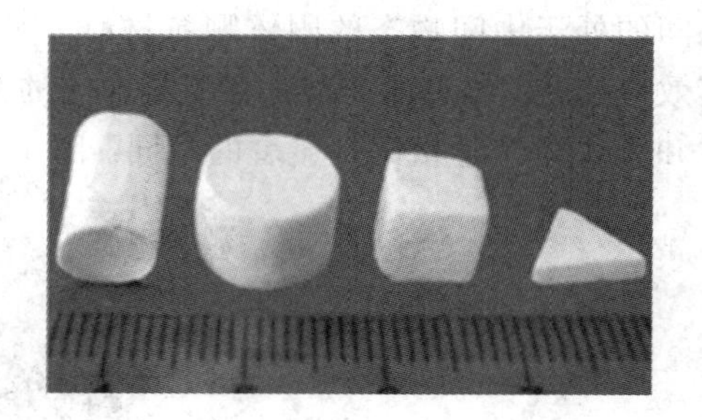

图 13.5　纳米块体材料的照片

5. 碳纳米管

碳纳米管是纳米纤维材料，其性能特殊，用途广泛，这里单独加以介绍。

纳米管是由碳原子成六边形构成的管状物(见图13.2)，可以看成是由层状结构的石墨烯片卷成的纳米尺寸的空心管，由于其直径在纳米量级，因此称为碳纳米管。碳纳米管按照石墨片的层数可简单分为单壁碳纳米管(SWNT)(见图13.6)和多壁碳纳米管(MWNT)(见图13.7)。单壁碳纳米管由单层圆柱形石墨层构成，直径一般在1～6 nm，长度则可达几百纳米到几十微米。含有两层以上石墨片层的则称为多壁碳纳米管，多壁碳纳米管由管状的同轴纳米管构成。多壁碳纳米管的层间距约为0.34 nm，外径在几个纳米到几百纳米，其长度一般在微米量级，最长可达数毫米。

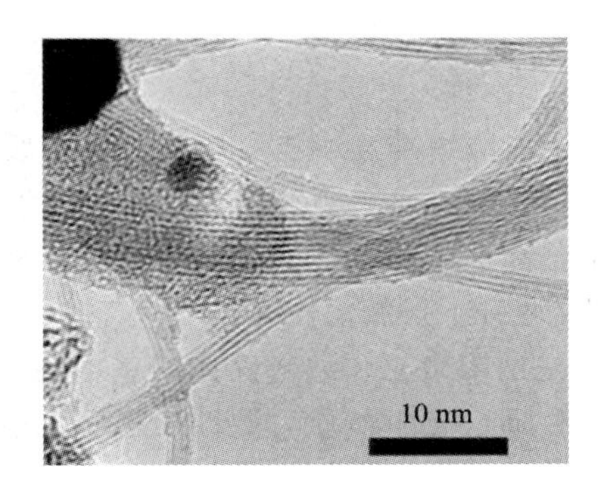

图13.6　单壁碳纳米管TEM图

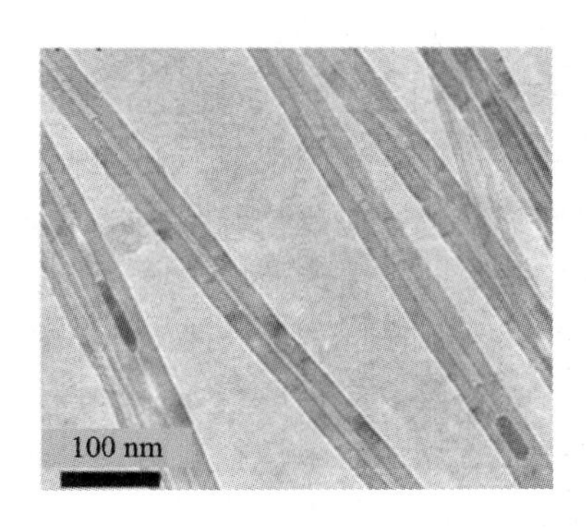

图13.7　多壁碳纳米管TEM图

碳纳米管具有高长径比和高比表面积，具有许多特殊的力学、电学和化学性能。它有着不可思议的高机械强度与韧性，重量却极轻，导电性极强，抗张强度比钢高出100倍，导电率比铜还要高，兼有金属和半导体的性能，对某些金属离子有很好的吸附效应，暴露在某些气体中可使其电导明显改变。碳纳米管是应用极为广泛的一种新型材料。

6. 量子点

量子点(Quantum Dots，QD)是由锌、镉、硒和硫原子构成的晶体直径在2～10纳米之间的纳米材料，其光电特性独特，受到光电刺激后，会根据量子点的直径大小发出各种不同颜色的纯正单色光，能够改变光源光线的颜色，是构建荧光纳米传感器的良好材料。

量子点可以在电视的LED背光上形成一层薄膜，用蓝色LED照射就能发出全光谱的光，可以对背光进行精细调节，大幅提升色域表现，让色彩更加鲜明，被广泛用于液晶电视屏幕等。

13.2　纳米材料的特性

纳米材料是联系原子、分子和宏观体系的中间环节，由微观向宏观体系演变过程之间的新一代材料，所以它表现出许多既不同于微观粒子又不同于宏观物体的特性，具体表现在以下几个方面。

1. 表面效应

表面效应是指纳米粒子表面原子与总原子数之比随着粒径的变小而急剧增大后所引起

的性质上的变化。粒径越小，处于表面的原子数越多，表面积、表面能迅速增加以及表面原子数迅速增加。因表面原子周围缺少相邻的原子，有许多悬空键，具有不饱和性质，易与其他原子相结合而稳定下来，从而表现出良好的化学性能和催化活性。例如无机纳米粒子可以吸附周围的气体。

2. 体积效应

由于粒子尺寸变小，导致表面原子密度减小，当纳米粒子的尺寸与传导电子的德布罗意波相当或更小时，周期性的边界条件将被破坏，导致磁性、内压、光吸收、热阻、化学活性、催化性及熔点等都较普通粒子发生很大的变化，这就是纳米粒子的体积效应，亦称小尺寸效应。随着纳米材料的粒径变小，其熔点将不断降低，利用晶粒尺寸变化引起的特性，可以高效地将太阳能转化为电能和热能。

3. 量子尺寸效应

粒子尺寸下降到一定值时，费米能级接近的电子能级由准连续能级变为分立能级的现象称为量子尺寸效应。量子尺寸效应会导致纳米粒子的磁、光、声、电以及超导电性与宏观特性显著不同。在纳米粒子中，处于分立的量子化能级中的电子的波动性为其带来了一系列特性，如高的光学非线性、特异的催化和光催化性质、强氧化性等。

上述的表面效应、体积效应、量子尺寸效应等是纳米微粒和纳米固体的基本特征，这一系列特征导致了纳米材料在熔点、蒸气压、光学性质、化学性质、磁性、超导及塑性形变等方面显示出许多特殊性能。

13.3 纳米材料的制备方法

13.3.1 纳米粒子的制备方法

纳米粒子的制备方法很多，此处仅就化学方法和物理方法进行简要介绍。

1. 化学制备方法

1）气相沉积法

蒸发挥发性的金属化合物，通过化学反应生成所需化合物，在有保护气体的环境下快速冷凝，即为用气相沉积法制备各类物质的纳米微粒的方法。它是应用最为广泛的方法，其特点是纳米微粒颗粒均匀、纯度高、粒度小、分散性好、化学反应活性高，工艺连续和可控，可对整个基体进行沉积。

2）沉淀法

沉淀法就是把沉淀剂加入到盐溶液中反应后，将沉淀物热处理得到纳米材料的方法。其特点是简单易行，但所得纳米材料纯度低、颗粒半径大，适合制备氧化物。

3）溶胶-凝胶法

溶胶-凝胶法是用易水解的金属化合物(无机盐或金属盐)在溶剂中形成均质溶液，溶质发生水解反应生成纳米级的粒子并形成溶胶，溶胶经蒸发干燥转变为凝胶，再经干燥、烧结等处理后得到纳米粒子的方法。其特点是反应物种类多(该法为低温反应过程，允许掺杂大剂量的无机物和有机物)、产物颗粒均一、分散性好、纯度高、过程易控制，适于氧化物和Ⅱ～Ⅵ族化合物的制备。

4）水热合成法

水热合成法即高温高压下在水溶液或蒸汽等流体中进行无机材料的合成与制备，再经分离和后续处理得到纳米粒子的方法。其特点是纯度高、分散性好、粒度易控制。

5）有机液相合成法

有机液相合成法主要是采用在有机溶剂中能够稳定存在的金属有机化合物和某些具有特殊性质的无机物为反应原料，在适当的反应条件下合成纳米材料的方法。

6）固态置换反应法

固态置换反应法是利用固态反应混合物在有诱发机制的条件下进行的一种快速的放热反应来制备纳米材料的方法。

7）微乳液法

微乳液法是指两种互不相溶的溶剂在表面活性剂的作用下形成乳液，在微泡中经成核、聚结、团聚、热处理后得纳米粒子的方法。其特点是粒子的分散和界面性好，Ⅱ～Ⅵ族半导体纳米粒子多用此法制备。

2. 物理制备方法

1）真空冷凝法

真空冷凝法是指在真空蒸发室内充入低压惰性气体，采用真空蒸发、加热、高频感应等方法，使原料汽化或形成等离子体，原料气体分子与惰性气体原子碰撞失去能量，凝聚形成纳米尺寸的团簇，然后骤冷形成纳米材料的方法。其特点是纯度高、结晶组织好、粒度可控，但技术设备要求高。

2）物理粉碎法

物理粉碎法是指通过机械粉碎、电火花爆炸等方法得到纳米粒子。该方法主要适用于纯金属单质纳米材料的制备。其特点是操作简单、成本低，但产品纯度低，颗粒分布不均匀。

3）球磨法

球磨法是采用球磨方法，使大晶体变为小晶体，并控制适当的条件得到纯元素、合金或复合材料的纳米粒子。其特点是操作简单、成本低，但产品纯度低，颗粒分布不均匀。

4）离子溅射法

离子溅射法是通过在两电极间充入 Ar，由于两极间的辉光放电形成 Ar 离子，在电场作用下 Ar 离子冲击阳极靶材表面，使靶材原子从其表面蒸发出来形成超微粒子，并在附着面上沉积下来而制备纳米材料的方法。溅射法的特点是能制备多种纳米金属和多组元的化合物纳米微粒，通过加大被溅射阴极表面，可加大纳米微粒的获得量。

5）高压气体雾化法

高压气体雾化的原理是利用高压气体雾化器将－20～－40℃的氮气和氢气以 3 倍于音速的速度射入熔融材料的液流内，熔体被破碎成极细颗粒的射流，然后急剧骤冷得到超微粒。

6）深度塑性变形法

深度塑性变形法是指在准静态压力的作用下，材料发生严重塑性形变，从而使其尺寸细化到纳米量级形成纳米材料的方法。

7）激光气相法

激光气相法是利用气相高能激光照射，通过分子吸收能量，然后在分子内部和分子之间进行快速的能量吸收传递，在瞬间完成气相反应的成核和长大，从而制备出纳米材料的方法。

13.3.2 纳米纤维的制备方法

1）气-液-固(VLS)生长法

在温度适当时，催化剂能与生长材料的组元互熔形成液态的共熔物，生长材料的组元不断地从气相中获得，当液态中溶质组元达到过饱和后，纳米晶将沿着固-液界面的择优方向析出，此即为 VLS 生长法的基本原理。VLS 法是制备单晶纳米纤维材料较好的方法，该方法具有较高的产率。

2）气-固(VS)生长法

VS 生长法是通过热蒸发、化学还原或气相反应等方法产生气相，随后该气相被传输到低温区并沉积在基底上而制备纳米纤维的方法。在不存在催化剂的条件下，VS 生长是制备纳米纤维材料的较好方法。

3）溶剂热法

溶剂热法制备纳米纤维的原理是：原料各组分按一定比例混合在溶剂中，反应须在高压釜中，在相对较低的温度和压力下进行。使用不同的溶剂可以得到不同形貌的纳米纤维材料。

4）模板法

模板法是采用多孔阳极氧化铝膜、径迹蚀刻聚合物膜和介孔沸石等作为模板，用气相沉淀法使原料气体化学反应而在模板孔道内沉积形成纳米管、纳米线的方法。模板法是制备纳米线材料的有效方法，该方法具有限域能力，对纳米纤维材料的尺寸及形状具有可控性。

5）静电纺丝法

静电纺丝法是指聚合物溶液或熔体带在高压静电场(几千至上万伏)作用下，克服表面张力形成喷射流，喷射流在喷射过程中溶剂蒸发或自身发生固化，从而在接收装置上形成纤维制品的方法。静电纺丝法具有制造装置简单、纺丝成本低廉、可纺物质种类多、工艺可控等优点，已成为制备纳米纤维材料的有效方法。

13.3.3 纳米薄膜的制备方法

1）溶胶-凝胶法

溶胶-凝胶法也可用于制备纳米膜。此法是用易水解的金属化合物(无机盐或金属盐)在某种溶剂中形成均质溶液，溶质发生水解反应生成纳米级的粒子并形成溶胶，将溶胶附在衬底上胶化为凝胶，再经处理得到纳米薄膜。

2）分子束外延法

分子束外延法是指在超高真空条件下，所需组分的蒸气经小孔准直后形成的分子束或原子束，控制分子束喷射到适当温度的单晶基片上，使分子或原子按晶体排列并一层层地生长在基片上形成薄膜的方法。其特点是：生长温度低，外延层厚度可以精确控制，可以制备极薄的薄膜。该方法能在晶体基片上生长高质量的晶体薄膜，是一种比较先进的薄膜生长技术。

3）脉冲激光沉积法

脉冲激光沉积法是将高功率脉冲激光束聚焦于靶材料表面，使其高温熔蚀，继而产生金属等离子体，再将等离子体定向局域发射沉积在衬底上而形成薄膜的方法。该方法对靶材的种类没有限制，沉积速率高，易获得多组分薄膜，能在较低的温度下进行，过程易于控制。

4）磁控溅射法

磁控溅射法是通过电子在电场的作用下，撞击氩原子使其发生电离，电离产生的氩离子在电场作用下加速飞向阴极靶，并以高能量轰击靶表面，使靶材料发生溅射，靶原子或分子沉积在基片上形成薄膜的方法。磁控溅射是一种十分有效的薄膜沉积方法，该方法成膜速率高，膜层致密、均匀，镀膜层与基材的结合力强，设备简单，可实现大面积镀膜。

13.3.4 纳米块体的制备方法

1）加压成块法

加压成块法的步骤为：先制备纳米粒子，保持粒子表面新鲜不被氧化，再加压压成块体。该方法可采用将高能球磨碎得到纳米颗粒，再热压成纳米块体；也可用熔体极冷、高速直流溅射、等离子流雾化等技术得到非晶态固体，再热压成纳米块体。

2）大塑性变形法

大塑性变形法是指材料在大塑性变形过程中产生剧烈塑性变形，导致位错增殖、运动、湮灭、重排等一系列过程，晶粒不断细化达到纳米量级。其特点是可以生产出尺寸较大的样品(如板、棒等)，而且样品中不含有孔隙类缺陷，晶界洁净。

3）非晶晶化法

非晶晶化法是采用快速凝固法用液态金属制备非晶条带，再将非晶条带经过热处理使其晶化获得纳米晶条带的方法。其特点是制备的纳米晶体材料晶界清洁，无任何污染，样品中不含微空隙。

4）无压力烧结

无压力烧结法是指将无团聚的纳米粉在室温下压成块状，再在一定的温度下烧结成陶瓷。该法的特点是设备简单，成本较低。

5）微波烧结

微波烧结是使纳米陶瓷在烧结过程中快速升温降温，保持陶瓷块体小晶粒的方法。该方法热效率高，节能好。

13.3.5 碳纳米管的制备方法

1）电弧法

电弧法是指在真空室中充入惰性气体或氢气，以粗石墨棒为阴极，细石墨棒为阳极，通过电弧放电获得3000℃以上的高温蒸发石墨，使碳原子变为等离子态的方法。该方法可用于合成单壁碳纳米管、多壁碳纳米管及单壁碳纳米管束。

2）激光蒸发法

激光蒸发法又称为激光烧蚀法，是在高温电阻炉中采用氩气作为保护性气体，由激光束蒸发石墨靶和过渡金属催化剂的混合物，得到绳索状的、直径均匀的单壁碳纳米管的方法。通过改变生长温度、催化剂组分和其他条件，可改变单壁纳米管的平均直径和直径分布。

3）化学气相沉积法

化学气相沉积法是在制备碳纤维的基础上制备单壁碳纳米管的方法。在制备中，常采用浮动裂解法，在1100～1200℃的温度范围内，以二茂铁为催化剂，通过其引入量来控制催化剂颗粒的大小和碳氢比，以苯为碳源，添加适量的噻吩可以制得碳纳米管。

纳米材料的制作方法颇多，这里不一一赘述。

13.4 纳米材料特性在传感器上的应用

传感器所借助的纳米材料的特性主要体现在以下五个方面：

1）气敏性

气体传感器材料要具有高的灵敏度，选择性强，性能稳定。不少纳米无机氧化物都对某种或某些气体具有极好的敏感性能。气体传感器的气敏特性同气体的吸附作用和催化剂的催化作用也有很大关系，纳米材料的极大的比表面积和界面为此提供了良好条件。

2）湿敏性

湿度传感器是利用半导体纳米材料的电阻会随湿度变化，将湿度变化转换为电信号。纳米固体具有明显的湿敏特性，环境湿度的变化会迅速引起其表面和界面离子价态和电子输运的变化，其巨大的比表面和界面对外界环境湿度十分敏感，具有很高的灵敏度。

3）压敏性

氧化锌系等纳米材料具有压敏性。由于其具有均匀的晶粒尺寸，线性及电学性能好，响应时间短且寿命长，因此是制作压敏传感器的良好材料。

4）磁敏性

磁性纳米粒子因具有独特的性质被广泛应用于研制和发展具有高灵敏度、高选择性的化学磁传感器和生物探针。

纳米材料具有巨磁阻抗效应。巨磁阻抗效应是指磁性材料交流阻抗随外磁场显著变化的效应，将交流阻抗的变化转换成电压或电流等电信号的变化，即可得知外磁场的变化，纳米巨磁阻抗材料的电阻抗与外磁场间存在近似线性的关系，可研制灵敏的磁敏传感器。

5）光特性

纳米材料具有宽频带强吸收性，吸收光谱的红移、蓝移现象，特有的发光现象等，均可用于传感器的研制。

此外，纳米材料独特良好的扩散、热导和热容性能，以及奇异的力学性质等，为传感器研制带来了新的契机。纳米材料的界面效应、尺寸效应、量子效应，为传感器提供了新的发展空间。

13.5 纳米传感器

当前纳米传感以纳米化学和生物传感器、纳米气敏传感器为主，品种多样，分类各异。此处分别从物理、化学和气敏传感器三方面加以介绍。

13.5.1 纳米物理传感器

1. 纳米纤维称重传感器

纳米纤维称重传感器的原理是：把单一颗粒附在一根碳纳米管上，测量有此颗粒和无此颗粒时的机械振动频率，通过二者的频率差测量此附着颗粒的质量。美、中、法和巴西等国的科学家，用精密电子显微镜可测出纳米管上的极小微粒引起的振动频率的变化。这种世界上最小的秤，可以用来区分病毒的种类。

IBM公司和瑞典Basel大学的研究人员开发了一种新型的纳米微悬梁传感器，见图13.8。硅悬梁阵列纳米基元长500 μm，宽100 μm，厚1 μm，各基元表面固定具有不同识别性的生物分子，检测目的物与不同的识别分子相结合，会引起悬梁臂不同程度的弯曲。通过激光反射技术，能够检测到10～20 nm的弯曲。根据弯曲程度的差别，该阵列式生物传感器可以同时检测多种目的物。

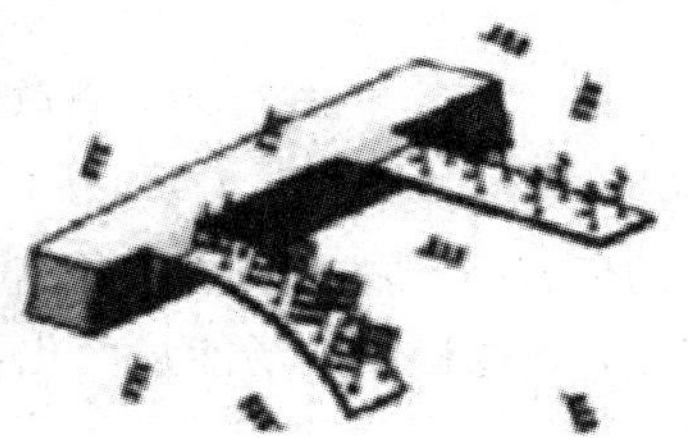

图13.8 纳米微悬梁生物传感器

2. 电阻应变式纳米压力传感器

电阻应变式纳米压力传感器利用金属应变原理制成，其敏感元件由金属弹性薄膜与纳米膜构成。在精密抛光金属圆形平膜片上制作纳米固体薄膜层，然后，在其上再制作纳米量级的Ni－Cr薄膜功能材料膜。通过微细加工技术构成惠斯登电桥，电桥电阻用纳米SiO_2膜钝化保护。压力引起的应变信号用金丝引出。当被测压力作用于膜片上时，产生弹性形变，应变电阻发生变化，电桥失去平衡，从而产生与被测压力成正比的电压信号。电阻应变纳米膜研制成的电阻应变式纳米压力传感器，测量精度和灵敏度高、体积小、重量轻、安装维护方便，能稳定而可靠地测量压力参数。

3. 纳米温度传感器

纳米二氧化锆、氧化镍、二氧化钛等陶瓷对温度变化、红外线以及汽车尾气都十分敏感，用它们制作的温度传感器、红外线检测仪和汽车尾气检测仪，检测灵敏度比普通的同类陶瓷传感器高得多。

图 13.9 所示为一个用硅纳米线(SiNWs)制成的纳米温度传感器。SiNWs 可在硅衬底 100 nm 厚的氧化层上生长制备，宽度为 100～200 nm，长度为 18～22 μm，并适当加以掺杂来优化敏感度。SiNWs 两端连接到 500 nm 厚的 Al 电极制成温度传感器，SiNWs 研制成的传感器有高的灵敏度和响应速度。此外，硅纳米线传感器还具有尺寸小、需要的能量少、更加节能等优点。

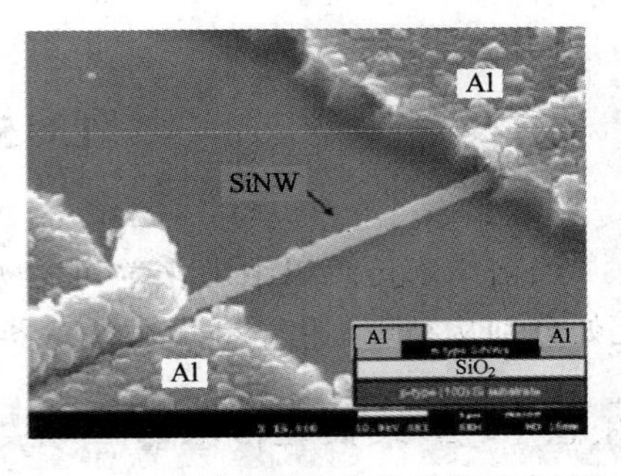

图 13.9　硅纳米线温度传感器 SEM 图

4. 纳米磁敏传感器

利用一些纳米材料的巨磁阻效应，可研制出各种纳米磁敏传感器。图 13.10 为磁敏传感器的模型简图，它是由反相器、磁敏材料以及少数的电子元件组成的一个调频振荡器，输出脉冲信号，输出信号的频率会随磁场发生灵敏的变化。纳米磁敏传感器灵敏度高，便于数字化测量，同时它有结构简单、功耗较小等优点。

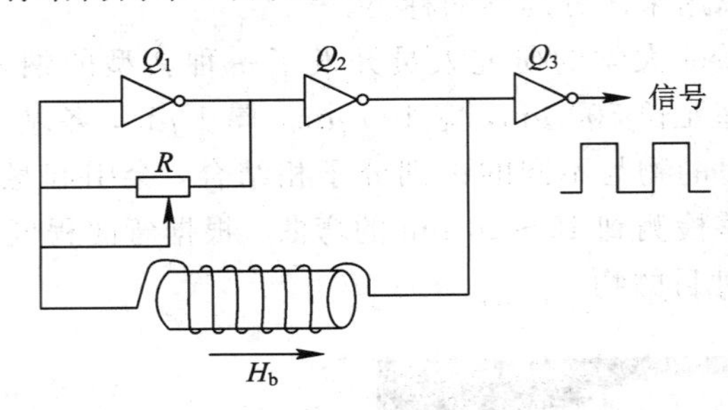

图 13.10　磁敏传感器的电路简图

5. 纳米波导传感器

纳米级尺寸的低折射率材料构成的特殊光波导的结构变化，将使分布在波导内的光场能量分布发生变化，通过检测光场能量变化，可以感知波导结构参数的变化。

图 13.11 为双狭缝波导结构传感器示意图。双狭缝波导由两个低折射率狭缝和 3 个高折射率包层构成，低折射率狭缝置于高折射率包层之间，当狭缝或中心包层尺寸发生变化时，分布在两狭缝内的光场能量分布发生变化。测量两狭缝内能量分布变化关系便可得到结构的变化状况。其对位移变化的分辨率可达到 1 nm 量级，测量量程可达到 100 nm 左右。这种效应可用于位移、压力、温度等物理量的高灵敏度测量。

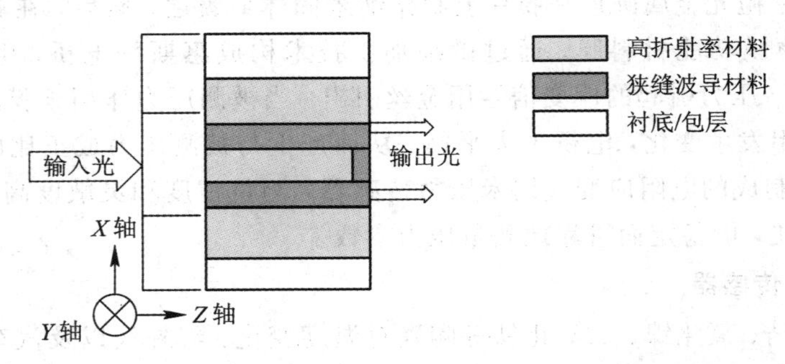

图 13.11　双狭缝波导结构纳米传感器结构(俯视图)

13.5.2 纳米化学传感器

化学传感器主要是由接收器、转换器和电子线路三部分组成的，其质量主要取决于接收器的选择性、转换器的灵敏度以及它们的响应时间、可逆性寿命和电子系统的可靠性。

纳米技术引入化学传感器后，接收器、探针或者纳米微系统的检测灵敏度大幅提高，响应时间缩短，并可以实现高通量的实时检测分析，这不仅提高了传感器的检测性能，还促进了新型传感器的研制。

1. 溶液荧光传感器

荧光传感器一般由产生荧光的敏感基元、激励敏感基元的光源及对敏感基元荧光作出反应的光电探测器构成。在光源的激励下，分子因吸收光而被激发到电子激发态后发出荧光，通过测量荧光化合物荧光强度的下降值，可以间接地测量该分析物质。例如，大多数过渡金属离子与具有荧光性质的芳族配位体配合后，往往会使配位体的荧光猝灭，据此可间接测定这些金属离子的浓度。测定浓度的方法是采用工作曲线法，即取已知量的分析物质，经过与试样溶液一样处理后，配成系列标准溶液，并测定荧光强度，再以荧光强度对标准溶液浓度绘制工作曲线，然后由所测得的试样溶液的荧光强度对照工作曲线求出试样浓度。

荧光纳米化学传感器具有体积小、灵敏度高、响应时间短、特异性强、费用低、比较容易观测等优点。

二氧化硅纳米粒子透明且对光无吸收，因此很适合作荧光传感器的载体。在荧光化合物中加入二氧化硅纳米粒子后，会形成网状结构，有助于防止荧光化合物分子的聚合；同时，由于起作用的荧光物质是纳米粒子表面的涂层，因此可避免底物对测试产生影响。

2. 离子选择性电极

离子选择性电极是利用膜电势测定溶液中离子的活度或浓度的电化学传感器，结构如图 13.12 所示。它具有将溶液中某种特定离子的活度转化成一定电位的能力，其电位与溶液中给定离子活度的对数成线性关系。通过测量电势，由校正曲线或计算法求得待测物的浓度。离子选择电极是膜电极，其核心部件是电极尖端的感应膜，当它和含待测离子的溶液接触时，在它的敏感膜和溶液的相界面上产生与该离子活度直接有关的膜电势。

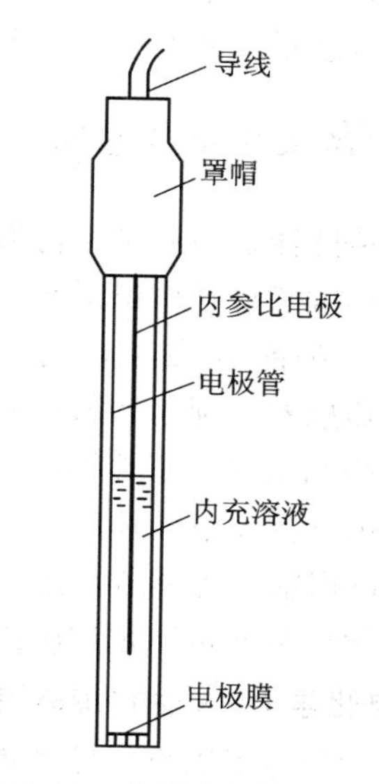

图 13.12 离子选择性电极结构图

采用纳米材料的离子选择性电极，在空间上更具立体性、配位性，电极响应时间短，选择性和检测限等性能得到明显提高。例如，用水热法制备的碲化钴纳米管、纳米金和壳聚糖组成的复合膜修饰裸铂电极，构建的 DNA 电化学生物传感器，可用于对禽类病毒基因进行检测。该法测定 DNA 的浓度线性范围为 $2.0\times10^{-10}\sim2.0\times10^{-6}$ mol/L，最低检测限为 7.94×10^{-11} mol/L。

3. 光纤化学传感器

光纤化学传感器由光源、传感探头、光纤、检测器、信号处理和数据记录器等构成。光源所发出来的光应该具有足够的强度和稳定性，波长能连续变化，且功率消耗低。传感探头是仪器的最关键部件，它通常是由待测物敏感指示剂固定于光纤尖端或光纤周围构成的，光纤通路有多种结构，常见的有Y型、圈型和直线型。

由光纤一端入射的光线，基于芯纤与包层分界面的全内反射作用而传导至光纤的另一端输出(或由尖端反射后输出)。由光的传输损耗检测获知待测物特性。

液芯光纤波导管的研制极大地促进了化学传感器的发展。采用待测物构成液芯光纤波导管。激光器输出的激光，经单模光纤传输，然后可由一显微镜物镜将光纤输出的激光聚焦到液芯光纤波导管中，再经光纤束传输至光谱仪进行分析测量。

一种光纤纳米传感器的制作方法是，在去除包层的光纤上涂上纳米金溶胶，通过测量反射或透射光强的变化来测量Ni离子和生物素Streptavidin的浓度。该传感器有两种结构，一种是反射型的，一种是透射型的。该传感器可以测量对光谱没有响应的Ni离子浓度，并且不用标记就可以测量Streptavidin浓度，精度可以达到皮摩尔量级。

由于光纤具有抗干扰、耐高温、耐腐蚀、反应灵敏和功耗小等特点，因此光纤化学传感器发展迅速，成为化学传感器研究的新方向。

4. 纳米管化学传感器

用钛纳米管可以检测大气中分子水平氢的浓度。

碳纳米管化学传感器可用来检测多种气体分子，该种传感器在室温下就能够非常灵敏地检测少量的NO_2、NH_3、O_2等气体分子。气体分子在SWNT的吸附导致了电荷迁移，从而引起电导率有规律地变化，故可用于定量检测；不同的气体分子的吸附机理不同，所引起的电导率变化亦各不相同，故可用于定性检测。与常规的固态碳传感器相比，碳纳米管制作的传感器的灵敏度高、反应速度快、检测范围广。

13.5.3 纳米生物传感器

生物传感器是一种对生物物质敏感并将其浓度转换为电信号进行检测的仪器，其由固定化的生物敏感材料作识别元件(包括酶、抗体、抗原、微生物、细胞、组织、核酸等生物活性物质)、换能器(如氧电极、光敏管、场效应管、压电晶体等)及电信号放大装置构成。纳米生物传感器是利用纳米材料与具有特殊识别能力的分子(酶、DNA等)结合，从而产生容易被检测出并便于传输的电信号的器件。目前最新的检测技术多采用纳米传感器，这些传感器的共同特点是体积小、分辨率高、响应时间短、所需样品量少。在生物学和医学研究上，可用纳米传感器来进行各种细胞测定工作而不损害细胞本身，并且任何细胞都不需要用指示染料便可测定细胞内任意特定区域。

1. 电化学DNA生物传感器

电化学传感器以离子导电为基础制成，主要用于分析气体、液体或溶于液体的固体的成分以及对液体的酸碱度、电导率及氧化还原电位等参数进行测量。纳米电化学生物传感器易于进行表面化学修饰，生物分子的融合性绝佳，选择性及灵敏度高，传递能力快，特性稳定，成本低，易于推广及普及。

DNA生物传感器能将目标DNA转变为可检测的电信号。它由两部分构成，一部分是识别元件，即DNA探针，另一部分是换能器。识别元件主要用来感知样品中是否含有待测的目标DNA；换能器则将识别元件感知的信号转化为可以检测记录的电信号。通常是在换能器上固化一条单链DNA，通过DNA分子杂交，对另一条含有互补序列的DNA进行识别，形成稳定的双链DNA，通过声、光、电信号的转换，对目标DNA进行检测。

图13.13是利用金纳米粒子实现高灵敏的电化学DNA生物传感器。引入金纳米粒子进行电化学信号放大，可显著提高DNA检测的灵敏度。纳米粒子由于具有大的比表面积和很高的表面自由能，可有效吸附固定生物分子，增加固定的分子数量，从而增强反应信号。金属纳米颗粒作为一种纳米材料，比表面积大，表面反应活性高，从而具有良好的催化活性。研究表明，多种酶可以牢固地吸附在金纳米颗粒表面，并且能保留其催化活性，在靶标DNA存在时可以把负载信号DNA分子的金纳米粒子一起通过杂交反应连接到电极表面。这样一次杂交事件就可以产生数百倍的信号放大，从而显著提高DNA检测的灵敏度。

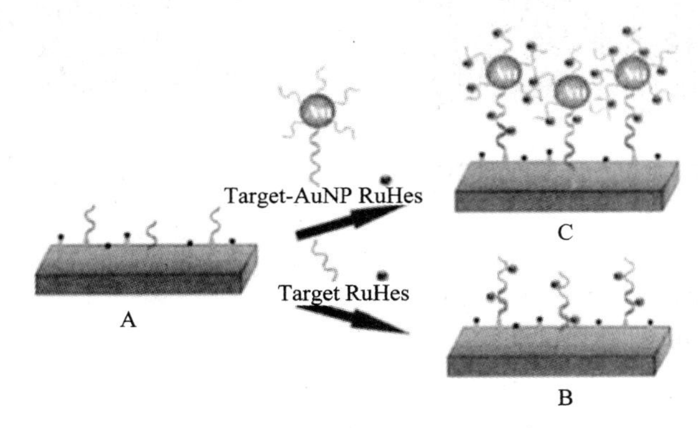

图13.13　利用金纳米粒子实现高灵敏的电化学DNA生物传感器检测示意圈

图13.14为一种基于核酸适配体分子识别前后构象变化的电化学ATP(三磷酸腺苷，人体内的直接供能物质)生物传感器。它采用了一类核酸适配体(aptamer)作为ATP分子识别元件。核酸适配体在识别ATP前后其分子构象会发生显著变化，利用电化学方法可以检测这一构象改变所导致的电子传递能力变化，从而可以灵敏地检测ATP这一生物体内的能量分子。

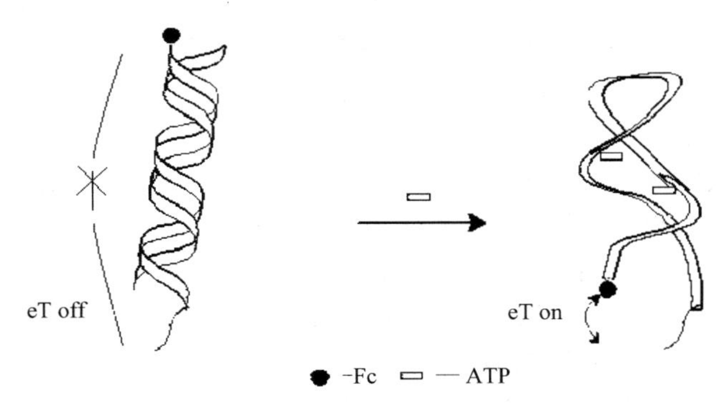

图13.14　基于核酸适配体分子识别前后构象变化的电化学ATP生物传感器

图 13.15 是一用肽核酸受体改性的硅纳米线传感器示意图，其表面可以识别囊性纤维化跨膜受体基因野生型#F508 基因(DNA)突变位点。该硅纳米线传感器可以进行无标记、实时、有效及选择性地检测浓度低于 1×10^{-11} mol/L 的 DNA。

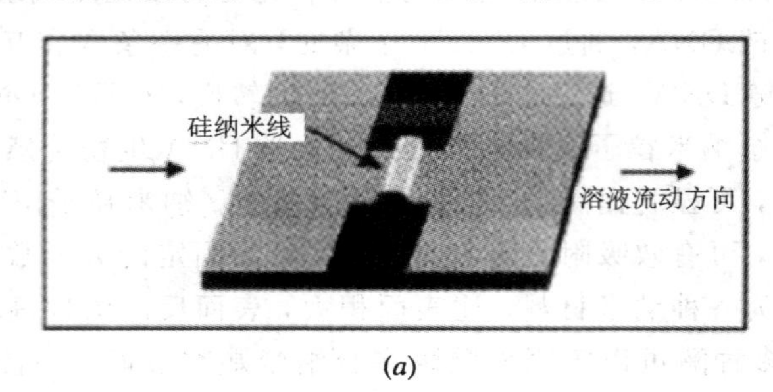

(a)

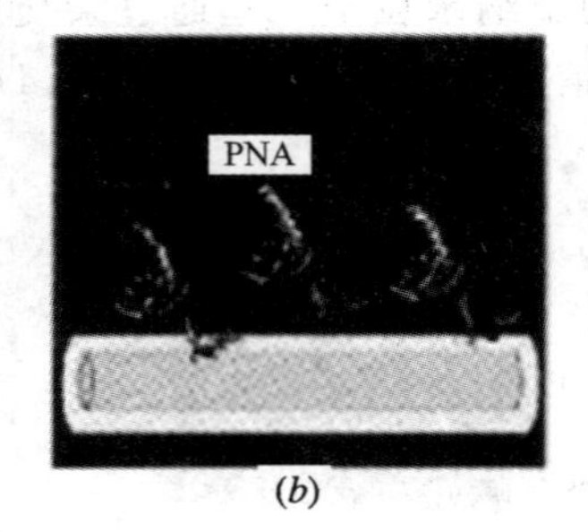

(b)

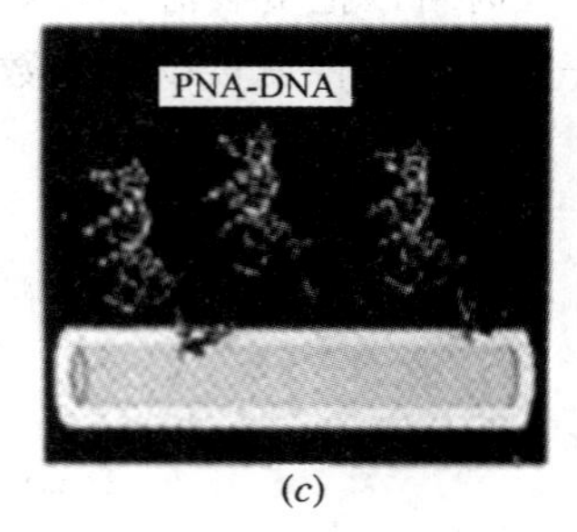

(c)

图 13.15 用肽核酸受体改性的硅纳米线传感器示意图

(a) 检测 DNA 的硅纳米线传感器；(b) 含有 DNA 受体的硅纳米线表面；(c) PNA－DNA 形成过程图

2. 新型光纤传感器

纳米光纤生物传感器是在光纤传感器基础上发展起来的，不但具有光纤传感器的优点(损耗小、不受电磁辐射影响、抗腐蚀能力强等)，而且，由于这种传感器的尺寸只取决于纳米探头的大小，大大减小了传感器的体积。它的制作方法与光纤传感器相似，首先，用拉伸法、化学刻蚀法等方法制备出直径在 20～50 nm 的光纤；然后，在光纤尖端镀敷化学或生物敏感膜制成纳米头，并可进一步构成纳米头阵列，使测量结果以图像的形式输出。纳米光纤生物传感器的优点是检测直观、准确，分辨率高，响应时间快。一个典型的例子是，经化学刻蚀制备的、有各自锥度、长为 5.5 pm 的锥形光纤约 6000 根构成的直径为 270 pm 的纳米阵列图像传感器。该纳米阵列图像传感器用于生物学及细胞生理学的研究，选择性很强，与生物可兼容，可监测正常生理条件下神经递质的传递过程，或者细胞内物质的交换过程。

3. DNA 纳米生物传感器

依据对生物细胞内的天然生物传感器的研究，从细菌到人，所有生物都使用“生物分子开关”(由 RNA 或蛋白质构成，可改变形状的分子)来监测环境。探测转录因子活动的所有信息被编入基因组中，而且当处于受激状态时，这数千个不同的转录因子会依附于特定的目标 DNA 序列中，因此，可使用这些序列作为起始点来构建新的纳米传感器。

这些“分子开关”很小，足以在细胞内“办公”，而且非常有针对性，足以应付非常复杂的环境。受到这些天然纳米传感器的启发，采用 DNA 而非蛋白质或 RNA 合成出了新的纳米传感器。将三种天然 DNA 序列(每种能识别出不同的转录因子)进行调整，并将其编入分子开关中，当这些DNA序列与其目标结合时，这些分子开关就会发出荧光。用这样的纳米传感器，通过简单测量荧光强度来直接确定细胞内转录因子的活动。

13.5.4 纳米气敏传感器

纳米气敏传感器主要是指由气体环境中依靠敏感的金属氧化物半导体纳米颗粒、碳纳米管及纳米薄膜等敏感材料发生变化构成的三类传感器。

纳米气敏传感器具有常规传感器不可替代的优点：一是纳米固体材料具有庞大的界面，提供了大量气体通道，从而大大提高了灵敏度；二是工作温度大大降低；三是大大缩小了传感器的尺寸。

1. 半导体气体传感器

制作气敏传感器的原理之一是，气体环境中半导体气体敏感材料的电导会发生变化。当给半导体材料施加电压时，材料温度升高，表面电阻下降，电导上升，电导变化与气体浓度成反比。半导体气体敏感材料主要有 SnO_2、ZnO、TiO_2、Fe_2O_3 等金属氧化物半导体材料。在这些敏感材料中加入贵重金属纳米颗粒(例如 Pt 和 Pd)，可大大增强其选择性，提高灵敏度，降低工作温度。

一个例子是以 TiO_2/PtO－Pt 双层纳米膜作为敏感材料的氢气传感器。纳米膜的制备方法是：先在玻璃衬底上覆盖上一层由 Pt 纳米颗粒构成的表面氧化的多孔连续膜，其中 Pt 的纳米颗粒直径大约为 1.3 nm，膜厚大约为 100 nm；然后在 PtO－Pt 膜上覆盖 TiO_2 膜，其中 TiO_2 纳米颗粒的直径尺寸为 3.4～5.4 nm，平均直径为 4.1 nm。传感器的工作温度在 180～200℃，PtO－Pt 多孔膜作为催化剂使 TiO_2 纳米膜对氢气产生部分还原作用，从而使传感器在空气中甚至在 CO、NH_3、CH_4 等还原性气体存在的情况下，对氢气都表现出很高的灵敏度和选择性。

微型气体传感器包括绝缘基底和在绝缘基底上设置的一电极对，电极对中两电极的间隙为 1～999 nm，可以在较低的外加电压下产生强电场，通过不同的电离电压和电离电流来实施气敏检测。

2. 晶体管气敏传感器

一个采用场效应管制备工艺的单晶硅纳米线传感器，以高掺杂 n 型硅作为源极和漏极，以掺杂浓度较低的 p 型硅纳米线连接两电极，在源极和漏极上镀以 20 nm 厚的 Cr 和 250 nm 厚的 Au 作为阴极和阳极。在两电极施加 1 pHz、10 mV 的交流电，通过一低噪声前置放大器放大，以电流的形式输出。当在密封容器中充入含氧量为 20%的 Ar、O_2 混合气体时，传感器的电导率下降了近 9%，而同样情况下，只充入惰性气体 Ar 时，传感器的电导率没有变化，表明该硅纳米线传感器只对活泼性气体 O_2 反应较灵敏，而对惰性气体无反应。将密封容器内温度升到 80～90℃，并把 O_2 气完全排出容器后，传感器可复原。

3. 碳纳米管气敏传感器

单壁和多壁碳纳米管也是用来制作气敏传感器的良好敏感材料。碳纳米管比现有的半导体气体传感器的尺寸更小，具有更低的功耗、更高的灵敏度和更好的选择性。

单壁和多壁碳纳米管具有吸附特性，由于吸附的气体分子与碳纳米管发生相互作用，改变其费米能级，引起其宏观电阻发生较大改变，通过检测其电阻变化来检测气体成分。

一个用碳纳米管作为敏感元件的纳米传感器，当微小的目标化学物质接触到敏感材料后，会引起某种化学反应，导致流经传感器的电流放大或缩小。它能够监测太空飞船中的微量气体。

在平面叉指型电容器上覆盖一层 MWNT－SiO_2 薄膜(见图 13.16)作为敏感单元，制作成电容式纳米传感器。通过借助阻抗分析仪测量电容器阻抗的变化，可以检测空气的湿度和氨含量。依据同样原理，用热氧化法在 Si 衬底生成一层弯曲的 SiO_2槽，然后在 SiO_2槽上产生多壁碳纳米管制作电阻式敏感单元，构成弯曲电阻式传感器。

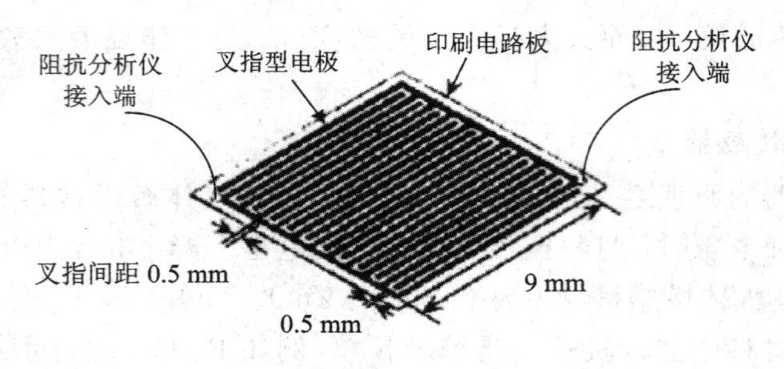

图 13.16 平板叉指型电容电极

单链 DNA 修饰的单壁碳纳米管电阻型气体传感器是一种在柔性聚对二甲苯 C 基底上制作的基于单壁碳纳米管的气体传感器，用于检测甲醇。使用方便有效的介质电泳方法集成了排列良好的碳管束，并利用单链脱氧核糖核酸(DNA)修饰以增强器件灵敏度。图 13.17 示出了三维结构传感器的工艺流程。该传感器具有小型化、高灵敏度、反应快速等优点。

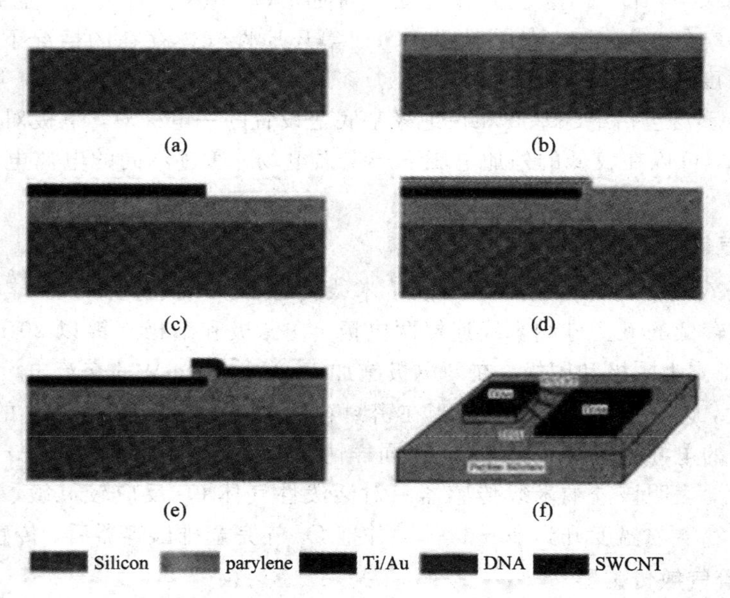

图 13.17 单链 DNA 修饰的单壁碳纳米管电阻型气体传感器工艺流程

(a) 基片清洗；(b) 沉积聚对二甲苯 C 基底；(c) 制作下电极；

(d) 沉积对二甲苯 C 绝缘层；(e) 制作上电极；(f) SWCNTS 集成和 DNA 修饰

13.6　纳米传感器的应用

纳米传感器的应用领域很广泛，包括医疗、军事、工业控制和机器人、网络和通信以及环境监测等。

1. 在医学方面的应用

利用纳米材料制成极为灵敏的生物和化学传感器，可以对癌症、心血管疾病等进行早期诊断。目前，美国科学家已经在实验室环境下实现了对前列腺癌、直肠癌等多种癌症的早期诊断。英国研究人员开发的一种纳米传感器，医生只要用棉花球蘸少量受检者的口腔液体涂在该纳米传感器上，即可判断受检者是否患有口腔癌。

除了诊断早期癌症以外，纳米传感器在检查病人病情方面，也有重要的应用。英国利用纳米材料成功研制出了一种可为患者当场化验，检查此人是否得了肺结核的新型纳米传感器，比现在传统的检查病人病情的设备有了很大的提高。美国两位科学家利用纳米材料与传感器成功研制出了一种以纳米为主要部件的新型呼吸分析仪，糖尿病患者只需要用嘴对着吹就能很快得到血糖情况，可省去抽血化验血糖的繁琐程序，并可使医生快速获知患者的血糖情况。

纳米传感器可用来精确测量体内细胞的温度、体积、浓度、位移、速度、重量、电和磁力以及压力。据专家预测，今后可能有多种纳米传感器集成在一起被植入人体，以用来早期检测各种疾病。

2. 在环境监测方面的应用

气体传感器被广泛应用于环境安全监测、毒气报警和生产流程控制等领域。

利用碳纳米管和其他纳米微结构的化学传感器能够检测氨、氧化氮、过氧化氢、碳氢化合物、挥发性有机化合物以及其他气体，与具有相同功能的其他分析仪相比，它不仅尺寸小而且价格也便宜。

近年来基于蛋白质与纳米材料发展起来的新型电化学生物传感器方面的研究，为食品安全、环境监测等领域的应用开辟了新的篇章。

3. 在军事安全方面的应用

纳米气体传感器在军事上被应用于地面、空间、飞机、潜艇的内舱以及各种军用车辆驾驶室中来检测有害气体、有毒气体等，比传统方式更加方便、快捷、灵敏。如美国已经研制出纳米军装，军装中的纳米传感器可以感应空气中生化指标的变化，当有害气体或物质指标突然升高时，军装会立即将头盔和其他通气部分的透气口关闭，并释放生化武器的解毒剂，起到预防效果。此外，嵌在军装中的纳米生化感应装置可以监视士兵的心率、血压、体内及体表温度等多项重要指标，以及辨识体表流血部位，并使该部位周边的军服膨胀收缩，起到止血带的作用。

随着相关技术的成熟，纳米传感器在国防、安检等方面的强大优势会逐渐显现。相信在不久的将来，纳米传感器将用于新一代的军服和设备，并将用来检测炭疽和其他的危险气体等。

总之，纳米传感器因其功耗小、体积小和灵敏度高等特点，将在医学生物、环境、航空、军事等领域获得更广泛的应用。有专家指出，到 2020 年，人类社会进入“后硅器时代”时，纳米传感器将成为主流。

13.7 纳米传感器的发展趋势

纳米材料的介入使传感器进入了一个崭新的发展阶段。未来的研究应将传感器平台和敏感元素更加紧密地结合起来，更加注重传统分析方法和纳米化非传统分析方法的结合，融合光学、力学、电学以及生化模型为一体，更大程度地扩展其敏感领域，由微型化和集成化向生化微系统方向发展。未来纳米传感器的主要发展方向可能围绕以下几方面：

（1）安全方面：传染病检测与生物威胁检测的传感器；体内纳米级别、可早期预警的微创生物化学传感器；可穿戴的、低成本的、能够对化学生物危害发出警告的传感器；红外纳米传感器和分布式纳米传感器；用于爆炸物检测的纳米传感器；用于防御战的纳米传感器；用于有毒化学物/气体检测的新型纳米传感器；在极端恶劣环境下依旧保持高性能的辐射与温度纳米传感器。

（2）医疗诊断方面：基因组学传感器；有机气体传感器；神经传感器；单分子传感器；可快速廉价进行 DNA 分子测序的纳米传感器；用于疾病诊断和检测的纳米传感器；体内嵌入式传感器；生物芯片和微流体芯片；借助精确成像技术实现疾病早期诊断的纳米传感器。

（3）基础设施方面：持续监测建筑基础设施性能的纳米传感器；监测受压路面安全结构动态环境的微纳米传感器；可抑制/减轻腐蚀以及监测结构安全性的纳米传感器。

（4）环境生活方面：监测工作环境的纳米传感器；可穿戴生理指标监测纳米传感器；用于食品、水质检测的纳米传感器；电子鼻；仿生纳米传感器；推进无人驾驶发展的传感器；用于检测工农业有毒化学物质的纳米传感器；实现制造智能控制人机连接的纳米传感器。

毋庸置疑，纳米传感器将在传感技术向着智能化、移动化、微型化和集成化的发展方面起到举足轻重的作用，将在医学生物、化学、环境、军事等领域成为应用的主流。

参考文献

[1] 刘凯，邹德福，廉五州，等. 纳米传感器的研究现状与应用[J]. 仪表技术与传或器，2008，1：10－12.

[2] 郑佳. 美国纳米传感器技术发展计划与战略部署[J]. 全球科技经济瞭望，2013，28(9)：34－40.

[3] 姚文苇. 新型纳米传感器技术的发展及其应用[J]. 微处理器与可编程控制器，电子测试，2014，(4)：45－46.

[4] http://image-ali.keyan.cc/data/jj3/image3/96/94/970810_1350347253_719.png.

[5] http://g.hiphotos.baidu.com/zhidao/pic/item/b58f8c5494eef01f84faf86ce2fe9925-bd317da9.jpg.

[6] http://www.chvacuum.com/uploads/allimg/100122/2128412.jpg.

[7] http://www2.coe.pku.edu.cn/tpic/201352421828321.jpg.

[8] 訾炳涛，王辉，周洲，等. 块体纳米材料的结构性能及应用[J]. 天津冶金，2003，(5)：3-8.

[9] http://img.antpedia.com/attachments/2011/11/58389_201111091358421.jpg.

[10] http://www2.coe.pku.edu.cn/tpic/201352421355399.jpg.

[11] 喻强，郝保红. 纳米粒子的制备方法及应用[J]. 北京石油化工学院学报，2003，11(4)：61-64.

[12] 罗勇，应鹏展，苏慧仙，等. 碳纳米管的制备方法概况[J]. 煤矿机械，2004(8)：7-8.

[13] 孙晓刚，曾效舒. 碳纳米管的制备方法及工艺特点[J]. 世界有色金属，2002(12)：26-30.

[14] http://www.wtoutiao.com/p/qacdDV.html.

[15] http://tech.tech110.net/html/article_201547.html.

[16] http://wenku.baidu.com/link?url=8A4lqzrbbIspbh71iskvKnvi9KdPAytvpE_euKdlNw5Pf5ocEIlt-Yy0ttB_HH1PbOQ0efU2_kBvgCyin75ebOe1XQUuKr7XNZ-fd7IkuQ7.

[17] 吴志明，杨燮龙，杨介信，等. 一种新型的纳米巨磁阻抗磁敏传感器[J]. 功能材料，2004，增刊(35)卷：2966-2968.

[18] 焦文潭，李小光. 一种基于狭缝波导的纳米传感器研究[J]. 光电子技术，2011，31(2)：117-120.

[19] 冷鹏，李其云，张国荣，等. 纳米材料与化学传感器[J]. 化学传感器，2003，23(2)：1-8.

[20] 高玲，史丽英，王英. 化学传感器和纳米传感器新材料的应用现状[J]. 理化检验—化学分册，2006，42(1)：60-65.

[21] http://f.hiphotos.baidu.com/baike/c0%3Dbaike60%2C5%2C5%2C60%2C20/sign=32120c98462309f7f362a54013676796/b2de9c82d158ccbf11d9ac3619d8bc3eb-1354150.jpg.

[22] 孙凯芳，王娇媚，杜丹，等. 碲化钴纳米管/纳米金/壳聚糖复合膜DNA电化学传感器的构建[J]. 化学传感器，2012，32(4)：39-43.

[23] 中科院制出新型电化学DNA纳米生物传感器[EB/OL]. [2007—10—25]. http://www.sciei.com/news/engineer/MateriaI/200606/mws 7021.htmI.

[24] 樊春海. 一种新型电化学DNA纳米生物传感器——CDS[J]. 中国基础科学，2007，9(3)：21.

[25] 陈扬文，唐元洪，裴立宅. 硅纳米线制成的纳米传感器[J]. 传感器技术，2004，23(12)：1-3.

[26] 许改霞，王平，李蓉，等. 纳米传感技术及其在生物医学中的应用[J]. 国外医学(生物医学工程分册)，2002，25(2)：49-54.

[27] http://baike.baidu.com/view/6464405.htm.

[28] 任宏亮，何金田，梁二军，等. 纳米气敏传感器研究进展[J]. 微纳电子技术，2003，40(6)：16－21.

[29] 陈扬文，唐元洪，裴立宅. 硅纳米线制成的纳米传感器[J]. 传感器技术，2004，23(12)：1－3.

[30] 李兴辉，Selvarasah Selvapraba，LIU Yu，Mohebbi Mar jan，Dokmeci Mehmet R. 柔性高灵敏单壁碳纳米管气体传感器研究[J]. 传感器与微系统，2011，30(7)：38－44.

[31] 金利通，鲜跃仲. 基于纳米材料的化学与生物传感器研究进展[J]. 化学传感器，2006，26(1)：3－12.

[32] 张金玲，李凯，孙军，等. 纳米传感器在食品和水质安全监测方面的应用及展望[J]. 农业环境与发展，2013，30(5)：12－17.

第 14 章　传感器电路

如果说，把传感器比作人的感觉器官，那么，传感器的电路就是神经和大脑。不同的现场环境，对于传感器电路的要求不一样。有的传感器应用的场合比较恶劣，就要求传感器电路能够抗干扰，具有较好的稳定性；有的现场实时性要求很高，这就要求传感器的电路有足够的响应速度；有的现场需要特别的精度，这就要求传感器的电路有足够的分辨率，有很好的线性度。一个好的电路，应该根据传感器电路设计的一般原则，针对具体传感器的特点，并利用已有电路，进行设计。

本章介绍传感器匹配、放大、信号处理、信号传输电路以及抗干扰的一般性设计，并列举若干常用的电路。

14.1　传感器的匹配

不同的传感器的输出阻抗不一样。有的传感器的输出阻抗特别大，例如压电陶瓷传感器，输出阻抗高达 10^8 Ω；有的传感器的输出阻抗比较小，如电位器式位移传感器，总电阻为 1500 Ω；动圈式传声器的阻抗更低，只有 30～70 Ω。对于高阻抗的传感器，通常用场效应管或运算放大器来实现匹配。对于阻抗特别低的传感器，在交变输入时，往往可采用变压器匹配。下面介绍变压器匹配电路、高输入阻抗放大器和电荷放大器。

14.1.1　变压器匹配

利用变压器可以很方便地进行阻抗匹配，在一定的带宽范围内，无畸变地传输电压信号。具体电路应该根据传感器信号的情况而定。

例如，动圈式麦克风的输入通常用一个小型的变压器来匹配，如图 14.1 所示。

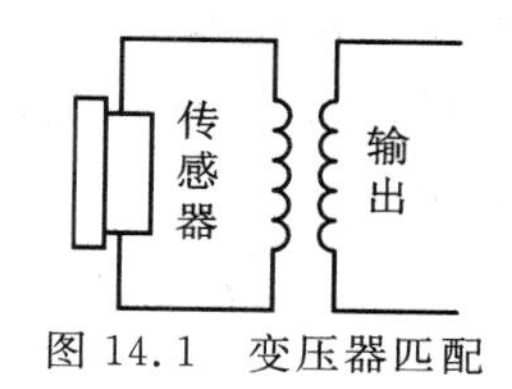

图 14.1　变压器匹配

14.1.2　高输入阻抗放大器

在实际应用中，很多传感器的阻抗很高，如压电换能器，光敏二极管、压电加速度计等。要进行高精度的测量，传感器和输入电路必须很好地匹配。这就要求放大器有较高的输入阻抗，其数量级在 MΩ 以上。由于场效应管或集成运算放大器的本身的输入阻抗非常高，所以通常用场效应管或集成运算放大器来实现高阻抗放大器。下面通过两个例子，介绍高阻抗匹配的方法。

场效应管的电路，虽然可以用自生偏置来获得静态工作电压。但是，为了使场效应管工作在线性区，通常用分压电路来获得静态工作电压。在图 14.2 中的电路中，电源电压 E 经过 R_1 和 R_2 分压，通过 R_g 耦合，作为场效应管的偏置电压。

我们来观察一下图 14.2 中电路的输入阻抗。这是一个跟随电路。我们观察 R_g 两端的电压，交变信号通过电容 C_1 耦合到电阻 R_g 的一端，同时，由于是跟随设计，所以场效应管 G 的源极的电压和栅极的电压大小近似相等，相位相同。这个信号通过 C_2 耦合到电阻 R_g 的另一端。这样，R_g 两端的电压接近相同，所以流过 R_g 的电流很小。也就是说，场效应管的输入阻抗并没有因为分压电路的存在而降低。

为了获得好的自举效果，自举电容 C_2 必须取得足够大。通常 R_g 两端电压的相位差应小于 0.6°，这样，就要求 C_2 的容抗$\frac{1}{\omega C_2}$ 与 $R_1 /\!/ R_2$ 的比值应小于 1%。

当然，只为了提高输入阻抗，可以不使用自举电路，而采用阻值很高的 R_g，如 R_g 可选用达到 MΩ 量级的电阻，如图 14.3 所示。但是当 R_g 很大时，自身的稳定性会变差，噪声会变大，这对放大器的低噪声设计带来不利。

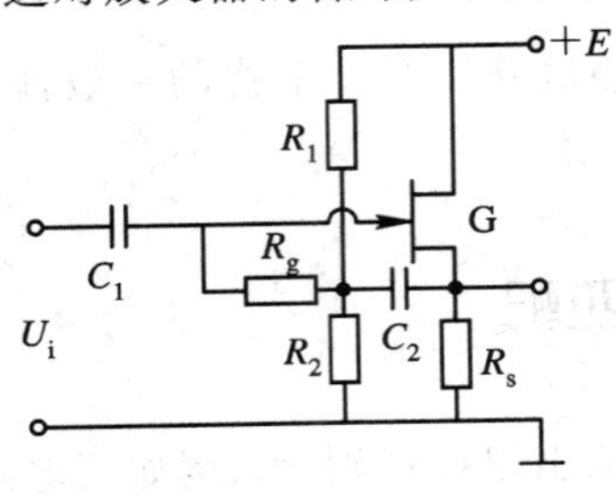

图 14.2 场效应管的自举反馈电路

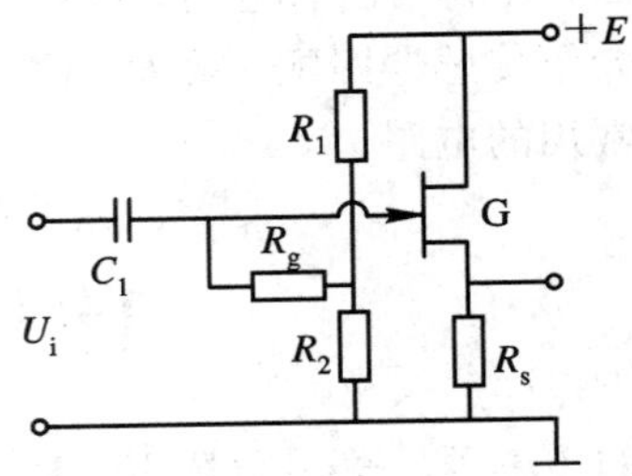

图 14.3 普通的场效应管电路

在实际应用中，通常还采用运算放大器来实现放大器的高阻抗输入。图 14.4 为自举型高输入阻抗放大器。图中 A_1、A_2 为理想放大器。我们来分析一下该电路的原理。根据虚地原理，放大器 A_1 的"－"端电位与"＋"端相同，为 0；而从"－"到"＋"的电流为 0。放大器 A_2 的情况与 A_1 相同。这样，就有

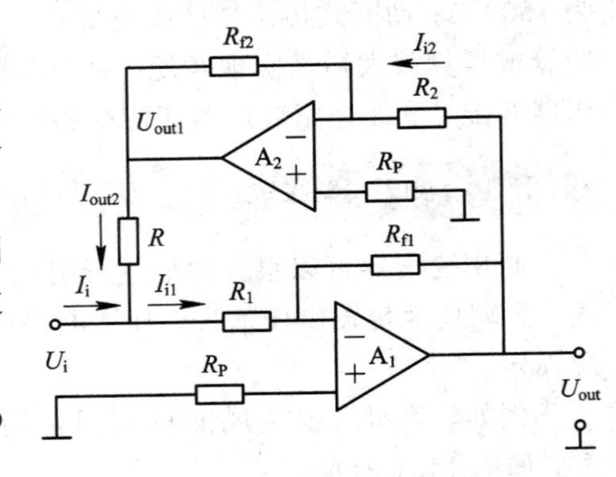

图 14.4 自举型高输入阻抗放大器

$$I_{i1} = \frac{U_i - 0}{R_1} = \frac{0 - U_{out}}{R_{f1}} \tag{14.1}$$

$$U_{out} = -\frac{R_{f1}}{R_1} U_i \tag{14.2}$$

同理

$$I_{i2} = \frac{U_{out} - 0}{R_2} = \frac{0 - U_{out1}}{R_{f2}} \tag{14.3}$$

$$U_{out1} = \frac{R_{f2} R_{f1}}{R_2 R_1} U_i \tag{14.4}$$

所以

$$I_{out2}=\frac{U_{out1}-U_i}{R}=\frac{(R_{f1}R_{f2}-R_1R_2)U_i}{R_1R_2R} \tag{14.5}$$

所以

$$I_i=I_{i1}-I_{out2}=\left(\frac{1}{R_1}-\frac{R_{f1}R_{f2}-R_1R_2}{R_1R_2R}\right)U_i \tag{14.6}$$

因此输入阻抗为

$$R_i=\frac{U_i}{I_i}=\frac{1}{\frac{1}{R_1}-\frac{R_{f1}R_{f2}-R_1R_2}{R_1R_2R}} \tag{14.7}$$

我们令 $R_{f1}=R_2$，$R_{f2}=2R_1$，则

$$R_i=\frac{1}{\frac{1}{R_1}-\frac{1}{R}}=\frac{RR_1}{R-R_1} \tag{14.8}$$

当 $R=R_1$ 时，R_i 趋于无穷。输入电流 I_i 实际由 A_2 提供。当然，实际应用时，R 和 R_1 存在一定的偏差。若 $\frac{R-R_1}{R}$ 为 0.01%时，$R_1=10\ \text{k}\Omega$ 时，则输入阻抗高达 100 MΩ。一般的反向放大电路是达不到的。

14.1.3 电荷放大器

电荷放大器，顾名思义是用来放大电荷的。其输出的电压正比于输入电荷。它要求放大器的输入阻抗非常高，以至于电荷损失很少。通常，电荷放大器利用高增益的放大器和绝缘性能很好的电容来实现，如图 14.5 所示。

图 14.5 中，电容 C_f 是反馈电容，将输出信号 U_{out} 反馈到反向输入端。当 A 为理想放大器时，根据虚地原理，反向端接地，所以，$U_i=0$。有 $Q=(0-U_{out})C_f$，即

$$U_{out}=-\frac{Q}{C_f} \tag{14.9}$$

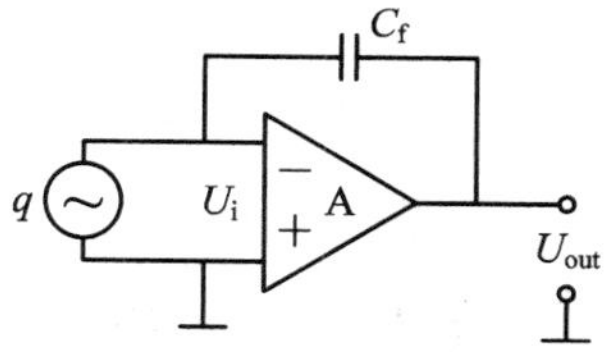

图 14.5 电荷放大器示意图

所以，输出电压和电荷成正比，比例决定于反馈电容 C_f。理论上与信号的频率特性没有关系。

14.2 信号处理电路

从前放电路出来的信号，其中可能包含着不期望的信号，需要剔除；或者对其中某一特征的信号感兴趣，需要提取出来；或者对信号进行变换，以便传输或记录；或者需要对信号进行数字化处理等等。信号处理电路包括滤波电路、电平转换电路、采样－保持电路，A/D 转换电路等。

14.2.1 滤波电路

滤波电路可以由电感、电容、电阻这些无源器件组成，成为无源滤波器；也可以将无源器件和放大器结合，组成有源滤波器。有源滤波器可以只用阻容器件实现，因此体积小。

由于采用集成放大器，带宽和增益控制非常方便。

滤波器通常可分为低通滤波器、高通滤波器、带通滤波器、带阻滤波器等。

1）低通滤波器

低通滤波器用于衰减高频信号，而让频率较低的信号过去。图 14.6 是阻容滤波器和它的幅频特性。

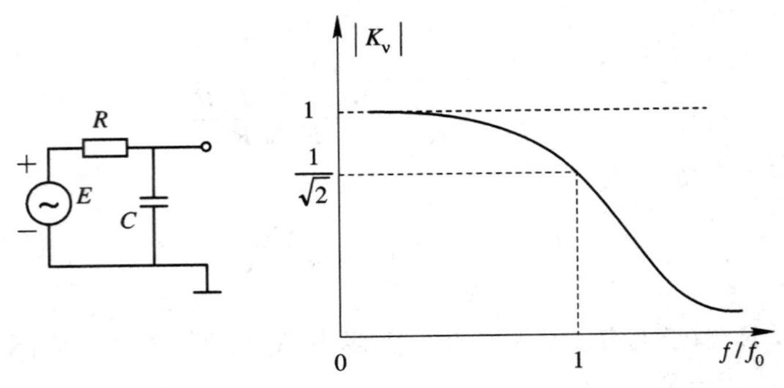

图 14.6　阻容低通滤波器和幅频特性曲线

虽然阻容滤波器电路简单，但是它的缺点是明显的，其在通频带内，增益随着频率的增大而下降。所以，为了改善在上界频率附近的频响特性，通常可以采用有源滤波，如图 14.7 所示的电路。

该电路中，电信号经过阻容低通滤波器后，经过同相放大，一部分通过电阻反馈到同相输入端。该低通滤波器的高端的频响有较好的改善。它的传输函数为

$$K_{f_v}=\frac{\dfrac{R_f}{R_1}}{(1-\omega^2R^2C^2)+\left(3-\dfrac{R_f}{R_1}\right)j\omega RC} \tag{14.10}$$

我们令 $f_0=1/(2\pi RC)$，$Q=1/(3-K_A)$，$K_A=R_f/R_1$，所以

$$K_{f_v}=\frac{K_A}{\left[1-\left(\dfrac{f}{f_0}\right)^2\right]+j\left(\dfrac{1}{Q}\right)\left(\dfrac{f}{f_0}\right)} \tag{14.11}$$

其幅频特性曲线，如图 14.8 所示。

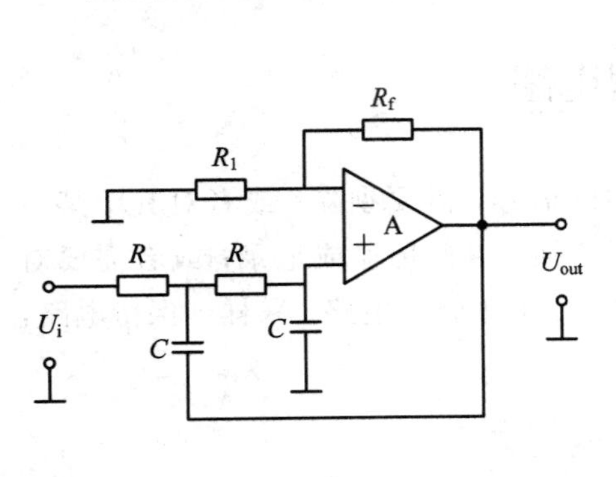

图 14.7　有源低通滤波器

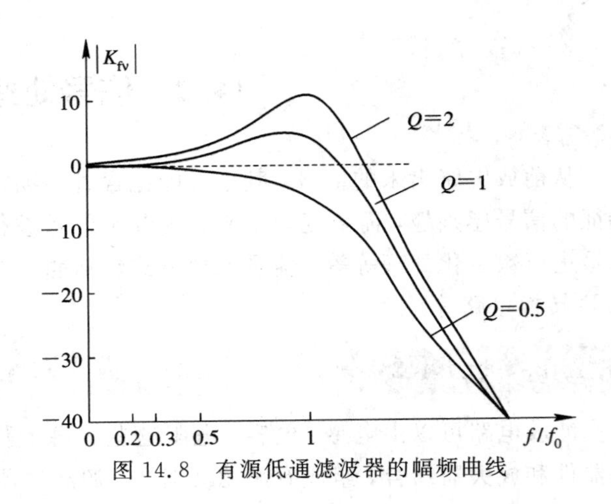

图 14.8　有源低通滤波器的幅频曲线

其中，K_A 必须小于 3，否则会引起自激振荡。

2）高通滤波器

与低通滤波器相反，高通滤波器用于衰减低频信号，而让频率较高的信号通过。图 14.9 是阻容高通滤波器和它的幅频特性。

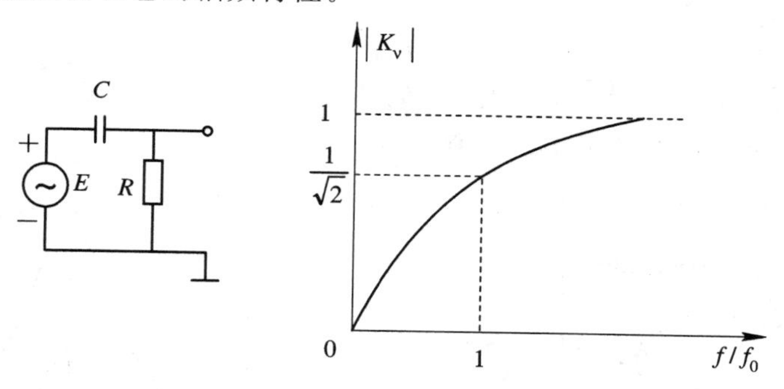

图 14.9　阻容高通滤波器和特性曲线

和阻容低通滤波器相同，虽然阻容高通滤波器电路简单，但是在其通频带内，幅频特性曲线不是特别理想。增益随着频率的下降而下降，所以，为了改善其下界的频率附近的频响，可以采用如图 14.10 所示的电路。

该电路经过阻容高通滤波器后，经过同相放大，一部分信号通过电阻反馈到输入端。该高通滤波器的低端的频响有较好的改善。它的传输函数为

$$K_{f_v}=\frac{-K_A\left(\frac{f}{f_0}\right)^2}{\left[1-\left(\frac{f}{f_0}\right)^2\right]+j\left(\frac{1}{Q}\right)\left(\frac{f}{f_0}\right)} \tag{14.12}$$

其中，$f_0=1/(2\pi RC)$，$Q=1/(3-K_A)$，$K_A=R_f/R_1$。其幅频特性曲线，如图 14.11 所示。

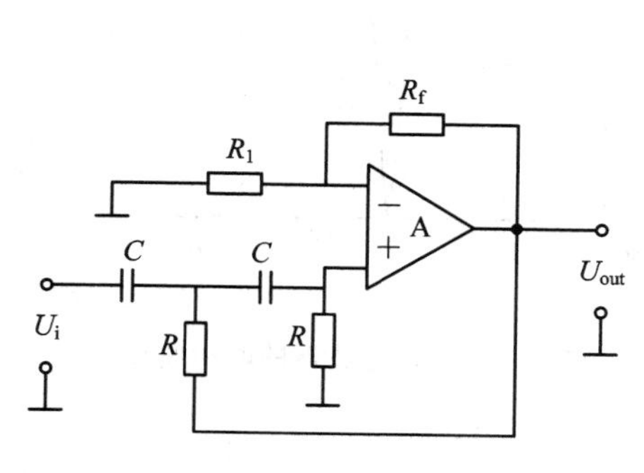

图 14.10　有源高通滤波器

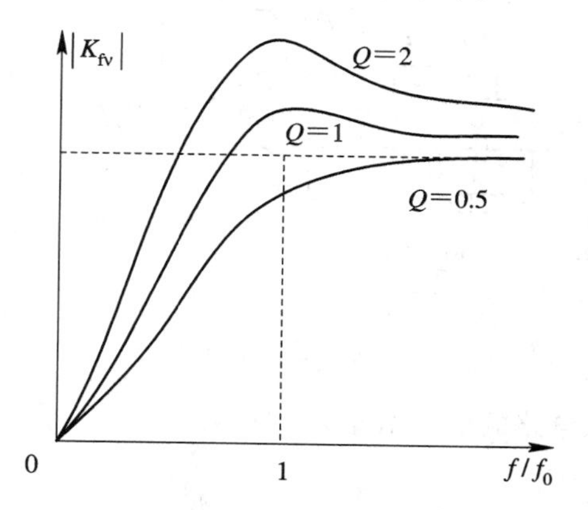

图 14.11　有源高通滤波器的幅频曲线

同样，K_A 必须小于 3，否则会引起自激振荡。

3）带通滤波器

带通滤波器的特点是让在某一个频率段的信号通过。图 14.12 是典型的有源带通滤波器电路。

其增益为

$$K_{f_v}=K_A\frac{a}{a-K_A}\frac{1+jQ'\left(\frac{f}{f_0}-\frac{f_0}{f}\right)}{1+jQ\left(\frac{f}{f_0}-\frac{f_0}{f}\right)} \tag{14.13}$$

其中

$$a=1+\frac{C_1}{C_2}+\frac{R_1}{R_2},\quad Q=\frac{1}{a-K_A}\sqrt{\frac{R_1C_1}{R_2C_2}},\quad Q'=\frac{1}{a}\sqrt{\frac{R_1C_1}{R_2C_2}},\quad K_A=\frac{R_{f1}}{R_{f2}}$$

其典型的幅频特性曲线如图 14.13 所示。

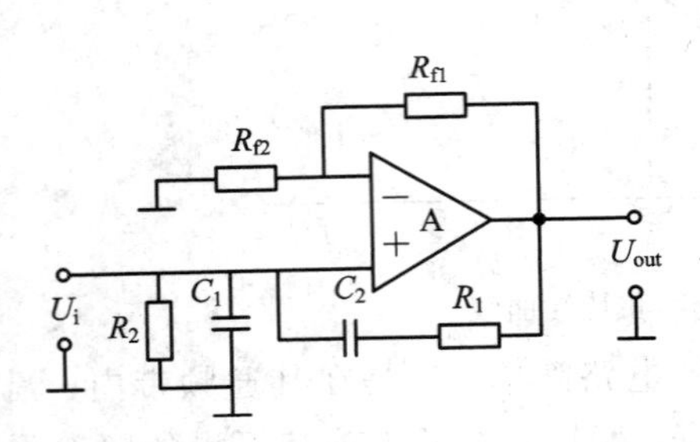

图 14.12　有源带通滤波器

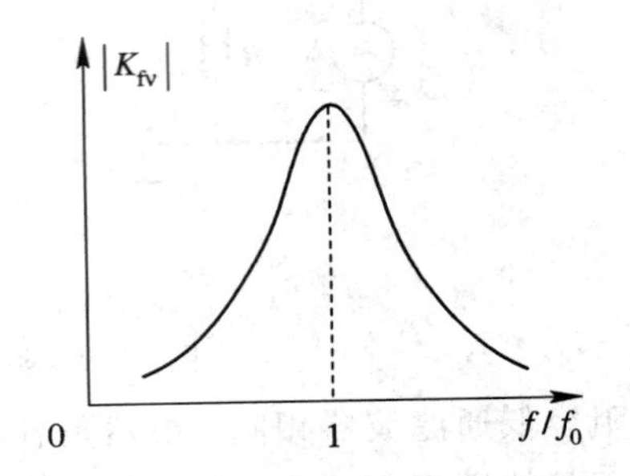

图 14.13　有源带通滤波器的幅频曲线

为了保证环路的稳定，$K_A<a$。另外，当增益 K_A 减小时，Q 增大，带宽增加；而增益越大，则带宽越窄。

4）带阻滤波器

与带通滤波器相反，带阻滤波器是使某一个频段的信号被阻隔，其余部分可以通过。最典型的是双 T 桥带阻滤波器，如图 14.14 所示。其幅频特性如图 14.15 所示。

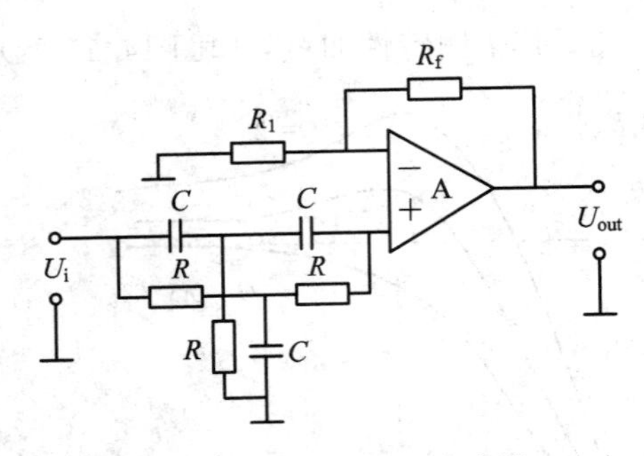

图 14.14　有源带阻滤波器

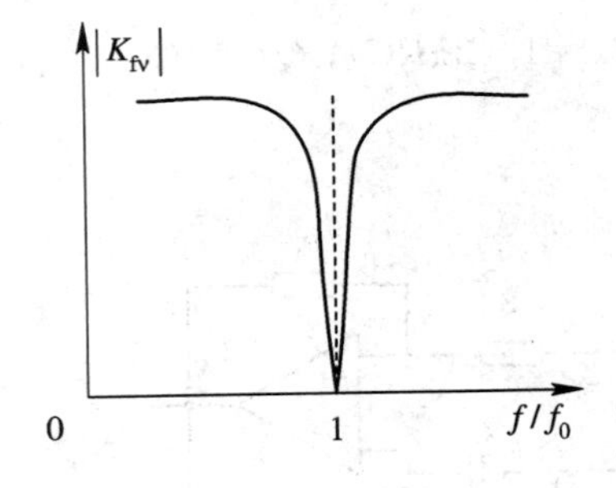

图 14.15　有源带阻滤波器的幅频曲线

该电路的电压增益为

$$K_{f_v}=\frac{K_A}{1+K_A}\frac{\left(\frac{f}{f_0}\right)^2-1}{\left[\left(\frac{f}{f_0}\right)^2-1\right]-j\frac{4}{(1+K_A)\frac{f}{f_0}}} \tag{14.14}$$

其中，$K_A=\frac{R_f}{R_1}$，当 K_A 足够大的时候，K_{f_v}在一个相当宽的频域内满足 $K_{f_v}\approx K_A/(1+K_A)$，也就是改善了通频带内的幅频特性。$K_A$ 越大，阻带越窄。

除了上面介绍的 4 种以外，还有用于提取宽带信号的梳状滤波器，由电感电容元件组

成的 LC 滤波器等。在此就不一一介绍了。

14.2.2　电平转换电路

对于一些采样器件，输入的电压必须限制在一定的范围内。所以，需要将电平调整为合适值。图 14.16 是最基本的电平转换电路。

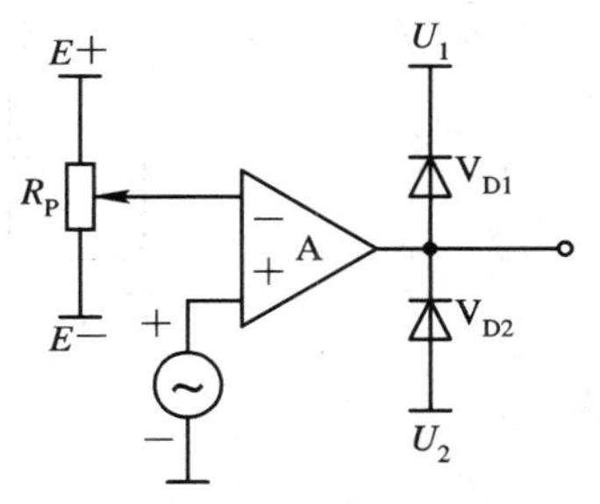

图 14.16　电平转换电路

图中的电位器 R_p 用来调整信号的电平偏移。U_1、U_2 为采样器件对输入电平的上下限。选择合适的 A，使得信号范围在 $U_1 \sim U_2$ 之间。V_{D1}、V_{D2} 用于限定输入范围，起到过压保护的作用。

电平转换电路的形式是多样的，应该根据具体的要求设计。

14.2.3　采样—保持电路

采样一保持电路通过逻辑指令控制，使电路对输入信号进行采样，并使电路的输出级跟踪输入量。通过保持指令，使输入量在电路中一直保留着，直到下一个新的采样指令到来。在需要对输入信号瞬时采样和存储的场合，都需要采样保持电路，如峰值检波、瞬时量的测量和模拟信号的采样电路。

采样-保持电路主要由模拟开关、电容和缓冲器组成，如图 14.17 所示。模拟开关在逻辑指令的控制下，用于决定当前是采样还是保持。电容用于存储模拟信号。缓冲器放大器由射随电路组成，提供高的输入阻抗和低的输出阻抗。

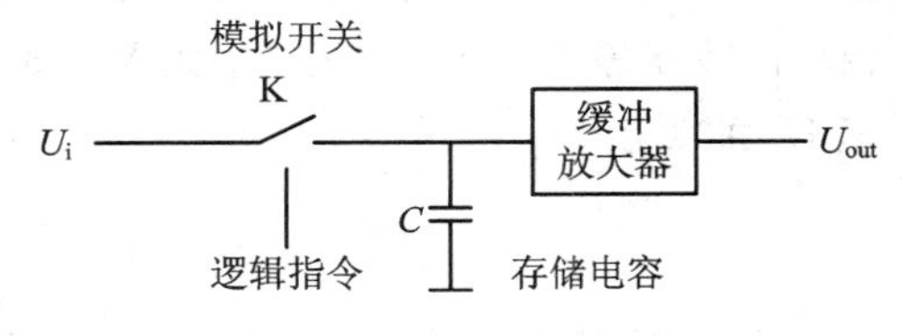

图 14.17　采样保持电路原理示意图

当逻辑指令为采样指令时，模拟开关接通，输入信号 U_i 通过模拟开关对电容 C 进行充电，电容上的电压 U_C 随着输入电压 U_i 而变化，输出电压 U_o 和 U_C 一致。这个过程就是采样的过程。当逻辑指令为保持指令时，模拟开关断开，电容上的电压 U_C 与保持指令开始时刻的输入 U_i 相一致。

采样一保持电路可以用分立元件构成，也可采用现成的集成电路。由于采样和保持的状态转换不是立即能够完成的，所以在选择电路器件时，必须注意采样一保持电路或器件的捕获时间和断开时间。

14.2.4　A/D 转换电路

A/D 转换电路，是指把模拟电信号转化成为数字量的电路。根据采样的原理，可以分为双积分型、跟踪型、逐次逼近型和并列型等。在此介绍双积分型和并列型两种。

双积分型的原理如图 14.18 所示。开关 K 在时间 $0 \sim T_1$ 内，连接 K_1 侧，积分器的输出电压为 $U_{out}(t)$。可以看出

$$U_{out}(t) = -\frac{1}{CR}\int_0^{T_1}(-U_i)\,dt = \frac{U_i}{CR}T_1$$

这是一个充电的过程，T_1 为充电时间。此时比较器的输出是高电平，时钟脉冲通过与

门驱动计数器。

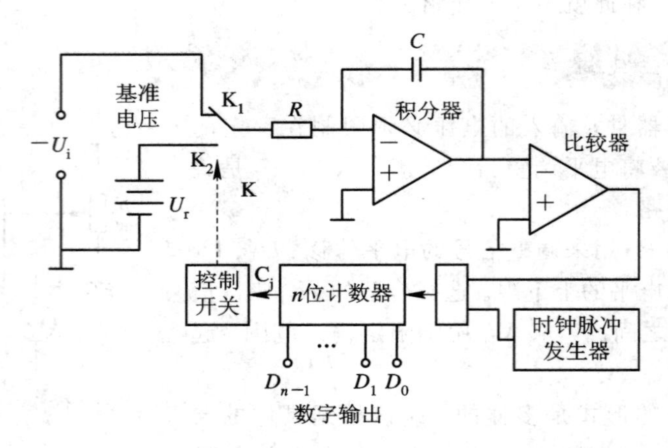

图 14.18　双积分型 A/D 转换器原理

假设从 T_1 时刻开始，开关 K 连接 K_2 侧，一直到 t_1 时刻，期间由于积分器上加上基准电压 U_r，输出电压 $U_{out}(t)$ 为

$$U_{out}(t)=\frac{U_i T_1}{CR}-\frac{1}{CR}\int_{T_1}^{t_1} U_r\,dt=\frac{U_i T_1}{CR}-\frac{U_r(t_1-T_1)}{CR}$$

这是一个放电的过程，积分器的输出电压逐渐下降。

假设到了 T_2 时刻，积分器的输出电压 U_{out} 比 0 低，比较器反转，输出低电平，与门被封，计数器停止计数。即把 T_2 代入上式中的 t_1，有 $U_{out}(T_2)=0$。则输入电压 U_i 和基准电压 U_r 的关系为

$$U_i=\frac{T_2-T_1}{T_1}U_r$$

开关 K 的倒向实际由计数器的进位位 C_j 决定。当开始时，进位位 $C_j=0$，开关倒向 K_1，当 $C_j=1$ 时，开关倒向 K_2。计数器的进位位 C_j 从 0 到 1 的时间也就是 T_1，如果计时脉冲的频率 f_c 为常数，那么

$$T_1=\frac{2^n}{f_c}$$

从 T_1 到 T_2，计数器的值为 N，则

$$T_2-T_1=\frac{N}{f_c}$$

这样

$$U_i=\frac{NU_r}{2^n}$$

由于 U_r 是基准电压，其值是已知的，N 由计数器计出，因此 U_i 可以求出。

虽然双积分型 A/D 转换器需要较长的时间，但是如果 U_r 精度取得较高，计数器的位数足够高，双积分型 A/D 可以得到较高的精度。U_{out} 和 t 的关系如图 14.19 所示。

并列型的 A/D 转换器是常用的转换器。如图 14.20 所示。模拟信号通过一组比较器，获得和基准电压的各个分压的比较结果(1 或 0)。经过逻辑电路网络的编码，最后输出与输入的模拟电压相对应的数字量。

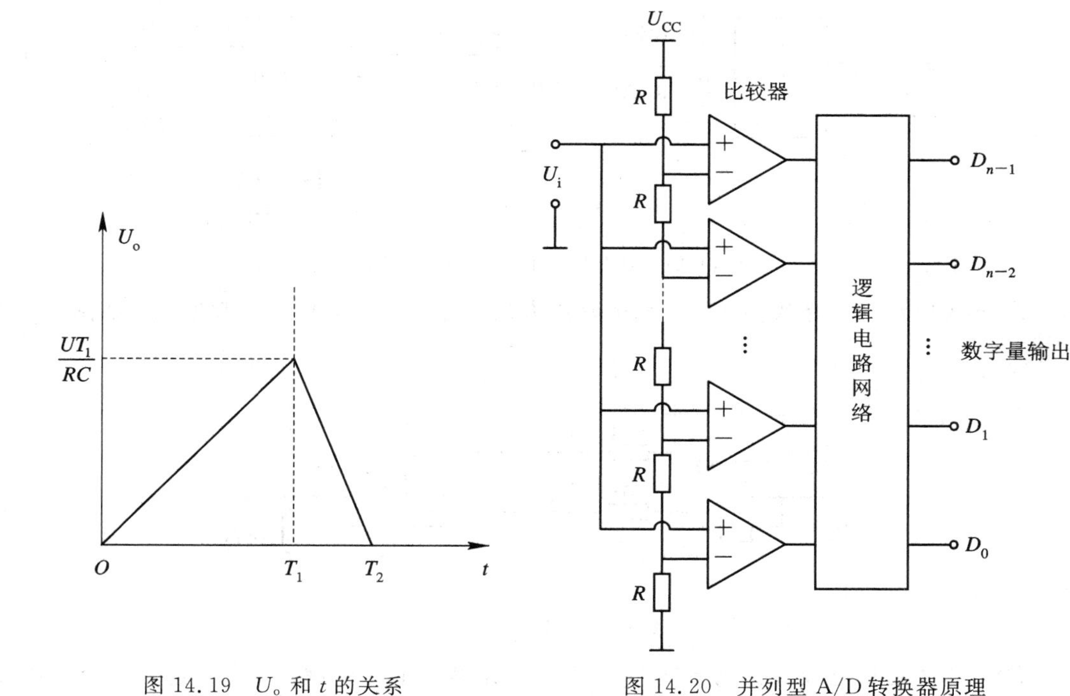

图 14.19 U_o 和 t 的关系

图 14.20 并列型 A/D 转换器原理

并列型 A/D 转换器进行并行工作，其时延主要是比较器和逻辑电路，所以它的转换时间很短，常用于高速转换的场合。

14.2.5 数字信号处理器

电信号经过前放预处理后，用专门的数字信号处理芯片对信号进行处理。采样、滤波，甚至是锁相环，都可以在数字芯片里去实现。数字信号处理器的出现，给传感器电路的设计带来了极大的方便，可以使得仪器仪表体积更小，智能化程度更高。

数字信号处理器的功能强大，结构复杂，而且每一种厂家的产品用法不同，使用的时候必须遵照芯片的使用手册。在此不一一列举。

14.3 信号传输

在有些场合，传感器采集的信号需要送到远处的主控系统。为了增强传输的抗干扰能力，通常采用电流环来传输信号。有两种传输的方式，一种是模拟信号的直接传输；另一种是先把信号转变成为数字量，然后传输。电流环的最大优点是低阻的传输线对电气噪声不敏感。

模拟信号的直接传输，通过电压一电流转换的方法来实现 $U-I$。我们可以选用 AD694 或 ZF2B20 芯片，将电压信号转化成为电流信号。图 14.21 是用 ZF2B20 作为变送器。

图 14.21 中，0～10 V 电压输入后，直接转化成为 0～10 mA 的电流。在远程 R_L 上可以取出信号。其他的芯片，如 AD694 等，可以查阅相关的手册。

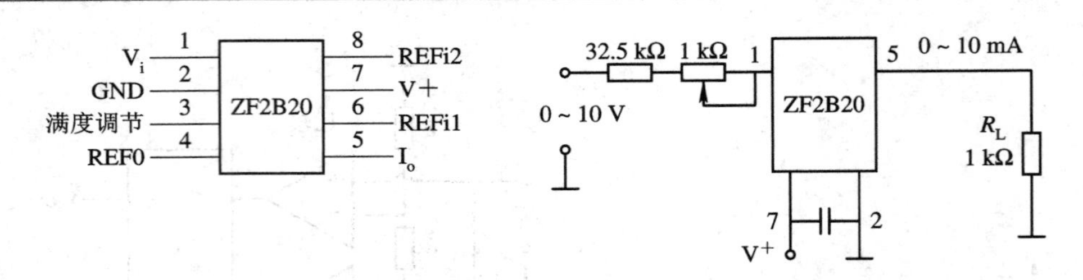

图 14.21　ZF2B20 的 0～10 V/0～10 mA

20 mA 电流环路是数字远程传输的常用方法，通常与光电隔离一起使用，如图 14.22 所示。

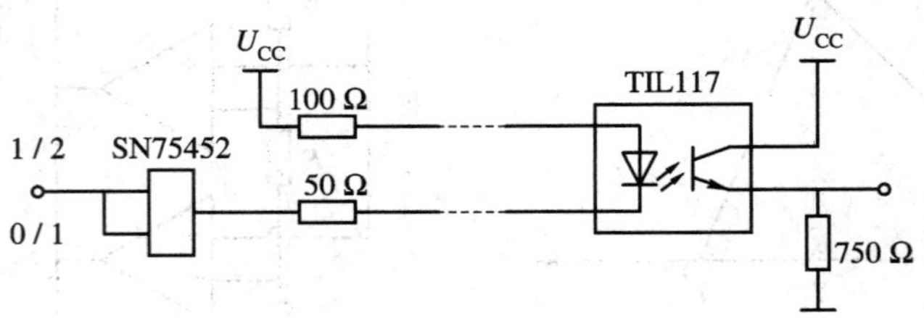

图 14.22　20 mA 电流环

SN75452 是集电极开路的与非门，TIL117 是常用的光电耦合器件。这是一个常用的 20 mA 电流环光电隔离的长线传输电路。

另一种数字远程传输的方法是使用调制解调器(MODEM)。将数字信号“1”和“0”转化成不同的正弦波信号。调制的方法有幅移键控 ASK、频移键控 FSK、相移键控 PSK。其中频移键控 FSK 是最常用的调制方法，如图 14.23 所示。

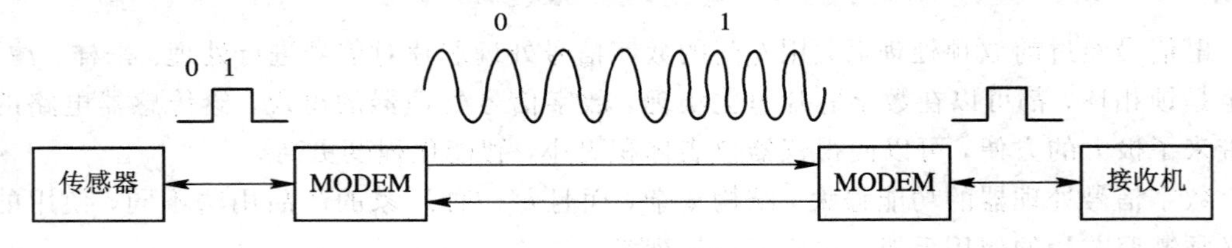

图 14.23　利用调制解调器传输数据

利用调制解调器进行远程数据的传输是十分有效的。可以利用现有的电话网络，进行远程的信号传输。

14.4　抗干扰设计

传感器电路的设计中，必须考虑抗干扰设计。抗干扰是传感器电路设计是否成功的关键。

干扰可能来自外部的电磁干扰，可能来自供电电路，也可能是由器件自身的性能引起的。通常我们在选取元件的时候，选用低噪声的电阻、电容和放大器。除此之外，良好的电路设计，有助于减少干扰。下面先介绍由元器件引起的干扰。

14.4.1　电阻器

电阻根据其材料和结构特征可以分为绕线电阻、非绕线电阻和敏感电阻器电阻。绕线电阻是用电阻丝绕在绝缘骨架上构成，有各种形状；非绕线电阻可以分为膜式电阻、实芯电阻、金属玻璃釉电阻等；敏感电阻在前面的章节已经介绍过。

电阻的干扰来自于电阻中的电感、电容效应以及电阻本身的热噪声。不同类型的电阻的效果不同。

例如一个阻值为 R 的实芯电阻，等效于电阻 R、寄生电容 C、寄生电感 L 的串并联，如图 14.24 所示。

一般来说，寄生电容大约为 0.1～0.5 pF，寄生电感大约在 5～8 nH。在频率高于 1 MHz 的时候，这些寄生的电感电容就不可忽视了。而且对于高频的条件，阻值低的以寄生电感为主，阻值高的电阻以寄生电容为主。

又如一个阻值为 R 的绕线电阻，也等效于电阻 R、寄生电容 C、寄生电感 L 的串并联，如图 14.25 所示。具体寄生电容、寄生电感的值决定绕线的工艺。绕线电阻如果采用双绕线的设计，虽然电感可以减小，但是旁路电容会增大。

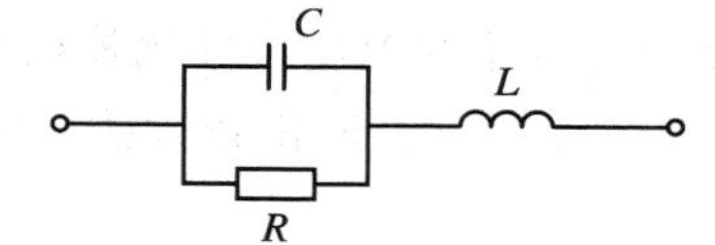

图 14.24　实芯电阻的等效电路

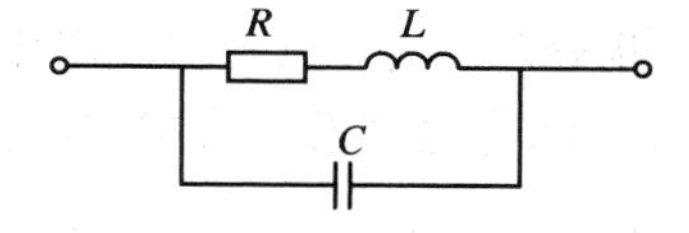

图 14.25　绕线电阻的等效电路

膜式电阻是将电阻材料采用真空被碳、真空蒸镀、溅射和化学沉淀、热分解沉积等方法被覆在绝缘线上制成的，它有螺旋型和曲折型两种结构，它的寄生电感比实芯电阻大，但是比绕线电阻小。

在强磁场中，非绕线电阻主要吸收电磁能产生热效应；绕线电阻由于其电感量较大，将产生电压和电流。

各类电阻，都会产生热噪声。如果以 U_t 表示热噪声电压，则

$$U_t = \sqrt{4RkTB}$$

其中，R 为电阻的阻值，$k=1.374\times10^{-23}$ J/K(玻耳兹曼常数)，T 为绝对温度(K)，B 为噪声带宽(Hz)。

如果某一 $R=500$ kΩ，$B=1$ MHz，在常温下，$T=20$ ℃$=293$ K，则 $U_t=90$ μV。如果信号为微伏数量级，则会被热噪声所掩盖。

另外，电阻还会产生接触噪声。若以 U_c 表示接触噪声产生的电压，则

$$U_c = I\sqrt{\frac{k}{f}}$$

其中，I 为流过电阻的电流均方值，f 为中心频率，k 是与材料的几何形状有关的常数。由于 U_c 在低频段起重要的作用，所以它是低频传感器电路的主要噪声源。

14.4.2　电容器

电容器有很多种的类型，通常从结构上，可以分为纸质电容器、聚酯树脂电容器、云

母电容器、陶瓷电容器、电解电容器、钽电容器等，通常它们可以等效为如图 14.26 所示的电路。

电容器的旁路电阻是由介质在电场中泄漏电流造成的，电感主要由内部电极电感和外部引线电感两部分组成。电阻和电容的存在，影响电路的时间常数。当频率高的时候，电感的效果会增强，在某一个频率会形成共振，从而电容失去效用。电容工作的下限频率决定于电容器的容量。容量越大，工作频率下限越低。这样在选用电容器的时候，需要注意电容器适用的工作频率。

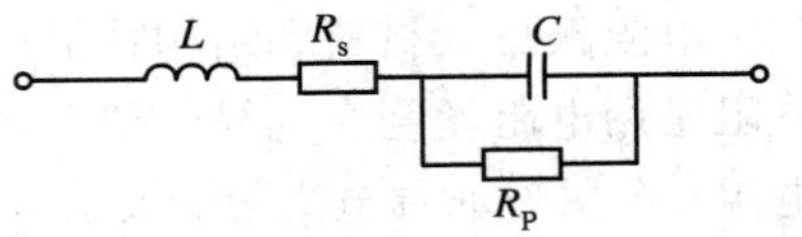

图 14.26　电容器的等效电路

纸介质和聚酯树脂电容器的串联电阻一般远小于 1 Ω，但有一定的电感量，电容量一般在 μF 的数量级，工作频率的上限在 MHz 数量级，通常用于滤波、旁路、耦合，这类电容器的一个引脚和电容器的外层箔片相连接，所以当这个引脚和地相连接的时候，可以起到屏蔽的作用，减少外电场的影响。另外，聚苯乙烯电容的精度可以做到小于 0.5%，用于需要精密电容的场合。

云母电容器和陶瓷电容器的串联电阻和电感都很小，可以用于高频的场合，如高频滤波、旁路、耦合等。由于云母温度稳定性较好，所以该类电容器的温度特性比较稳定。在通常的情况下，陶瓷电容器也有很好的温度特性。但是有些陶瓷对温度比较敏感，所以必须注意工作的温度范围。

电解电容器通常是铝电容，其容量大，体积小。但是铝电解电容的串联电阻通常有 0.1 Ω。当电容量较大时，电感量也大。而且介质的损耗随着频率的增高和温度的减小而增大，铝电容的工作温度范围为 −20～+50℃。铝电解电容常常用于电源、低频的滤波、旁路和去耦。工作电压应低于额定电压的 80%。当频率较高时，应当并联一个低容量、低电感的电容。另外，铝电解电容工作时，纹波电压不能超过最大额定纹波电压。当极性接反时，铝电解电容会爆裂，因此使用时必须十分小心极性。

钽电容器其实是电解电容的一种，金属钽和氧化钽稳定性很高，因此寿命较长；而且采用硫酸作为电解液，可降低电容的损耗。钽氧化膜的介电常数较大，所以体积可以做得更小。这种电容工作温度的上限可达 200℃。

在实际的电路设计中，需要根据具体的要求选择合适的电容器。例如，设计宽带滤波器时，可以使用一个电解电容来提供较大的电容量，同时又并联一个小容量、低电感的云母电容器以在较高频率上进行补偿；对于级间耦合电容，应该选择低噪声电容。

由于制作工艺的改进，各类电容器的特性可能会有变化，实际使用时需要参看产品的性能说明。

14.4.3　电感器

电感器是电路中的常用元件，常用于高频振荡、滤波、延时等。电感器既是一个干扰源，同时也是抑制干扰的重要元件。

电感器工作时，其发出的磁力线会影响邻近的回路；同时电感器也容易接收外来的电磁干扰。因此，应该尽量采用闭环型的电感器，如图 14.27 所示。

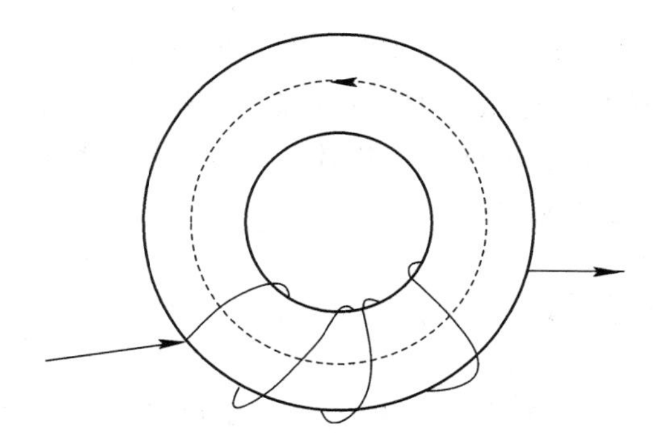

图 14.27　闭环型电感器

14.4.4　数字器件

数字电路工作时，电平状态改变迅速，幅度较大，在公共电源和地上引起干扰，同时还会向空间辐射电磁波。常用的数字电路器件，其跳变速度快，约 10 ns，跳变电流的幅度也很大，约为 16 mA，所以其干扰水平较大。CMOS 器件速度较慢，约为 50～100 ns，跳变电流小，不超过 10 mA。LP-TTL(低功耗)的跳变时间约为 8 ns，电流的跳变幅度约为 8 mA，稍好于 TTL；而 S-TTL(肖特基)的跳变时间约为 3 ns，而跳变电流的幅度高达 30 mA，是干扰水平最高的数字器件。而 ECL(发射极逻辑)的上升速度为 2 ns，但是由于电流跳变约为 1 mA，所以其干扰水平和 CMOS 相仿。

因此，在设计电路的时候，在满足设计要求的条件下，要尽可能避免使用高速数字器件。

14.4.5　电路干扰的控制

如果电路具有较强的去耦能力，则能较好地消除和抑制电磁干扰。另外，合理的电路布局，也有利于干扰的抑制。

1）去耦电路

电源和电路的关系可以用如图 14.28 所示的框图来描述，电流关系为

$$I = I_1 + I_2 + \cdots + I_n$$

从图 14.28 可以看出，如果电源存在干扰电压 U_s，必然加到各个电路上去；同时，如果某一个电路产生干扰，必然会在 R_s 上产生干扰电压，该电压反过来将影响其他电路。应该采用阻容去耦的方法来减少干扰，RC 去耦电路如图 14.29 所示。

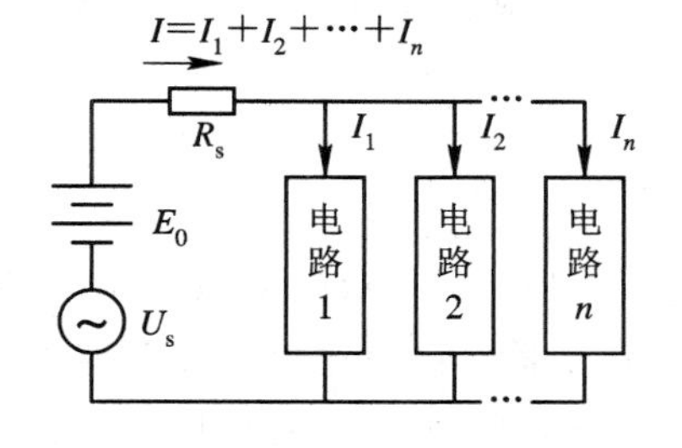

图 14.28　电源供电电路示意图

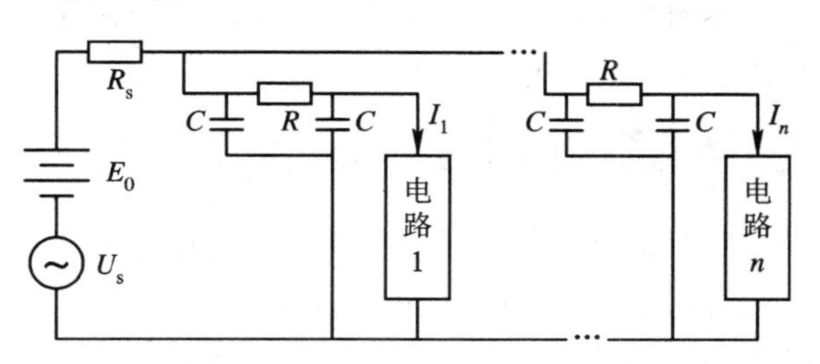

图 14.29　RC 去耦电路

采用了滤波电路以后，电源上的噪声得到很好的抑制，同时也消除了各个电路之间的耦合。当然，也可以用电感代替电阻。电阻的缺点是消耗电能，降低供电电压；电感虽然不会引起电压明显的降低，但是电感的两端将辐射噪声，对其他电路造成部分干扰。因此，应该根据具体的场合进行选择设计。

2）线路板的布局

当选取了正确的元件，采取了抗干扰措施后，还需要考虑线路板的布局。如果元件的布局不合理，会导致严重干扰。

一般说来，布线时，干扰源和易受干扰的元件应尽量分开；非辐射元件或单级元件，应该尽量靠近，以减小公共地阻抗；低频模拟电路和数字逻辑电路应尽可能分开；高速电路应占据最小回路面积和最短的引线；应尽量避免窄长的平行长线，当不得不用长平行线的时候，可用地线隔开；地线和电源线的距离应大于 1 mm；地线尽量粗些，但是不能太粗，否则寄生电容太大；如果频率小于 1 MHz，可采用单点接地；当频率在 1～10 MHz 时，如果地线长度小于 $\lambda/20$，则可采用单点接地，否则应采用多点接地；当频率高于 10 MHz 时，应采用多点接地；当电路板上需要转弯时，或者向两个方向各转 45°，或者以圆弧连接；如果是多层板，所有元件与连接器都应安装在接地平面内，即接地平面应环绕每一个焊点和过孔的周长。

电源和地的布局，应减小耦合回路以及电源和地间的分布阻抗。对于多个集成电路芯片的电路，通常采用如图 14.30 所示的供电方式，而应避免如图 14.31 的供电方式。

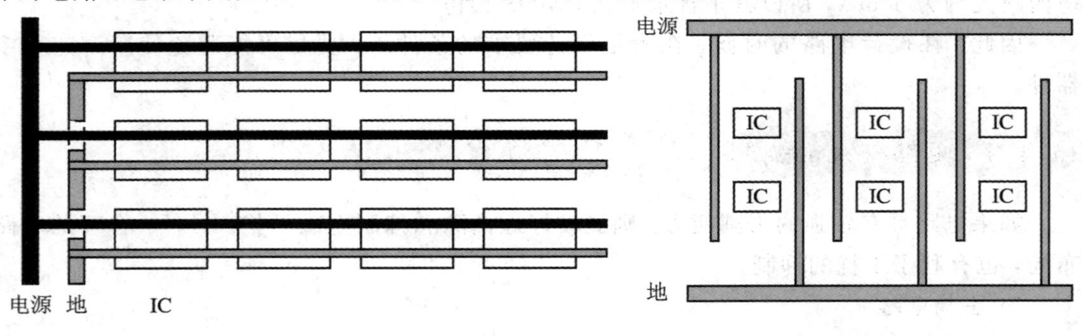

图 14.30　正确的布线方式　　　图 14.31　不正确的布线方式

14.5　实际传感器电路举例

传感器电路的设计，必须针对具体的要求进行。但是一些常用的电路，可作借鉴。下面介绍若干常用的电路。

14.5.1　温度测量电路

温度测量电路是最常见的电路，可用多种方法实现，图 14.32 所示的电路就是一种。该电路利用 AD509 实现。AD509 是二端的集成电路温度转换器，它的输出电流和绝对温度成比例，利用它的电流输出构成电流环。AD580 和电阻用来将绝对温度转换为摄氏温度，双绞线的屏蔽层与地相连。

该电路的测量范围是－55～100℃。

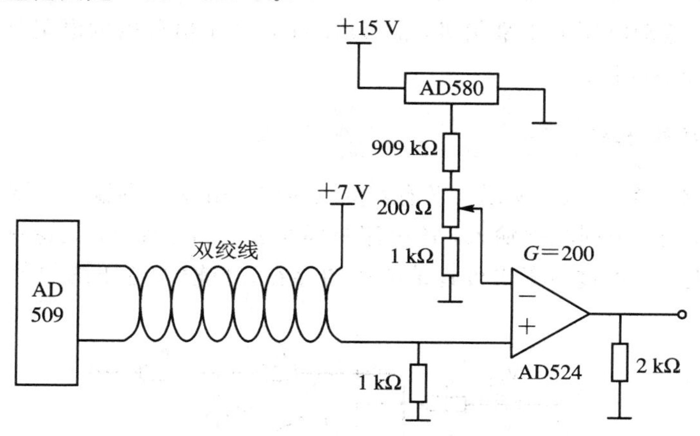

图 14.32　AD509 温度测量电路

14.5.2　高阻抗差动放大器

高阻抗差动放大器如图 14.33 所示。该电路中，$U_{out}=\frac{R_6}{R_2}\left(1+\frac{2R_1}{R_3}\right)(U_2-U_1)$，当$\frac{R_2}{R_5}=\frac{R_6}{R_7}$时，可以获得最佳共模抑制比。

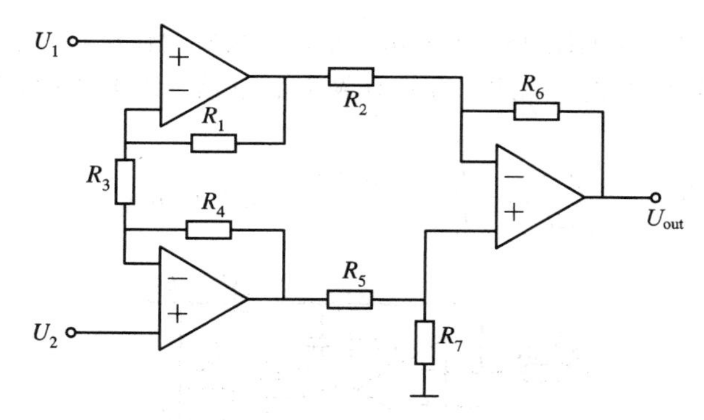

图 14.33　高阻抗差动放大器

14.5.3　压控可变增益放大器

压控可变增益放大器如图 14.34 所示。

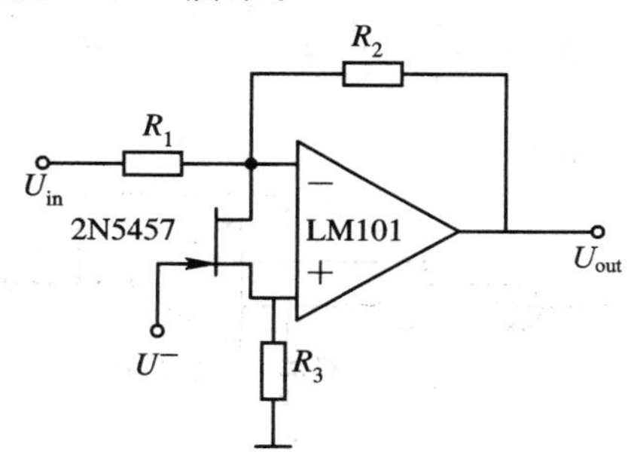

图 14.34　压控可变增益放大器

U_-是控制电压。2N5457 是结型场效应管，在此作为一个压控电阻 R_{ds}，R_{ds}最大值为 800 Ω。LM101 的差动电压低于毫伏级，2N5457 在几个十倍程内的电阻是线性的。该电路提供很好的压控增益控制。

14.5.4 绝对值放大器

绝对值放大器如图 14.35 所示。当输入负电压时，由反相端输入，该电路是反相放大器；当输入正电压时，由同相端输入，该电路是同相放大器。所以，无论输入信号的极性如何，输出都是正电压。不过由于二极管结电压的存在，当输入电压的幅值小于 1 V 时，会出现失真。

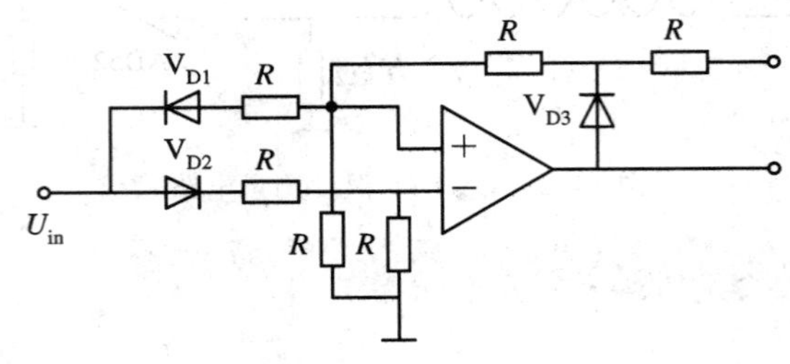

图 14.35 绝对值放大器

14.5.5 容性负载的隔离放大器

容性负载的隔离放大器如图 14.36 所示。如果放大器的输出直接去驱动容性负载，由于充放电的原因，信号会失真。因此，需要有隔离的电路。该电路中，U_{out}的变化率由 C_L 和 I_{out}(max)决定，即

$$\frac{\Delta U_{out}}{\Delta t}=\frac{I_{out}}{C_L}\cong\frac{0.02}{0.5}=0.4\ \text{V}/\mu\text{s}$$

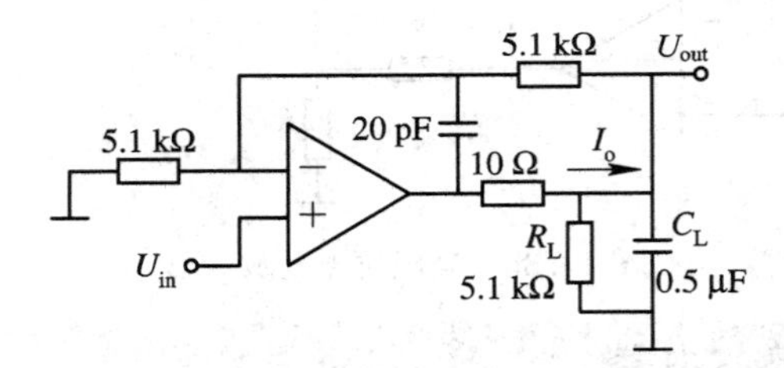

图 14.36 容性负载的隔离放大器

14.5.6 电缆跟随电路

电缆跟随电路如图 14.37 所示。

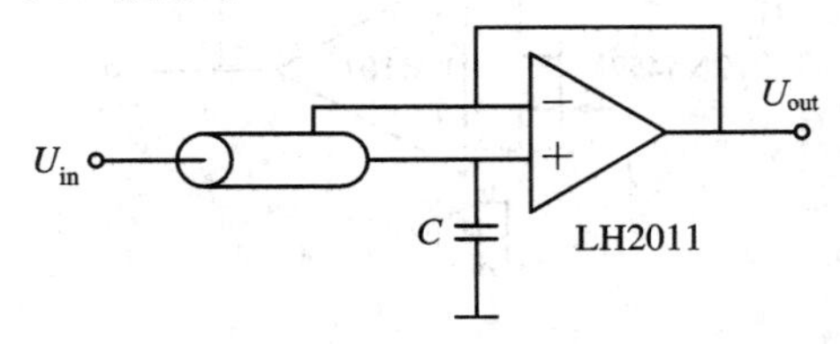

图 14.37 电缆跟随电路

14.5.7　电流放大器

电流放大器如图14.38所示。

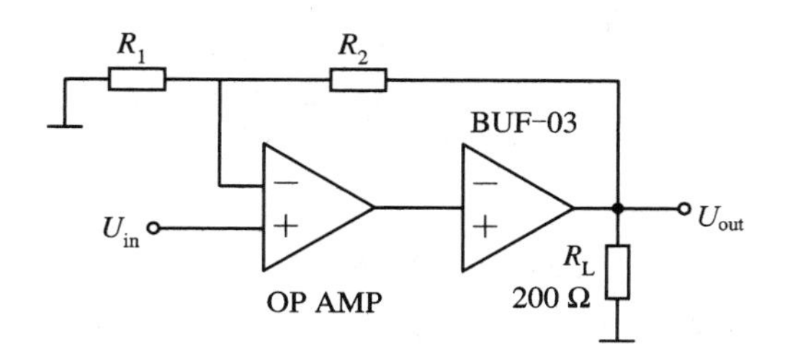

图14.38　电流放大器

14.5.8　求和放大器

求和放大器如图14.39所示。该电路的输出 $U_{out}=-(U_1+U_2+U_3)$。

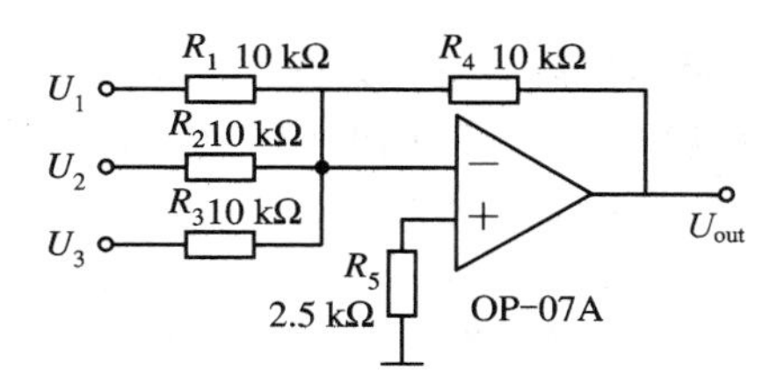

图14.39　求和放大器

14.5.9　窗口比较器

窗口比较器如图14.40所示。该电路中，U_{refH} 是上限电压，U_{refL} 是下限电压。如果输入电压在 U_{refH} 和 U_{refL} 之间，则输出为0；否则，输出为高电平。

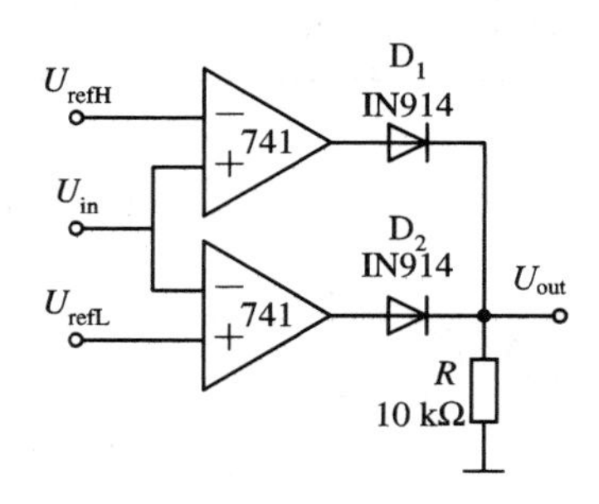

图14.40　窗口比较器

14.5.10　峰值电压检波器

峰值电压检波器如图14.41所示。

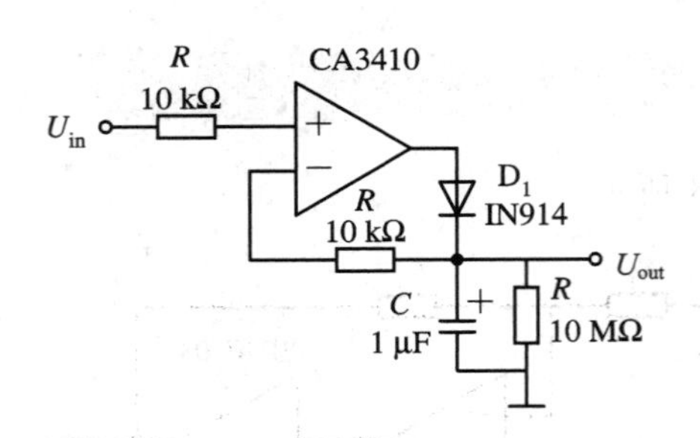

图 14.41　峰值电压检波器

当输入正信号时，二极管导通，是一个跟随器，对电容充电。由于二极管的内阻和运放的输出阻抗较低，充电时间较短，电容上的电压和输入电压同步。当输入的电压下降，二极管截止，电容上的电压只能通过 R 缓慢释放。当 R 较大时，放电常数很大。因此，该电路能够检测到正的峰值电压，并具有记忆效应。

14.5.11　抑制交流声的可调窄带带阻滤波器

抑制交流声的可调窄带带阻滤波器的电路如图 14.42 所示。通过调节电位器可以使该窄带带阻滤波器的中心频率为 45～90 Hz 之间的任意值。该滤波器抑制电力线交流声的效果非常好，其抑制能力至少是 30 dB。

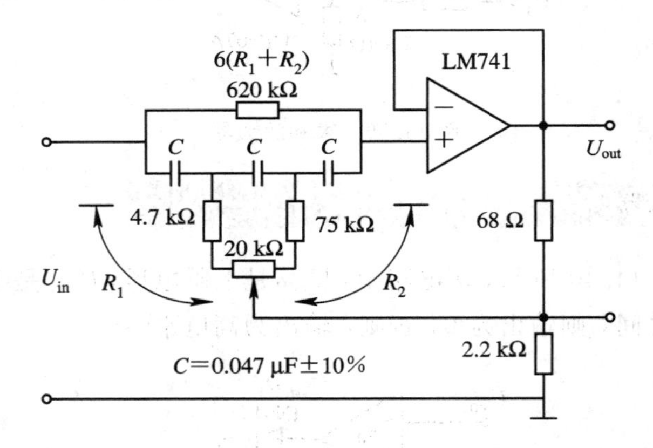

图 14.42　抑制交流声的可调窄带带阻滤波器

14.5.12　电桥式压力测量电路

电桥式压力测量电路如图 14.43 所示。压力传感器通常采用由 4 个应变电阻组成的惠斯顿电桥。XRT101 通过 10、11 脚和 LM129 稳压管，向应变电桥提供激励源。应力变化引起的电压信号通过 3、4 脚进入 XRT101。该电压信号经过放大，电压一电流转换，由 7 脚、负载电阻 R_L、电源、二极管 1N4002、8 脚，构成 4～20 mA 的电流环输出。1、2、14 脚用于调整 4 mA 的零位，5、6 脚则用于调整满量程。

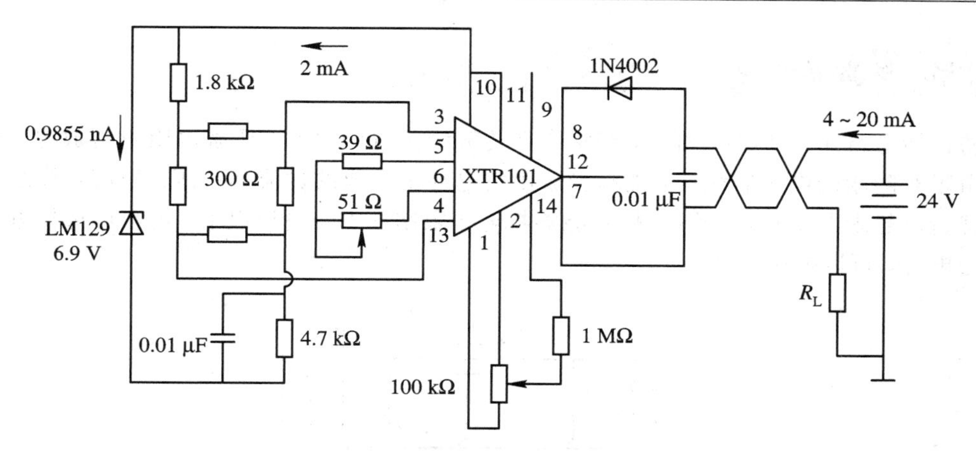

图 14.43 电桥式压力测量电路

14.5.13 带通滤波器

带通滤波器如图 14.44 所示。

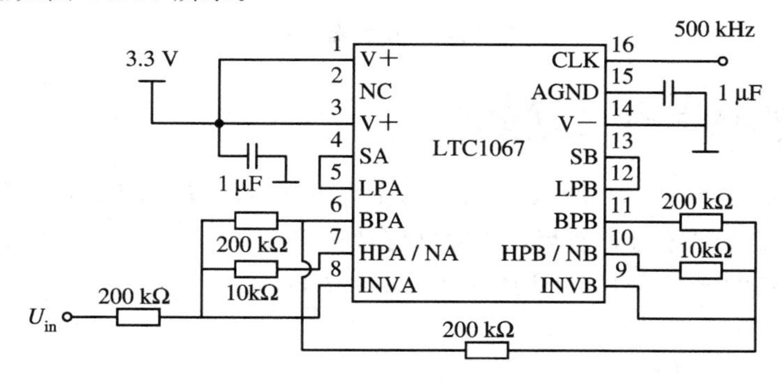

图 14.44 带通滤波器

LTC1067 是双滤波器组件，该滤波器是一个四阶 5 kHz 的带通滤波器，输出噪声为 90 μU_{RMS}，信噪比为 80 dB。频响特性如图 14.45 所示。

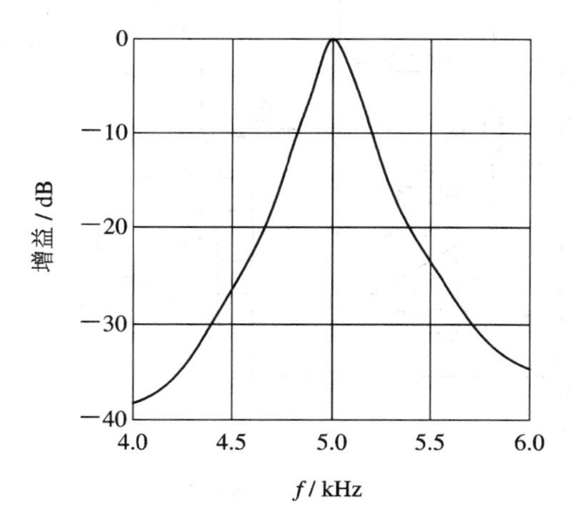

图 14.45 频响特性

14.5.14 防雷器电路

防雷器电路如图 14.46 所示。当雷击在传输线附近的时候，压敏电阻对地放电。由于压敏电阻有陡峭的电压非线性，能够释放由雷电冲击造成的过流和过压。当信号线之间由于相移造成超限电压时，TVS 二极管能够将电压限制在安全电压以下。电容可选择电感小的穿心电容，可以抑制高频冲击。

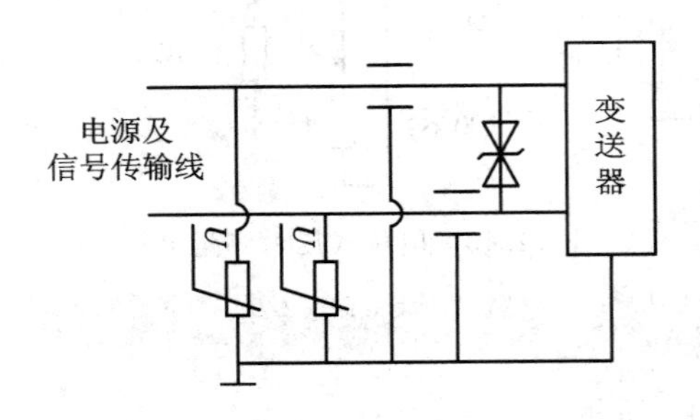

图 14.46 防雷器电路

14.5.15 零点消除电路

零点消除电路如图 14.47 所示。通常 U_{in}是力敏电桥的输出，U_P 是热零点补偿自平衡电桥的输出。如果在热零点补偿后，其输出信号在零点依然有 U_{out}，这样必须进行零点消除。如果放大电路的增益为 K，则调整电压 $U_{adj}=KU_{out}$。

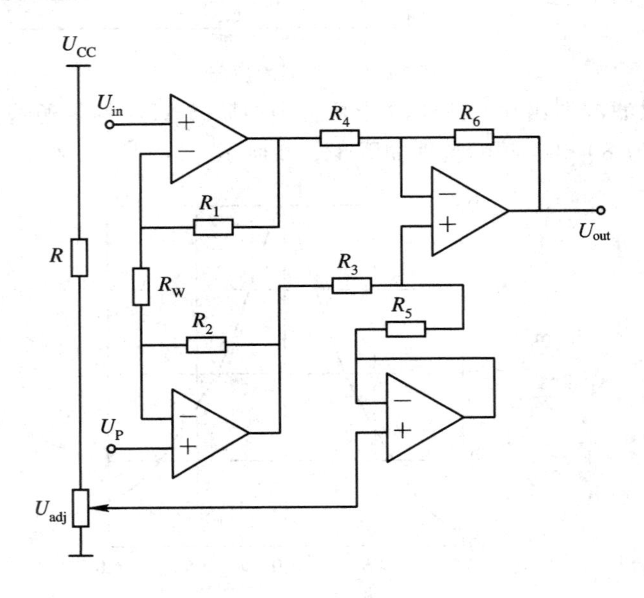

图 14.47 零点消除电路

14.5.16 光隔离放大器

光隔离放大器电路如图 14.48 所示。该电路采用双光耦器件 TLP521。虽然两光耦本身是非线性的，由于非线性程度相同，所以相互抵消。电容 C 用于防止运放的自激振荡。输出端的放大器 OP－07 用于缓冲隔离。

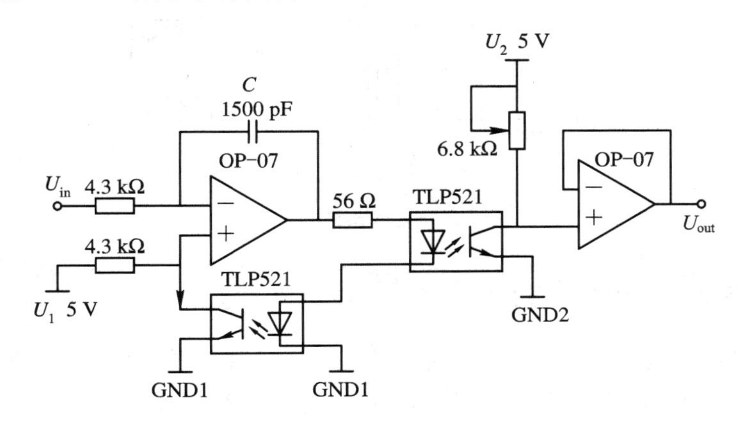

图 14.48 光隔离放大器

14.5.17 低噪声电压源

低噪声电压源如图 14.49 所示。

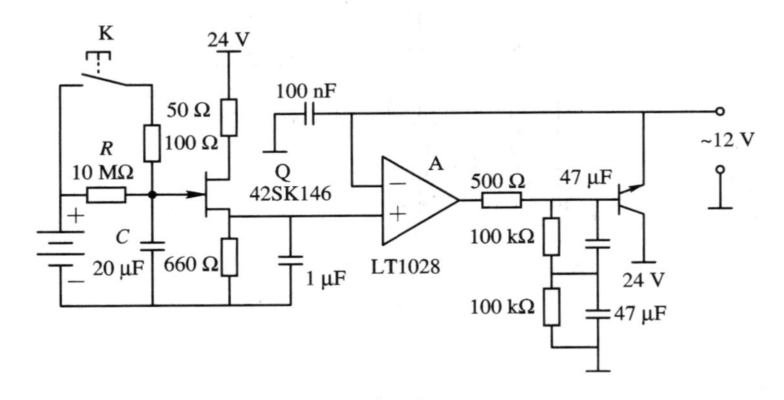

图 14.49 低噪声电压源

电池作为参考电压，其负载电流为几百个 pA，和 C 的漏电流相等。这个小电流使电池的电压保持稳定。电阻 R 消除了电压在电路始端的放电。R 和 C 构成 0.8 MHz 的低通滤波器，用于减少热噪声和来自电池的噪声。Q 包含了 8 个并行的 FET，其中每个 2SK146 包含两个并行的 FET，用于隔离电池和放大器，降低放大器的噪声。A 保持输出电压的稳定，输出端的三极管提供负载所需要的电流。24 V 的普通电源提供供电。使用碱性电池和 1％精度的金属膜电阻可以进一步减少噪声。图 14.50 为噪声频谱的对比图。S_G 为本电路的噪声；S_R 为 LTZ1000A 高精度参考源的噪声；S_B 为电池噪声；S_{BN}为背景噪声。可看出，该电源比 LTZ1000A 低两个数量级。

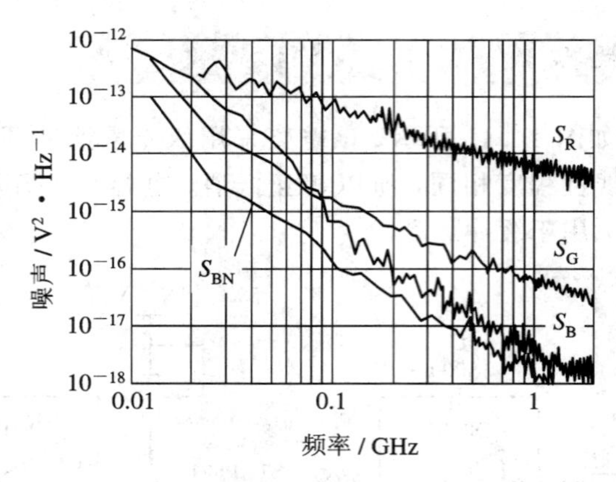

图 14.50 噪声频谱比较

14.5.18 光电二极管放大电路

光电二极管放大电路如图 14.51 所示。这是一个带有暗电流补偿的前置放大器，带宽为 2 MHz。V_{D1} 和 V_{D2} 均为 HP - 5082 - 4204。V_{D2} 用于补偿暗电流。二极管电容 C_{VD} = 4 pF，AD823 的输入电容为 C_{in} = 1.8 pF。C_3 选取漏电小的聚丙烯电容。C_2 是 1.5 pF 可变的陶瓷电容。

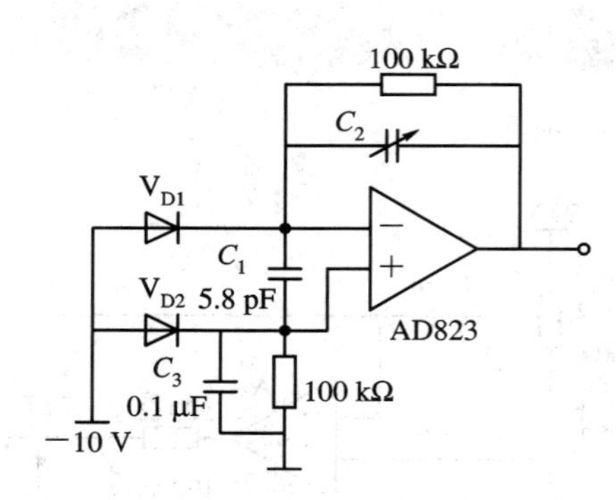

图 14.51 光电二极管前置放大电路

参考文献

[1] 吕俊芳. 传感器接口与检测仪器电路. 北京：北京航空航天大学出版社，1993.
[2] 赖祖武. 电磁干扰防护与电磁兼容性. 北京：原子能出版社，1993.
[3] 李华，等. MCS - 51 系列单片机实用接口技术. 北京：北京航空航天大学出版社，1993.
[4] 傅吉康. 怎样选用无线电元件. 北京：人民邮电出版社，1993.
[5] 【美】R · F · 格拉夫. 电子线路百科全书.《电子线路百科全书》翻译组译. 北京：科学出版社，1986.

[6] 陈建，高理. 最新实用电子线路手册. 北京：学苑出版社，1994.
[7] 王楚，余道衡. 电子线路原理(上、下册). 北京：北京大学出版社，1987.
[8] 庄恩有. 电磁干扰——数字设计者的困惑. 电子产品世界，1998 年 5 月.
[9] 彦重光. XTR101 通用变送器. 电子产品世界，1996 年 10 月.
[10] 孙立红. 变送器防雷器的设计考虑. 传感器世界，1999，5(11).
[11] 孙以材，魏占永，高应战，祝彦. 压力传感器的 LED 排光柱显示系统. 传感器世界，1999，5(11).
[12] 陈艳峰，张征平，丘水生. 实用线性光隔离放大电路. 电子测量技术，1999，(2).
[13] 李蕊，孙圣和. 低噪声电压源的设计. 国外电子测量技术，1999 年 3 月.
[14] 张伦. 光电二极管前置放大器设计提示. 电子产品世界，2000 年 12 月.